计 算 机 科 学 丛 书

原书第2版

数据挖掘导论

[美]

陈封能
（Pang-Ning Tan）
密歇根州立大学

迈克尔·斯坦巴赫
（Michael Steinbach）

阿努吉·卡帕坦
（Anuj Karpatne）
明尼苏达大学

维平·库玛尔
（Vipin Kumar）

著

段磊 张天庆 等译

Introduction to Data Mining

Second Edition

机械工业出版社
China Machine Press

图书在版编目（CIP）数据

数据挖掘导论（原书第 2 版）/（美）陈封能（Pang-Ning Tan）等著；段磊等译 . —北京：机械工业出版社，2019.7（2023.11 重印）

（计算机科学丛书）

书名原文：Introduction to Data Mining, Second Edition

ISBN 978-7-111-63162-0

I. 数… II. ①陈… ②段… III. 数据采集 – 研究 IV. TP274

中国版本图书馆 CIP 数据核字（2019）第 136744 号

北京市版权局著作权合同登记 图字：01-2018-2522 号。

Authorized translation from the English language edition, entitled Introduction to Data Mining, Second Edition, ISBN: 978-0-13-312890-1, by Pang-Ning Tan, Michael Steinbach, Anuj Karpatne, Vipin Kumar, published by Pearson Education, Inc., Copyright © 2019 Pearson Education Inc.

本书所涵盖的主题包括：数据、分类、关联分析、聚类分析、异常检测和避免错误发现。通过介绍每个主题的基本概念和算法，为读者提供将数据挖掘应用于实际问题所需的必要背景。其中，分类、关联分析和聚类分析各自组织成两章的内容，一章讲述基本概念、代表性算法和评估技术，另一章深入讨论高级概念和算法。

本书适用于数据挖掘专业高年级本科生和研究生教学，也可供相关技术人员参考。

出版发行：机械工业出版社（北京市西城区百万庄大街 22 号 邮政编码：100037）

责任编辑：张梦玲	责任校对：李秋荣
印　　刷：固安县铭成印刷有限公司	版　　次：2023 年 11 月第 1 版第 7 次印刷
开　　本：185mm×260mm　1/16	印　　张：30.75
书　　号：ISBN 978-7-111-63162-0	定　　价：139.00 元

客服电话：(010) 88361066　68326294

大数据时代的万物互联极大地丰富了数据采集手段。人们所面对的数据无论是类型还是规模都达到了空前的高度。与此同时，数据的价值受到了各行各业的广泛关注，以数据科学为核心的科学研究第四范式深入人心。面向海量、多源、异构、复杂的数据，建立恰当的模型并设计高效的算法来挖掘数据中蕴含的未知知识成为当前计算机应用研究的重要任务。

获取数据所蕴含价值的需求催生了数据挖掘。数据挖掘技术自诞生以来，一直蓬勃发展，如今已然成为各类大数据服务、新一代人工智能应用的基础。数据挖掘技术的发展体现了从数据管理到知识管理的时代发展。

这本由数据挖掘领域著名专家 P. Tan、M. Steinbach、A. Karpatne 和 V. Kumar 编撰的教程《Introduction to Data Mining》是一部优秀著作，对于从事数据挖掘研究和应用的专业人士，是实现自我提升的最适合的专著之一。本书不仅内容全面，涵盖了数据、分类、关联分析、聚类、异常检测、避免错误发现等数据挖掘的重要主题，而且内容编排独具特色。对于每一个重要的主题，都分为两章介绍，一章讲述基本概念、代表性算法和评估技术，另一章则讨论高级概念和算法。因此，本书不仅适合数据挖掘入门者学习，也适合数据挖掘研究进阶者参考。值得一提的是，本书文辞精妙、语言生动，作者以引导、举例为叙述手段，重点讲述了如何用数据挖掘知识解决各种实际问题，着力让读者在学习基本数据挖掘概念的同时掌握应用数据挖掘解决问题的技巧，彰显了作者在此领域的深厚研究造诣和娴熟的教学手法。此外，全书各章都设有习题，以加深读者对关键知识点的理解。

我们受机械工业出版社的委托翻译此书，首先向原著作者 P. Tan、M. Steinbach、A. Karpatne 和 V. Kumar 致敬。在翻译过程中，我们不可避免地受到了第 1 版译著用词准确、文笔流畅的影响，借此机会，向第 1 版译者范明教授、范宏建老师表示衷心的感谢。同时感谢机械工业出版社的信任，给予我们为数据挖掘研究推广尽绵薄之力的机会。

本书由段磊、张天庆主译。四川大学研究生秦蕊琦、王婷婷、宋楷文、张晓慧、刘杰、张译丹、王新澳、崔丁山等也付出了极大的努力，在此对他们表示感谢。

我们在翻译过程中力求忠于原著，新的专业术语尽量符合原著语义，但由于水平和时间有限，译文难免有错误和不妥之处，恳请读者批评指正。

段 磊

2019 年 5 月于四川大学

前 言

自 12 年前的第 1 版以来，数据分析领域发生了很大的变化。采集数据和用数据做决策的速率不断提高，采集到的数据数量和种类也在不断增加。事实上，"大数据"这个术语已被用于指代那些可获得的海量、多样的数据集。此外，"数据科学"这个术语也被用于描述一个新兴领域，其中，数据挖掘、机器学习、统计学等诸多领域的工具和技术，被用于从数据(通常是大数据)中提取出可实际应用的见解。

数据的增长为数据分析的各领域创造了大量的机会。其中，有着广泛应用的预测建模领域的发展最引人注目。例如，在神经网络(也称为深度学习)方面取得的最新进展，已经在许多具有挑战性的领域(如图像分类、语音识别以及文本分类和理解)表现出令人瞩目的成果。即使那些发展不是特别显著的领域(例如聚类、关联分析和异常检测等)也在不断前进。这个新版本就是对这些发展的响应。

概述 与第 1 版相同，本书第 2 版全面介绍了数据挖掘，方便学生、教师、研究人员和专业人士理解有关概念和技术。本书涵盖的主题包括：数据预处理、预测建模、关联分析、聚类分析、异常检测和避免错误发现。通过介绍每个主题的基本概念和算法，为读者提供将数据挖掘应用于实际问题所需的必要背景。与第 1 版一样，分类、关联分析和聚类分析都分两章讲述。前面一章(介绍章)讲述基本概念、代表性算法和评估技术，后面一章(高级章)深入讨论高级概念和算法。同第 1 版一样，这样做的目的是使读者透彻地理解数据挖掘的基础知识，同时论述更多重要的高级主题。由于这种安排，本书既可用作教材也可用作参考书。

为了帮助读者更好地理解书中讲述的概念，我们提供了大量的示例、图表和习题，并在网上公开了原有习题的答案。除了第 10 章的新习题，其余习题与第 1 版的基本一致。教师可以通过网络获取各章的新习题及其答案。对更高级的主题、重要的历史文献和当前趋势感兴趣的读者，可以在每一章结尾找到文献注释，本版对这部分内容做了较大的更新。此外，还提供了一个覆盖本书所有主题的索引。

第 2 版的新内容 内容上主要的更新是与分类相关的两章内容(第 3 章和第 4 章)。第 3 章仍使用决策树分类器进行讲解，但对适用于各种分类方法的主题讨论进行了大量的扩充，这些主题包括：过拟合、欠拟合、训练规模的影响、模型复杂度、模型选择以及模型评估中常见的缺陷等。第 4 章的每一节几乎都进行了重大更新，着重扩展了贝叶斯网络、支持向量机和人工神经网络的内容。对深度网络，我们单独增加了一节来介绍该领域当前的发展。我们还更新了 4.11 节"类不平衡问题"中有关评估方法的讨论。

关联分析内容的改进则更具体。我们对关联模式评估部分(第 5 章)以及序列和图形挖掘部分(第 6 章)进行了全面修订。对聚类分析的修订也很具体。在聚类分析的介绍章(第 7 章)增添了 K 均值初始化技术并更新了簇评估的讨论。聚类分析的高级章(第 8 章)新添了关于谱图聚类的内容。对异常检测部分也进行了大量的修订和扩展。我们保留并更新了现有方法，如统计学、基于最近邻/密度方法和基于聚类方法，同时介绍了基于重构的方法、单类分类和信息论方法。基于重构的方法通过深度学习范畴中的自编码网络进行阐述。关于数据的第 2 章也进行了更新，更新内容包括对互信息的讨论和基于核技术的讨论。

第 10 章讨论了如何避免错误发现并产生正确的结果，这一章的内容是全新的并且在当前关于数据挖掘的教科书中也是新颖的。该章讨论了关于避免虚假结果的统计概念(统计显著性、p 值、错误发现率、置换检验等)，这些是对其他章中相关内容的补充，然后在介绍数据挖掘技术的内容中对这些概念进行了阐述。这一章还强调了对数据分析结果的有效性和可重复性的关注。新增的最后一章，是认识到这个主题的重要性后的产物，同时也是对"在分析数据时需要对相关领域有更深入的理解"这一观点的认可。

本版纸书删除了数据探索章节以及附录，但仍将其保留在网上。本版附录对大数据环境下的可伸缩性进行了简要讨论。

致教师 作为一本教材，本书广泛适用于高年级本科生和研究生教学。由于学习这门课程的学生背景不同，他们可能不具备广博的统计学和数据库知识，因此本书只要求最低限度的预备知识。数据库知识不是必需的，但我们假定读者有一定的统计学或数学背景，这些背景会让他们更容易学习某些内容。与以前一样，本书或者更确切地说是讨论主要数据挖掘主题的各章，都尽可能自成一体。因此，这些主题的讲授次序相当灵活。其中第 2 章、第 3 章、第 5 章、第 7 章和第 9 章是核心内容。对于第 10 章，建议至少给出粗略的介绍，以在学生解释他们的数据分析结果时引起一些注意。尽管应先介绍数据(第 2 章)，但可以按任意顺序来讲授基本分类(第 3 章)、关联分析(第 5 章)和聚类分析(第 7 章)。由于异常检测(第 9 章)与分类(第 3 章)和聚类分析(第 7 章)具备先后关系，所以后两章应先于第 9 章进行讲解。同时，可以根据时间安排和兴趣，从高级分类、关联分析和聚类分析章节(第 4 章、第 6 章、第 8 章)中选择多种主题进行讲解。我们还建议通过数据挖掘中的项目或实践练习来强化听课效果，虽然它们要花费一些时间，但这种实践作业可以大大提高课程的价值。

支持材料 本书的读者可以在 http://www-users.cs.umn.edu/~kumar/dmbook/ 上获取相关材料：

- 课程幻灯片。
- 学生项目建议。
- 数据挖掘资源，如数据挖掘算法和数据集。
- 联机指南，使用实际的数据集和数据分析软件，为本书介绍的部分数据挖掘技术提供例子讲解。

其他支持材料(包括习题答案)只向采纳本书做教材的教师提供[⊖]。读者可通过邮箱 dmbook@umn.edu 将意见和建议以及勘误发给作者。

致谢 许多人都为本书的出版做出了贡献。首先向家人表示感谢，这本书是献给他们的。正是有他们的耐心和支持，本书才能顺利完成。

感谢明尼苏达大学和密歇根州立大学数据挖掘小组的学生所做的贡献。Eui-Hong(Sam) Han 和 Mahesh Joshi 帮助我们准备了最初的数据挖掘课程。他们编制的某些习题和演示幻灯片已经收录在本书及教辅幻灯片中。小组中的其他学生也为本书的初稿提出建议或以各种方式做出贡献，他们是：Shyam Boriah、Haibin Cheng、Varun Chandola、Eric Eilertson、Levent Ertöz、Jing Gao、Rohit Gupta、Sridhar Iyer、Jung-Eun Lee、Benjamin Mayer、Aysel Ozgur、Uygar Oztekin、Gaurav Pandey、Kashif Riaz、Jerry Scripps、Gyorgy Simon、Hui Xiong、

⊖ 关于教辅资源，仅提供给采用本书作为教材的教师用作课堂教学、布置作业、发布考试等。如有需要的教师，请直接联系 Pearson 北京办公室查询并填表申请。联系邮箱：Copub.Hed@pearson.com。——编辑注

Jieping Ye 和 Pusheng Zhang。还要感谢明尼苏达大学和密歇根州立大学选修数据挖掘课程的学生，他们使用了本书的初稿，并提供了极富价值的反馈。特别感谢 Bernardo Craemer、Arifin Ruslim、Jamshid Vayghan 和 Yu Wei 的有益建议。

Joydeep Ghosh(得克萨斯大学)和 Sanjay Ranka(佛罗里达大学)试用了本书的初稿。我们也直接从得克萨斯大学下列学生那里获得了许多有用的建议：Pankaj Adhikari、Rajiv Bhatia、Frederic Bosche、Arindam Chakraborty、Meghana Deodhar、Chris Everson、David Gardner、Saad Godil、Todd Hay、Clint Jones、Ajay Joshi、Joonsoo Lee、Yue Luo、Anuj Nanavati、Tyler Olsen、Sunyoung Park、Aashish Phansalkar、Geoff Prewett、Michael Ryoo、Daryl Shannon 和 Mei Yang。

Ronald Kostoff(ONR)阅读了聚类部分的初稿，并提出了许多建议。George Karypis 对创建索引提供了宝贵的帮助。Irene Moulitsas 提供了 LaTeX 支持，并审阅了一些附录。Musetta Steinbach 发现了图中的一些错误。

感谢明尼苏达大学和密歇根州立大学的同事，他们帮助创建了良好的数据挖掘研究环境。他们是：Arindam Banerjee、Dan Boley、Joyce Chai、Anil Jain、Ravi Janardan、Rong Jin、George Karypis、Claudia Neuhauser、Haesun Park、William F. Punch、György Simon、Shashi Shekhar 和 Jaideep Srivastava。还要向我们的数据挖掘项目的合作者表示谢意，他们是：Ramesh Agrawal、Maneesh Bhargava、Steve Cannon、Alok Choudhary、Imme Ebert-Uphoff、Auroop Ganguly、Piet C. de Groen、Fran Hill、Yongdae Kim、Steve Klooster、Kerry Long、Nihar Mahapatra、Rama Nemani、Nikunj Oza、Chris Potter、Lisiane Pruinelli、Nagiza Samatova、Jonathan Shapiro、Kevin Silverstein、Brian Van Ness、Bonnie Westra、Nevin Young 和 Zhi-Li Zhang。

明尼苏达大学和密歇根州立大学的计算机科学与工程系为本书写作及研究提供了计算资源和支持环境。ARDA、ARL、ARO、DOE、NASA 和 NSF 等机构为本书作者提供了研究资助。特别是 Kamal Abdali、Mitra Basu、Dick Brackney、Jagdish Chandra、Joe Coughlan、Michael Coyle、Stephen Davis、Frederica Darema、Richard Hirsch、Chandrika Kamath、Tsengdar Lee、Raju Namburu、N. Radhakrishnan、James Sidoran、Sylvia Spengler、Bhavani Thuraisingham、Walt Tiernin、Maria Zemankova、Aidong Zhang 和 Xiaodong Zhang，他们有力地支持了我们的数据挖掘和高性能计算研究。

与培生出版集团的工作人员的合作令人愉快。具体来说，我们要感谢 Matt Goldstein、Kathy Smith、Carole Snyder 和 Joyce Wells。还要感谢 George Nichols 帮助绘图，Paul Anagnostopoulos 提供 LaTeX 支持。

感谢培生邀请的审稿人：Leman Akoglu(卡内基梅隆大学)、Chien-Chung Chan(阿克伦大学)、Zhengxin Chen(内布拉斯加大学奥马哈分校)、Chris Clifton(普度大学)、Joydeep Ghosh(得克萨斯大学奥斯汀分校)、Nazli Goharian(伊利诺伊理工学院)、J. Michael Hardin(阿拉巴马大学)、Jingrui He(亚利桑那州立大学)、James Hearne(西华盛顿大学)、Hillol Kargupta(马里兰大学巴尔的摩县分校和 Agnik 公司)、Eamonn Keogh(加利福尼亚大学河滨分校)、Bing Liu(伊利诺伊大学芝加哥分校)、Mariofanna Milanova(阿肯色大学小石城分校)、Srinivasan Parthasarathy(俄亥俄州立大学)、Zbigniew W. Ras(北卡罗来纳大学夏洛特分校)、Xintao Wu(北卡罗来纳大学夏洛特分校)和 Mohammed J. Zaki(伦斯勒理工学院)。

自本书第 1 版出版以来，我们收到了许多指出错别字和其他各种问题的读者和学生的意见。在此无法列举所有人的名字，但非常感谢他们的意见，相关问题已在第 2 版中予以修正。

目 录

绪　　论

数据采集和存储技术的迅速发展，加之数据生成与传播的便捷性，致使数据爆炸性增长，最终形成了当前的**大数据**时代。围绕这些数据集进行可行的深入分析，对几乎所有社会领域的决策都变得越来越重要：商业和工业、科学和工程、医药和生物技术以及政府和个人。然而，数据的数量(体积)、复杂性(多样性)以及收集和处理的速率(速度)对于人类来说都太大了，无法进行独立分析。因此，尽管大数据的规模性和多样性给数据分析带来了挑战，但仍然需要自动化工具从大数据中提取有用的信息。

数据挖掘将传统的数据分析方法与用于处理大量数据的复杂算法相结合。在本章中，我们将介绍数据挖掘的概况，并概述本书所涵盖的关键主题。首先介绍一些需要高级数据分析技术的应用。

商业和工业　借助 POS(销售点)数据收集技术(条码扫描器、射频识别(RFID)和智能卡技术)，零售商可以在商店的收银台收集顾客购物的最新数据。零售商可以利用这些信息，加上电子商务网站的日志、客服中心的顾客服务记录等其他的重要商务数据，能够更好地理解顾客的需求，做出更明智的商业决策。

数据挖掘技术可以用来支持广泛的商务智能应用，如顾客分析、定向营销、工作流管理、商店分布、欺诈检测以及自动化购买和销售。最近一个应用是快速股票交易，在这个交易中，需要使用相关的金融交易数据在不到一秒的时间内做出买卖决定。数据挖掘还能帮助零售商回答一些重要的商业问题，如："谁是最有价值的顾客？""什么产品可以交叉销售或提升销售？""公司明年的营收前景如何？"这些问题促使着数据挖掘技术的发展，比如关联分析(见第 5 章和第 6 章)。

1

随着互联网不断改变我们日常生活中互动和做决定的方式，能够生成大量的在线体验数据，例如网页浏览、信息传递，以及在社交网站上发布信息，这为使用 Web 数据的商务应用提供了机会。例如，在电子商务领域，用户的在线浏览或购物偏好数据可以用来推荐个性化的产品。数据挖掘技术也在支持其他基于互联网的服务方面扮演着重要的角色，如过滤垃圾信息、回答搜索查询，以及建议社交圈的更新和联系。互联网上大量的文本、图像和视频使得数据挖掘方法有了许多进展，如深度学习(这将在第 4 章进行讨论)。这些进展推动了诸多应用领域的进步，如目标识别、自然语言翻译与自动驾驶。

另一个经历大数据快速转型的应用领域是移动传感器和移动设备的使用，如智能手机和可穿戴计算设备。借助更好的传感器技术，可以利用嵌入在相互连接的日常设备上的低成本传感器(称为物联网(IOT))来收集物理世界的各种信息。在数字系统中，物理传感器的深度集成正开始产生大量与环境相关的多样化和分布式的数据，可用于设计方便、安全、节能的家庭系统，以及规划智能城市。

医学、科学与工程　医学、科学与工程界的研究者正在快速收集大量数据，这些数据对获得有价值的新发现至关重要。例如，为了更深入地理解地球的气候系统，NASA 已经部署了一系列的地球轨道卫星，不停地收集地表、海洋和大气的全球观测数据。然而，由于这些数据的规模和时空特性，传统的方法常常不适合分析这些数据集。数据挖掘所开发

2

的技术可以帮助地球科学家回答如下问题:"干旱和飓风等生态系统扰动的频度和强度与全球变暖之间有何联系?""海洋表面温度对地表降水量和温度有何影响?""如何准确地预测一个地区的生长季节的开始和结束?"

再举一个例子,分子生物学研究者希望利用当前收集的大量基因组数据,更好地理解基因的结构和功能。过去,传统方法只允许科学家在一个实验中每次研究少量基因,微阵列技术的最新突破已经能让科学家在多种情况下比较数以千计的基因特性。这种比较有助于确定每个基因的作用,或许可以查出导致特定疾病的基因。然而,由于数据的噪声和高维性,需要新的数据分析方法。除了分析基因序列数据外,数据挖掘还能用来处理生物学的其他难题,如蛋白质结构预测、多序列校准、生物化学路径建模和系统发育学。

另一个例子是利用数据挖掘技术来分析越来越多的电子健康记录(EHR)数据。不久之前,对患者的研究需要手动检查每一个患者的身体记录,并提取与所研究的特定问题相关的、具体的信息。EHR 允许更快和更广泛地探索这些数据。然而,只有患者在看医生或住院期间才能对他们进行观察,并且在任何特定访问期间只能测量关于患者健康的少量细节,因此存在重大挑战。

目前,EHR 分析侧重于简单类型的数据,如患者的血压或某项疾病的诊断代码。然而,很多类型更复杂的医学数据也被收集起来,例如心电图(ECG)和磁共振成像(MRI)或功能性磁共振成像(fMRI)的神经元图像。尽管分析这些数据十分具有挑战性,但其中包含了患者的重要信息。将这些数据与传统的 EHR 和基因组数据集成分析是实现精准医学所需的功能之一,旨在提供更加个性化的患者护理。

1.1　什么是数据挖掘

数据挖掘是在大型数据库中自动地发现有用信息的过程。数据挖掘技术用来探查大型数据库,发现先前未知的有用模式。数据挖掘还可以预测未来的观测结果,比如顾客在网上或实体店的消费金额。

并非所有的信息发现任务都被视为数据挖掘。例如查询任务:在数据库中查找个别记录,或查找含特定关键字的网页。这是因为这些任务可以通过与数据库管理系统或信息检索系统的简单交互来完成。而这些系统主要依赖传统的计算机科学技术,包括先进高效的索引结构和查询处理算法,有效地组织和检索大型数据存储库的信息。尽管如此,数据挖掘技术可以基于搜索结果与输入查询的相关性来提高搜索结果的质量,因此被用于提高这些系统的性能。

数据库中的数据挖掘与知识发现

数据挖掘是**数据库中知识发现**(Knowledge Discovery in Database,KDD)不可缺少的一部分,而 KDD 是将未加工的数据转换为有用信息的整个过程,如图 1.1 所示。该过程包括一系列转换步骤,从数据预处理到数据挖掘结果的后处理。

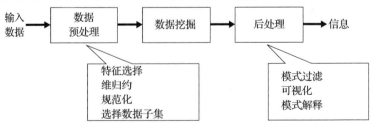

图 1.1　数据库中知识发现(KDD)过程

输入数据可以以各种形式存储(平面文件、电子表格或关系表)，并且可以存储在集中式数据库中，或分布在多个数据站点上。**预处理**(preprocessing)的目的是将原始输入数据转换为适当的格式，以便进行后续分析。数据预处理涉及的步骤包括融合来自多个数据源的数据，清洗数据以消除噪声和重复的观测值，选择与当前数据挖掘任务相关的记录和特征。由于收集和存储数据的方式多种多样，数据预处理可能是整个知识发现过程中最费力、最耗时的步骤。

"结束循环"(closing the loop)通常指将数据挖掘结果集成到决策支持系统的过程。例如，在商业应用中，数据挖掘的结果所揭示的规律可以与商业活动管理工具结合，从而开展或测试有效的商品促销活动。这样的结合需要**后处理**(postprocessing)步骤，确保只将那些有效的和有用的结果集成到决策支持系统中。后处理的一个例子是可视化，它使得数据分析者可以从各种不同的视角探查数据和数据挖掘结果。在后处理阶段，还能使用统计度量或假设检验，删除虚假的数据挖掘结果(见第 10 章)。

1.2　数据挖掘要解决的问题

前面提到，面临大数据应用带来的挑战时，传统的数据分析技术经常遇到实际困难。下面是一些具体的问题，它们引发了人们对数据挖掘的研究。

可伸缩　由于数据产生和采集技术的进步，数太字节(TB)、数拍字节(PB)甚至数艾字节(EB)的数据集越来越普遍。如果数据挖掘算法要处理这些海量数据集，则算法必须是可伸缩的。许多数据挖掘算法采用特殊的搜索策略来处理指数级的搜索问题。为实现可伸缩可能还需要实现新的数据结构，才能以有效的方式访问每个记录。例如，当要处理的数据不能放进内存时，可能需要核外算法。使用抽样技术或开发并行和分布式算法也可以提高可伸缩程度。附录 F 给出了伸缩数据挖掘算法的技术总体概述。

高维性　现在，常常会遇到具有成百上千属性的数据集，而不是几十年前常见的只具有少量属性的数据集。在生物信息学领域，微阵列技术的进步已经产生了涉及数千特征的基因表达数据。具有时间分量或空间分量的数据集也通常具有很高的维度。例如，考虑包含不同地区的温度测量结果的数据集，如果在一个相当长的时间周期内反复地测量，则维数(特征数)的增长正比于测量的次数。为低维数据开发的传统数据分析技术通常不能很好地处理这类高维数据，如维灾难问题(见第 2 章)。此外，对于某些数据分析算法，随着维数(特征数)的增加，计算复杂度会迅速增加。

异构数据和复杂数据　通常，传统的数据分析方法只处理包含相同类型属性的数据集，或者是连续的，或者是分类的。随着数据挖掘在商务、科学、医学和其他领域的作用越来越大，越来越需要能够处理异构属性的技术。近年来，出现了更复杂的数据对象。这种非传统类型的数据如：含有文本、超链接、图像、音频和视频的 Web 和社交媒体数据，具有序列和三维结构的 DNA 数据，由地球表面不同位置、不同时间的测量值(温度、压力等)构成的气候数据。为挖掘这种复杂对象而开发的技术应当考虑数据中的联系，如时间和空间的自相关性、图的连通性、半结构化文本和 XML 文档中元素之间的父子关系。

数据的所有权与分布　有时，需要分析的数据不会只存储在一个站点，或归属于一个机构，而是地理上分布在属于多个机构的数据源中。这就需要开发分布式数据挖掘技术。分布式数据挖掘算法面临的主要挑战包括：(1)如何降低执行分布式计算所需的通信量？(2)如何有效地统一从多个数据源获得的数据挖掘结果？(3)如何解决数据安全和隐私问题？

非传统分析　传统的统计方法基于一种假设-检验模式，即提出一种假设，设计实验来收集数据，然后针对假设分析数据。但是，这一过程劳力费神。当前的数据分析任务常常需要产生和评估数千种假设，因此需要自动地产生和评估假设，这促使人们开发了一些数据挖掘技术。此外，数据挖掘所分析的数据集通常不是精心设计的实验的结果，并且它们通常代表数据的时机性样本(opportunistic sample)，而不是随机样本(random sample)。

1.3　数据挖掘的起源

如图 1.1 所示，虽然数据挖掘最开始被认为是 KDD 框架中的一个中间过程，但是多年来它作为计算机科学的一个学术领域，关注着 KDD 的所有方面，包括数据预处理、数据挖掘和后处理。它的起源可以追溯到 20 世纪 80 年代末，当时组织了一系列围绕数据库中知识发现的主题研讨会，汇集了来自不同学科的研究人员，讨论关于应用计算技术从大型数据库中提取可利用的知识的挑战和机遇。这些由来自学术界和工业界的研究人员和实践者参加的研讨会很快成为非常受欢迎的会议。会议的成功举办，以及企业和行业在招聘具有数据挖掘背景的新员工时所表现出的兴趣，推动了这一领域的巨大发展。

该领域最初建立在研究人员早先使用的方法和算法之上。特别是，数据挖掘研究人员借鉴了如下领域的思想方法：(1)来自统计学的抽样、估计和假设检验；(2)来自人工智能、模式识别和机器学习的搜索算法、建模技术和学习理论。数据挖掘也迅速地采纳了来自其他领域的思想，这些领域包括最优化、进化计算、信息论、信号处理以及可视化和信息检索，并将其延伸至解决大数据挖掘的挑战。

一些其他领域也起到重要的支撑作用。特别是，需要数据库系统提供高效的存储、索引和查询处理。源于高性能(并行)计算的技术在处理海量数据集方面常常是非常重要的。分布式技术还可以帮助处理海量数据，并且当数据不能集中到一起处理时显得尤为重要。图 1.2 显示了数据挖掘与其他领域之间的联系。

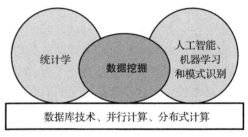

图 1.2　数据挖掘汇集了许多学科的知识

数据科学和数据驱动发现

数据科学(data science)是一个研究及应用工具和技术从数据中获取有用的见解的跨学科领域。虽然它被认为是一个具有独特身份的新兴领域，但其中的工具和技术通常来自数据分析的许多不同领域，如数据挖掘、统计学、人工智能、机器学习、模式识别、数据库技术以及分布式和并行计算(见图 1.2)。

数据科学作为一个新兴领域出现是一种共识。现有的数据分析领域，通常没有为新兴应用中出现的数据分析任务提供一整套分析工具。相反，处理这些任务通常需要广泛的计算、数学和统计能力。为了说明分析此类数据面临的挑战，请设想以下示例。社交媒体和网络为社会科学家提供了大量观察和定量测量人类行为的新机会。为了进行这样的研究，社会科学家会与具备网页挖掘、自然语言处理(NLP)、网络分析、数据挖掘和统计等技能的分析师合作。与传统的基于调查的社会科学研究相比，这种分析需要更为广泛的技术和工具，并且涉及的数据量更大。因此，数据科学必然是一个建立在许多领域持续合作基础上的高度跨学科的领域。

数据科学的数据驱动方法强调从数据中直接发现模式和关系，特别是在大量数据中，通常不需要广泛的领域知识。这种方法中一个值得注意的成功例子是神经网络的进步，即深度学习，它在长期以来被认为具有挑战性的领域特别成功。例如，识别照片或视频中的对象，或者是识别语音中的文字，以及其他应用领域中也一样。但是这只是数据驱动方法成功的一个例子，并且在许多其他数据分析领域也出现了显著的改进。这些发展中的内容都是本书之后会进行介绍的主题。

文献注释中给出了一些关于纯数据驱动方法的潜在局限性的注意事项。

1.4　数据挖掘任务

通常，数据挖掘任务分为下面两大类。

- **预测任务**　这些任务的目标是根据其他属性的值预测特定属性的值。被预测的属性一般称**目标变量**（target variable）或**因变量**（dependent variable），而用来做预测的属性称为**解释变量**（explanatory variable）或**自变量**（independent variable）。
- **描述任务**　其目标是导出概述数据中潜在联系的模式（相关、趋势、聚类、轨迹和异常）。本质上，描述性数据挖掘任务通常是探查性的，并且常常需要后处理技术验证和解释结果。

图 1.3 给出了本书其余部分讲述的 4 种主要的数据挖掘任务。

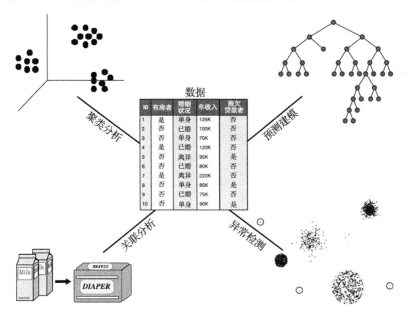

图 1.3　4 种主要的数据挖掘任务

预测建模（predictive modeling）指为目标变量建立模型，并将其作为解释变量的函数。有两类预测建模任务：**分类**（classification），用于预测离散的目标变量；**回归**（regression），用于预测连续的目标变量。例如，预测一个 Web 用户是否会在网上书店买书是分类任务，因为该目标变量是二值变量，而预测某股票的未来价格则是回归任务，因为价格具有连续值属性。两项任务的目标都是训练一个模型，使目标变量的预测值与实际值之间的误差达到最小。预测建模可以用来确定顾客对产品促销活动的反应，预测地球生态系统的扰动，或根据检查结果判断病人是否患有某种疾病。

例 1.1　预测花的种类　考虑如下任务：根据花的特征预测花的种类。本例根据鸢尾花是否属于 Setosa、Versicolour 或 Virginica 这三类之一对其进行分类。为执行这一任务，

9

我们需要一个数据集，包含这三类花的特性。一个具有这类信息的数据集是著名的鸢尾花数据集，可从加州大学欧文分校的机器学习数据库中得到（http://www.ics.uci.edu/~mlearn）。除花的种类之外，该数据集还包含萼片宽度、萼片长度、花瓣长度和花瓣宽度四个其他属性。图 1.4 给出鸢尾花数据集中 150 种花的花瓣宽度与花瓣长度的对比图。花瓣宽度分成 low、medium、high 三类，分别对应于区间 $[0, 0.75)$、$[0.75, 1.75)$、$[1.75, \infty)$。花瓣长度也分成 low、medium、high 三类，分别对应于区间 $[0, 2.5)$、$[2.5, 5)$、$[5, \infty)$。根据花瓣宽度和长度的类别，可以推出如下规则：

- 花瓣宽度和花瓣长度为 low 蕴涵 Setosa。
- 花瓣宽度和花瓣长度为 medium 蕴涵 Versicolour。
- 花瓣宽度和花瓣长度为 high 蕴涵 Virginica。

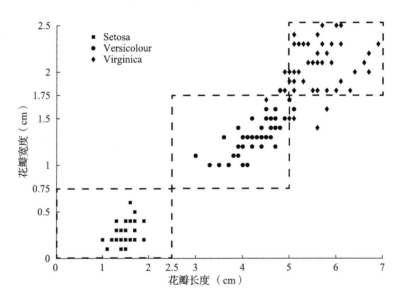

图 1.4   150 种鸢尾花的花瓣宽度与长度对比

尽管这些规则不能对所有的花进行分类，但是已经可以对大多数花进行很好的分类（尽管不完善）。注意：根据花瓣宽度和花瓣长度，Setosa 种类的花完全可以与 Versicolour 和 Virginica 种类的花分开，但是后两类花在这些属性上有一些重叠。◀

关联分析（association analysis）用来发现描述数据中强关联特征的模式。所发现的模式通常用蕴涵规则或特征子集的形式表示。由于搜索空间是指数规模的，关联分析的目标是以有效的方式提取最有趣的模式。关联分析的应用包括找出具有相关功能的基因组、识别用户一起访问的 Web 页面、理解地球气候系统中不同元素之间的联系等。

例 1.2 购物篮分析   表 1.1 给出的事务是在一家杂货店收银台收集的销售数据。关联分析可以用来发现顾客经常同时购买的商品。例如，我们可能发现规则｛纸尿布｝→

表 1.1   购物篮数据

事物 ID	商品
1	｛面包，黄油，纸尿布，牛奶｝
2	｛咖啡，糖，小甜饼，鲑鱼｝
3	｛面包，黄油，咖啡，纸尿布，牛奶，鸡蛋｝
4	｛面包，黄油，鲑鱼，鸡｝
5	｛鸡蛋，面包，黄油｝
6	｛鲑鱼，纸尿布，牛奶｝
7	｛面包，茶，糖，鸡蛋｝
8	｛咖啡，糖，鸡，鸡蛋｝
9	｛面包，纸尿布，牛奶，盐｝
10	｛茶，鸡蛋，小甜饼，纸尿布，牛奶｝

{牛奶}。该规则暗示购买纸尿布的顾客多半会购买牛奶。这种类型的规则可以用来发现各类商品中可能存在的交叉销售的商机。 ◀

聚类分析(cluster analysis)旨在发现紧密相关的观测值组群，使得与属于不同簇的观测值相比，属于同一簇的观测值相互之间尽可能类似。聚类可用来对相关的顾客分组、找出显著影响地球气候的海洋区域以及压缩数据等。

例 1.3 **文档聚类** 表 1.2 给出的新闻文章可以根据它们各自的主题分组。每篇文章表示为词-频率对$(w：c)$的集合，其中 w 是词，而 c 是该词在文章中出现的频率。在该数据集中，有两个自然簇。第一个簇由前四篇文章组成，对应于经济新闻；而第二个簇包含后四篇文章，对应于卫生保健新闻。一个好的聚类算法应当能够根据文章中出现的词的相似性，识别这两个簇。

12

表 1.2 新闻文章集合

文章	词-频率对
1	dollar：1, industry：4, country：2, loan：3, deal：2, government：2
2	machinery：2, labor：3, market：4, industry：2, work：3, country：1
3	job：5, inflation：3, rise：2, jobless：2, market：3, country：2, index：3
4	domestic：3, forecast：2, gain：1, market：2, sale：3, price：2
5	patient：4, symptom：2, drug：3, health：2, clinic：2, doctor：2
6	pharmaceutical：2, company：3, drug：2, vaccine：1, flu：3
7	death：2, cancer：4, drug：3, public：4, health：3, director：2
8	medical：2, cost：3, increase：2, patient：2, health：3, care：1

异常检测(anomaly detection)的任务是识别其特征显著不同于其他数据的观测值。这样的观测值称为**异常点**(anomaly)或**离群点**(outlier)。异常检测算法的目标是发现真正的异常点，而避免错误地将正常的对象标注为异常点。换言之，一个好的异常检测器必须具有高检测率和低误报率。异常检测的应用包括欺诈检测、网络攻击、疾病的不寻常模式、生态系统扰动(如干旱、洪水、火灾、飓风)等。

例 1.4 **信用卡欺诈检测** 信用卡公司记录每个持卡人所做的交易，同时也记录信用额度、年龄、年薪和地址等个人信息。由于与合法交易相比，欺诈行为的数量相对较少，因此异常检测技术可以用来构造用户的合法交易的轮廓。当一个新的交易到达时就与之比较。如果该交易的特性与先前构造的轮廓很不相同，就把交易标记为可能是欺诈。 ◀

1.5 本书组织结构

本书从算法的角度介绍数据挖掘所使用的主要原理与技术。为了更好地理解数据挖掘技术如何用于各种类型的数据，研究这些原理与技术是至关重要的。对于有志于从事这个领域研究的读者，本书也可作为一个起点。

13

我们从数据(第 2 章)开始本书的技术讨论。该章讨论数据的基本类型、数据质量、预处理技术以及相似性和相异性度量。这些内容尽管可以快速阅读，但却是数据分析的重要基础。第 3 章和第 4 章涵盖分类。第 3 章是基础，讨论决策树分类和一些重要的分类问题：过拟合、欠拟合、模型选择和性能评估。在此基础上，第 4 章介绍其他重要的分类技术：基于规则的系统、最近邻分类器、贝叶斯分类器、人工神经网络(包含深度学习)、支持向量机和组合分类器(组合分类器是一组分类器)。这一章还讨论多类问题和不平衡类问题。这些主题可以彼此独立地学习。

关联分析将在第 5 章和第 6 章进行讨论。第 5 章介绍关联分析的基础——频繁项集、关联规则以及产生它们的一些算法。特殊类型的频繁项集(极大项集、闭项集和超团集)对于数据挖掘也是重要的,它们也在这一章讨论。该章最后讨论关联分析的评估度量。第 6 章考虑各种更高级的专题,包括如何将关联分析用于分类数据和连续数据,或用于具有概念分层的数据(概念分层是对象的层次分类,例如库存商品→服装→鞋→运动鞋)。该章还介绍如何扩展关联分析,以发现序列模式(涉及次序的模式)、图中的模式、负联系(如果一个项出现,则其他项不出现)。

聚类分析在第 7 章和第 8 章讨论。第 7 章先介绍不同类型的簇,然后给出三种特定的聚类技术:K 均值、凝聚层次聚类和 DBSCAN。接下去讨论验证聚类算法结果的技术。更多的聚类概念和技术在第 8 章探讨,包括模糊和概率聚类、自组织映射(SOM)、基于图的聚类、谱聚类和基于密度的聚类。这一章还讨论可伸缩问题和选择聚类算法需要考虑的因素。

第 9 章是关于异常检测的。在给出一些基本定义之后,介绍了若干类型的异常检测,包括统计的、基于距离的、基于密度的、基于聚类的、基于重构的、单类分类的和信息论方法。最后一章(第 10 章)对其他章节进行了补充,并且讨论了避免虚假结果的主要统计概念,然后在前面章节提出的数据挖掘技术的背景下讨论了这些概念。这些技术包括统计假设检验、p 值、伪发现率和置换检验。附录 A 至 F 简要回顾了本书各部分中的重要主题,包括线性代数、维归约、统计、回归、优化以及大数据挖掘技术的拓展。

尽管与统计学和机器学习相比,数据挖掘还很年轻,但是数据挖掘学科领域已经覆盖太大,很难用一本书涵盖。对于本书仅简略涉及的主题(如数据质量),我们在相应章的文献注释部分选列了一些参考文献。对于本书未涵盖的主题(如挖掘流数据和隐私保护数据挖掘),本章下面的文献注释提供了相关参考文献。

文献注释

数据挖掘已有许多教科书。导论性教科书包括 Dunham[16]、Han 等[29]、Hand 等[31]、Roiger 和 Geatz[50]、Zaki 和 Meira[61],以及 Aggarwal[2]。更侧重于商务应用的数据挖掘书籍包括 Berry 和 Linoff[5]、Pyle[47]和 Parr Rud[45]。侧重统计学习的书籍包括 Cherkassky 和 Mulier[11]以及 Hastie 等[32]。侧重机器学习或模式识别的一些书籍包括 Duda 等[15]、Kantardzic[34]、Mitchell[43]、Webb[57],以及 Witten 和 Frank[58]。还有一些更专业的书籍:Chakrabarti[9](Web 挖掘)、Fayyad 等[20](数据挖掘早期文献汇编)、Fayyad 等[18](可视化)、Grossman 等[25](科学与工程)、Karguptaand Chan[35](分布式数据挖掘)、Wang 等[56](生物信息学),以及 Zaki 和 Ho[60](并行数据挖掘)。

有许多与数据挖掘相关的会议。致力于该领域研究的一些主要会议包括 ACM SIGK-DD 知识发现与数据挖掘国际会议(KDD)、IEEE 数据挖掘国际会议(ICDM)、SIAM 数据挖掘国际会议(SDM)、欧洲数据库中知识发现的原理与实践会议(PKDD)和亚太知识发现与数据挖掘会议(PAKDD)。数据挖掘的文章也可以在其他主要会议中找到,如神经信息处理系统会议(NIPS ⊖)、国际机器学习会议(ICML)、ACM SIGMOD/PODS 会议、超大

⊖   现改名为 NeurIPS。——译者注

型数据库国际会议(VLDB)、信息和知识管理会议(CIKM)、数据工程国际会议(ICDE)、人工智能全国学术会议(AAAI)、IEEE 国际大数据会议、IEEE 国际会议数据科学和高级分析会议(DSAA)。

数据挖掘方面的期刊包括《IEEE 知识与数据工程汇刊》(*IEEE Transactions on Knowledge and Data Engineering*)、《数据挖掘和知识发现》(*Data Mining and Knowledge Discovery*)、《知识与信息系统》(*Knowledge and Information Systems*)、《ACM 数据知识发现汇刊》(*ACM Transactions on Knowledge Discovery from Data*)、《统计分析和数据挖掘》(*Statistical Analysis and Data Mining*)和《信息系统》(Information Systems)。存在各种开源数据挖掘软件,包括 Weka[27]和 Scikit-learn[46]。最近,数据挖掘软件如 Apache Mahout 和 Apache Spark 已经用于分布式计算平台上的大型问题。

有大量数据挖掘的一般性文章界定该领域及其与其他领域(特别是与统计学)之间的联系。Fayyad 等[19]介绍数据挖掘,以及如何将它与整个知识发现过程协调。Chen 等[10]从数据库角度阐释数据挖掘。Ramakrishnan 和 Grama[48]给出数据挖掘的一般讨论,并提出若干观点。与 Friedman[21]一样,Hand[30]讨论数据挖掘与统计学的区别。Lambert[40]考察统计学在大型数据集上的应用,并对数据挖掘与统计学各自的角色提出一些评论。Glymour 等[23]考虑统计学可能为数据挖掘提供的教训。Smyth 等[53]讨论诸如数据流、图形和文本等新的数据类型和应用如何推动数据挖掘演变。新出现的数据挖掘应用也被 Han 等[28]考虑,而 Smyth[52]介绍数据挖掘研究所面临的一些挑战。Wu 等[59]讨论如何将数据挖掘研究成果转化成实际工具。数据挖掘标准是 Grossman 等[24]论文的主题。Bradley[7]讨论如何将数据挖掘算法扩展到大型数据集。

随着数据挖掘新的应用的出现,数据挖掘会面临新的挑战。例如,近年来人们对数据挖掘破坏隐私问题的关注逐步上升,在电子商务和卫生保健领域的应用尤其如此。这样,人们对开发保护用户隐私的数据挖掘算法的兴趣也逐步上升。为挖掘加密数据或随机数据开发的技术称作**保护隐私的数据挖掘**。该领域的一些一般文献包括 Agrawal 和 Srikant [3]、Clifton 等[12]以及 Kargupta 等[36]的论文。Vassilios 等[55]提供一个综述。另一个值得关注的领域是可能用于某些应用的预测模型的偏差,例如筛选求职者或决定监狱假释[39]。由于这种应用的预测模型通常都是黑箱模型,即不能以任何直接方式解释的模型,因此评估这些应用产生的结果是否有偏差会变得更加困难。

数据科学的组成领域,或者更广泛地说,它们所代表的知识发现新范式[33]具有很大的潜力,其中一些已经实现。然而,重要的是,要强调数据科学的工作主要是和观测数据相联系的,如各组织收集数据应当作为其正常运行的一部分。这样做的结果是抽样偏差非常常见,并且因果的确定变得更加困难。正是出于这个以及其他一些原因,通常很难解释使用这些数据建立的预测模型[42, 49]。因此,理论、实验和计算模拟将继续成为许多领域选择的方法,特别是与科学相关的领域。

更重要的是,纯数据驱动的方法往往忽略了特定领域的现有知识。这些模型可能表现不佳,例如,预测不可能的结果或未能推广到新的情况。但是如果模型确实运作良好,例如具有较高的预测精度,那么这种方法对于某些领域的实际目的可能是足够的。但许多领域的目标是深入了解基础领域,如医学和科学领域。最近的一些研究工作将先前存在的领域知识考虑在内试图解决这些问题,以创建理论指导的数据科学[17, 37]。

近年来,我们看到快速产生连续的数据流的应用逐渐增加。数据流应用的例子包括网络通信流、多媒体流和股票价格。挖掘数据流时,必须考虑一些因素,如可用内存有限、

16

需要联机分析、数据随时间而变等。流数据挖掘已经成为数据挖掘的一个重要领域。有关参考文献有 Domingos 和 Hulten[14]（分类）、Giannella 等[22]（关联分析）、Guha 等[26]（聚类）、Kifer 等[38]（变化检测）、Papadimitriou 等[44]（时间序列）以及 Law 等[41]（维归约）。

　　另一个值得关注的领域是推荐和协同过滤系统[1，6，8，13，54]，该系统可以给某人推荐可能喜欢的电影、电视节目、书籍和产品等。在很多情况下，这个问题或者至少其中一个组成部分可以被视为预测问题，因此可以应用数据挖掘技术[4，51]。

参考文献

[1] G. Adomavicius and A. Tuzhilin. Toward the next generation of recommender systems: A survey of the state-of-the-art and possible extensions. *IEEE transactions on knowledge and data engineering*, 17(6):734–749, 2005.

[2] C. Aggarwal. *Data mining: The Textbook*. Springer, 2009.

[3] R. Agrawal and R. Srikant. Privacy-preserving data mining. In *Proc. of 2000 ACM-SIGMOD Intl. Conf. on Management of Data*, pages 439–450, Dallas, Texas, 2000. ACM Press.

[4] X. Amatriain and J. M. Pujol. Data mining methods for recommender systems. In *Recommender Systems Handbook*, pages 227–262. Springer, 2015.

[5] M. J. A. Berry and G. Linoff. *Data Mining Techniques: For Marketing, Sales, and Customer Relationship Management*. Wiley Computer Publishing, 2nd edition, 2004.

[6] J. Bobadilla, F. Ortega, A. Hernando, and A. Gutiérrez. Recommender systems survey. *Knowledge-based systems*, 46:109–132, 2013.

[7] P. S. Bradley, J. Gehrke, R. Ramakrishnan, and R. Srikant. Scaling mining algorithms to large databases. *Communications of the ACM*, 45(8):38–43, 2002.

[8] R. Burke. Hybrid recommender systems: Survey and experiments. *User modeling and user-adapted interaction*, 12(4):331–370, 2002.

[9] S. Chakrabarti. *Mining the Web: Discovering Knowledge from Hypertext Data*. Morgan Kaufmann, San Francisco, CA, 2003.

[10] M.-S. Chen, J. Han, and P. S. Yu. Data Mining: An Overview from a Database Perspective. *IEEE Transactions on Knowledge and Data Engineering*, 8(6):866–883, 1996.

[11] V. Cherkassky and F. Mulier. *Learning from Data: Concepts, Theory, and Methods*. Wiley-IEEE Press, 2nd edition, 1998.

[12] C. Clifton, M. Kantarcioglu, and J. Vaidya. Defining privacy for data mining. In *National Science Foundation Workshop on Next Generation Data Mining*, pages 126–133, Baltimore, MD, November 2002.

[13] C. Desrosiers and G. Karypis. A comprehensive survey of neighborhood-based recommendation methods. *Recommender systems handbook*, pages 107–144, 2011.

[14] P. Domingos and G. Hulten. Mining high-speed data streams. In *Proc. of the 6th Intl. Conf. on Knowledge Discovery and Data Mining*, pages 71–80, Boston, Massachusetts, 2000. ACM Press.

[15] R. O. Duda, P. E. Hart, and D. G. Stork. *Pattern Classification*. John Wiley & Sons, Inc., New York, 2nd edition, 2001.

[16] M. H. Dunham. *Data Mining: Introductory and Advanced Topics*. Prentice Hall, 2006.

[17] J. H. Faghmous, A. Banerjee, S. Shekhar, M. Steinbach, V. Kumar, A. R. Ganguly, and N. Samatova. Theory-guided data science for climate change. *Computer*, 47(11):74–78, 2014.

[18] U. M. Fayyad, G. G. Grinstein, and A. Wierse, editors. *Information Visualization in Data Mining and Knowledge Discovery*. Morgan Kaufmann Publishers, San Francisco, CA, September 2001.

[19] U. M. Fayyad, G. Piatetsky-Shapiro, and P. Smyth. From Data Mining to Knowledge Discovery: An Overview. In *Advances in Knowledge Discovery and Data Mining*, pages 1–34. AAAI Press, 1996.

[20] U. M. Fayyad, G. Piatetsky-Shapiro, P. Smyth, and R. Uthurusamy, editors. *Advances in Knowledge Discovery and Data Mining*. AAAI/MIT Press, 1996.

[21] J. H. Friedman. Data Mining and Statistics: What's the Connection? Unpublished. www-stat.stanford.edu/~jhf/ftp/dm-stat.ps, 1997.

[22] C. Giannella, J. Han, J. Pei, X. Yan, and P. S. Yu. Mining Frequent Patterns in Data Streams at Multiple Time Granularities. In H. Kargupta, A. Joshi, K. Sivakumar, and Y. Yesha, editors, *Next Generation Data Mining*, pages 191–212. AAAI/MIT, 2003.

[23] C. Glymour, D. Madigan, D. Pregibon, and P. Smyth. Statistical Themes and Lessons for Data Mining. *Data Mining and Knowledge Discovery*, 1(1):11–28, 1997.

[24] R. L. Grossman, M. F. Hornick, and G. Meyer. Data mining standards initiatives. *Communications of the ACM*, 45(8):59–61, 2002.

[25] R. L. Grossman, C. Kamath, P. Kegelmeyer, V. Kumar, and R. Namburu, editors. *Data Mining for Scientific and Engineering Applications*. Kluwer Academic Publishers, 2001.

[26] S. Guha, A. Meyerson, N. Mishra, R. Motwani, and L. O'Callaghan. Clustering Data Streams: Theory and Practice. *IEEE Transactions on Knowledge and Data Engineering*, 15(3):515–528, May/June 2003.

[27] M. Hall, E. Frank, G. Holmes, B. Pfahringer, P. Reutemann, and I. H. Witten. The WEKA Data Mining Software: An Update. *SIGKDD Explorations*, 11(1), 2009.

[28] J. Han, R. B. Altman, V. Kumar, H. Mannila, and D. Pregibon. Emerging scientific applications in data mining. *Communications of the ACM*, 45(8):54–58, 2002.

[29] J. Han, M. Kamber, and J. Pei. *Data Mining: Concepts and Techniques*. Morgan Kaufmann Publishers, San Francisco, 3rd edition, 2011.

[30] D. J. Hand. Data Mining: Statistics and More? *The American Statistician*, 52(2): 112–118, 1998.

[31] D. J. Hand, H. Mannila, and P. Smyth. *Principles of Data Mining*. MIT Press, 2001.

[32] T. Hastie, R. Tibshirani, and J. H. Friedman. *The Elements of Statistical Learning: Data Mining, Inference, Prediction*. Springer, 2nd edition, 2009.

[33] T. Hey, S. Tansley, K. M. Tolle, et al. *The fourth paradigm: data-intensive scientific discovery*, volume 1. Microsoft research Redmond, WA, 2009.

[34] M. Kantardzic. *Data Mining: Concepts, Models, Methods, and Algorithms*. Wiley-IEEE Press, Piscataway, NJ, 2003.

[35] H. Kargupta and P. K. Chan, editors. *Advances in Distributed and Parallel Knowledge Discovery*. AAAI Press, September 2002.

[36] H. Kargupta, S. Datta, Q. Wang, and K. Sivakumar. On the Privacy Preserving Properties of Random Data Perturbation Techniques. In *Proc. of the 2003 IEEE Intl. Conf. on Data Mining*, pages 99–106, Melbourne, Florida, December 2003. IEEE Computer Society.

[37] A. Karpatne, G. Atluri, J. Faghmous, M. Steinbach, A. Banerjee, A. Ganguly, S. Shekhar, N. Samatova, and V. Kumar. Theory-guided Data Science: A New Paradigm for Scientific Discovery from Data. *IEEE Transactions on Knowledge and Data Engineering*, 2017.

[38] D. Kifer, S. Ben-David, and J. Gehrke. Detecting Change in Data Streams. In *Proc. of the 30th VLDB Conf.*, pages 180–191, Toronto, Canada, 2004. Morgan Kaufmann.

[39] J. Kleinberg, J. Ludwig, and S. Mullainathan. A Guide to Solving Social Problems with Machine Learning. *Harvard Business Review*, December 2016.

[40] D. Lambert. What Use is Statistics for Massive Data? In *ACM SIGMOD Workshop on Research Issues in Data Mining and Knowledge Discovery*, pages 54–62, 2000.

[41] M. H. C. Law, N. Zhang, and A. K. Jain. Nonlinear Manifold Learning for Data Streams. In *Proc. of the SIAM Intl. Conf. on Data Mining*, Lake Buena Vista, Florida, April 2004. SIAM.

18

19

[42] Z. C. Lipton. The mythos of model interpretability. *arXiv preprint arXiv:1606.03490*, 2016.

[43] T. Mitchell. *Machine Learning*. McGraw-Hill, Boston, MA, 1997.

[44] S. Papadimitriou, A. Brockwell, and C. Faloutsos. Adaptive, unsupervised stream mining. *VLDB Journal*, 13(3):222–239, 2004.

[45] O. Parr Rud. *Data Mining Cookbook: Modeling Data for Marketing, Risk and Customer Relationship Management*. John Wiley & Sons, New York, NY, 2001.

[46] F. Pedregosa, G. Varoquaux, A. Gramfort, V. Michel, B. Thirion, O. Grisel, M. Blondel, P. Prettenhofer, R. Weiss, V. Dubourg, J. Vanderplas, A. Passos, D. Cournapeau, M. Brucher, M. Perrot, and E. Duchesnay. Scikit-learn: Machine Learning in Python. *Journal of Machine Learning Research*, 12:2825–2830, 2011.

[47] D. Pyle. *Business Modeling and Data Mining*. Morgan Kaufmann, San Francisco, CA, 2003.

[48] N. Ramakrishnan and A. Grama. Data Mining: From Serendipity to Science—Guest Editors' Introduction. *IEEE Computer*, 32(8):34–37, 1999.

[49] M. T. Ribeiro, S. Singh, and C. Guestrin. Why should i trust you?: Explaining the predictions of any classifier. In *Proceedings of the 22nd ACM SIGKDD International Conference on Knowledge Discovery and Data Mining*, pages 1135–1144. ACM, 2016.

[50] R. Roiger and M. Geatz. *Data Mining: A Tutorial Based Primer*. Addison-Wesley, 2002.

[51] J. Schafer. The Application of Data-Mining to Recommender Systems. *Encyclopedia of data warehousing and mining*, 1:44–48, 2009.

[52] P. Smyth. Breaking out of the Black-Box: Research Challenges in Data Mining. In *Proc. of the 2001 ACM SIGMOD Workshop on Research Issues in Data Mining and Knowledge Discovery*, 2001.

[53] P. Smyth, D. Pregibon, and C. Faloutsos. Data-driven evolution of data mining algorithms. *Communications of the ACM*, 45(8):33–37, 2002.

[54] X. Su and T. M. Khoshgoftaar. A survey of collaborative filtering techniques. *Advances in artificial intelligence*, 2009:4, 2009.

[55] V. S. Verykios, E. Bertino, I. N. Fovino, L. P. Provenza, Y. Saygin, and Y. Theodoridis. State-of-the-art in privacy preserving data mining. *SIGMOD Record*, 33(1):50–57, 2004.

[56] J. T. L. Wang, M. J. Zaki, H. Toivonen, and D. E. Shasha, editors. *Data Mining in Bioinformatics*. Springer, September 2004.

[57] A. R. Webb. *Statistical Pattern Recognition*. John Wiley & Sons, 2nd edition, 2002.

[58] I. H. Witten and E. Frank. *Data Mining: Practical Machine Learning Tools and Techniques*. Morgan Kaufmann, 3rd edition, 2011.

[59] X. Wu, P. S. Yu, and G. Piatetsky-Shapiro. Data Mining: How Research Meets Practical Development? *Knowledge and Information Systems*, 5(2):248–261, 2003.

[60] M. J. Zaki and C.-T. Ho, editors. *Large-Scale Parallel Data Mining*. Springer, September 2002.

[61] M. J. Zaki and W. Meira Jr. *Data Mining and Analysis: Fundamental Concepts and Algorithms*. Cambridge University Press, New York, 2014.

20

习题

1. 讨论下列每项活动是否为数据挖掘任务。

   （a）根据性别划分公司的顾客。

   （b）根据可赢利性划分公司的顾客。

   （c）计算公司的总销售额。

   （d）按学生的标识号对学生数据库排序。

   （e）预测掷一对骰子的结果。

   （f）使用历史记录预测某公司未来的股票价格。

（g）监视病人心率的异常变化。

（h）监视地震活动的地震波。

（i）提取声波的频率。

2. 假定你是一个数据挖掘顾问，受雇于一家因特网搜索引擎公司。举例说明如何使用诸如聚类、分类、关联规则挖掘和异常检测等技术，让数据挖掘为公司提供帮助。

3. 对于如下每个数据集，解释数据的私有性是否是重要问题。

（a）从 1900 年到 1950 年收集的人口普查数据。

（b）访问你的 Web 站点的用户的 IP 地址和访问时间。

（c）从地球轨道卫星得到的图像。

（d）电话号码簿上的姓名和地址。

（e）从网上收集的姓名和电子邮件地址。

21
～
22

数　　据

本章讨论一些与数据相关的问题，它们对于数据挖掘的成败至关重要。

数据类型　数据集的不同表现在多方面。例如，用来描述数据对象的属性可以具有不同的类型——定量的或定性的，并且数据集通常具有特定的性质，例如，某些数据集包含时间序列或彼此之间具有明显联系的对象。毫不奇怪，数据的类型决定我们应使用何种工具和技术来分析数据。此外，数据挖掘研究常常是为了适应新的应用领域和新的数据类型的需要而展开的。

数据的质量　数据通常远非完美。尽管大部分数据挖掘技术可以忍受某种程度的数据不完美，但是注重理解和提高数据质量将改进分析结果的质量。通常必须解决的数据质量问题包括存在噪声和离群点，数据遗漏、不一致或重复，数据有偏差或者不能代表它应该描述的现象或总体情况。

使数据适合挖掘的预处理步骤　通常，原始数据必须加以处理才能适合分析。处理一方面是要提高数据的质量，另一方面要让数据更好地适应特定的数据挖掘技术或工具。例如，有时需要将连续值属性(如长度)转换成离散的分类值的属性(如短、中、长)，以便应用特定的技术。又如，数据集属性的数目常常需要减少，因为属性较少时许多技术用起来更加有效。

根据数据联系分析数据　数据分析的一种方法是找出数据对象之间的联系，之后使用这些联系而不是数据对象本身来进行其余的分析。例如，我们可以计算对象之间的相似度或距离，然后根据这种相似度或距离进行分析——聚类、分类或异常检测。诸如此类的相似性或距离度量很多，要根据数据的类型和特定的应用做出正确的选择。

例 2.1　与数据相关的问题　为了进一步解释这些问题的重要性，考虑下面的假想情况。你收到某个医学研究者发来的电子邮件，是关于你想要研究的一个项目的。邮件的内容如下：

> 你好，
> 我已附上先前邮件提及的数据文件。每行包含一个病人的信息，由 5 个字段组成。我们想使用前面 4 个字段预测最后一个字段。因为我要出去两天，所以没有时间为你提供关于这些数据的更多信息，但希望不会耽误你太多时间。如果你不介意的话，我回来之后是否可以开会和你讨论初步结果？我可能会邀请我们小组的其他成员参加。
> 谢谢！两天之后见！

尽管有些疑虑，你还是开始着手分析这些数据。文件的前几行如下：

```
012   232   33.5   0   10.7
020   121   16.9   2   210.1
027   165   24.0   0   427.6
...
```

粗略观察这些数据并未发现什么不对。你抛开疑虑，并开始分析。数据文件只有 1000 行，比你希望的小，两天之后你认为你已经取得一些进展。你去参加会议，在等待其他人时，你开始与一位参与该项目工作的统计人员交谈。当听说你正在分析该项目的数据时，她请你向她简略介绍你的结果。

　　统计人员：哦，你得到了所有病人的数据？

　　数据挖掘者：是的。我还没有足够的时间分析，但是我的确有了一些有趣的结果。

　　统计人员：真棒。病人数据集的数据问题太多，我没什么进展。

　　数据挖掘者：啊？我没有察觉任何问题。

　　统计人员：喔，首先是字段 5，这是我们要预测的变量。分析这类数据的人都知道，如果使用这些值的日志，结果会更好，但是我后来才发现这一点。他们告诉你了吗？

　　数据挖掘者：没有。

　　统计人员：你一定听说过字段 4 的问题了吧？它的测量范围应当是 1 到 10，而 0 表示有遗漏的值。但是，由于数据输入错误，所有的 10 都变成了 0。可是，由于有些病人这个字段的值有遗漏，所以不能确定该字段上的 0 实际是 0 还是 10。不少记录都存在此问题。

　　数据挖掘者：有意思。还有其他问题吗？

　　统计人员：是的。字段 2 和 3 也有不少问题。我猜想你可能已经注意到了。

　　数据挖掘者：是的。但是，这些字段只是字段 5 的弱预测子。

　　统计人员：无论如何，尽管有这些问题，你还能够完成一些分析，这真让人吃惊。

　　数据挖掘者：实际上，我的结果相当好。字段 1 是字段 5 的很强的预测子。我很奇怪以前怎么没人注意到。

　　统计人员：什么？字段 1 只是一个标识号。

　　数据挖掘者：无论如何，我的结果在那儿。

　　统计人员：啊，不！我才想起来。在按字段 5 排序记录之后，我们加上了一个 ID 号。它们之间是存在很强的联系，但毫无意义。很抱歉！

　　尽管这一场景代表一种极端情况，但它强调了"了解数据"的重要性。为此，本章将讨论上面提到的 4 个问题，列举一些基本难点和标准解决方法。

2.1　数据类型

　　通常，**数据集**可以看作**数据对象**的集合。数据对象有时也叫作记录、点、向量、模式、事件、案例、样本、实例、观测或实体。数据对象用一组刻画对象的特性（如物体质量或事件发生时间）的**属性**描述。属性有时也叫作变量、特性、字段、特征或维。

　　例 2.2　**学生信息**　通常，数据集是一个文件，其中对象是文件的记录（或行），而每个字段（或列）对应于一个属性。例如，表 2.1 显示了包含学生信息的数据集。每行对应一个学生，而每列是一个属性，描述学生的某一方面，如平均绩点（GPA）或标识号（ID）。

表 2.1　包含学生信息的样本数据集

学生 ID	年级	平均绩点（GPA）	…
⋮			
1034262	四年级	3.24	…
1052663	二年级	3.51	…
1082246	一年级	3.62	…
⋮			

基于记录的数据集在平展文件或关系数据库系统中是最常见的，但是还有其他类型的数据集和存储数据的系统。在 2.1.2 节，我们将讨论数据挖掘中经常遇到的其他类型的数据集。然而，我们先考虑属性。

2.1.1 属性与度量

本小节考虑使用何种类型的属性描述数据对象。首先定义属性，然后考虑属性类型的含义，最后介绍经常遇到的属性类型。

1. 什么是属性

我们先更详细地定义属性。

定义 2.1 属性（attribute） *对象的性质或特性，它因对象而异，或随时间而变化。*

例如，眼球颜色因人而异，而物体的温度随时间而变。注意：眼球颜色是一种符号属性，具有少量可能的值{棕色，黑色，蓝色，绿色，淡褐色，…}；而温度是数值属性，可以取无穷多个值。

追根溯源，属性并非数字或符号。然而，为了讨论和精细地分析对象的特性，我们为它们赋予了数字或符号。为了用一种明确定义的方式做到这一点，我们需要测量标度。

定义 2.2 测量标度（measurement scale） *将数值或符号值与对象的属性相关联的规则（函数）。*

形式上，**测量**过程是使用测量标度将一个值与一个特定对象的特定属性相关联。这看上去有点抽象，但是任何时候，我们总在进行这样的测量过程。例如，踏上体重秤称体重；将人分为男女；清点会议室的椅子数量，确定是否能够为所有与会者提供足够的座位。在所有这些情况下，对象属性的"物理值"都被映射到数值或符号值。

有了这些背景，我们就可以讨论属性类型，这对于确定特定的数据分析技术是否适用于某种具体的属性是非常重要的。

2. 属性类型

我们通常将属性的类型称为**测量标度的类型**。从前面的讨论显而易见，属性可以用不同的测量标度来描述，并且属性的性质不必与用来度量它的值的性质相同。换句话说，用来代表属性的值可能具有不同于属性本身的性质，反之亦然。我们用两个例子来解释。

例 2.3 雇员年龄和 ID 号 与雇员有关的两个属性是 ID 和年龄，这两个属性都可以用整数表示。然而，谈论雇员的平均年龄是有意义的，但是谈论雇员的平均 ID 却毫无意义。的确，我们希望 ID 属性所表达的唯一方面是它们互不相同。因而，对雇员 ID 的唯一合法操作就是判定它们是否相等。但在使用整数表示雇员 ID 时，并没暗示有此限制。对于年龄属性而言，用来表示年龄的整数的性质与该属性的性质大同小异。尽管如此，这种对应仍不完备，例如，年龄有最大值，而整数没有。◀

例 2.4 线段长度 考虑图 2.1，它展

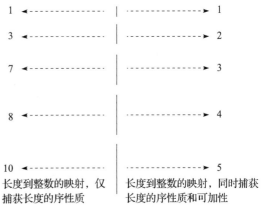

长度到整数的映射，仅　　　长度到整数的映射，同时捕获
捕获长度的序性质　　　　捕获长度的序性质和可加性

图 2.1 两种不同测量标度下的线段长度测量

示了一些线段对象和如何用两种不同的方法将这些对象的长度属性映射到整数。从上到下，每条后继线段都是通过最上面的线段自我添加而形成的。这样，第二条线段是最上面的线段两次相连形成的，第三条线段是最上面的线段三次相连形成的，以此类推。从物理意义上讲，所有的线段都是第一条线段的倍数。这个事实由图右边的测量捕获，但未被左边的测量捕获。更准确地说，左边的测量标度仅仅捕获长度属性的序，而右边的标度同时捕获序和可加性的性质。因此，属性可以用一种不描述属性全部性质的方式测量。 ◀

　　知道属性的类型很重要，因为它告诉我们测量值的哪些性质与属性的基本性质一致，从而使得我们可以避免诸如计算雇员的平均 ID 这样的愚蠢行为。

3. 属性的不同类型

　　一种指定属性类型的有用（和简单）的办法是，确定对应属性基本性质的数值的性质。例如，长度的属性可以有数值的许多性质。按照长度比较对象，确定对象的排序，以及谈论长度的差和比例都是有意义的。数值的如下性质（操作）常常用来描述属性。

　　1）**相异性**：＝和≠。

　　2）**序**：＜、≤、＞和≥。

　　3）**加法**：＋和－。

　　4）**乘法**：＊和/。

　　给定这些性质，我们可以定义四种属性类型：**标称**（nominal）、**序数**（ordinal）、**区间**（interval）和**比率**（ratio）。表 2.2 给出这些类型的定义，以及每种类型上有哪些合法的统计操作等信息。每种属性类型拥有其上方属性类型上的所有性质和操作。因此，对于标称、序数和区间属性合法的任何性质或操作，对于比率属性也合法。换句话说，属性类型的定义是累积的。当然，对于某种属性类型合适的统计操作，对其上方的属性类型就不一定合适。

表 2.2　不同的属性类型

属性类型		描述	例子	操作
分类的（定性的）	标称	标称属性的值只是不同的名字，即标称值只提供足够的信息以区分对象（＝，≠）	邮政编码、雇员 ID 号、眼球颜色、性别	众数、熵、列联相关、χ^2 检验
	序数	序数属性的值提供足够的信息确定对象的序（＜，＞）	矿石硬度{好，较好，最好}、成绩、街道号码	中值、百分位、秩相关、游程检验、符号检验
数值的（定量的）	区间	对于区间属性，值之间的差是有意义的，即存在测量单位（＋，－）	日历日期、摄氏或华氏温度	均值、标准差、皮尔逊相关、t 和 F 检验
	比率	对于比率变量，差和比率都是有意义的（＊，/）	绝对温度、货币量、计数、年龄、质量、长度、电流	几何平均、调和平均、百分比变化

　　标称和序数属性统称**分类的**（categorical）或**定性的**（qualitative）属性。顾名思义，定性属性（如雇员 ID）不具有数的大部分性质。即便使用数（即整数）表示，也应当像对待符号一样对待它们。其余两种类型的属性，即区间和比率属性，统称**定量的**（quantitative）或**数值的**（numeric）属性。定量属性用数表示，并且具有数的大部分性质。注意：定量属性可以是整数值或连续值。

　　属性的类型也可以用不改变属性意义的变换来描述。实际上，心理学家 S. Smith Stevens 最先用**允许的变换**(permissible transformation)定义了表 2.2 所示的属性类型。例如，如果长度分别用米和英尺[⊖]度量，其属性的意义并未改变。

对特定的属性类型有意义的统计操作是：当使用保持属性意义的变换对属性进行变换时，它们产生的结果相同。例如，用米和英尺为单位进行度量时，同一组对象的平均长度数值是不同的，但是两个平均值都代表相同的长度。表 2.3 给出表 2.2 中四种属性类型的允许的(保持意义的)变换。

表 2.3　定义属性层次的变换

属性类型		变换	注释
分类的 (定性的)	标称	任何一对一变换，例如值的一个排列	如果所有雇员的 ID 号都重新赋值，不会出现任何不同
	序数	值的保序变换，即新值 $= f$(旧值)，其中 f 是单调函数	好、较好、最好的属性可以完全等价地值$\{1, 2, 3\}$或$\{0.5, 1, 10\}$表示
数值的 (定量的)	区间	新值$= a *$旧值$+ b$，其中 a、b 是常数	华氏和摄氏温度的 0 的位置不同，1 度的大小(即单位大小)也不同
	比率	新值$= a *$旧值	长度可以用米或英尺度量

例 2.5　温度标度　温度可以很好地解释前面介绍的一些概念。首先，温度可以是区间属性或比率属性，这取决于其测量标度。当温度用开尔文温标测量时，从物理意义上讲，2 度的温度是 1 度的两倍；当温度用华氏或摄氏标度测量时则并非如此，因为这时 1 度温度与 2 度温度相差并不太多。问题是从物理意义上讲，华氏和摄氏标度的零点是硬性规定的，因此，华氏或摄氏温度的比率并无物理意义。　◀

4. 用值的个数描述属性

区分属性的一种独立方法是根据属性可能取值的个数来判断。

- **离散的**(discrete)　离散属性具有有限个值或无限可数个值。这样的属性可以是分类的(如邮政编码或 ID 号)，也可以是数值的(如计数)。通常，离散属性用整数变量表示。**二元属性**(binary attribute)是离散属性的一种特殊情况，并只接受两个值，如真/假、是/否、男/女或 0/1。通常，二元属性用布尔变量表示，或者用只取两个值 0 或 1 的整型变量表示。

- **连续的**(continuous)　连续属性是取实数值的属性，如温度、高度或重量等属性。通常，连续属性用浮点变量表示。实践中，实数值能可以有限的精度测量和表示。

从理论上讲，任何测量标度类型(标称的、序数的、区间的和比率的)都可以与基于属性值个数的任意类型(二元的、离散的和连续的)组合。然而，有些组合并不常出现，或者没有什么意义。例如，很难想象一个实际数据集包含连续的二元属性。通常，标称和序数属性是二元的或离散的，而区间和比率属性是连续的。然而，**计数属性**(count attribute)是离散的，也是比率属性。

5. 非对称的属性

对于**非对称的属性**(asymmetric attribute)，出现非零属性值才是重要的。考虑这样一个数据集，其中每个对象是一个学生，而每个属性记录学生是否选修大学的某个课程。对于某个学生，如果他选修了对应某属性的课程，该属性取值 1，否则取值 0。由于学生只

⊖　1 英尺$= 0.3048$米。——编辑注

选修所有可选课程中的很小一部分，这种数据集的大部分值为 0，因此，关注非零值将更有意义、更有效。否则，如果在学生不选修的课程上做比较，则大部分学生都非常相似。只有非零值才重要的二元属性是**非对称的二元属性**。这类属性对于关联分析特别重要。关联分析将在第 5 章讨论。也可能有离散的或连续的非对称特征。例如，如果记录每门课程的学分，则结果数据集将包含**非对称的离散属性**或**连续属性**。

6. 度量水平的总体评价

正如本章其余部分所描述的，数据有许多不同的类型。先前关于测量标度的讨论虽然有用，但并不完整，仍有一些局限。因此我们给出如下见解和指引。

- **相异性、有序性和有意义的区间及比率只是数据的四个属性——其他许多属性都是可能的。** 举例来讲，一些数据本质上是周期性的，例如地球表面上的位置或时间。再如，考虑值为集合的属性，其中每个属性值是一组元素的集合，例如去年看过的所有电影。如果第二个集合是第一个集合的子集，则定义第一个元素(电影)集合比第二个集合更大(包含)。但是，这种关系只是定义了一个与刚才定义的任何属性类型都不匹配的偏序。
- **用于表示属性值的数字或符号可能无法蕴含属性的所有性质，或者所蕴含的性质并不存在。** 例 2.3 给出了关于整数的说明，即 ID 的平均值和超出范围的年龄。
- **为分析目的数据经常进行转换——**参见 2.3.7 节。通常将观测变量的分布改变为更容易分析的分布，例如高斯(正态)分布。这种转换只保留了原始值的顺序，其他的性质将会丢失。尽管如此，如果期望的结果是一个差异的统计检验或预测模型，那这种转换是合理的。
- **对任何数据分析的最终评估，包括对属性的操作，都是从专业领域的角度分析结果是否有意义。**

总之，确定哪些操作可以在特定的属性或属性集合上执行，而不影响分析的完整性是十分具有挑战性的。幸运的是，既定的做法往往是一个可靠的指南，而有时候标准做法也有可能是错误的或有局限性的。

2.1.2　数据集的类型

数据集的类型有多种，并且随着数据挖掘的发展与成熟，还会有更多类型的数据集用于分析。本小节介绍一些很常见的类型。为方便起见，我们将数据集的类型分成三组：记录数据、基于图形的数据和有序数据。这些分类不能涵盖所有的可能性，肯定还存在其他的分组。

1. 数据集的一般特性

在提供特定类型数据集的细节之前，我们先讨论适用于许多数据集的三个特性，即维度、分布和分辨率，它们对数据挖掘技术具有重要影响。

维度(dimensionality)　数据集的维度是数据集中的对象具有的属性数目。低维度数据往往与中、高维度数据有质的不同。事实上，分析高维数据有时会陷入所谓的**维灾难**(curse of dimensionality)。正因如此，数据预处理的一个重要动机就是减少维度，称为**维归约**(dimensionality reduction)。这些问题将在本章后面和附录 B 中更深入地讨论。

分布(distribution)　数据集的分布是构成数据对象的属性的各种值或值的集合出现的频率。同样，数据集的分布可以看作对数据空间各个区域中对象集中程度的描述。统计学家列举了许多分布的类型，如高斯分布(正态分布)，并描述了它们的性质(见附录 C)。虽然描述分布的统计方法可以产生强大的分析技术，但是许多数据集的分布并没有被标准的统计分布很好地解释。

因此许多数据挖掘算法并没有为其分析的数据假定某个特定的统计分布。然而，分布的一般特性通常具有强烈的影响。例如，假设将类别属性用作类变量，其中一个类别在95%的情况下出现，而其他类别只在5%的情况下发生。正如4.11节所讨论的那样，这种分布的**倾斜度**(skewness)会使分类变得困难(倾斜度对数据分析有其他影响，这里不做讨论)。

倾斜数据的一个特例是**稀疏性**(sparsity)。对于稀疏的二进制、计数或连续数据，一个对象的大多数属性值为0。在许多情况下，非零项还不到1%。实际上，稀疏性是一个优点，因为通常只有非零值才需要存储和处理。这将节省大量的计算时间和存储空间。事实上，有些数据挖掘算法，如第5章介绍的关联规则挖掘算法，仅适合处理稀疏数据。最后，请注意稀疏数据集中的属性通常是非对称属性。

分辨率(resolution) 经常可以在不同的分辨率下得到数据，并且在不同的分辨率下数据的性质不同。例如，在几米的分辨率下，地球表面看上去很不平坦，但在数十公里的分辨率下却相对平坦。数据的模式也依赖于分辨率。如果分辨率太高，模式可能看不出，或者掩埋在噪声中；如果分辨率太低，模式可能不出现。例如，几小时记录一下气压变化可以反映出风暴等天气系统的移动；而在月的标度下，这些现象就检测不到。

2. 记录数据

许多数据挖掘任务都假定数据集是记录(数据对象)的汇集，每个记录包含固定的数据字段(属性)集，如图2.2a所示。对于记录数据的大部分基本形式，记录之间或数据字段之间没有明显的联系，并且每个记录(对象)具有相同的属性集。记录数据通常存放在平展文件或关系数据库中。关系数据库当然不仅仅是记录的汇集，它还包含更多的信息，但是

数据挖掘一般并不使用关系数据库的这些信息。更确切地说，数据库是查找记录的方便场所。下面介绍不同类型的记录数据，并用图2.2加以说明。

Tid	Refund	Marital Status	Taxable Income	Defaulted Borrower
1	Yes	Single	125K	No
2	No	Married	100K	No
3	No	Single	70K	No
4	Yes	Married	120K	No
5	No	Divorced	95K	Yes
6	No	Married	60K	No
7	Yes	Divorced	220K	No
8	No	Single	85K	Yes
9	No	Married	75K	No
10	No	Single	90K	Yes

a) 记录数据

TID	ITEMS
1	Bread, Soda, Milk
2	Beer, Bread
3	Beer, Soda, Diapers, Milk
4	Beer, Bread, Diapers, Milk
5	Soda, Diapers, Milk

b) 事务数据

Projection of x Load	Projection of y Load	Distance	Load	Thickness
10.23	5.27	15.22	27	1.2
12.65	6.25	16.22	22	1.1
13.54	7.23	17.34	23	1.2
14.27	8.43	18.45	25	0.9

c) 数据矩阵

	team	coach	play	ball	score	game	win	lost	timeout	season
Document 1	3	0	5	0	2	6	0	2	0	2
Document 2	0	7	0	2	1	0	0	3	0	0
Document 3	0	1	0	0	1	2	2	0	3	0

d) 文档-词矩阵

图 2.2 记录数据的不同变体

事务数据或购物篮数据　事务数据（transaction data）是一种特殊类型的记录数据，其中每个记录（事务）涉及一系列的项。考虑一个杂货店。顾客一次购物所购买的商品的集合就构成一个事务，而购买的商品是项。这种类型的数据称为**购物篮数据**（market basket data），因为记录中的项是顾客"购物篮"中的商品。事务数据是项的集合的集族，但是也可以将它视为记录的集合，其中记录的字段是非对称的属性。这些属性常常是二元的，指出商品是否已买。更一般地，这些属性还可以是离散的或连续的，例如表示购买的商品数量或购买商品的花费。图 2.2b 展示了一个事务数据集，每一行代表一位顾客在特定时间购买的商品。

数据矩阵　如果一个数据集族中的所有数据对象都具有相同的数值属性集，则数据对象可以看作多维空间中的点（向量），其中每个维代表对象的一个不同属性。这样的数据对象集可以用一个 $m \times n$ 的矩阵表示，其中，有 m 行（一个对象一行）n 列（一个属性一列），也可以用列表示数据对象，用行表示属性。这种矩阵称作**数据矩阵**（data matrix）或**模式矩阵**（pattern matrix）。数据矩阵是记录数据的变体，但是，由于它由数值属性组成，可以使用标准的矩阵操作对数据进行变换和处理，因此，对于大部分统计数据，数据矩阵是一种标准的数据格式。图 2.2c 展示了一个样本数据矩阵。

稀疏数据矩阵　稀疏数据矩阵是数据矩阵的一种特殊情况，其中属性的类型相同并且是非对称的，即只有非零值才是重要的。事务数据是仅含 0 和 1 元素的稀疏数据矩阵的例子。另一个常见的例子是文档数据。特别地，如果忽略文档中词（术语）的次序——"词袋"法——则文档可以用词向量表示，其中每个词是向量的一个分量（属性），而每个分量的值是对应词在文档中出现的次数。文档集合的这种表示通常称作**文档-词矩阵**（document-term matrix）。图 2.2d 显示了一个文档-词矩阵。文档是该矩阵的行，而词是矩阵的列。实践应用时，仅存放稀疏数据矩阵的非零项。

3. 基于图的数据

有时，图形可以方便而有效地表示数据。我们考虑两种特殊情况：（1）图捕获数据对象之间的联系；（2）数据对象本身用图表示。

带有对象之间联系的数据　对象之间的联系常常携带重要信息。在这种情况下，数据常常用图表示。一般把数据对象映射到图的结点，而对象之间的联系用对象之间的链和诸如方向、权值等链性质表示。考虑万维网上的网页，页面上包含文本和指向其他页面的链接。为了处理搜索查询，Web 搜索引擎收集并处理网页，提取它们的内容。然而，众所周知，指向或出自每个页面的链接包含大量该页面与查询相关程度的信息，因而必须考虑。

图 2.3a 显示了相互链接的网页集。图数据的另一个重要例子是社交网络，其中的数据对象是人，人与人之间的联系是他们通过社交媒体进行的交互。

具有图对象的数据　如果对象具有结构，即对象包含具有联系的子对象，则这样的对象常常用图表示。例如，化合物的结构可以用图表示，其中结点是原子，结点之间的链是化学键。图 2.3b 给出化合物苯的分子结构示意图，其中包含碳原子（黑色）和氢原子（灰色）。图表示可以确定何种子结构频繁地出现在化合物的集合中，并且弄清楚这些子结构中是否有某种子结构与诸如熔点或生成热等特定的化学性质有关。频繁图挖掘是数据挖掘中分析这类数据的一个分支，将在 6.5 节讨论。

4. 有序数据

对于某些数据类型，属性具有涉及时间或空间序的联系。下面介绍各种类型的有序数据，如图 2.4 所示。

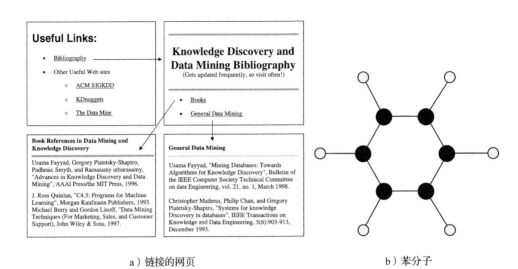

a）链接的网页　　　　　　　　b）苯分子

图 2.3　不同的图形数据

时间	顾客	购买的商品
t1	C1	A, B
t2	C3	A, C
t2	C1	C, D
t3	C2	A, D
t4	C2	E
t5	C1	A, E

顾客	购买时间与购买的商品
C1	(t1: A,B) (t2:C,D) (t5:A,E)
C2	(t3: A, D) (t4: E)
C3	(t2: A, C)

a）时序事务数据

```
GGTTCCGCCTTCAGCCCCGCGCC
CGCAGGGCCCGCCCCGCGCCGTC
GAGAAGGGCCCGCCTGGCGGGCG
GGGGGAGGCGGGGCCGCCCGAGC
CCAACCGAGTCCGACCAGGTGCC
CCCTCTGCTCGGCCTAGACCTGA
GCTCATTAGGCGGCAGCGGACAG
GCCAAGTAGAACACGCGAAGCGC
TGGGCTGCCTGCTGCGACCAGGG
```

b）基因组序列数据

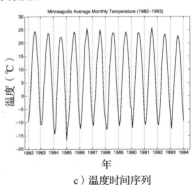

c）温度时间序列

图 2.4　不同的有序数据

时序事务数据　时序事务数据（sequential transaction data）可以看作事务数据的扩充，其中每个事务包含一个与之相关联的时间。考虑带有事务发生时间的零售事务数据。时间信息可以帮助我们发现"万圣节前夕糖果销售达到高峰"之类的模式。时间也可以与每个属性相关联，例如，每个记录可以是一位顾客的购物历史，包含不同时间购买的商品列表。使用这些信息，就有可能发现"购买 DVD 播放机的人趋向于在其后不久购买 DVD"之类的模式。

图 2.4a 展示了一些时序事务数据。有 5 个不同的时间——t1、t2、t3、t4 和 t5，3 位

不同的顾客——C1、C2 和 C3，5 种不同的商品——A、B、C、D 和 E。在图 a 上面的表中，每行对应一位顾客在特定的时间购买的商品。例如，在时间 t3，顾客 C2 购买了商品 A 和 D。下面的表显示相同的信息，但每行对应一位顾客。每行包含涉及该顾客的所有事务信息，其中每个事务包含一些商品和购买这些商品的时间，例如，顾客 C3 在时间 t2 购买了商品 A 和 C。

时间序列数据　时间序列数据(time series data)是一种特殊的有序数据类型，其中每条记录都是一个**时间序列**(time series)，即一段时间以来的测量序列。例如，金融数据集可能包含各种股票每日价格的时间序列对象。再例如，考虑图 2.4c，该图显示明尼阿波利斯市从 1982 年到 1994 年的月平均气温的时间序列。在分析诸如时间序列的时间数据时，重要的是要考虑**时间自相关**(temporal autocorrelation)，即如果两个测量的时间很接近，则这些测量的值通常非常相似。

序列数据　序列数据(sequence data)是一个数据集合，它是各个实体的序列，如词或字母的序列。除没有时间戳之外，它与时序数据非常相似，只是有序序列考虑项的位置。例如，动植物的遗传信息可以用称作基因的核苷酸的序列表示，与遗传序列数据有关的许多问题都涉及由核苷酸序列的相似性预测基因结构和功能的相似性。图 2.4b 显示用 4 种核苷酸表示的一段人类基因码。所有的 DNA 都可以由 A、T、G 和 C 四种核苷酸构造。

空间和时空数据　有些对象除了其他类型的属性之外，还具有空间属性，如位置或区域。空间数据的一个例子是从不同的地理位置收集的气象数据(降水量、气温、气压)。这些测量通常是随时间收集的，因此，这些数据由不同位置的时间序列组成。在这种情况下，我们将数据称为时空数据。虽然可以对每个特定的时间或位置分别进行分析，但对时空数据更完整的分析需要考虑数据的时间和空间两个方面。

空间数据的一个重要方面是**空间自相关性**(spatial autocorrelation)，即物理上靠近的对象趋于在其他方面也相似。因此，地球上两个相互靠近的点通常具有相近的气温和降水量。值得注意的是，空间自相关性类似于时间自相关性。

空间和时空数据的重要例子是科学和工程数据集，其数据取自二维或三维网格上规则或不规则分布的点上的测量或模型输出结果。例如，地球科学数据集记录在各种分辨率(如每度)下经纬度球面网格点(网格单元)上测量的温度和气压，如经纬度都为 1°。另一个例子是，在瓦斯气流模拟中，可以针对模拟中的每个网格点记录不同时刻的流速和方向。还有一种不同类型的时空数据来自在时间和空间中追踪物体(例如车辆)的轨迹。

5. 处理非记录数据

大部分数据挖掘算法都是为记录数据或其变体(如事务数据和数据矩阵)设计的。通过从数据对象中提取特征，并使用这些特征创建对应于每个对象的记录，针对记录数据的技术也可以用于非记录数据。考虑前面介绍的化学结构数据。给定一个常见的子结构集合，每个化合物都可以用一个具有二元属性的记录表示，这些二元属性指出化合物是否包含特定的子结构。这样的表示实际上是事务数据集，其中事务是化合物，而项是子结构。

在某些情况下，容易用记录形式表示数据，但是这类表示并不能捕获数据中的所有信息。考虑这样的时空数据，它由空间网格每一点上的时间序列组成。通常，这种数据存放在数据矩阵中，其中每行代表一个位置，而每列代表一个特定的时间点。然而，这种表示并不能明确地表示属性之间存在的时间联系以及对象之间存在的空间联系。但并不是说这种表示不合适，而是说分析时必须考虑这些联系。例如，在使用数据挖掘技术时，忽略属性的时间自相关性或数据对象的空间自相关性(即空间网格上的位置)并不是一个好主意。

2.2 数据质量

数据挖掘算法通常用于为其他目的收集的数据，或者在收集时未明确其目的。因此，数据挖掘常常不能"在数据源头控制质量"。相比之下，统计学的实验设计或调查中，其数据质量往往都达到了一定的要求。由于无法避免数据质量问题，因此数据挖掘着眼于两个方面：(1)数据质量问题的检测和纠正；(2)使用可以容忍低质量数据的算法。第一步的检测和纠正，通常称作**数据清理**(data cleaning)。

下面几小节讨论数据质量。尽管也讨论某些与应用有关的问题，但是关注的焦点是测量和数据收集问题。

2.2.1 测量和数据收集问题

期望数据完美是不现实的。人类的错误、测量设备的限制或数据收集过程中的漏洞都可能导致问题。数据的值乃至整个数据对象都可能会丢失。在有些情况下，可能有不真实或重复的对象，即对应于单个"实际"对象出现了多个数据对象。例如，对于一个最近住过两个不同地方的人，可能有两个不同的记录。即使所有的数据都不缺，并且"看上去很好"，也可能存在不一致，如一个人身高 2m，但体重只有 2kg。

下面我们关注数据测量和收集方面的数据质量问题。我们先定义测量误差和数据收集错误，然后考虑涉及测量误差的各种问题：噪声、伪像、偏置、精度和准确率。最后讨论同时涉及测量和数据收集的数据质量问题：离群点、遗漏和不一致的值、重复数据。

1. 测量误差和数据收集错误

术语**测量误差**(measurement error)是指测量过程中产生的问题。一个常见的问题是：在某种程度上，记录的值与实际值不同。对于连续属性，测量值与实际值的差称为**误差**(error)。术语**数据收集错误**(data collection error)是指诸如遗漏数据对象或属性值，或者不当地包含了其他数据对象等错误。例如，一种特定种类动物研究可能包含了相关种类的其他动物，它们只是表面上与要研究的种类相似。测量误差和数据收集错误可能是系统的也可能是随机的。

我们只考虑一般的错误类型。在特定的领域中，总有某些类型的错误是常见的，并且通常存在很好的技术，能检测并纠正这些错误。例如，人工输入数据时，键盘录入错误是常见的，因此许多数据输入程序具有检测技术，并通过人工干预纠正这类错误。

2. 噪声和伪像

噪声是测量误差的随机部分。这通常涉及值被扭曲或加入了谬误对象。图 2.5 显示了被随机噪声干扰前后的时间序列。如果在时间序列上添加更多的噪声，形状将会消失。图 2.6 显示了三组添加一些噪声点(用"+"表示)前后的数据点集。注意，有些噪声点与非噪声点混在一起。

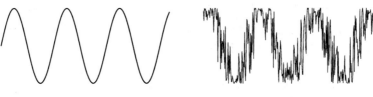

a）时间序列   b）含噪声的时间序列

图 2.5 时间序列中的噪声

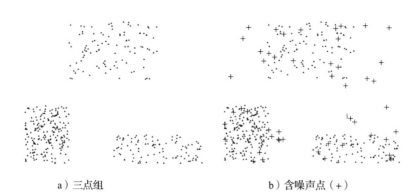

a）三点组　　　　　　　　　　　　b）含噪声点（+）

图 2.6　空间中的噪声

术语"噪声"通常用于包含时间或空间分量的数据。在这些情况下，常常可以使用信号或图像处理技术降低噪声，从而帮助发现可能"淹没在噪声中"的模式（信号）。尽管如此，完全消除噪声通常是困难的，而许多数据挖掘工作都关注设计**鲁棒算法**（robust algorithm），即在噪声干扰下也能产生可以接受的结果。

数据错误可能是更确定性现象的结果，如一组照片在同一地方出现条纹。数据的这种确定性失真常称作**伪像**（artifact）。

3. 精度、偏置和准确率

在统计学和实验科学中，测量过程和结果数据是用精度和偏置度量的。我们给出标准的定义，随后简略加以讨论。对于下面的定义，我们假定对相同的基本量进行重复测量。

定义 2.3 精度（precision）　（同一个量的）重复测量值之间的接近程度。

定义 2.4 偏置（bias）　测量值与被测量之间的系统的变化。

精度通常用值集合的标准差度量，而偏置用值集合的均值与测出的已知值之间的差度量。只有那些通过外部手段能够得到测量值的对象，偏置才是可确定的。假定我们有 1g 质量的标准实验室重量，并且想评估实验室的新天平的精度和偏置。我们称重 5 次，得到下列值：{1.015，0.990，1.013，1.001，0.986}。这些值的均值是 1.001，因此偏置是 0.001。用标准差度量，精度是 0.013。

通常使用更一般的术语**准确率**表示数据测量误差的程度。

定义 2.5 准确率（accuracy）　被测量的测量值与实际值之间的接近度。

准确率依赖于精度和偏置，但是没有用这两个量表达准确率的公式。

准确率的一个重要方面是**有效数字**（significant digit）的使用。其目标是仅使用数据精度所能确定的数字位数表示测量或计算结果。例如，对象的长度用最小刻度为毫米的米尺测量，则我们只能记录最接近毫米的长度数据，这种测量的精度为±0.5mm。这里不再详细地讨论有效数字，因为大部分读者应当在先前的课程中接触过，并且在理工科和统计学教材中讨论得相当深入。

诸如有效数字、精度、偏置和准确率问题常常被忽视，但是对于数据挖掘、统计学和自然科学，它们都非常重要。通常，数据集并不包含数据精度信息，用于分析的程序返回的结果也没有这方面的信息。但是，缺乏对数据和结果准确率的理解，分析者将可能出现严重的数据分析错误。

4. 离群点

离群点(outlier)是在某种意义上具有不同于数据集中其他大部分数据对象的特征的数据对象，或是相对于该属性的典型值来说不寻常的属性值。我们也称其为**异常**(anomalous)对象或异常值。有许多定义离群点的方法，并且统计学和数据挖掘界已经提出了很多不同的定义。此外，区别噪声和离群点这两个概念是非常重要的。与噪声不同，离群点可以是合法的数据对象或值。例如，在欺诈和网络入侵检测中，目标就是在大量的正常对象或事件中找到异常对象或事件。第 9 章会更详细地讨论异常检测。

5. 遗漏值

一个对象遗漏一个或多个属性值的情况并不少见。有时可能会出现信息收集不全的情况，例如有的人拒绝透露年龄或体重。还有些情况下，某些属性并不能用于所有对象，例如表格常常有条件选择部分，仅当填表人以特定的方式回答前面的问题时，条件选择部分才需要填写，但为简单起见存储了表格的所有字段。无论何种情况，在数据分析时都应当考虑遗漏值。

有许多处理遗漏值的策略(和这些策略的变种)，每种策略适用于特定的情况。这些策略在下面列出，同时我们指出它们的优缺点。

删除数据对象或属性　一种简单而有效的策略是删除具有遗漏值的数据对象。然而，即使不完整的数据对象也包含一些有用的信息，并且，如果许多对象都有遗漏值，则很难甚至不可能进行可靠的分析。尽管如此，如果某个数据集只有少量的对象具有遗漏值，则忽略它们可能是合算的。一种与之相关的策略是删除具有遗漏值的属性。然而，做这件事要小心，因为被删除的属性可能对分析是至关重要的。

估计遗漏值　有时，遗漏值可以可靠地估计。例如，在考虑以大致平滑的方式变化的、具有少量但分散的遗漏值的时间序列时，遗漏值可以使用其他值来估计(插值)。另举一例，考虑一个具有许多相似数据点的数据集，与具有遗漏值的点邻近的点的属性值常常可以用来估计遗漏的值。如果属性是连续的，则可以使用最近邻的平均属性值；如果属性是分类的，则可以取最近邻中最常出现的属性值。为了更具体地解释，考虑地面站记录的降水量，对于未设地面站的区域，降水量可以使用邻近地面站的观测值估计。

在分析时忽略遗漏值　许多数据挖掘方法都可以修改，以忽略遗漏值。例如，假定正在对数据对象聚类，需要计算各对数据对象间的相似性。如果某对数据对象的一个对象或两个对象的某些属性有遗漏值，则可以仅使用没有遗漏值的属性来计算相似性。当然，这种相似性只是近似的，但是除非整个属性数目很少，或者遗漏值的数量很大，否则这种误差影响不大。同样，许多分类方法都可以修改，以便于处理遗漏值。

6. 不一致的值

数据可能包含不一致的值。比如地址字段列出了邮政编码和城市名，但是有的邮政编码区域并不包含在对应的城市中。这可能是人工输入该信息时颠倒了两个数字，或许是在扫描手写体时读错了一个数字。无论导致不一致值的原因是什么，重要的是能检测出来，并且如果可能的话，纠正这种错误。

有些不一致类型容易检测，例如人的身高不应当是负的。另一些情况下，可能需要查阅外部信息源，例如当保险公司处理赔偿要求时，它将对照顾客数据库核对赔偿单上的姓名与地址。

检测到不一致后，有时可以对数据进行更正。产品代码可能有"校验"数字，或者可以通过一个备案的已知产品代码列表复核产品代码，如果发现它不正确但接近一个已知代码，则纠正它。纠正不一致需要额外的或冗余的信息。

例2.6 **不一致的海洋表面温度** 该例解释实际的时间序列数据中的不一致性。这些数据是在海洋的不同点测量的海洋表面温度（SST）。最初人们利用船或浮标使用海洋测量方法收集 SST 数据，而最近开始使用卫星来收集这些数据。为了创建长期的数据集，需要使用这两种数据源。然而，由于数据来自不同的数据源，两部分数据存在微妙的不同。这种差异显示在图 2.7 中，该图显示了各年度之间 SST 值的相关性。如果某两个年度的 SST 值是正相关的，则对应于这两年的位置为白色，否则为黑色。（季节性的变化从数据中删除，否则所有的年都是高度相关的。）数据汇集在一起的地方（1983 年）有一个明显的变化。在 1958～1982 年和 1983～1999 年两组中，每组内的年相互之间趋向于正相关，但与另一组的年负相关。这并不意味着该数据不能用，但是分析者应当考虑这种差异对数据挖掘分析的潜在影响。◀

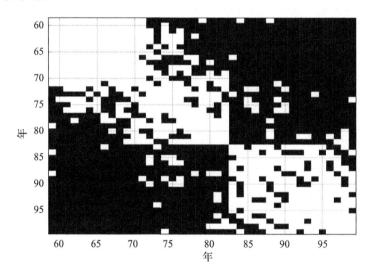

图 2.7　年对之间 SST 数据的相关性。白色区域表示正相关，黑色区域表示负相关

7. 重复数据

数据集可以包含重复或几乎重复的数据对象。许多人都收到过重复的邮件，因为它们以稍微不相同的名字多次出现在数据库中。为了检测并删除这种重复，必须处理两个主要问题。首先，如果两个对象实际代表同一个对象，则对应的属性值必然不同，必须解决这些不一致的值；其次，需要避免意外地将两个相似但并非重复的数据对象（如两个人具有相同姓名）合并在一起。术语**去重复**（deduplication）通常用来表示处理这些问题的过程。

在某些情况下，两个或多个对象在数据库的属性度量上是相同的，但是仍然代表不同的对象。这种重复是合法的。但是，如果某些算法设计中没有专门考虑这些属性可能相同的对象，就还是会导致问题。本章习题 13 就是这样的一个例子。

2.2.2　关于应用的问题

数据质量问题也可以从应用角度考虑，表达为"数据是高质量的，如果它适合预期的应用"。特别是对工商界，数据质量的这种提议非常有用。类似的观点也出现在统计学和实验科学中，那里强调精心设计实验来收集与特定假设相关的数据。与测量和数据收集一样，许多数据质量问题与特定的应用和领域有关。我们这里仍然只考虑一些一般性问题。

时效性   有些数据在收集后就开始老化。比如说，如果数据提供正在发生的现象或过程的快照，如顾客的购买行为或 Web 浏览模式，则快照只代表有限时间内的真实情况。如果数据已经过时，则基于它的模型和模式也已经过时。

相关性   可用的数据必须包含应用所需的信息。考虑构造一个模型，预测交通事故发生率。如果忽略了驾驶员的年龄和性别信息，那么除非这些信息可以间接地通过其他属性得到，否则模型的准确率可能是有限的。

确保数据集中的对象相关不太容易。一个常见问题是**抽样偏置**（sampling bias），指样本包含的不同类型的对象与它们在总体中的出现情况不成比例。例如调查数据只反映对调查做出响应的那些人的意见。（抽样的其他问题将在 2.3.2 节进一步讨论。）由于数据分析的结果只能反映现有的数据，抽样偏置通常会导致不正确的分析。

关于数据的知识   理想情况下，数据集附有描述数据的文档。文档的质量好坏决定它是支持还是干扰其后的分析。例如，如果文档标明若干属性是强相关的，则说明这些属性可能提供了高度冗余的信息，我们通常只保留一个属性。（考虑销售税和销售价格。）然而，如果文档很糟糕，例如，没有告诉我们某特定字段上的遗漏值用 −9999 表示，则我们的数据分析就可能出问题。其他应该说明的重要特性是数据精度、特征的类型（标称的、序数的、区间的、比率的）、测量的刻度（如长度用米还是英尺）和数据的来源。

2.3   数据预处理

本节我们考虑应当采用哪些预处理步骤，让数据更加适合挖掘。数据预处理是一个广泛的领域，包含大量以复杂的方式相关联的不同策略和技术。我们将讨论一些最重要的思想和方法，并试图指出它们之间的相互联系。具体地说，我们将讨论如下主题。

- 聚集
- 抽样
- 维归约
- 特征子集选择
- 特征创建
- 离散化和二元化
- 变量变换

粗略地说，这些主题分为两类，即选择分析所需要的数据对象和属性，以及创建/改变属性。这两种情况的目标都是改善数据挖掘分析工作，减少时间，降低成本，提高质量。细节参见以下几小节。

术语注记：在下面的内容中，我们有时根据习惯用法，使用特征（feature）或变量（variable）指代属性（attribute）。

2.3.1   聚集

有时，"少就是多"，而聚集就是如此。**聚集**（aggregation）将两个或多个对象合并成单个对象。考虑一个由事务（数据对象）组成的数据集，它记录一年中不同日期在各地（Minneapolis Chicago……）商店的商品日销售情况，见表 2.4。对该数据集的事务进行聚集的一种方法是，用一个商店的事务替换该商店的所有事务。这把每天出现在一个商店的成百上千个事务记录归约成单个日事务，而每天的数据对象的个数减少为商店的个数。

表 2.4　包含顾客购买信息的数据集

事务 ID	商品	商店位置	日期	价格	⋯
⋮	⋮	⋮	⋮	⋮	
101123	Watch	Chicago	09/06/04	$25.99	⋯
101123	Battery	Chicago	09/06/04	$5.99	⋯
101124	Shoes	Minneapolis	09/06/04	$75.00	⋯
⋮	⋮	⋮	⋮	⋮	

在这里，一个显而易见的问题是如何创建聚集事务，即在创建代表单个商店或日期的聚集事务时，如何合并所有记录的每个属性的值。定量属性(如价格)通常通过求和或求平均值进行聚集。定性属性(如商品)可以忽略，也可以用更高层次的类别来概括，例如电视和电子产品。

表 2.4 中的数据也可以看作多维数组，其中每个属性是一个维。从这个角度，聚集是删除属性(如商品类型)的过程，或者是压缩特定属性不同值个数的过程，如将日期的可能值从 365 天压缩到 12 个月。这种类型的聚集通常用于联机分析处理(OnLine Analytical Processing，OLAP)，OLAP 的引用在参考文献中给出。

聚集的动机有多种。首先，数据归约导致的较小数据集需要较少的内存和处理时间，因此可以使用开销更大的数据挖掘算法。其次，通过高层而不是低层数据视图，聚集起到了范围或标度转换的作用。在前面的例子中，在商店位置和月份上的聚集给出数据按月、按商店，而不是按天、按商品的视图。最后，对象或属性群的行为通常比单个对象或属性的行为更加稳定。这反映了统计学事实：相对于被聚集的单个对象，诸如平均值、总数等聚集量具有较小的变异性。对于总数，实际变差大于单个对象的(平均)变差，但是变差的百分比较小；而对于均值，实际变差小于单个对象的(平均)变差。聚集的缺点是可能丢失有趣的细节。在商店的例子中，按月的聚集就丢失了星期几具有最高销售额的信息。

例 2.7　澳大利亚降水量　该例基于澳大利亚从 1982 年到 1993 年的降水量。我们把澳大利亚国土按经纬度 0.5°乘以 0.5°大小分成 3030 个网格。图 2.8a 的直方图显示了这些网格单元上的平均月降水量的标准差。而图 2.8b 的直方图显示了相同位置的平均年降水量的标准差。可见，平均年降水量比平均月降水量的变异性小。所有降水量的测量(以及它们的标准差)都以厘米(cm)为单位。　◀

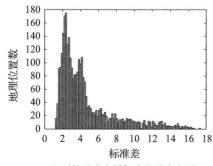
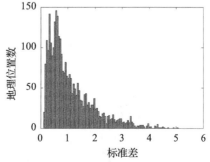

a) 平均月降水量标准差的直方图　　　b) 平均年降水量标准差的直方图

图 2.8　澳大利亚从 1982 年到 1993 年月和年降水量标准差的直方图

2.3.2 抽样

抽样是一种选择数据对象子集进行分析的常用方法。在统计学中，抽样长期用于数据
的事先调查和最终的数据分析。在数据挖掘中，抽样也非常有用。然而，在统计学和数据
挖掘中，抽样的动机并不相同。统计学家使用抽样的原因是获取感兴趣的整个数据集的代
价太高并且太费时间，而数据挖掘人员进行抽样，通常是因为处理所有数据所需的内存或
时间方面的计算成本太高。在某些情况下，使用抽样的算法可以压缩数据量，以便可以使
用更好但开销较大的数据挖掘算法。

有效抽样的主要原理如下：如果样本是有代表性的，则使用样本与使用整个数据集的
效果几乎一样。反过来说，若样本近似地具有与原数据集相同的（感兴趣的）性质，则称**样
本是有代表性的**。如果数据对象的均值（平均值）是感兴趣的性质，而样本具有近似于原数
据集的均值，则样本就是有代表性的。由于抽样是一个统计过程，特定样本的代表性是不
一样的，因此最好能做的就是选择一个抽样方案，以确保以很高的概率得到有代表性的样
本。如下所述，这涉及选择适当的样本容量以及抽样技术。

1. 抽样方法

有许多抽样技术，但是这里只介绍少量最基本的抽样技术及其变种。最简单的抽样是
简单随机抽样（simple random sampling）。对于这种抽样，选取任何特定项的概率相等。
随机抽样有两种变种（其他抽样技术也一样）：（1）**无放回抽样**——每个选中项立即从构成
总体的所有对象集中删除；（2）**有放回抽样**——对象被选中时不从总体中删除。在有放回
抽样中，相同的对象可能被多次抽出。当样本与数据集相比相对较小时，两种方法产生的
样本差别不大。但是对于分析，有放回抽样较为简单，因为在抽样过程中，每个对象被选
中的概率保持不变。

当总体由不同类型的对象组成并且每种类型的对象数量差别很大时，简单随机抽样不
能充分地代表不太频繁出现的对象类型。在分析需要所有类型的代表时，这可能出现问
题。例如，当为稀有类构建分类模型时，样本中适当地提供稀有类是至关重要的，因此需
要提供具有不同频率的感兴趣的项的抽样方案。**分层抽样**（stratified sampling）就是这样的
方法，它从预先指定的组开始抽样。在最简单的情况下，尽管每组的大小不同，但是从每
组抽取的对象个数相同。另一种变种是从每一组对象抽取的样本数量正比于该组的大小。

例 2.8 抽样与信息损失　一旦选定抽样技术，就需要选择样本容量。较大的样本容量
增大了样本具有代表性的概率，但也抵消了抽样带来的许多好处。反过来，使用较小容量的
样本，可能丢失模式或检测出错误的模式。图 2.9a 显示了包含 8000 个二维点的数据集，而
图 2.9b 和图 2.9c 显示了从该数据集抽取的容量分别为 2000 和 500 的样本。该数据集的大部
分结构都出现在 2000 个点的样本中，但是许多结构在 500 个点的样本中丢失了。◀

a）8000个点　　　　　　b）2000个点　　　　　c）500个点

图 2.9　抽样丢失结构的例子

例 2.9 **确定合适的样本容量**　为了说明确定合适的样本容量需要系统的方法，考虑下面的任务。

给定一个数据集，它包含少量容量大致相等的组。从每组至少找出一个代表点。假定每个组内的对象高度相似，但是不同组中的对象不太相似。图 2.10a 显示了一个理想簇（组）的集合，这些点可能从中抽取。

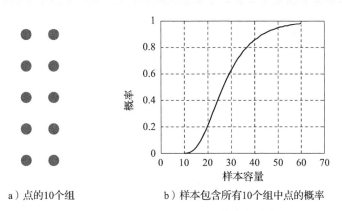

　　　a）点的10个组　　　　　　b）样本包含所有10个组中点的概率

图 2.10　从 10 个组中找出具有代表性的点

使用抽样可以有效地解决该问题。一种方法是取数据点的一个小样本，逐对计算点之间的相似性，然后形成高度相似的点组。从每个点组取一个点，则可以得到具有代表性的点的集合。然而，按照该方法，我们需要确定样本的容量，它以很高的概率确保得到期望的结果，即从每个簇至少找出一个代表点。图 2.10b 显示了随着样本容量从 10 变化到 60，从 10 个组的每一个组中得到一个对象的概率。有趣的是，使用容量为 20 的样本，只有很小的机会（20%）得到包含所有 10 个组的样本。即便使用容量为 30 的样本，得到不包含所有 10 个组中对象的样本的概率也很高（几乎 40%）。该问题将在第 7 章习题 4 讨论聚类时进一步考察。◀

2. 渐进抽样

由于可能很难确定合适的样本容量，因此有时需要使用**自适应**（adaptive）或**渐进抽样**（progressive sampling）方法。这些方法从一个小样本开始，然后增加样本容量直至得到足够容量的样本。尽管这种技术不需要在一开始就确定正确的样本容量，但是需要评估样本的方法，确定它是否足够大。

例如，假定使用渐进抽样来学习一个预测模型。尽管预测模型的准确率随样本容量的增加而增加，但是在某一点准确率的增加趋于稳定。我们希望在稳定点停止增加样本容量。通过掌握模型准确率随样本逐渐增大的变化情况，并通过选取接近于当前容量的其他样本，我们可以估计出与稳定点的接近程度，从而停止抽样。

2.3.3　维归约

数据集可能包含大量特征。考虑一个文档的集合，其中每个文档是一个向量，其分量是文档中每个词出现的频率。在这种情况下，通常有成千上万的属性（分量），每个代表词汇表中的一个词。再看一个例子，考虑包含过去 30 年各种股票日收盘价的时间序列数据集。在这种情况下，属性是特定日期的价格，也数以千计。

维归约有多方面的好处。关键的好处是，如果维度（数据属性的个数）较低，许多数据挖掘算法的效果就会更好。部分是因为维归约可以删除不相关的特征并降低噪声，另一部分是因为维灾难。（维灾难在下面解释。）还有一个好处是维归约可以使模型更容易理解，因为模型可能只涉及较少的属性。此外，维归约也可以更容易让数据可视化。即使维归约没有将数据归约到二维或三维，数据也可以通过观察属性对或三元组属性达到可视化，并且这种组合的数目也会大大减少。最后，使用维归约降低了数据挖掘算法的时间和内存需求。

术语"维归约"通常用于这样的技术：通过创建新属性，将一些旧属性合并在一起以降低数据集的维度。通过选择旧属性的子集得到新属性，这种维归约称为特征子集选择或特征选择。特征选择将在 2.3.4 节讨论。

下面简单介绍两个重要的主题：维灾难和基于线性代数方法（如主成分分析）的维归约技术。更多关于维归约的内容可查看附录 B。

1. 维灾难

维灾难是指这样的现象：随着数据维度的增加，许多数据分析变得非常困难。特别是随着维度增加，数据在它所占据的空间中越来越稀疏。因此，我们观测到的数据对象很可能不是总体数据对象的代表性样本。对于分类，这可能意味着没有足够的数据对象来创建模型，将所有可能的对象可靠地指派到一个类。对于聚类，点之间的密度和距离的定义（对聚类是至关重要的）失去了意义。（8.1.2 节、8.4.6 节和 8.4.8 节会进一步讨论。）结果是，对于高维数据，许多分类和聚类算法（以及其他的数据分析算法）都麻烦缠身——分类准确率降低，聚类质量下降。

2. 维归约的线性代数技术

维归约的一些最常用的方法是使用线性代数技术，将数据由高维空间投影到低维空间，特别是对于连续数据。主成分分析（Principal Component Analysis，PCA）是一种用于连续属性的线性代数技术，它找出新的属性（主成分），这些属性是原属性的线性组合，是相互**正交的**（orthogonal），并且捕获了数据的最大变差。例如，前两个主成分是两个正交属性，是原属性的线性组合，尽可能多地捕获了数据的变差。**奇异值分解**（Singular Value Decomposition，SVD）是一种线性代数技术，它与 PCA 有关，并且也用于维归约。请参考附录 A 和 B 获取更多细节。

2.3.4 特征子集选择

降低维度的另一种方法是仅使用特征的一个子集。这种方法尽管看起来可能丢失信息，但是在存在冗余或不相关的特征的时候，情况并非如此。**冗余特征**重复了包含在一个或多个其他属性中的许多或所有信息。例如，一种产品的购买价格和所支付的销售税额包含许多相同的信息。**不相关特征**包含对于手头的数据挖掘任务几乎完全没用的信息，例如学生的 ID 号码对于预测学生的总平均成绩是不相关的。冗余和不相关的特征可能降低分类的准确率，影响所发现的聚类的质量。

尽管使用常识或领域知识可以立即消除一些不相关的和冗余的属性，但是选择最佳的特征子集通常需要系统的方法。特征选择的理想方法是：将所有可能的特征子集作为感兴趣的数据挖掘算法的输入，然后选取能产生最好结果的子集。这种方法的优点是反映了最终使用的数据挖掘算法的目的和偏爱。然而，由于涉及 n 个属性的子集多达 2^n 个，这种方法在大部分情况下行不通，因此需要其他策略。有三种标准的特征选择方法：嵌入、过滤和包装。

嵌入方法（embedded approach）　特征选择作为数据挖掘算法的一部分是理所当然的。特别是在数据挖掘算法运行期间，算法本身决定使用哪些属性和忽略哪些属性。构造决策树分类器的算法（在第 3 章讨论）通常以这种方式运行。

过滤方法（filter approach）　使用某种独立于数据挖掘任务的方法，在数据挖掘算法运行前进行特征选择，例如我们可以选择属性的集合，它的属性对之间的相关度尽可能低。

包装方法（wrapper approach）　这些方法将目标数据挖掘算法作为黑盒，使用类似于前面介绍的理想算法，但通常并不枚举所有可能的子集来找出最佳属性子集。

由于嵌入方法与具体的算法有关，这里我们只进一步讨论过滤和包装方法。

1. 特征子集选择体系结构

可以将过滤和包装方法放到一个共同的体系结构中。特征选择过程可以看作由四部分组成：子集评估度量、控制新的特征子集产生的搜索策略、停止搜索判断和验证过程。过滤方法和包装方法的唯一不同是它们使用了不同的特征子集评估方法。对于包装方法，子集评估使用目标数据挖掘算法；对于过滤方法，子集评估技术不同于目标数据挖掘算法。下面的讨论提供了该方法的一些细节，汇总在图 2.11 中。

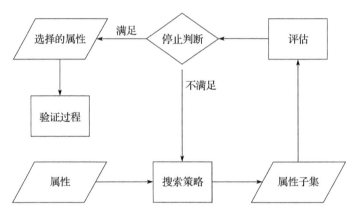

图 2.11　特征子集选择过程流程图

从概念上讲，特征子集选择是搜索所有可能的特征子集的过程。可以使用许多不同类型的搜索策略，但是搜索策略的计算花费应当较低，并且应当找到最优或近似最优的特征子集。通常不可能同时满足这两个要求，因此需要折中。

搜索的一个不可缺少的组成部分是评估步骤，根据已经考虑的子集评价当前的特征子集。这需要一种评估度量，针对诸如分类或聚类等数据挖掘任务，确定属性特征子集的质量。对于过滤方法，这种度量试图预测实际的数据挖掘算法在给定的属性集上执行的效果如何；对于包装方法，评估包括实际运行目标数据挖掘应用，子集评估函数就是通常用于度量数据挖掘结果的评判标准。

因为子集的数量可能很大，考察所有的子集可能不现实，所以需要某种停止搜索判断。其策略通常基于如下一个或多个条件：迭代次数，子集评估的度量值是否最优或超过给定的阈值，一个特定大小的子集是否已经得到，使用搜索策略得到的选择是否可以实现改进。

最后，一旦选定特征子集，就要验证目标数据挖掘算法在选定子集上的结果。一种直截了当的评估方法是用全部特征的集合运行算法，并将使用全部特征得到的结果与使用该特征子集得到的结果进行比较。如果顺利的话，使用特征子集产生的结果将比使用所有特征产生的结果更好，或者至少几乎一样好。另一个验证方法是使用一些不同的特征选择算法得到特征子集，然后比较数据挖掘算法在每个子集上的运行结果。

2. 特征加权

特征加权是另一种保留或删除特征的办法。特征越重要，赋予它的权值越大，而对于不太重要的特征，赋予它的权值较小。有时，这些权值可以根据特征的相对重要性的领域知识确定，也可以自动确定。例如，有些分类方法，如支持向量机(见第 4 章)，产生分类模型，其中每个特征都赋予一个权值。具有较大权值的特征在模型中所起的作用更加重要。在计算余弦相似度时进行的对象规范化(2.4.5 节)也可以看作一类特征加权。

2.3.5 特征创建

经常可以由原来的属性创建新的属性集，以更有效地捕获数据集中的重要信息。此外，新属性的数目可能比原属性少，使得我们可以获得前面介绍的维归约带来的所有好处。下面介绍两种创建新属性的相关方法：特征提取和映射数据到新的空间。

1. 特征提取

由原始数据创建新的特征集称作**特征提取**(feature extraction)。考虑照片的集合，按照照片是否包含人脸分类。原始数据是像素的集合，因此对于许多分类算法都不适合。然而，如果对数据进行处理，提供一些较高层次的特征，诸如与人脸高度相关的某些类型的边和区域等，则会有更多的分类技术可以用于该问题。

可是，最常使用的特征提取技术都是高度针对具体领域的。对于特定的领域，如图像处理，在过去一段时间已经开发了各种提取特征的技术，但是这些技术在其他领域的应用却是有限的。因而，一旦将数据挖掘用于一个相对较新的领域，一个关键任务就是开发新的特征和特征提取方法。

虽然特征提取通常很复杂，但例 2.10 说明了它也可以相对简单。

例 2.10 密度 考虑一个包含历史文物信息的数据集。该数据集包含每个文物的体积和质量，以及其他信息。为简单起见，假定这些文物使用少量材料(木材、陶土、铜、黄金)制造，并且我们希望根据制造材料对它们分类。在此情况下，由质量和体积特征构造的密度特征(即密度＝质量/体积)可以很直接地产生准确的分类。尽管有一些人试图通过考察已有特征的简单数学组合来自动地进行特征提取，但是最常见的方法还是使用专家的意见构造特征。◀

2. 映射数据到新的空间

使用一种完全不同的视角挖掘数据可能揭示出重要和有趣的特征。例如，考虑时间序列数据，它们常常包含周期模式。如果只有单个周期模式，并且噪声不多，则容易检测到该模式；另一方面，如果有大量周期模式，并且存在大量噪声，则很难检测这些模式。尽管如此，通过对该时间序列实施**傅里叶变换**(Fourier transform)，将它转换成频率信息明显的表示，就能检测到这些模式。在例 2.11 中，不必知道傅里叶变换的细节，只需要知道对于时间序列，傅里叶变换产生属性与频率有关的新数据对象就足够了。

例 2.11 傅里叶分析 图 2.12b 中的时间序列是其他三个时间序列的和，其中两个显示在图 2.12a 中，其频率分别是每秒 7 个和 17 个周期，第三个时间序列是随机噪声。图 2.12c 显示功率频谱。在对原时间序列施加傅里叶变换后，可以计算功率频谱。(非正式地看，功率频谱正比于每个频率属性的平方。)尽管有噪声，图中有两个尖峰，对应于两个原来的、无噪声的时间序列的周期。值得注意的是，本例的要点是：好的特征可以揭示数据的重要性质。

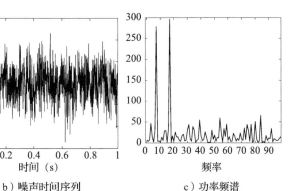

a）两个时间序列　　　　　b）噪声时间序列　　　　　c）功率频谱

图 2.12　傅里叶变换应用：识别时间序列数据中的基本频率

也可以采用许多其他类型的变换。除傅里叶变换外，对于时间序列和其他类型的数据，经证实**小波变换**（wavelet transform）也是非常有用的。

2.3.6　离散化和二元化

有些数据挖掘算法，特别是某些分类算法，要求数据是分类属性形式。发现关联模式的算法要求数据是二元属性形式。这样，常常需要将连续属性变换成分类属性（离散化，discretization），并且连续和离散属性可能都需要变换成一个或多个二元属性（二元化（binarization））。此外，如果一个分类属性具有大量不同值（类别），或者某些值出现不频繁，则对于某些数据挖掘任务，通过合并某些值减少类别的数目可能是有益的。

与特征选择一样，最佳的离散化和二元化方法是"对于用来分析数据的数据挖掘算法，产生最好结果"的方法。直接使用这种判别标准通常是不实际的。因此，离散化和二元化一般要满足这样一种判别标准，它与所考虑的数据挖掘任务的性能好坏直接相关。一般来说，最佳的离散化取决于所使用的算法，以及其他被考虑的属性。然而，通常情况下，每个属性的离散化是相互独立的。

1. 二元化

一种分类属性二元化的简单技术如下：如果有 m 个分类值，则将每个原始值唯一地赋予区间 $[0, m-1]$ 中的一个整数。如果属性是有序的，则赋值必须保持序关系。（注意，即使属性原来就用整数表示，但如果这些整数不在区间 $[0, m-1]$ 中，则该过程也是必需的。）然后，将这 m 个整数的每一个都变换成一个二进制数。由于需要 $n=\lceil \log_2 m \rceil$ 个二进位表示这些整数，因此要使用 n 个二元属性表示这些二进制数。例如，一个具有 5 个值 $\{awful, poor, OK, good, great\}$ 的分类变量需要 3 个二元变量 x_1、x_2、x_3。变换见表 2.5。

表 2.5　一个分类属性到 3 个二元属性的变换

分类值	整数值	x_1	x_2	x_3
awful	0	0	0	0
poor	1	0	0	1
OK	2	0	1	0
good	3	0	1	1
great	4	1	0	0

这样的变换可能导致复杂化，如无意之中建立了变换后的属性之间的联系。例如，在表 2.5 中，属性 x_2 和 x_3 是相关的，因为 good 值使用这两个属性表示。此外，关联分析需要非对称的二元属性，其中只有属性的出现（值为 1）才是重要的。因此，对于关联问题，需要为每一个分类值引入一个二元属性，如表 2.6 所示。如果得到的属性的个数太多，则可以在二元化之前使用下一节介绍的技术减少分类值的个数。

64

表 2.6　一个分类属性到 5 个非对称二元属性的变换

分类值	整数值	x_1	x_2	x_3	x_4	x_5
awful	0	1	0	0	0	0
poor	1	0	1	0	0	0
OK	2	0	0	1	0	0
good	3	0	0	0	1	0
great	4	0	0	0	0	1

同样，对于关联问题，可能需要用两个非对称的二元属性替换单个二元属性。考虑记录人的性别（男、女）的二元属性，对于传统的关联规则算法，该信息需要变换成两个非对称的二元属性，其中一个仅当是男性时为 1，而另一个仅当是女性时为 1。（对于非对称的二元属性，由于其提供一个二进制位信息需要占用存储器的两个二进制位，因而在信息的表示上不太有效。）

2. 连续属性离散化

通常，离散化应用于在分类或关联分析中使用到的属性上。连续属性变换成分类属性涉及两个子任务：决定需要多少个分类值 n，以及确定如何将连续属性值映射到这些分类值。在第一步中，将连续属性值排序后，通过指定 $n-1$ 个**分割点**（split point）把它们分成 n 个区间。在颇为平凡的第二步中，将一个区间中的所有值映射到相同的分类值。因此，离散化问题就是决定选择多少个分割点和确定分割点位置的问题。结果可以用区间集合 $\{(x_0, x_1], (x_1, x_2], \cdots, (x_{n-1}, x_n)\}$ 表示，其中 x_0 和 x_n 可以分别为 $-\infty$ 或 $+\infty$，或者用一系列不等式 $x_0 < x \leqslant x_1, \cdots, x_{n-1} < x < x_n$ 表示。

无监督离散化　用于分类的离散化方法之间的根本区别在于使用类信息（监督（supervised））还是不使用类信息（无监督（unsupervised））。如果不使用类信息，则常使用一些相对简单的方法。例如，**等宽**（equal width）方法将属性的值域划分成具有相同宽度的区间，而区间的个数由用户指定。这种方法可能受离群点的影响而性能不佳，因此**等频率**（equal frequency）或**等深**（equal depth）方法通常更为可取。等频率方法试图将相同数量的对象放进每个区间。作为无监督离散化的另一个例子，可以使用诸如 K 均值（见第 7 章）等聚类方法。最后，目测检查数据有时也可能是一种有效的方法。

65

例 2.12　离散化技术　本例解释如何对实际数据集使用这些技术。图 2.13a 显示了属于 4 个不同组的数据点，以及两个离群点——位于两边的大点。可以使用上述技术将这些数据点的 x 值离散化成 4 个分类值。（数据集中的点具有随机的 y 分量，可以更容易地看出每组有多少个点。）尽管目测检查该数据的方法的效果很好，但不是自动的，因此我们主要讨论其他三种方法。使用等宽、等频率和 K 均值技术产生的分割点分别如图 2.13b、图 2.13c 和图 2.13d 所示，图中分割点用虚线表示。　◀

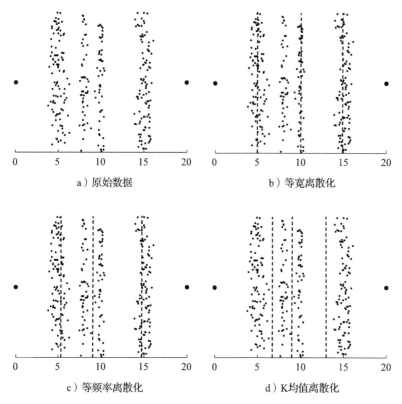

a) 原始数据　　　　　　　　　　　　　b) 等宽离散化

c) 等频率离散化　　　　　　　　　　d) K均值离散化

图 2.13　不同的离散化技术

在这个特定的例子中，如果用不同组的不同对象被指派到相同分类值的程度来度量离散化技术的性能，则 K 均值性能最好，其次是等频率，最后是等宽。更一般地说，最好的离散化将取决于应用场景并且通常涉及领域特定的离散化方法。例如，将人们的收入离散化为低收入、中等收入、高收入是基于经济因素的。

监督离散化　以分类为例，若某些数据对象的类标确定，那么根据类标对数据进行离散化通常能取得更好的分类结果。这并不奇怪，因为未使用类标号知识构造的区间常常包含混合的类标号。有一种概念上的简单方法是以极大化区间纯度的方式确定分割点，例如区间包含单个类别标签的程度。然而，实践中这种方法可能需要人为确定区间的纯度和最小的区间大小。

为了解决这一问题，一些基于统计学的方法用每个属性值来分隔区间，并通过合并类似于根据统计检验得出的相邻区间来创建较大的区间。这种自下而上的方法的替代方案是自上而下的方法，如平分初始值得到两个区间并得到最小熵。该技术只需要把每个值看作可能的分割点即可，因为假定区间包含有序值的集合。然后，取一个区间，通常选取具有最大（小）熵的区间，重复此分割过程，直到区间的个数达到用户指定的个数，或者满足终止条件。

无论是自下而上或是自上而下的策略，基于熵的方法是最有前途的离散化方法之一。首先，需要定义**熵**（entropy）。设 k 是不同的类标号数，m_i 是某划分的第 i 个区间中值的个数，而 m_{ij} 是区间 i 中类 j 的值的个数。第 i 个区间的熵 e_i 由如下等式给出：

$$e_i = -\sum_{j=1}^{k} p_{ij} \log_2 p_{ij}$$

其中，$P_{ij}=\dfrac{m_{ij}}{m_i}$是第 i 个区间中类 j 的概率（值的比例）。该划分的总熵 e 是每个区间的熵的加权平均，即

$$e = \sum_{i=1}^{n} w_i e_i$$

其中，m 是值的个数，$w_i=\dfrac{m_i}{m}$ 是第 i 个区间的值的比例，而 n 是区间个数。直观上，区间的熵是区间纯度的度量。如果一个区间只包含一个类的值（该区间非常纯），则其熵为 0 并且不影响总熵。如果一个区间中的值类出现的频率相等（该区间尽可能不纯），则其熵最大。

例 2.13 两个属性离散化   基于熵的自上而下的方法用来独立地离散化图 2.14 所示的二维数据的属性 x 和 y。在图 2.14a 所示的第一个离散化中，属性 x 和 y 被划分成三个区间。（虚线指示分割点。）在图 2.14b 所示的第二个离散化中，属性 x 和 y 被划分成五个区间。

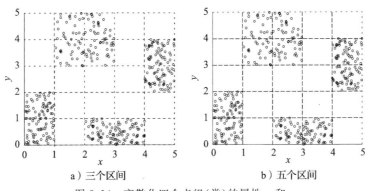

a）三个区间   b）五个区间

图 2.14   离散化四个点组（类）的属性 x 和 y

这个简单的例子解释了离散化的两个特点。首先，在二维中，点类是很好分开的，但在一维中的情况并非如此。一般而言，分别离散化每个属性通常只能保证次最优的结果。其次，五个区间比三个好，但是，至少从熵的角度看，六个区间对离散化的改善不大。（没有给出六个区间的熵值和结果。）因而需要有一个终止标准，自动地发现划分的正确个数。

3. 具有过多值的分类属性

分类属性有时可能具有太多的值。如果分类属性是序数属性，则可以使用类似于处理连续属性的技术，以减少分类值的个数。然而，如果分类属性是标称的，就需要使用其他方法。考虑一所大学，它有许多系，因而系名属性可能具有数十个不同的值。在这种情况下，我们可以使用系之间联系的知识，将系合并成较大的组，如工程学、社会科学或生物科学。如果领域知识不能提供有用的指导，或者这样的方法会导致很差的分类性能，则需要使用更为经验性的方法，如仅当分组结果能提高分类准确率或达到某种其他数据挖掘目标时，才将值聚集到一起。

2.3.7　变量变换

变量变换（variable transformation）是指用于变量的所有值的变换。（尽管我们偶尔也用属性变换这个术语，但是遵循习惯用法，我们使用变量指代属性。）换言之，对于每个对

象，变换都作用于该对象的变量值。例如，如果只考虑变量的量级，则可以通过取绝对值对变量进行变换。接下来的部分，我们讨论两种重要的变量变换类型：简单函数变换和规范化。

1. 简单函数

对于这种类型的变量变换，一个简单的数学函数分别作用于每一个值。如果 x 是变量，这种变换的例子包括 x^k、$\log x$、e^x、$\sqrt{x}$、$\frac{1}{x}$、$\sin x$ 和 $|x|$。在统计学中，变量变换（特别是平方根、对数和倒数变换）常用来将不具有高斯（正态）分布的数据变换成具有高斯（正态）分布的数据。尽管这可能很重要，但是在数据挖掘中，其他理由可能更重要。假定感兴趣的变量是一次会话中的数据字节数，并且字节数的值域范围为 1 到 10^9。这是一个很大的值域，使用常用对数变换将其进行压缩可能是有益的。这样的话，传输 10^8 和 10^9 字节的会话比传输 10 字节和 1000 字节的会话更为相似（$9-8=1$ 对 $3-1=2$）。对于某些应用，如网络入侵检测，可能需要如此，因为前两个会话多半表示传输两个大文件，而后两个会话可能是两个完全不同的类型。

使用变量变换时需要小心，因为它们改变了数据的特性。尽管有时需要这样做，但是如果没有深入理解变换的特性，则可能出现问题。例如，变换 $\frac{1}{x}$ 虽然压缩了大于 1 的值，但是却放大了 0 和 1 之间的值，举例来说，$\{1, 2, 3\}$ 变换成 $\left\{1, \frac{1}{2}, \frac{1}{3}\right\}$，但是 $\left\{1, \frac{1}{2}, \frac{1}{3}\right\}$ 变换成 $\{1, 2, 3\}$，这样，对于所有的值集，变换 $\frac{1}{x}$ 逆转了序。为了帮助弄清楚一个变换的效果，重要的是问如下问题：想要什么样的变换性质？需要保序吗？变换作用于所有的值，特别是负值和 0 吗？变换对 0 和 1 之间的值有何特别影响？本章习题 17 考察了变量变换的其他方面。

2. 规范化或标准化

标准化或规范化的目标是使整个值的集合具有特定的性质。一个传统的例子是统计学中的"对变量标准化"。如果 $\bar{x}$ 是属性值的均值（平均值），而 s_x 是它们的标准差，则变换 $x' = \frac{(x - \bar{x})}{s_x}$ 创建一个新的变量，它具有均值 0 和标准差 1。如果要以某种方法组合不同的变量，则为了避免具有较大值域的变量左右分析结果，这种变换常常是必要的。例如，考虑使用年龄和收入两个变量对人进行比较。对于任意两个人，收入之差的绝对值（数百或数千元）多半比年龄之差的绝对值（小于 150）大很多。如果没有考虑到年龄和收入值域的差别，则对人的比较将被收入之差所左右。例如，如果两个人之间的相似性或相异性使用本章后面的相似性或相异性度量来计算，则在很多情况下（如欧几里得距离）收入值将左右计算结果。

均值和标准差受离群点的影响很大，因此通常需要修改上述变换。首先，用**中位数**（median）（即中间值）取代均值。其次，用**绝对标准差**（absolute standard deviation）取代标准差。例如，如果 x 是变量，则 x 的绝对标准差为 $\sigma_A = \sum_{i=1}^{m} |x_i - \mu|$，其中 x_i 是变量 x 的第 i 个值，m 是对象的个数，而 μ 是均值或中位数。存在离群点时，计算值集的位置（中心）和发散估计的其他方法可以参考统计学书籍。这些更加稳健的方法也可以用来定义标准化变换。

2.4   相似性和相异性的度量

相似性和相异性是重要的概念，因为它们被许多数据挖掘技术所使用，如聚类、最近邻分类和异常检测等。在许多情况下，一旦计算出相似性或相异性，就不再需要原始数据了。这种方法可以看作将数据变换到相似性(相异性)空间，然后进行分析。的确，**核方法**(Kernel method)是实现这种思想的强大方法。我们将在 2.4.7 节简单介绍这些核方法，并在 4.9.4 节的分类中对其进行更全面地讨论。

首先，我们讨论基本要素——相似性和相异性的高层定义，并讨论它们之间的联系。为方便起见，我们使用术语**邻近度**(proximity)表示相似性或相异性。由于两个对象之间的邻近度是两个对象对应属性之间的邻近度的函数，因此首先介绍如何度量仅包含一个简单属性的对象之间的邻近度。

然后考虑具有多个属性的对象的邻近度度量。这包括 Jaccard 和余弦相似性度量，这二者适用于像文档这样的稀疏数据，以及相关性和欧几里得距离度量，后二者适用于时间序列这样的稠密数据或多维点。我们也考虑互信息，它可以应用于多种类型的数据，并且适用于检测非线性关系。在本次讨论中，我们只考虑具有相对同类属性的对象，通常为二元值或者连续值。

接下来，我们考虑与邻近度度量相关的若干重要问题。这包括如何在物体具有不同类型的属性时计算物体之间的邻近度，以及在计算数值对象之间的距离时如何解决变量之间的规模差异和相关性。本节最后简略讨论如何选择正确的邻近度度量。

虽然本节重点介绍数据对象之间的邻近度计算，但也可以在属性之间计算邻近度。例如，对于图 2.2d 所示的文档项矩阵，可以用余弦方法来计算两个文档或两个项(词)之间的相似度。知道两个变量强相关有助于消除冗余。具体而言，后面讨论的相关性和互信息度量常常用于此目的。

2.4.1   基础

1. 定义

两个对象之间的**相似度**(similarity)的非正式定义是这两个对象相似程度的数值度量。因而，两个对象越相似，它们的相似度就越高。通常，相似度是非负的，并常常在0(不相似)和1(完全相似)之间取值。

两个对象之间的**相异度**(dissimilarity)是这两个对象差异程度的数值度量。对象越类似，它们的相异度就越低。通常，术语**距离**(distance)用作相异度的同义词，正如我们将介绍的，距离常常用来表示特定类型的相异度。有时，相异度在区间[0，1]中取值，但是相异度在 0 和∞之间取值也很常见。

2. 变换

通常使用变换把相似度转换成相异度或反之，或者把邻近度变换到一个特定区间，如[0，1]。例如，我们可能有相似度，其值域从 1 到 10，但是我们打算使用的特定算法或软件包只能处理相异度，或只能处理[0，1]区间的相似度。之所以在这里讨论这些问题，是因为在稍后讨论邻近度时，我们将使用这种变换。此外，这些问题相对独立于特定的邻近度度量。

通常，邻近度度量(特别是相似度)被定义为或变换到区间[0，1]中的值。这样做的动机是使用一种适当的尺度，由邻近度的值表明两个对象之间的相似(或相异)程度。这种变换通常是比较直截了当的。例如，如果对象之间的相似度在 1(一点也不相似)和 10(完全相似)之间变化，则我们可以使用如下变换将它变换到[0, 1]区间：$s' = \frac{(s-1)}{9}$，其中 s 和 s' 分别是相似度的原值和新值。一般来说，相似度到[0, 1]区间的变换由如下表达式给出：$s' = \frac{(s-\min\_s)}{(\max\_s-\min\_s)}$，其中 max_s 和 min_s 分别是相似度的最大值和最小值。类似地，具有有限值域的相异度也能用 $d' = \frac{(d-\min\_d)}{(\max\_d-\min\_d)}$ 映射到[0, 1]区间。这是一个线性变换的例子，它保留了点之间的相对距离。换句话说，如果点 x_1 和 x_2 的距离是 x_3 与 x_4 距离的两倍，那么在线性变换之后也是如此。

然而，将邻近度映射到[0, 1]区间可能非常复杂。例如，如果邻近度量原来在区间 $[0, \infty]$ 上取值，则需要使用非线性变换，并且在新的尺度上，值之间不再具有相同的联系。对于从 0 变化到 ∞ 的相异度度量，考虑变换 $d' = \frac{d}{(1+d)}$，相异度 0、0.5、2、10、100 和 1000 分别被变换到 0、0.33、0.67、0.90、0.99 和 0.999。在原来相异性尺度上较大的值被压缩到 1 附近，但是否希望如此取决于应用。

请注意，将邻近度度量映射到区间[0, 1]也可能改变邻近度度量的含义。例如，相关性(稍后讨论)是一种相似性度量，在区间[-1, 1]上取值，通过取绝对值将这些值映射到[0, 1]区间丢失了符号信息，而对于某些应用，符号信息可能是重要的(见本章习题 22)。

将相似度变换成相异度或反之也是比较直截了当的，尽管我们可能再次面临保持度量的含义问题和将线性尺度改变成非线性尺度的问题。如果相似度(相异度)落在[0, 1]区间，则相异度(相似度)可以定义为 $d = 1-s$(或 $s = 1-d$)。另一种简单的方法是定义相似度为负的相异度(或相反)。例如，相异度 0，1，10 和 100 可以分别变换成相似度 0，-1，-10 和 -100。

负变换产生的相似度结果不必局限[0, 1]区间，但是，如果希望的话，则可以使用变换 $s = \frac{1}{(d+1)}$，$s = e^{-d}$ 或 $s = 1-\frac{d-\min\_d}{\max\_d-\min\_d}$。对于变换 $s = \frac{1}{(d+1)}$，相异度 0，1，10，100 分别被变换到 1，0.5，0.09，0.01；对于 $s = e^{-d}$，它们分别被变换到 1.00，0.37，0.00，0.00；对于 $s = 1-\frac{d-\min\_d}{\max\_d-\min\_d}$，它们分别被变换到 1.00，0.99，0.90，0.00。在这里的讨论中，我们关注将相异度变换到相似度。相反方向的转换见本章习题 23。

一般来说，任何单调减函数都可以用来将相异度转换到相似度(或相反)。当然，在将相似度变换到相异度(或相反)，或者在将邻近度的值变换到新的尺度时，也必须考虑一些其他因素。我们提到过一些问题，涉及保持意义、扰乱标度和数据分析工具的需要，但是肯定还有其他问题。

2.4.2 简单属性之间的相似度和相异度

通常，具有若干属性的对象之间的邻近度用单个属性的邻近度的组合来定义，因此我们首先讨论具有单个属性的对象之间的邻近度。考虑由一个标称属性描述的对象，对于两个这样的对象，相似意味什么呢？由于标称属性只携带了对象的相异性信息，因此我们只能说两个对象有相同的值，或者没有。因而在这种情况下，如果属性值匹配，则相似度定义为 1，否则为 0；相异度用相反的方法定义：如果属性值匹配，相异度为 0，否则为 1。

对于具有单个序数属性的对象，情况更为复杂，因为必须考虑序信息。考虑一个在标度{poor，fair，OK，good，wonderful}上测量产品（例如，糖块）质量的属性。一个评定为 wonderful 的产品 P1 与一个评定为 good 的产品 P2 应当比它与一个评定为 OK 的产品 P3 更接近。为了量化这种观察，序数属性的值常常映射到从 0 或 1 开始的连续整数，例如，{poor=0，fair=1，OK=2，good=3，wonderful=4}。于是，P1 与 P2 之间的相异度 $d(Pl, P2)=3-2=1$，或者，如果希望相异度在 0 和 1 之间取值 $d(P1, P2)=\frac{(3-2)}{4}=$

74

0.25；序数属性的相似度可以定义为 $s=1-d$。

序数属性相似度（相异度）的这种定义可能使读者感到有点担心，因为这里假设了属性的连续值之间的间隔相等，而事实并非如此。如果根据实际情况，我们应该计算出区间或比率属性。值 fair 与 good 的差真的和 OK 与 wonderful 的差相同吗？可能不相同，但是在实践中，我们的选择是有限的，并且在缺乏更多信息的情况下，这是定义序数属性之间邻近度的标准方法。

对于区间或比率属性，两个对象之间的相异性的自然度量是它们的值之差的绝对值。例如，我们可能将现在的体重与一年前的体重相比较，说："我重了 10 磅。"在这类情况下，相异度通常在 0 和 ∞ 之间，而不是 0 和 1 之间取值。如前所述，区间或比率属性的相似度通常转换成相异度。

表 2.7 总结了这些讨论。其中，x 和 y 是两个对象，它们具有一个指明类型的属性，$d(x, y)$ 和 $s(x, y)$ 分别是 x 和 y 之间的相异度和相似度（分别用 d 和 s 表示）。尽管其他方法也是可能的，但是表中的这些是最常用的。

表 2.7   简单属性的相似度和相异度

属性类型	相异度	相似度
标称的	$d=\begin{cases}0 & \text{如果 } x=y \\ 1 & \text{如果 } x\neq y\end{cases}$	$s=\begin{cases}1 & \text{如果 } x=y \\ 0 & \text{如果 } x\neq y\end{cases}$
序数的	$d=\dfrac{\lvert x-y\rvert}{(n-1)}$ 值映射到整数 0 到 $n-1$，其中 n 是值的个数	$s=1-d$
区间或比率的	$d=\lvert x-y\rvert$	$s=-d,\ s=\dfrac{1}{1+d},\ s=\mathrm{e}^{-d},$ $s=1-\dfrac{d-\min\_d}{\max\_d-\min\_d}$

下面两节介绍更复杂的涉及多个属性的对象之间的邻近度度量：（1）数据对象之间的相异度；（2）数据对象之间的相似度。这样分节可以更自然地展示使用各种邻近度度量的基本动机。然而，我们要强调的是使用上述技术，相似度可以变换成相异度，反之亦然。

75

2.4.3　数据对象之间的相异度

本节讨论各种不同类型的相异度。我们从讨论距离（距离是具有特定性质的相异度）开始，然后给出一些更一般的相异度类型的例子。

距离

首先给出一些例子，然后使用距离的常见性质更正式地介绍距离。一维、二维、三维或高维空间中两个点 x 和 y 之间的**欧几里得距离**（Euclidean distance）d 由如下熟悉的公式

定义:

$$d(\boldsymbol{x}, \boldsymbol{y}) = \sqrt{\sum_{k=1}^{n} (x_k - y_k)^2} \tag{2.1}$$

其中, n 是维数, 而 x_k 和 y_k 分别是 $\boldsymbol{x}$ 和 $\boldsymbol{y}$ 的第 k 个属性值(分量)。用图 2.15、表 2.8 和表 2.9 解释该公式, 它们展示了这个点集、这些点的 $\boldsymbol{x}$ 和 $\boldsymbol{y}$ 坐标以及包含这些点之间距离的**距离矩阵**(distance matrix)。

表 2.8 四个点的 x 和 y 坐标

点	x 的坐标	y 的坐标
p1	0	2
p2	2	0
p3	3	1
p4	5	1

表 2.9 表 2.8 的欧几里得距离矩阵

	p1	p2	p3	p4
p1	0.0	2.8	3.2	5.1
p2	2.8	0.0	1.4	3.2
p3	3.2	1.4	0.0	2.0
p4	5.1	3.2	2.0	0.0

式(2.1)给出的欧几里得距离可以用式(2.2)的**闵可夫斯基距离**(Minkowski distance)来推广:

$$d(\boldsymbol{x}, \boldsymbol{y}) = \left(\sum_{k=1}^{n} |x_k - y_k|^r \right)^{\frac{1}{r}} \tag{2.2}$$

其中, r 是参数。下面是闵可夫斯基距离的三个最常见的例子。

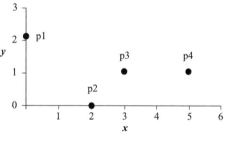

图 2.15 四个二维点

- $r=1$, 城市街区(也称曼哈顿、出租车、L_1 范数)距离。一个常见的例子是汉明距离(Hamming distance), 它是两个具有二元属性的对象(即两个二元向量)之间不同的二进制位的个数。
- $r=2$, 欧几里得距离(L_2 范数)。
- $r=\infty$, 上确界(L_{max} 或 L_∞ 范数)距离。这是对象属性之间的最大距离。更正式地, L_∞ 距离由式(2.3)定义:

$$d(\boldsymbol{x}, \boldsymbol{y}) = \lim_{r \to \infty} \left(\sum_{k=1}^{n} |x_k - y_k|^r \right)^{\frac{1}{r}} \tag{2.3}$$

注意不要将参数 r 与维数(属性数)n 混淆。欧几里得距离、曼哈顿距离和上确界距离是对 n 的所有值(1, 2, 3, …)定义的, 并且指定了将每个维(属性)上的差组合成总距离的不同方法。

表 2.10 和表 2.11 分别给出表 2.8 中数据的 L_1 距离和 L_∞ 距离的邻近度矩阵。注意, 所有的距离矩阵都是对称的, 即第 ij 个项与第 ji 个项相同, 例如, 在表 2.9 中, 第 4 行第 1 列和第 1 行第 4 列都包含值 5.1。

表 2.10 表 2.8 的 L_1 距离矩阵

L_1	p1	p2	p3	p4
p1	0.0	4.0	4.0	6.0
p2	4.0	0.0	2.0	4.0
p3	4.0	2.0	0.0	2.0
p4	6.0	4.0	2.0	0.0

表 2.11 表 2.8 的 L_∞ 距离矩阵

L_∞	p1	p2	p3	p4
p1	0.0	2.0	3.0	5.0
p2	2.0	0.0	1.0	3.0
p3	3.0	1.0	0.0	2.0
p4	5.0	3.0	2.0	0.0

距离(如欧几里得距离)具有一些众所周知的性质。如果 $d(x, y)$ 是两个点 x 和 y 之间的距离，则如下性质成立：

1) 非负性。(a)对于所有 x 和 y，$d(x, y) \geqslant 0$；(b)当且仅当 $x = y$ 时 $d(x, y) = 0$。

2) 对称性。对于所有 x 和 y，$d(x, y) = d(y, x)$。

3) 三角不等式。对于所有 x、y 和 z，$d(x, z) \leqslant d(x, y) + d(y, z)$。

满足以上三个性质的测度称为**度量**(metric)。有些人只对满足这三个性质的相异性度量使用术语距离，但在实践中常常违反这一约定。这里介绍的三个性质是有用的，数学上也是令人满意的。此外，如果三角不等式成立，则该性质可以用来提高依赖于距离的技术(包括聚类)的效率(见本章习题 25)。尽管如此，许多相异度都不满足一个或多个度量性质。

例 2.14 给出相关测度的例子。

例 2.14 **非度量的相异度：集合差** 基于集合论中定义的两个集合差的概念举例。设有两个集合 A 和 B，$A - B$ 是不在 B 中的 A 中元素的集合。例如，如果 $A = \{1, 2, 3, 4\}$，而 $B = \{2, 3, 4\}$，则 $A - B = \{1\}$，而 $B - A = \varnothing$，即空集。我们可以将集合 A 和 B 之间的距离定义为 $d(A, B) = \text{size}(A - B)$，其中 size 是一个函数，它返回集合元素的个数。该距离测度是大于或等于零的整数值，但不满足非负性的第二部分，也不满足对称性，同时还不满足三角不等式。然而，如果将相异度修改为 $d(A, B) = \text{size}(A - B) + \text{size}(B - A)$，则这些性质都可以成立(见本章习题 21)。◀

2.4.4 数据对象之间的相似度

对于相似度，三角不等式(或类似的性质)通常不成立，但是对称性和非负性通常成立。更明确地说，如果 $s(x, y)$ 是数据点 x 和 y 之间的相似度，则相似度具有如下典型性质。

1) 仅当 $x = y$ 时 $s(x, y) = 1$。($0 \leqslant s \leqslant 1$)

2) 对于所有 x 和 y，$s(x, y) = s(y, x)$。(对称性)

对于相似度，没有与三角不等式对应的一般性质。然而，有时可以将相似度简单地变换成一种度量距离。稍后讨论的余弦相似性度量和 Jaccard 相似性度量就是两个例子。此外，对于特定的相似性度量，还可能在两个对象相似性上导出本质上与三角不等式类似的数学约束。

例 2.15 **非对称相似性度量** 考虑一个实验，实验中要求人们对屏幕上快速闪过的一小组字符进行分类。该实验的**混淆矩阵**(confusion matrix)记录每个字符被分类为自己的次数和被分类为另一个字符的次数。使用混淆矩阵，我们可以将字符 x 和字符 y 之间的相似性度量定义为 x 被错误分类为 y 的次数，但请注意，此度量不是对称的。例如，假定"0"出现了 200 次，它被分类为"0" 160 次，而被分类为"o" 40 次。类似地，"o"出现 200 次并且被分类为"o" 170 次，但是分类为"0"只有 30 次。如果取这些计数作为两个字符之间相似性的度量，则得到一种相似性度量，但这种相似性度量不是对称的。在这种情况下，通过选取 $s'(x, y) = s'(y, x) = \dfrac{(s(x, y) + s(y, x))}{2}$，相似性度量可以转换成对称的，其中 s' 是新的相似性度量。◀

2.4.5 邻近度度量的例子

本节给出一些相似性和相异性度量的具体例子。

1. 二元数据的相似性度量

两个仅包含二元属性的对象之间的相似性度量也称为相似系数（similarity coefficient），并且通常在 0 和 1 之间取值，值为 1 表明两个对象完全相似，而值为 0 表明对象一点也不相似。有许多理由表明在特定情形下，一种系数为何比另一种好。

设 x 和 y 是两个对象，都由 n 个二元属性组成。这样的两个对象（即两个二元向量）的比较可生成如下四个量（频率）：

- $f_{00} = x$ 取 0 并且 y 取 0 的属性个数；
- $f_{01} = x$ 取 0 并且 y 取 1 的属性个数；
- $f_{10} = x$ 取 1 并且 y 取 0 的属性个数；
- $f_{11} = x$ 取 1 并且 y 取 1 的属性个数。

简单匹配系数（Simple Matching Coefficient，SMC）　一种常用的相似性系数是简单匹配系数，定义如下：

$$\text{SMC} = \frac{\text{值匹配的属性个数}}{\text{属性个数}} \quad \frac{f_{11} + f_{00}}{f_{01} + f_{10} + f_{11} + f_{00}} \tag{2.4}$$

该度量对出现和不出现都进行计数。因此，SMC 可以在一个仅包含是非题的测验中用来发现问题回答相似的学生。

Jaccard 系数（Jaccard Coefficient）　假定 x 和 y 是两个数据对象，代表一个事务矩阵（见 2.1.2 节）的两行（两个事务）。如果每个非对称的二元属性对应于商店的一种商品，则 1 表示该商品被购买，而 0 表示该商品未被购买。由于未被顾客购买的商品数远大于被购买的商品数，因而像 SMC 这样的相似性度量将会判定所有的事务都是类似的。这样，常常使用 Jaccard 系数来处理仅包含非对称的二元属性的对象。Jaccard 系数通常用符号 J 表示，由如下等式定义：

$$J = \frac{\text{匹配个数}}{00 \text{ 匹配中不涉及的属性个数}}$$

$$= \frac{f_{11}}{f_{01} + f_{10} + f_{11}} \tag{2.5}$$

例 2.16 SMC 和 Jaccard 相似性系数　为了解释这两种相似性度量之间的差别，我们对如下二元向量计算 SMC 和 J：

$$x = (1,0,0,0,0,0,0,0,0,0)$$
$$y = (0,0,0,0,0,0,1,0,0,1)$$

- $f_{01} = 2$　x 取 0 并且 y 取 1 的属性个数
- $f_{10} = 1$　x 取 1 并且 y 取 0 的属性个数
- $f_{00} = 7$　x 取 0 并且 y 取 0 的属性个数
- $f_{11} = 0$　x 取 1 并且 y 取 1 的属性个数

$$\text{SMC} = \frac{f_{11} + f_{00}}{f_{01} + f_{10} + f_{11} + f_{00}} = \frac{0+7}{2+1+0+7} = 0.7$$

$$J = \frac{f_{11}}{f_{01} + f_{10} + f_{11}} = \frac{0}{2+1+0} = 0$$

2. 余弦相似度

通常，文档用向量表示，向量的每个组件（属性）代表一个特定的词（术语）在文档中出现的频率。尽管文档具有数以百千计或数以万计的属性（词），但是每个文档向量都是稀疏的，因为它具有相对较少的非零属性值。（文档规范化并不对零词目创建非零词目，即文档规范化保持稀疏性。)这样，与事务数据一样，相似性不能依赖共享 0 的个数，因为任意两个文档多半都不会包含许多相同的词，从而如果统计 0 – 0 匹配，则大多数文档都与其他大部分文档非常类似。因此，文档的相似性度量不仅应当像 Jaccard 度量一样需要忽略 0 – 0 匹配，而且还必须能够处理非二元向量。下面定义的**余弦相似度**(cosine similarity)就是文档相似性最常用的度量之一。如果 x 和 y 是两个文档向量，则

$$\cos(x,y) = \frac{\langle x,y \rangle}{\|x\| \|y\|} = \frac{\langle x' y \rangle}{\|x\| \|y\|}, \tag{2.6}$$

其中 ′ 表示向量或者矩阵的转置，$<x,y>$ 表示两个向量的内积：

$$(x,y) = \sum_{k=1}^{n} x_k y_k = x' y \tag{2.7}$$

且 $\|x\|$ 是向量 x 的长度，$\|x\| = \sqrt{\sum_{k=1}^{n} x_k^2} = \sqrt{\langle x,x \rangle} = \sqrt{x' x}$。

两个向量的内积适用于非对称属性，因为它只依赖于两个向量中非零的分量。因此，两个文档之间的相似性只取决于它们中出现的单词。

例 2.17 两个文档向量的余弦相似度 该例计算下面两个数据对象的余弦相似度，这些数据对象可能代表文档向量：

$$x = (3,2,0,5,0,0,0,2,0,0)$$
$$y = (1,0,0,0,0,0,0,0,1,0,2)$$
$$\langle x,y \rangle = 3 \times 1 + 2 \times 0 + 0 \times 0 + 5 \times 0 + 0 \times 0 + 0 \times 0 + 0 \times 0 + 2 \times 1 + 0 \times 0 + 0 \times 2$$
$$= 5$$
$$\|x\| = \sqrt{3 \times 3 + 2 \times 2 + 0 \times 0 + 5 \times 5 + 0 \times 0 + 0 \times 0 + 0 \times 0 + 2 \times 2 + 0 \times 0 + 0 \times 0}$$
$$= 6.48$$
$$\|y\| = \sqrt{1 \times 1 + 0 \times 0 + 0 \times 0 + 0 \times 0 + 0 \times 0 + 0 \times 0 + 0 \times 0 + 1 \times 1 + 0 \times 0 + 2 \times 2}$$
$$= 2.45$$
$$\cos(x,y) = 0.31$$

如图 2.16 所示，余弦相似度实际上是 x 和 y 之间夹角（余弦）的度量。这样，如果余弦相似度为 1，则 x 和 y 之间的夹角为 $0°$，并且除长度之外，x 和 y 是相同的；如果余弦相似度为 0，则 x 和 y 之间的夹角为 $90°$，并且它们不包含任何相同的词（术语）。

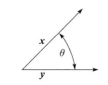

图 2.16　余弦度量的几何解释

式(2.6)可以写成式(2.8)的形式：

$$\cos(x,y) = \left\langle \frac{x}{\|x\|}, \frac{y}{\|y\|} \right\rangle = \langle x', y' \rangle \tag{2.8}$$

其中，$x' = \frac{x}{\|x\|}$ 和 $y' = \frac{y}{\|y\|}$。x 和 y 被它们的长度除，将它们规范化到长度为 1。这意味着在计算相似度时，余弦相似度不考虑两个数据对象的量值。（当量值是重要的时候，欧几里得距离可能是一种更好的选择。）对于长度为 1 的向量，余弦度量可以通过简单地取内积计算。从而，在需要计算大量对象之间的余弦相似度时，将对象规范化，使之为单位长度可以减少计算时间。

---

3. 广义 Jaccard 系数（Tanimoto 系数）

广义 Jaccard 系数可以用于文档数据，并在二元属性情况下归约为 Jaccard 系数。该系数用 EJ 表示，由下式定义：

$$EJ(\boldsymbol{x},\boldsymbol{y}) = \frac{\langle \boldsymbol{x},\boldsymbol{y}\rangle}{\|\boldsymbol{x}\|^2 + \|\boldsymbol{y}\|^2 - \langle \boldsymbol{x},\boldsymbol{y}\rangle} = \frac{\boldsymbol{x}'\boldsymbol{y}}{\|\boldsymbol{x}\|^2 + \|\boldsymbol{y}\|^2 - \boldsymbol{x}'\boldsymbol{y}} \tag{2.9}$$

4. 相关性

相关性经常被用来测量两组被观察到的值之间的线性关系。因此，相关性可以测量两个变量（高度和重量）之间或两个对象（一对温度时间序列）之间的关系。相关性可以测量类型和取值尺度差异很大的属性间的相似度，如果两个数据对象中的值来自不同的属性，通常更频繁地使用相关性来度量属性之间的相似度。

更准确地，两个数据对象例如向量 $\boldsymbol{x}$ 和 $\boldsymbol{y}$ 之间的皮尔森相关（Pearson's correlation）系数由下式定义：

$$\text{corr}(\boldsymbol{x},\boldsymbol{y}) = \frac{\text{covariance}(\boldsymbol{x},\boldsymbol{y})}{\text{standard\_deviation}(\boldsymbol{x}) \times \text{standard\_deviation}(\boldsymbol{y})} = \frac{s_{xy}}{s_x s_y} \tag{2.10}$$

这里使用标准的统计学记号和定义：

$$\text{covariance}(\boldsymbol{x},\boldsymbol{y}) = s_{xy} = \frac{1}{n-1}\sum_{k=1}^{n}(x_k - \overline{x})(y_k - \overline{y}) \tag{2.11}$$

$$\text{standard\_deviation}(\boldsymbol{x}) = s_x = \sqrt{\frac{1}{n-1}\sum_{k=1}^{n}(x_k - \overline{x})^2}$$

$$\text{standard\_deviation}(\boldsymbol{y}) = s_y = \sqrt{\frac{1}{n-1}\sum_{k=1}^{n}(y_k - \overline{y})^2}$$

$$\overline{x} = \frac{1}{n}\sum_{k=1}^{n}x_k \text{ 是 } \boldsymbol{x} \text{ 的均值}$$

$$\overline{y} = \frac{1}{n}\sum_{k=1}^{n}y_k \text{ 是 } \boldsymbol{y} \text{ 的均值}$$

例 2.18　完全相关　相关度总是在 -1 到 1 之间取值。相关度为 $1(-1)$ 意味 $\boldsymbol{x}$ 和 $\boldsymbol{y}$ 具有完全正（负）线性关系，即 $x_k = ay_k + b$，其中 a 和 b 是常数。下面两个 $\boldsymbol{x}$ 和 $\boldsymbol{y}$ 的值集分别给出相关度为 -1 和 $+1$ 的情况。为简单起见，第一组中取 $\boldsymbol{x}$ 和 $\boldsymbol{y}$ 的均值为 0。

$$\boldsymbol{x} = (-3,\ 6,0,\ 3,-6)$$
$$\boldsymbol{y} = (\ 1,-2,0,-1,\ 2)$$
$$\text{corr}(\boldsymbol{x},\boldsymbol{y}) = -1, x_k = -3y_k$$
$$\boldsymbol{x} = (3,6,0,3,6)$$
$$\boldsymbol{y} = (1,2,0,1,2)$$
$$\text{corr}(\boldsymbol{x},\boldsymbol{y}) = 1, x_k = 3y_k \quad◀$$

例 2.19　非线性关系　如果相关度为 0，则两个数据对象的属性之间不存在线性关系。然而，仍然可能存在非线性关系。在下面的例子中，数据对象的属性之间存在非线性关系 $y_k = x_k^2$，但是它们的相关度为 0。

$$\boldsymbol{x} = (-3,-2,-1,0,1,2,3)$$
$$\boldsymbol{y} = (\ 9,\ 4,\ 1,0,1,4,9) \quad◀$$

例 2.20　相关性可视化　通过绘制对应属性值对可以很容易地判定两个数据对象 $\boldsymbol{x}$ 和

y 之间的相关性。图 2.17 给出了一些图，x 和 y 具有 30 个属性，这些属性的值随机地产生（服从正态分布），使得 x 和 y 的相关度从－1 到 1。图中每个小圆圈代表 30 个属性中的一个，其 x 坐标是 x 的一个属性的值，而其 y 坐标是 y 的相同属性的值。◀

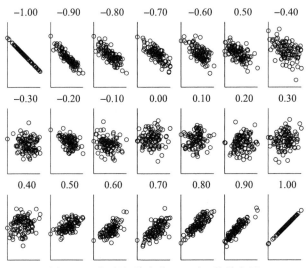

图 2.17　解释相关度从－1 到 1 的散点图

　　如果通过减去均值，然后规范化使其长度为 1 来变换 x 和 y，则它们的相关度可以通过求点积来计算。（注意，这与其他情况下使用的标准化不同，比如 2.3.7 节讨论的先减去均值，并被标准偏差除。）这种变换突出了相关度量和余弦度量之间的有趣关系。特别地，x 和 y 之间的相关性与 x' 和 y' 之间的余弦相同。然而，即使 x 和 y 与 x' 和 y' 具有相同的相关度量，它们之间的余弦也不相同，即使它们都具有相同的相关度量。通常，当两个向量的均值为 0 时，两个向量之间的相关性仅在特殊情况下等于余弦度量。

　　5. 连续属性度量方法间的差异

　　我们刚刚定义了三种连续属性的邻近度度量方法：余弦、相关性和闵可夫斯基距离。在这一节中，我们将展示这三个邻近度度量方法之间的差异。具体而言，我们考虑两种常用的数据变换方法，即常数因子缩放（乘）和常数值平移（加法）。如果对数据对象进行数据变换之后，该邻近度度量方法的值保持不变，则该邻近度度量方法被认为对数据变换具有不变性。表 2.12 比较了余弦、相关性和闵可夫斯基距离度量对于缩放和平移操作的不变性的行为。可以看出，相关性度量对于缩放和平移都有不变性，而余弦度量只对缩放具有不变性。另一方面，闵可夫斯基距离度量对缩放和平移都是敏感的，因此对两者都不具有不变性。

表 2.12　余弦、相关性和闵可夫斯基距离度量的性质

性质	余弦	相关性	闵可夫斯基距离
缩放常量（乘法）	是	是	否
平移常量（加法）	否	是	否

　　我们用一个例子来说明不同邻近度度量之间的差异的意义。

　　例 2.21　比较邻近度度量　考虑下面两个具有七个数值属性的向量 x 和 y。

$$x = (1, 2, 4, 3, 0, 0, 0)$$

$$y = (1,2,3,4,0,0,0)$$

可以看出，x 和 y 都有 4 个非零值，并且两个向量中的值大部分是相同的，除了第三个和第四个分量。两个向量之间的余弦、相关性和欧几里得距离计算如下：

$$\cos(x, y) = \frac{29}{\sqrt{30} \times \sqrt{30}} = 0.9667$$

$$\text{correlation}(x, y) = \frac{2.3571}{1.5811 \times 1.5811} = 0.9429$$

$$\text{Euclidean distance}(x, y) = \|x - y\| = 1.4142$$

毫无疑问，x 和 y 具有接近 1 的余弦和相关度量，而它们之间的欧几里得距离很小，表明它们非常相似。现在我们考虑向量 y_s，它是 y（乘以 2 的常数因子）的缩放版本，以及向量 y_t，它是通过将 y 平移 5 个单位来构造的，如下所示：

$$y_s = 2 \times y = (2,4,6,8,0,0,0)$$
$$y_t = y + 5 = (6,7,8,9,5,5,5)$$

我们感兴趣的是 y_s 和 y_t 是否与原始向量 y 一样，都跟 x 邻近度相同。表 2.13 展示了不同方法计算的向量对 (x, y)、(x, y_s) 和 (x, y_t) 的邻近度。可以看出，即使用 y_s 或 y_t 代替 y 之后，x 和 y 之间的相关性值保持不变。然而，余弦值在计算 (x, y) 和 (x, y_s) 时仍然等于 0.9667，但当计算为 (x, y_t) 时，余弦值显著降低到 0.7940。上述结果突出展示了与相关性度量相比，余弦只对缩放具有不变性，对平移不具有不变性。另一方面，欧几里得距离对 3 对向量计算出不同的值，那是因为它对缩放和平移都很敏感。

表 2.13 (x, y)、(x, y_s) 和 (x, y_t) 之间的邻近度

度量方法	(x, y)	(x, y_s)	(x, y_t)
余弦	0.9667	0.9667	0.7940
相关性	0.9429	0.9429	0.9429
欧几里得距离	1.4142	5.8310	14.2127

我们可以从这个例子中观察到，当在数据上应用缩放或平移操作时，不同的邻近度度量表现不同。因此，正确的邻近度度量方法的选择取决于数据对象之间的相似性的特点及对给定应用的意义。例如，如果 x 和 y 表示文档项矩阵中不同单词的频率，则使用 y_s 替换 y 时邻近度保持不变的邻近度度量方法将是有意义的，因为 y_s 只是 y 的缩放版本，在文档中表示单词出现的分布。然而，y_t 与 y 不同，因为它包含大量在 y 中不存在的非零频率的词。由于余弦对缩放具有不变性，而对平移不具有不变性，因此对这个应用来说余弦将是一个理想的选择。

考虑一个不同的场景，其中 x 代表某地理位置连续七天的摄氏温度。y、y_s 和 y_t 为使用三种不同的测量尺度在另一位置测量的温度。注意，不同的温度单位具有不同的偏移量（例如，摄氏和开氏温标）和不同的缩放因子（例如，摄氏度和华氏度）。我们希望使用邻近度度量方法来捕获温度值之间的邻近度，且不受测量尺度的影响。那么，相关性将是该应用的邻近度测量方法的理想选择，因为它对缩放和平移都具有不变性。

另一个例子，考虑 x 代表在 7 个地点测量的降水量（cm）的情景。y、y_s、y_t 为三种不同的模型预测的在这些位置的降水值。理想情况下，我们希望选择一个模型，准确地重建 x 中的降水量而不产生任何误差。很明显，y 在 x 中提供了一个很好的近似值，而 y_s 和 y_t 提供了较差的降水估计，尽管它们找到了不同地点的降水趋势。因此，我们需要选择一个

邻近度度量方法，惩罚来自实际观测与模型估计中的任何差异，并且对缩放和平移操作都敏感。欧几里得距离满足此属性，因此将是该应用的邻近度度量的正确选择。事实上，欧几里德距离通常用于计算模型的准确性，这将在后面的第 3 章中讨论。◀

2.4.6 互信息

与相关性一样，互信息被用作两组成对值之间的相似性度量，该值有时被用作相关性的替代物，特别是在值对之间疑为非线性关系时。这一度量方法来自信息论，它是关于如何正式定义和量化信息的研究。事实上，互信息是一组值对另一组提供多少信息的度量方法，这些值成对地出现，例如高度和重量。如果两组值是独立的，即一组值不包含另一组值的任何信息，则它们的互信息是 0。另一方面，如果两组值完全依赖，即知道一组值则能知道另一组值，反之亦然，则它们具有最大互信息。互信息不具有最大值，但我们将定义它的标准化版本，其范围在 0 到 1 之间。

为了定义互信息，我们考虑两组值 X 和 Y，它们成对出现(X,Y)。我们需要测量一组值中的平均信息，以及它们的值对。这通常用熵来衡量。更具体地，假设 X 和 Y 是离散的，也就是说，X 可以取 m 个不同的值，u_1，u_2，$\cdots$，u_m，Y 可以取 n 个不同的值 v_1，v_2，$\cdots$，v_n。然后，它们的个体和联合熵可以根据每个值和一对值的概率来定义：

$$H(X) = -\sum_{j=1}^{m} P(X=u_j) \log_2 P(X=u_j) \tag{2.12}$$

$$H(Y) = -\sum_{k=1}^{n} P(Y=v_k) \log_2 P(Y=v_k) \tag{2.13}$$

$$H(X,Y) = -\sum_{j=1}^{m}\sum_{k=1}^{n} P(X=u_j, Y=v_k) \log_2 P(X=u_j, Y=v_k) \tag{2.14}$$

如果值或组合值的概率为 0，则通常将 0log2(0) 取值为 0。

X 和 Y 的互信息可以直接定义如下：

$$I(X,Y) = H(X) + H(Y) - H(X,Y) \tag{2.15}$$

注意 $H(X,Y)$ 是对称的，即 $H(X,Y)=H(Y,X)$，因此互信息也是对称的，即 $I(X,Y)=I(Y)$。

实际上，X 和 Y 是同一数据集中的两个属性或两行中的值。在例 2.22 中，两个向量 x 和 y 表示这些值，并且利用值或值对出现在 x 和 y 中的频率计算每个值或值对的概率(x_i, y_i)，其中 x_i 表示 x 的第 i 个元素，y_i 表示 y 的第 i 个元素。下面用前面的例子来说明。

例 2.22 **评估非线性关系的互信息** 回忆例 2.19，其中 $y_k = x_k^2$，但它们的相关性为 0。

$$x = (-3, -2, -1, 0, 1, 2, 3)$$
$$y = (\ \ 9,\ \ \ 4,\ \ \ 1, 0, 1, 4, 9)$$

从图 2.18 可知，$I(x,y)=H(x)+H(y)-H(x,y)=1.9502$。虽然多种方法可以用来规范互信息，参见本例的文献注释，我们将应用一种令互信息除以 $\log_2(\min(m,n))$ 的方法，并产生 0 到 1 之间的结果。这产生的值为 $\dfrac{1.9502}{\log_2(4)}=0.9751$。因此，$x$ 和 y 是强相关的。它们不是完全相关的，因为给定 y 的值，除了 $y=0$ 之外，关于 x 的值有一定的歧义。注意，对于 $y=-x$，归一化互信息将是 1。◀

x的熵

x_j	$P(x = x_j)$	$-P(x = x_j)\log_2 P(x = x_j)$
−3	1/7	0.4011
−2	1/7	0.4011
−1	1/7	0.4011
0	1/7	0.4011
1	1/7	0.4011
2	1/7	0.4011
3	1/7	0.4011
$H(x)$		2.8074

a）

y的熵

y_k	$P(y = y_k)$	$-P(y = y_k)\log_2(P(y = y_k))$
9	2/7	0.5164
4	2/7	0.5164
1	2/7	0.5164
0	1/7	0.4011
$H(y)$		1.9502

b）

x和y的联合熵

x_j	y_k	$P(x = x_j, y = x_k)$	$-P(x = x_j, y = x_k)\log_2 P(x = x_j, y = x_k)$
−3	9	1/7	0.4011
−2	4	1/7	0.4011
−1	1	1/7	0.4011
0	0	1/7	0.4011
1	1	1/7	0.4011
2	4	1/7	0.4011
3	9	1/7	0.4011
$H(x, y)$			2.8074

c）

图 2.18　互信息的计算

*2.4.7　核函数

很容易理解相似性和距离在诸如聚类之类的应用中可能是有用的，它试图将相似对象分组在一起。更不明显的是，许多其他数据分析任务，包括预测建模和维归约，可以用数据对象的逐对"邻近度"来表示。更具体地，许多数学分析问题可以被数学公式化为输入，例如一个核矩阵 K，它可以被认为是一种邻近度矩阵。因此，使用初始预处理步骤将输入数据转换为内核矩阵，该内核矩阵是数据分析算法的输入。

更正式地说，如果一个数据集有 m 个数据对象，那么 K 是 $m \times m$ 的矩阵。如果 x_i 和 x_j 是第 i 个和第 j 个数据对象，则 K_{ij} 是通过核函数计算的 K 的第 ij 个熵：

$$k_{ij} = \kappa(x_i, x_j) \tag{2.16}$$

正如我们将在下面的材料中看到的，核矩阵的使用允许算法对各种数据的更广泛的适用性，还能扩展仅用于检测线性关系的算法到非线性关系上建模的能力。

核使算法数据独立　如果算法使用一个核矩阵，那么它可以与任何类型的数据一起使用，并为该数据设计核函数。算法 2.1 证明了这一观点。虽然只有一些数据分析算法可以被修改为使用核矩阵作为输入，但是这种方法是非常强大的，因为它允许这样的算法与几乎任何类型的数据一起使用，其中可以为数据定义适当的核函数。因此，一个分类算法可以运用到例如记录数据、字符串数据或图形数据等数据上。如果一个算法可以被重新构造成使用核矩阵，那么它对不同类型的数据的适用性急剧增加。正如将在后面的章节中看到的，许多聚类、分类和异常检测算法只使用相似性或距离，因此，可以很容易地修改为与核函数一起使用。

算法 2.1　基本核算法

1：从数据集中读取 m 个数据对象
2：通过对每个数据对象对运用核函数 k，计算得到核矩阵 K
3：将 K 作为输入，执行数据分析算法
4：返回分析结果，例如，预测的类别或簇标签

将数据映射到高维数据空间可以允许非线性关系的建模 基于核的数据分析算法还有另一个同样重要的方面：它们能够用只模拟线性关系的算法来建模非线性关系。通常，这是通过首先将数据从低维数据空间转换（映射）到高维空间来实现的。

例 2.23 **将数据映射到高维度空间** 考虑由下面等式给出的两个变量 x 和 y 之间的关系，它定义了两个维度的椭圆关系（见图 2.19a）：

$$4x^2 + 9xy + 7y^2 = 10 \tag{2.17}$$

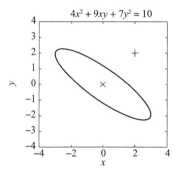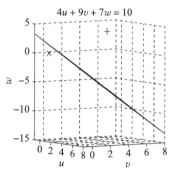

a）两个维度的椭圆和两点　　　　b）映射到3个维度的数据

图 2.19　将数据映射到高维空间：二维到三维

我们可以通过创建 3 个新的变量 u、v 和 w 来映射二维数据到三个维度，这些变量被定义如下：

$$w = x^2$$
$$u = xy$$
$$v = y^2$$

因此，我们现在可以将式（2.17）表示为线性方程。这个方程描述了一个平面的三个维度。椭圆上的点将位于该平面上，而椭圆内和外的点将位于平面的相对侧。如图 2.19b 所示，这个 3D 图的视角是沿着分离平面的表面，使得平面以线的形式出现。

$$4u + 9v + 7w = 10 \tag{2.18} \blacktriangleleft$$

91
～
92

核技巧 上面所示的方法显示了将数据映射到高维空间的价值，该操作对于基于核的方法是必需的。从概念上讲，我们首先定义一个函数 φ，将数据点 x 和 y 映射到高维空间中的数据点 $\varphi(x)$ 和 $\varphi(y)$，使得内积$<x，y>$能够给出所期望的 x、y 邻近度度量的方法。通过使用这样的方法可能会牺牲很多，因为我们大大扩展了数据的大小，增加我们分析的计算复杂性，最终通过计算高维空间中的相似性来解决维数灾难的问题。然而，并不是这样的，因为可以通过定义核函数 κ 来避免这些问题，该核函数 κ 可以计算相同的相似性值，但是可以用原始空间中的数据点，即 $\kappa(x，y) = <\varphi(x)，\varphi(y)>$。这就是所谓的核技巧。核技巧有一个非常坚实的数学基础，是数据分析领域中一个非常强大的方法。

并不是一对数据对象的每一个函数都满足核函数所需的性质，但是可以为各种数据类型设计许多有用的核。例如，三个常见的核函数是多项式、高斯（径向基函数（RBF））和sigmoid 核。如果 x 和 y 是两个数据对象（特别是两个数据向量），那么这三个核函数可以分别表示如下：

$$\kappa(x, y) = (x'y + c)^d \tag{2.19}$$

$$\kappa(x, y) = \exp\left(-\frac{\|x - y\|}{2\sigma^2}\right) \tag{2.20}$$

$$\kappa(\boldsymbol{x},\boldsymbol{y}) = \tanh(\alpha\boldsymbol{x}'\boldsymbol{y} + c) \tag{2.21}$$

其中，α 与 $c \geqslant 0$ 是常数，d 是多项式度的整型参数，$\|\boldsymbol{x}-\boldsymbol{y}\|$ 是向量 $\boldsymbol{x}-\boldsymbol{y}$ 的长度，$\sigma>0$ 为调整高斯分布的参数。

例 2.24 **多项式核**　注意，在前一节中给出的核函数（将数据映射到更高维空间，然后在高维空间计算数据的内积）计算与我们原始数据相同的相似度值。例如，对于度为 2 的多项式核，让其成为将二维数据向量 $\boldsymbol{x}=(x_1, x_2)$ 映射到高维空间的函数。特别地，

$$\varphi(\boldsymbol{x}) = (x_1^2, x_2^2, \sqrt{2}x_1x_2, \sqrt{2c}x_1, \sqrt{2c}x_2, c) \tag{2.22}$$

对于更高维的空间，将邻近度定义为 $\varphi(\boldsymbol{x})$ 和 $\varphi(\boldsymbol{y})$ 的内积，如 $<\varphi(\boldsymbol{x}), \varphi(\boldsymbol{y})>$。接着，如前所述，可以表示为：

$$\kappa(\boldsymbol{x},\boldsymbol{y}) = \langle\varphi(\boldsymbol{x}),\varphi(\boldsymbol{y})\rangle \tag{2.23}$$

其中，κ 是由式(2.19)定义的。具体而言，如果 $\boldsymbol{x}=(x_1, x_2)$ 和 $\boldsymbol{y}=(y_1, y_2)$，则

$$\kappa(\boldsymbol{x},\boldsymbol{y}) = \langle\boldsymbol{x},\boldsymbol{y}\rangle = \boldsymbol{x}'\boldsymbol{y} = (x_1^2y_1^2, x_2^2y_2^2, 2x_1x_2y_1y_2, 2cx_1y_1, 2cx_2y_2, c^2) \tag{2.24}$$

更一般地说，核技巧取决于定义 κ 和 φ，从而使式(2.23)成立。这是为各种各样的核所做的。

这种基于核的方法的讨论只是为了简要介绍这个主题，并省略了许多细节。4.9.4 节提供了有关基于核方法的更全面的讨论，在用于分类的非线性支持向量机中讨论了这些问题。基于核分析的更翔实的参考资料可以在本章的文献注释中找到。

*2.4.8 Bregman 散度

本节，我们简略介绍 Bregman 散度(Bregman divergence)，它是一组具有共同性质的邻近函数。这样，可以构造使用 Bregman 散度的一般数据挖掘算法，如聚类算法，具体的例子是 K 均值聚类算法(7.2 节)。注意，本节需要向量计算方面的知识。

Bregman 散度是损失或失真函数。为了理解损失函数，考虑如下情况：设 $\boldsymbol{x}$ 和 $\boldsymbol{y}$ 是两个点，其中 $\boldsymbol{y}$ 是原来的点，而 $\boldsymbol{x}$ 是它的某个失真或近似，例如，$\boldsymbol{x}$ 可能是由于添加了一些随机噪声到 $\boldsymbol{y}$ 上而产生的。损失函数的目的是度量用 $\boldsymbol{x}$ 近似 $\boldsymbol{y}$ 导致的失真或损失。当然，$\boldsymbol{x}$ 和 $\boldsymbol{y}$ 越类似，失真或损失就越小，因而 Bregman 散度可以用作相异性函数。

有如下正式定义。

定义 2.6(Bregman 散度)　给定一个严格凸函数 Φ（连同一些通常会满足的适度限制），由该函数生成的 Bregman 散度（损失函数）$D(\boldsymbol{x}, \boldsymbol{y})$ 通过下面的公式给出：

$$D(\boldsymbol{x},\boldsymbol{y}) = \varphi(\boldsymbol{x}) - \varphi(\boldsymbol{y}) - \langle\nabla\varphi(\boldsymbol{y}),(\boldsymbol{x}-\boldsymbol{y})\rangle \tag{2.25}$$

其中，$\nabla\Phi(\boldsymbol{y})$ 是在 $\boldsymbol{y}$ 上计算的 Φ 的梯度，$\boldsymbol{x}-\boldsymbol{y}$ 是 $\boldsymbol{x}$ 与 $\boldsymbol{y}$ 的向量差，而 $<\nabla\Phi(\boldsymbol{y}), (\boldsymbol{x}-\boldsymbol{y})>$ 是 $\nabla\Phi(\boldsymbol{y})$ 和 $(\boldsymbol{x}-\boldsymbol{y})$ 的内积。对于欧几里得空间中的点，内积就是点积。

$D(\boldsymbol{x}, \boldsymbol{y})$ 可以写成 $D(\boldsymbol{x}, \boldsymbol{y})=\Phi(\boldsymbol{x})-L(\boldsymbol{x})$，其中 $L(\boldsymbol{x})=\Phi(\boldsymbol{y})+<\nabla\Phi(\boldsymbol{y}), (\boldsymbol{x}-\boldsymbol{y})>$ 代表在 $\boldsymbol{y}$ 上正切于函数 Φ 的平面方程。使用微积分学的术语，$L(\boldsymbol{x})$ 是函数 Φ 在 $\boldsymbol{y}$ 点附近的线性部分，而 Bregman 散度是一个函数与该函数的线性近似之间的差。选取不同的 Φ，可以得到不同的 Bregman 散度。

例 2.25　我们使用平方欧几里得距离给出 Bregman 散度的一个具体例子。为了简化数学计算，我们仅限于一维。设 x 和 y 是实数，而 $\Phi(t)$ 是实数值函数，$\Phi(t)=t^2$。在此情况下，梯度归结为导数，而点积归结为乘积。例如，式(2.25)变成式(2.26)：

$$D(x,y) = x^2 - y^2 - 2y(x-y) = (x-y)^2 \tag{2.26}$$

该例的图形在图 2.20 中给出，其中 $y=1$。在 $x=2$ 和 $x=3$ 上给出了 Bregman 散度。

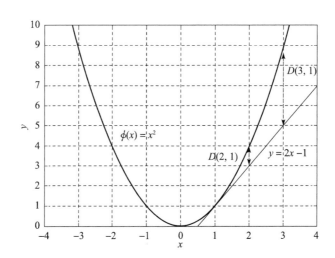

图 2.20   图示 Bregman 散度

2.4.9 邻近度计算问题

本节讨论与邻近度度量有关的一些重要问题：（1）当属性具有不同的尺度（scale）或相关时如何处理；（2）当对象包含不同类型的属性（例如，定量属性和定性属性）时如何计算对象之间的邻近度；（3）当属性具有不同的权重（即并非所有的属性都对对象的邻近度具有相等的贡献）时，如何处理邻近度计算。

1. 距离度量的标准化和相关性

距离度量的一个重要问题是当属性具有不同的值域时如何处理。（这种情况通常称作"变量具有不同的尺度。"）在前面的例子中，使用欧几里得距离，基于年龄和收入两个属性来度量人之间的距离。除非这两个属性是标准化的，否则两个人之间的距离将被收入所左右。

一个相关的问题是，除值域不同外，当某些属性之间还相关时，如何计算距离。当属性相关、具有不同的值域（不同的方差），并且数据分布近似于高斯（正态）分布时，欧几里得距离的拓展——Mahalanobis 距离是有用的。相关变量对标准距离度量有很大影响，因为任何相关变量的变化反映在所有相关变量的变化中。具体地说，两个对象（向量）x 和 y 之间的 Mahalanobis 距离定义为：

$$\text{Mahalanobis}(\boldsymbol{x}, \boldsymbol{y}) = \sqrt{(\boldsymbol{x} - \boldsymbol{y})' \boldsymbol{\Sigma}^{-1} (\boldsymbol{x} - \boldsymbol{y})} \tag{2.27}$$

其中，$\boldsymbol{\Sigma}^{-1}$ 是数据协方差矩阵的逆。注意，协方差矩阵 $\boldsymbol{\Sigma}$ 是这样的矩阵，它的第 ij 个元素是第 i 个和第 j 个属性的协方差，由式(2.11)定义。

例 2.26   在图 2.21 中有 1000 个点，其 x 属性和 y 属性的相关度为 0.6。在椭圆长轴两端的两个大点之间的欧几里得距离为 14.7，但 Mahalanobis 距离仅为 6。这是因为 Mahalanobis 距离不太关注最大方差方向的差异。实践中，计算 Mahalanobis 距离的代价昂贵，但是对于其属性相关的对象来说是值得的。如果属性相对来说不相关，只是具有不同的值域，则只需要对变量进行标准化就足够了。

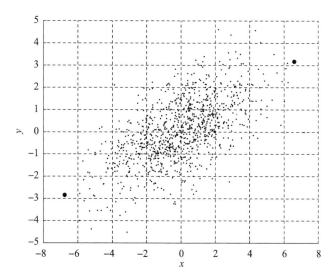

图 2.21　二维点的集合。两个大点代表的点之间的 Mahalanobis 距离为 6，它们的欧几里得距离为 14.7

2. 组合异种属性的相似度

前面的相似度定义所基于的方法都假定所有属性具有相同类型。当属性具有不同类型时，就需要更一般的方法。直截了当的方法是使用表 2.7 分别计算出每个属性之间的相似度，然后使用一种输出为 0 和 1 之间相似度的方法组合这些相似度。一种方法是将总相似度定义为所有属性相似度的平均值。不幸的是，如果某些属性是非对称属性，这种方法的效果不好。例如，如果所有的属性都是非对称的二元属性，则相似性度量先归结为简单匹配系数——一种对于二元非对称属性并不合适的度量。处理该问题的最简单的方法是：如果两个对象在非对称属性上的值都是 0，则在计算对象相似度时忽略它们。类似的方法也能很好地处理缺失值。

概括地说，算法 2.2 可以有效地计算具有不同类型属性的两个对象 x 和 y 之间的相似度。修改该过程可以很轻松地处理相异度。

算法 2.2　异构对象的相似度

1：对于第 k 个属性，计算相似度 $s_k(\boldsymbol{x}, \boldsymbol{y})$，取值范围为区间 $[0, 1]$
2：对于第 k 个属性，定义一个指示变量 δ_k，如下：

$$\delta_k = \begin{cases} 0, & \text{如果第 } k \text{ 个属性是非对称属性，并且两个对象在该属性上的值都是 0，} \\ & \text{或者如果其中一个对象的第 } k \text{ 个属性含有缺失值} \\ 1, & \text{其他} \end{cases}$$

3：使用如下公式计算两个对象之间的总相似度：

$$\text{similarity}(\boldsymbol{x}, \boldsymbol{y}) = \frac{\sum_{k=1}^{n} \delta_k s_k(\boldsymbol{x}, \boldsymbol{y})}{\sum_{k=1}^{n} \delta_k} \tag{2.28}$$

3. 使用权值

在前面的大部分讨论中，所有的属性在计算邻近度时都会被同等对待。但是，当某些属性对邻近度的定义比其他属性更重要时，我们并不希望同等对待。为了处理这种情况，可以通过对每个属性的贡献加权来修改邻近度公式。

属性权重为 w_k 时，式(2.28)变成：

$$\text{similarity}(\boldsymbol{x}, \boldsymbol{y}) = \frac{\sum\limits_{k=1}^{n} w_k \delta_k s_k(\boldsymbol{x}, \boldsymbol{y})}{\sum\limits_{k=1}^{n} w_k \delta_k} \tag{2.29}$$

闵可夫斯基距离的定义也可以修改为：

$$d(\boldsymbol{x}, \boldsymbol{y}) = \left(\sum_{k=1}^{n} w_k |x_k - y_k|^r \right)^{\frac{1}{r}} \tag{2.30}$$

2.4.10   选择正确的邻近度度量

一些一般观察可能会对你有所帮助。首先，邻近度度量的类型应当与数据类型相适应。对于许多稠密的、连续的数据，通常使用距离度量，如欧几里得距离等。连续属性之间的邻近度通常用属性值的差来表示，并且距离度量提供了一种将这些差组合到总邻近度度量的良好方法。尽管属性可能有不同的取值范围和不同的重要性，但这些问题通常都可以用前面介绍的方法处理，例如规范化和属性加权。

对于稀疏数据，常常包含非对称的属性，通常使用忽略 0 - 0 匹配的相似性度量。从概念上讲，这反映了如下事实：对于一对复杂对象，相似度依赖于它们共同具有的性质数而不是依赖于它们都缺失的性质数目。余弦、Jaccard 和广义 Jaccard 度量对于这类数据是合适的。

数据向量还有一些其他特征需要考虑。之前讨论了欧几里得距离、余弦和相关性对于缩放（乘法）和平移（加法）的不变性。这种考虑的实际意义是，余弦更适合于稀疏的文档数据，因为文档向量中只需要考虑数据的缩放，而相关性更适用于时间序列，因为时间序列中数据的缩放和平移都很重要。当两个数据向量的每个特征取值比较接近时，欧几里得距离或其他类型的闵可夫斯基距离是最合适的。

在某些情况下，需要使用数据变换或规范化去得到合适的相似性度量。例如，时间序列数据可能具有显著影响相似性的趋势或周期模式。此外，正确地计算相似度还需要考虑时间延迟。最后，两个时间序列可能只在特定的时间周期上相似，例如，气温与天然气的用量之间存在很强的联系，但是这种联系仅出现在取暖季节。

实践考虑也是重要的。有时，一种或多种邻近度度量已经在某个特定领域使用，因此，其他人已经回答了应当使用何种邻近度度量的问题。另外，所使用的软件包或聚类算法可能完全限制了选择；如果关心效率，则可能希望选择具有某些性质的邻近度度量，这些性质（如三角不等式）可以用来降低邻近度计算量（见本章习题 25）。

然而，如果常见的实践或实践限制并未规定某种选择，则正确地选择邻近度度量可能是一项耗时的任务，需要仔细地考虑领域知识和度量使用的目的。可能需要评估许多不同的相似性度量，以确定哪些结果最有意义。

文献注释

理解待分析的数据至关重要，并且在基本层面，这是测量理论的主题。比如说，定义属性类型的初始动机是精确地指出哪些统计操作对何种数据是合法的。我们给出了测量理论的概述，这些源于 S. S. Stevens 的经典文章 [112]。（表 2.2 和表 2.3 取自 Stevens [113]。）尽管这是最普遍的观点并且相当容易理解和使用，但是测量理论远不止这些。权威的讨论可以在测量理论基础的三卷系列书 [88，94，114] 中找到。同样值得关注的是

Hand[77]的文章，文中广泛地讨论了测量理论和统计学，并且附有该领域其他研究者的评论。许多关于 Stevens 论文的评论和扩展见文献[66，97，117]。最后，有许多书籍和文章都介绍了科学与工程学特定领域中的测量问题。

数据质量是一个范围广泛的主题，涉及使用数据的每个学科。精度、偏置、准确率的讨论和一些重要的图可以在许多科学、工程学和统计学的导论性教材中找到。数据质量"适合使用"的观点在 Redman[103]中有更详细的解释。对数据质量感兴趣的人一定也会对 MIT 的总体数据质量管理计划[95，118]感兴趣。然而，处理特定领域的数据质量问题所需要的知识最好是通过考察该领域的研究者的数据质量实践得到。

与其他预处理任务相比，聚集是一个不够成形的主题。然而，聚集是数据库联机分析处理（OLAP）[68，76，102]领域使用的主要技术之一。聚集在符号数据分析领域也起到了一些作用（Bock 和 Diday[64]）。该领域的一个目标是用符号数据对象汇总传统的记录数据，而符号数据对象的属性比传统属性更复杂。例如，这些属性的值可能是值的集合（类别）、区间、具有权重的值的集合（直方图）。符号数据分析的另一个目标是能够在由符号数据对象组成的数据上进行聚类、分类和其他类型的数据分析。

抽样是一个已经在统计学及其相关领域中透彻研究的主题。许多统计学导论性书籍（如 Lindgren[90]）中都有关于抽样的讨论，并且还有通篇讨论该主题的书，如 Cochran 的经典教科书[67]。Gu 和 Liu[74]提供了关于数据挖掘抽样的综述，而 Olken 和 Rotem[98]提供了关于数据库抽样的综述。还有许多涉及数据挖掘和数据库抽样的文献也值得关注，包括 Palmer 和 Faloutsos[100]、Provost 等[101]、Toivonen[115]、Zaki 等[119]。

在统计学中，已经用于维归约的传统技术是多维定标（MDS）（Borg 和 Groenen[65]，Kruskal 和 Uslaner[89]）和主成分分析（PCA）（Jolloffe[80]），主成分分析类似于奇异值分解（SVD）（Demmel[70]）。维归约详见附件 B。

离散化是一个已经在数据挖掘领域广泛讨论的主题。有些分类算法只能使用分类属性，并且关联分析需要二元数据，这样就有了重要的动机去考察如何最好地对连续属性进行二元化或离散化。对于关联分析，建议读者阅读 Srikant 和 Agrawal[111]，而分类领域离散化的一些有用的参考文献包括 Dougherty 等[71]、Elomaa 和 Rousu[72]、Fayyad 和 Irani[73]以及 Hussain 等[78]。

特征选择是另一个在数据挖掘领域被彻底研究的主题，Molina 等的综述[96]以及 Liu 和 Motada 的两本书[91，92]提供了涵盖该主题的广泛资料。其他有用的文章包括 Blum 和 Langley[63]、Kohavi 和 John[87]和 Liu 等[93]。

很难提供特征变换主题的参考文献，因为不同学科的实践差异很大。许多统计学书籍都讨论了变换，但是通常都限于特定的目的，如确保变量的规范性，或者确保变量具有相等的方差。我们提供两个参考文献：Osborne[99]和 Tukey[116]。

尽管已经讨论了一些最常用的距离和相似性度量，但是还有数以百计的这样的度量，并且更多的度量正在被提出。与本章的其他许多主题一样，许多度量都局限于特定的领域，例如，在时间序列领域，见 Kalpakis 等[81]、Keogh 和 Pazzani[83]的文章。聚类方面的书提供了最好的一般讨论，特别是如下书籍：Anderberg[62]、Jain 和 Dubes[79]、Kaufman 和 Rousseeuw[82]以及 Sneath 和 Sokal[109]。

尽管基于信息的相似性度量的计算难度大且计算代价高，但是它最近却变得越来越流行。Cover 和 Thomas[69]很好地阐述了信息理论。如果连续变量遵循一个如高斯等常见的分布，则该连续变量的互信息的计算比较简单。然而，实际情况往往比较复杂，因此许多新技术被提出。Khan 等人的文章[85]在短时间序列上研究比较了被提出的各种方法。参见 R 和 Matlab 的相关信息包。Resher 等人最近发表的论文[104, 105]让互信息备受关注。该论文提出了基于互信息的方法，该方法具有很优越的性能。在论文发表初期，得到了一些支持[110]，但是也有研究者提出了该方法的局限性[75, 86, 108]。

两本较流行的介绍核方法的书籍是文献[106]和文献[107]。后者还给出一个与核方法相关的网站[84]。此外，当前许多数据挖掘、机器学习和统计学习教材都有一些关于核方法的介绍。关于核方法在支持向量机中的使用的参考文献见 4.9.4 节。

参考文献

[62] M. R. Anderberg. *Cluster Analysis for Applications*. Academic Press, New York, December 1973.

[63] A. Blum and P. Langley. Selection of Relevant Features and Examples in Machine Learning. *Artificial Intelligence*, 97(1–2):245–271, 1997.

[64] H. H. Bock and E. Diday. *Analysis of Symbolic Data: Exploratory Methods for Extracting Statistical Information from Complex Data (Studies in Classification, Data Analysis, and Knowledge Organization)*. Springer-Verlag Telos, January 2000.

[65] I. Borg and P. Groenen. *Modern Multidimensional Scaling—Theory and Applications*. Springer-Verlag, February 1997.

[66] N. R. Chrisman. Rethinking levels of measurement for cartography. *Cartography and Geographic Information Systems*, 25(4):231–242, 1998.

[67] W. G. Cochran. *Sampling Techniques*. John Wiley & Sons, 3rd edition, July 1977.

[68] E. F. Codd, S. B. Codd, and C. T. Smalley. Providing OLAP (On-line Analytical Processing) to User- Analysts: An IT Mandate. White Paper, E.F. Codd and Associates, 1993.

[69] T. M. Cover and J. A. Thomas. *Elements of information theory*. John Wiley & Sons, 2012.

[70] J. W. Demmel. *Applied Numerical Linear Algebra*. Society for Industrial & Applied Mathematics, September 1997.

[71] J. Dougherty, R. Kohavi, and M. Sahami. Supervised and Unsupervised Discretization of Continuous Features. In *Proc. of the 12th Intl. Conf. on Machine Learning*, pages 194–202, 1995.

[72] T. Elomaa and J. Rousu. General and Efficient Multisplitting of Numerical Attributes. *Machine Learning*, 36(3):201–244, 1999.

[73] U. M. Fayyad and K. B. Irani. Multi-interval discretization of continuousvalued attributes for classification learning. In *Proc. 13th Int. Joint Conf. on Artificial Intelligence*, pages 1022–1027. Morgan Kaufman, 1993.

[74] F. H. Gaohua Gu and H. Liu. Sampling and Its Application in Data Mining: A Survey. Technical Report TRA6/00, National University of Singapore, Singapore, 2000.

[75] M. Gorfine, R. Heller, and Y. Heller. Comment on Detecting novel associations in large data sets. *Unpublished (available at http://emotion. technion. ac. il/ gorfinm/files/science6. pdf on 11 Nov. 2012)*, 2012.

[76] J. Gray, S. Chaudhuri, A. Bosworth, A. Layman, D. Reichart, M. Venkatrao, F. Pellow, and H. Pirahesh. Data Cube: A Relational Aggregation Operator Generalizing Group-By, Cross-Tab, and Sub-Totals. *Journal Data Mining and Knowledge Discovery*, 1(1): 29–53, 1997.

[77] D. J. Hand. Statistics and the Theory of Measurement. *Journal of the Royal Statistical Society: Series A (Statistics in Society)*, 159(3):445–492, 1996.

[78] F. Hussain, H. Liu, C. L. Tan, and M. Dash. TRC6/99: Discretization: an enabling technique. Technical report, National University of Singapore, Singapore, 1999.

[79] A. K. Jain and R. C. Dubes. *Algorithms for Clustering Data*. Prentice Hall Advanced Reference Series. Prentice Hall, March 1988.

[80] I. T. Jolliffe. *Principal Component Analysis.* Springer Verlag, 2nd edition, October 2002.

[81] K. Kalpakis, D. Gada, and V. Puttagunta. Distance Measures for Effective Clustering of ARIMA Time-Series. In *Proc. of the 2001 IEEE Intl. Conf. on Data Mining*, pages 273–280. IEEE Computer Society, 2001.

[82] L. Kaufman and P. J. Rousseeuw. *Finding Groups in Data: An Introduction to Cluster Analysis.* Wiley Series in Probability and Statistics. John Wiley and Sons, New York, November 1990.

[83] E. J. Keogh and M. J. Pazzani. Scaling up dynamic time warping for datamining applications. In *KDD*, pages 285–289, 2000.

[84] Kernel Methods for Pattern Analysis Website. http://www.kernel-methods.net/, 2014.

[85] S. Khan, S. Bandyopadhyay, A. R. Ganguly, S. Saigal, D. J. Erickson III, V. Protopopescu, and G. Ostrouchov. Relative performance of mutual information estimation methods for quantifying the dependence among short and noisy data. *Physical Review E*, 76(2):026209, 2007.

[86] J. B. Kinney and G. S. Atwal. Equitability, mutual information, and the maximal information coefficient. *Proceedings of the National Academy of Sciences*, 2014.

[87] R. Kohavi and G. H. John. Wrappers for Feature Subset Selection. *Artificial Intelligence*, 97(1–2):273–324, 1997.

[88] D. Krantz, R. D. Luce, P. Suppes, and A. Tversky. *Foundations of Measurements: Volume 1: Additive and polynomial representations.* Academic Press, New York, 1971.

[89] J. B. Kruskal and E. M. Uslaner. *Multidimensional Scaling.* Sage Publications, August 1978.

[90] B. W. Lindgren. *Statistical Theory.* CRC Press, January 1993.

[91] H. Liu and H. Motoda, editors. *Feature Extraction, Construction and Selection: A Data Mining Perspective.* Kluwer International Series in Engineering and Computer Science, 453. Kluwer Academic Publishers, July 1998.

[92] H. Liu and H. Motoda. *Feature Selection for Knowledge Discovery and Data Mining.* Kluwer International Series in Engineering and Computer Science, 454. Kluwer Academic Publishers, July 1998.

[93] H. Liu, H. Motoda, and L. Yu. Feature Extraction, Selection, and Construction. In N. Ye, editor, *The Handbook of Data Mining*, pages 22–41. Lawrence Erlbaum Associates, Inc., Mahwah, NJ, 2003.

[94] R. D. Luce, D. Krantz, P. Suppes, and A. Tversky. *Foundations of Measurements: Volume 3: Representation, Axiomatization, and Invariance.* Academic Press, New York, 1990.

[95] MIT Information Quality (MITIQ) Program. http://mitiq.mit.edu/, 2014.

[96] L. C. Molina, L. Belanche, and A. Nebot. Feature Selection Algorithms: A Survey and Experimental Evaluation. In *Proc. of the 2002 IEEE Intl. Conf. on Data Mining*, 2002.

[97] F. Mosteller and J. W. Tukey. *Data analysis and regression: a second course in statistics.* Addison-Wesley, 1977.

[98] F. Olken and D. Rotem. Random Sampling from Databases—A Survey. *Statistics & Computing*, 5(1):25–42, March 1995.

[99] J. Osborne. Notes on the Use of Data Transformations. *Practical Assessment, Research & Evaluation*, 28(6), 2002.

[100] C. R. Palmer and C. Faloutsos. Density biased sampling: An improved method for data mining and clustering. *ACM SIGMOD Record*, 29(2):82–92, 2000.

[101] F. J. Provost, D. Jensen, and T. Oates. Efficient Progressive Sampling. In *Proc. of the 5th Intl. Conf. on Knowledge Discovery and Data Mining*, pages 23–32, 1999.

[102] R. Ramakrishnan and J. Gehrke. *Database Management Systems.* McGraw-Hill, 3rd edition, August 2002.

[103] T. C. Redman. *Data Quality: The Field Guide.* Digital Press, January 2001.

[104] D. Reshef, Y. Reshef, M. Mitzenmacher, and P. Sabeti. Equitability analysis of the

103

maximal information coefficient, with comparisons. *arXiv preprint arXiv:1301.6314*, 2013.

[105] D. N. Reshef, Y. A. Reshef, H. K. Finucane, S. R. Grossman, G. McVean, P. J. Turnbaugh, E. S. Lander, M. Mitzenmacher, and P. C. Sabeti. Detecting novel associations in large data sets. *science*, 334(6062):1518–1524, 2011.

[106] B. Schölkopf and A. J. Smola. *Learning with kernels: support vector machines, regularization, optimization, and beyond.* MIT press, 2002.

[107] J. Shawe-Taylor and N. Cristianini. *Kernel methods for pattern analysis.* Cambridge university press, 2004.

[108] N. Simon and R. Tibshirani. Comment on" Detecting Novel Associations In Large Data Sets" by Reshef Et Al, Science Dec 16, 2011. *arXiv preprint arXiv:1401.7645*, 2014.

[109] P. H. A. Sneath and R. R. Sokal. *Numerical Taxonomy.* Freeman, San Francisco, 1971.

[110] T. Speed. A correlation for the 21st century. *Science*, 334(6062):1502–1503, 2011.

[111] R. Srikant and R. Agrawal. Mining Quantitative Association Rules in Large Relational Tables. In *Proc. of 1996 ACM-SIGMOD Intl. Conf. on Management of Data*, pages 1–12, Montreal, Quebec, Canada, August 1996.

[112] S. S. Stevens. On the Theory of Scales of Measurement. *Science*, 103(2684):677–680, June 1946.

[113] S. S. Stevens. Measurement. In G. M. Maranell, editor, *Scaling: A Sourcebook for Behavioral Scientists*, pages 22–41. Aldine Publishing Co., Chicago, 1974.

[114] P. Suppes, D. Krantz, R. D. Luce, and A. Tversky. *Foundations of Measurements: Volume 2: Geometrical, Threshold, and Probabilistic Representations.* Academic Press, New York, 1989.

[115] H. Toivonen. Sampling Large Databases for Association Rules. In *VLDB96*, pages 134–145. Morgan Kaufman, September 1996.

[116] J. W. Tukey. On the Comparative Anatomy of Transformations. *Annals of Mathematical Statistics*, 28(3):602–632, September 1957.

[117] P. F. Velleman and L. Wilkinson. Nominal, ordinal, interval, and ratio typologies are misleading. *The American Statistician*, 47(1):65–72, 1993.

[118] R. Y. Wang, M. Ziad, Y. W. Lee, and Y. R. Wang. *Data Quality.* The Kluwer International Series on Advances in Database Systems, Volume 23. Kluwer Academic Publishers, January 2001.

[119] M. J. Zaki, S. Parthasarathy, W. Li, and M. Ogihara. Evaluation of Sampling for Data Mining of Association Rules. Technical Report TR617, Rensselaer Polytechnic Institute, 1996.

习题

1. 在第 2 章的第一个例子中，统计人员说："是的，字段 2 和 3 也有不少问题。"从所显示的三行样本数据，你能解释她为什么这样说吗？

2. 将下列属性分类成二元的、离散的或连续的，并将它们分类成定性的（标称的或序数的）或定量的（区间的或比率的）。某些情况下可能有多种解释，因此如果你认为存在二义性，简略给出你的理由。

   例子：年龄。**回答**：离散的、定量的、比率的。

   （a）用 AM 和 PM 表示的时间。

   （b）根据曝光表测出的亮度。

   （c）根据人的判断测出的亮度。

   （d）按度测出的 0 和 360 之间的角度。

   （e）奥运会上授予的铜牌、银牌和金牌。

   （f）海拔高度。

(g) 医院中的病人数。

(h) 书的 ISBN 号（查找网上的格式）。

(i) 用如下值表示的透光能力：不透明、半透明、透明。

(j) 军衔。

(k) 到校园中心的距离。

(l) 用每立方厘米克表示的物质密度。

(m) 外套寄存号码。（出席一个活动时，你通常会将外套交给服务生，然后他给你一个号码，你可以在离开时用它来领取你的外套。）

3. 某个地方公司的销售主管与你联系，他相信他已经设计出了一种评估顾客满意度的完美方法。他这样解释他的方案：“这太简单了，我简直不敢相信，以前竟然没有人想到，我只是记录顾客对每种产品的抱怨次数，我在数据挖掘书中读到计数具有比率属性，因此，我的产品满意度度量必定具有比率属性。但是，当我根据顾客满意度度量评估产品并拿给老板看时，他说我忽略了显而易见的东西，说我的度量毫无价值。我想，他简直是疯了，没发现我们的畅销产品满意度最差，因为对它的抱怨最多。你能帮助我摆平他吗？”

(a) 谁是对的，销售主管还是他的老板？如果你的回答是他的老板，你需要做些什么来修正满意度度量？

(b) 对于原来的产品满意度度量的属性类型，你的想法是什么？

4. 几个月之后，习题 3 中提到的那个销售主管又同你联系。这次，他设计了一个更好的方法，用以评估顾客喜爱一种产品超过喜爱其他类似产品的程度。他解释说：“在开发一种新产品时，我们通常创建一些变种并评估顾客更喜欢哪一种。我们的标准做法是同时散发所有的产品变种并要求他们根据喜爱程度对产品变种划分等级，然而，我们的评测题目很不明确，当有两个以上产品时尤其如此，这让测试占用了很长的时间。我建议对产品逐对比较，然后使用这些比较来划分等级，这样，如果我们有 3 个产品变种，我们就让顾客比较变种 1 和 2，然后是 2 和 3，最后是 3 和 1。使用我的方法，评测时间是原来的三分之一，但是进行评测的雇员抱怨说，他们不能从评测结果得到一致的等级评定。昨天，我的老板想要知道最新的产品评估。另外我还得告诉你，老的产品评估方法就是他提出的。你能帮助我吗？”

(a) 销售主管是否陷入困境？他的方法能够根据顾客的喜好产生产品变种的有序等级吗？解释你的观点。

(b) 是否有办法修正销售主管的方法？对于基于逐对比较创建序数度量，你做何评价？

(c) 对于原来的产品评估方案，每个产品变种的总等级通过计算所有评测题目上的平均值得到，你是否认为这是一种合理的方法？你会采取哪种方法？

5. 标识号对于预测是有用的，你能想象出一种情况吗？

6. 一位教育心理学家想使用关联分析来分析测试结果。测试包含 100 个问题，每个问题有 4 个可能的答案。

(a) 如何将该数据转换成适合关联分析的形式？

(b) 能得到何种属性类型以及有多少个属性？

7. 下面哪种量更可能具有时间自相关性：日降水量和日气温？为什么？

8. 讨论：为什么文档-词矩阵是具有非对称的离散特征或非对称的连续特征的数据集？

9. 许多科学领域依赖于观测而不是（或不仅是）设计的实验，比较涉及观测科学与实验科学和数据挖掘的数据质量问题。

10. 讨论测量精度与术语单精度和双精度之间的差别。在计算机科学，单精度和双精度通常分别表示 32 位和 64 位浮点数。

11. 对于处理存放在文本文件而不是二进制格式中的数据，给出至少两个优点。

12. 区别噪声和离群点。确保考虑以下问题：

(a) 噪声曾令人感兴趣或使人期望吗？离群点呢？

(b) 噪声对象可能是离群点吗？

(c) 噪声对象总是离群点吗？

(d) 离群点总是噪声对象吗？

(e) 噪声能将典型值变成例外值吗？反之呢？

13. 考虑发现数据对象的 K 个最近邻问题。某个程序员为该任务设计了算法 2.3。

(a) 如果数据集中存在重复对象，讨论该算法可能存在的问题。假定对于相同的对象，距离函数只返回距离 0。

(b) 如何解决该问题？

算法 2.3　找出 K 最近邻算法

1：**for** $i=1$ 到数据对象数 **do**
2：　找出第 i 个对象到其他对象的距离
3：　以降序排列这些距离
　　（跟踪与每一个距离相关的对象）
4：　**return** 与排序列表中的第一个 K 距离相关的对象
5：**end for**

14. 对亚洲象群的成员测量如下属性：重量、高度、象牙长度、象鼻长度和耳朵面积。基于这些测量，可以使用 2.4 节的哪种相似性度量来对这些大象进行比较或分组？论证你的答案并说明特殊情况。

15. 给定 m 个对象的集合，这些对象划分成 K 组，其中第 i 组的大小为 m_i。如果目标是得到容量为 $n<m$ 的样本，下面两种抽样方案有什么区别？（假定使用有放回抽样。）

(a) 从每组随机地选择 $n \times \dfrac{m_i}{m}$ 个元素。

(b) 从数据集中随机地选择 n 个元素，而不管对象属于哪个组。

16. 考虑一个文档-词矩阵，其中 tf_{ij} 是第 i 个词（术语）出现在第 j 个文档中的频率，而 m 是文档数。考虑由下式定义的变量变换：

$$tf'_{ij} = tf_{ij} \times \log \frac{m}{df_i} \tag{2.31}$$

其中，df_i 是出现第 i 个词的文档数，称作词的文档频率(document frequency)。该变换称作逆文档频率(inverse document frequency)变换。

(a) 如果词出现在一个文档中，该变换的结果是什么？如果术语出现在每个文档中呢？

(b) 该变换的目的可能是什么？

17. 假定我们对比率属性 x 使用平方根变换，得到一个新属性 x^*。作为分析的一部分，你识别出区间 (a, b)，在该区间内，x^* 与另一个属性 y 具有线性关系。

(a) 换算成 x，(a, b) 的对应区间是什么？

(b) 给出 y 关联 x 的方程。

18. 本习题比较和对比某些相似性和距离度量。

(a) 对于二元数据，L_1 距离对应于汉明距离，即两个二元向量不同的位数。Jaccard 相似度是两个二元向量之间相似性的度量。计算如下两个二元向量之间的汉明距离和 Jaccard 相似度。

x = 0101010001

y = 0100011000

(b) Jaccard 相似度与汉明距离哪种方法更类似于简单匹配系数，哪种方法更类似于余弦度量？解释你的结论。（注意：汉明度量是距离，而其他三种度量是相似性，但是不要被这一点所迷惑。）

(c) 假定你正在根据共同包含的基因的个数比较两个不同物种的有机体的相似性。你认为哪种度量更适合用来比较构成两个有机体的遗传基因，是汉明距离还是 Jaccard 相似度？解释你的结论。（假定每种动物用一个二元向量表示，其中如果一个基因出现在有机体中，则对应的属性取值 1，否则取值 0。）

(d) 如果你想比较构成相同物种的两个有机体的遗传基因（例如，两个人），你会使用汉明距离、Jaccard 系数，还是一种不同的相似性或距离度量？解释原因。（注意，两个人的相同基因超过 99.9%。）

19. 对于下面的向量 x 和 y，计算指定的相似性或距离度量。

(a) x = (1, 1, 1, 1)，y = (2, 2, 2, 2)，计算余弦、相关性、欧几里得。

(b) x = (0, 1, 0, 1)，y = (1, 0, 1, 0)，计算余弦、相关性、欧几里得、Jaccard。

(c) x = (0, −1, 0, 1)，y = (1, 0, 1, 0)，计算余弦、相关性、欧几里得。

(d) x = (1, 1, 0, 1, 0, 1)，y = (1, 1, 1, 0, 0, 1)，计算余弦、相关性、Jaccard。

(e) x = (2, −1, 0, 2, 0, −3)，y = (−1, 1, −1, 0, 0, −1)，计算余弦、相关性。

20. 这里，进一步考察余弦度量和相关性度量。　　　　　　　　　　　　109

(a) 对于余弦度量，可能的值域是什么？

(b) 如果两个对象的余弦度量为 1，它们相等吗？解释原因。

(c) 如果余弦度量与相关性度量有关系的话，有何关系？（提示：在余弦和相关性相同或不同情况下，考虑诸如均值、标准差等统计量。）

(d) 图 2.22a 显示 100 000 个随机生成的点的余弦度量与欧几里得距离之间的关系，这些点已经规范化，L_2 的长度为 1。当向量的 L_2 长度为 1 时，关于欧几里得距离与余弦相似性之间的关系，你能得出什么样的一般观测结论？

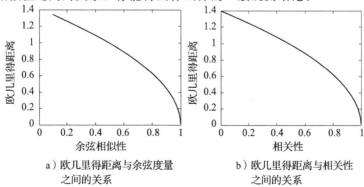

a）欧几里得距离与余弦度量　　　　　b）欧几里得距离与相关性
之间的关系　　　　　　　　　　　　之间的关系

图 2.22　习题 20

(e) 图 2.22b 显示 100 000 个随机生成的点的相关性度量与欧几里得距离之间的关系，这些点已经标准化，具有均值 0 和标准差 1。当向量已经标准化，具有均值 0 和标准差 1 时，关于欧几里得距离与相关性之间的关系，你能得出什么样的一般观测结论？

(f) 当每个数据对象的 L_2 长度为 1 时，推导余弦相似度与欧几里得距离之间的数学关系。

110

(g) 当每个数据点通过减去均值并除以其标准差标准化时，推导相似度与欧几里得距离之间的数学关系。

21. 证明下列给出的集合差度量满足 2.4.3 节的度量公理：
$$d(A,B) = \text{size}(A-B) + \text{size}(B-A) \tag{2.32}$$
其中，A 和 B 是集合，$A-B$ 是集合差。

22. 讨论如何将相关值从区间 $[-1,1]$ 映射到区间 $[0,1]$。注意，你所使用的变换类型可能取决于你的应用。因此，考虑两种应用：对时间序列聚类，给定一个时间序列预测另一个的性质。

23. 给定一个在区间 $[0,1]$ 取值的相似性度量，描述两种将该相似度变换成区间 $[0，\infty]$ 中的相异度的方法。

24. 通常，邻近度定义在一对对象之间。

(a) 阐述两种定义一组对象之间邻近度的方法。

(b) 如何定义欧几里得空间中两个点集之间的距离？

(c) 如何定义两个数据对象集之间的邻近度？（除邻近度定义在任意一对对象之间之外，对数据对象不做任何假定。）

25. 给定欧几里得空间中一个点集 S，以及 S 中每个点到点 x 的距离。（x 是否属于 S 并不重要。）

(a) 如果目标是发现点 $y(y \neq x)$ 指定距离 ε 内的所有点，解释如何利用三角不等式和已经计算得到的到 x 的距离，来减少必需的距离计算数量。提示：三角不等式 $d(x, z) \leqslant d(x, y) + d(y, x)$ 可以写成 $d(x, y) \geqslant d(x, z) - d(y, z)$。

(b) x 和 y 之间的距离对距离计算的数量有何影响？

(c) 假定你可以从原来的数据点的集合中发现一个较小的子集 S'，使得数据集中的每个点至少到 S' 中一个点的距离不超过指定的 ε，并且你还得到了 S' 中每对点之间的距离矩阵。描述一种技术——使用这些信息，以最少的距离计算量，从数据集中计算到一个指定点距离不超过 β 的所有点的集合。

26. 证明 1-Jaccard 相似度是两个数据对象 x 和 y 之间的一种距离度量，该度量满足 2.4.3 节的度量公理。具体地，$d(x, y) = 1 - J(x, y)$。

27. 证明定义为两个数据向量 x 和 y 之间夹角的距离度量满足 2.4.3 节的度量公理。具体地，$d(x, y) = \arccos(\cos(x, y))$。

111
～
112

28. 解释为什么计算两个属性之间的邻近度通常比计算两个对象之间的相似度简单。

分类：基本概念和技术

人类具有分类事物的天赋，例如过滤垃圾邮件信息之类的日常任务，或者在望远镜图像中识别天体这类更为特殊的任务(参见图 3.1)。虽然对于只有少数几个属性的小而简单的数据集，通常通过手动分类就足以解决，但对更大和更复杂的数据集，仍然需要自动化解决方案。

a）螺旋星系   b）椭圆星系

图 3.1 从 NASA 网站获取的望远镜图像中的星系分类

113

本章介绍了分类的基本概念，并描述了其中的一些关键问题，如模型过拟合、模型选择和模型评估等。虽然使用到了称为决策树归纳的分类技术来说明这些主题，但本章中的大部分内容也适用于其他分类技术，第 4 章会进行介绍。

3.1 基本概念

图 3.2 显示了分类的总体思路。分类任务的数据由一组实例(记录)组成。每个这样的实例都以元组(x, y)为特征，其中 x 是描述实例的属性值集合，y 是实例的类别标签。属性集 x 可以包含任何类型的属性，而类别标签 y 必须是可分类的。

图 3.2 分类任务示意图

分类模型(classification model)是属性集和类别标签之间关系的抽象表示。正如在接下来的两章中将会看到的那样，该模型可以用许多方式来表示，例如树、概率表，或简单地用一个实值参数的向量表示。形式上，我们可以在数学表达上把它作为一个目标函数 f，它将输入属性集 x 并产生一个对应于预测类别标签的输出。说明如果 $f(x) = y$，则该模型可正确地对实例(x, y)进行分类。

114

表 3.1 显示了分类任务的属性集和类别标签的各种例子。垃圾邮件过滤和肿瘤鉴定是二分类问题的例子，其中每个数据实例可以分为两类之一。如果类的数量大于 2，如在星系分类示例中那样，那么它被称为多分类问题。

表 3.1 分类任务示例

任务	属性集	类别标签
垃圾邮件过滤	从电子邮件标题和内容中提取的特征	垃圾邮件或非垃圾邮件
肿瘤鉴定	从磁共振成像(MRI)扫描中提取的特征	恶性或良性
星系分类	从望远镜图像中提取的特征	椭圆形、螺旋形或不规则形状

我们用以下两个例子来说明分类的基本概念。

例 3.1   **脊椎动物分类**   表 3.2 显示了将脊椎动物分为哺乳动物、爬行动物、鸟类、鱼类和两栖动物的样本数据集。属性集包括脊椎动物的特征，如体温、表皮覆盖和飞行能力。该数据集也可用于二分类任务，如哺乳动物分类，可将爬行动物、鸟类、鱼类和两栖类分为一类，称为非哺乳动物。

表 3.2   脊椎动物分类问题的样本数据

名字	体温	表皮覆盖	胎生	水生动物	飞行动物	有腿	冬眠	类别标签
人类	恒温	毛发	是	否	否	是	否	哺乳类
蟒蛇	冷血	鳞片	否	否	否	否	是	爬行类
鲑鱼	冷血	鳞片	否	是	否	否	否	鱼类
鲸	恒温	毛发	是	是	否	否	否	哺乳类
青蛙	冷血	无	否	半	否	是	是	两栖类
巨蜥	冷血	鳞片	否	否	否	是	否	爬行类
蝙蝠	恒温	毛发	是	否	是	是	否	哺乳类
鸽子	恒温	羽毛	否	否	是	是	否	鸟类
猫	恒温	软毛	是	否	否	是	否	哺乳类
豹纹鲨	冷血	鳞片	是	是	否	否	否	鱼类
海龟	冷血	鳞片	否	半	否	是	否	爬行类
企鹅	恒温	羽毛	否	半	否	是	否	鸟类
豪猪	恒温	刚毛	是	否	否	是	是	哺乳类
鳗鱼	冷血	鳞片	否	是	否	否	否	鱼类
蝾螈	冷血	无	否	半	否	是	是	两栖类

◀

例 3.2   **贷款借款人分类**   预测贷款人是否可以偿还贷款或拖欠贷款的问题。表 3.3 展示了用于建立分类模型的数据集。属性集包括借款人的个人信息，如婚姻状况和年收入，而类别标签则表明借款人是否拖欠了贷款。

115

表 3.3   贷款人分类问题的样本数据

编号	拥有房产	婚姻状况	年收入	是否拖欠
1	是	未婚	125 000	否
2	否	已婚	100 000	否
3	否	未婚	70 000	否
4	是	已婚	120 000	否
5	否	离异	95 000	是
6	否	未婚	60 000	否
7	是	离异	220 000	否
8	否	未婚	85 000	是
9	否	已婚	75 000	否
10	否	未婚	90 000	是

◀

分类模型在数据挖掘中担当两个重要角色。首先，它被用作**预测模型**（predictive

model)来对先前未标记的实例进行分类。一个好的分类模型必须以快速的响应时间提供准确的预测。其次,它作为一个**描述性模型**(descriptive model)来识别区分不同类别实例的特征。这对于诸如医疗诊断的关键应用特别有用,因为如果无法证明如何做出这样的决定,就称不上是一个预测模型。

例如,由表 3.2 所示的脊椎动物数据集显示的分类模型可用于预测以下脊椎动物的类别标签:

名字	体温	表皮覆盖	胎生	水生动物	飞行动物	有腿	冬眠	类别标签
毒蜥	冷血	鳞片	否	否	否	是	是	?

此外,它可以用作描述性模型来帮助确定将脊椎动物定义为哺乳动物、爬行动物、鸟类、鱼类或两栖动物的特征。例如,该模型可能会将生育后代的哺乳动物确定为恒温脊椎动物。

关于前面的例子有几点值得注意。首先,虽然表 3.2 中显示的所有属性都是定性的,但对于可用作预测变量的属性类型没有限制。另一方面,类别标签必须是标称类型。这将分类与其他预测建模任务(如回归)区分开来,其中预测值通常是定量的。有关回归的更多信息可以在附录 D 中找到。

另一点值得注意的是,可能并非所有属性都与分类任务相关。例如,脊椎动物的平均长度或重量可能不适用于哺乳动物分类,因为这些属性对于哺乳动物和非哺乳动物都可以体现相同的值。这种属性通常在预处理期间被丢弃。其余属性可能无法自行分类,因此必须与其他属性一起使用。例如,体温属性不足以区分哺乳动物和其他脊椎动物。当它与"胎生"一起使用时,哺乳动物的分类显著改善。但是,如果包含附加属性(例如表皮覆盖),则该模型变得过于具体,并且不再涵盖所有哺乳动物。寻找区分不同类别实例的最佳属性组合是构建最优分类模型的关键挑战。

3.2　一般的分类框架

分类是将标签分配给未标记数据实例的任务,分类器用于执行此类任务。**分类器**(classifier)通常按照上一节所述的模型进行描述。该模型是使用给定的一组实例创建的,这组实例称为**训练集**(training set),其中包含每个实例的属性值以及类别标签。学习给定训练集分类模型的系统化方法称为**学习算法**(learning algorithm)。使用学习算法从训练数据建立分类模型的过程称为**归纳**(induction)。这个过程通常也被描述为"学习一个模型"或"建立一个模型"。在未知的测试实例上应用分类模型来预测它们的类别标签的过程称为**演绎**(deduction)。因此,分类过程涉及两个步骤:将学习算法应用于训练数据以学习模型,然后应用模型将标签分配给未标记的实例。图 3.3 说明了分类的一般框架。

分类技术(classification technique)是指分类的一般方法,例如将在本章中研究的决策树技术。像大多数其他分类技术一样,这种分类技术由一系列相关模型和一些用于学习这些模型的算法组成。在第 4 章中,我们将研究其他分类技术,包括神经网络和支持向量机。

对术语的两点说明。首先,术语"分类器"和"模型"通常被认为是同义词。理想情况下,分类技术构建单一的全局模型。但是,虽然每个模型都定义了一个分类器,但并不是每个分类器都由一个模型定义。某些分类器(如 k-最近邻分类器)不会构建显式模型(见4.3 节),而其他分类器(如集成分类器)会合并模型集合的输出(见 4.10 节)。其次,术语"分类器"通常用于更一般的含义来表示分类技术。因此,例如,"决策树分类器"可以指决策树分类技术或使用该技术构建的特定分类器。幸运的是,"分类器"的含义通常在上下文中较为清晰。

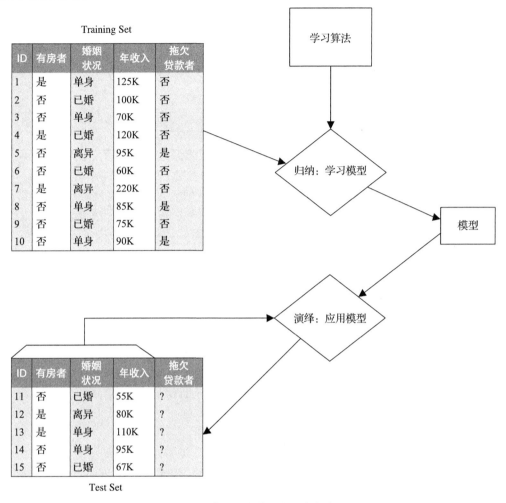

图 3.3   建立分类模型的一般框架

在图 3.3 所示的总体框架中，归纳和演绎步骤应该分开进行。事实上，正如将在 3.6 节中讨论的那样，训练集和测试集应该是相互独立的，以确保归纳模型能够准确预测以前从未遇到过的实例的类别标签。具有这种预测性见解的模型被称为具有良好的**泛化性能**（generalization performance）。模型（分类器）的性能可以通过比较实例的预测标签和真实标签来评估。这些信息可以在一个称为**混淆矩阵**（confusion matrix）的表格中总结出来。

表 3.4 描述了二分类问题的混淆矩阵。每个条目 f_{ij} 表示来自第 i 类的预测为类 j 的实例的数量。例如，f_{01} 是从类 0 错误地预测为类 1 的实例的数量。模型进行的正确预测的数量是（f_{11} + f_{00}）并且不正确预测的数量是（f_{10} + f_{01}）。

<table>
<tr><td colspan="5" align="center">表 3.4   二分类问题的混淆矩阵</td></tr>
<tr><td></td><td></td><td colspan="2" align="center">预测类别</td></tr>
<tr><td></td><td></td><td>类 = 1</td><td>类 = 0</td></tr>
<tr><td rowspan="2">实际类别</td><td>类 = 1</td><td>f_{11}</td><td>f_{10}</td></tr>
<tr><td>类 = 0</td><td>f_{01}</td><td>f_{00}</td></tr>
</table>

尽管混淆矩阵提供了确定分类模型性能的信息，但将这些信息汇总为单个数据可以更方便地比较不同模型的相对性能。这可以使用诸如**准确率**（accuracy）这样的**评估度量**（evaluation metric）来完成：

118

$$准确率 = \frac{正确预测的数量}{总预测数量} \tag{3.1}$$

对于二分类问题，模型的准确率由下式给出：

$$准确率 = \frac{f_{11} + f_{00}}{f_{11} + f_{10} + f_{01} + f_{00}} \tag{3.2}$$

错误率(error rate)是另一个相关度量，对于二分类问题，其定义如下：

$$错误率 = \frac{错误预测的数量}{总预测数量} = \frac{f_{10} + f_{01}}{f_{11} + f_{10} + f_{01} + f_{00}} \tag{3.3}$$

大多数分类技术的学习算法用于学习获得测试集最高准确率或等同地最低错误率的模型。我们将在 3.6 节重新讨论模型评估这个主题。

3.3 决策树分类器

本节介绍一种称为**决策树**分类器的简单分类技术。为了说明决策树如何工作，考虑使用表 3.2 所示的脊椎动物数据集区分哺乳动物和非哺乳动物的分类问题。假设科学家发现了一个新物种。我们如何判断它是哺乳动物还是非哺乳动物？一种方法是提出关于物种特征的一系列问题。我们可能会问的第一个问题是该物种是冷血还是恒温的。如果它是冷血的，那肯定不是哺乳动物，否则，它不是鸟类就是哺乳动物。在后一种情况下，我们需要提出一个后续问题：物种的雌性是否会生下后代？答案是肯定的是哺乳动物，而答案是否定的可能是非哺乳动物(除了产卵的哺乳动物，如鸭嘴兽和刺食蚁兽)。

前面的例子说明了如何通过询问关于测试实例属性的一系列精心制作的问题来解决分类问题。每次收到答案时，我们都可以提出后续问题，直到能够确定其类别标签。可将这一系列问题及其可能的答案组织成称为决策树的分层结构。图 3.4 给出了一个决策树如何对哺乳动物进行分类的例子。该树有三种类型的结点：

- **根结点**，没有传入连接和零个或多个传出连接。
- **内部结点**，每个结点只有一个输入连接和两个或更多的传出连接。
- **叶结点**或**终端结点**，每个结点只有一个输入连接并且没有输出连接。

决策树中的每个叶结点都与一个类别标签相关联。**非终端**(non-terminal)结点包括根结点和内部结点，包含使用单个属性定义的**属性测试条件**(attribute test condition)。属性测试条件的每个可能结果都与该结点的一个子结点相关联。例如，图 3.4 中显示的树的根结点使用属性"体温"来定义一个属性测试条件，该条件具有两个结果，即恒温和冷血，产生两个子结点。

给定一个决策树，可以很简单地对测试实例进行分类。从根结点开始，我们应用其属性测试条件，并根据测试结果按照适当的分支进行操作。这将导致我们转移到另一个内部结点或叶结点，该结点应用了新属性测试条件。一旦到达叶结点，我们将与该结点关联的类别标签分配给测试

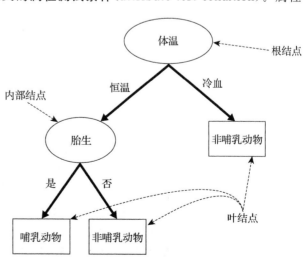

图 3.4 哺乳动物分类问题的决策树

实例。举例来说，图 3.5 描绘了用于预测火烈鸟的类别标签的路径。该路径终止于标记为

120

"非哺乳动物"的叶结点。

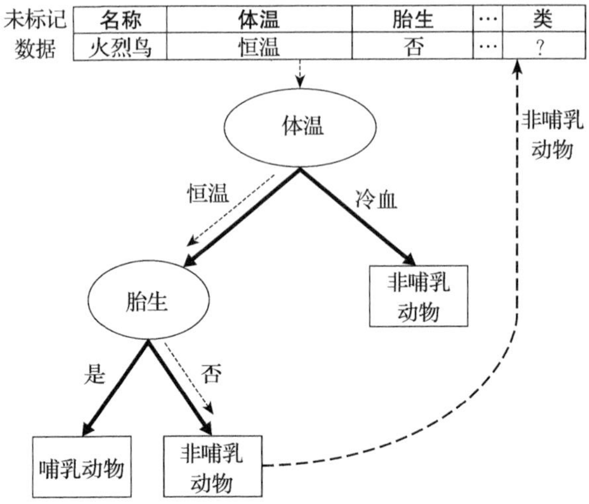

3.3.1 构建决策树的基本算法

许多可能的决策树由特定数据集构建。虽然其中一些树比其他树好，但由于搜索空间的指数级别上升，寻找最佳树的代价是昂贵的。有效的算法已经开发出来，可以在合理的时间内归纳出具

121

有合理准确率的决策树，尽管不是最优的。这些算法通常采用贪心策略，以自顶向下的方式生成决策树，也就是是对划分训练数据时要使用的属性进行一系列局部最优决策。最早的方法之一是Hunt **算法**，它是当前许多决策树分类器实现的基础，包括 ID3、C4.5 和CART。本小节介绍了 Hunt 算法，并

描述了构建决策树时必须考虑的一些设计问题。

图 3.5　对未标记的脊椎动物进行分类。虚线表示在未标记的脊椎动物上应用各种属性测试条件的结果。脊椎动物最终被分配到非哺乳动物类

1. Hunt 算法

在 Hunt 算法中，决策树是以递归方式生长的。该树最初包含与所有训练实例关联的单个根结点。如果某个结点与来自多个类的实例相关联，则会使用由**拆分标准**（splitting criterion）确定的属性测试条件进行扩展。为属性测试条件的每个结果创建一个子叶结点，并根据测试结果将与父结点关联的实例分发给子结点。此结点扩展步骤可以递归应用于每个子结点，只要它具有多个类的标签即可。如果与某个叶结点相关的所有实例都具有相同的类别标签，则该结点不会进一步扩展。每个叶结点都会分配一个类别标签，该标签在与该结点关联的训练实例中出现的频率最高。

为了说明算法的工作原理，以表 3.3 中显示的贷款人分类问题训练集为例。假设我们应用 Hunt 的算法来拟合训练数据。该分类问题的初始决策树只有一个结点，如图 3.6a 所示。标记为"拖欠贷款者＝否"，意味大多数贷款者都按时归还贷款。训练该树的错误率为 30%，因为 10 个训练实例中有 3 个"拖欠贷款者＝是"的类别标签。因为叶结点包含来自多个类的训练实例，所以可进一步扩展。

将"有房者"作为拆分训练实例的属性。选择该属性作为属性测试条件的理由将在后面讨论。图 3.6b 展示了"有房者"属性的二元划分。"有房者＝是"的所有训练实例都传播到根结点的左子结点，其余传播到右子结点。之后将 Hunt 算法递归地应用于每个子结点。由于所有与此结点关联的实例都具有相同的类别标签，所以将左子结点标记为"拖欠

122

贷款者＝否"的叶结点。右子结点具有来自每个类别标签的实例。因此，我们进一步拆分。图 3.6c 和 d 展示了递归扩展右子结点生成的子树。

如上所述，对 Hunt 算法做出了一些简化的假设，然而在实践中往往是不正确的。在下文中，我们将对这些假设进行描述并简要讨论一些处理它们的可能方法。

1）如果任何训练实例都不具有特定的属性值，则在 Hunt 算法中创建的一些子结点可以为空。处理该情况的方法是将它们中的每个结点声明为叶结点，与该结点的父结点相关

联的训练实例的类别标签出现得最为频繁。

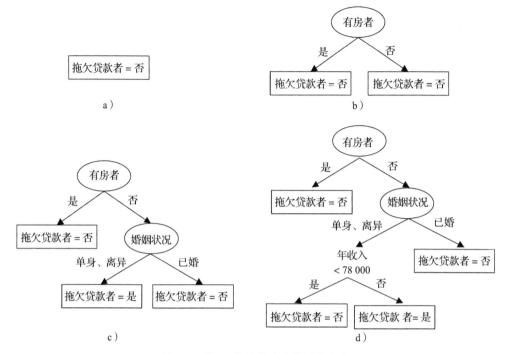

图 3.6　Hunt 算法构建决策树的方法

2）如果与一个结点相关的所有训练实例具有相同的属性值，但具有不同的类别标签，则不能进一步扩展该结点。处理这种情况的方法是将该结点声明为叶结点，并为其分配与该结点关联的在训练实例中出现最频繁的类别标签。

123

2. 决策树归纳的设计问题

Hunt 算法是以贪心策略增长决策树的通用方法。为了实现该算法，有两个必须解决的关键设计问题。

1）**什么是拆分标准？** 在每次递归中，必须选择一个属性，将与结点关联的训练实例划分为与其子结点关联的较小子集。拆分标准决定选择哪个属性作为测试条件以及如何将训练实例分配给子结点。这将在 3.3.2 节和 3.3.3 节中讨论。

2）**什么是终止标准？** 只有当与结点相关的所有训练实例具有相同的类别标签或具有相同的属性值时，基本算法才会停止扩展结点。虽然这些条件已经足够，但即使叶结点包含来自多个类的训练实例，也有理由更早地终止扩展结点。该过程被称为提前终止，且确定何时应该终止扩展结点的条件被称为终止标准。3.4 节讨论了提前终止的优点。

3.3.2　表示属性测试条件的方法

决策树归纳算法必须为表达属性测试条件提供方法，为不同属性类型提供相应结果。

二元属性　二元属性的测试条件产生两个可能的输出，如图 3.7 所示。

标称属性　由于标称属性可以有多个属性值，因此它的测试条件可以用两种方式表示，如图 3.8 所示的多路划分和

图 3.7　二元属性的测试条件

二元划分。对于多路划分（见图 3.8a），其输出数取决于该属性不同值的个数。例如，如果婚姻状况有三个不同的属性值——单身、已婚和离异，其测试条件将产生三路划分。也可以将标称属性采用的所有值分成两组来创建二元划分。例如，某些决策树算法（如 CART）只产生二元划分，这些算法可创建 k 个属性值二元划分的 $2^{k-1}-1$ 种方法。图 3.8b 说明了将婚姻状况的属性值分为两个子集的三种不同方式。

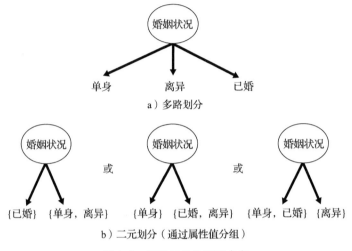

图 3.8 标称属性的测试条件

序数属性 序数属性也可以产生二元或多路划分。只要分组不违反属性值的有序性，就可以对序数属性值进行分组。图 3.9 显示了基于衬衣尺码属性划分训练记录的各种方法。图 3.9a 和图 3.9b 显示的分组保留了属性值之间的顺序，而图 3.9c 显示的分组违反了这一性质，因为它将属性值小号和大号分为一组，而将中号和超大号分为另一组。

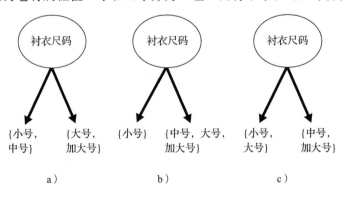

图 3.9 序数属性分组的不同方式

连续属性 对于连续属性，测试条件可以表示为比较测试（例如 $A<v$）产生二元划分，或表示为形如 $v_i \leqslant A < v_{i+1}(i=1，\cdots，k)$ 的范围查询产生多路划分。这些方法之间的区别如图 3.10 所示。对于二元划分，训练数据中最小和最大属性值之间的任何可能值 v 都可以用来构造比较测试 $A<v$。但是，二元划分仅考虑训练集中不同属性值作为候选划分位置是足够的。对于多路划分，只要属性值范围互斥，且覆盖了训练集中观察到的最小值和最大值之间的整个属性值范围，就可以使用任何可能的属性值范围集合。可以采用 2.3.6 节中介绍的离散化策略来构建多路划分。离散化后，为每个离散化区间分配一个新的序数

值，然后使用该序数属性定义属性测试条件。 [126]

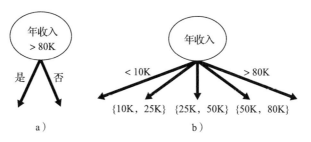

图 3.10　连续属性的测试条件

3.3.3　选择属性测试条件的方法

可以用来确定属性测试条件优劣的度量方法有很多。这些度量方法试图优先考虑将训练实例划分为子结点中更纯子集的属性测试条件，这些子结点通常具有相同的类别标签。由于包含同一类的训练实例的结点不需要进一步扩展，因此属性更纯的结点是有意义的。相反，不纯的结点包含来自多个类的训练实例，可能需要多级扩展，从而极大地增加了树的深度。较大的树是我们不希望看到的，因为它们更容易受到模型过拟合的影响，这种情况可能会降低未知情况下的分类性能，这将在 3.4 节中讨论。与较小的树相比，它们难以解释，且会使训练和测试时间更长。

在下文中，我们提出了测量结点不纯性和其子结点集合不纯性的不同方法，这两种情况都将用于确定结点的最佳属性测试条件。

1. 单结点的不纯性度量

结点的不纯性度量，即度量共有结点的数据实例的类别标签的差异程度。以下是可用 [127] 于评估结点 t 不纯性的度量示例：

$$熵 = -\sum_{i=0}^{c-1} p_i(t) \log_2 p_i(t) \tag{3.4}$$

$$基尼指数 = 1 - \sum_{i=0}^{c-1} p_i(t)^2 \tag{3.5}$$

$$分类误差 = 1 - \max_i [p_i(t)] \tag{3.6}$$

其中，$p_i(t)$ 是结点 t 属于类 i 的训练实例的相对频率，c 是类的总个数，并且在计算熵时，$0 \log_2 0 = 0$。如果一个结点包含来自单个类的实例，并且该结点具有来自多个类的等比例实例的最大不纯性，则以上三个度量都给出零不纯性度量。

图 3.11 比较了二分类问题不纯性度量的相对大小。由于只有两个类，所以 $p_0(t) + p_1(t) = 1$。p 表示属于其中一个类的实例所占的比例。当所有三个度量都属于一个类时（即，$p_0(t) = p_1(t) = 0.5$）得到最大值，当所有实例属于一个类时，度量得到最小值（即 $p_0(t)$ 或 $p_1(t)$ 等于 1）。下面的例子说明了当我们改变类别分布时，不纯性度量的值是如何变化的。

结点 N_1	计数	
类 = 0	0	基尼指数 $= 1 - \left(\dfrac{0}{6}\right)^2 - \left(\dfrac{6}{6}\right)^2 = 0$
类 = 1	6	熵 $= -\left(\dfrac{0}{6}\right)\log_2\left(\dfrac{0}{6}\right) - \left(\dfrac{6}{6}\right)\log_2\left(\dfrac{6}{6}\right) = 0$
		误差 $= 1 - \max\left[\dfrac{0}{6}, \dfrac{6}{6}\right] = 0$

结点 N_2	计数	
类 = 0	1	基尼指数 $= 1 - \left(\frac{1}{6}\right)^2 - \left(\frac{5}{6}\right)^2 = 0.278$
类 = 1	5	熵 $= -\left(\frac{1}{6}\right)\log_2\left(\frac{1}{6}\right) - \left(\frac{5}{6}\right)\log_2\left(\frac{5}{6}\right) = 0.650$
		误差 $= 1 - \max\left[\frac{1}{6}, \frac{5}{6}\right] = 0.167$

结点 N_3	计数	
类 = 0	3	基尼指数 $= 1 - \left(\frac{3}{6}\right)^2 - \left(\frac{3}{6}\right)^2 = 0.5$
类 = 1	3	熵 $= -\left(\frac{3}{6}\right)\log_2\left(\frac{3}{6}\right) - \left(\frac{3}{6}\right)\log_2\left(\frac{3}{6}\right) = 1$
		误差 $= 1 - \max\left[\frac{3}{6}, \frac{3}{6}\right] = 0.5$

　　基于以上计算，结点 N_1 具有最低的不纯性度量值，随后是 N_2 和 N_3。该例与图 3.11 一同展示了不纯性度量的一致性，即如果结点 N_1 的熵比结点 N_2 低，那么 N_1 的基尼指数（Gini index）和误差率也将低于 N_2。尽管它们一致，但属性选择仍然因不纯性度量而不同（参见习题 6）。

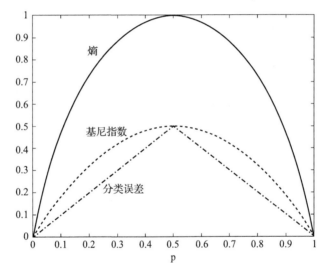

图 3.11　二分类问题不纯性度量之间的比较

2. 子结点的集合不纯性

　　设想一个属性测试条件，该条件将包含 N 个训练实例的结点拆分为 k 个子结点 $\langle v_1, v_2, \cdots, v_k \rangle$，其中每个子结点表示由属性测试的 k 个结果之一产生的数据划分条件。设 $N(v_j)$ 为与不纯性为 $I(v_j)$ 的子结点 v_j 相关联的训练实例的数量。由于父结点中的训练实例在 $\frac{N(v_j)}{N}$ 次数内到达结点 v_j，因此可以通过对子结点的不纯性度量进行加权求和来计算子结点的集合不纯性，如下所示：

$$I(\text{子结点}) = \sum_{j=1}^{k} \frac{N(v_j)}{N} I(v_j) \tag{3.7}$$

例 3.3　加权熵　考虑图 3.12a 和 b 所示的贷款借款人分类问题的候选人属性测试条件。对属性"有房者"进行划分将产生两个子结点，其加权熵计算如下：

$$I(\text{有房者}) = \text{是} = -\frac{0}{3}\log_2\frac{0}{3} - \frac{3}{3}\log_2\frac{3}{3} = 0$$

$$I(\text{有房者}) = \text{否} = -\frac{3}{7}\log_2\frac{3}{7} - \frac{4}{7}\log_2\frac{4}{7} = 0.985$$

$$I(\text{有房者}) = \frac{3}{10} \times 0 + \frac{7}{10} \times 0.985 = 0.690$$

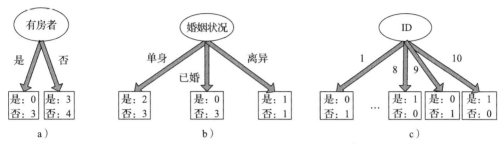

图 3.12　候选属性测试条件的示例

另一方面，对于"婚姻状况"的划分，三个子结点的加权熵由下式给出：

$$I(\text{婚姻状况}) = \text{单身} = -\frac{2}{5}\log_2\frac{2}{5} - \frac{3}{5}\log_2\frac{3}{5} = 0.971$$

$$I(\text{婚姻状况}) = \text{已婚} = -\frac{0}{3}\log_2\frac{0}{3} - \frac{3}{3}\log_2\frac{3}{3} = 0$$

$$I(\text{婚姻状况}) = \text{离异} = -\frac{1}{2}\log_2\frac{1}{2} - \frac{1}{2}\log_2\frac{1}{2} = 1.000$$

$$I(\text{婚姻状况}) = \frac{5}{10} \times 0.971 + \frac{3}{10} \times 0 + \frac{2}{10} \times 1 = 0.686$$

因此，"婚姻状况"的加权熵低于"有房者"。　◀

3. 确定最佳属性测试条件

为了确定属性测试条件的优劣，我们需要比较父结点（在划分之前）的不纯性和子结点的不纯性的加权程度（分裂之后）。它们的差异越大，测试条件越好。这种差异（Δ）也称为属性测试条件的纯度**增益**（gain），定义如下：

$$\Delta = I(\text{父结点}) - I(\text{子结点}) \tag{3.8}$$

130

其中 $I(\text{父结点})$ 是划分前结点的不纯性，$I(\text{子结点})$ 是划分后结点的加权不纯性度量。可以证明，由于 $I(\text{父结点}) \geqslant I(\text{子结点})$，对于上述任何合理的度量，增益是非负的。增益越高，子结点相对于父结点的类越纯洁。决策树学习算法中的分裂准则选择最大增益的属性测试条件。请注意，在给定结点处最大化增益相当于最小化其子项的加权不纯性度量，因为对于所有候选属性测试条件，$I(\text{父结点})$ 是相同的。最后，当熵用作不纯性度量时，熵的差异通常称为**信息增益**（information gain）——Δ_{info}。

在下文中，我们将给出说明性的方法来确定定性或定量属性的最佳属性测试条件。

4. 定性属性的划分

考虑图 3.12 显示的前两个候选分组，涉及的定性属性为有房者和婚姻状况。在父结点处的初始类分布为 (0.3，0.7)，由于训练数据中有 3 个实例为是，7 个实例为否，因此有：

$$I(\text{父结点}) = -\frac{3}{10}\log_2\frac{3}{10} - \frac{7}{10}\log_2\frac{7}{10} = 0.881$$

131

有房者和婚姻状况的信息增益分别为：

$$\Delta_{\text{info}}(\text{有房者}) = 0.881 - 0.690 = 0.191$$
$$\Delta_{\text{info}}(\text{婚姻状况}) = 0.881 - 0.680 = 0.195$$

由于婚姻状况的加权熵较低，因此其信息增益较高，将被考虑用于划分。

5. 定性属性的二元划分

考虑仅使用二元划分和基尼指数作为不纯性度量来构建决策树。图 3.13 显示了属性有房者和婚姻状况的 4 个候选划分标准的例子。由于训练集中有 3 名借款人违约，另有 7 名借款人偿还了贷款（见图 3.13 中的表格），因此划分前的父结点的基尼指数为

$$1 - \left(\frac{3}{10}\right)^2 - \left(\frac{7}{10}\right)^2 = 0.420$$

如果选择有房者作为划分属性，则子结点 N_1 和 N_2 的基尼指数分别为 0 和 0.490。这些子结点的加权平均基尼指数是

$$\left(\frac{3}{10}\right) \times 0 + \left(\frac{7}{10}\right) \times 0.490 = 0.343$$

此处的权重代表分配给每个子结点训练实例的比例。使用有房者作为划分属性的增益为 $0.420 - 0.343 = 0.077$。同样，也可以对属性婚姻状况应用二元划分。但是，由于婚姻状况是一个具有三种结果的标称属性，因此有三种可能的方式对属性值进行二元划分。图 3.13 显示了每个候选二元划分的子结点的加权平均基尼指数。根据这些结果，有房者和使用婚姻状况的二元分组显然是最好的候选，因为它们都产生最低的加权平均基尼指数。如果属性值的二元划分不违反顺序属性，则二元划分也可用于序数属性。

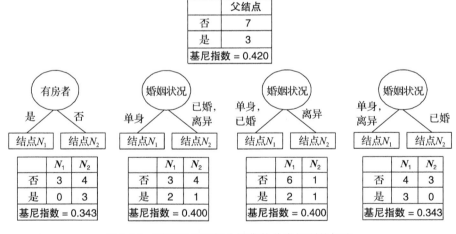

图 3.13   利用基尼指数分解贷款分类问题的标准

6. 定量属性的二元划分

132 考虑为上述拖欠贷款分类问题确定最佳二元划分"年收入 $\leqslant \tau$"的问题。正如之前讨论的那样，尽管 τ 可以在训练集中年收入的最小值和最大值之间取任意值，但只需将训练集中观察到的年收入值视为候选划分位置就足够了。对于每个候选 τ，训练集被扫描一次以计算年收入小于或大于 τ 的借款人数量及其类别比例。然后，我们可以计算每个候选划分位置的基尼指数，并选择产生 τ 的最小值。在每个候选划分位置计算基尼指数需要 $O(N)$ 次操作，其中 N 是训练实例的数量。由于最多有 N 个候选，所以该暴力法的计算复杂度为 $O(N^2)$。通过使用如下所述的方法（参见图 3.14 中的说明），可以将此问题的计算

复杂度降至 $O(N\log N)$。在这种方法中，首先根据年收入将训练实例排序，所需时间为 $O(N\log N)$。从两个相邻的排过序的属性值中选择中间值作为候选划分点，得到候选划分点为 55 000 美元、65 000 美元、72 500 美元等。对于第一位候选，由于无年收入低于或等于 55 000 美元，年收入＜55 000 美元的子结点的基尼指数等于零。相比之下，年收入大于 55 000 美元的结点有 3 个实例是是，7 个是否，该结点的基尼指数是 0.420。第一候选划分位置 $\tau=55\,000$ 美元的加权平均基尼指数等于 $0\times0+1\times0.420=0.420$。

类	No		No		No		Yes		Yes		Yes		No		No		No		No	
年收入（千美元）																				
排序后的值 →	60		70		75		85		90		95		100		120		125		220	
划分点 →	55		65		72.5		80		87.5		92.5		97.5		110		122.5		172.5		230
	<=	>	<=	>	<=	>	<=	>	<=	>	<=	>	<=	>	<=	>	<=	>	<=	>
是	0	3	0	3	0	3	0	3	1	2	2	1	3	0	3	0	3	0	3	0
否	0	7	1	6	2	5	3	4	3	4	3	4	3	4	4	3	5	2	6	1	7	0
基尼指数	0.420		0.400		0.375		0.343		0.417		0.400		*0.300*		0.343		0.375		0.400		0.420	

图 3.14　划分连续属性

对于第二个候选 $\tau=65\,000$，通过简单更新上一个候选的类分布，就可得到该候选的类分布。这是因为，当 τ 从 55 000 美元增加到 65 000 美元时，只有一个受此变化影响的训练实例。通过检查受影响的训练实例的类别标签，可以获得新的类分布。例如，当 τ 增加到 65 000 美元时，训练集中只有一个借款人，年收入为 60 000 美元，受此变化影响。由于借款人的类别标签为否，所以类别否的计数从 0 增加到 1（年收入≤65 000 美元），并从 7 减少到 6（年收入＞65 000 美元），如图 3.14 所示。是类的分布保持不变。新的候选划分的基尼指数为 0.400。

重复此过程直至算出所有候选的基尼指数。最佳划分位置对应于产生最低基尼指数的点，即 $\tau=97\,500$ 美元。由于可以在 $O(1)$ 时间内计算每个候选划分位置的基尼指数，如果所有值保持排序，找到最佳划分位置的时间复杂度为 $O(N)$，一次操作需要 $O(N\log N)$ 时间。因此这种方法的计算复杂度为 $O(N\log N)$，比暴力法所花费的 $O(N^2)$ 时间小得多。通过仅考虑位于不同类别标签的两个相邻排序实例之间的候选划分位置，可以进一步减少计算量。例如，我们无须考虑位于 60 000 美元至 75 000 美元之间的候选划分位置，因为年收入在此范围内的三个实例（60 000 美元，70 000 美元和 75 000 美元）都具有相同的类别标签。对比位于此范围之外的划分位置，选择此范围内的划分位置只会增加不纯性的程度。因此，在 $\tau=65\,000$ 美元和 $\tau=72\,500$ 美元的候选划分位置可以忽略。同样，我们也无须考虑候选划分位置 87 500 美元、92 500 美元、110 000 美元、122 500 美元和 172 500 美元，因为它们位于两个相邻且具有相同标签的实例之间。该策略将需考虑的候选划分位置的数量从 9 减少到 2（不包括两个边界情况 $\tau=55\,000$ 美元和 $\tau=230\,000$ 美元）。

7. 增益率

熵和基尼指数等不纯性度量存在一个潜在的局限，即它们更容易选择具有大量不同值的定性属性。图 3.12 给出了表 3.3 列出的划分数据集的三个候选属性。如上所述，选择属性婚姻状况优于选择属性有房者，因为前者提供了更大的信息增益。但是，如果将它们与顾客 ID 进行比较，后者因为加权熵和基尼指数等于零，会生成信息增益更大的最纯划分。然而，顾客 ID 并不是一个很好的划分属性，因为它对每个实例都有唯一的值。即使包含顾客 ID 的测试条件将准确对训练数据中的每个实例进行分类，我们也不能将此类测试条件用于含有未知顾客 ID 的新测试实例中。这个例子表明单一的低不纯性结点不足以找到良好的属性测试条件。正如我们将在 3.4 节中讨论的，子结点越多，决策树越复杂，更容易出现过拟合。因此，在决定最佳属性测试条件时，还应该考虑划分属性产生的子结点数量。

有两种方法可以解决这个问题。一种方法是仅生成二元决策树，从而避免使用不同数量的划分来处理属性。决策树分类器（如 CART）就是使用此策略。另一种方法是修改划分标准以考虑属性生成的划分数量。例如，在 C4.5 决策树算法中，使用称为**增益率**（gain ratio）的度量来补偿产生大量子结点的属性。这一度量的计算如下：

$$增益率 = \frac{\Delta 信息}{划分信息} = \frac{熵（父结点）- \sum\limits_{i=1}^{k} \frac{N(v_i)}{N} 熵（v_i）}{- \sum\limits_{i=1}^{k} \frac{N(v_i)}{N} \log_2 \frac{N(v_i)}{N}} \tag{3.9}$$

其中，$N(v_i)$ 是分配给结点 v_i 的实例数量，且 k 是划分的总数。划分信息测量将结点划分成子结点的熵，并评估划分是否会导致大量相同大小的子结点。例如，如果每个划分具有相同数量的实例，则 $\forall i: \frac{N(v_i)}{N} = \frac{1}{k}$ 并且划分信息等于 $\log_2 k$。这说明如果属性产生大量的划分，则其划分信息也很大，从而降低了增益率。

例 3.4 增益率 考虑习题 2 中给出的数据集。我们希望从**性别**、**车型**和**顾客** ID 三个属性中选出最佳属性测试条件。划分前的熵为：

$$熵（父结点）= -\frac{10}{20} \log_2 \frac{10}{20} - \frac{10}{20} \log_2 \frac{10}{20} = 1$$

如果使用**性别**作为属性测试条件：

$$熵（子结点）= \frac{10}{20}\left[-\frac{6}{10} \log_2 \frac{6}{10} - \frac{4}{10} \log_2 \frac{4}{10} \right] \times 2 = 0.971$$

$$增益率 = \frac{1 - 0.971}{-\frac{10}{20} \log_2 \frac{10}{20} - \frac{10}{20} \log_2 \frac{10}{20}} = \frac{0.029}{1} = 0.029$$

如果使用**车型**作为属性测试条件：

$$熵（子结点）= \frac{4}{20}\left[-\frac{1}{4} \log_2 \frac{1}{4} - \frac{3}{4} \log_2 \frac{3}{4} \right] + \frac{8}{20} \times 0$$

$$+ \frac{8}{20}\left[-\frac{1}{8} \log_2 \frac{1}{8} - \frac{7}{8} \log_2 \frac{7}{8} \right] = 0.380$$

$$增益率 = \frac{1 - 0.380}{-\frac{4}{20} \log_2 \frac{4}{20} - \frac{8}{20} \log_2 \frac{8}{20} - \frac{8}{20} \log_2 \frac{8}{20}} = \frac{0.620}{1.52} = 0.41$$

如果使用**顾客** ID 作为属性测试条件：

$$熵（子结点）= \frac{1}{20}\left[-\frac{1}{1} \log_2 \frac{1}{1} - \frac{0}{1} \log_2 \frac{0}{1} \right] \times 20 = 0$$

$$增益率 = \frac{1 - 0}{-\frac{1}{20} \log_2 \frac{1}{20} \times 20} = \frac{1}{4.32} = 0.23$$

因此，尽管顾客 ID 具有最高的信息增益，但其增益率低于车型，因为前者会产生更大数量的划分。◀

3.3.4 决策树归纳算法

算法 3.1 给出了决策树归纳算法的伪代码。该算法的输入是一组训练实例集 E 和属性集 F。该算法递归地选择最优属性来划分数据(步骤7)，并扩展树的叶结点(步骤11和12)直到满足结束条件(步骤1)。算法的细节如下。

算法 3.1　决策树归纳算法的框架

```
TreeGrowth(E, F)
 1: if stopping_cond(E, F)=true then
 2:     leaf=createNode()
 3:     leaf.label=Classify(E)
 4:     return leaf
 5: else
 6:     root=createNode()
 7:     root.test_cond=find_best_split(E, F)
 8:     let V={v | v is a possible outcome of root.test_cond}
 9:     for 每个 v∈V do
10:         Eᵥ={e | root.test_cond(e)=v and e∈E}
11:         child=TreeGrowth(Eᵥ, F)
12:         将 child 作为 root 的派生结点添加到树中，并将边(root->child)标记为 v
13:     end for
14: end if
15: return root
```

1) createNode()函数通过创建一个新结点来扩展决策树。决策树的结点要么具有测试条件，表示为 node.test_cond，要么具有类别标签，表示为 node.label。

2) find_best_split()函数确定应当选择哪个属性作为划分训练实例的测试条件。划分属性的选择取决于使用哪种不纯性度量来评估划分。常用的措施包括熵和基尼指数。

3) Classify()函数确定要分配给叶结点的类别标签。对于每个叶结点 t，令 $p(i|t)$ 表示该结点上属于类 i 的训练实例所占的比例。分配给叶结点的标签通常是在与此结点关联的训练实例中最常出现的标签。

$$leaf.label = \underset{i}{\operatorname{argmax}} \, p(i|t) \tag{3.10}$$

其中，argmax 返回最大化 $p(i|t)$ 的类 i。$p(i|t)$ 除了提供确定叶结点的类别标签所需的信息之外，还可以用来估计分配到叶结点 t 的实例属于类别 i 的概率。4.11.2 节和 4.11.4 节讨论，如何使用这种概率估计，来确定在不同代价函数下决策树的性能。

4) stopping_cond()函数通过检查所有实例是否具有相同的类别标签，或相同的属性值来决定是否终止决策树的增长。由于决策树分类器采用自顶向下的递归划分方法来构建模型，因此随着树深度的增加，与结点关联的训练实例的数量也会减少。因此，叶结点包含的训练实例可能太少，以至于无法对其类别标签做出统计上显著的决定。这被称为**数据碎片**(data fragmentation)问题。避免此问题的一种方法是，当与结点关联的实例数量低于某个阈值时，不允许划分结点。3.5.4 节会讨论使用更系统的方法来控制决策树的大小(叶结点的数量)。

3.3.5 示例：Web 机器人检测

现考虑区分 Web 机器人的访问模式与人类用户的访问模式的任务。Web 机器人(也称为网络爬虫)是一种软件程序，通过跟踪从最初的一组种子 URL 中提取的超链接，从一个或多个网站自动检索文件。这些程序已被应用于各种用途，从代替搜索引擎搜集 Web 网页到执行一些更恶意的活动，如制造垃圾邮件、在在线广告中制造点击欺诈。

Web 机器人检测问题可以转换为二分类任务。分类任务的输入数据是一个 Web 服务器日志，图 3.15a 显示了一个样例。日志文件中的每一行对应于客户端(即人类用户或 Web 机器人)对 Web 服务器所做的请求。Web 日志中记录的字段包括客户端的 IP 地址、请求的时间戳、请求文件的 URL、文件的大小以及用户代理。用户代理是包含有关客户端标识信息的字段。对于人类用户，用户代理字段指定用于提取文件的 Web 浏览器或移动设备的类型，而对于 Web 机器人，它应在技术上包含爬虫程序的名称。然而，Web 机器人可能会通过声明与已知浏览器相同的用户代理字段来隐藏其真实身份。因此，用户代理不是检测 Web 机器人的可靠方式。

会话	IP地址	时间戳	请求方法	请求的Web页面	协议	状态	字节数	提交者	用户代理
1	160.11.11.11	08/Aug/2004 10:15:21	GET	http://www.cs.umn.edu/~kumar	HTTP/1.1	200	6424		Mozilla/4.0 (compatible; MSIE 6.0; Windows NT 5.0)
1	160.11.11.11	08/Aug/2004 10:15:34	GET	http://www.cs.umn.edu/~kumar/MINDS	HTTP/1.1	200	41378	http://www.cs.umn.edu/~kumar	Mozilla/4.0 (compatible; MSIE 6.0; Windows NT 5.0)
1	160.11.11.11	08/Aug/2004 10:15:41	GET	http://www.cs.umn.edu/~kumar/MINDS/MINDS_papers.htm	HTTP/1.1	200	1018516	http://www.cs.umn.edu/~kumar/MINDS	Mozilla/4.0 (compatible; MSIE 6.0; Windows NT 5.0)
1	160.11.11.11	08/Aug/2004 10:16:11	GET	http://www.cs.umn.edu/~kumar/papers/papers.html	HTTP/1.1	200	7463	http://www.cs.umn.edu/~kumar	Mozilla/4.0 (compatible; MSIE 6.0; Windows NT 5.0)
2	35.9.2.2	08/Aug/2004 10:16:15	GET	http://www.cs.umn.edu/~steinbac	HTTP/1.0	200	3149		Mozilla/5.0 (Windows; U; Windows NT 5.1; en-US; rv:1.7) Gecko/20040616

a）Web服务器日志的示例

b）Web会话图

属性名称	描述
totalPages	一次Web会话提取的页面总数
ImagePages	一次Web会话提取的图像总数
TotalTime	网站访问者所用的时间
RepeatedAccess	一次Web会话多次请求同一页面
ErrorRequest	请求网页的错误
GET	使用GET方式提出的请求百分比
POST	使用POST方式提出的请求百分比
HEAD	使用HEAD方式提出的请求百分比
Breadth	Web遍历的宽度
Depth	Web遍历的深度
MultiIP	使用多个IP地址的会话
MultiAgent	使用多个代理的会话

c）Web机器人检测的导出属性

图 3.15　用于 Web 机器人检测的输入数据

构建分类模型的第一步是精确定义数据实例和关联属性。一种简单的方法是将每个日志条目视为数据实例，并将日志文件中的相应字段用作其属性集。但是，这种方法由于几个原因而不够可靠。首先，许多属性是标称值，并且取值范围广泛。例如，日志文件中唯一的客户端 IP 地址、URL 和引用链接的数量可能非常大。这些属性对于构建决策树是不可取的，因为它们的划分信息非常大(参见式(3.9))。另外，可能无法对包含的 IP 地址、

URL 或参考者的测试实例进行分类，这些实例不存在于训练数据中。最后，通过将每个日志条目视为一个单独的数据实例，我们忽略了客户端检索的网页序列这一关键信息，即可以帮助区分 Web 机器人访问与人类用户的访问。

　　将每个 Web 会话视为数据实例是一种更好的选择。Web 会话是客户在访问网站期间发出的一系列请求，每个 Web 会话都可以模拟为有向图，其中结点对应于网页，边对应于将一个网页连接到另一个网页的超链接。图 3.15b 显示了日志文件中给出的第一个 Web 会话的图形表示。每个 Web 会话都可以使用一些关于含有歧视性信息图形的有意义的属性进行表示。图 3.15c 显示了从图中提取的一些属性，包括扎根于网站入口处的相应树的深度和宽度。例如，图 3.15b 所示的树的深度和宽度都等于 2。

　　图 3.15c 显示的派生属性比日志文件中给出的原始属性包含更多信息，因为它们表示了客户端在网站上的行为。由于 Web 机器人（1 级）和人类用户（0 级）的会话数量相等，因此使用该方法创建了一个包含 2916 个实例的数据集。其中 10% 的数据用于训练，其余 90% 用于测试。生成的决策树如图 3.16 所示，该决策树在训练集上的错误率为 3.8%，在测试集上的错误率为 5.3%。除了低错误率之外，决策树还显示了一些有趣的属性，有助于区分 Web 机器人与人类用户：

　　1）Web 机器人的访问往往是广泛但浅显的，而人类用户的访问往往更集中（视野狭窄但深入）。

　　2）Web 机器人很少检索与网页关联的图像页面。

　　3）由 Web 机器人产生的会话往往很长，并且包含大量请求页面。

　　4）由于人类用户检索的网页通常由浏览器缓存，所以 Web 机器人比人类用户更可能对同一网页重复请求。

```
决策树
depth = 1:
| breadth> 7 :  class 1
| breadth<= 7:
| | breadth <= 3:
| | | ImagePages> 0.375:  class 0
| | | ImagePages<= 0.375:
| | | | totalPages<= 6:  class 1
| | | | totalPages> 6:
| | | | | breadth <= 1:  class 1
| | | | | breadth > 1:  class 0
| | breadth > 3:
| | | MultiIP = 0:
| | | | ImagePages<= 0.1333:  class 1
| | | | ImagePages> 0.1333:
| | | | | breadth <= 6:  class 0
| | | | | breadth > 6:  class 1
| | | MultiIP = 1:
| | | | TotalTime <= 361:  class 0
| | | | TotalTime > 361:  class 1
depth> 1:
| MultiAgent = 0:
| | depth > 2:  class 0
| | depth < 2:
| | | MultiIP = 1:  class 0
| | | MultiIP = 0:
| | | | breadth <= 6:  class 0
| | | | breadth > 6:
| | | | | RepeatedAccess <= 0.322:  class 0
| | | | | RepeatedAccess > 0.322:  class 1
| MultiAgent = 1:
| | totalPages <= 81:  class 0
| | totalPages > 81:  class 1
```

图 3.16　用于 Web 机器人检测的决策树模型

3.3.6　决策树分类器的特征

　　以下是对决策树归纳算法的重要特征的总结。

　　1）**适用性**：决策树是构建分类模型的非参数化方法。这种方法不需要任何关于管理数据的类别和属性概率分布的先验假设，因此适用于各种各样的数据集。它也适用于连续可分类数据，而不需要通过二值化、标准化或规范化将属性转换为通用表示。与第 4 章描述的某些二分类器不同，它也可以处理多分类问题，而不需要将它们分解为多个二分类任务。决策树分类器的另一个吸引人的特点是诱导树，特别是较短的树，相对容易解释。对许多简单的数据集，树的准确率也与其他分类技术相当。

　　2）**表达能力**：决策树为离散值函数提供了一个通用表示。换句话说，它可以编码任何离散值属性的函数。这是因为每个离散值函数都可以表示为一个赋值表，其中每个离散属性的唯一组合都被赋予一个类别标签。由于每个属性组合可以表示为决策树中的一个叶结点，我们总能找到一个决策树，其叶结点处的标签分配与原始函数的分配表相匹配。当某些独特的属性组合可以由同一叶结点表示时，决策树还可以帮助提供紧凑的函数表示。例如，图 3.17 显示了涉及四个二元属性的布尔函数 $(A \wedge B) \vee (C \wedge D)$ 的分配表，从而导致总共 $2^4 = 16$ 个可能的分配。图 3.17 中的树显示了此分配表的压缩编码。不需要具有 16 个叶结点的完全生长的树，可以使用仅具有 7 个叶结点的更简单的树对函数进行编码。尽管如此，并非所有离散值属性的决策树都可以被简化。一个值得注意的例子是奇偶校验函数，当其布尔属性中存在偶数个真值时，其值为 1，否则为 0。这种函数的精确建模需要一个带有 2^d 个结点的完整决策树，其中 d 是布尔属性的数量（请参阅习题 1）。

A	B	C	D	类
0	0	0	0	0
0	0	0	1	0
0	0	1	0	0
0	0	1	1	1
0	1	0	0	0
0	1	0	1	0
0	1	1	0	0
0	1	1	1	1
1	0	0	0	0
1	0	0	1	0
1	0	1	0	0
1	0	1	1	1
1	1	0	0	1
1	1	0	1	1
1	1	1	0	1
1	1	1	1	1

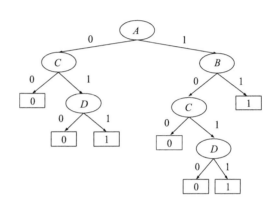

图 3.17 布尔函数 $(A \wedge B) \vee (C \wedge D)$ 的决策树

3）**计算效率**：由于决策树的数量可能非常大，因此许多决策树算法采用基于启发式的方法来指导它们在广阔的假设空间中进行搜索。例如，3.3.4 节介绍的算法使用自顶向下的贪心递归划分策略来生成决策树。对于许多数据集，即使训练集的规模非常大，这种技术也能快速构建合理的决策树。此外，一旦构建了决策树，可迅速对测试记录进行分类，最坏情况下的复杂度为 $O(\omega)$，其中 ω 是树的最大深度。

4）**处理缺失值**：在训练集和测试集中，决策树分类器都可以通过多种方式处理缺失的属性值。当测试集有缺失值时，如果给定的测试实例缺少划分结点属性的值，则分类器必须决定遵循哪个分支。C4.5 决策树分类器采用**概率划分法**（probabilistic split method），根据缺失属性具有特定值的概率将数据实例分配给划分结点的每个子结点。相比之下，CART 算法使用**替代拆分法**（surrogate split method），将划分属性值缺失的实例根据其他非缺失替代属性的值分配给其中一个子结点，其中所述的其他非缺失替代属性划分最类似于基于缺失属性的划分。CHAID 算法使用了另一种称为**独立类法**（separate class method）的方法，将缺失值视为与划分属性的其他值不同的单独分类值。图 3.18 显示了处理决策树分类器中缺失值的三种不同方式的示例。处理缺失值的其他策略基于数据预处理，其中有缺失值的实例在分类器被训练之前，利用模式（对于分类属性）或平均值（对于连续属性）进行估算或丢弃。

在训练过程中，如果属性 ν 在某个与结点相关的训练实例中为缺失值且该属性用于划分，则需要一种方法来测量纯度增益。一种简单的方法是在计算与每个子结点关联的实例的计数中排除具有缺失值 ν 的实例，并为每个可能的结果 ν 生成该实例。此外，如果选择 ν 作为结点上的属性测试条件，则可以使用上述任何方法将缺失值 ν 的训练实例传播到子结点，以处理测试实例中的缺失值。

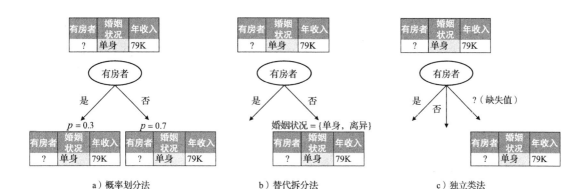

图 3.18　用于处理决策树分类器中缺失的属性值的方法

5）**处理属性之间的相互作用**：属性被认为是相互作用的，一起使用时能够区分类别，但是它们单独使用只能提供很少或不提供信息。由于决策树中划分标准的本质是贪心的，这些属性可能会与其他不太有效的属性一起使用，这可能导致生成非必要的更为复杂的决策树。因此，当属性之间存在相互作用时，决策树可能表现不佳。

为了说明这一点，考虑图 3.19a 所示的三维数据，其中包含来自两个类的数据点，一个类包含 2000 个，在图中表示为"＋"和"○"。图 3.19b 显示了涉及属性 X 和 Y 的二维空间中两个类的分布，这是 XOR 布尔函数的噪声版本。可以看到，尽管这两个类在这个二维空间中很好地分离，但是这两个属性单独使用时都没有足够的信息来区分这两个类。例如，以下属性测试条件的熵（$X \leqslant 10$ 和 $Y \leqslant 10$）接近 1，表明单独使用时，X 和 Y 都不会减少不纯性度量。因此表明 X 和 Y 是相互作用的属性。数据集还包含第三个属性 Z，其中两个类均匀分布如图 3.19c 和 3.19d 所示，可得出任何涉及 Z 的划分的熵都接近 1。因此，Z 可能被选作划分有相互作用但有效的属性 X 和 Y。为了进一步说明这个问题，读者可以参考本章的例 3.7 和本章最后的练习 7。

6）**处理不相关的属性**：如果属性对分类任务无用，则属性无关紧要。由于不相关的属性与目标类别标签的关联性很差，它们在纯度上几乎没有增益，因此将被其他更相关的特性所忽略。由此可知，少量不相关属性的存在不会影响决策树构建过程。然而，并非所有提供很少或无增益的属性都不相关（见图 3.19）。如果分类问题是复杂的（例如涉及属性之间的相互作用）并且存在大量不相关的属性，那么在树生长过程中可能会意外地选择这些属性中的一些，因为它们在一些偶然情况下可能会提供比相关属性更好的增益。特征选择技术可以通过预处理过程消除不相关的属性来帮助提高决策树的准确性。3.4 节会探讨大量不相关属性的问题。

7）**处理冗余属性**：如果属性与数据中的另一个属性强相关，则该属性是多余的。由于冗余属性在被选择用于划分时显示出相似的纯度增益，因此在决策树算法中只有其中一个属性被选为属性测试条件。由此可知，决策树可以处理冗余属性的存在。

8）**使用直线划分**：本章到目前为止描述的测试条件一次只涉及一个属性。因此，树的生长过程可以看作将属性空间划分为不相交区域的过程，直到每个区域包含相同类别的记录为止。不同类别的两个相邻区域之间的边界称为**决策边界**（decision boundary）。图 3.20 显示了决策树以及二分类问题的决策边界。由于测试条件只涉及单个属性，因此决策边界是直线，即平行于坐标轴。这限制了决策树在表示具有连续属性数据集的决策边界时的表达能力。图 3.21 显示了一个涉及二分类的二维数据集，该数据集不能通过其属

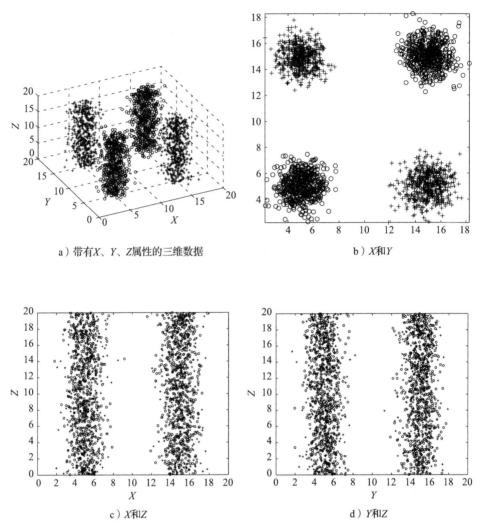

a）带有X、Y、Z属性的三维数据

b）X和Y

c）X和Z

d）Y和Z

图 3.19　涉及 X 和 Y 的 XOR 数据的示例以及不相关的属性 Z

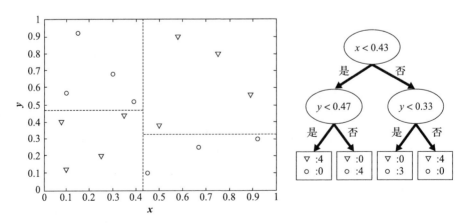

图 3.20　二维数据集的决策树及其决策边界的示例

性测试条件，基于单个属性定义的决策树对数据进行完全分类。数据集中的二分类是由两个倾斜的高斯分布生成的，分别集中在(8，8)和(12，12)处。真正的决策边界用对角虚线表示，而决策树分类器产生的直线决策边界用粗实线表示。相反，**倾斜决策树**(oblique decision tree)可以通过允许使用多个属性指定测试条件来克服这个限制。例如，图 3.21 所示的二分类数据可以很容易地用具有单个根结点的测试条件

$$x + y < 20$$

的倾斜决策树表示。

[146]

尽管倾斜决策树具有更强的表达能力，可以生成更紧凑的树，但寻找最佳测试条件的计算量更大。

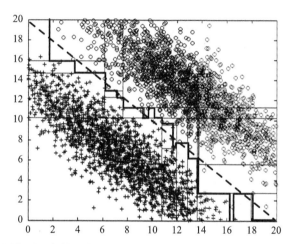

图 3.21　使用具有单一属性测试条件的决策树无法最佳区分的数据集示例，真正的决策边界由虚线表示

　　9) **不纯性测量的选择**：应该指出，不纯性测量的选择通常对决策树分类器的性能没有影响，因为许多不纯性测量值彼此非常一致，如图 3.11 所示。相反，用于修剪树的策略对最终树的影响大于不纯性度量的选择。

3.4　模型的过拟合

　　目前提出的分类模型学习方法试图在训练集上显示最低误差。但是，正如下面的例子将要展现的那样，有的模型即使能够很好地覆盖训练数据，但它仍然可能表现出较差的泛化性能，这种现象称为**模型的过拟合**(model overfitting)。

　　例 3.5　**决策树的过拟合和欠拟合**　考虑图 3.22a 所示的二维数据集。数据集中的实例属于两个类，分别标记为"＋"和"o"，每个类都有 5400 个实例。所有属于"o"类的实例服从均匀分布。在"＋"类中，5000 个实例的生成服从高斯分布，并通过单位方差法集中在(10，10)处，而其余 400 个实例的采样与"o"类一样服从均匀分布。由图 3.22a 可知，通过绘制一个以(10，10)为中心的适当大小的圆，可以很大程度地将"＋"类与"o"类区分开来。为了生成这个二维数据集的分类器，随机抽取 10% 的数据进行训练，剩余 90% 用于测试。图 3.22b 所示的训练集看起来非常有代表性。我们使用基尼指数作为不纯性度量来构造决策树，通过递归将结点扩展到子结点，直到每个叶结点都是纯的，以此增加树的规模（叶结点数），详见 3.3.4 节。

[147 ~ 148]

　　图 3.23a 显示了树的大小从 1 到 8 变化时，训练集和测试集错误率的变化趋势。树在最初只有一个或两个叶结点时，错误率都很高。这种情况称作**模型欠拟合**(model underfitting)。若学习的决策树过于简单，则会导致欠拟合，以致无法充分表示属性与类别标签之间的真实关系。随着将树的大小从 1 增加到 8，我们有两个发现。首先，由于较大的树能够表示更复杂的决策边界，所以错误率会降低。其次，训练集和测试集的错误率十分接近，这表明训练集在性能上足以代表泛化性能。随着进一步将树的大小从 8 增加到 150，训练错误率继续稳定下降，直至最终达到零，如图 3.23b 所示。然而，与此形成鲜明对比的是，测试错误率在树的规模到达某一值时停止下降，之后开始增加。一旦树的规模变得太大，训练错误率将不再足以评估测试集的错误率。此外，随着树的规模不断增大，训练错误率和测试错误率之间的差距不断扩大。这种看起来有悖直觉的现象被称为**模型过拟合**(model overfitting)。

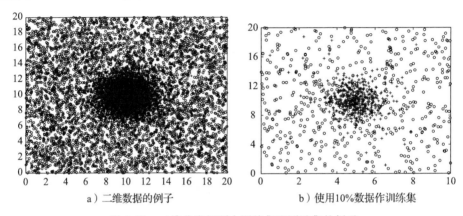

a）二维数据的例子　　　　　b）使用10%数据作训练集

图 3.22　二维分类问题中训练集和测试集的例子

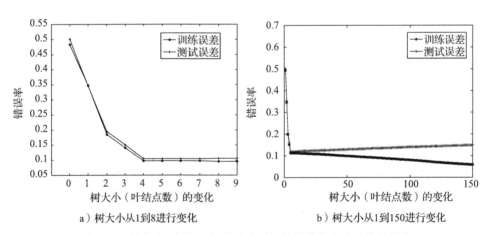

a）树大小从1到8进行变化　　　　b）树大小从1到150进行变化

图 3.23　树大小（叶结点数）的变化对训练误差和测试误差的影响

模型过拟合的原因

模型过拟合指的是在追求训练错误率最小化的过程中，选择了一种过于复杂的模型，这种模型捕捉到了训练数据中的特定模式，但是没能获取到整体数据中属性和类别标签之间的本质关系。为了说明这一点，图 3.24 给出了两棵大小分别为 5 和 50 的决策树及其相应的决策边界（阴影矩形表示分配给"＋"类的区域）。可以看出，大小为 5 的决策树显得非常简单，它的决策边界为最佳决策边界提供了一个合理的近似值，在这种情况下，它对应于以(10，10)处的高斯分布为中心的圆。虽然它的训练和测试错误率非零，但是它们十分接近，这表明在训练集中学习到的模式能很好地泛化到测试集。另一方面，规模为 50 的决策树比规模为 5 的决策树看上去更复杂，同时具有繁复的决策边界。例如，一些阴影矩形（分配给"＋"类）试图覆盖输入空间中仅包含一个或两个"＋"类训练实例的狭窄区域。需要注意的是，这类区域中的"＋"实例在训练集中具有高度特异性，因为这些区域主要由整体数据集中的"－"实例占据。因此，为了完美拟合训练数据，规模为 50 的决策树开始调整以适配测试集中的特定模式，导致在独立选择的测试集上性能较差。

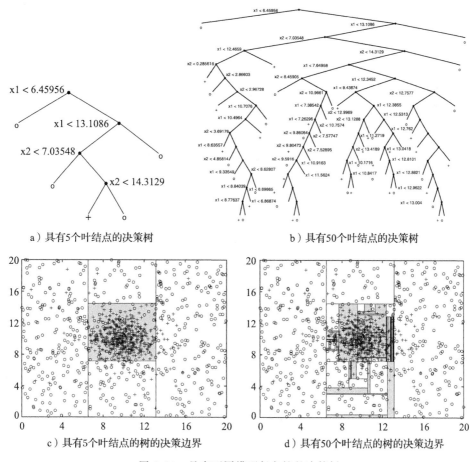

a）具有5个叶结点的决策树　　　　　b）具有50个叶结点的决策树

c）具有5个叶结点的树的决策边界　　　　d）具有50个叶结点的树的决策边界

图 3.24　具有不同模型复杂性的决策树

　　影响模型过拟合的因素有很多。在下文中，我们简要说明两个主要因素：有限的训练规模和过高的模型复杂度。尽管它们并非详尽无遗，但它们之间的相互影响可以帮助解释大多数现实应用中常见的过拟合现象。

1. 有限的训练规模

　　需要注意的是，由有限个实例组成的训练集仅能对整体数据进行有限表示。因此，从训练集中学习得到的模式不能完全代表整体数据的实际模式，从而导致模型过拟合。一般来说，随着我们增大训练集的规模（训练实例的数量），从训练集中学习得到的模式与整体数据的实际模式越来越类似。因此，通过增大训练规模可以减少过拟合的影响，如下例所示。

　　例 3.6　训练规模的影响　假设使用的训练实例数量是例 3.5 实验中使用的两倍。具体地，我们使用 20% 的数据进行训练，剩下的数据用于测试。图 3.25b 显示了树的大小从 1 变化到 150 时的训练和测试错误率。该图的变化趋势与图 3.23b 显示的变化趋势存在两个主要区别(仅使用 10% 的数据用于训练时)。首先，尽管两个图中的训练错误率都随着树规模的增大而减小，但当我们使用两倍规模的训练数据时，训练错误率的下降速率要小得多。其次，对于给定大小的树，当我们使用两倍训练数据时，训练与测试错误率之间的差距要小得多。这些差异表明，相比于使用 10% 的数据进行训练学习得到的模式，使用 20% 的数据进行训练得到的模式具有更好的泛化能力。

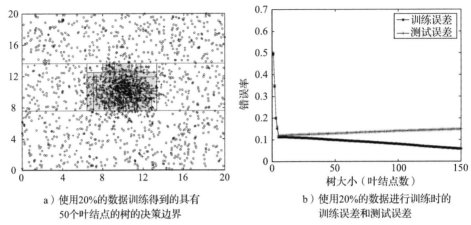

a) 使用20%的数据训练得到的具有
50个叶结点的树的决策边界

b) 使用20%的数据进行训练时的
训练误差和测试误差

图 3.25　使用 20% 的数据训练得到的决策树的性能(原始训练规模的两倍)

图 3.25a 显示了用 20% 的数据进行训练时，大小为 50 的树的决策边界。对于相同大小的树，与使用 10% 的训练数据(见图 3.24d)学习的结果相反，我们可以看到决策树没有捕获训练集中"＋"类噪声实例的特定模式。相反，具有 50 个叶结点的高模型复杂度常被用于学习以(10，10)为中心的"＋"类实例的边界。　◀

2. 高模型复杂度

通常，较为复杂的模型能够更好地表示数据中的复杂模式。例如，与叶结点数较少的决策树相比，具有较多叶结点的决策树可以表示更复杂的决策边界。但是，一个过于复杂的模型倾向于学习训练集中的特定模式，而这类模型不能很好地概括那些隐藏的实例。因此，对于高度复杂的模型，应谨慎使用，避免出现过拟合现象。

从训练集中需要推导出的参数个数是模型复杂度的一种度量方式。例如，在决策树构造过程中，内部结点的属性测试条件数量与从训练集中推导出的模型参数数量一致。具有大量属性测试条件(导致更多叶结点)的决策树具有更多的"参数"，因此更为复杂。

给出一类模型以及一定数量的参数，一个学习算法试图筛选出令训练集的评价矩阵(例如，准确率)最大化的最佳参数值组合。如果参数值的组合数很多(因此复杂度更高)，学习算法需要通过有限的训练集，从大量可能的组合中筛选出最佳组合。在这种情况下，学习算法很有可能筛选出一个虚假的参数组合，由于随机因素导致了评价矩阵最大化。这类似于统计学中的**多重比较问题**(multiple comparisons problem)(也称多重测试问题)。

为了说明多重比较问题，考虑对未来 10 个交易日股市涨跌进行预测的任务。如果一位股票分析师的预测只是随机猜测，那么对于任意交易日的预测，其准确率都是 0.5。然而，在 10 次预测中至少正确 9 次的概率为

$$\frac{\begin{bmatrix}10\\9\end{bmatrix}+\begin{bmatrix}10\\10\end{bmatrix}}{2^{10}}=0.0107$$

该概率是极低的。

假设我们要从 200 位股票分析师中挑选出一位投资顾问。策略是挑选出在未来 10 个交易日中，能做出最多正确预测的分析师。这种策略的缺点是，假设所有分析师的预测都是随机产生的，那么至少有一人正确预测不少于 9 次的概率为

$$1 - (1 - 0.0107)^{200} = 0.8847$$

这是非常高的。尽管对于每个分析师，正确预测不小于 9 次的概率都很低，但综合考虑后，至少找到一个这样的分析师的概率是很高的。然而，我们无法确保这样一个分析师在未来能通过随机猜测的方法一直做出正确的预测。

多重比较问题与模型过拟合有什么关系呢？在学习分类模型的过程中，每个参数值组合都相当于一个分析师，而训练实例的数量相当于天数。类似于挑选出在连续日内，预测准确率最高的分析师的任务，学习算法的任务是挑选出最适配训练集的参数值组合。如果参数组合很多，但训练规模很小，最有可能的原因是学习算法选取了虚假的参数组合，这些组合由于随机因素导致了高的训练准确率。在下面的例子中，我们将阐述在构造决策树的过程中，因多重比较所导致的过拟合现象。

例 3.7 **多重比较和过拟合**　考虑图 3.26 中包含了 500 个 "+" 类实例和 500 个 "o" 类实例的二维数据集，其类似于图 3.19 表示的数据。在这个数据集中，二维 $(X-Y)$ 属性空间将两个类的分布清晰地分割开，但是这两个属性 $(X$ 或 $Y)$ 单独的信息量均不足以区分这两个类。因此，基于 X 属性或 Y 属性的任意值对数据集进行划分，会使不纯性度量接近于 0。但是，如果同时使用 X 和 Y 属性作为划分依据（例如，在 (X, Y) 取值为 $(10, 10)$ 时进行划分），则可以有效地对这两个类进行划分。

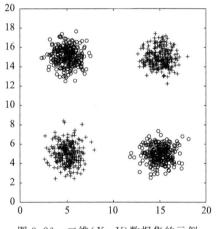

图 3.26　二维 $(X-Y)$ 数据集的示例

153 ～ 154

图 3.27a 显示了学习不同大小决策树时的训练和测试错误率，其中，30% 的数据用于训练，其余的用于测试。我们可以看到，在叶结点数很少的时候，两个类就可以很容易被分开。图 3.28 显示了具有 6 个叶结点的树的决策边界，树权按其在树中出现的顺序进行编号。值得注意的是，虽然分割 1 和 3 后获得的增益微乎其微，但是在它们之后对 $(2, 4, 5)$ 进行划分可以提供巨大的增益，从而使得对这两个类的区分是有效的。

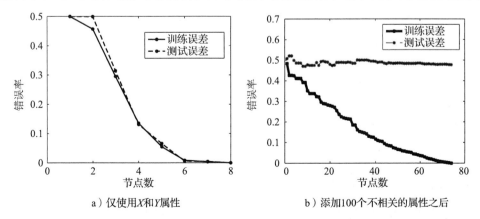

a）仅使用 X 和 Y 属性　　　　　b）添加 100 个不相关的属性之后

图 3.27　通过训练错误率和测试错误率说明多重比较问题对模型过拟合的影响

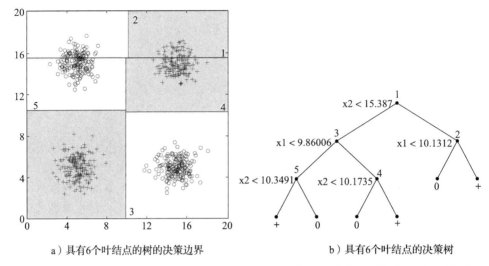

a）具有6个叶结点的树的决策边界　　　　　　b）具有6个叶结点的决策树

图 3.28　以 X 和 Y 为属性，具有 6 个叶结点的决策树。树权按事件的顺序从 1 到 5 进行编号

假设我们在二维数据 $X{-}Y$ 中添加 100 个不相关属性。从这一合成数据中学习决策树将具有挑战性，因为在每个内部结点上进行划分选择时，候选属性的数量将从 2 个增加到 102 个。由于候选属性的测试条件繁多，很可能因为多重比较问题，使得内部结点选择虚假的属性测试条件。图 3.27b 显示了向训练集添加 100 个不相关属性后的训练误差和测试误差。可以看到，即使使用 50 个叶结点，测试错误率也保持在接近 0.5 的水平，而训练错误率持续下降，最终变为 0。

3.5　模型选择

现有许多可行的分类模型，它们具有不同层次的模型复杂性，可用于捕获训练数据中的模式。在这些可选项中，我们需要选择的是泛化错误率最低的模型。**模型选择**（model selection）指的是选择出复杂度适合且可以很好地泛化到隐藏的测试实例的模型。如上节所述，训练错误率不能可靠地作为模型选择的唯一标准。下面，我们将介绍三种通用的方法来评估模型的泛化能力，以此用于模型选择。本节主要讲述如何在决策树归纳中使用这些方法的特定策略。

3.5.1　验证集应用

值得注意的是，我们总是可以通过"样本外"估计来评估模型的泛化错误率，例如，可以在一个单独的**验证集**（validation set）上对模型进行评估，该集合未被用于模型训练。由于验证集未被用于训练模型，因此验证集的错误率（称为验证错误率）比训练错误率更能说明泛化性能。以下将介绍验证错误率在模型选择中的应用。

给定一个训练集 D. train，我们可以将 D. train 划分为两个更小的子集——D. tr 和 D. val，其中，D. tr 用于训练，而 D. val 作为验证集。例如，将 D. train 的 $\frac{2}{3}$ 作为 D. tr 用于训练，剩余 $\frac{1}{3}$ 作为 D. val 用于计算验证错误率。对于任何经过 D. tr 训练的分类模型 m，我们可以通过 D. val 评估它的验证错误率——$\mathrm{err}_{\mathrm{val}}(m)$。其中，$\mathrm{err}_{\mathrm{val}}(m)$ 值最小的模型即为首选模型。

验证集的使用为模型选择提供了一种通用的方法。然而，这种方法具有一个局限性，它对从 D. train 中获得的 D. tr 和 D. val 的大小很敏感。如果 D. tr 的规模很小，可能会导致学习到一个性能不佳的分类模型，这是因为较小的训练集不能很好地代表整体数据。另一方面，如果 D. val 的规模很小，使用验证错误率选择模型将变得不可靠，因为它仅在少量实例上进行计算。

例 3.8　验证错误　　在下面的示例中，我们演示了在决策树归纳中使用验证集的一种可行方法。对于图 3.30 生成的决策树，图 3.29 显示了其叶结点上的预测标签。位于叶结点下的计数表示验证集中到达该结点的数据实例比例。根据结点的预测标签，左树的验证错误率为 $\mathrm{err}_{\mathrm{val}}(T_L) = \frac{6}{16} = 0.375$，右树的验证错误率为 $\mathrm{err}_{\mathrm{val}}(T_R) = \frac{4}{16} = 0.25$。基于它们的验证错误率，右树比左树更适合。◀

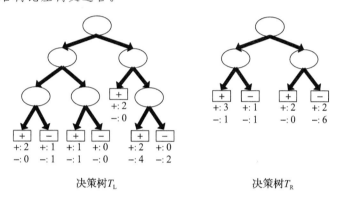

决策树 T_L　　　　　　　　　　决策树 T_R

图 3.29　图 3.30 所示的两个决策树的验证数据的类分布

3.5.2　模型复杂度合并

由于模型越复杂，发生过拟合的可能性越大，因此模型选择方法不仅要考虑训练错误率，还要考虑模型的复杂度。这一策略来源于众所周知的**奥卡姆剃刀原理**（Occam's razor），也就是所谓的**节俭原则**（principle of parsimony）。它表明，如果两个模型具有相同的误差，较简单的模型将优于较复杂的模型。在评估泛化性能的同时考虑模型复杂度的一般方法如下所示。

给定一个训练集 D. train，考虑学习一个属于模型 $\mathcal{M}$ 的分类模型 m。例如，如果 $\mathcal{M}$ 代表所有可能的决策树的集合，那么 m 可以对应一个从训练集中学习到的特定决策树。我们对 m 的泛化错误率 gen. error(m) 有兴趣。如前文所述，当模型复杂度较高时，m 的训练错误率 train. error(m，D. train) 会低估 gen. error(m)。因此，我们在使用训练错误率的同时，还使用模型 $\mathcal{M}$ 的复杂度 complexity($\mathcal{M}$) 来表示 gen. error(m) 函数，如下所示：

$$\text{gen. error}(m) = \text{train. error}(m, \text{D. train}) + \alpha \times \text{complexity}(\mathcal{M}) \tag{3.11}$$

其中，α 是一个超参数，用于协调最小化训练错误和降低模型复杂度。一个过大的 α 取值在评估过程中更强调模型复杂度对泛化性能的影响。可以使用 3.5.1 节描述的利用验证集的方法选择合适的 α 值。例如，可以遍历 α 的所有可取值，从训练集的一个子集 D. tr 中学习到一个模型，然后通过一个独立的子集 D. val 计算得到模型的验证错误率。最后选择使验证错误率最低的 α 取值。

式(3.11)提供了一种可行的方法，将模型复杂度纳入对泛化性能的评估中。该方法成为许多用于评估泛化性能的技术的核心，例如结构风险最小化原则、赤池信息准则（Akaike's Information Criterion，AIC）、贝叶斯信息准则（Bayesian Information Criterion，BIC）。结构风险最小化原则是学习支持向量机的基础，该部分会在第 4 章进行探讨。有关 AIC 和 BIC 的更多细节，请参阅参考文献。

下面将介绍两种不同的方法来评估模型的复杂度 complexity($\mathcal{M}$)。前者专门用于决策树模型，而后者适用于任何类型的模型，更为通用。

1. 决策树复杂度评估

决策树的复杂度可以用叶结点数与训练实例数的比值进行评估。设 k 为叶结点数，
[158] N_{train} 为训练实例数。决策树的复杂度可用 $\dfrac{k}{N_{\text{train}}}$ 表示。直观上，对于大规模的训练集，我们可以学习到一种具有大量叶结点的决策树，而其复杂度又不会太高。决策树 T 的泛化错误率可由式(3.11)计算得出，具体如下：

$$\text{err}_{\text{gen}}(T) = \text{err}(T) + \Omega \times \frac{k}{N_{\text{train}}}$$

其中，$\text{err}(T)$ 是决策树的训练误差，Ω 是权衡减小训练误差和最小化模型复杂度的超参数，类似于式(3.11)中使用的 α。Ω 可以看作为了防止训练误差，每添加一个叶结点的成本。在决策树归纳的文献中，上述评估泛化错误率的方法也称为**悲观误差估计**(pessimistic error estimate)。称其为悲观是因为它假设泛化错误率比训练错误率要差（通过增加模型复杂性的惩罚项）。与之相对，简单地使用训练错误率来评估泛化错误率，被称为**乐观误差估计**(optimistic error estimate)或**再代入估计**(resubstitution estimate)。

例 3.9 泛化错误率估计 考虑图 3.30 中的两棵二叉决策树 T_{L} 和 T_{R}。这两棵树由相
[159] 同的训练数据生成的，T_{L} 是通过扩展了 T_{R} 的三个叶结点生成的，叶结点上的计数表示训练实例的类分布。如果根据到达叶结点的大多数训练实例标记该结点，则左树的训练错误率为 $\text{err}(T_{\text{L}}) = \dfrac{4}{24} = 0.167$，右树的训练错误率为 $\text{err}(T_{\text{R}}) = \dfrac{6}{24} = 0.25$。仅根据训练错误率进行评估，认为 T_{L} 优于 T_{R}，即使 T_{L} 比 T_{R} 更复杂（即包含更多的叶子结点）。

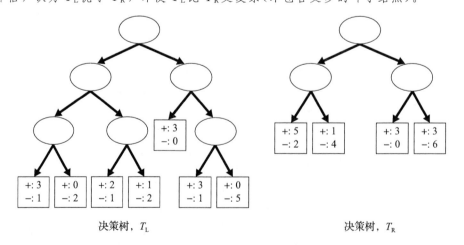

决策树，T_{L} 决策树，T_{R}

图 3.30   由相同训练数据生成的两个决策树示例

现假设每个叶结点的成本 $\Omega = 0.5$。然后，T_{L} 的泛化错误率估计为

$$\mathrm{err}_{\mathrm{gen}}(T_{\mathrm{L}}) = \frac{4}{24} + 0.5 \times \frac{7}{24} = \frac{7.5}{24} = 0.3125$$

T_{R} 的泛化错误率估计为

$$\mathrm{err}_{\mathrm{gen}}(T_{\mathrm{R}}) = \frac{6}{24} + 0.5 \times \frac{4}{24} = \frac{8}{24} = 0.3333$$

由于 T_{L} 的泛化错误率较低，因此依旧认为 T_{L} 优于 T_{R}。需要注意的是，$\Omega=0.5$ 意味着如果一个结点增加了至少一个训练实例的预测，那么这个结点应该扩展出两个子结点，因为扩展结点的成本比对训练实例进行分类的成本更低。此外，如果 $\Omega=1$，T_{L} 的泛化错误率为 $\mathrm{err}_{\mathrm{gen}}(T_{\mathrm{L}})=\frac{11}{24}=0.458$，$T_{\mathrm{R}}$ 的泛化错误率为 $\mathrm{err}_{\mathrm{gen}}(T_{\mathrm{R}})=\frac{10}{24}=0.417$。此时由于 T_{R} 的泛化错误率更低，因此认为 T_{R} 优于 T_{L}。这个例子说明了基于泛化错误率估计对决策树进行选择时，Ω 的不同取值会改变我们的选择偏好。然而，对于一个给定的 Ω 取值，悲观误差估计提供了一种方法，用于对未知测试实例的泛化性能进行建模。验证集有助于 Ω 取值的选择。◀

2. 最小描述长度原则

另一种合并模型复杂性的方法是基于信息理论的方法，即**最小描述长度原则**（Minimam Description Length，MDL）。图 3.31 中的示例阐明了这种方法。在该示例中，A 和 B 都被分配了一组属性值 x 已知的实例。假设 A 知道所有实例中哪些类别标签为 y，而 B 不知道。A 希望向 B 发送包含类别标签信息的消息，与 B 实现类信息共享。消息包含 $\Theta(N)$ 位的信息，其中 N 表示实例数量。

或者，A 可以不直接发送类别标签信息，而是根据实例构建一个分类模型，将其传给 B。然后 B 可以利用该模型来确定实例的类别标签。如果该模型的准

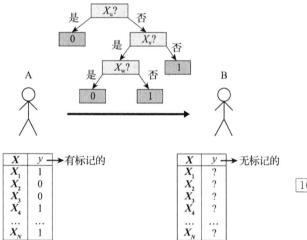

图 3.31　最小描述长度原则的图解

确率是 100%，那么传输的成本等于模型编码所需的比特数。否则，A 还必须传递关于哪些实例被模型错误分类的信息，以便 B 能够重新生成相同的类别标签。因此，总传输成本，即消息的描述长度为

$$\mathrm{Cost}(\mathrm{model}, \mathrm{data}) = \mathrm{Cost}(\mathrm{data}\,|\,\mathrm{model}) + \alpha \times \mathrm{Cost}(\mathrm{model}) \tag{3.12}$$

右边的第一项是对被错误分类的实例进行编码所需的位数，第二项是对模型进行编码所需的位数。α 是一个用于平衡错误的实例分类和模型之间相对成本的超参数。需要注意这个方程和式(3.11)中计算泛化错误率的通式之间的相似之处。一个好的模型，其总描述长度要小于编码整个类别标签序列所需的比特数。此外，给定两个对比模型，总描述长度较小的模型更好。习题 10 给出了一个如何计算决策树的总描述长度的示例。

3.5.3　统计范围估计

除了使用式(3.11)的方法估计模型的泛化错误率，还可对模型的训练错误率进行统计

修正，用以表明模型的复杂性。如果训练错误率的概率分布是可用的或可被假设的，就可以对训练错误率进行统计修正。例如，可以假设决策树中叶结点所提交的错误数量服从二项分布。因此，我们可以计算用于模型选择的训练错误率上限，如下面的示例所示。

例 3.10 **训练错误率的统计界限** 考虑图 3.30 所示的二叉决策树的最左侧分支。观察到 T_R 最左侧的叶结点扩展出了 T_L 中的两个子结点。在分裂之前，结点的训练误差为 $\frac{2}{7} = 0.286$。通过用正态分布近似二项分布，可以得到训练误差 e 的上界，如下式所示：

$$e_{\text{upper}}(N, e, \alpha) = \frac{e + \frac{z_{\frac{\alpha}{2}}^2}{2N} + z_{\frac{\alpha}{2}}\sqrt{\frac{e(1-e)}{N} + \frac{z_{\frac{\alpha}{2}}^2}{4N^2}}}{1 + \frac{z_{\frac{\alpha}{2}}^2}{N}} \tag{3.13}$$

其中，α 是置信水平，$z_{\frac{\alpha}{2}}$ 是标准正态分布的标准值，N 是用于计算 e 的训练实例总数。当 $\alpha = 25\%$，$N = 7$，$e = \frac{2}{7}$ 时，错误率的上界为 $e_{\text{upper}}(7, \frac{2}{7}, 0.25) = 0.503$，对应于 $7 \times 0.503 = 3.521$ 的误差。如果扩展出这些结点的子结点，如 T_L 所示，那么这些子结点的训练错误率分别为 $\frac{1}{4} = 0.250$ 和 $\frac{1}{3} = 0.333$。使用式（3.13），这些错误率的上界分别为 $e_{\text{upper}}(4, \frac{1}{4}, 0.25) = 0.537$ 和 $e_{\text{upper}}(3, \frac{1}{3}, 0.25) = 0.650$。子结点的整体训练误差为 $4 \times 0.537 + 3 \times 0.650 = 4.098$，大于 T_R 中对应结点的估计错误率，因此认为不应该划分 T_R 的叶结点。◀

3.5.4 决策树的模型选择

基于以上介绍的通用方法，我们提出了两种常用的决策树归纳模型选择策略。

预剪枝（早停规则） 在这种方法中，在生成一个完美适配整个训练集的完全树之前，树生长算法就会停止。为此，必须使用更为严格的停止条件。例如，在泛化错误率估计中，观察到增益下降到某个阈值以下时，停止扩展叶结点。泛化错误率的估计可以使用前面三小节给出的任何方法来计算，例如使用悲观误差估计、检验误差估计或统计界限。预剪枝的优势在于避免了与过度复杂的子树的相关计算，该子树的复杂源于过度拟合训练数据。然而，该方法的一个主要缺点是，使用现有的划分准则即使没有获得明显的增益，但随后的划分可能会得到更好的子树。如果由于决策树归纳的贪婪性质而使用预剪枝，则不会得到这样的子树。

后剪枝 在这种方法中，决策树首先增长到它的最大规模。之后再对树进行剪枝，该步骤以自下而上的方式对完全树进行修剪。修剪可以通过用一个新的叶结点替代一个子树或者使用最常用的分支子树方法（称为**子树提升**方法）来完成，该叶结点的类别标签是从隶属于该子树的多数类实例中确定的（称为**子树替换方法**）。当超过某个阈值时，观察到泛化错误率估计不再进一步改善，剪枝步骤终止。同样，泛化错误率的估计可以使用前面三小节中给出的任何方法来计算。与预剪枝相比，后剪枝倾向于给出更好的结果，因为后剪枝是基于完全树给出剪枝决策，这与预剪枝不同，后者可能会因提前终止树的生长而受到影响。但是，对于后剪枝，在对子树进行剪枝时，可能会浪费用于生成完全树的额外计算。

图 3.32 展示了 3.3.5 节中给出的 Web 机器人检测示例简化后的决策树模型。请注意使用子树提升方法时，在 depth=1 处生根的子树被一个 breadth≤7，width>3 且 MultiP=1 的

树分支替换。另一方面，使用子树替换方法时，对应于 depth＞1 且 MultiAgent＝0 的子树被替换为分配给类 0 的一个叶结点。depth＞1 且 MultiAgent＝1 的子树保持不变。

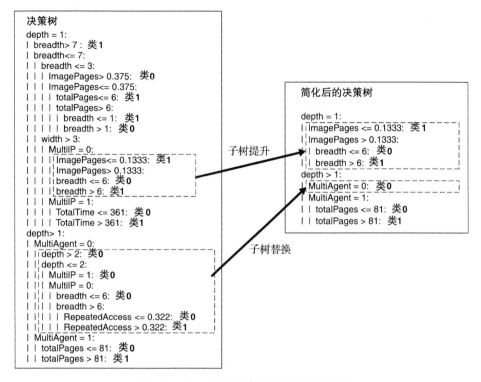

图 3.32　Web 机器人检测的决策树后剪枝

3.6　模型评估

上一节讨论了几种模型选择方法，可用于从训练集 D. train 中学习分类模型。在这里，我们讨论估计其泛化性能的方法，例如，D. train 之外的未知实例的性能。这个过程被称为**模型评估**（model evaluation）。

请注意，3.5 节讨论的模型选择方法也使用训练集 D. train 计算泛化性能的估计值。然而，这些估计值是未知实例性能的偏向指标，因为它们被用来指导分类模型的选择。例如，如果使用验证错误率进行模型选择（如 3.5.1 节所述），会特意选择能得到最少验证集错误的模型作为结果。因此，验证错误率可能会低估真正的泛化错误率，不能可靠地用于模型评估。

模型评估的正确方法是在被标注的测试集上，对学习模型的性能进行评估，且这些测试集未在模型选择的任何阶段被使用。这可以通过将整个被标记的实例集合 D 划分为两个不相交的子集来实现，D. train 用于模型选择，而 D. test 用于计算测试错误率 err_{test}。下面将介绍把 D 划分为 D. train 和 D. test 的两种不同方法，并计算测试错误率 err_{test}。

3.6.1　保持方法

划分有标记数据集的最基础技术就是保持方法，其中标记集合 D 被随机划分为两个不相交的集合，即训练集 D. train 和测试集 D. test。然后使用 3.5 节中介绍的模型选择方法，从 D. train 归纳得到分类模型，并用其在 D. test 中的错误率 err_{test} 估计泛化错误率。用于训练和测试的数据保留比例主要由分析师决定，例如，三分之二用于训练，三分之一用于测试。

类似于 3.5.1 节将 D. train 划分为 D. tr 和 D. val 时所面临的权衡，在标记数据集中，选择用于训练和测试的正确比例是十分重要的。如果 D. train 的规模很小，使用数量不足的训练实例可能学习到错误的分类模型，从而导致对泛化性能的估计有偏差。另一方面，如果 D. test 的规模很小，那么 err_{test} 可能不太可靠，因为它是基于少量测试实例计算出的。此外，当我们将 D 随机划分为 D. train 和 D. test 时，err_{test} 可能会有很大的变化。

保持方法可以多次重复后获得测试错误率的分布，这种方法称为**随机子采样**（random subsampling）或重复保持方法。该方法生成的错误率分布有助于理解 err_{test} 的方差。

3.6.2　交叉验证

交叉验证是一种广泛应用于模型评估的方法，旨在有效地利用 D 中所有的标记实例进行训练和测试。为了说明这种方法，假设给定一个有标记的集合，将其随机地划分为三个相同大小的子集 S_1、S_2 和 S_3，如图 3.33 所示。第一次运行时，使用子集 S_2 和 S_3 训练模型（显示为空白块），并在子集 S_1 上测试模型。因此，在第一次运行计算中，S_1 上的测试错误率表示为 $err(S_1)$。类似地，在

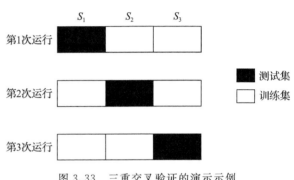

图 3.33　三重交叉验证的演示示例

第二次运行中，使用 S_1 和 S_3 作为训练集，S_2 作为测试集，并计算测试错误率 $err(S_2)$。最后，在第三次运行中，使用 S_1 和 S_2 作为训练集，S_3 作为测试集，并计算测试错误率 $err(S_3)$。总的测试错误率由所有运行中的子集测试错误率之和除以总的实例数后得到。这种方法被称为三重交叉验证。

k 重交叉验证方法一般指将标记数据 D（大小为 N）分割成 k 个相等大小的分区（或子类）的方法。在第 i 次运行中，D 的一个分区作为 D. test(i) 用于测试，其余的分区作为 D. train(i) 用于训练。使用 D. train(i) 学习得到模型 $m(i)$，并在 D. test(i) 上获得测试错误率之和 $err_{sum}(i)$。该过程重复 k 次。总测试错误率 err_{test} 的计算如下：

$$err_{test} = \frac{\sum_{i=1}^{k} err_{sum}(i)}{N} \tag{3.14}$$

因此数据集中的每个实例恰好用于一次测试、$(k-1)$ 次训练。每次运行使用 $\dfrac{(k-1)}{k}$ 部分的数据进行训练，用 $\dfrac{1}{k}$ 部分的数据进行测试。

k 重交叉验证中 k 的正确选择取决于问题的若干特征。较小的 k 值使得每次运行时的训练集较小，这将导致所用得到的泛化错误率估计，比在整个标记集上训练的模型的预期更大。另一方面，k 的取值过高会导致每次运行时的训练集过大，这降低了泛化错误率估计中的偏置。在极端情况下，当 $k=N$ 时，每次运行只使用一个数据实例进行测试，其余的数据用于测试。这种 k 重交叉验证的特殊情况称为**留一法**（leave-one-out）。这种方法的优点是能尽可能多地利用训练数据。但是，如习题 11 所示，留一法可能会

在一些特殊情况下产生十分具有误导性的结果。此外，对于大型数据集，留一法在计算上会很昂贵，因为交叉验证程序需要重复 N 次。对于大多数实际应用，k 在 5 到 10 之间进行选择，可提供估计泛化错误率的合理方法，因为每次重复都能够利用 80% 到 90% 的标记数据进行训练。

如上所述，k 重交叉验证方法产生单一泛化错误率估计，而不提供关于估计方差的任何信息。为了获得这些信息，可以对每种可能的 k 个数据分区运行 k 重交叉验证，以此根据每个分区的计算，获得测试错误率分布。使用所有可能的划分的平均测试误差，能得到更稳健的泛化错误率估计。这种估计泛化错误率及其方差的方法称为**完全交叉验证**（complete cross-validation）法。尽管这样的估计非常稳健，但当数据集规模很大时，要得到所有可能的 k 个分区，通常代价太过昂贵。更实际的解决方案是多次重复交叉验证方法，每次都随机将数据划分为 k 个不同的分区，并使用平均测试错误率作为泛化错误率的估计。注意，由于留一法的方法只有一种划分可能，因此不可能估计出泛化错误率的方差，这是该方法的另一个限制。

k 重交叉验证不能保证每个分区中正负实例的比例与其在整个数据集中的比例相等。对于该问题，一个简单的解决方法是在 k 个分区中，执行正负实例的分层抽样，这种方法称为**分层交叉验证**（stratified cross-validation）。

在 k 重交叉验证中，每次运行都会学习到不同的模型，然后对于这 k 个模型，聚合各模型在其测试子类上的性能，计算出总体测试错误率 err_{test}。因此，err_{test} 不反映这 k 个模型中任何一个模型的泛化错误率。相反，在一个与训练子类 $\left(\dfrac{N(k-1)}{k}\right)$ 大小一样的训练集上，它反映了模型选择方法的预期泛化错误率。这与保持方法中计算的 err_{test} 不同，后者完全对应于从 D. train 上学习的特定模型。因此，尽管交叉验证法有效地利用了 D 中的每个数据实例进行训练和测试，但该方法计算出的 err_{test} 并不能代表在特定 D. train 上学习到的单一模型的性能。

尽管如此，err_{test} 在实践中，通常用于估计基于 D 构建的模型的泛化错误率。其中一个原因是当训练子类的大小接近整体数据集时（当 k 很大时），err_{test} 类似于在与 D 大小相同的数据集上学习到的模型的预期性能。例如，当 k 为 10 时，每个训练子类占整体数据的 90%。然后，err_{test} 应该接近在超过 90% 的整体数据上学习到的模型的预期性能，即接近在 D 上学习到的模型的预期性能。

3.7　超参数的使用

超参数是学习算法的参数，需要在学习分类模型之前确定。例如式（3.11）中出现的超参数 α，为方便起见，此处继续使用该参数进行讲解。该等式用于估计模型选择方法的泛化错误率，用于明确表示模型的复杂性（见 3.5.2 节）。

$$\text{gen. error}(m) = \text{train. error}(m, \text{D. train}) + \alpha \times \text{complexity}(\mathcal{M})$$

其他有关超参数的示例，请参阅第 4 章。

与常规模型参数（例如决策树内部结点中的测试条件）不同，超参数（例如 α）不会出现在用于对未标记样本进行分类的最终分类模型中。然而，超参数的取值需要在模型选择期间被确定，该过程称为**超参数选择**（hyper-parameter selection），同时模型评估期间也需要考虑超参数。幸运的是，稍微修改前一节中描述的交叉验证方法，就可以有效地完成这两项任务。

3.7.1 超参数选择

在 3.5.2 节中，使用验证集来选择 α，这种方法普遍适用于超参数。设 p 是从有限区间 $P=\{p_1, p_2, \cdots p_n\}$ 中选取的超参数。将 D. train 划分为 D. tr 和 D. val。对于每个超参数的取值 p_i，可以在 D. tr 上习得模型 m_i，并在 D. val 上获得模型的验证错误率$err_{val}(p_i)$。设 p^* 是验证错误率最低时的超参数值。然后选择 p^* 对应的 m^* 作为最终分类模型。

尽管上述方法有用，但仅使用了整体数据的一个子集 D. train 进行训练，一个子集 D. val 进行验证。3.6.2 节中介绍的交叉验证框架解决了这两个问题，尽管这种方法常用于模型评估。这里将指出如何使用交叉验证方法进行超参数选择。为了介绍这种方法，将 D. train 分成三个部分，如图 3.34 所示。每次运行时，其中一个子类作为 D. val 用于验证，剩余两个子类作为 D. tr 用于训练，每个超参数的取值为 p_i。对三个子类中的错误率求和，

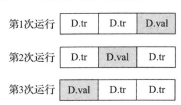

图 3.34 使用三重交叉验证框架在 D. train 上进行超参数选择的演示示例

以此计算对应于每个 p_i 的总体验证错误率。之后，选择验证错误率最低时的超参数 p^*，并使用它在整个训练集 D. train 上习得模型 m^*。

算法 3.2 概括了上述使用 k 重交叉验证框架进行超参数选择的方法。在第 i 次交叉验证中，第 i 个子类的数据作为 D. val(i) 用于验证（步骤 4），而 D. train 中的其余数据作为 D. tr(i) 用于训练（步骤 5）。然后，对于每个超参数的取值 p_i，在 D. tr(i) 上学习一个模型（步骤 7），并应用于 D. val(i) 以计算其验证误差（步骤 8）。这用于计算在所有子集上使用 p_i 习得的模型对应的验证错误率（步骤 11）。验证错误率最低时的超参数 p^*（步骤 12）用于在整体训练集 D. train 上学习最终模型 m^*（步骤 13）。因此，在该算法结束时，可以获得超参数的最佳选择以及最终的分类模型（步骤 14），这两者都是通过有效利用 D. train 中的每个数据实例获得的。

算法 3.2 模型选择步骤(k, $\mathcal{P}$, D. train)

1: $N_{train} = |D. train|$ 〈D. train 的大小〉
2: 将 D. train 分割成 k 份，即从 D. train$_1$ 到 D. train$_k$
3: **for** 每次运行 $i = 1$ to k **do**
4:   D. val(i)=D. train$_i$. 〈用于验证的分区〉
5:   D. tr(i)=D. train \ D. train$_i$. 〈用于训练的分区〉
6:   **for** 每个参数 $p \in \mathcal{P}$ **do**
7:     m=model-train(p, D. tr(i)). 〈训练模型〉
8:     $err_{sum}(p, i)$=model-test(m, D. val(i)). 〈验证误差和〉
9:   **end for**
10: **end for**
11: $err_{val}(p) = \sum_{i}^{k} err_{sum}(p, i)/N_{train}$. 〈计算验证误差率〉
12: $p^* = \arg\min_p err_{val}(p)$. 〈选择最佳的超参数值〉
13: $m^* = $model-train($p^*$, D. train). 〈在 D. train 上学习最终模型〉
14: return (p^*, m^*)

3.7.2 嵌套交叉验证

上一节提供了一种有效利用 D. train 中的所有实例来学习分类模型的方法，该方法需

要进行超参数选择。该方法可以在整个数据集 D 上习得最终分类模型。然而，在 D 上使用算法 3.2 只能得到最终分类模型 m^*，不能估计模型的泛化性能 $\mathrm{err}_{\mathrm{test}}$。回想一下，算法 3.2 使用的验证错误率不能用于估计泛化性能，因为它们是用于指导最终模型 m^* 选择的。但是，为了计算 $\mathrm{err}_{\mathrm{test}}$，我们可以再次使用交叉验证框架来评估在整个数据集 D 上的性能，如 3.6.2 节所述。在这种方法中，每次交叉验证运行时，D 都被划分为用于训练的 D. train 和用于测试的 D. test。当涉及超参数时，可以在每次运行时，使用算法 3.2 在 D. train 上训练模型，从而在模型选择"内部"使用交叉验证。这种方法称为**嵌套交叉验证**（nested cross-validation）或双重交叉验证。算法 3.3 描述了有超参数的情况下，使用嵌套交叉验证估计 $\mathrm{err}_{\mathrm{test}}$ 的完整过程。

算法 3.3　嵌套交叉验证方法计算 $\mathrm{err}_{\mathrm{test}}$

1：将 D 分割成 k 份，即从 D_1 到 D_k
2：**for** 每次外部运行 $i=1$ 到 k **do**
3：　　D. test$(i)=D_i$.　〔用于测试的分区〕
4：　　D. train$(i)=D \setminus D_i$.　〔用于模型选择的分区〕
5：　　$(p^*(i), m^*(i))=$model-select$(k, \mathcal{P}, $D. train$(i))$.　〔内部交叉验证〕
6：　　$\mathrm{err}_{sum}(i)=$model-test$(m^*(i), $D. test$(i))$.　〔测试误差和〕
7：**end for**
8：$\mathrm{err}_{test} = \sum_{i}^{k} \mathrm{err}_{sum}(i)/N$.　〔计算测试误差率〕

图 3.35 将集合 D 划分为 D. train 和 D. test 后使用三重交叉验证，对该方法进行了说明。在该方法的第 i 次运行中，其中一个子类作为测试集 D. test(i)，剩余两个子类作为训练集 D. train(i)。这在图 3.35 中表示为第 i 个"外部"运行。为了使用 D. train(i) 选择模型，在每次内部运行中（即迭

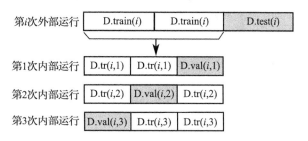

图 3.35　使用三重嵌套交叉验证计算 $\mathrm{err}_{\mathrm{test}}$ 的演示示例

代，共三次），将 D. train(i) 划分为 D. tr 和 D. val，然后再次使用"内部"三重交叉验证框架。如 3.7 节所述，我们可以使用内部交叉验证框架来选择最佳超参数值 $p^*(i)$，并在 D. train(i) 上学习得到分类模型 $m^*(i)$。然后我们可以在 D. test(i) 上应用 $m^*(i)$，获得第 i 个外部运行的测试误差。通过在每个外部运行中重复该过程，我们可以计算出整个标记集 D 的平均测试错误率 $\mathrm{err}_{\mathrm{test}}$。请注意，在上述方法中，内部交叉验证框架用于模型选择，而外部交叉验证框架用于模型验证。

3.8　模型选择和评估中的陷阱

有效地应用模型选择和评估，可作为学习分类模型以及评估其泛化性能的优秀工具。然而，在实际环境中有效地使用它们时，存在一些会导致错误的或有误导性的结论的陷阱。其中一些陷阱很容易理解，也很容易避免，而其他一些陷阱本质上非常微妙，难以捕捉。在下文中，我们将介绍其中的两个陷阱，并讨论用于避免它们的最佳措施。

3.8.1　训练集和测试集之间的重叠

对于一个没有瑕疵的模型选择和评估方案，基本要求之一是用于模型选择的数据

(D. train)必须与用于模型评估的数据(D. test)分开。如果两者之间存在重叠,在 D. test 上计算得到的测试错误率 err_{test} 不能代表未知实例的性能。使用 err_{test} 比较分类模型的有效性可能会产生误导,因为过于复杂的模型可能会由于模型过拟合而显示出错误的 err_{test} 低取值(参见本章习题 12)。

为了说明确保 D. train 和 D. test 之间不重叠的重要性,考虑属性都是不相关的标记数据集,即这些属性与类别标签没有关系。使用这些属性时,认为分类模型没有随机猜测的执行效果好。但是,如果测试集包含的数据实例(即使是少量的)用于训练,则过于复杂的模型的性能可能比随机分类器表现得更好,即使属性是完全无关的。正如第 10 章将阐述的那样,这种情况实际上可以作为评判标准,用于检测由于实验设置不当而导致的过拟合。如果模型对不相关属性显示出比随机分类器更好的性能,它也能体现训练集和测试集之间的潜在反馈。

3.8.2　使用验证错误率作为泛化错误率

验证错误率 err_{val} 在模型选择过程中起着重要作用,因为它提供了模型在未用于模型训练的实例 D. val 上的 "样本外" 误差估计。因此,与用于模型选择和超参数取值的训练错误率相比(分别于 3.5.1 节和 3.7 节所述),err_{val} 是更好的度量标准。但是,一旦验证集用于选择分类模型 m^*,err_{val} 就不再能反映出 m^* 在未知实例上的性能。

172

为了明晰使用验证错误率作为泛化性能估计时的陷阱,考虑使用验证集 D. val,从值域 P 中选择出取值为 p 的超参数的问题。如果 P 中的可取值数量非常大并且 D. val 的规模很小,则可以随机在 D. val 上选择出性能良好的超参数 p^*。请注意此问题与 3.4.1 节讨论的多重比较问题的相似性。尽管使用 p^* 学习的分类模型 m^* 具有较低的验证错误率,但它缺乏在未知测试实例上的普适性。

估计模型 m^* 的泛化错误率的正确方法是使用独立选择的测试集 D. test,而该测试集未以任何方式用于影响 m^* 的选择。根据经验,在模型选择过程中不应检查测试集,以确保不存在任何形式的过拟合。如果从标记数据集的任意部分获得了可以改进分类模型的助力,即使是以间接的方式,那么在测试期间也必须丢弃该部分数据。

*3.9　模型比较

比较不同分类模型性能时的一个困难是,观察到的性能差异是否具有统计显著性。例如,考虑两个分类模型 M_A 和 M_B。假设在包含 30 个实例的测试集上进行评估时 M_A 的准确率为 85%,而 M_B 在另一个包含 5000 个实例的测试集上的准确率为 75%。基于这些信息,M_A 是比 M_B 更好的模型吗?此示例提出了两个关于性能指标统计显著性的关键问题:

1) 尽管 M_A 具有比 M_B 更高的准确率,但它是在较小的测试集上进行测试的。我们可以在多大程度上认为 M_A 实际上的准确率是 85%?

2) 是否有可能解释为,由于测试集的组成发生了变化,造成了 M_A 和 M_B 准确率之间的差异?

第一个问题涉及对模型准确率置信区间的估计。第二个问题涉及对观测偏差统计显著性的测试。本节的其余部分将对这些问题进行研究。

173

3.9.1　估计准确率的置信区间

为了确定准确率置信区间,我们需要构建样本准确率的概率分布。本节描述了通过二项式随机实验模拟分类任务，从而获得置信区间的方法。以下描述了该实验的特征：

1) 随机实验由 N 个独立试验组成，每个试验有两种可能的结果：成功或失败。

2) 每次试验的成功概率 p 是不变的。

二项式实验的一个例子是计算硬币投掷 N 次时正面朝上的次数。如果 X 是在 N 次试验中观察到的成功次数，那么 X 取特定值的概率由均值为 N_p、方差为 $N_p(1-p)$ 的二项式分布给出：

$$P(X=v)=\begin{bmatrix}N\\v\end{bmatrix}p^v(1-p)^{N-v}$$

例如，如果掷币是公平的($p=0.5$)，并投掷 50 次，那么出现 20 次正面朝上的概率为：

$$P(X=20)=\begin{bmatrix}50\\20\end{bmatrix}0.5^{20}(1-0.5)^{30}=0.0419$$

如果实验重复多次，则预期的正面朝上的平均次数为 $50\times0.5=25$，方差为 $50\times0.5\times0.5=12.5$。

对测试实例类别标签的预测任务也可看作二项式实验。给定一个包含 N 个实例的测试集，设 X 为模型正确预测的实例数，p 为模型实际准确率。如果预测任务被模拟为二项式实验，则 X 符合二项式分布，其均值为 N_p、方差为 $N_p(1-p)$。可以证明，实验准确率 $\mathrm{acc}=\dfrac{X}{N}$ 也符合二项式分布，其均值为 p、方差为 $\dfrac{p(1-p)}{N}$（见习题 14）。当 N 足够大时，二项式分布可以通过正态分布来近似。根据正态分布，acc 的置信区间推导如下：

$$P\left(-Z_{\frac{\alpha}{2}}\leqslant\frac{\mathrm{acc}-p}{\sqrt{\frac{p(1-p)}{N}}}\leqslant Z_{1-\frac{\alpha}{2}}\right)=1-\alpha \tag{3.15}$$

其中，$Z_{\frac{\alpha}{2}}$ 和 $Z_{1-\frac{\alpha}{2}}$ 是在置信水平 $(1-\alpha)$ 上通过标准正态分布获得的上限和下限。由于标准正态分布关于 $Z=0$ 对称，因此 $Z_{\frac{\alpha}{2}}=Z_{1-\frac{\alpha}{2}}$。重新排列该不等式，则 p 的置信区间如下：

$$\frac{2\times N\times\mathrm{acc}+Z_{\frac{\alpha}{2}}^2\pm Z_{\frac{\alpha}{2}}\sqrt{Z_{\frac{\alpha}{2}}^2+4N\mathrm{acc}-4N\mathrm{acc}^2}}{2(N+Z_{\frac{\alpha}{2}}^2)} \tag{3.16}$$

下表显示了不同置信水平下 $Z_{\frac{\alpha}{2}}$ 的值：

$1-\alpha$	0.99	0.98	0.95	0.9	0.8	0.7	0.5
$Z_{\frac{\alpha}{2}}$	2.58	2.33	1.96	1.65	1.28	1.04	0.67

例 3.11　准确率的置信区间　在 100 个测试实例上进行评估时，考虑精度为 80% 的模型。在 95% 置信水平下，其真实准确率的置信区间是多少？根据上面给出的表，95% 的置信水平对应于 $Z_{\frac{\alpha}{2}}=1.96$。将该项代入式(3.16)可得到 71.1%～86.7% 的置信区间。下表显示了实例数 N 增加时的置信区间：

N	20	50	100	500	1000	5000
置信区间	0.584	0.670	0.711	0.763	0.774	0.789
	-0.919	-0.888	-0.867	-0.833	-0.824	-0.811

注意，当 N 增加时，置信区间变得更紧密。　◀

3.9.2　比较两个模型的性能

考虑两个模型 M_1 和 M_2，分别在两个独立的测试集 D_1 和 D_2 上进行评估。设 n_1 表示 D_1

中的实例数，n_2 表示 D_2 中的实例数。另外，假设 M_1 在 D_1 上的错误率为 e_1，M_2 在 D_2 上的错误率为 e_2。我们的目标是测试从 e_1 和 e_2 之间观察到的差异是否具有统计学意义。

假设 n_1 和 n_2 足够大，则可以使用正态分布来估计错误率 e_1 和 e_2。如果观察到的错误率差异表示为 $d=e_1-e_2$，则 d 也符合正态分布，其均值为 d_t（真实差值）且方差为 σ_d^2。方差 d 计算如下：

$$\sigma_d^2 \simeq \hat{\sigma}_d^2 = \frac{e_1(1-e_1)}{n_1} + \frac{e_2(1-e_2)}{n_2} \tag{3.17}$$

其中，$\frac{e_1(1-e_1)}{n_1}$ 和 $\frac{e_2(1-e_2)}{n_2}$ 是错误率的方差。最后，在 $(1-\alpha)\%$ 置信水平下，可以证明真实差异 d_t 的置信区间如下式：

$$d_t = d \pm z_{\frac{\alpha}{2}} \hat{\sigma}_d \tag{3.18}$$

例 3.12 显著性检测 考虑本节开头描述的问题。当测试实例数 $N_1=30$ 时，模型 M_A 的错误率 $e_1=0.15$；当测试实例数 $N_2=5000$ 时，模型 M_B 的错误率 $e_2=0.25$。观察到的错误率差异为 $d=|0.15-0.25|=0.1$。在此示例中，我们正在执行双侧检验以检查 $d_t=0$ 或 $d_t \neq 0$。观察到的错误率差异的估计方差计算如下：

$$\hat{\sigma}_d^2 = \frac{0.15(1-0.15)}{30} + \frac{0.25(1-0.25)}{5000} = 0.0043$$

或 $\hat{\sigma}_d=0.0655$。将该值代入式(3.18)，在 95% 置信水平下获得 d_t 的置信区间，如下：

$$d_t = 0.1 \pm 1.96 \times 0.0655 = 0.1 \pm 0.128$$

当区间跨越零值时，可以得出结论，即观察到的差异在 95% 置信水平下没有统计学意义。 ◀

在什么样的置信水平下我们可以拒绝 $d_t=0$ 的假设呢？为此，我们需要确定 $Z_{\frac{\alpha}{2}}$ 的值，使得 d_t 的置信区间不跨越零值。可以将前面的计算反过来，寻找 $Z_{\frac{\alpha}{2}}$ 的值，使得 $d>Z_{\frac{\alpha}{2}}\hat{\sigma}_d$。更换 d 和 $\hat{\sigma}_d$ 的值使得 $Z_{\frac{\alpha}{2}}<1.527$。该值在 $(1-\alpha)\leqslant0.936$ 时最先出现（双侧检验时）。结果表明，零假设会在 93.6% 或更低的置信水平下被拒绝。

文献注释

早期的分类系统被用于组织各种对象集合，从生物体到无生命体。这样的例子比比皆是，从亚里士多德的物种编目，到杜威十进制。以及国家图书馆的书籍分类系统。这样的任务通常需要相当多的人力，以识别要分类的对象的属性，并将它们组织成易于区分的类别。

随着统计学和计算能力的发展，自动分类已成为深入研究的主题。经典统计中的分类研究有时称为**判别分析**(discriminant analysis)，其目标是基于对应的特征来预测对象的组成员关系。一种著名的经典方法是 Fisher 的线性判别分析[142]，该方法旨在找到数据的线性投影，从而在不同类别的对象之间产生最佳划分。

许多模式识别问题也需要区分不同类别的对象。例如语音识别、手写字符识别和图像分类等。对模式识别分类技术的应用感兴趣的读者可以参考 Jain 等[150]和 Kulkarni 等[157]综述文章，或 Bishop[125]、Duda 等[137]和 Fukunaga[143]的经典模式识别书籍。分类问题也是神经网络、统计学习和机器学习的主要研究课题。在 Bishop[126]、Cherkassky 和 Mulier[132]、Hastie 等[148]、Michie 等[162]以及 Murphy[167]和 Mitchell[165]的书中有关于统计学和机器学习分类问题的深入讨论。最近几年也发布了许多公开的分类软件包，可以嵌入 Java(Weka[147])和 Python(scikit-learn[174])等编程语言中。

决策树归纳法的概述可以在 Buntine[129]、Moret[166]、Murthy[168]和 Safavian 等[179]综述文章中找到。一些著名的决策树算法的示例包括 CART[127]、ID3[175]、C4.5[177]和 CHAID[153]。ID3 和 C4.5 都使用熵测量作为它们的划分函数。Quinlan[177]对 C4.5 决策树算法进行了深入讨论。CART 算法由 Breiman 等人[127]实现并使用基尼指数作为其划分函数。CHAID[153]使用统计 $\chi 2$ 检验来确定决策树生长过程中的最佳划分。

本章介绍的决策树算法假设每个内部结点的划分条件只包含一个属性。倾斜决策树可以使用多个属性，在单个结点中形成属性测试条件[149, 187]。Breiman 等[127]在其 CART 实现中提供了一个使用属性线性组合的选项。Heath 等[149]、Murthy 等[169]、Cantú-Paz 和 Kamath[130]，以及 Utgoff 和 Brodley[187]提出了生成倾斜决策树的其他方法。尽管倾斜决策树有助于提高模型的表达能力，但同时也让决策树归纳的计算过程具有了一定的挑战性。在不使用倾斜决策树的情况下提高决策树表达能力的另一种方法是**构造归纳**(constructive induction)[161]。该方法通过从原始数据创建复合特征来简化学习复杂划分函数的任务。

除了自顶而下的方法，其他生成决策树的策略还包括 Landeweerd 等[159]、Pattipati 和 Alexandridis[173]的自顶而上方法，以及 Kim 和 Landgrebe[154]的双向方法。Schuermann 和 Doster[181]以及 Wang 和 Suen[193]提出使用**软划分标准**(soft splitting criterion)来解决数据碎片问题。在该方法中，每个实例以不同的概率指派到决策树的不同分支。

模型过拟合是必须解决的重要问题，以确保决策树分类器在先前未标记的数据实例上具有同样良好的性能。许多作者已经研究过模型过拟合问题，包括 Breiman 等[127]、Schaffer[180]、Mingers[164]、Jensen 和 Cohen[151]。虽然噪声的存在通常被认为是过拟合的主要原因之一[164, 170]，但 Jensen 和 Cohen[151]认为过拟合是由于无法补偿多重比较问题而出现的现象。

Bishop[126]和 Hastie 等[148]对模型过拟合进行了很好的讨论，将其与著名的理论分析框架联系起来，称为偏置-方差分解[146]。在该框架中，学习算法的预测被认为是训练集的函数，随着训练集的改变而变化。然后根据其偏置(使用不同训练集获得的平均预测的误差)、方差(使用不同训练集获得的预测的差异)和噪声(问题中固有的不可简化误差)来描述模型的泛化错误率。欠拟合模型被认为具有高偏置但低方差，而过拟合模型被认为具有低偏置但高方差。尽管偏置-方差分解最初是针对回归问题提出的(其中目标属性是连续变量)，但 Domingos[136]已经提出了适用于分类的统一分析方法。第 4 章介绍集成学习方法时，将更详细地讨论偏置-方差分解。

为了提供用于解释学习算法的泛化性能的理论框架，已经提出了各种学习原则，例如可能近似正确(PAC)学习框架[188]。在统计学领域，已经提出了许多在模型的拟合程度和复杂度之间进行权衡的性能估计方法。其中最值得注意的是 Akaike 的信息准则[120]和贝叶斯信息准则[182]。它们都对模型的训练错误率使用校正项，以此降低复杂模型的评分。另一种广泛用于测量一般模型复杂性的方法是 VC(Vapnik-Chervonenkis)维度[190]。对于任何可能的点分布，某类函数 C 的 VC 维度定义为可以被属于 C 的函数破坏的最大点数(每个点可以与其余点区分开)。VC 维度奠定了结构风险最小化原则的基础[189]，该原理广泛用于许多学习算法，例如将在第 4 章中详细讨论的支持向量机。

奥卡姆的剃刀原则通常被认为是奥卡姆的哲学家威廉提出的。Domingos[135]告诫不要将奥卡姆剃刀误解为比较具有相似训练错误率,而不是泛化错误率的模型。Breslow 和 Aha[128]以及 Esposito 等[141]给出了关于避免过拟合的决策树修剪方法的综述。一些典型的修剪方法包括减低误差的剪枝[176]、悲观误差修剪[176]、最小误差修剪[171]、临界值修剪[163]、代价复杂度修剪[127]和基于误差的修剪[177]。Quinlan 和 Rivest 提出使用最小描述长度原则对决策树进行剪枝[178]。

本章中关于交叉验证误差估计重要性的讨论来自第 7 章中提到的 Hastie 等[148]。其也是理解"交叉验证的正确和错误方法"的极好方法,类似于本章 3.8 节中关于陷阱的讨论。Krstajic 等[156]提供了关于使用交叉验证进行模型选择和评估的一些常见陷阱的综合讨论。

最初的用于模型评估的交叉验证方法由 Allen[121]、Stone[184]和 Geisser[145]各自独立提出。尽管交叉验证可用于模型选择[194],但其用于模型选择的方法与用于模型评估时的方法完全不同,正如 Stone[184]所强调的那样。多年来,两种用法之间的区别经常被忽略,导致了错误的发现。使用交叉验证时常见的错误之一是使用整个数据集(例如,超参数调整或特征选择)而不是在每个交叉验证运行的训练子类"内"执行预处理操作。Ambroise 等用许多基因表达研究作为例子,提供了在交叉验证之外进行特征选择时出现的选择偏置的广泛讨论[124]。Allison 等[122]也提供了评估微阵列数据模型的可用指导。

Dudoit 和 van der Laan[138]详细描述了用于超参数调整的交叉验证协议的使用。这种方法称为"网格搜索交叉验证"。正如本章 3.7 节所讨论的,对超参数选择和模型评估使用交叉验证的正确方法被 Varma 和 Simon 广泛讨论[191]。这种组合方法在现有文献中被称为"嵌套交叉验证"或"双重交叉验证"。近期,Tibshirani 和 Tibshirani[185]提出了一种新的超参数选择和模型评估方法。Tsamardinos 等[186]将这种方法与嵌套交叉验证进行了比较。他们的实验发现,平均而言,这两种方法都能提供模型性能的保守估计,而 Tibshirani 和 Tibshirani 方法的计算效率更高。

Kohavi[155]进行了广泛的实证研究,以比较使用不同估计方法(如随机子采样和 k 重交叉验证)获得的性能指标。他们的结果表明,最佳估计方法是 10 重折叠分层的交叉验证。

模型评估的另一种方法是重抽样法,由 Efron 于 1979 年提出[139]。在该方法中,训练实例在被复制过的标签集中进行采样,即先前被选择为训练集的一部分实例同样可能再次被选择。如果原始数据具有 N 个实例,则可以看出大小为 N 的重抽样样本包含原始数据中大约平均为 63.2% 的实例。未包含在自助程序示例中的实例将成为测试集的一部分。用于获得训练集和测试集的重抽样程序重复 b 次,导致测试集在第 i 次运行时具有不同的错误率 $\mathrm{err}(i)$。为了获得整体错误率 $\mathrm{err}_{\mathrm{boot}}$,.632 **重抽样**(.632 bootstrap)方法将 $\mathrm{err}(i)$ 与从包含所有标记示例的训练集获得的错误率 $\mathrm{err}_{\mathrm{s}}$ 结合起来,如下所示:

$$\mathrm{err}_{\mathrm{boot}} = \frac{1}{b}\sum_{i=1}^{b}(0.632 \times \mathrm{err}(i) + 0.368 \times \mathrm{err}_{\mathrm{s}}) \tag{3.19}$$

Efron 和 Tibshirani 等[140]提供了交叉验证和被称为 632+规则的重抽样方法之间的理论和实证比较。

虽然上面提出的 .632 重抽样法提供了对其估计中的低方差的泛化性能的稳健估计,但是在某些条件下它可能对高度复杂的模型产生误导性的结果,如 Kohavi[155]所指出的例子。这是因为整体错误率并非真正的样本外错误估计,因为它取决于训练错误率 $\mathrm{err}_{\mathrm{s}}$,

如果存在过拟合，则该值可能非常小。

当前的技术（如 C4.5）要求整个训练数据集都能装入内存。为开发决策树归纳算法的并行和可伸缩的版本，已经做了大量的工作。已提出的算法包括 Mehta 等[160]的 SLIQ、Shafei 等[183]的 SPRINT、Wang 和 Zaniolo[192]的 CMP、Alsabti 等[123]的 CLOUDS、Gehrke 等[144]的 RainForest 和 Joshi 等[152]的 ScalParC。关于数据分类和其他数据挖掘任务的并行算法综述在文献[158]中给出。最近，在计算统一设备架构（CUDA）[131，134]和 MapReduce[133，172]平台上实现大规模分类器已有广泛的研究。

参考文献

[120] H. Akaike. Information theory and an extension of the maximum likelihood principle. In *Selected Papers of Hirotugu Akaike*, pages 199–213. Springer, 1998.

[121] D. M. Allen. The relationship between variable selection and data agumentation and a method for prediction. *Technometrics*, 16(1):125–127, 1974.

[122] D. B. Allison, X. Cui, G. P. Page, and M. Sabripour. Microarray data analysis: from disarray to consolidation and consensus. *Nature reviews genetics*, 7(1):55–65, 2006.

[123] K. Alsabti, S. Ranka, and V. Singh. CLOUDS: A Decision Tree Classifier for Large Datasets. In *Proc. of the 4th Intl. Conf. on Knowledge Discovery and Data Mining*, pages 2–8, New York, NY, August 1998.

[124] C. Ambroise and G. J. McLachlan. Selection bias in gene extraction on the basis of microarray gene-expression data. *Proceedings of the national academy of sciences*, 99 (10):6562–6566, 2002.

[125] C. M. Bishop. *Neural Networks for Pattern Recognition*. Oxford University Press, Oxford, U.K., 1995.

[126] C. M. Bishop. *Pattern Recognition and Machine Learning*. Springer, 2006.

[127] L. Breiman, J. H. Friedman, R. Olshen, and C. J. Stone. *Classification and Regression Trees*. Chapman & Hall, New York, 1984.

[128] L. A. Breslow and D. W. Aha. Simplifying Decision Trees: A Survey. *Knowledge Engineering Review*, 12(1):1–40, 1997.

[129] W. Buntine. Learning classification trees. In *Artificial Intelligence Frontiers in Statistics*, pages 182–201. Chapman & Hall, London, 1993.

[130] E. Cantú-Paz and C. Kamath. Using evolutionary algorithms to induce oblique decision trees. In *Proc. of the Genetic and Evolutionary Computation Conf.*, pages 1053–1060, San Francisco, CA, 2000.

[131] B. Catanzaro, N. Sundaram, and K. Keutzer. Fast support vector machine training and classification on graphics processors. In *Proceedings of the 25th International Conference on Machine Learning*, pages 104–111, 2008.

[132] V. Cherkassky and F. M. Mulier. *Learning from Data: Concepts, Theory, and Methods*. Wiley, 2nd edition, 2007.

[133] C. Chu, S. K. Kim, Y.-A. Lin, Y. Yu, G. Bradski, A. Y. Ng, and K. Olukotun. Map-reduce for machine learning on multicore. *Advances in neural information processing systems*, 19:281, 2007.

[134] A. Cotter, N. Srebro, and J. Keshet. A GPU-tailored Approach for Training Kernelized SVMs. In *Proceedings of the 17th ACM SIGKDD International Conference on Knowledge Discovery and Data Mining*, pages 805–813, San Diego, California, USA, 2011.

[135] P. Domingos. The Role of Occam's Razor in Knowledge Discovery. *Data Mining and Knowledge Discovery*, 3(4):409–425, 1999.

[136] P. Domingos. A unified bias-variance decomposition. In *Proceedings of 17th International Conference on Machine Learning*, pages 231–238, 2000.

[137] R. O. Duda, P. E. Hart, and D. G. Stork. *Pattern Classification*. John Wiley & Sons, Inc., New York, 2nd edition, 2001.

[138] S. Dudoit and M. J. van der Laan. Asymptotics of cross-validated risk estimation in estimator selection and performance assessment. *Statistical Methodology*, 2(2):131–154, 2005.

[139] B. Efron. Bootstrap methods: another look at the jackknife. In *Breakthroughs in Statistics*, pages 569–593. Springer, 1992.

[140] B. Efron and R. Tibshirani. Cross-validation and the Bootstrap: Estimating the Error Rate of a Prediction Rule. Technical report, Stanford University, 1995.

[141] F. Esposito, D. Malerba, and G. Semeraro. A Comparative Analysis of Methods for Pruning Decision Trees. *IEEE Trans. Pattern Analysis and Machine Intelligence*, 19 (5):476–491, May 1997.

[142] R. A. Fisher. The use of multiple measurements in taxonomic problems. *Annals of Eugenics*, 7:179–188, 1936.

[143] K. Fukunaga. *Introduction to Statistical Pattern Recognition*. Academic Press, New York, 1990.

[144] J. Gehrke, R. Ramakrishnan, and V. Ganti. RainForest—A Framework for Fast Decision Tree Construction of Large Datasets. *Data Mining and Knowledge Discovery*, 4(2/3):127–162, 2000.

[145] S. Geisser. The predictive sample reuse method with applications. *Journal of the American Statistical Association*, 70(350):320–328, 1975.

[146] S. Geman, E. Bienenstock, and R. Doursat. Neural networks and the bias/variance dilemma. *Neural computation*, 4(1):1–58, 1992.

[147] M. Hall, E. Frank, G. Holmes, B. Pfahringer, P. Reutemann, and I. H. Witten. The WEKA Data Mining Software: An Update. *SIGKDD Explorations*, 11(1), 2009.

[148] T. Hastie, R. Tibshirani, and J. Friedman. *The Elements of Statistical Learning: Data Mining, Inference, and Prediction*. Springer, 2nd edition, 2009.

[149] D. Heath, S. Kasif, and S. Salzberg. Induction of Oblique Decision Trees. In *Proc. of the 13th Intl. Joint Conf. on Artificial Intelligence*, pages 1002–1007, Chambery, France, August 1993.

[150] A. K. Jain, R. P. W. Duin, and J. Mao. Statistical Pattern Recognition: A Review. *IEEE Tran. Patt. Anal. and Mach. Intellig.*, 22(1):4–37, 2000.

[151] D. Jensen and P. R. Cohen. Multiple Comparisons in Induction Algorithms. *Machine Learning*, 38(3):309–338, March 2000.

[152] M. V. Joshi, G. Karypis, and V. Kumar. ScalParC: A New Scalable and Efficient Parallel Classification Algorithm for Mining Large Datasets. In *Proc. of 12th Intl. Parallel Processing Symp. (IPPS/SPDP)*, pages 573–579, Orlando, FL, April 1998.

[153] G. V. Kass. An Exploratory Technique for Investigating Large Quantities of Categorical Data. *Applied Statistics*, 29:119–127, 1980.

[154] B. Kim and D. Landgrebe. Hierarchical decision classifiers in high-dimensional and large class data. *IEEE Trans. on Geoscience and Remote Sensing*, 29(4):518–528, 1991.

[155] R. Kohavi. A Study on Cross-Validation and Bootstrap for Accuracy Estimation and Model Selection. In *Proc. of the 15th Intl. Joint Conf. on Artificial Intelligence*, pages 1137–1145, Montreal, Canada, August 1995.

[156] D. Krstajic, L. J. Buturovic, D. E. Leahy, and S. Thomas. Cross-validation pitfalls when selecting and assessing regression and classification models. *Journal of cheminformatics*, 6(1):1, 2014.

[157] S. R. Kulkarni, G. Lugosi, and S. S. Venkatesh. Learning Pattern Classification—A Survey. *IEEE Tran. Inf. Theory*, 44(6):2178–2206, 1998.

[158] V. Kumar, M. V. Joshi, E.-H. Han, P. N. Tan, and M. Steinbach. High Performance Data Mining. In *High Performance Computing for Computational Science (VECPAR 2002)*, pages 111–125. Springer, 2002.

[159] G. Landeweerd, T. Timmers, E. Gersema, M. Bins, and M. Halic. Binary tree versus single level tree classification of white blood cells. *Pattern Recognition*, 16:571–577, 1983.

182

[160] M. Mehta, R. Agrawal, and J. Rissanen. SLIQ: A Fast Scalable Classifier for Data Mining. In *Proc. of the 5th Intl. Conf. on Extending Database Technology*, pages 18–32, Avignon, France, March 1996.

[161] R. S. Michalski. A theory and methodology of inductive learning. *Artificial Intelligence*, 20:111–116, 1983.

[162] D. Michie, D. J. Spiegelhalter, and C. C. Taylor. *Machine Learning, Neural and Statistical Classification*. Ellis Horwood, Upper Saddle River, NJ, 1994.

[163] J. Mingers. Expert Systems—Rule Induction with Statistical Data. *J Operational Research Society*, 38:39–47, 1987.

[164] J. Mingers. An empirical comparison of pruning methods for decision tree induction. *Machine Learning*, 4:227–243, 1989.

[165] T. Mitchell. *Machine Learning*. McGraw-Hill, Boston, MA, 1997.

[166] B. M. E. Moret. Decision Trees and Diagrams. *Computing Surveys*, 14(4):593–623, 1982.

[167] K. P. Murphy. *Machine Learning: A Probabilistic Perspective*. MIT Press, 2012.

[168] S. K. Murthy. Automatic Construction of Decision Trees from Data: A Multi-Disciplinary Survey. *Data Mining and Knowledge Discovery*, 2(4):345–389, 1998.

[169] S. K. Murthy, S. Kasif, and S. Salzberg. A system for induction of oblique decision trees. *J of Artificial Intelligence Research*, 2:1–33, 1994.

[170] T. Niblett. Constructing decision trees in noisy domains. In *Proc. of the 2nd European Working Session on Learning*, pages 67–78, Bled, Yugoslavia, May 1987.

[171] T. Niblett and I. Bratko. Learning Decision Rules in Noisy Domains. In *Research and Development in Expert Systems III*, Cambridge, 1986. Cambridge University Press.

[172] I. Palit and C. K. Reddy. Scalable and parallel boosting with mapreduce. *IEEE Transactions on Knowledge and Data Engineering*, 24(10):1904–1916, 2012.

[173] K. R. Pattipati and M. G. Alexandridis. Application of heuristic search and information theory to sequential fault diagnosis. *IEEE Trans. on Systems, Man, and Cybernetics*, 20(4):872–887, 1990.

[174] F. Pedregosa, G. Varoquaux, A. Gramfort, V. Michel, B. Thirion, O. Grisel, M. Blondel, P. Prettenhofer, R. Weiss, V. Dubourg, J. Vanderplas, A. Passos, D. Cournapeau, M. Brucher, M. Perrot, and E. Duchesnay. Scikit-learn: Machine Learning in Python. *Journal of Machine Learning Research*, 12:2825–2830, 2011.

[175] J. R. Quinlan. Discovering rules by induction from large collection of examples. In D. Michie, editor, *Expert Systems in the Micro Electronic Age*. Edinburgh University Press, Edinburgh, UK, 1979.

[176] J. R. Quinlan. Simplifying Decision Trees. *Intl. J. Man-Machine Studies*, 27:221–234, 1987.

[177] J. R. Quinlan. *C4.5: Programs for Machine Learning*. Morgan-Kaufmann Publishers, San Mateo, CA, 1993.

[178] J. R. Quinlan and R. L. Rivest. Inferring Decision Trees Using the Minimum Description Length Principle. *Information and Computation*, 80(3):227–248, 1989.

[179] S. R. Safavian and D. Landgrebe. A Survey of Decision Tree Classifier Methodology. *IEEE Trans. Systems, Man and Cybernetics*, 22:660–674, May/June 1998.

[180] C. Schaffer. Overfitting avoidance as bias. *Machine Learning*, 10:153–178, 1993.

[181] J. Schuermann and W. Doster. A decision-theoretic approach in hierarchical classifier design. *Pattern Recognition*, 17:359–369, 1984.

[182] G. Schwarz et al. Estimating the dimension of a model. *The annals of statistics*, 6(2): 461–464, 1978.

[183] J. C. Shafer, R. Agrawal, and M. Mehta. SPRINT: A Scalable Parallel Classifier for Data Mining. In *Proc. of the 22nd VLDB Conf.*, pages 544–555, Bombay, India, September 1996.

[184] M. Stone. Cross-validatory choice and assessment of statistical predictions. *Journal of the Royal Statistical Society. Series B (Methodological)*, pages 111–147, 1974.

183

[185] R. J. Tibshirani and R. Tibshirani. A bias correction for the minimum error rate in cross-validation. *The Annals of Applied Statistics*, pages 822–829, 2009.

[186] I. Tsamardinos, A. Rakhshani, and V. Lagani. Performance-estimation properties of cross-validation-based protocols with simultaneous hyper-parameter optimization. In *Hellenic Conference on Artificial Intelligence*, pages 1–14. Springer, 2014.

[187] P. E. Utgoff and C. E. Brodley. An incremental method for finding multivariate splits for decision trees. In *Proc. of the 7th Intl. Conf. on Machine Learning*, pages 58–65, Austin, TX, June 1990.

[188] L. Valiant. A theory of the learnable. *Communications of the ACM*, 27(11):1134–1142, 1984.

[189] V. N. Vapnik. *Statistical Learning Theory*. Wiley-Interscience, 1998.

[190] V. N. Vapnik and A. Y. Chervonenkis. On the uniform convergence of relative frequencies of events to their probabilities. In *Measures of Complexity*, pages 11–30. Springer, 2015.

[191] S. Varma and R. Simon. Bias in error estimation when using cross-validation for model selection. *BMC bioinformatics*, 7(1):1, 2006.

[192] H. Wang and C. Zaniolo. CMP: A Fast Decision Tree Classifier Using Multivariate Predictions. In *Proc. of the 16th Intl. Conf. on Data Engineering*, pages 449–460, San Diego, CA, March 2000.

[193] Q. R. Wang and C. Y. Suen. Large tree classifier with heuristic search and global training. *IEEE Trans. on Pattern Analysis and Machine Intelligence*, 9(1):91–102, 1987.

[194] Y. Zhang and Y. Yang. Cross-validation for selecting a model selection procedure. *Journal of Econometrics*, 187(1):95–112, 2015.

习题

1. 为 4 个布尔属性 A、B、C 和 D 的奇偶函数画一棵完全决策树。可以简化该决策树吗?

2. 考虑表 3.5 中二分类问题的训练样本。

表 3.5 习题 2 的数据集

顾客 ID	性别	车型	衬衣尺码	类
1	M	家用	小码	C0
2	M	运动款	中码	C0
3	M	运动款	中码	C0
4	M	运动款	大码	C0
5	M	运动款	加大码	C0
6	M	运动款	加大码	C0
7	F	运动款	小码	C0
8	F	运动款	小码	C0
9	F	运动款	中码	C0
10	F	奢华型	大码	C0
11	M	家用	大码	C1
12	M	家用	加大码	C1
13	M	家用	中码	C1
14	M	奢华型	加大码	C1
15	F	奢华型	小码	C1
16	F	奢华型	小码	C1
17	F	奢华型	中码	C1
18	F	奢华型	中码	C1
19	F	奢华型	中码	C1
20	F	奢华型	大码	C1

(a) 计算整个训练样本集的基尼指数值。

(b) 计算属性顾客 ID 的基尼指数值。

(c) 计算属性性别的基尼指数值。

(d) 计算使用多路划分属性车型的基尼指数值。

(e) 计算使用多路划分属性衬衣尺码的基尼指数值。

(f) 下面哪个属性更好，性别、车型还是衬衣尺码？

(g) 解释为什么属性顾客 ID 的基尼指数值最低，但却不能作为属性测试条件。

3. 考虑表 3.6 中的二分类问题的训练样本集。

(a) 整个训练样本集关于类属性的熵是多少？

(b) 关于这些训练样本，a_1 和 a_2 的信息增益是多少？

(c) 对于连续属性 a_3，计算所有可能的划分的信息增益。

(d) 根据信息增益，哪个是最佳划分(在 a_1、a_2 和 a_3 中)？

(e) 根据分类错误率，哪个是最佳划分(在 a_1 和 a_2 中)？

(f) 根据基尼指数，哪个是最佳划分(在 a_1 和 a_2 中)？

表 3.6　练习 3 的数据集

实例	a_1	a_2	a_3	目标类
1	T	T	1.0	+
2	T	T	6.0	+
3	T	F	5.0	−
4	F	F	4.0	+
5	F	T	7.0	−
6	F	T	3.0	−
7	F	F	8.0	−
8	T	F	7.0	+
9	F	T	5.0	−

4. 证明：将结点划分为更小的后继结点之后，结点熵不会增加。

5. 考虑如下二分类问题的数据集。

A	B	类标号
T	F	+
T	T	+
T	T	+
T	F	−
T	T	+
F	F	−
F	F	−
F	F	−
T	T	−
T	F	−

(a) 计算按照属性 A 和 B 划分时的信息增益。决策树归纳算法将会选择哪个属性？

(b) 计算按照属性 A 和 B 划分时的基尼指数。决策树归纳算法将会选择哪个属性？

(c) 从图 3.11 可以看出熵和基尼指数在区间[0，0.5]都是单调递增的，而在区间[0.5，1]都是单调递减的。有没有可能信息增益和基尼指数增益支持不同的属性？解释你的理由。

6. 考虑使用某些属性测试条件将父结点 P 拆分为两个子结点 C_1 和 C_2。每个结点上标记的训练实例的组成总结在下表中。

	P	C_1	C_2
类 0	7	3	4
类 1	3	0	3

(a) 计算父结点 P 的基尼指数和错误分类的错误率。

(b) 计算子结点的加权基尼指数。如果将基尼指数用作不纯性测量，你会考虑这个属性测试条件吗？

(c) 计算子结点的加权错误分类率。如果使用错误分类率作为不纯性测量，你会考虑这个属性测试条件吗？

7. 考虑如下训练样本集。

X	Y	Z	C_1 类样本数	C_2 类样本数
0	0	0	5	40
0	0	1	0	15
0	1	0	10	5
0	1	1	45	0
1	0	0	10	5
1	0	1	25	0
1	1	0	8	20
1	1	1	0	15

(a) 用本章所介绍的贪心算法计算两层的决策树。使用分类错误率作为划分标准。决策树的总错误率是多少？

(b) 使用 X 作为第一个划分属性，两个后继结点分别在剩余的属性中选择最佳的划分属性，重复步骤(a)。所构造的决策树的错误率是多少？

(c) 比较(a)和(b)的结果。评述在划分属性选择上启发式贪心法的作用。

8. 下表汇总了具有 3 个属性 A、B、C，以及两个类标号＋、－的数据集。建立一棵两层决策树。

A	B	C	实例数	
			＋	－
T	T	T	5	0
F	T	T	0	20
T	F	T	20	0
F	F	T	0	5
T	T	F	0	0
F	T	F	25	0
T	F	F	0	0
F	F	F	0	25

(a) 根据分类错误率，哪个属性应当选作第一个划分属性？对每个属性给出列联表和分类错误率的增益。

(b) 对根结点的两个子结点重复以上问题。

(c) 最终的决策树错误分类的实例数是多少？

(d) 使用 C 作为划分属性，重复(a)(b)和(c)。

(e) 使用(c)和(d)中的结果分析决策树归纳算法的贪心本质。

9. 考虑图 3.36 中的决策树。

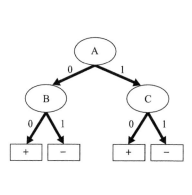

训练集:

实例	A	B	C	类
1	0	0	0	+
2	0	0	1	+
3	0	1	0	+
4	0	1	1	−
5	1	0	0	+
6	1	0	0	+
7	1	1	0	−
8	1	0	1	+
9	1	1	0	−
10	1	1	0	−

验证集:

实例	A	B	C	类
11	0	0	0	+
12	0	1	1	+
13	1	1	0	+
14	1	0	1	−
15	1	0	0	+

图 3.36　习题 9 的决策树和数据集

(a) 使用乐观方法计算决策树的泛化错误率。

(b) 使用悲观方法计算决策树的泛化错误率。（为了简单起见，使用在每个叶结点增加因子 0.5 的方法。）

(c) 使用提供的验证集计算决策树的泛化错误率。这种方法叫作**降低误差剪枝**（reduced error pruning）。

10. 考虑图 3.37 中的决策树。假设产生决策树的数据集包含 16 个二元属性和 3 个类 C_1、C_2 和 C_3。

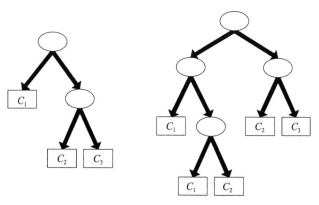

a）具有7个错误的决策树　　b）具有4个错误的决策树

图 3.37　习题 10 的决策树

根据最小描述长度原则计算每棵决策树的总描述长度。

- 树的整体描述长度由下式给出：

$$\text{Cost(tree,data)} = \text{Cost(tree)} + \text{Cost(data|tree)}$$

- 树的每个内部结点用划分属性的 ID 进行编码。如果有 m 个属性，为每个属性编码的代价是 $\log_2 m$ 个二进位。
- 每个叶结点使用与之相关联的类的 ID 编码。如果有 k 个类，为每个类编码的代价是 $\log_2 k$ 个二进位。
- Cost(tree)是对决策树的所有结点编码的开销。为了简化计算，可以假设决策树的总开销是对每个内部结点和叶结点编码的开销总和。
- Cost(data|tree)是对决策树在训练集上的分类错误编码的开销。每个错误用 $\log_2 n$ 个二进位编码，其中 n 是训练实例的总数。

根据 MDL 原则，哪棵决策树更好？

11. 该练习受到文献[155]的启发，突出了留一法模型评估过程的一个已知局限性。考虑一个包含 50 个正实例和 50 个负实例的数据集，其中属性是完全随机的，不包含有关类别标签的信息。因此，在该数据上学习的任何分类模型的泛化错误率预计均为 0.5。考虑一个分类器，它将训练实例的多数类别标签（通过使用正标签作为默认类）分配给所有测试实例，不管其属性值如何。这种方法叫作多数诱导分类器。使用以下方法确定此分类器的错误率。

(a) 留一法。

(b) 双重分层交叉验证法，其中每个子类的类别标签比例与整体数据保持相同。

(c) 从上面的结果来看，哪种方法能够更可靠地评估分类器的泛化错误率？

12. 考虑一个包含 100 个数据实例的标记数据集，该数据实例被随机分为 A 和 B 两组，每组包含 50 个实例。我们使用 A 作为训练集来学习两个决策树，T_{10} 具有 10 个叶结点，T_{100} 具有 100 个叶结点。数据集 A 和 B 的两个决策树的准确率如表 3.7 所示。

表 3.7　比较决策树 T_{10} 和 T_{100} 的测试准确率

数据集	准确率	
	T_{10}	T_{100}
A	0.86	0.97
B	0.84	0.77

(a) 根据表 3.7 中显示的准确率，你认为哪个分类模型在未知实例上具有更好的性能？

(b) 现在，在整个数据集 $(A+B)$ 上测试了 T_{10} 和 T_{100}，发现 T_{10} 在数据集 $(A+B)$ 上的分类准确率为 0.85，而 T_{100} 在数据集 $(A+B)$ 上的分类准确率为 0.87。根据这些新信息和表 3.7 中的观察结果，你最终会选择哪个分类模型进行分类？

13. 考虑如下测试分类法 A 是否优于另一个分类法 B 的方法。设 N 是数据集的大小，p_A 是分类法 A 的准确率，p_B 是分类法 B 的准确率，而 $p = \frac{(p_A + p_B)}{2}$ 是两种分类法的平均准确率。为了测试分类法 A 是否显著优于 B，使用如下 Z 统计量：

$$Z = \frac{p_A - p_B}{\sqrt{\dfrac{2p(1-p)}{N}}}$$

如果 $Z > 1.96$，则认为分类法 A 优于分类法 B。

表 3.8 在不同的数据集上比较 3 个不同分类法的准确率：决策树分类法、朴素贝叶斯分类法和支持向量机。（后两种分类法将在第 4 章中进行介绍。）

表 3.8　各种分类法准确率的比较

数据集	大小(N)	决策树(%)	朴素贝叶斯(%)	支持向量机(%)
Anneal	898	92.09	79.62	87.19
Australia	690	85.51	76.81	84.78
Auto	205	81.95	58.05	70.73
Breast	699	95.14	95.99	96.42
Cleve	303	76.24	83.50	84.49
Credit	690	85.80	77.54	85.07
Diabetes	768	72.40	75.91	76.82
German	1000	70.90	74.70	74.40
Glass	214	67.29	48.59	59.81
Heart	270	80.00	84.07	83.70
Hepatitis	155	81.94	83.23	87.10
Horse	368	85.33	78.80	82.61
Ionosphere	351	89.17	82.34	88.89
Iris	150	94.67	95.33	96.00
Labor	57	78.95	94.74	92.98
Led7	3200	73.34	73.16	73.56
Lymphography	148	77.03	83.11	86.49
Pima	768	74.35	76.04	76.95
Sonar	208	78.85	69.71	76.92
Tic-tac-toe	958	83.72	70.04	98.33
Vehicle	846	71.04	45.04	74.94
Wine	178	94.38	96.63	98.88
Zoo	101	93.07	93.07	96.04

用下面 3×3 的表格来汇总表 3.8 中给定的分类法在数据上的分类性能：

赢-输-平局	决策树	朴素贝叶斯	支持向量机
决策树	0-0-23		
朴素贝叶斯		0-0-23	
支持向量机			0-0-23

191

表格中每个单元的内容包含比较行与列的两个分类器时的赢、输和平局的数目。

14. 设 X 是一个均值为 Np、方差为 $Np(1-p)$ 的二元随机变量。证明比率 $\dfrac{X}{N}$ 也服从均值为 p、方差为 $\dfrac{p(1-p)}{N}$ 的二项式分布。

192

分类：其他技术

前一章介绍了分类问题，提出了决策树分类器这门技术，并讨论了模型过拟合和模型评估等问题。本章介绍一些建立分类模型的其他技术——从简单的技术（如基于规则和最近邻分类器）到更高级复杂的技术（如人工神经网络、深度学习、支持向量机和组合方法）。本章末尾还讨论了如不平衡类和多分类问题等其他实际问题。

4.1 分类器的种类

在提出具体的技术之前，首先介绍不同类型的分类器。区分分类器的一种方法是考虑其输出特性。

二分类和多分类 二分类器将每个数据实例分配给两种可能的标签中的一种，通常表示为＋1 和－1。与负类相比（例如，电子邮件分类中的垃圾邮件类别），正类通常指的是我们对正确预测更感兴趣的类别。如果有两个以上的可用标签，我们称该技术为多分类器。虽然一些分类器被设计为仅处理二分类问题，但它们必须适应于处理多分类问题。4.12 节会介绍将二分类器转换为多分类器的技术。

确定性分类与概率性分类 确定性分类器对每个它分类的数据实例产生一个离散值标签，而概率性分类器分配一个在 0 到 1 之间的连续的分数来表示特定标签的可能性，其中各个分类下的概率分数总和为 1。概率性分类器包括朴素贝叶斯分类器、贝叶斯网络和 logistic 回归。与确定性分类器相比，概率性分类器提供了更多关于将实例分配到类时的置信度信息。除非错误地分类为概率较低的类的代价明显更高，数据实例通常分配给概率得分最高的类。4.11.2 节将讨论基于概率的代价敏感的分类问题。

另一种方法是，根据分类器如何区分不同类中的实例的技术来对分类器进行类型划分。

线性分类与非线性分类 线性分类器用一个线性分离超平面来区分不同类别中的实例，而非线性分类器能够构造更复杂的、非线性的决策表面。我们在 4.7 节中给出了一个线性分类器（感知机）及其非线性对偶（多层神经网络）的例子。与非线性分类器相比，虽然线性假设让模型在拟合复杂数据方面不太灵活，但也正因如此，线性分类器不易受模型过拟合的影响。此外，在应用线性分类器之前，对于一组属性 $x = (x_1, x_2, \cdots, x_d)$，可以将其转化为一个更复杂的特征集，例如 $\Phi(x) = (x_1, x_2, x_1 x_2, x_1^2, x_2^2, \cdots)$。这种特征变换使得线性分类器能够用非线性决策表面来拟合数据集（见 4.9.4 节）。

全局分类与局部分类 全局分类器用单个模型拟合整个数据集。除非模型是高度非线性的，否则，当属性和类别标签之间的关系随输入空间的变化而变化时，这种一刀切的策略可能并不有效。相反，局部分类器将输入空间划分为更小的区域，并将不同的模型拟合于每个区域的训练实例。K 近邻分类器（见 4.3 节）是一个经典例子。尽管局部分类器在拟合复杂决策边界时更具灵活性，但它们也更容易受到模型过拟合问题的影响（特别是当局部区域不包含训练实例时）。

生成分类器和判别分类器 给定数据实例 x，分类器的主要目标是预测数据实例的类别标签 y。然而，除了预测类别标签之外，我们也可能对生成实例所属标签类别的底层机制感兴趣。例如，在对垃圾邮件消息进行分类的过程中，了解垃圾邮件的典型特性可能是有用的，例如，邮件主题和正文部分的关键词的具体用法。在预测类别标签的过程中，学习每个类的生成模型的分类器称为生成分类器。生成分类器包括朴素贝叶斯分类器和贝叶斯网络等。相反，判别分类器是在没有明确描述每个类别分布的情况下，直接预测类别标签。判别分类器解决了比生成模型更简单的问题，因为它们不用对数据实例生成机制进行深入的研究。因此，有时判别分类器会比生成模型更受青睐，在无须知道关于每个类别的属性信息的情况下，尤为如此。判别分类器包括决策树、基于规则的分类器、最近邻分类器、人工神经网络和支持向量机等。

4.2　基于规则的分类器

基于规则的分类器是使用一组"if…then…"规则（也称为**规则集**）来对数据实例分类的技术。表 4.1 给出了对前一章讲到的脊椎动物分类问题产生的规则集的示例。每一个分类规则可以表示为如下形式：

$$r_i : (条件_i) \rightarrow y_i \qquad (4.1)$$

规则左边称为**规则前件**（rule antecedent）或者**前提**（precondition）。它是属性测试条件的合取：

表 4.1　脊椎动物的分类规则集

r_1：（胎生＝否）∧（飞行动物＝是）→鸟类
r_2：（胎生＝否）∧（水生生物＝是）→鱼类
r_3：（胎生＝是）∧（体温＝恒温）→哺乳动物
r_4：（胎生＝否）∧（飞行动物＝否）→爬行动物
r_5：（水生生物＝半）→两栖动物

$$条件_i = (A_1 \text{ op } v_1) \wedge (A_2 \text{ op } v_2) \wedge \cdots (A_k \text{ op } v_k) \qquad (4.2)$$

其中，(A_i, v_j) 是一对属性值，op 是比较运算符，取自集合 $\{=, \neq, <, >, \leqslant, \geqslant\}$。每个属性测试 $(A_i \text{ op } v_j)$ 也称为一个合取项。规则右边称为**规则后件**（rule consequent），包含预测类 y_i。

给定规则 r，若 r 的前提与数据实例 x 的属性相匹配，则称 r 覆盖 x。为了更好地进行说明，请考虑表 4.1 中的规则 r_1 以及给出的鹰和灰熊这两种脊椎动物的如下属性：

名称	体温	表皮覆盖	胎生	水生生物	飞行动物	有腿	冬眠
鹰	恒温	羽毛	否	否	是	是	否
灰熊	恒温	软毛	是	否	否	是	是

r_1 覆盖了第一个脊椎动物，因为鹰的属性满足 r_1 的规则前件。规则 r_1 不覆盖第二个脊椎动物，因为灰熊既是胎生又不能飞，因此违背了 r_1 的规则前件。

可以使用覆盖率（coverage）和准确率（accuracy）来评定分类规则的质量。给定数据集 D 和一个分类规则 $r : A \rightarrow y$，规则的覆盖率定义为 D 中触发规则 r 的实例所占的比例。而规则的准确率或置信因子定义为触发规则 r 的实例中类别标签为 y 的实例所占的比例。这两个度量的形式化定义如下：

$$覆盖率(r) = \frac{|A|}{|D|}$$

$$准确率(r) = \frac{|A \cap y|}{|A|} \qquad (4.3)$$

其中，$|A|$ 是满足规则前件的实例个数，$|A \cap y|$ 是同时满足规则前件和规则后件的实例个数，$|D|$ 是实例总数。

例 4.1　考虑表 4.2 中的数据集，给定规则

（胎生 ＝ 是）∧（体温 ＝ 恒温）→ 哺乳类

的覆盖率为 33%，因为 15 个实例中有 5 个满足规则前件。该规则的准确率是 100%，因

196 为规则覆盖的 5 个脊椎动物都是哺乳类。

表 4.2 脊椎动物数据集

名字	体温	表皮覆盖	胎生	水生动物	飞行动物	有腿	冬眠	类别标签
人类	恒温	毛发	是	否	否	是	否	哺乳类
蟒蛇	冷血	鳞片	否	否	否	否	是	爬行类
鲑鱼	冷血	鳞片	否	是	否	否	否	鱼类
鲸	恒温	毛发	是	是	否	否	否	哺乳类
青蛙	冷血	无	否	半	否	是	是	两栖类
科莫多巨蜥	冷血	鳞片	否	否	否	是	否	爬行类
蝙蝠	恒温	毛发	是	否	是	是	是	哺乳类
鸽子	恒温	羽毛	否	否	是	是	否	鸟类
猫	恒温	软毛	是	否	否	是	否	哺乳类
孔雀鱼	冷血	鳞片	是	是	否	否	否	鱼类
美洲鳄	冷血	鳞片	否	半	否	是	否	爬行类
企鹅	恒温	羽毛	否	半	否	是	否	鸟类
豪猪	恒温	刚毛	是	否	否	是	是	哺乳类
鳗鱼	冷血	鳞片	否	是	否	否	否	鱼类
蝾螈	冷血	无	否	半	否	是	是	两栖类

4.2.1 基于规则的分类器原理

基于规则的分类器根据测试实例所触发的规则来对实例进行分类。为了说明基于规则的分类器是如何工作的，考虑表 4.1 所示的规则集和以下脊椎动物：

名称	体温	表皮覆盖	胎生	水生生物	飞行动物	有腿	冬眠
狐猴	恒温	软毛	是	否	否	是	是
海龟	冷血	鳞片	否	半	否	是	否
角鲨鱼	冷血	鳞片	是	是	否	否	否

- 第一个脊椎动物——狐猴，恒温动物，能生育幼崽。触发了规则 r_3，因此被归类为哺乳动物。
- 第二个脊椎动物——海龟，触发规则 r_4 和 r_5，由于两个规则预测的类别相互冲突（爬行类和两栖类），它们的冲突类别必须得到解决。
197 - 没有规则适用于角鲨鱼。在这种情况下，需要确定将这样的测试实例分为哪一类别。

4.2.2 规则集的属性

基于规则的分类器生成的规则集遵循以下两个性质。

定义 4.1 互斥规则集（mutually exclusive rule set） 如果规则集 R 中不存在两条规则被同一实例触发，则称规则集 R 中的规则是互斥的。此性质确保了每个实例至多被 R 中的一条规则覆盖。

定义 4.2 穷举规则集（exhaustive rule set） 如果对于属性值任一组合，R 中都存在一条规则加以覆盖，则规则集 R 具有穷举覆盖的性质。此性质确保每个实例都至少被 R

中的一个规则覆盖。

这两个属性确保每个实例都被一条规则覆盖。表 4.3 给出了一个互斥且穷举的规则集的实例。然而，包括表 4.1 所示的分类器在内，大多基于规则的分类器都不具有这两个性质。如果规则集不是穷举的，那么必须添加一个默认规则 r_d：（ ）$\rightarrow y_d$ 来覆盖那些未被覆盖的实例。默认规则的规则前件为空，并且在所有其他规则都覆盖失败时被触发。y_d 是默认类，通常被指定为没有被现有规则覆盖的训练实例中的多数类。如果规则集不是互斥的，则一个实例可能被多条规则覆盖，但这些规则的预测结果可能会相互冲突。

表 4.3   互斥和穷举规则集的示例

r_1：（体温＝冷血）$\rightarrow$非哺乳类
r_2：（体温＝恒温）$\wedge$（胎生＝是）$\rightarrow$哺乳类
r_3：（体温＝恒温）$\wedge$（胎生＝否）$\rightarrow$非哺乳类

定义 4.3   有序规则集（ordered rule set）   有序规则集 R 的规则按照优先级的递减顺序排列。有序规则集也称为**决策列表**（decision list）。

规则的排序可以通过多种方式来定义，例如基于精度或者描述总长度。当给出一个测试实例时，它将以覆盖实例的最高排序的规则进行分类。这避免了当规则集不是互斥时，由多个分类规则预测的类相互冲突的问题。

在不对规则进行排序的情况下，另一种处理非互斥规则集的方法是将由测试实例触发的每个规则的结果视为对特定类的投票。接着，用投票表决来确定测试实例的类别标签。实例通常被分给得票数最高的类别。可以用规则的准确率对投票进行加权。使用无序规则构建基于规则的分类器既有优点也有缺点。与基于有序规则的分类器不同，无序规则不太容易因为选择错误的规则来对测试实例进行分类而导致错误，前者对规则排序标准的选择很敏感。无序规则构建模型的代价也相对较低，因为规则不需要保持有序。然而，对测试实例进行分类的代价可能非常高，因为必须将测试实例的属性与规则集中每个规则的前提进行比较。

在接下来的两节中，会介绍从数据集中提取有序规则集的技术，可以通过两种方式构建基于规则的分类器：(1)直接方法，直接从数据中提取分类规则；(2)间接方法，从更复杂的分类模型中(如决策树和神经网络)提取分类规则。4.2.3 节和 4.2.4 节将分别具体讨论以上方法。

4.2.3   规则提取的直接方法

为了说明直接方法，我们考虑一种广泛使用的称为 RIPPER 的规则归纳算法。该算法与训练实例的数量几乎成线性比例，尤其适用于从具有不平衡类分布的数据集中构建模型。RIPPER 也能很好地处理噪声数据，因为它使用验证集来防止模型过拟合。

RIPPER 使用**顺序覆盖**（sequential covering）算法直接从数据中提取规则。规则以每次提取一个类别的贪心方式增长。对于二分类的问题，RIPPER 选择主要的类别作为默认的类别，并且从少数类别中学习规则来检验实例。对于多分类问题，根据类别在训练集中的普遍性对其进行排序。定义有序类别列表为（y_1，y_2，…，y_c），其中 y_1 是普遍性最小的类别，y_c 是普遍性最高的类别。规定属于 y_1 的训练实例为正类实例，属于其他类别的训练实例为负类实例。顺序覆盖算法学习一组规则来区分正类和负类。接着，将属于 y_2 的训练实例标记为正类，而将属于 y_3，y_4，…，y_c 等其他类的实例标记为负类。顺序覆盖算法继续学习下一组规则来区分 y_2 与其他剩余类。重复以上过程，直到只剩下一个类 y_c，它被指定为默认类别。

算法 4.1 总结了顺序覆盖算法的过程。算法开始时，决策列表 R 为空，根据类普遍性指定的顺序提取每个类的规则。算法使用 Learn-One-Rule 函数迭代地提取给定类 y 的规则。一旦找到这样的规则，该规则覆盖的所有训练实例都将被删除。新规则被添加到决策列表 R 的底部。重复此过程，直到满足停止条件。然后算法继续为下一个类生成规则。

算法 4.1　顺序覆盖算法

1：令 E 为训练实例，A 是属性-值对的集合 $\{(A_j, v_j)\}$

2：令 Y_o 是类的有序集 $\{y_1, y_2, \cdots, y_k\}$

3：令 $R=\{\}$ 是初始规则列表

4：**for** 每个类 $y \in Y_o - \{y_k\}$ **do**

5：　　**while** 终止条件不满足 **do**

6：　　　$r \leftarrow$ Learn-One-Rule(E, A, y)

7：　　　从 E 中删除被 r 覆盖的训练实例

8：　　　追加 r 到规则列表的尾部：$R \leftarrow R \vee r$

9：　　**end while**

10：**end for**

11：将默认规则 $\{\} \rightarrow y_k$ 插入到规则列表 R 的尾部

图 4.1 展示了顺序覆盖算法如何处理包含正类样本和负类样本的数据集。首先提取规则 R_1，因为它涵盖了最大部分的正类，其覆盖范围如图 4.1b 所示。随后删除 R_1 涵盖的所有训练实例，接着算法继续寻找下一个最佳规则，即 R_2。

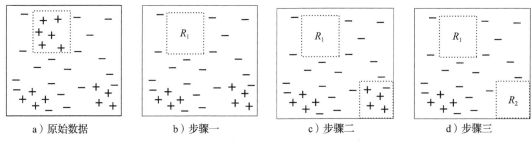

a）原始数据　　　　b）步骤一　　　　c）步骤二　　　　d）步骤三

图 4.1　顺序覆盖算法实例

1. Learn-One-Rule 函数

由于搜索空间呈指数级增长，寻找最优规则的计算代价非常昂贵。Learn-One-Rule 函数通过贪心方式增加规则来解决此问题。首先它初始化一个规则 $r: \{\} \rightarrow +$，其中左边为一个空的集合，右边代表正类。接着该函数不断细化规则，直到满足某个停止条件。由于规则覆盖的某些训练实例属于负类，因此初始规则的准确率可能会比较差。为了提高其准确率，必须在规则前件中加入一个新的合取项。

RIPPER 使用 FOIL 信息增益度量去选择添加到规则前件中的最佳合取项。这种方式同时考虑了候选规则的准确率和支持度的增益，其中支持度定义为规则所覆盖的正类实例数量。例如，假设规则 $r: A \rightarrow +$ 最初覆盖 p_0 个正例和 n_0 个负例。添加了新的合取项 B 后，扩展后的规则 $r': A \wedge B \rightarrow +$ 覆盖了 p_1 个正例和 n_1 个负例。扩展后的规则的 FOIL 信息增益计算如下：

$$\text{FOIL 信息增益} = p_1 \times \left(\log_2 \frac{p_1}{p_1 + n_1} - \log_2 \frac{p_0}{p_0 + n_0} \right) \quad (4.4)$$

RIPPER 选择 FOIL 信息增益最高的合取项去扩展规则，用下面这个例子进行说明。

例 4.2　FOIL 信息增益　考虑表 4.2 所示的脊椎动物分类问题的训练集。假设 Learn-One-Rule 函数的目标类是哺乳类。最开始，规则 $\{\} \rightarrow$ 哺乳类的前件覆盖了 5 个正例和 10

个负例，规则的准确率为 0.333。接下来，考虑以下 3 个可以增加到规则左边的候选合取项：表皮覆盖＝毛发，体温＝恒温，有腿＝否。分别添加每个合取项后，规则所覆盖的正类、负类实例的数量及其各自的准确率、FOIL 信息增益如下表所示：

候选规则	p_1	n_1	准确率	信息增益
〈表皮覆盖＝毛发〉→哺乳类	3	0	1.000	4.755
〈体温＝恒温〉→哺乳类	5	2	0.714	5.498
〈有腿＝否〉→哺乳类	1	4	0.200	−0.737

虽然〈表皮覆盖＝毛发〉的准确率最高，但是合取项〈体温＝恒温〉的 FOIL 信息增益最高。因此选择后者来扩展规则（见图 4.2）。这个过程一直持续到新添的合取项不再提高信息增益为止。

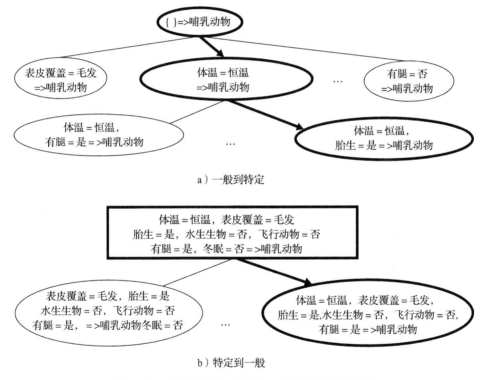

a）一般到特定

b）特定到一般

图 4.2　一般到特定和特定到一般的规则扩展方式

剪枝条件　可以对由 Learn-One-Rule 函数生成的规则进行剪枝以改善其泛化错误率。RIPPER 根据它们在验证集上的性能来对规则进行剪枝。计算以下度量以确定是否需要修剪：$\dfrac{(p-n)}{(p+n)}$，其中 $p(n)$ 是规则在验证集中所覆盖的正（负）实例的数量。这种度量与规则在验证集上的精确率单调相关。如果进行剪枝能提高度量标准，则可以删除该合取项。一般从添加到规则的最后一个合取项开始剪枝。例如，给定规则 $ABCD \rightarrow y$，RIPPER 首先检查是否应剪去 D，然后是 CD、BCD 等。虽然原始规则仅覆盖正例，但修剪后的规则可能覆盖训练集中的某些负例。

建立规则集合　生成规则后，规则覆盖的所有正类和负类样本都将被删除。然后将规则添加到规则集中直到满足停止条件，该条件是基于最小描述长度原则的。如果新规则将规则集的总描述长度增加至少 d 位，那么 RIPPER 停止将规则添加到其规则集中（默认 d 为 64 位）。RIPPER 使用的另外一种停止条件为验证集上规则的错误率不得超过 50%。

RIPPER 也执行其他优化操作来确定规则集中的某些现有规则是否可以由更好的替代规则替换。对优化方法细节感兴趣的读者可参考本章末尾引用的参考文献。

2. 实例消除

提取规则后，RIPPER 删除规则所覆盖的正类和负类样本。下一个例子会说明这样做的原因。

图 4.3 展示了从由 29 个正例和 21 个负例组成的训练集中可能提取到的 3 个规则：R_1、R_2 和 R_3。R_1、R_2、R_3 的准确率分别是 $\frac{12}{15}$（80%）、$\frac{7}{10}$（70%）和 $\frac{8}{12}$（66.7%）。首先生成 R_1，因为 R_1 的精确率最高。生成 R_1 后，RIPPER 必须删去 R_1 覆盖的实例，以使得算法生成的下一个规则与 R_1 不同。由此产生的问题是，应该仅删除正例，仅删除负例，还是同时删除两者？要回答这个问题，先假设算法在产生 R_1 之后必须选择生成 R_2 或 R_3。尽管 R_2 比 R_3 具有更高的准度率（70% 对 66.7%），但可以观察到 R_2 覆盖的区域与 R_1 不相交，而 R_3 覆盖的区域与 R_1 重叠。因此，R_1 和 R_3 一起覆盖了 18 个正例和 5 个负例（得到一个为 78.3% 的总体精确率），而 R_1 和 R_2 一起覆盖

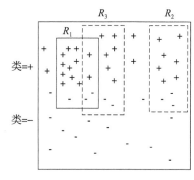

图 4.3　通过顺序覆盖算法消除训练实例。R_1、R_2 和 R_3 代表三个不同规则覆盖的区域

19 个正例和 6 个负例（相对较低的 76% 的总体精确率）。如果 R_1 所覆盖的正例没有被删除，那么我们可能会高估 R_3 的有效准确性。如果 R_1 所覆盖的负例没有被删除，那么我们可能会低估 R_3 的准确性。对于后一种情况，即使 R_3 所犯的**假阳性错误的一半**已经由前面的规则 R_1 进行了解释，但我们可能最终更倾向于选择 R_2 而不是 R_3。这个例子表明，仅当删除 R_1 覆盖的所有正类和负类实例时，将 R_2 或 R_3 添加到规则集后的有效精确率才会变得明显。

4.2.4　规则提取的间接方法

这一部分将介绍利用决策树生成规则集的方法。原则上，在决策树中任何从根结点到叶结点的路径都可以作为分类规则。沿着路径的测试条件形成了规则前件的合取项，而叶结点处的类别标签被分配给规则后件。图 4.4 展示了一个决策树生成规则集的例子，需要注意的是，该规则集是穷尽的并且包含互斥规则。然而，可以简化一些规则，如下一个示例所示。

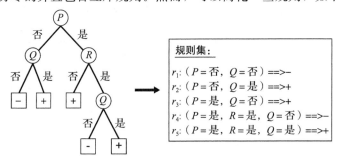

图 4.4　决策树转化为分类规则实例

例 4.3 考虑图 4.4 中的以下三个规则：

$$r2: (P = 否) \wedge (Q = 是) \rightarrow +$$
$$r3: (P = 是) \wedge (R = 否) \rightarrow +$$
$$r5: (P = 是) \wedge (R = 是) \wedge (Q = 是) \rightarrow +$$

观察到，当 Q 值为"Yes"时，规则集总是预测正类。因此，可以简化规则如下：

$$r2': (Q = 是) \rightarrow +$$
$$r3: (P = 是) \wedge (R = 否) \rightarrow +$$

保留 r_3 以覆盖正类的其余实例。我们看到，尽管简化后的规则不再互斥，但规则变得更加简单也更易于解释。　　　◀

接下来将介绍 C4.5 算法，用于从决策树中生成规则集。图 4.5 显示了在表 4.2 中给出的数据集的决策树和由此产生的分类规则。

规则生成　在决策树中，我们从根到一个叶结点的每个路径提取分类规则。给定一个分类规则 $r: A \rightarrow y$，考虑一个简化的规则 $r': A' \rightarrow y$，其中 A' 是通过对 A 删掉一个合取项得到的。如果悲观错误率最小的简化规则的错误率比原始规则的错误率更小，则保留它。对规则进行剪枝直到不能再提升规则的错误率。由于一些规则在剪枝后可能变得相同，因此可以舍弃重复的规则。 |205|

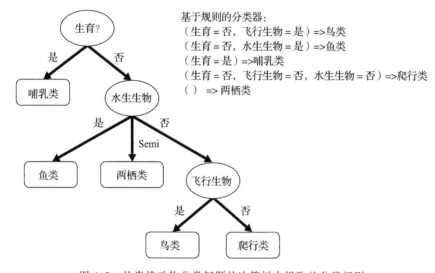

基于规则的分类器：
（生育＝否，飞行生物＝是）=>鸟类
（生育＝否，水生生物＝是）=>鱼类
（生育＝是）=>哺乳类
（生育＝否，飞行生物＝否，水生生物＝否）=>爬行类
（　） => 两栖类

图 4.5　从脊椎动物分类问题的决策树中提取的分类规则

规则排序　在生成规则集后，C4.5 算法使用基于类的排序方案对所提取的规则排序，将预测同一类的规则分组在同一子集中。然后计算每个子集的总描述长度，并按其总描述长度的递增顺序排列类。对具有最小描述长度的类赋予最高优先级，因为它包含最好的规则集。一个类别的总描述长度被定义为 $L_{exception} + g \times L_{model}$，其中 $L_{exception}$ 是对错误分类的实例编码需要的比特数目，L_{model} 是对该模型进行编码的比特数目，g 是一个默认值为 0.5 的调节参数。调节参数 g 取决于模型中的冗余属性的数量。如果模型包含许多冗余属性，则 g 的值很小。

4.2.5　基于规则的分类器的特点

1）基于规则的分类器具有与决策树非常相似的特点。因为决策树可以用一组互斥和穷举的规则来表示，所以规则集的表达几乎等价于决策树的表达。基于规则的分类器和决 |206|

策树都创建属性空间的直线划分，并为每个分区分配一个类。然而，基于规则的分类器允许给定实例触发多个规则，从而学习比决策树更复杂的模型。

2）与决策树一样，基于规则的分类器可以处理不同类型的分类以及连续的属性值，并且可以简便用于多分类场景中。基于规则的分类器通常用于生成描述性模型，这些模型更易于解释，与决策树分类器的性能相当。

3）基于规则的分类器可以轻松地处理彼此相关度高的冗余属性，这是因为一旦一个属性被用作先行规则中的一个合取项，剩下的冗余属性对 FOIL 信息增益几乎没有作用，因而被忽略掉。

4）由于不相关属性表现出较差的信息增益，如果有其他相关属性显示更好的信息增益，基于规则的分类器可以避免选择不相关属性。然而，如果问题很复杂，并且有共同区分类的交互属性，但能单独显示较差的信息增益，很可能意外地偏向一个无关属性而不是随机选择一个相关的属性。因此，当不相关属性的数量较大时，基于规则的分类器可能在存在交互属性的情况下表现较差。

5）RIPPER 所采用的基于类的排序策略，强调对稀有类给予更高的优先级，非常适合处理具有不平衡类分布的训练数据集。

6）基于规则的分类器不适合处理测试集中的缺失值。这是因为规则集中的规则的位置遵循一定的排序策略，即使测试实例被多个规则覆盖，分类器也可以根据它们在规则集中的位置分配不同的类别标签。因此，如果某个规则涉及测试实例中的缺失值，则很难忽略该规则并继续执行后续规则，因为这样的策略会导致错误的类分配。

4.3 最近邻分类器

图 3.3 所示的分类框架涉及两个步骤：（1）用于从数据构造分类模型的归纳步骤；（2）将该模型应用于测试实例的演绎步骤。决策树和基于规则的分类器是**渴望学习**（eager learner）的例子，因为它们被设计成学习一种模型，一旦训练数据可用，模型就可以将输入属性映射到类别标签。相反的策略是延迟对训练数据建模的过程，直到需要对测试实例进行分类。采用这种策略的技术称为**懒惰学习**（lazy learner）。懒惰学习的一个例子是**机械分类器**（rote classifier），它记住整个训练数据，并且只有当测试实例的属性与训练实例中的一个完全匹配时才执行分类，这种方法的一个明显缺陷是存在一些可能不会被分类的测试实例，因为它们不匹配任何训练示例。

一种使这种方法更灵活的方式是找到与测试实例的属性相对相似的所有训练实例。这些实例称为**最近邻**（nearest neighbor），可以用来确定测试实例的类别标签。使用最近邻最好的例子是："如果它像鸭子一样走路，像鸭子一样呱呱叫，看起来像只鸭子，那么它很可能是一只鸭子。"最近邻分类器将每个样本表示为 d 维空间中的数据点，其中 d 是属性数目。给定一个测试实例，我们根据 2.4 节中描述的一个邻近度度量来计算其接近训练实例的距离。给定测试实例 z 的 k 近邻指的是与 z 最接近的 k 个训练实例。

图 4.6 展示出了位于每个圆圈中心的测试实例的 1 个、2 个和 3 个近邻。该实例是基于其邻居的类别标签进行分类的。在邻居有多个标签的情况下，将测试实例分配给其最近邻居的类。在图 4.6a 中，实例的 1-近邻是一个负类。因此，实例被分配给负类。如果最近邻居的数目为 3，如图 4.6c 所示，那么邻域包含两个正类实例和一个负类实例。使用多数表决方案，实例被分配给正类。在类之间有联系（参见图 4.6b）的情况下，可以随机选择其中一个来对数据点进行分类。

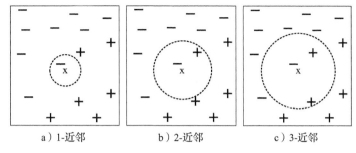

a）1-近邻　　　　　　b）2-近邻　　　　　　c）3-近邻

图 4.6　某实例的 1-近邻、2-近邻、3-近邻

前面的讨论强调了选择 k 值的重要性。如果 k 太小，那么最近邻分类器可能容易受到噪声的过拟合，如训练数据中错误标记。另一方面，如果 k 太大，则最近邻分类器可能错误地分类测试实例，因为它的最近邻列表包括位于远离其邻域的训练实例（见图 4.7）。

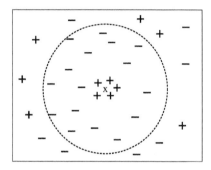

图 4.7　较大 k 值下的 k 近邻分类

4.3.1　算法

在算法 4.2 中，我们给出了最近邻分类方法的伪代码。该算法计算每个测试实例 $z = (\boldsymbol{x}', y')$ 和所有训练实例 $(\boldsymbol{x}, y) \in D$ 之间的距离（或相似度），以确定其最近邻列表 D_z。

算法 4.2　k-最近邻分类算法

1：令 k 是最近邻数目，D 是训练样例的集合
2：**for** 每个测试样例 $z = (\boldsymbol{x}', y')$ **do**
3：　计算 z 和每个样例 $(\boldsymbol{x}, y) \in D$ 之间的距离 d$(\boldsymbol{x}', \boldsymbol{x})$
4：　选择离 z 最近的 k 个训练样例的集合 $D_z \subseteq D$
5：　$y' = \underset{v}{\operatorname{argmax}} \sum_{(\boldsymbol{x}_i, y_i) \in D_z} I(v = y_i)$

6：**end for**

如果训练实例的数量很大，这样的计算成本也是很大的。然而，有效的索引技术可用于减少寻找测试实例的最近邻所需的计算。

一旦获得最近邻列表，测试实例就根据其最近邻的多数类进行分类：

$$\text{多数决}: y' = \underset{v}{\operatorname{argmax}} \sum_{(\boldsymbol{x}_i, y_i) \in D_z} I(v = y_i) \tag{4.5}$$

其中，v 是类别标签，y_i 是最近邻之一的类别标签，$I(\cdot)$ 是一个指示符函数，如果其参数为真，则返回值 1，否则为 0。

在多数表决方法中，每个邻居对分类具有相同的影响。这使得算法对 k 的选择非常敏感，如图 4.6 所示。为了减少 k 的影响的方法之一是，根据距离权衡每个最近邻 $\boldsymbol{x}_i$ 的影响：$w_i = \frac{1}{d}(\boldsymbol{x}', \boldsymbol{x}_i)^2$。结果，距离 z 较远的训练实例对分类的影响要小于距离 z 较近的训练实例。使用距离加权投票方案，类别标签可以被确定如下：

$$\text{距离加权投票公式}: y' = \underset{v}{\operatorname{argmax}} \sum_{(\boldsymbol{x}_i, y_i) \in D_z} w_i \times I(v = y_i) \tag{4.6}$$

4.3.2　最近邻分类器的特点

1）最近邻分类器是以实例学习而闻名的一种通用技术，它不建立全局模型，而是使用训练实例来对测试实例进行预测（因此，这样的分类器通常称为"无模型"）。这样的算法需要用邻近度量来确定实例与分类函数之间的相似性或距离，该分类函数根据它与其他实例的邻近度来返回测试实例的预测类。

2）虽然对于像最近邻分类器这样的懒惰学习器，无须建模，但由于需要在测试和训练样本之间单独计算邻近度，分类测试实例的成本十分大。相比之下，渴望学习器通常花费大量的计算资源来构建模型。一旦建立了模型，对测试实例进行分类非常快。

3）最近邻分类器基于局部信息进行预测（这相当于为每个测试实例建立局部模型）。相比之下，决策树和基于规则的分类器试图找到适合整个输入空间的全局模型。由于分类决策是在本地进行的，最近邻分类器（具有较小的 k 值）对噪声非常敏感。

4）最近邻分类器可以产生任意形状的决策边界。与决策树和基于规则的分类器相比，这样的边界提供了更灵活的模型表示，而决策树和基于规则的分类器通常被约束到直线决策边界。最近邻分类器的决策边界也具有很高的可变性，因为它们依赖于局部邻域中的训练实例的组成。增加最近邻居的数量可以减少这种变化性。

5）最近邻分类器难以处理训练集和测试集中的缺失值，因为邻近计算通常需要所有属性存在。虽然，在两个实例中存在的属性子集可以用来计算邻近度，但因为邻近度量对于每对实例可能是不同的，这样的方法可能不会产生良好的结果，因此难以比较。

6）最近邻分类器可以处理交互属性的存在，即具有更多预测能力的属性，然后通过使用可以结合多个属性影响的适当邻近度量来实现自身结合。

7）不相关属性的存在会扭曲常用的邻近度量，特别是当不相关属性的数量很大时。此外，如果存在大量彼此高度相关的冗余属性，那么邻近度量可能过度偏向于这些属性，从而导致不正确的距离估计。因此，不相关和冗余属性的存在会对最近邻分类器的性能产生不利影响。

8）除非采取适当的邻近度量和数据预处理步骤，否则最近邻分类器可能产生错误的预测。例如，假设我们想把一组人按高度（以米为单位）和体重（以磅为单位）等属性进行分类。高度属性具有低可变性，范围为 1.5～1.85m，而体重属性可以从 90 磅到 250 磅（1 磅＝0.45千克）不等。如果不考虑属性的尺度，邻近度量可能完全由人的体重差异支配决定。

4.4　朴素贝叶斯分类器

许多分类问题涉及不确定性。第一，由于测量过程中的缺陷，例如由于传感器设备的有限精度，导致观察到的属性和类别标签可能是不可靠的。第二，为分类选择的属性集可能不完全代表目标类，从而导致不确定的预测。为了说明这一点，考虑基于使用饮食和锻炼频率作为属性的模型预测一个人的心脏病风险的问题。尽管大多数健康饮食和经常运动的人患心脏病的概率较低，但由于其他潜在因素，如遗传、过度吸烟和酗酒等，他们可能仍然处于危险之中，这在模型中没有被捕捉到。第三，在有限的训练集上学习的分类模型可能无法完全捕获整个数据的真实关系，正如在前一章中关于模型过拟合的内容中所讨论的那样。第四，预测的不确定性可能来自于真实世界系统的固有随机性，例如在天气预报问题中遇到的。

在不确定性的存在下，不仅需要对类别标签进行预测，还需要提供与每个预测相关联的置信度的度量。概率论为量化和处理数据中的不确定性提供了一种系统的方法，因此，它是评估预测置信度的一个有吸引力的框架。利用概率论来表示属性和类别标签之间的关系的分类模型称为**概率分类模型**(probabilistic classification model)。在这一节中，我们提出朴素贝叶斯分类器，它是最简单和最广泛使用的概率分类模型之一。 [212]

4.4.1　概率论基础

在讨论朴素贝叶斯分类器的工作原理之前，首先介绍概率论的一些基本知识，这将有助于理解本章中提出的概率分类模型。其中涉及定义概率的概念，以及一些使用概率值的常用方法。

考虑变量 X，它可以从集合 $\{x_1, \cdots, x_k\}$ 取任一离散值。当我们对该变量添加多个观察时，例如在数据集中，变量描述了数据对象的某些特性，那么我们就可以计算每个值出现的相对频率。具体来说，假设 X 为 n_i 数据对象的值 x_i，$X = x_i$ 的相关频率为 $\frac{n_i}{N}$，其中 N 表示总的出现次数 ($N = \sum_{i=1}^{k} n_i$)。这些相对频率意味着对未知观测值 X 具有不确定性，因此激发了概率的概念。

形式上来讲，一个事件 e 的**概率**(probability)为 $P(X = x_i)$，代表事件 e 发生的可能性有多大。最传统的概率理论是基于事件的相对频率(频率)，而贝叶斯观点(稍后描述)更灵活地看待概率。在任何情况下，概率总是介于 0 和 1 之间。此外，所有可能事件的概率值的总和，例如，变量 X 的总和等于 1。具有与每个可能结果(值)相关联的概率的变量称为**随机变量**(random variable)。

现在，让我们考虑两个随机变量 X 和 Y，每个都可以取 k 个离散值。定义 n_{ij} 是 $X = x_i$、$Y = y_j$ 出现 N 次的总和。观察到 $X = x_i$，$Y = y_j$ 同时出现的**联合概率**(joint probability)可以被估计为：

$$P(X = x_i, Y = y_i) = \frac{n_{ij}}{N} \tag{4.7}$$

(联合概率是一个估计，因为我们通常只有一个具有所有可能观察值的有限子集。)联合概率可以用来回答诸如"今天有一个惊喜测验并且我可能上课会迟到的概率为多少"。联合概率为 $P(X = x, Y = y) = P(Y = y, X = x)$。对于联合概率，考虑其与随机变量之一的总和是有用的，如下面的等式所描述的： [213]

$$\sum_{j=1}^{k} P(X = x_i, Y = y_j) = \frac{\sum_{j=1}^{k} n_{ij}}{N} = \frac{n_i}{N} = P(X = x_i) \tag{4.8}$$

其中，n_i 是我们观察和 Y 值无关的 $X = x_i$ 的总数。注意，$\frac{n_i}{N}$ 是 $X = x_i$ 的概率。因此，通过对随机变量 Y 的联合概率求和，我们得到观察剩余变量 X 的概率，这个操作称为**边缘化**(marginalization)，并且通过边缘化 Y 得到的概率值 $P(X = x_i)$ 有时称为 X 的**边缘概率**(marginal probability)。我们将在后面看到，联合概率和边缘概率构成了本章讨论的概率分类模型的基本构造块。

注意，在前面的讨论中，我们用 $P(X = x_i)$ 表示一个随机变量 X 特定结果的概率，当其他随机变量加入，这个符号很容易产生歧义。因此，在本节的其余部分，我们将用 $P(X)$ 表示随机变量 X 的概率，而 $P(x_i)$ 将被用来代表特定结果的概率。

1. 贝叶斯定理

假设你邀请了你的两个朋友 Alex 和 Martha 参加晚宴。你知道 Alex 参加应邀宴会的概率是 40%。此外，如果 Alex 要参加一个聚会，Martha 有 80% 概率参加。另一方面，如果 Alex 不去参加聚会，Martha 来参加聚会的概率减少到 30%。如果 Martha 回应说她会来参加你的聚会，Alex 还会来的可能性是多少？

贝叶斯定理针对上述问题的答案提出了统计原理，多源的证据必须与先验信念相结合才能得出预测。贝叶斯定理可以简单地描述如下。

$P(Y|X)$ 表示当随机变量 X 取一个特定值时观察随机变量 Y 的**条件概率**（conditional probability）。$P(Y|X)$ 常被看作观察 Y 的结果条件。条件概率可用于回答问题，例如 "假定今天要下雨，我会去上课的概率是多少"。X 和 Y 的条件概率与它们的联合概率相关：

[214]

$$P(Y|X) = \frac{P(X,Y)}{P(X)} \tag{4.9}$$

也可表示为：

$$\begin{aligned} P(X,Y) &= P(Y|X) \times P(X) \\ &= P(X|Y) \times P(Y) \end{aligned} \tag{4.10}$$

根据式（4.10）中最后两个表达式可以推导出式（4.11），这被称为**贝叶斯定理**（Bayes theorem）：

$$P(Y|X) = \frac{P(X|Y)P(Y)}{P(X)} \tag{4.11}$$

贝叶斯定理给出了条件概率 $P(Y|X)$ 与 $P(X|Y)$ 之间的关系。注意式（4.11）中的分母包含 X 的边缘概率，它也可以表示为：

$$P(X) = \sum_{i=1}^{k} P(X,y_i) = \sum_{i=1}^{k} P(X|y_i) \times P(y_i)$$

用 $P(X)$ 的前表达式，我们可以从 $P(X|Y)$ 和 $P(Y)$ 得到 $P(Y|X)$ 的下列方程：

$$P(Y|X) = \frac{P(X|Y)P(Y)}{\sum_{i=1}^{k} P(X|y_i)P(y_i)} \tag{4.12}$$

例 4.4 **贝叶斯定理**   贝叶斯定理可以用来解决关于随机变量的若干推理问题。例如，考虑一开始就说明 Alex 是否会来参加聚会的问题。设 $P(A=1)$ 表示 Alex 参加聚会的概率，而 $P(A=0)$ 表示他不参加聚会的概率。我们知道：

$$P(A = 1) = 0.4$$
$$P(A = 0) = 1 - P(A = 1) = 0.6$$

并且，让 $P(M=1|A)$ 的条件概率表示在 Alex 是否参加聚会的先决条件下，Martha 参加聚会的概率。$P(M=1|A)$ 的值为：

$$P(M = 1|A = 1) = 0.8$$
$$P(M = 1|A = 0) = 0.3$$

[215]

我们可以使用 $P(M|A)$ 和 $P(A)$ 的上述值来计算 Alex 在 Martha 参加聚会的条件下参加聚会的概率，$P(A=1|M=1)$，如下：

$$\begin{aligned} P(A = 1|M = 1) &= \frac{P(M = 1|A = 1)P(A = 1)}{P(M = 1|A = 0)P(A = 0) + P(M = 1|A = 1)P(A = 1)} \\ &= \frac{0.8 \times 0.4}{0.3 \times 0.6 + 0.8 \times 0.4} = \frac{0.32}{0.5} = 0.64 \end{aligned} \tag{4.13}$$

注意，即使 Alex 参加聚会的先验概率 $P(A)$ 较小，观察到 Martha 会参加，即 $M=1$，这会影响条件概率 $P(A=1|M=1)$。这体现了贝叶斯定理将先验假设与观察结果相结合再进行预测具备的价值意义。由于 $P(A=1|M=1)>0.5$，因此如果 Martha 去参加聚会，Alex 也很有可能参加聚会。　◀

2. 贝叶斯定理在分类中的应用

对于分类，我们感兴趣的是计算从给定属性值 $\boldsymbol{x}$ 的数据实例中观察到类别标签 y 的概率。这可以表示为 $P(y|\boldsymbol{x})$，它被称为目标类的**后验概率**（posterior probability）。利用贝叶斯定理，我们可以将后验概率表示为：

$$P(y|\boldsymbol{x}) = \frac{P(\boldsymbol{x}|y)P(y)}{P(\boldsymbol{x})} \tag{4.14}$$

注意，上述方程的分子涉及两个项，$P(\boldsymbol{x}|y)$ 和 $P(y)$，这两个项都有助于计算后验概率 $P(y|\boldsymbol{x})$。下面描述这两个术语。

第一项 $P(\boldsymbol{x}|y)$ 被称为给定类别标签的属性的**类条件**（class-conditional）概率。$P(\boldsymbol{x}|y)$ 测量从属于 y 类的实例分布中观察到 $\boldsymbol{x}$ 的可能性。如果 $\boldsymbol{x}$ 确实属于 y 类，那么应该期望 $P(\boldsymbol{x}|y)$ 较大。从这个角度来看，类条件概率的使用试图捕获产生数据实例的过程。根据这种解释，涉及计算类条件概率的概率分类模型称为**生成分类模型**（generative classification model）。除了它们计算后验概率和预测的用途外，类条件概率还提供了关于属性值生成背后的基础机制的见解。 216

式 (4.14) 分子中的第二项是**先验概率** $P(y)$，它独立于观察到的属性值。先验概率捕获了关于类别标签分布的先验知识（这是贝叶斯观点）。例如，我们可以预先相信任何人患心脏病的可能性都是 α，而不管他们的诊断报告。先验概率既可以利用专家知识获得，也可以从类别标签的历史分布中推断出来。

式 (4.14) 中的分母涉及概率 $P(\boldsymbol{x})$。注意，这一项不依赖于类别标签，因此在后验概率计算中可以被视为归一化常数。此外，$P(\boldsymbol{x})$ 的值可以计算为 $P(\boldsymbol{x}) = \sum_i P(\boldsymbol{x}|y_i)P(y_i)$。

贝叶斯定理提供了一种方便的方式来结合先验知识与获得所观察到的属性值的概率。在训练阶段，我们需要学习 $P(y)$ 和 $P(\boldsymbol{x}|y)$ 的参数。通过计算属于每个类的训练实例的占比，可以很容易地从训练集估计先验概率 $P(y)$。为了计算类条件概率，一种方法是针对每个可能的属性值组合来考虑给定类的训练实例的占比。例如，假设有两个属性 X_1 和 X_2，它们每个都可以从 c_1 到 c_k 取一个离散值。让 n^0 表示属于类 0 的训练实例的数目，其中训练实例的 n_{ij}^0 包含 $X_1=c_1$ 和 $X_2=c_j$。然后，可以给出类条件概率：

$$P(X_1 = c_i, X_2 = c_j | Y = 0) = \frac{n_{ij}^0}{n^0}$$

由于属性值组合的数量呈指数增长，该方法很容易随着属性数量的增加而变得难以计算。例如，如果每个属性可以取 k 个离散值，那么属性值组合的数目等于 k^d，其中 d 是属性的数目。大量的属性值组合也会导致类条件概率的估计较差，因为当训练集的大小较小时，每个组合将具有较少的训练实例。

接下来，我们提出朴素贝叶斯分类器，对类条件概率做了简化假设，这称为**朴素贝叶斯假设**（naïve Bayes assumption）。这种假设的使用有助于获得类条件概率的可靠估计，即使当属性的数量很大时也是如此。 217

4.4.2　朴素贝叶斯假设

朴素贝叶斯分类器假设所有属性 $\boldsymbol{x}$ 的类条件概率可以被分解为类条件概率的乘积。如

下面的方程描述:

$$P(\boldsymbol{x}|y) = \prod_{i=1}^{d} P(x_i|y) \tag{4.15}$$

其中, 每个数据实例 $\boldsymbol{x}$ 由 d 属性组成 $\{x_1, x_2, \cdots, x_d\}$。上述方程背后的基本假设是: 给定的类别标签 y, 属性值 x_i 是相互**条件独立**(conditionally independent)的, 这意味着只有目标类可以影响属性。如果我们知道类别标签, 那么可以考虑属性是相互独立的。条件独立性概念可以形式化地表述如下。

1. 条件独立性

设 X_1、X_2 和 Y 表示三组随机变量。给定 Y, 如果下列条件成立, 则称 X_1 条件独立于 X_2:

$$P(X_1|X_2, Y) = P(X_1|Y) \tag{4.16}$$

这表示, 在 Y 条件下, X_1 的分布不受 X_2 的结果影响, 因此 X_1 在条件上独立于 X_2。为了说明条件独立性的概念, 考虑一个人的手臂长度(X_1)与他的阅读技能(X_2)之间的关系。可能有人会观察到, 手臂较长的人往往具有较高的阅读技能等级, 因此认为 X_1 和 X_2 是相互关联的。然而, 这种关系可以由另一个因素来解释, 那就是人的年龄(Y)。幼儿往往有短臂, 因而缺乏成人阅读技巧。如果一个人的年龄是固定的, 那么观察到的手臂长度和阅读技巧之间的关系就不存在了。因此, 我们可以得出结论, 当年龄变量固定时, 手臂长度和阅读技能不是直接相关的, 并且是条件独立的。

218

另一种描述条件独立性的方式是, 使用联合条件概率 $P(X_1, X_2|Y)$, 表示如下:

$$\begin{aligned} P(X_1, X_2|Y) &= \frac{P(X_1, X_2, Y)}{P(Y)} \\ &= \frac{P(X_1, X_2, Y)}{P(X_2, Y)} \times \frac{P(X_2, Y)}{P(Y)} \\ &= P(X_1|X_2, Y) \times P(X_2|Y) \\ &= P(X_1|Y) \times P(X_2|Y) \end{aligned} \tag{4.17}$$

其中, 式(4.16)用来获得式(4.17)的最后一行。从操作的角度来看, 先前的条件独立性描述是非常有用的。它指出了, 在给定 Y 的情况下, X_1 和 X_2 的联合条件概率可以被分解为分别考虑 X_1 和 X_2 的条件概率的乘积。这就构成了式(4.15)中朴素贝叶斯假设的基础。

2. 朴素贝叶斯分类器的工作机制

我们用朴素贝叶斯假设, 只需要给定 Y 来区分估计条件概率 x_i, 而不是对属性值的每个组合概率进行计算。例如, 如果 n_i^0 和 n_j^0 分别表示属于 $X_1 = C_i$ 和 $X_2 = C_j$ 的类 0 的训练实例的数目, 则类条件概率可以被估计为

$$P(X_1 = c_i, X_2 = c_j | Y = 0) = \frac{n_i^0}{n^0} \times \frac{n_j^0}{n^0}$$

在前面的等式中, 只需要计算属性 X 的每个 k 值的训练实例的数目, 而不考虑其他属性的值。因此, 学习类条件概率所需的参数数量从 d^k 减少到 dk。这极大地简化了类条件概率的表达式, 并且使得它更适合学习参数和预测, 即使在高维设置中也是如此。

朴素贝叶斯分类器利用以下方程计算检验实例 $\boldsymbol{x}$ 的后验概率:

219

$$P(y|\boldsymbol{x}) = \frac{P(y)\prod_{i=1}^{d} P(x_i|y)}{P(\boldsymbol{x})} \tag{4.18}$$

由于 $P(\boldsymbol{x})$ 对于每个 y 的值都是固定的, 并且仅作为一个标准化常数来确保 $P(y|\boldsymbol{x}) \in [0, 1]$, 因此可以写作:

$$P(y|\boldsymbol{x}) \propto P(y)\prod_{i=1}^{d}P(x_i|y)$$

因此，选择能最大化 $P(y)\prod_{i=1}^{d}P(x_i|y)$ 的类就足够了。

朴素贝叶斯分类器的一个有用的性质是，当每个实例中只观察到属性子集时，它可以轻松处理关于数据实例的不完全信息。例如，在一个数据实例中只观察 d 维属性中的 p，然后仍然可以使用这些 p 属性计算 $P(y)\prod_{i=1}^{d}P(x_i|y)$ 并选择值最大的类。朴素贝叶斯分类器可以自然地处理测试实例中的缺失值。事实上，在没有观察到属性的极端情况下，我们仍然可以使用先验概率 $P(y)$ 作为后验概率的估计。当观察更多的属性时，可以不断细化后验概率，以更好地反映观察数据实例的可能性。

在接下来的两个小节中，我们描述几种从训练集估计条件概率 $P(x_i|y)$ 的方法。

3. 分类属性的条件概率估计

给定一个分类属性 X_i，条件概率 $P(X_i=c|y)$ 是根据 y 类别中 X_i 取特定分类值 c 的训练实例的比例来估计的：

$$P(X_i=c|y)=\frac{n_c}{n}$$

其中，n 为训练实例属于 y 类别的数目，n_c 为 $X_i=c$ 的数目。例如，在图 4.8 给定的训练集中，7 个人的类别标签为拖欠贷款＝否，当中 3 人是有房＝是，然而其余 4 个是有房＝否。结果，P 的条件概率（有房＝是｜拖欠贷款＝否）等于 $\frac{3}{7}$。类似地，对于婚姻状况＝单身的借款人的条件概率由 P（婚姻状况＝否｜拖欠贷款＝是）计算出为 $\frac{2}{3}$。注意，条件概率在 X_i 上所有可能结果的总和等于 1，即 $\sum_c P(X_i=c|y)=1$。

Tid	一元变量 有房	分类变量 婚姻状况	连续变量 年收入	类变量 拖欠贷款者
1	是	单身	125k	否
2	否	已婚	100k	否
3	否	单身	70k	否
4	是	已婚	120k	否
5	否	离异	95k	是
6	否	已婚	60k	否
7	是	离异	220k	否
8	否	单身	85k	是
9	否	已婚	75k	否
10	否	单身	90k	是

图 4.8   预测贷款拖欠问题的训练集

4. 连续属性的条件概率估计

朴素贝叶斯分类法使用两种方法估计连续属性的类条件概率。

1）可以把每一个连续的属性离散化，然后用相应的离散区间替换连续属性值。这种方法把连续属性转换成序数属性，并且可以采用先前描述的用于计算分类属性的条件概率的简单方法。通过计算类 y 的训练实例中落入 X_i 对应区间的比例来估计条件概率 $P(X_i|Y=y)$。估计误差由离散策略（见 2.3.6 节）和离散区间的数目决定。如果离散区间的数目太大，则会因为每一个区间中训练实例太少而不能对 $P(X_i|Y)$ 做出可靠的估计。相反，如果区间数目太小，则离散化过程可能会丢失连续值的真实分布信息，从而导致较差的估计。

2）可以假设连续变量服从某种概率分布，然后使用训练数据估计分布的参数。例如高斯分布通常用来表示连续属性的类条件概率分布。该分布有两个参数，均值 μ 和方差 δ^2。对每个类 y_j，属性 X_i 的类条件概率等于：

$$P(X_i=x_i|Y=y_j)=\frac{1}{\sqrt{2\pi}\sigma_{ij}}\exp\left[-\frac{(x_i-\mu_{ij})^2}{2\sigma_{ij}^2}\right] \tag{4.19}$$

可以用类 y_j 的所有训练实例关于 X_i 的样本均值来估计参数 μ_{ij}。同理，可以用这些训练实例的样本方差(δ^2)来估计参数 δ_{ij}^2。例如，考虑图 4.8 中年收入这一属性。该属性关于类否的样本均值和方差如下：

$$\overline{x} = \frac{125 + 100 + 70 + \cdots + 75}{7} = 110$$

$$s^2 = \frac{(125 - 100)^2 + (100 - 110)^2 + \cdots + (75 - 110)^2}{6} = 2975$$

$$s = \sqrt{2975} = 54.54$$

给定一个测试实例，应征税的收入等于 120k 美元，可以使用以下值作为其给定类为否的条件概率：

$$P(收入 = 120 \mid 否) = \frac{1}{\sqrt{2\pi}(54.54)} \exp^{-\frac{(120-110)^2}{2 \times 2975}} = 0.007\,2$$

例 4.5 **朴素贝叶斯分类器** 考虑图 4.9a 中的数据集，分类目标是拖欠贷款者，采用值为是或否。我们可以计算每个分类属性的类条件概率，同时利用前面介绍的方法计算连续属性的样本均值和方差。这些概率汇总在图 4.9b 中。

Tid	有房	婚姻状况	年收入	拖欠贷款者
1	是	单身	125k	否
2	否	已婚	100k	否
3	否	单身	70k	否
4	是	已婚	120k	否
5	否	离异	95k	是
6	否	已婚	60k	否
7	是	离异	220k	否
8	否	单身	85k	是
9	否	已婚	75k	否
10	否	单身	90k	是

a)

```
P(有房=是 | 否) = 3/7
P(有房=否 | 否) = 4/7
P(有房=是 | 是) = 0
P(有房=否 | 是) = 1
P(婚姻状况=单身 | 否) = 2/7
P(婚姻状况=离异 | 否) = 1/7
P(婚姻状况=已婚 | 否) = 4/7
P(婚姻状况=单身 | 是) = 2/3
P(婚姻状况=离异 | 是) = 1/3
P(婚姻状况=已婚 | 是) = 0
For 年收入：
If 类 = 否：    样本均值 = 110
               样本方差 = 2975
If 类 = 是：    样本均值 = 90
               样本方差 = 25
```

b)

图 4.9 朴素贝叶斯算法应用于贷款分类问题

为了预测测试实例 $\boldsymbol{x} = ($有房 = 否，婚姻状况 = 已婚，年收入 = \$120k$)$ 的类别标签，需要计算后验概率 $P(否 \mid \boldsymbol{x})$ 和 $P(是 \mid \boldsymbol{x})$。回想一下前面的讨论，这些后验概率可以通过计算先验概率 $P(Y)$ 和类条件概率的乘积来估计。每个类的先验概率可以通过计算属于该类的训练实例所占的比例来估计。因为有 3 个实例属于类是，7 个实例属于类否，所以 P(是) = 0.3，P(否) = 0.7。使用图 4.9b 中提供的信息，可以计算类条件概率如下：

222

$$P(\boldsymbol{x} \mid 否) = P(有房 = 否 \mid 否) \times P(婚姻状况 = 已婚 \mid 否) \times P(年收入 = \$120\text{k} \mid 否)$$

$$= \frac{4}{7} \times \frac{4}{7} \times 0.007\,2 = 0.002\,4$$

$$P(\boldsymbol{x} \mid 是) = P(有房 = 否 \mid 是) \times P(婚姻状况 = 已婚 \mid 是) \times P(年收入 = \$120\text{k} \mid 是)$$

$$= 1 \times 0 \times 1.2 \times 10^{-9} = 0$$

注意到因为没有类别为是同时婚姻状况为已婚的实例在训练集中，所以类别为是的条件概率变为 0。使用以上类别条件概率，可以估计后验概率如下：

$$P(否 \mid \boldsymbol{x}) = \frac{0.7 \times 0.002\,4}{P(\boldsymbol{x})} = 0.001\,6\alpha$$

$$P(是 \mid \boldsymbol{x}) = \frac{0.3 \times 0}{P(\boldsymbol{x})} = 0$$

223

其中，$\alpha = \dfrac{1}{P(\boldsymbol{x})}$ 是个常量。因为 $P(否 \mid \boldsymbol{x}) > P(是 \mid \boldsymbol{x})$，所以实例分类为否。◀

5. 零条件概率的处理

前面的例子说明了在估计类条件概率时使用朴素贝叶斯假设的一个潜在问题。如果任何属性的条件概率为零，则类条件概率的整个表达式变为零。注意，当训练实例的数目小且属性的可能值的数目大时，会出现零条件概率。在这种情况下，可能会出现属性值和类别标签的组合从未被观察到，从而导致零条件概率。

在更极端的情况下，如果训练实例不包含属性值和类别标签的一些组合，那么可能甚至无法对一些测试实例进行分类。例如，如果 $P(婚姻状态 = 离异 \mid 否)$ 为 0 而不是 $\dfrac{1}{7}$，属性集 $\boldsymbol{x} = (有房 = 是，婚姻状态 = 离异，收入 = \$120\mathrm{k})$ 的数据实例具有以下类条件概率：

$$P(\boldsymbol{x} \mid 否) = \frac{3}{7} \times 0 \times 0.007\,2 = 0$$

$$P(\boldsymbol{x} \mid 是) = 0 \times \frac{1}{3} \times 1.2 \times 10^{-9} = 0$$

由于两类条件概率均为 0，朴素贝叶斯分类器将无法对实例进行分类。为了解决这个问题，重要的是调整条件概率估计，使得它们不像使用训练实例的比例那样敏感。这可以通过使用下列条件概率的交替估计来实现：

$$拉普拉斯估计：P(X_i = c \mid y) = \frac{n_c + 1}{n + v} \tag{4.20}$$

$$m\text{-}估计：P(X_i = c \mid y) = \frac{n_c + mp}{n + m} \tag{4.21}$$

其中，n 是属于 Y 类的训练实例数目，n_c 是 $X_i = c$ 与 $Y = y$ 的训练实例数目，v 是属性值的总数，p 是先验已知的 $P(X_i = c \mid y)$ 的一些初步估计，m 是一个超参数，表示当训练实例的比例太敏感时，我们使用 p 的置信度。注意，即使 $n_c = 0$，拉普拉斯和 m-估计都提供条件概率的非零值。因此，它们避免了类条件概率消失的问题，通常提供更稳健的后验概率估计。

224

6. 朴素贝叶斯分类器的特征

1）朴素贝叶斯分类器是能够通过提供后验概率估计来量化预测中的不确定性的概率分类模型。由于把目标类视为能导致数据实例生成的因素，朴素贝叶斯分类器也是生成分类模型。因此，除了计算后验概率之外，朴素贝叶斯分类器也试图捕捉生成属于每个类的数据实例背后的基础机制。因此，它们有助于获得预测性和描述性见解。

2）使用朴素贝叶斯假设，即使在给定类别标签的条件下，属性也可以很容易地计算高维设置中的类条件概率。该性质使得朴素贝叶斯分类器是一种简单有效的分类技术，常用于不同的应用问题，如文本分类。

3）朴素贝叶斯分类器对孤立噪声点具有鲁棒性，因为这些点不能对条件概率估计产生显著的影响，它们在训练过程中往往是平均的。

4）朴素贝叶斯分类器可以通过在计算其条件概率估计时忽略每个属性的缺失值，来处理训练集中的缺失值。此外，通过在计算后验概率时只使用非缺失的属性值，朴素贝叶斯分类器可以有效地处理测试实例中的缺失值。如果特定属性值的缺失值的频率取决于类别标签，则该方法无法准确地估计后验概率。

5）朴素贝叶斯分类器对不相关属性具有鲁棒性。如果 X_i 是一个无关的属性，那么

$P(X_i|Y)$ 对于每个类 y 几乎是均匀分布的。因此，每个类的类条件概率得到相似的贡献 $P(X_i|Y)$，导致对后验概率估计的影响可忽略不计。

225

6）相关属性会降低朴素贝叶斯分类器的性能，因为对于这些属性，条件独立的朴素贝叶斯假设不再适用。例如，考虑以下概率：

$$P(A = 0|Y = 0) = 0.4, P(A = 1|Y = 0) = 0.6$$
$$P(A = 0|Y = 1) = 0.6, P(A = 1|Y = 1) = 0.4$$

其中，A 是二元属性，Y 是二元类变量。假设存在另一个二元属性 B，当 $Y=0$ 时，B 与 A 完全相关，当 $Y=1$ 时，B 与 A 相互独立。简单地说，假设 B 的类条件概率与 A 相同。给定一个记录，含有属性 $A=0$，$B=0$，其后验概率如下：

$$P(Y = 0|A = 0, B = 0) = \frac{P(A = 0|Y = 0)P(B = 0|Y = 0)P(Y = 0)}{P(A = 0, B = 0)}$$

$$= \frac{0.16 \times P(Y = 0)}{P(A = 0, B = 0)}$$

$$P(Y = 1|A = 0, B = 0) = \frac{P(A = 0|Y = 1)P(B = 0|Y = 1)P(Y = 1)}{P(A = 0, B = 0)}$$

$$= \frac{0.36 \times P(Y = 1)}{P(A = 0, B = 0)}$$

如果 $P(Y=0)=P(Y=1)$，则朴素贝叶斯分类器将把该实例指派到类 1。然而，事实上

$$P(A = 0, B = 0|Y = 0) = P(A = 0|Y = 0) = 0.4$$

因为当 $Y=0$ 时，A 和 B 完全相关。结果，$Y=0$ 的后验概率是：

$$P(Y = 0|A = 0, B = 0) = \frac{P(A = 0, B = 0|Y = 0)P(Y = 0)}{P(A = 0, B = 0)}$$

$$= \frac{0.4 \times P(Y = 0)}{P(A = 0, B = 0)}$$

226

比 $Y=1$ 的后验概率大，因此，该实例实际应该分类为类 0。因此，朴素贝叶斯分类器在属性不依赖于类别标签的情况下会产生不正确的结果。朴素贝叶斯分类器不适合处理冗余或交互属性。

4.5 贝叶斯网络

朴素贝叶斯分类器的条件独立性假设可能过于严格，特别是对那些属性之间有一定相关性的分类问题。因此，我们需要一种宽松的贝叶斯假设的方法，以便我们可以捕获更多的属性之间的条件独立性的一般表示。

在本节中，我们提出了一种灵活的框架，用于建模属性和类别标签之间的概率关系，称为**贝叶斯网络**（Bayesian network）。通过建立概率论和图论的概念，贝叶斯网络能够捕获更简单的条件独立性形式，使用简单的示意进行表示。它们还提供了必要的计算结构，以有效的方式对随机变量执行推断。在下文中，首先描述贝叶斯网络的基本表示，然后讨论在分类上下文中执行推理和学习模型参数的方法。

4.5.1 图表示

贝叶斯网络属于捕获随机变量之间的概率关系的模型，被称为**概率图模型**（probabilistic graphical model）。这些模型背后的基本概念是使用图表示，其中图的结点对应于随机变量，结点之间的边缘表示概率关系。图 4.10a 和 4.10b 分别表示使用有向边（带箭头）和无向边（无箭头）的概率图模型的例子。有向图模型也称为贝叶斯网络，而无向图模型称为**马尔可夫随机场**（Markov random field）。这两种方法使用不同的语义来表示随机变量之间的关系，因此在不同的

上下文中都是有用的。在下文中，我们简要地描述贝叶斯网络在分类上下文中是有用的。

贝叶斯网络（也称为**信念网络**(belief network)）包含结点之间的有向边，其中每个边代表随机变量之间的影响方向。例如，图 4.10a 展示了一个贝叶斯网络，其中变量 C 取决于变量 A 和 B 的值，变量 C 影响变量 D 和 E 的值。贝叶斯网络中的每条边利用特定的方向性对随机变量之间赋予了依赖关系。

[227]

贝叶斯网络是有向无环图(DAG)，因为它们不包含任何有向循环使得结点循环回到相同的结点。图 4.11 显示了贝叶斯网络的一些例子，它们捕获随机变量中的不同类型的依赖结构。在有向无环图中，如果有一个从 X 到 Y 的有向边，则 X 被称为 Y 的**父结点**(parent)，Y 称为 X 的**子结点**(child)。1 个结点可以在贝叶斯网络中具有多个父结点。例如，结点 D 具有两个父结点 B 和 C，如图 4.11a 所示。此外，如果网络中有一条从 X 到 Z 的有向路径，那么 X 是 Z 的**祖先**(ancestor)，而 Z 是 X 的**后代**(descendant)，例如，在图 4.11b 所示的图中，A 是 D 的后代，D 是 B 的祖先。请注意，有向无环图的两个结点之间可能存在多个有向路径，如图 4.11a 中结点 A 和 D 的情况。

 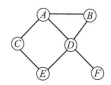

a）有向图模型（贝叶斯网络）　　b）无向图模型（马尔可夫随机场）

图 4.10　两种基本类型的图模型

a）　　　b）

图 4.11　贝叶斯网络示例

1. 条件独立性

贝叶斯网络的一个重要性质是它能够表示随机变量之间的不同形式的条件独立性。描述贝叶斯网络捕获的条件独立性假设有几种方法。表达条件独立性的最通用的方法之一是 **d-分离**(d-separation)的概念。给定另一组结点 C，d-分离可以用来确定两个结点 A 和 B 是否条件独立。另一个有用的概念是结点 Y 的**马尔可夫毯**(Markov blanket)，当条件为 X 时，其表示 X 结点的最小集合，使得 Y 与图中的其他结点无关。（更多细节参见 d-分离和马尔可夫毯的文献注释）。然而，为了分类，描述一个简单的条件独立性表达式就足够了。贝叶斯网络中的独立性称为**局部马尔可夫性质**(local Markov property)。

[228]

性质 1　（局部马尔可夫性质）　在贝叶斯网络中，若已知某结点的父结点，则该结点对于其非子孙结点，是条件独立的。

为了说明局部马尔可夫性质，考虑图 4.11b 所示的贝叶斯网络。给定 C，我们可以说 A 是独立于 B 和 D，因为 C 是 A 的父结点，而结点 B 和 D 是 A 的非子孙。局部马尔可夫性质有助于将贝叶斯网络中的父子关系解释为条件概率的表示。给定父结点，由于结点是条件独立于它的非子孙结点，由贝叶斯网络施加的条件独立假设往往是稀疏的结构。然而，贝叶斯网络能够在属性和类别标签中表达比朴素贝叶斯分类器更丰富的条件独立性语句。事实上，朴素贝叶斯分类器可以看作一种特殊类型的贝叶斯网络，如图 4.12a 所示，目标类 Y 位于树的根部，每个属性 X_i 通过有向边连接到根结点。

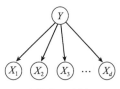

a）朴素贝叶斯　　　b）贝叶斯网络

图 4.12　朴素贝叶斯分类器与一般贝叶斯网络的比较

注意到在朴素贝叶斯分类器中，每个有向边从目标类指向观察的属性，这表明类别标签是属性生成的一个因素。因此推断类别标签可以视为判断所观察到的属性背后的根本原因。另一方面，贝叶斯网络提供了更一般的概率关系结构，因为目标类不需要位于树的根部，而是可以出现在图中的任何地方。如图 4.12b 所示，推断 Y 不仅有助于判断影响 X_3 和 X_4 的因素，而且有助于预测 X_1 和 X_2。

2. 联合概率

局部马尔可夫性质可用于简洁地表达贝叶斯网络所包含的一组随机变量的联合概率。认识到这一点，先考虑一个由 d 个结点组成的贝叶斯网络，结点编号为 X_1 至 X_d，当且仅当 $i<j$，X_i 是 X_j 的一个祖先结点。$\boldsymbol{X}=\{X_1,\cdots,X_d\}$ 的联合概率可以用概率链进行广义分解：

$$P(\boldsymbol{X}) = P(X_1)P(X_2\,|\,X_1)P(X_3\,|\,X_1,X_2)\cdots P(X_d\,|\,X_1,\cdots,X_{d-1})$$

$$= \prod_{i=1}^{d} P(X_i\,|\,X_1,\cdots,X_{i-1}) \tag{4.22}$$

230

除此之外，我们已经构造了图，注意集合 $\{X_1,\cdots,X_{i-1}\}$ 只包含 X_i 的非子孙。因此，利用局部马尔可夫性质，可以将 $P(X_i\,|\,X_1,\cdots,X_{i-1})$ 写作 $P(X_i\,|\,\mathrm{pa}(X_i))$，$\mathrm{pa}(X_i)$ 代表 X_i 的父结点。然后可以将联合概率表示为：

$$P(\boldsymbol{X}) = \prod_{i=1}^{d} P(X_i\,|\,\mathrm{pa}(X_i)) \tag{4.23}$$

因此，为了计算 $P(X)$，用它的父结点 $\mathrm{pa}(X_i)$ 表示 X_i 的概率就足够了。这是通过每个结点与其父结点关联的概率表来实现的：

1) 结点 X_i 的概率表包含 X_i 和 $\mathrm{pa}(X_i)$ 中每个组合的条件概率值 $P(X_i\,|\,\mathrm{pa}(X_i))$。

2) 如果 X_i 没有父结点（$\mathrm{pa}(X_i)=\phi$），那么表只包含先验概率 $P(X_i)$。

例 4.6 概率表 图 4.13 显示了贝叶斯网络的一个例子，用于模拟患者的症状和危险因素之间的关系。概率表显示每个结点。概率表包含仅有先验概率的危险因素（锻炼和饮食），而心脏病、心脏痛、血压和胸痛的表包含条件概率。

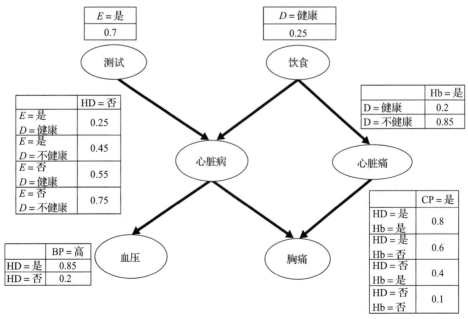

图 4.13　贝叶斯网络检测心脏病和心脏痛的患者

3. 隐藏变量的使用

贝叶斯网络通常包含两种类型的变量：被固定到特定观察值的观察变量和未观察变量，未观察变量的值是未知的，需要从网络中推断出来。为了区分这两种类型的变量，通常使用阴影结点表示观察变量，而使用无阴影结点表示未观察变量。图 4.14 显示了一个贝叶斯网络的例子，它具有观测变量(A、B、E)和未观测变量(C、D)。

在分类的上下文中，观察到的变量对应于属性 $\boldsymbol{X}$ 的集合，而目标类用未观察到的变量 Y 来表示，需要在测试期间推断出来。然而请注意，泛型贝叶斯网络可以包含除目标类之外的许多其他未观察到的变量，如图 4.15 所示的变量集合 $\boldsymbol{H}$。虽然这些未观察到的变量从未被直接观察到，但它们影响属性或混杂因素。隐藏变量的使用增强了贝叶斯网络在表示属性和类别标签之间的复杂概率关系时的表达能力。这是贝叶斯网络与朴素贝叶斯分类器相比的一个关键区分性质。

4.5.2 推理与学习

给定贝叶斯网络中对应于每个结点的概率表，推理问题对应于计算不同随机变量集合的概率。在分类的上下文中，一个关键的推理问题是给定数据实例 x 的一组观测属性，计算目标类 Y 取特定值 y 上的概率。可以用以下条件概率表示：

$$P(Y = y \mid \boldsymbol{x}) = \frac{P(y, \boldsymbol{x})}{P(\boldsymbol{x})} = \frac{P(y, \boldsymbol{x})}{\sum_{y'} P(y', \boldsymbol{x})} \tag{4.24}$$

前一个方程涉及形式 $P(y, \boldsymbol{x})$ 的边缘概率，可以通过将隐藏变量 $\boldsymbol{H}$ 从联合概率中边缘化来计算，如下：

$$P(y, \boldsymbol{x}) = \sum_{\boldsymbol{H}} P(y, \boldsymbol{x}, \boldsymbol{H}) \tag{4.25}$$

其中，联合概率 $P(y, \boldsymbol{x}, \boldsymbol{H})$ 可以通过使用式(4.23)中描述的因子分解得到。为了理解估计 $P(y, \boldsymbol{x})$ 所涉及的计算性质，考虑图 4.15 所示的贝叶斯网络示例，它涉及目标类 Y、3 个观察属性 $X_1 \sim X_3$，以及 4 个隐藏变量 $H_1 \sim H_4$。

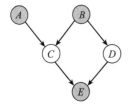

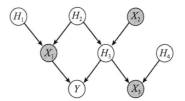

图 4.14　观察和未观察到的变量分别用无阴影和阴影圆表示

图 4.15　贝叶斯网络实例，$H_1 \sim H_4$ 为 4 个隐藏变量，$X_1 \sim X_3$ 为 3 个观察属性，Y 为标识类

对于这个网络，我们可以将 $P(y, \boldsymbol{x})$ 表示为：

$$
\begin{aligned}
P(y, \boldsymbol{x}) &= \sum_{h_1} \sum_{h_2} \sum_{h_3} \sum_{h_4} P(y, x_1, x_2, h_1, h_2, h_3, h_4) \\
&= \sum_{h_1} \sum_{h_2} \sum_{h_3} \sum_{h_4} \big[P(h_1) P(h_2) P(x_2) P(h_4) P(x_1 \mid h_1, h_2) \\
&\qquad \times P(h_3 \mid x_2, h_2) P(y \mid x_1, h_3) P(x_3 \mid h_3, h_4) \big] \tag{4.26} \\
&= \sum_{h_1} \sum_{h_2} \sum_{h_3} \sum_{h_4} f(h_1, h_2, h_3, h_4) \tag{4.27}
\end{aligned}
$$

其中，f 是取决于 $h_1 \sim h_4$ 值的因素。在以前的 $P(y, \boldsymbol{x})$ 的简单表达式中，对于 $H_1 \sim H_4$

的值 $h_1 \sim h_4$，每一个组合考虑不同的求和。如果假设网络中的每个变量可以取 k 个离散值，那么求和必须进行 k^4 次，这种方法的计算复杂性是 $O(k^4)$。此外，计算的数量与隐藏变量的数量成指数增长，使得这种方法在具有大量隐藏变量的网络中难以使用。在下文中，我们提出了不同的计算技术，有效地进行贝叶斯网络推论。

1. 变量消除

为了减少 $P(y, x)$ 所涉及的计算次数，让我们仔细检查式(4.26)和式(4.27)中的表达式。注意，虽然 $f(h_1, h_2, h_3, h_4)$ 依赖于所有 4 个隐藏变量的值，但它可以分解为几个较小的因素的乘积，其中每个因素只涉及少量的隐藏变量。例如，因子 $P(h_4)$ 仅依赖于 h_4 的值，因此当在 h_1、h_2 或 h_3 上进行求和时，它充当恒定的乘法项。因此，如果将 $P(h_4)$ 单独放置在 $h_1 \sim h_3$ 的总和之外，我们可以节省在每个总和内发生的一些重复乘法。

一般来说，我们可以尽可能地把每个求和推到尽可能远的范围内，由此将不依赖于求和变量的因素放在求和的外面。每次求和使用较小的因子，这将有助于减少计算浪费。为了说明这一过程，考虑以下通过重新排列顺序公式(4.26)来计算 $P(y, x)$ 的步骤序列：

$$P(y, \boldsymbol{x}) = P(x_2) \sum_{h_4} P(h_4) \sum_{h_3} P(y|x_1, h_3) P(x_3|h_3, h_4)$$

$$\times \sum_{h_2} P(h_2) P(h_3|x_2, h_2) \sum_{h_1} P(h_1) P(x_1|h_1, h_2) \tag{4.28}$$

$$= P(x_2) \sum_{h_4} P(h_4) \sum_{h_3} P(y|x_1, h_3) P(x_3|h_3, h_4)$$

$$\times \sum_{h_2} P(h_2) P(h_3|x_2, h_2) f_1(h_2) \tag{4.29}$$

$$= P(x_2) \sum_{h_4} P(h_4) \sum_{h_3} P(y|x_1, h_3) P(x_3|h_3, h_4) f_2(h_3) \tag{4.30}$$

$$= P(x_2) \sum_{h_4} P(h_4) f_3(h_4) \tag{4.31}$$

其中，f_i 表示 h_i 得到的中间因子项。为了检查预先重新排列是否提供了计算效率的任何改进，让我们计算过程中的每一步发生的计算次数。在第一步(式(4.28))，使用 h_1 和 h_2 的因子在 h_1 上进行求和，这需要考虑 h_1 和 h_2 中的每一对值，从而导致 $O(k^2)$ 次计算。类似地，第二步(式(4.29))涉及使用 h_2 和 h_3 的因子在 h_2 上求和，从而导致 $O(k^2)$ 次计算。第三步(式(4.30))再次需要 $O(k^2)$ 次计算，因为它涉及使用 h_3 和 h_4 的因子在 h_3 上求和。最后，第四步(式(4.31))涉及使用 h_4 的因子在 h_4 上求和，从而导致 $O(k)$ 计算。

前一种方法的总体复杂性是 $O(k^2)$，它比基本方法的 $O(k^4)$ 复杂度小得多。因此，通过重新排列求和与使用代数运算，能够提高计算 $P(y, \boldsymbol{x})$ 的计算效率。这个过程称为**变量消除**(variable elimination)。

变量消除用来减少计算次数的基本概念是，乘法对加法运算的分配性质。例如，考虑下面的乘法和加法运算：

$$a \cdot (b + c + d) = a \cdot b + a \cdot c + a \cdot d$$

注意，前一个方程的右边包含三个乘法和三个加法，而左边只包含一个乘法和三个加法，从而节省了两个算术运算。这个属性是利用变量消除来推导出求和之外的常数项，使得它们仅乘以一次。

注意，变量消除的效率取决于用于执行求和的隐藏变量的顺序。因此，理想情况下，我们希望找到导致最小计算次数的变量的最优顺序。不幸的是，寻找通用贝叶斯网络求和的最佳顺序是一个 NP 难题，即不存在一个有效的算法来寻找可以在多项式时间内运行的最优排序。然而，存在用于处理特殊类型的贝叶斯网络的有效技术，例如涉及树形图的技术，如下所述。

2. 树的和积算法

注意，在式 (4.28) 和式 (4.29) 中，每当在边缘化过程中消除变量 h_i 时，它会产生依赖于 h_i 的相邻结点的因子 f_i，然后将 f_i 吸收到相邻变量的因子中，重复该过程直到所有未观察到的变量都被边缘化。这种变量消除现象可视为从被边缘化的变量向其相邻结点传递局部消息。这种消息传递的思想利用了图结构来执行计算，从而使利用图论方法来进行有效推断成为可能。**和积算法**（sum-product algorithm）基于消息传递的概念，用于计算树状图的边缘概率和条件概率。

图 4.16 显示了一个包含 5 个变量 $X_1 \sim X_5$ 的树。树的一个关键特性是树中的每个结点都恰好有一个父结点，树中的任意两个结点之间只有一个有向边。为了便于说明，让我们考虑一下估计 X_2 的边缘概率 $P(X_2)$ 的问题。这可以通过将图中除了 X_2 外的每个变量边缘化，重新排列求和得到以下表达式：

236

$$P(x_2) = \sum_{x_1}\sum_{x_3}\sum_{x_4}\sum_{x_5} P(x_1)P(x_2\,|\,x_1)P(x_3\,|\,x_2)P(x_4\,|\,x_3)P(x_5\,|\,x_3)$$

$$= \underbrace{\left(\sum_{x_1} P(x_1)P(x_2\,|\,x_1)\right)}_{m_{12}(x_2)} \underbrace{\left(\sum_{x_3} P(x_3\,|\,x_2)\underbrace{\left(\sum_{x_4} P(x_4\,|\,x_3)\right)}_{m_{43}(x_3)}\underbrace{\left(\sum_{x_5} P(x_5\,|\,x_3)\right)}_{m_{53}(x_3)}\right)}_{m_{32}(x_2)}$$

为了便于观察，选择 $m_{ij}(x_j)$ 表示求和 x_i 得到的 x_j 因子。可以查看 $m_{ij}(x_j)$ 作为局部消息从结点 x_i 到结点 x_j，如图 4.17 所示，这些本地消息捕获了消除结点对相邻结点的边缘概率的影响。

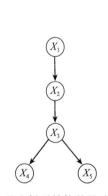

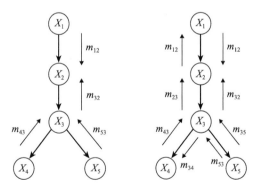

a）计算 $P(x_2)$ 时的消息传递　　b）完整的消息传递方法

图 4.16　一个具有树形结构的贝叶斯网络的示例　　图 4.17　乘积和算法中消息传递的说明

在形式化地给出 $m_{ij}(x_j)$ 和 $P(x_j)$ 之前，首先定义一个与图的每个结点和边相关联的势函数 $\psi(\,\boldsymbol{\cdot}\,)$。我们可以定义一个结点 X_i 的势：

$$\psi(X_i) = \begin{cases} P(X_i), & X_1 \text{ 是根节点} \\ 1, & \text{其他} \end{cases} \tag{4.32}$$

237

同样，我们可以定义结点 X_i 和 X_j 之间的边的势（如 X_i 是 X_j 的父结点）：

$$\psi(X_i, X_j) = P(X_j\,|\,X_i)$$

利用 $\psi(X_i)$ 和 $\psi(X_i, X_j)$，可用下面的公式代表 $m_{ij}(x_j)$：

$$m_{ij}(x_j) = \sum_{x_i} \Big(\psi(x_i)\psi(x_i,x_j) \prod_{k \in N(i) \setminus i} m_{ki}(x_i) \Big) \qquad (4.33)$$

其中，$N(i)$ 代表 X_i 的邻居结点集合。m_{ij} 的消息是由 X_i 到 X_j，因此可以使用 X_i 上的消息事件递归计算它的相邻结点。请注意，m_{ij} 的公式包括对 X_j 的所有可能值的求和，然后与从 X_j 的邻域获得的因子相乘。这种消息传递方法称为"和积"算法。此外，因为 m_{ij} 是由 X_i 到 X_j 的"信仰"概念，这个算法也称为**信念传播**（belief propagation）。一个结点 X_i 的边缘概率如下：

$$P(x_i) = \psi(x_i) \prod_{j \in N(i)} m_{ji}(x_i) \qquad (4.34)$$

和积算法的一个有用的性质是它允许重用消息来计算不同的边缘概率。例如，如果必须计算结点 X_3 的边缘概率，则需要来自其相邻结点的以下消息：$m_{23}(x_3)$、$m_{43}(x_3)$ 和 $m_{53}(x_3)$。然而，注意到在计算 X_2 的边缘概率的过程中已经计算出 $m_{43}(x_3)$ 和 $m_{53}(x_3)$，因此它们可以被重用。

注意，和积算法的基本操作类似于网络边缘上的消息传递协议。结点只有在接收到所有邻居的传入消息之后才向所有相邻结点发送消息。因此，我们可以从叶结点初始化消息发送协议，并传递消息直到到达根结点。然后，可以将根结点的消息的第二次传递返回到叶结点。通过这种方式，可以计算出两个方向上的每一个边的消息，只使用 $O(2|E|)$ 运算，其中 E 是边的数目。一旦发送了所有可能的消息，如图 4.17b 所示，则可以轻松地使用式(4.34)计算图中的每个结点的边缘概率。

在分类的情况下，可以轻松修改和积算法，用给定的观察到的 $\hat{x}$ 的集合来计算类别标签 y 的条件概率，即 $P(y \mid \hat{x})$。这基本上相当于在式(4.24)中计算 $P(y, \mathbf{X} = \hat{x})$，其中 $\mathbf{X}$ 被映射射到观测值 $\hat{x}$。为了处理一些随机变量是固定的并且不需要归一化的场景，我们考虑下面的修改。

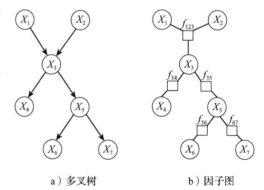

如果 X_i 是固定在一个特定的 $\hat{x}_i$ 上的随机变量，那么我们可以简单修改 $\psi(X_i)$ 和 $\psi(X_i, X_j)$ 如下：

$$\psi(X_i) = \begin{cases} 1, & X_i = \hat{x}_i \\ 0, & \text{其他} \end{cases} \qquad (4.35)$$

$$\psi(X_i, X_j) = \begin{cases} P(X_j \mid \hat{x}_i), & X_i = \hat{x}_i \\ 0, & \text{其他} \end{cases} \qquad (4.36)$$

a）多叉树　　　　b）因子图

图 4.18　多叉树及其对应的因子图

可以使用这些修改的值对每个观测变量进行和积算法，从而计算 $P(y, \mathbf{X} = \hat{x})$。

3. 非树图的推广

在树的情况下，在每条边的两个方向上使用单个消息传递，这保证了和积算法最佳收敛。这是因为树中的任意两个结点都有唯一的消息传输路径。此外，由于树中的每个结点都有单个父结点，所以联合概率最多只涉及两个变量的因子。因此，在图中只考虑边的势而不考虑其他一般子结构是足够的。

非树图违反了先前的属性，因此很难直接应用和积算法进行推理。然而，许多和积算法的变体已经被设计出来了，用于在比树更广泛的图族上执行推断。这些变体中的许多将原始图转换为基于树的替代表示，然后在转换后的树上应用和积算法。在这一节中，我们简要地讨论一种变换，其称为**因子图**（factor graph）。

因子图有助于对违反每个结点都有一个父结点的条件的图做出推论。然而，它仍然要求在任意两个结点之间不存在多路径，以保证收敛。这种图称为**多叉树**（poly-tree）。图4.18a 显示了一个多叉树的例子。

240

在因子图的帮助下，可以将多叉树转化为基于树的表示。这些图由两种类型的结点组成——变量结点（用圆圈表示）和因子结点（用方块表示）。因子结点表示多叉树变量之间的条件独立关系。特别地，每个概率表可以表示为因子结点。因子图中的边在性质上是无向的，如果与因子结点对应的概率表中涉及变量，则将变量结点与因子结点联系起来。图4.18b 给出了图 4.18a 所示的多叉树的因子图表示。

注意，多叉树的因子图总是形成树状结构，其中在因子图中的任意两个结点之间存在唯一的影响路径。因此，我们可以应用改进的和积算法在变量结点和因子结点之间传递消息，保证结点收敛到最优值。

4. 学习模型参数

在之前对贝叶斯网络的讨论中，我们已经假设了贝叶斯网络的拓扑结构和每个结点的概率表中的值已知。在本节中，我们将讨论从训练数据中学习贝叶斯网络的拓扑和概率表值的方法。

首先考虑网络的拓扑结构是已知的情况，此时只需要计算概率表。如果在训练数据中没有未观察到的变量，那么可以通过计算每个 X_i 值和 $pa(X_i)$ 中每个组合的训练实例的比例，轻松计算出 $P(X_i | pa(X_i))$ 的概率表。如果 $pa(X_i)$ 或 X_i 为未观察到的变量，那么计算这些变量的训练实例的比例是比较复杂的，需要使用诸如期望最大化算法等高级技术（稍后将在第 8 章中描述）。

学习贝叶斯网络结构是比学习概率表更具挑战性的任务。虽然有一些评分方法试图找到能最大化训练可能性的图结构，但是当图很大时，它们往往在计算上是不可行的。因此，构建贝叶斯网络的一种常用方法是利用领域知识。

241

4.5.3 贝叶斯网络的特点

1）给定属性和类别标签之间的概率关系，贝叶斯网络提供了表示图模型的方法。它们能够捕获变量之间依赖关系的复杂形式。除了编码先验信念之外，它们还能够在图中建模潜在的（未观察到的）因素（被称为隐藏变量）的存在。因此，贝叶斯网络的表达力较强，并提供关于属性和类别标签的预测和描述性见解。

2）相比朴素贝叶斯分类器，贝叶斯网络可以轻松处理相关或冗余属性的存在。这是因为贝叶斯网络不使用朴素贝叶斯假设条件独立性，而是能够表达形式更丰富的条件独立性。

3）与朴素贝叶斯分类器类似，贝叶斯网络对数据的训练也具有很强的鲁棒性。此外，它们可以在训练和测试时处理缺失值。如果一个测试实例包含缺失值 X_i，然后一个贝叶斯网络可以通过将 X_i 作为未观察到的结点和边缘化的目标类进行推断。因此，贝叶斯网络非常适合处理数据中的不完整性，并且可以处理部分信息。然而，除非出现缺失值的模式是完全随机的，那么它们的存在将可能引入某种程度的误差或偏置到分析中。

4）贝叶斯网络对不包含类别标签的判别信息的不相关属性具有鲁棒性。这样的属性对目标类的条件概率没有影响，因此被忽略。

5）学习贝叶斯网络的结构是一个烦琐的任务，往往需要领域知识的帮助。然而，一旦确定了结构，学习网络的参数可以是相当简单的，特别是如果观察到网络中的所有变量。

6) 贝叶斯网络由于有表示复杂形式的关系的能力，相比朴素贝叶斯分类器更容易过拟合。此外，贝叶斯网络通常需要更多的训练实例来有效地学习概率表。

7) 虽然和积算法提供了在树形图上执行推理计算的有效技术，但是当处理大规模的图时，该方法的复杂性显著增加。在精确推理技术在计算上不可行的情况下，使用近似推理技术是常见的。

4.6 logistic 回归

在前面的章节中我们给定类 y，朴素贝叶斯和贝叶斯网络分类器提供了估计实例 x 的条件概率 $P(x|y)$ 的不同方法，这种模型称为**概率生成模型**（probabilistic generative model）。注意，条件概率 $P(x|y)$ 本质上描述了从类 y 生成的属性空间中实例的行为。然而，为了进行预测，我们最终感兴趣的是计算后验概率 $P(y|x)$。例如，计算后验概率的以下比率足以推断二分类问题中的类别标签：

$$\frac{P(y=1|x)}{P(y=0|x)}$$

这个比率被称为**比率值**（odds）。如果这个比值大于 1，那么 x 分类就是 $y=1$，否则是 $y=0$。因此可以简单地根据训练实例的属性值来学习概率模型，而不必在贝叶斯定理中计算 $P(x|y)$ 作为中间量。

直接分配类别标签而不计算类条件概率的分类模型称为**判别模型**（discriminative model）。在这一节中，我们提出了一个称为 logistic 回归（logistic regression）的概率判别模型，它直接利用其属性值来估计数据实例 x 的概率。logistic 回归的基本思想是使用线性预测器 $z=w^{\mathrm{T}}x+b$，以表示 x 的概率，如下：

$$\frac{P(y=1|x)}{P(y=0|x)} = \mathrm{e}^z = \mathrm{e}^{w^{\mathrm{T}}x+b} \tag{4.37}$$

其中，w 和 b 是模型的参数，a^{T} 表示向量 a 的转置。注意，如果 $w^{\mathrm{T}}x+b>0$，那么 x 属于第 1 类，因为它的概率大于 1。否则，x 属于第 0 类。

由于 $P(y=0|x)+P(y=1|x)=1$，我们可以重写式(4.37)：

$$\frac{P(y=1|x)}{1-P(y=1|x)} = \mathrm{e}^z$$

进一步简化，将 $P(y=1|x)$ 表示为 z 的函数：

$$P(y=1|x) = \frac{1}{1+\mathrm{e}^{-z}} = \sigma(z) \quad (4.38)$$

函数 $\delta(\cdot)$ 称为 logistic 或者 S 形函数（Sigmoid function）。图 4.19 显示了随 z 变化的 S 形函数分布。可以看到当 $z \geqslant 0$ 时，$\delta(z) \geqslant 0.5$。也可以使用 $\delta(z)$ 获得 $P(y=0|x)$：

$$P(y=0|x) = 1-\sigma(z) = \frac{1}{1+\mathrm{e}^z} \quad (4.39)$$

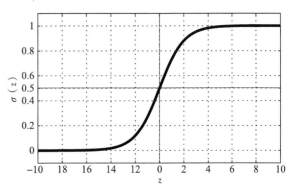

图 4.19   sigmoid(logistic)函数分布，$\delta(z)$

因此，如果知道了参数 w 和 b 的合适值，可以用式(4.38)和式(4.39)来估计任何数据实例 x 的后验概率，并确定其类别标签。

4.6.1　logistic 回归用作广义线性模型

由于后验概率是实数，因此可以利用上述方程的估计将其看作回归问题。事实上，[244] logistic 回归属于**广义线性模型**（Generalized Linear Model，GLM）的更广泛的家庭。在这些模型中，目标变量 y 被认为是由概率分布 $P(y|x)$ 生成的，其均值可以用一个链接函数 $g(\cdot)$ 来估计：

$$g(\mu) = z = \boldsymbol{w}^{\mathrm{T}}\boldsymbol{x} + b \tag{4.40}$$

使用 logistic 回归进行二分类，y 服从伯努利分布（y 可以是 0 或 1）和 $\mu = P(y=1|x)$。logistic 回归的链接函数 $g(\cdot)$ 称为 logit 函数，因此可以表示为：

$$g(\mu) = \log\left(\frac{\mu}{1-\mu}\right)$$

根据链接函数 $g(\cdot)$ 的选择和概率分布 $P(y|x)$ 的形式，GLM 能够代表一个广泛的回归模型家族，如线性回归和泊松回归。它们需要不同的方法来估计各自的模型参数（$\boldsymbol{w}$，b）。在本章中，我们只讨论估计 logistic 回归模型的参数的方法，尽管其他类型的 GLM 参数的估计方法通常是相似的（有时甚至更简单）。（请参阅文献注释以了解更多关于 GLM 的细节。）

请注意，尽管 logistic 回归与回归模型有关系，但它是一个分类模型，因为计算出的后验概率最终用于确定数据实例的类别标签。

4.6.2　学习模型参数

logistic 回归的参数（$\boldsymbol{w}$，b）是在训练过程中使用最大似然估计法来估计的。这种方法需要计算观察给定（$\boldsymbol{w}$，b）的训练数据的可能性，然后确定最大似然下的模型参数（$\boldsymbol{w}*$，$b*$）。

让 D. train $=\{(\boldsymbol{x}_1, y_1), (\boldsymbol{x}_2, y_2), \cdots, (\boldsymbol{x}_n, y_n)\}$ 表示一组 n 个训练实例，其中 y_i 是一个二分类变量（0 或 1）。对于给定的训练实例 $\boldsymbol{x}_i$，可以用式（4.38）和式（4.39）来计算其后验概率。给定 $\boldsymbol{x}_i$，$\boldsymbol{w}$ 和 b，可以表示观察到 y_i 的可能性：

$$\begin{aligned} P(y_i|\boldsymbol{x}_i, \boldsymbol{w}, b) &= P(y=1|\boldsymbol{x}_i)^{y_i} \times P(y=0|\boldsymbol{x}_i)^{1-y_i} \\ &= (\sigma(z_i))^{y_i} \times (1-\sigma(z_i))^{1-y_i} \\ &= (\sigma(\boldsymbol{w}^{\mathrm{T}}\boldsymbol{x}_i + b))^{y_i} \times (1-\sigma(\boldsymbol{w}^{\mathrm{T}}\boldsymbol{x}_i + b))^{1-y_i} \end{aligned} \tag{4.41}$$

[245]

其中，$\delta(\cdot)$ 是上面描述的 S 形函数，式（4.41）基本上是指，当 $y_i=1$ 时，$P(y_i|\boldsymbol{x}_i, \boldsymbol{w}, b) = P(y=1|\boldsymbol{x}_i)$，当 $y_i=0$ 时，$P(y_i|\boldsymbol{x}_i, \boldsymbol{w}, b) = P(y=0|\boldsymbol{x}_i)$。所有训练实例 $\mathcal{L}(\boldsymbol{w}, b)$ 的可能性可以通过取单个似然积（假设训练实例中的独立性）来计算：

$$\mathcal{L}(\boldsymbol{w}, b) = \prod_{i=1}^{n} P(y_i|\boldsymbol{x}_i, \boldsymbol{w}, b) = \prod_{i=1}^{n} P(y=1|\boldsymbol{x}_i)^{y_i} \times P(y=0|\boldsymbol{x}_i)^{1-y_i} \tag{4.42}$$

前一个方程包含了大量的概率值，每一个都小于或等于 1。当 n 较大时，这种计算很容易变得不稳定，更实用的方法是考虑似然函数的负对数（以 e 为底），也称为交叉熵函数：

$$\begin{aligned} -\log\mathcal{L}(\boldsymbol{w}, b) &= -\sum_{i=1}^{n} y_i\log(P(y=1|\boldsymbol{x}_i)) + (1-y_i)\log(P(y=0|\boldsymbol{x}_i)) \\ &= -\sum_{i=1}^{n} y_i\log(\sigma(\boldsymbol{w}^{\mathrm{T}}\boldsymbol{x}_i + b)) + (1-y_i)\log(1-\sigma(\boldsymbol{w}^{\mathrm{T}}\boldsymbol{x}_i + b)) \end{aligned}$$

交叉熵是一个损失函数，使得训练数据生成带有参数$(\boldsymbol{w}，b)$的 logistic 回归模型。直观上，我们想找到模型参数$(\boldsymbol{w}^*，b^*)$使得交叉熵$-\log\mathcal{L}(\boldsymbol{w}^*，b^*)$最小：

$$(\boldsymbol{w}^*，b^*) = \arg\min_{(\boldsymbol{w},b)} E(\boldsymbol{w},b) \tag{4.43}$$
$$= \arg\min_{(\boldsymbol{w},b)} -\log\mathcal{L}(\boldsymbol{w},b)$$

其中，$E(\boldsymbol{w}，b)=-\log\mathcal{L}(\boldsymbol{w}，b)$是损失函数。这样要强调的是，$E(\boldsymbol{w}，b)$是一个凸函数，即任何最小的$E(\boldsymbol{w}，b)$都是一个全局最小值。因此，可以使用任何一种标准的凸优化技术来求解式(4.43)，参见附录 E。对于用于估计 logistic 回归参数的 Newton-Raphson 方法，这里加以简单描述。为了便于表示，将用一个向量来描述$\widetilde{\boldsymbol{w}}=(\widetilde{\boldsymbol{w}}^{\mathrm{T}}b)^{\mathrm{T}}$，其大小大于$\boldsymbol{w}$。类似地，考虑连接的特征向量$\widetilde{\boldsymbol{x}}=(\widetilde{\boldsymbol{x}}^{\mathrm{T}}1)^{\mathrm{T}}$，这样可以将线性预测器$z=\widetilde{\boldsymbol{w}}^{\mathrm{T}}\widetilde{\boldsymbol{x}}+b$简洁地写成$z=\widetilde{\boldsymbol{w}}^{\mathrm{T}}\widetilde{\boldsymbol{x}}$。将所有的训练标签$y_1$到$y_n$进行连接后表示为$\boldsymbol{y}$，用$\sigma$表示由$\delta(z_1)$到$\delta(z_n)$组成的集合，将$\widetilde{\boldsymbol{x}}_1$到$\widetilde{\boldsymbol{x}}_n$构成的集合表示为$\widetilde{\boldsymbol{X}}$。

Newton-Raphson 方法是一种寻找$\widetilde{\boldsymbol{w}}^*$的迭代方法，$\widetilde{\boldsymbol{w}}^*$在每次迭代中，利用以下等式更新模型参数：

$$\widetilde{\boldsymbol{w}}^{(new)} = \widetilde{\boldsymbol{w}}^{(old)} - \boldsymbol{H}^{-1}\nabla E(\widetilde{\boldsymbol{w}}) \tag{4.44}$$

其中，$\nabla E(\widetilde{\boldsymbol{w}})$和$\boldsymbol{H}$是损失函数$E(\widetilde{\boldsymbol{w}})$关于$\widetilde{\boldsymbol{w}}$的一阶导数和二阶导数。式(4.44)的关键是将模型参数按最大梯度的方向移动，这样，当$\nabla E(\widetilde{\boldsymbol{w}})$较大时，$\widetilde{\boldsymbol{w}}$会采取更大的步长。通过迭代，$\widetilde{\boldsymbol{w}}$到达最小值，然后$\nabla E(\widetilde{\boldsymbol{w}})$将等于 0，从而导致收敛。因此，我们从$\widetilde{\boldsymbol{w}}$的一些初始值（随机分配值或设置为 0）开始，然后使用迭代式(4.44)更新$\widetilde{\boldsymbol{w}}$，直到它的值不再有大的改变（超过某个阈值）。

下式给出了$E(\widetilde{\boldsymbol{w}})$的一阶导数：

$$\nabla E(\widetilde{\boldsymbol{w}}) = -\sum_{i=1}^{n} y_i \widetilde{\boldsymbol{x}}_i(1-\sigma(\widetilde{\boldsymbol{w}}^{\mathrm{T}}\widetilde{\boldsymbol{x}}_i)) - (1-y_i)\widetilde{\boldsymbol{x}}_i\sigma(\widetilde{\boldsymbol{w}}^{\mathrm{T}}\widetilde{\boldsymbol{x}}_i)$$
$$= \sum_{i=1}^{n} (\sigma(\widetilde{\boldsymbol{w}}^{\mathrm{T}}\widetilde{\boldsymbol{x}}_i) - y_i)\widetilde{\boldsymbol{x}}_i$$
$$= \widetilde{\boldsymbol{X}}(\boldsymbol{\sigma} - \boldsymbol{y}) \tag{4.45}$$

这里使用的是$\dfrac{\mathrm{d}\sigma(z)}{\mathrm{d}z}=\sigma(z)(1-\sigma(z))$。通过$\nabla E(\widetilde{\boldsymbol{w}})$，可以计算得到$E(\widetilde{\boldsymbol{w}})$的二阶导数：

$$\boldsymbol{H} = \nabla\nabla E(\widetilde{\boldsymbol{w}}) = \sum_{i=1}^{n} \sigma(\widetilde{\boldsymbol{w}}^{\mathrm{T}}\widetilde{\boldsymbol{x}}_i)(1-\sigma(\widetilde{\boldsymbol{w}}^{\mathrm{T}}\widetilde{\boldsymbol{x}}_i))\widetilde{\boldsymbol{x}}_i\widetilde{\boldsymbol{x}}_i^{\mathrm{T}}$$
$$= \widetilde{\boldsymbol{X}}^{\mathrm{T}}\boldsymbol{R}\widetilde{\boldsymbol{X}} \tag{4.46}$$

其中，$\boldsymbol{R}$是一个对角矩阵，第i个对角元素$\boldsymbol{R}_{ii}=\sigma_i(1-\sigma_i)$。现在可以使用式(4.44)中的一阶导数和二阶导数获得以下第k轮迭代的更新方程：

$$\widetilde{\boldsymbol{w}}^{(k+1)} = \widetilde{\boldsymbol{w}}^{(k)} - (\widetilde{\boldsymbol{X}}^{\mathrm{T}}\boldsymbol{R}_k\widetilde{\boldsymbol{X}})^{-1}\widetilde{\boldsymbol{X}}^{\mathrm{T}}(\boldsymbol{\sigma}_k - \boldsymbol{y}) \tag{4.47}$$

其中，$\boldsymbol{R}_k$和$\boldsymbol{\sigma}_k$根据下标k表示使用$\widetilde{\boldsymbol{w}}^{(k)}$来计算这两项。

4.6.3 logistic 回归模型的特点

1) logistic 回归是一种用来直接计算概率的判别模型，它不做任何关于条件概率的假设。因此，它是相当通用的，可以应用于不同的应用程序。它也可以轻松地扩展到多分类，那时，它被称为**多项式 logistic 回归**（multinomial logistic regression）。然而，它的表达能力仅限于学习线性决策边界。

2）因为每个属性都有不同的权重（参数），因此可以分析 logistic 回归的学习参数来理解属性和类别标签之间的关系。

3）由于 logistic 回归不涉及计算密度和属性空间中的距离，因此即使在高维的环境中，它也能比基于距离的方法（例如最近邻分类器）更有效地工作。然而，logistic 回归的目标函数并不包含与模型复杂性相关的任何项。因此，与其他分类模型（如支持向量机）相比，logistic 回归并不能在模型复杂度和训练性能之间做出权衡。然而，通过在目标函数（如交叉熵函数）中包含适当的项，可以轻松地开发出 logistic 回归的变体，以解释模型的复杂性。

4）logistic 回归可以通过学习接近 0 的权重来处理不相关的属性，这些属性在训练过程中不提供任何增益。它还可以处理交叉属性，模型参数的学习是通过考虑所有属性的影响来实现的。此外，如果存在重复的冗余属性，那么 logistic 回归可以为每个冗余属性学习相等的权重，而不会降低分类性能。然而，在高维度环境中大量不相关或冗余属性的存在会使 logistic 回归容易模型过拟合。

5）logistic 回归不能处理有缺失值的数据实例，因为后验概率只能通过获取所有属性的加权和来计算。如果在一个训练实例中出现了缺失值，则可以将其从训练集中丢 [248] 弃。但是，如果在一个测试实例中出现缺失值，那么 logistic 回归将无法预测它的类别标签。

4.7 人工神经网络

人工神经网络（Artificial Neural Network，ANN）是一种强大的分类模型，能够从数据中学习高度复杂和非线性的决策边界。它们在诸如视觉、语音和语言处理等多个应用中得到了广泛的认可，在这些应用中，ANN 显示出优于其他分类模型（并且在某些情况下甚至是人类）的性能。从历史上看，人工神经网络的研究灵感来自模仿生物神经系统的尝试。人脑主要由称为**神经元**（neuron）的神经细胞组成，与其他神经元通过称为**轴突**（axon）的纤维束连接在一起。每当神经元被刺激（例如，响应于刺激），它通过轴突传递神经激活到其他神经元。受体神经元利用称为**树突**（dendrite）的结构来收集这些神经激活，这些树突是神经元细胞体的延伸。树突和轴突之间接触点的强度称为**突触**（synapse），决定了神经元之间的连通性。神经科学家已经发现，人类大脑通过相同的脉冲反复刺激改变神经元之间突触连接的强度来学习。

人类的大脑由大约 1000 亿神经元组成，它们以复杂的方式相互连接，使我们有可能学习新的任务并进行常规的活动。请注意，单个神经元只执行一个简单的模块功能，该功能是响应来自其树突上的神经元的神经激活，并通过轴突将其激活传递给受体神经元。然而，正是这些简单函数的组合才能表达复杂的函数。这个想法是构建人工神经网络的基础。

类似于人脑的结构，人工神经网络由许多称为结点的处理单元组成，这些单元通过有向的链接相互连接。这些结点对应于执行基本计算单元的神经元，而定向链接则对应于神经元之间的连接，包括轴突和树突。此外，两个神经元之间的定向链接的权重代表了神经元之间突触连接的强度。在生物神经系统中，ANN 的主要目标是调整链接的权重，直到 [249] 它们符合底层数据的输入－输出关系。

使用 ANN 模型的基本动机是从最相关的原始属性中提取有用的特性。传统上，特征提取是通过使用像 PCA（在第 2 章中介绍）这样的维度缩减技术来实现的，它在提取非线性特征或使用领域专家提供的手工特征方面取得了有限的成功。通过使用链接结点的复杂组合，ANN 模型能够提取出更丰富的特征集，从而产生良好的分类性能。此外，ANN 模型提供了一种自然的方式来表示多个抽象级别的特征，其中复杂的特征被看作简单特征的组成。在许多分类问题中，对这样的特征层次结构建模是非常有用的。例如，为了在图像中检测人脸，我们可以首先识别低层次的特征，比如具有不同梯度和方向的尖锐边缘。这些特征可以用来识别面部的组成部分，如眼睛、鼻子、耳朵和嘴唇。最后，面部组成部分的适当排列可以用来正确识别人脸。ANN 模型提供了一种强大的架构，可以代表特征的层次抽象，从较低的抽象层次（例如，边缘）到更高的层次（例如，面部组成部分）。

人工神经网络在长达 50 年的研究中有着悠久的发展历史。虽然经典的 ANN 模型遭受了若干挑战以致在很长一段时间内发展受到阻碍，但是由于在近十年出现了一些统称为**深度学习**（deep learning）的最新发展，ANN 模型再次广泛流行起来。在本节中，我们将研究学习 ANN 模型的经典方法，从最简单的**感知机**（perceptron）的模型到更复杂的称为**多层神经网络**（multi-layer neural network）的架构。在下一节中，我们将讨论最近在 ANN 领域取得的一些进展，这使得我们能够有效地学习现代的具有深层架构的 ANN 模型。

4.7.1 感知机

感知机是一种基本的 ANN 模型，它涉及两种类型的结点：用于表示输入属性的输入结点，以及用于表示模型输出的输出结点。图 4.20 展示了感知机的基本架构，它包含 3 个输入属性，即 x_1、x_2 和 x_3，并产生二分类输出 y。与属性 x_i 对应的

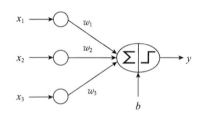

图 4.20　感知机的基本架构

输入结点通过加权链接 w_i 连接到输出结点。加权链接用来模拟神经元之间突触连接的强度。

输出结点是一个计算其输入权重和的数学计算方法，这种方法增加了一个偏置因子 b，然后生成如下输出 $\hat{y}$：

$$\hat{y} = \begin{cases} 1, & \boldsymbol{w}^{\mathrm{T}}\boldsymbol{x} + b > 0 \\ -1, & 其他 \end{cases} \tag{4.48}$$

为了简化符号，$\boldsymbol{w}$ 和 b 可以连接形成 $\widetilde{\boldsymbol{w}} = (\boldsymbol{w}^{\mathrm{T}}\ b)^{\mathrm{T}}$，而 $\boldsymbol{x}$ 可以附加 1 最后形成 $\widetilde{\boldsymbol{x}} = (\boldsymbol{x}^{\mathrm{T}}\ 1)^{\mathrm{T}}$。感知机的输出 $\hat{y}$ 可以写成：

$$\hat{y} = \mathrm{sign}(\widetilde{\boldsymbol{w}}^{\mathrm{T}}\widetilde{\boldsymbol{x}})$$

其中，符号函数作为**激活函数**（activation function），提供的机制为：如果参数是正数，则一个输出值为 +1，如果参数是负数，则为 −1。

学习感知机

给定一个训练集，我们关注学习参数 $\widetilde{\boldsymbol{w}}$，使得 $\hat{y}$ 能够更加贴近训练实例的真实值 y。学习参数通过算法 4.3 中给出的感知机学习算法得到参数。该算法的关键计算是算法步骤 8 中给出的迭代加权更新公式：

$$w_j^{(k+1)} = w_j^{(k)} + \lambda(y_i - \hat{y}_i^{(k)})x_{ij} \tag{4.49}$$

其中，$w^{(k)}$ 为第 k 次迭代后与第 i 个输入环节相关的权重参数，λ 是一个称为**学习率**（learning rate）的参数，x_{ij} 是训练样本 x_i 的第 j 个属性值。式（4.49）的合理性很直观。注意，$(y_i - \hat{y}_i)$ 捕获了 y_i 和 $\hat{y}_i$ 之间的差异，只有当真实的标签和预测的输出匹配时，值

才为 0。假设 x_{ij} 是正的，如果 $\hat{y}_i=0$ 且 $y=1$，那么 w_j 会在下一次迭代中增加，从而使 $\widetilde{\boldsymbol{w}}^{\mathrm{T}}\boldsymbol{x}_i$ 可以变为正数。另一方面，如果 $\hat{y}_i=1$ 且 $y=0$，那么 w_j 就会减少，使 $\widetilde{\boldsymbol{w}}^{\mathrm{T}}\boldsymbol{x}_i$ 可以变为负值。因此，在每次迭代中修改权重，以减少所有训练实例上 $\hat{y}$ 和 y 之间的差异。学习率 λ 的值为 $0\sim1$，可以用来控制每次迭代中所做的调整量。当平均误差小于阈值 γ 时，算法停止。

算法 4.3　感知机学习算法

1：令 D. train$=\{(\widetilde{\boldsymbol{x}}_i，y_i)|i=1，2，\cdots，n\}$ 是训练实例的集合
2：设置 $k=0$
3：对权重向量 $\widetilde{\boldsymbol{w}}^{(0)}$ 随机赋值进行初始化
4：**repeat**
5：　　**for** 每个训练实例 $(\widetilde{\boldsymbol{w}}_i，y_i)\in$ D. train **do**
6：　　　根据 $\widetilde{\boldsymbol{w}}^{(k)}$ 计算预测输出 $\hat{y}_i^{(k)}$
7：　　　**for** 每个权值 w_j **do**
8：　　　　更新权值 $w_j^{(k+1)}=w_j^{(k)}+\lambda(y_i-\hat{y}_i^{(k)})x_{ij}$
9：　　　**end for**
10：　　更新 $k\leftarrow k+1$
11：　　**end for**
12：直到 $\sum\limits_{i=1}^{n}\dfrac{|y_i-\hat{y}_i^{(k)}|}{n}$ 比阈值 γ 更小

感知机是一种简单的分类模型，用于在属性空间中学习线性决策边界。图 4.21 显示了通过将感知机学习算法应用到图左侧的数据集而获得的决策边界。但是请注意，可以有多个决策边界来区分这两个类，而感知机根据参数的随机初始值任意地学习这些边界之一。（最优决策边界的选择是一个问题，会在 4.9 节支持向量机的内容中重新再介绍。）此外，只有当类是线性可分时，感知机学习算法才能保证收敛。但是，如果类不是线性可分的，算法就不能收敛。

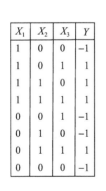
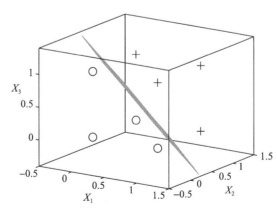

X_1	X_2	X_3	Y
1	0	0	-1
1	0	1	1
1	1	0	1
1	1	1	1
0	0	1	-1
0	1	0	-1
0	1	1	-1
0	0	0	-1

图 4.21　左侧数据的感知机决策边界（＋表示一个正标记的实例，而〇代表一个负标记的实例）

图 4.22 显示了 XOR 函数给出的非线性可分数据的一个示例。感知机不能为这些数据找到正确的解决方案，因为没有线性决策边界可以完全分离训练实例。因此，算法 4.3 第 12 行的停止条件将无法得到满足，感知机学习算法也无法收敛。这是感知机的一个主要限制，因为实际的分类问题常常涉及非线性可分类。

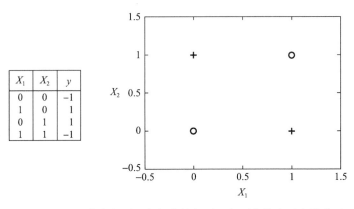

X_1	X_2	y
0	0	–1
1	0	1
0	1	1
1	1	–1

图 4.22 XOR 分类问题。任何线性超平面都不能将这两个类分开

4.7.2 多层神经网络

多层神经网络将感知器的基本概念推广到结点更复杂的架构，这种架构能够学习非线性决策边界。多层神经网络的通用架构如图 4.23 所示，其中结点按称为层的组排列。这些层通常以链的形式进行组织，每个层都在其前一层的输出结果上进行操作。通过这种方式，这些层表示以顺序方式应用于输入特征的不同**抽象**层次。这些抽象的组合在最后一层产生最终输出并用于预测。接下来，我们简要描述三种在多层神经网络中使用的层。

网络的第一层称为**输入层**（input layer），用于表示来自属性的输入。每个数值或二元属性通常由此层上的单个结点表示；对于类别属性，使用不同结点表示每个类别值，或者使用 $\lceil \log_2 k \rceil$ 个输入结点编码 k 元属性。这些输入被反馈到称为**隐藏层**（hidden layer）的中间层中，隐藏层由称为隐藏结点的处理单元所组

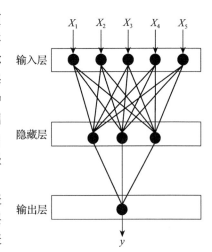

图 4.23 多层人工神经网络
（ANN）举例

成。每个隐藏结点对从前一层的输入结点或隐藏结点接收到的信号进行操作，并产生传输到下一层的激活值。最后一层称为**输出层**（output layer），用来处理来自前一层的激活值，以产生输出变量的预测值。对于二分类，输出层包含表示二元分类标签的单个结点。在这种结构中，由于信号只是从输入层向输出层正向传播，所以它们也称为**前馈神经网络**（feedforward neural network）。

多层神经网络和感知器之间的一个主要区别是多层神经网络包含隐藏层，这大大提高了它们表示任意复杂决策边界的能力。例如，考虑上一节中描述的 XOR 问题。实例可以用两个超平面进行分类，这两个超平面把输入空间划分到各自的类，如图 4.24a 所示。因为感知器只能构造一个超平面，所以它无法找到最优解。然而，该问题可以使用由两个结点组成的隐藏层加以解决，如图 4.24b 所示。直观上，我们可以把每个隐藏结点看作一个感知器，每个感知器构造两个超平面中的一个，而输出结点只是简单地综合各感知器的结果，得到的决策边界如图 4.24a 所示。

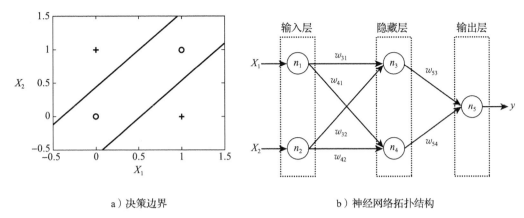

a）决策边界　　　　　　　　　　b）神经网络拓扑结构

图 4.24　XOR 问题的两层神经网络

可以将隐藏结点看作学习潜在的表示或用于区分类的特征。虽然第一个隐藏层直接对输入属性进行操作并由此获得简单的特征，但随后的隐藏层能够将它们组合起来构建更复杂的特征。从这个角度来看，多层神经网络学习不同抽象层次的特征层次结构，最终在输出结点进行组合以进行预测。此外，我们可以结合多种方式来组合在 ANN 隐藏层中学到的特征，使其表达能力较好。这个性质能将 ANN 其他诸如决策树等分类模型区分开。决策树可以学习属性空间中的划分，但无法以指数方式组合它们。

为了理解发生在 ANN 隐藏结点和输出结点上的计算的本质，把这些层从 0（输入层）到 L（输出层）编号，考虑网络中第 l 层的第 l 个结点（$l>0$），如图 4.25 所示。这个结点生成的激活值 a_i^l 可以表示为从前一层的结点接收到的输入的函数。令 w_{ij}^l 表示从第 $(l-1)$ 层的第 j 个结点到第 l 层的第 i 个结点的连接权重。同样地，让我们把这个结点的偏置项表示为 b_i^l。激活值 a_i^l 可以表示为

$$a_i^l = f(z_i^l) = f\Big(\sum_j w_{ij}^l a_j^{l-1} + b_i^l\Big)$$

其中，z 被叫作线性预测器，$f(\cdot)$ 是把 z 转换成 a 的激活函数。此外，请注意，根据定义，在输入层，$a_j^0 = x_j$，在输出结点，$a^L = \hat{y}$。

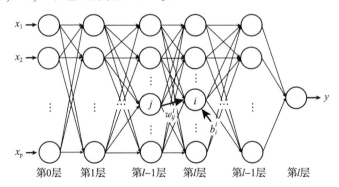

图 4.25　具有 $(l-1)$ 个隐藏层的 ANN 模型参数的示意图

除了符号函数外，多层神经网络还可以使用其他激活函数，例如图 4.26 所示的线性函数、S 形（logistic）函数和双曲正切函数等。这些激活函数可以产生与输入成非线性关系的输出值。在这些激活函数中，S 形函数 $\sigma(\cdot)$ 已被广泛用于许多 ANN 模型中，4.8 节将讨论在深度学习中使用的其他类型的激活函数。我们可以将 a_i^l 表示为

$$a_i^l = \sigma(z_i^l) = \frac{1}{1 + \mathrm{e}^{-z_i^l}} \tag{4.50}$$

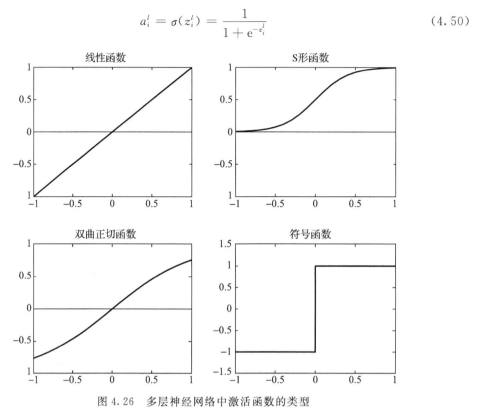

图 4.26　多层神经网络中激活函数的类型

学习模型参数

　　ANN 模型在训练期间学习权重和偏置项（$\boldsymbol{w}$，$\boldsymbol{b}$），使得训练实例的预测值与真实标签匹配。通过使用一个损失函数来实现：

$$E(\boldsymbol{w}, \boldsymbol{b}) = \sum_{k=1}^{n} \mathrm{Loss}(y_k, \hat{y}_k) \tag{4.51}$$

其中，y_k 是第 k 个训练实例的真实标签，$\hat{y}_k$ 等于 a^L，由 $\boldsymbol{x}_k$ 产生。损失函数的经典选择是**平方损失函数**（squared loss function）：

$$\mathrm{Loss}(y_k, \hat{y}_k) = (y_k - \hat{y}_k)^2 \tag{4.52}$$

请注意，$E(\boldsymbol{w}, \boldsymbol{b})$ 是模型参数（$\boldsymbol{w}$，$\boldsymbol{b}$）的函数，因为输出激活值 a^L 依赖于权重和偏置项。我们感兴趣的是如何选择（$\boldsymbol{w}$，$\boldsymbol{b}$）来最小化训练损失 $E(\boldsymbol{w}, \boldsymbol{b})$。不幸的是，由于使用了具有非线性激活函数的隐藏结点，$E(\boldsymbol{w}, \boldsymbol{b})$ 不是 $\boldsymbol{w}$ 和 $\boldsymbol{b}$ 的凸函数，这意味着 $E(\boldsymbol{w}, \boldsymbol{b})$ 可以有不是全局最优的局部最小值。但是，我们仍然可以应用标准优化技术，如**梯度下降法**（gradient descent method）来获得局部最优解。特别地，权重参数 w_{ij}^l 和偏置项 b_i^l 可以使用以下等式迭代更新：

$$w_{ij}^l \leftarrow w_{ij}^l - \lambda \frac{\partial E}{\partial w_{ij}^l} \tag{4.53}$$

$$b_i^l \leftarrow b_i^l - \lambda \frac{\partial E}{\partial b_i^l} \tag{4.54}$$

其中，λ 是一个称为学习率的超参数。直观上来讲，该等式将权重移向减少训练损失的方向。如果通过这个过程得到最小值，那么训练损失的梯度将接近 0，这将消除上式中的第二项并导致权重收敛。通常使用从高斯分布或均匀分布中随机抽取的值对权重进行初始化。

需计算 E 对 w_{ij}^l 的偏导数来更新式(4.53)中的权重。这个计算量并不小，特别是在隐藏层($l<L$)中，因为 w_{ij}^l 不直接影响 $\hat{y}=a^L$（因此也是训练损失），但是 w_{ij}^l 通过激活值对随后的层产生了复杂的影响链。一种称为**反向传播**（backpropagation）的技术可以用来解决这个问题，该技术将导数从输出层向后传播到隐藏层。这种技术的描述如下。

回想一下，训练损失 E 仅仅表示的是训练实例中个体损失的总和。因此，E 的偏导数可以被分解为个体损失的偏导数之和：

$$\frac{\partial E}{\partial w_{ij}^l} = \sum_{k=1}^{n} \frac{\partial \mathrm{Loss}(y_k, \hat{y}_k)}{\partial w_{ij}^l}$$

258

为了简化讨论，我们只考虑第 k 次训练实例中的损失的偏导数，一般将其表示为 $\mathrm{Loss}(y, a^L)$。通过使用微分的链式规则，可以将损失函数对 w_{ij}^l 的偏导数表示为：

$$\frac{\partial \mathrm{Loss}}{\partial w_{ij}^l} = \frac{\partial \mathrm{Loss}}{\partial a_i^l} \times \frac{\partial a_i^l}{\partial z_i^l} \times \frac{\partial z_i^l}{\partial w_{ij}^l} \tag{4.55}$$

以上方程的最后一项可以写成：

$$\frac{\partial z_i^l}{\partial w_{ij}^l} = \frac{\partial \left(\sum_j w_{ij}^l a_j^{l-1} + b_i^l \right)}{\partial w_{ij}^l} = a_j^{l-1}$$

同样，如果使用 sigmoid 激活函数，则

$$\frac{\partial a_i^l}{\partial z_i^l} = \frac{\partial \sigma(z_i^l)}{\partial z_i^l} = a_i^l(1 - a_i^l)$$

式(4.55)因此可以简化为

$$\frac{\partial \mathrm{Loss}}{\partial w_{ij}^l} = \delta_i^l \times a_i^l(1 - a_i^l) \times a_j^{l-1} \tag{4.56}$$

$$\text{其中，} \quad \delta_i^l = \frac{\partial \mathrm{Loss}}{\partial a_i^l}$$

类似地，相对于偏置项 b_i^l 的偏导数由下式给出：

$$\frac{\partial \mathrm{Loss}}{\partial b_i^l} = \delta_i^l \times a_i^l(1 - a_i^l) \tag{4.57}$$

因此，我们只需要确定 δ_i^l 就能计算出偏导数。使用平方损失函数，可以轻松地将位于输出结点处的 δ^L 表示为

$$\delta^L = \frac{\partial \mathrm{Loss}}{\partial a^L} = \frac{\partial (y - a^L)^2}{\partial a^L} = 2(a^L - y) \tag{4.58}$$

然而，计算隐藏结点($l<L$)处的 δ_j^l 的方法更为复杂。请注意，a_j^l 会影响下一层中所有结点的激活值 a_i^{l+1}，进而由此影响损失。因此，再次使用微分的链式规则，将 δ_j^l 表示为

259

$$\delta_j^l = \frac{\partial \mathrm{Loss}}{\partial a_j^l} = \sum_i \left(\frac{\partial \mathrm{Loss}}{\partial a_i^{l+1}} \times \frac{\partial a_i^{l+1}}{\partial a_j^l} \right)$$

$$= \sum_i \left(\frac{\partial \mathrm{Loss}}{\partial a_i^{l+1}} \times \frac{\partial a_i^{l+1}}{\partial z_i^{l+1}} \times \frac{\partial z_i^{l+1}}{\partial a_j^l} \right)$$

$$= \sum_i \left(\delta_i^{l+1} \times a_i^{l+1}(1 - a_i^{l+1}) \times w_{ij}^{l+1} \right) \tag{4.59}$$

先前的等式根据在第 $l+1$ 层计算的 δ_i^{l+1} 值提供第 l 层的 δ_j^l 值的简洁表示。因此，从输出层 L 向后回到隐藏层，可以递归地应用式(4.59)来计算每个隐藏结点的 δ_i^l。然后 δ_i^l 可用于式(4.56)和式(4.57)来分别计算损失相对于 w_{ij}^l 和 b_i^l 的偏导数。算法 4.4 总结了使

用反向传播和梯度下降法来学习 ANN 模型参数的完整方法。

算法 4.4 使用反向传播和梯度下降法学习 ANN

1：设 D. train＝$\{(\boldsymbol{x}_k,\ y_k)\,|\,k=1,\ 2,\ \cdots,\ n\}$ 为训练实例集

2：设置计数器 $c \leftarrow 0$

3：用随机数初始化权重和偏置项($\boldsymbol{w}^{(0)},\ \boldsymbol{b}^{(0)}$)

4：**repeat**

5：　　**for** 每个训练实例($\boldsymbol{x}_k,\ y_k$)$\in$ D. train **do**

6：　　　　通过使用 $\boldsymbol{x}_k$ 进行正向传递，计算激活集($a_i^l)_k$

7：　　　　通过使用式(4.58)和式(4.59)进行反向传播，计算集合($\delta_i^l)_k$

8：　　　　使用式(4.56)和式(4.57)，计算 $\left(\dfrac{\partial \mathrm{Loss}}{\partial w_{ij}^l},\ \dfrac{\partial \mathrm{Loss}}{\partial b_i^l}\right)$

9：　　**end for**

10：　计算 $\dfrac{\partial E}{\partial w_{ij}^l} \leftarrow \displaystyle\sum_{k=1}^{n} \left(\dfrac{\partial \mathrm{Loss}}{\partial w_{ij}^l}\right)_k$

11：　计算 $\dfrac{\partial E}{\partial b_i^l} \leftarrow \displaystyle\sum_{k=1}^{n} \left(\dfrac{\partial \mathrm{Loss}}{\partial b_i^l}\right)_k$

12：　通过使用式(4.53)和式(4.54)做梯度下降，更新($\boldsymbol{w}^{(c+1)},\ \boldsymbol{b}^{(c+1)}$)

13：　更新 $c \leftarrow c+1$

14：**until**($\boldsymbol{w}^{(c+1)},\ \boldsymbol{b}^{(c+1)}$)和($\boldsymbol{w}^{(c)},\ \boldsymbol{b}^{(c)}$)收敛到相同的值

4.7.3 人工神经网络的特点

1）至少含有一个隐藏层的多层神经网络是一种**通用逼近器**（universal approximator），可以用来近似任何目标函数。因此，ANN 具有很强的表达能力，可用于在各种应用中学习复杂的决策边界。通过适当修改输出层，ANN 还可用于多分类和回归问题。然而，经典的 ANN 模型具有很高的模型复杂度，易于过拟合，使用 4.8.3 节中介绍的深度学习技术可以在一定程度上克服这个问题。

2）ANN 提供了一种自然的方式来表示多个抽象层次上的特征层次结构。因此 ANN 模型最终隐藏层的输出代表了在最高抽象层次上对分类最有用的特征。这些特征还可以作为其他监督分类模型的输入，例如使用任何通用分类器替换 ANN 的输出结点。

3）ANN 将复杂的高级特征表示为更简单的更易于学习的较低级特征的组合。通过向架构添加更多隐藏层，ANN 逐渐增加了表示复杂性的能力。此外，由于较简单的特征可以通过结合的方式进行组合，所以通过 ANN 模型学习到的复杂特征远远多于使用传统分类器模型学到的，这是深度神经网络具有高度表达能力的主要原因之一。

4）通过为无法改善训练损失的属性赋予零权重，ANN 可以轻松处理不相关的属性。而且，冗余属性接收到相似的权重并不会降低分类器的质量。然而，如果不相关或冗余属性的数量很大，ANN 模型的学习过程可能会出现过拟合现象，导致泛化性能不佳。

5）由于 ANN 模型的学习涉及最小化非凸函数，所以通过梯度下降获得的解不能保证是全局最优的。出于这个原因，ANN 可能会陷入局部最小值，可以通过使用 4.8.4 节讨论的深度学习技术来解决这个挑战。

6）训练 ANN 是一个很耗时的过程，尤其是在隐藏结点很多时。然而，测试样例可以被快速分类。

7）正如 logistic 回归，因为模型参数是在所有变量上共同学习得到的，所以 ANN 可

以在存在相互作用变量的情况下学习。另外，在训练或测试阶段，ANN 不能处理有缺失值的实例。

4.8　深度学习

如上所述，ANN 中的隐藏层是基于一个被普遍认可的观点——组合简单的较低级的特征能构造复杂的高级特征。通常，隐藏层的数量越多，网络学习到的特征层次越深。这激发了人们对具有隐藏层长链的 ANN 模型的学习，这种模型称为**深度神经网络**（deep neural network）。不同于仅涉及少量隐藏层的"浅"神经网络，深度神经网络能够在多个抽象层次上表示特征，并且通常每层需要更少的结点来实现类似于浅层网络的泛化性能。

尽管学习深度神经网络有巨大的潜力，但使用经典方法学习含有大量隐藏层的 ANN 模型仍然具有挑战性。除了与有限的计算资源和硬件架构有关的原因之外，在深度神经网络学习方面还存在许多算法上的挑战。首先，由于 S 形激活函数具有的饱和性会导致梯度下降收敛缓慢，因此学习具有低训练错误率的深度神经网络变得艰巨。这个问题在随着从输出结点转移到隐藏层时变得更加严重，这是因为多层饱和的复合效应，也称为**梯度消失问题**（vanishing gradient problem）。由于这个原因，传统的 ANN 模型的学习速度缓慢且效果不理想，进而导致训练和测试性能较差。其次，由于优化函数的非凸性质以及梯度下降的慢收敛性，深度神经网络的学习对模型参数的初始值非常敏感。最后，含有大量隐藏层的深度神经网络具有很高的模型复杂度，使模型容易过拟合。因此，即使深度神经网络已经被很好地训练出了具备较低的训练错误率，但它的泛化性能仍然可能较差。

以上这些挑战阻碍了几十年来构建深度神经网络的进展，直到最近几年，我们才开始借助在深度学习领域取得的一些进展来释放它的巨大潜力。虽然其中一些进展已经存在了一段时间，并使得深度神经网络在各种竞争中不断创下纪录并解决了其他分类方法难以解决的问题，但它们在过去十年中只获得了主流的关注。

在深度学习技术的出现中，有两个因素发挥了重要作用。首先，较大的标注数据集（例如 ImageNet 数据集包含超过 1000 万个标注图像）的可用性使得能够学习比以前更复杂的 ANN 模型，而不容易陷入模型过拟合的陷阱。其次，计算能力和硬件基础设施（如分布式计算中使用图形处理单元（GPU））的进步，极大地帮助了对于具有较大架构的深度神经网络的实验，然而使用传统资源达成这些是不可行的。

除了前两个因素之外，还有许多算法上的改进，用于克服传统方法在深度神经网络学习中面临的挑战。例如，可以使用由损失函数和激活函数组成的响应性能更好的组合，可以对模型参数进行更好的初始化，使用新颖的正则化技术，设计更灵活的架构以及开发用于模型学习和超参数选择的更好的技术。接下来，我们将介绍一些为应对深度神经网络学习中的挑战所做的深度学习进展。有关深度学习最新发展的进一步细节可以参见文献注释。

4.8.1　使用协同损失函数

促使深度学习的主要实现之一是选择合适的激活函数和损失函数的组合的重要性。由于经典 ANN 模型能够产生 0 和 1 之间的实值输出，因此其通常在输出层使用 S 形激活函数，并与执行梯度下降的平方损失目标相结合。值得注意的是，激活函数和损失函数的这种特定组合会导致输出激活值饱和，描述如下。

1. 输出饱和

尽管 S 形函数被广泛用作激活函数，但它很容易在远离 0 的输入高值和低值处饱和。

从图 4.27a 可以看出，只有当 z 接近于 0 时，$\sigma(z)$ 才显示其值的方差。因此，如图 4.27b 所示，对于只在 0 附近的小范围的 z，$\dfrac{\partial \sigma(z)}{\partial z}$ 非零。由于 $\dfrac{\partial \sigma(z)}{\partial z}$ 是损失梯度的组成部分之一（见式(4.55)），当激活值远离 0 时，我们得到减小的梯度值。

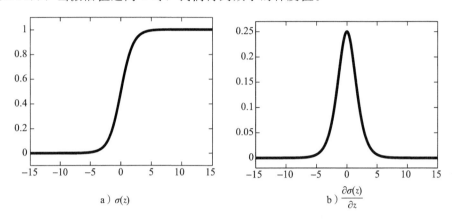

a）$\sigma(z)$ b）$\dfrac{\partial \sigma(z)}{\partial z}$

图 4.27　S 形函数及其导数图

为了说明饱和在输出结点处对模型参数学习的影响，考虑输出结点的权重 w_j^L 的损失的偏导数。使用平方损失函数，可以将其表示如下：

$$\frac{\partial \text{Loss}}{\partial w_j^L} = 2(a^L - y) \times \sigma(z^L)(1 - \sigma(z^L)) \times a_j^{L-1} \tag{4.60}$$

在先前的公式中，值得注意的是，当 z^L 高度负时，$\sigma(z^L)$（也就是梯度）接近于 0。另一方面，当 z^L 高度正时，$(1-\sigma(z^L))$ 变得接近于 0，从而使梯度值无效。因此，无论预测值 a^L 是否与真实的标签 y 匹配，当 z^L 高度正或高度负时，相对于权重的损失梯度都接近 0。这使得 ANN 模型的模型参数收敛缓慢，因此学习效果变差。

请注意，是输出结点的平方损失函数和 S 形激活函数的组合一起导致了输出饱和时梯度减小（并因此导致学习效果变差）。因此，选择不受输出饱和影响的损失函数和激活函数的协同组合是非常重要的。

2. 交叉熵损失函数

交叉熵损失函数（在 4.6.2 节中的 logistic 回归中有描述）可以显著避免与 S 形激活函数结合使用时的输出饱和问题。可以将具有二元标签 $\hat{y} \in (0,1)$ 的数据实例上的实值预测 $y \in (0,1)$ 的交叉熵损失函数定义为

$$\text{Loss}(y, \hat{y}) = -y\log(\hat{y}) - (1-y)\log(1-\hat{y}) \tag{4.61}$$

其中，为了方便起见，log 表示自然对数（以 e 为底）并且 $0\log(0)=0$。交叉熵函数是信息论中的基础知识，可以度量 y 和 $\hat{y}$ 之间不一致的量。这个损失函数关于 $\hat{y}=a^L$ 的偏导数可以表示为

$$\delta^L = \frac{\partial \text{Loss}}{\partial a^L} = \frac{-y}{a^L} + \frac{(1-y)}{(1-a^L)} = \frac{(a^L + y)}{a^L(1-a^L)} \tag{4.62}$$

使用式(4.56)中的 δ^L 值，可以得到损失相对于输出结点的权重 w_j^L 的偏导数：

$$\begin{aligned} \frac{\partial \text{Loss}}{\partial w_j^L} &= \frac{(a^L - y)}{a^L(1-a^L)} \times a^L(1-a^L) \times a_j^{L-1} \\ &= (a^L - y) \times a_j^{L-1} \end{aligned} \tag{4.63}$$

在使用交叉熵损失函数时，需注意前面公式的简单性。相对于输出结点处的权重的损

失偏导数仅取决于预测值 a^L 和真实标签 y 之间的差异。与式(4.60)不同，它不涉及会被 z^L 饱和影响的诸如 $\sigma(z^L)(1-\sigma(z^L))$ 的项。因此，无论 (a^L-y) 多大，梯度都很高，这有助于在输出结点处有效地学习模型参数。这是现代 ANN 模型学习的一个重大突破，现在在输出结点处使用交叉熵损失函数和 S 形激活函数是一种常见的做法。

265

4.8.2 使用响应激活函数

即使交叉熵损失函数有助于克服输出饱和的问题，但它仍然不能解决由于在隐藏结点处使用 S 形激活函数而引起的隐藏层饱和问题。事实上，饱和对模型参数学习的影响在隐藏层更加严重，这个问题被称为梯度消失问题。在下文中，我们将描述梯度消失问题和使用更灵敏的激活函数(称为**修正线性输出单元**(Rectified Iinear output Unit，ReLU))来解决此问题。

1. 梯度消失问题

随着远离输出结点的隐藏层变深，饱和激活值对模型参数学习的影响越来越大。即使输出层中的激活值不饱和，当我们从输出层到隐藏层反向传播梯度时，重复执行的乘法可能会导致隐藏层中的梯度下降。这被称为梯度消失问题，它一直是学习深度神经网络的主要障碍之一。

为了说明梯度消失问题，可以考虑在网络的每个隐藏层上由单个结点组成的 ANN 模型，如图 4.28 所示。这种简化的架构包含一个隐藏结点链，其中单个加权链接 w^l 将第 $l-1$ 层上的结点连接到第 l 层上的结点。使用式(4.56)和式(4.59)，可以表示相对于 w^l 的损失的偏导数：

$$\frac{\partial \mathrm{Loss}}{\partial w^l} = \delta^l \times a^l(1-a^l) \times a^{l-1}$$

$$其中，\quad \delta^l = 2(a^L - y) \times \prod_{r=l}^{L-1}(a^{r+1}(1-a^{r+1}) \times w^{r+1}) \tag{4.64}$$

请注意，如果任何线性预测变量 z^{r+1} 在随后的层中饱和，则 $a^{r+1}(1-a^{r+1})$ 项变得接近于 0，从而减小总体梯度。激活值的饱和因此变得复杂并且对隐藏层的梯度具有多重效应，使得它们高度不稳定，从而不适用于梯度下降。即使前面的讨论只涉及包含单个隐藏结点链的简化架构，但是可以对任何涉及多个隐藏结点链的通用 ANN 架构进行类似的论证。请注意，梯度消失问题主要是由于在隐藏结点使用 S 形激活函数造成的，特别是在重复相乘之后，S 形函数会很容易饱合。

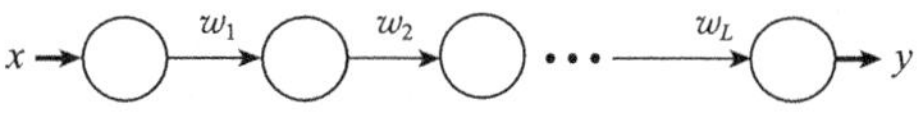

266

$$x \rightarrow \bigcirc \xrightarrow{w_1} \bigcirc \xrightarrow{w_2} \bigcirc \cdots \xrightarrow{w_L} \bigcirc \rightarrow y$$

图 4.28 每个隐藏层只有一个结点的 ANN 模型示例

2. 修正线性输出单元

为了克服梯度消失问题，应在隐藏结点上使用一种激活函数，当隐藏结点被激活时(即 $z>0$)，该激活函数都能给出稳定且有效的梯度值，这点尤为重要。通过使用修正线性输出单元(ReLU)作为隐藏结点上的激活函数来实现，可以将其定义为

$$a = f(z) = \begin{cases} z, & z > 0 \\ 0, & 其他 \end{cases} \tag{4.65}$$

ReLU 的想法来自生物神经元，它们处于非激活状态($f(z)=0$)或显示与输入成比例

的激活值。图 4.29 显示了 ReLU 函数。当 $z > 0$ 时，可以看到它相对于 z 是线性的。因此，激活值相对于 z 的梯度可写为

$$\frac{\partial a}{\partial z} = \begin{cases} 1, & z > 0 \\ 0, & z < 0 \end{cases} \tag{4.66}$$

虽然 $f(z)$ 在 0 处不可微，但当 $z = 0$ 时，通常使用 $\frac{\partial a}{\partial z} = 0$。因为每当 $z > 0$ 时，ReLU 激活函数的梯度等于 1，所以即使在重复做乘法之后，它也避免了在隐藏结点处饱和的问题。使用 ReLU，关于权重和偏置参数的损失的偏导数可以由下式给出：

$$\frac{\partial \text{Loss}}{\partial w_{ij}^l} = \delta_i^l \times I(z_i^l) \times a_j^{l-1} \tag{4.67}$$

$$\frac{\partial \text{Loss}}{\partial b_i^l} = \delta_i^l \times I(z_i^l) \tag{4.68}$$

其中， $\delta_i^l = \sum_{i=1}^{n} (\delta_i^{l+1} \times I(z_i^{l+1}) \times w_{ij}^{l+1})$

且 $I(z) = \begin{cases} 1, & z > 0 \\ 0, & 其他 \end{cases}$

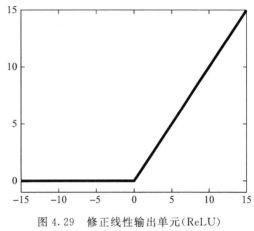

图 4.29   修正线性输出单元（ReLU）激活函数图示

请注意，与 S 形函数的非线性属性相比，每当结点处于激活状态时，ReLU 都会在激活值中显示线性特性。这种线性特性促进了反向传播期间梯度的更好流动，从而简化了 ANN 模型参数的学习。在远离 0 的 z 的高值处，ReLU 也高度响应，这与 S 形激活函数相反，因此更适合于梯度下降。事实上，在大多数现代 ANN 模型中，ReLU 被当作隐藏层激活函数的首选。

4.8.3   正则化

学习深度神经网络的一个主要挑战是 ANN 模型的高模型复杂度随着网络中隐藏层的增加而增长。由于模型过拟合的现象，特别是当训练集较小时，这可能成为一个严重的问题。为了应对这个挑战，使用**正则化技术**（regularization technique）可以帮助降低学习模型 的复杂度，这一点很重要。用于学习 ANN 模型的传统方法不能有效地使学习到的模型参数正则化。因此，它们经常被其他分类方法所忽视，例如支持向量机（SVM），其具有内置的正则化机制（4.9 节会详细讨论 SVM）。

深度学习的主要进展之一是 ANN 模型的新型正则化技术的发展，这些技术能够显著提高泛化性能。在下文中，我们讨论 ANN 的正则化技术之一，称为**舍弃**（dropout）方法，它在多个应用中已经获得了很多关注。

舍弃

舍弃的主要目的是避免由于模型过拟合而在隐藏结点处学习到虚假特征。它使用虚假特征经常"共同适应"自己的基本直觉，使得模型仅在用于高选择性组合时才显示良好的训练性能。另外，相关特征可用于多种特征组合，因此对于其他特征的移除或修改具有相当的弹性。利用这种直觉，舍弃方法在训练期间通过在网络中随机丢弃输入和隐藏结点来打破学习特征中的复杂"共同适应"。

舍弃属于正则化技术家族，该技术使用适应随机扰动的弹性标准作为衡量模型鲁棒性

（并且因此导致简化性）的量度。例如，一种正则化的方法是在训练集的输入属性中注入噪声，并用嘈杂的训练实例学习模型。如果从训练数据中学习的特征确实是可推广的，则不应该受到噪声的影响。舍弃可以看作一种类似的正则化方法，通过丢弃输入和隐藏结点，不仅在属性层面而且在多个抽象层次上扰乱训练集的信息内容。

舍弃方法从有性生殖中基因交换的生物学过程吸取了灵感。在基因交换中来自父母双方的一半基因组合在一起创造出了后代的基因。这不仅有利于选择有用的亲本基因，而且还可以与来自另一亲本的各种基因组合混合。另外，仅在高选择性组合中起作用的共适应基因在进化过程中很快被消除。该想法被用于消除虚假共用适应特征的舍弃方法。本节其余部分提供了有关舍弃方法的简化说明。 [269]

令 $(\boldsymbol{w}^k, \boldsymbol{b}^k)$ 表示在梯度下降法的第 k 次迭代中 ANN 模型的模型参数。在每次迭代中，随机选择输入和隐藏结点的一部分 γ 从网络中丢弃，其中 $\gamma \in (0, 1)$ 是一个通常选择为 0.5 的超参数。然后消除包含被丢弃结点的加权链路和偏置项，得到尺寸更小的"细化"子网络。然后通过计算激活值并在这个较小的子网络上执行反向传播来更新子网络的模型参数 $(\boldsymbol{w}_s^k, \boldsymbol{b}_s^k)$。然后将这些更新后的值添加回原始网络中获取更新后的模型参数 $(\boldsymbol{w}^{k+1}, \boldsymbol{b}^{k+1})$，以用于下一次迭代。

图 4.30 显示了通过随机丢弃输入和隐藏结点，一些舍弃方法的不同迭代产生的子网络的示例。由于每个子网络具有不同的架构，因此很难在可能导致过拟合的特征中学习复杂的共同适应。相反，隐藏结点处的特征被学习为对网络结构中的随机修改敏捷，从而提高其 [270] 泛化能力。模型参数在每次迭代中使用不同的随机子网络更新，直到梯度下降法收敛。

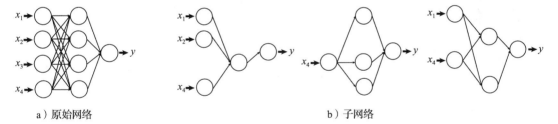

a）原始网络　　　　　　　　　　　　　　　b）子网络

图 4.30　使用 $\gamma = 0.5$ 的舍弃方法生成的子网络示例

令 $(\boldsymbol{w}^{k_{\max}}, \boldsymbol{b}^{k_{\max}})$ 表示梯度下降法的最后迭代 $k_{\max}$ 处的模型参数。这些参数最终按照 $(1-\gamma)$ 因子缩小，以产生最终 ANN 模型的权重和偏置项，如下所示：

$$(\boldsymbol{w}^*, \boldsymbol{b}^*) = ((1-\gamma) \times \boldsymbol{w}^{k_{\max}}, (1-\gamma) \times \boldsymbol{b}^{k_{\max}})$$

现在可以使用完整的神经网络和模型参数 $(\boldsymbol{w}^*, \boldsymbol{b}^*)$ 进行测试。舍弃方法已被证明可以在很多应用中显著改善 ANN 模型的泛化性能。它计算廉价，可以与任何其他深度学习技术结合使用。它与广泛使用的集合学习方法（称为**装袋**（bagging））有许多相似之处，使用训练集的随机子集学习多个模型，然后使用所有模型的平均输出进行预测（装袋将在后面的 4.10.4 节中更详细地介绍）。用类似的方式，可以证明使用舍弃方法学习的最终网络的预测值接近可以使用 n 个结点形成的所有可能的 2^n 个子网络的平均输出。这是舍弃方法高正则化能力背后的原因之一。

4.8.4　模型参数的初始化

由于 ANN 模型使用了损失函数的非凸性质，因此可能陷入局部最优但全局劣势的解中。因此，模型参数值的初始选择在通过梯度下降法学习 ANN 方面，模型参数值的初始选择起着重要作用。模型比较复杂，网络架构比较深，分类任务比较困难时，较差的初始化影响会更加严重。在这种情况下，通常建议首先为该问题学习一个更简单的模型，例如使用单个隐藏层，然后递增地增加模型的复杂度，例如通过添加更多隐藏层。另一种方法是训练模型进行更简单的任务，然后使用学习的模型参数作为初始参数选择来学习原始任务。在实际训练过程开始之前初始化 ANN 模型参数的过程称为**预训练**(pretraining)。

预训练有助于初始化模型到参数空间中适当的区域，而通过随机初始化则无法获取这些区域。预训练还通过固定梯度下降的起点来减少模型参数的变化，从而减少由于多重比较导致的过拟合的可能性。因此通过预训练学习的模型更加一致并且可提供更好的泛化性能。

1. 有监督预训练

预训练的常用方法是逐层逐步地训练 ANN 模型，一次添加一个隐藏层。这种方法称为**有监督预训练**(supervised pretraining)，通过解决一个更简单的问题，它确保获得每层所学习的参数，而不是一起学习所有的模型参数。因此这些参数值为初始化 ANN 模型提供了一个很好的选择。有监督预训练的方法可以简要描述如下。

通过考虑只有一个隐藏层的简化 ANN 模型来开始有监督预训练过程。通过在这个简单模型上应用梯度下降法，我们可以学习第一个隐藏层的模型参数。在下一次运行中，我们向模型添加另一个隐藏层，并应用梯度下降法来学习新添加的隐藏层的参数，同时保持第一层的参数不变。这个过程被递归地应用，使得在学习第 l 层隐藏层的参数时，考虑一个只有 l 个隐藏层的简化模型，其第 $(l-1)$ 层隐藏层在第 l 次运行时不会更新，而是使用之前运行的预训练值来固定。通过这种方式，我们可以学习所有 $(L-1)$ 层隐藏层的模型参数。这些预训练值用于初始化最终 ANN 模型的隐藏层，并通过对所有层应用最后一轮梯度下降来对其进行微调。

2. 无监督预训练

有监督预训练提供了一种强大的方法来初始化模型参数，逐渐将模型复杂度从较浅的网络扩展到较深的网络。然而，有监督预训练需要足够数量的标注训练实例来有效地初始化 ANN 模型。另一种预训练方法是**无监督预训练**(unsupervised pretraining)，它通过大量使用未标注实例来初始化模型参数。无监督预训练的基本思想是用以下方式初始化 ANN 模型，即用学习到的特征获得未标注数据中的潜在结构。

无监督预训练依赖于，学习输入数据的分布可以间接帮助学习分类模型这个假设。当标注示例的数量很小并且有监督问题的特征与生成输入数据的因素具有相似性时，这是最有帮助的方法。无监督预训练可以看作一种正则化的不同形式，其重点不是明确地寻找更简单的特征，而是寻找能够最好地解释输入数据的特征。从历史上看，无监督预训练在恢复深度学习领域发挥了重要作用，使得训练任何通用深度神经网络成为可能，而无需专门的架构。

3. 自编码器的使用

无监督预训练的一种简单且常用的方法是使用称为**自编码器**(autoencoder)的无监督 ANN 模型。图 4.31 显示了一个自编码器的基本架构。自编码器试图通过将属性 x 映射到潜在特征 c 来学习输入数据的重构，然后将 c 重新投影回原始属性空间以创建重构的 $\hat{x}$。潜在特征使用隐藏层的结点来表示，而输入和输出层表示属性并包含相同数量的结

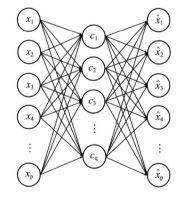

图 4.31　单层自编码器的基本架构

点。在训练期间，目标是学习一个自编码器模型，该模型在所有输入数据实例上提供最低的重构误差 $\text{RE}(x, \hat{x})$。重构误差的典型选择是平方损失函数：

$$\text{RE}(x, \hat{x}) = \| x, \hat{x} \|^2$$

自编码器的模型参数可以通过使用类似于用于学习有监督 ANN 模型进行分类的梯度下降方法来学习。关键的区别是使用所有训练实例的重构误差作为训练损失。具有多层隐藏层的自编码器称为**栈式自编码器**（stacked autoencoder）。

自编码器能够通过使用隐藏结点获得输入数据的复杂表示。但是，如果隐藏结点的数量很大，则自编码器有可能学习标识关系，其中输入 x 仅被复制并作为输出 $\hat{x}$ 返回，从而产生一个简单的解决方案。例如，如果使用与属性数量一样多的隐藏结点，那么每个隐藏结点都可以复制一个属性，并简单地将它传递给输出结点，而不提取任何有用的信息。为了避免这个问题，通常的做法是保持隐藏结点的数量小于输入属性的数量。这迫使自编码器学习输入数据的紧凑和有用的编码，类似于降维技术。另一种方法是通过添加随机噪声来破坏输入实例，然后学习自编码器以从噪声输入中重构原始实例。这种方法称为**降噪自编码器**（denoising autoencoder），它提供强大的正则化能力，并且通常用于学习复杂特征，即使存在大量隐藏结点也是如此。

要使用自编码器进行无监督预训练，我们可以采用类似有监督训练中使用的分层方法。特别地，为了预训练第 l 层隐藏层的模型参数，我们可以构造一个只有 l 个隐藏层的简化 ANN 模型，并且输出层包含与属性相同数量的结点用于重构。然后使用梯度下降法来学习该网络的第 l 层隐藏层的参数以最小化重构误差。未标注数据的使用可以被视为提供了在每层进行参数学习的暗示。该暗示可以帮助进行泛化。然后使用从预训练中获得的参数的初始值，通过在所有层上应用梯度下降法来学习 ANN 模型的最终模型参数。

4. 混合预训练

无监督预训练也可以结合有监督预训练，在每次预训练中使用两个输出层，一个用于重构，另一个用于有监督分类。然后通过联合最小化两个输出层上的损失来学习第 l 层隐藏层的参数，通常是通过对权衡超参数 α 加权。这种组合方法通常比只使用其中一种方法具有更好的泛化性能，因为它提供了一种在表示输入数据的竞争目标和改善分类性能之间做一个平衡的方法。

4.8.5 深度学习的特点

除了 4.7.3 节讨论的 ANN 的基本特征之外，使用深度学习技术还提供了以下附加特性：

1）通过使用预训练策略，针对某项任务训练的 ANN 模型可以轻松地用于涉及相同属性的不同任务。例如，我们可以使用原始任务的学习参数作为目标任务的初始参数选择。通过这种方式，ANN 提高了学习的可重用性，当目标应用程序具有较少数量的标注训练实例时，这可能非常有用。

2）正则化的深度学习技术，如舍弃方法，有助于降低 ANN 的模型复杂度，从而得到良好的泛化性能。正则化技术的使用在高维度设置中特别有用，其训练标签的数量很少，但分类问题本质上还是困难的。

3）使用自编码器进行预训练可以帮助消除与其他属性无关的不相关属性。此外，它可以通过将冗余属性表示为相同属性的副本来帮助减少它们的影响。

4）虽然 ANN 模型的学习可能会陷于寻找次优的局部最优解，但许多深度学习技术已经被提出，用以确保 ANN 能进行充分学习。除了本节讨论的方法之外，其他一些技术还涉及新颖的架构设计，如输出层和较低层之间的跳跃连接，这使得反向传播期间的梯度容易流动。

5）现已有一些专门的用于处理各种输入数据集的 ANN 架构。例如，处理诸如图像等二维网格对象的**卷积神经网络**（Convolutional Neural Network，CNN）以及用于处理序列的**递归神经网络**（Recurrent Neural Network，RNN）。CNN 已广泛用于计算机视觉领域，RNN 更多地用于处理语音和语言。

4.9 支持向量机

支持向量机（Support Vector Machine，SVM）是一种判别分类模型，用于学习属性空间中的线性或非线性决策边界来分离类。除了最大化两类的间隔以外，SVM 还提供了强大的正则化能力，即能够控制模型的复杂度以确保良好的泛化性能。由于 SVM 独特的能力，使得它天生就可以进行正则化学习，因此能够学习高度表达的模型而不会出现过拟合。因此它在机器学习领域倍受关注，并且经常应用在许多实际应用（如手写数字识别、文本分类等）中。SVM 具有坚实的统计学习理论基础，并且是基于结构风险最小化原则的。SVM 还有另一个独特的特点，它仅使用训练实例最难分类的一个子集来表示决策边界，该子集称作**支持向量**（support vector）。因此，它是一个判别模型，只受两类边界附近的训练实例的影响，而不是学习每个类的生成分布。

为了解释 SVM 的基本思想，我们首先介绍分离超平面边缘的概念以及选择最大边缘超平面的基本原理。然后，描述怎样训练一个线性的 SVM，从而明确地找到这种类型的超平面。最后，介绍通过使用核函数将 SVM 方法扩展到学习非线性决策边界上。

4.9.1 分离超平面的边缘

分离超平面的通用方程可写为

$$\boldsymbol{w}^{\mathrm{T}}\boldsymbol{x} + b = 0$$

其中，$\boldsymbol{x}$ 代表属性，$(\boldsymbol{w}，b)$ 代表超平面的参数。数据实例 $\boldsymbol{x}_i$ 可以属于超平面的任一侧，取决于 $(\boldsymbol{w}^{\mathrm{T}}\boldsymbol{x}_i + b)$ 的符号。出于二分类的目的，我们感兴趣的是找到一个超平面，它将两个类的实例放置在超平面的相对侧，从而导致两个类的分离。如果存在能够完全分离数据集中的类的超平面，那么我们说数据集是**线性可分**（linearly separable）的。图 4.32 显示了一个线性可分数据的例子，它包含两个类，分别用方块和圆圈表示。请注意，有无穷多的超平面可以将这些类分开，其中两个在图 4.32 中显示为 B_1 和 B_2 两条线。即使每个这样的超平面的训练错误率都等于零，但它们可能在未

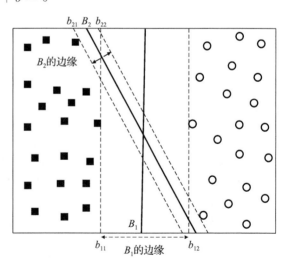

图 4.32 二维数据集中超平面的边缘

知实例上提供不同的结果。我们最终应该选择哪一种分离超平面来获得最佳的泛化性能呢？理想情况下，我们希望选择一个对小扰动具有鲁棒性的简单超平面。这可以通过使用分离超平面的边缘的概念来实现，其可以简要描述如下。

对于每个分离超平面 B_i，让我们将它对应到一对平行超平面 b_{i1} 和 b_{i2}，使它们分别触

到两个类最近的实例。例如，如果我们将 B_1 沿平行于它的方向移动，那么可以使用 b_{11} 触到第一个方块，使用 b_{12} 触到第一个圆圈。b_{i1} 和 b_{i2} 被称为 B_i 的 **边缘超平面**（margin hyperplane），并且它们之间的间距被称为分离超平面 B_i 的 **边缘**（margin）。通过图 4.32，注意到 B_1 的边缘显著大于 B_2 的边缘。在这个例子中，B_1 就是具有最大边缘的分离超平面，称为 **最大边缘超平面**（maximum margin hyperplane）。

最大边缘的基本原理

具有较大边缘的超平面往往比那些具有较小边缘的超平面具有更好的泛化性能。直观上来讲，如果边缘比较小，那么超平面或位于边界的训练实例中任何轻微的扰动都可能对分类性能产生显著的影响。因此具有较小边缘的超平面更容易过拟合，因为它们几乎不能将位于非常窄的区域里的类分离开，因而不能允许扰动的出现。反之，同时远离属于两个类的训练实例的超平面具有充分的余地来对数据中的微小修改产生鲁棒性，并因此显示出优越的泛化性能。

选择最大边缘分离超平面的想法在统计学习理论中也有坚实的基础。可以看出，这样一个超平面的边缘与分类器的 VC 维成反比关系，这是一个模型复杂度的常用度量。正如 3.4 节所讨论的，如果一个更简单的模型都显示出相似的训练性能，那么它应该比更复杂的模型更受欢迎。因此，最大化边缘能导致选择到具有最低模型复杂度的分离超平面，其将具备更好的泛化性能。

4.9.2　线性 SVM

线性 SVM 是寻找具有最大边缘的分离超平面的分类器，因此它也经常被称为 **最大边缘分类器**（maximal margin classifier）。SVM 的基本思想可以描述如下。

考虑一个包含 n 个训练实例的二分类问题，其中每个训练实例 x_i 与二元标签 $y_i \in \{-1, 1\}$ 相关联。令 $w^T x + b = 0$ 是一个分离超平面的方程，它通过将两个类放置在超平面相反的两侧来分离这两个类。这意味着

$$w^T x_i + b > 0, \quad y_i = 1,$$
$$w^T x_i + b < 0, \quad y_i = -1$$

然后给出超平面上任意点 x 的距离：

$$D(x) = \frac{|w^T x + b|}{\|w\|}$$

其中，$|.|$ 表示绝对值，$\|.\|$ 表示向量的长度。令超平面与 $y=1$ 的最近点的距离为 $k_+ > 0$。类似地，令 $k_- > 0$ 表示超平面与负类最近点的距离。这可以使用以下约束来表示：

$$\frac{w^T x_i + b}{\|w\|} \geqslant k_+, \quad y_i = 1$$
$$\frac{w^T x_i + b}{\|w\|} \leqslant -k_-, \quad y_i = -1$$

$$(4.69)$$

可以通过使用 y_i 和 $(w^T x_i + b)$ 的乘积来简洁地表示先前的公式：

$$y_i(w^T x_i + b) \geqslant M \|w\| \tag{4.70}$$

其中，M 是与超平面的边缘有关的参数，即如果 $k_+ = k_- = M$，则边缘 $= k_+ + k_- = 2M$。为了找到符合先前约束的最大边缘超平面，可以考虑以下优化问题：

$$\max_{w,b} M$$
$$受限于 \quad y_i(w^T x_i + b) \geqslant M \|w\| \tag{4.71}$$

要找到先前问题的解，请注意，如果 w 和 b 满足先前问题的约束条件，那么将 w 和 b 进行任何缩放后也会满足这些约束。因此，可以方便地选择 $\|w\| = \dfrac{1}{M}$ 来简化不等式的右边。此外，最大化 M 相当于最小化 $\|w\|^2$。因此，SVM 的优化问题通常以下面的形式表示：

$$\min_{w,b} \frac{\|w\|^2}{2}$$
$$\text{受限于} \quad y_i(w^{\mathrm{T}}x_i + b) \geqslant 1 \tag{4.72}$$

学习模型参数

式(4.72)表示线性不等式的约束优化问题。由于目标函数相对于 w 而言是二次凸函数，所以它被称为二次规划问题（QPP），可以使用标准优化技术求解，如附录 E 中所述。下面简要介绍学习 SVM 模型参数的主要思想。

首先，改写目标函数，考虑施加在解上的约束。新目标函数被称为**拉格朗日原始问题**（Lagrangian primal problem），可以表示如下

$$L_P = \frac{1}{2}\|w\|^2 - \sum_{i=1}^{n}\lambda_i(y_i(w^{\mathrm{T}}x_i + b) - 1) \tag{4.73}$$

其中，参数 $\lambda_i \geqslant 0$ 对应于约束条件，称为**拉格朗日乘子**（Lagrange multiplier）。接下来，为了最小化拉格朗日函数，对 L_P 关于 w 和 b 求偏导，并令它们等于零：

$$\frac{\partial L_P}{\partial w} = 0 \Rightarrow w = \sum_{i=1}^{n}\lambda_i y_i x_i \tag{4.74}$$

$$\frac{\partial L_P}{\partial b} = 0 \Rightarrow \sum_{i=1}^{n}\lambda_i y_i = 0 \tag{4.75}$$

请注意，使用式(4.74)，我们可以用拉格朗日乘子完全表示 w。(w,b) 和 λ_i 之间存在另一种关系，它是从 KKT（Karush-Kuhn-Tucker）条件中导出的，这是一种常用的求解 QPP 的技术。这种关系可以描述为

$$\lambda_i[y_i(w^{\mathrm{T}}x_i + b) - 1] = 0 \tag{4.76}$$

式(4.76)称为**互补松弛条件**（complementary slackness condition），它揭示了 SVM 的一个有价值的性质。它指出，只有当 x_i 满足方程 $y_i(w \cdot x_i + b) = 1$ 时，拉格朗日乘子 λ_i 才严格大于 0，这意味着 x_i 恰好位于边缘超平面上。然而，如果 x_i 离边缘超平面很远，使得 $y_i(w \cdot x_i + b) > 1$，那么 λ_i 必须为 0。因此，只有对少数最接近分离超平面的实例（称为**支持向量**），才有 $\lambda_i > 0$。图 4.33 将超平面的支持向量显示为实心圆圈和实心方块。进一步，如果查看式(4.74)，我们将观察到 $\lambda_i = 0$ 的训练实例对权重参数 w 没有贡献。这表明 w 可以简单地仅使用训练数

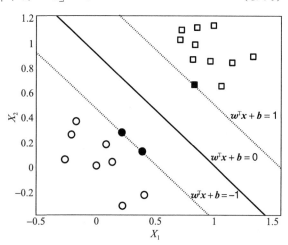

图 4.33   显示为实心圆圈和实心方块
的超平面的支持向量

据中的支持向量表示，而支持向量比训练实例的总数少得多。正是由于这种分类器能够仅用支持向量来表示决策函数，所以被叫作支持向量机。

将式(4.74)，式(4.75)和式(4.76)带入式(4.73)中，根据拉格朗日乘子 λ_i 获得以下优

化问题：

$$\max_{\lambda_i} \quad \sum_{i=1}^{n}\lambda_i - \frac{1}{2}\sum_{i=1}^{n}\sum_{j=1}^{n}\lambda_i\lambda_j y_i y_j \boldsymbol{x}_i^{\mathrm{T}}\boldsymbol{x}_j \tag{4.77}$$

$$\text{受限于} \quad \sum_{i=1}^{n}\lambda_i y_i = 0$$

$$\lambda_i \geqslant 0$$

上面的优化问题称为**对偶优化问题**（dual optimization problem）。关于 λ_i 最大化的对偶问题等同于关于 $\boldsymbol{w}$ 和 b 最小化的原始问题。

对偶问题和原始问题的主要区别如下：

1）求解对偶问题有助于我们识别数据中具有非零 λ_i 值的支持向量。此外，对偶问题的解仅受最接近 SVM 的决策边界的支持向量影响。这有助于仅以支持向量的方式学习 SVM，使得 SVM 的学习更容易计算管理。此外，它代表了 SVM 一个独特的能力，即 SVM 仅依赖于最接近边界的实例（这些实例很难被分类），而不是依赖于远离边界的实例的分布。

2）对偶问题的目标只涉及形如 $\boldsymbol{x}_i^{\mathrm{T}}\boldsymbol{x}_j$ 的项，它们基本上是属性空间中的内积。正如将在 4.9.4 节中提到，这个属性在使用 SVM 学习非线性决策边界方面非常有用。

由于这些区别，使用 QPP 的任何标准求解器来求解对偶优化问题是有用的。找到了 λ_i 的最优解，则可以使用式（4.74）来求解 $\boldsymbol{w}$。然后，可以在支持向量上使用式（4.76）来求解 b，如下所示：

$$b = \frac{1}{n_S}\sum_{i \in S}\frac{1 - y_i \boldsymbol{w}^{\mathrm{T}}\boldsymbol{x}_i}{y_i} \tag{4.78}$$

其中，S 表示支持向量集合（$S=\{i|\lambda_i>0\}$），n_S 是支持向量的个数。最大边缘超平面可以表示为

$$f(\boldsymbol{x}) = \left(\sum_{i=1}^{n}\lambda_i y_i \boldsymbol{x}_i^{\mathrm{T}}\boldsymbol{x}\right) + b = 0 \tag{4.79}$$

使用这个分离超平面，可以使用 $f(\boldsymbol{x})$ 的符号为测试实例 $\boldsymbol{x}$ 分配类别标签。

例 4.7 考虑图 4.34 给出的二维数据集，它包含 8 个训练实例。使用二次规划方法，我们可以求解式（4.77）给出的优化问题，得到每一个训练实例的拉格朗日乘子 λ_i，如表格的最后一列所述。请注意，只有前两个实例具有非零的拉格朗日乘子。这些实例对应于该数据集的支持向量。

x_1	x_2	y	拉格朗日乘子
0.3858	0.4687	1	65.5261
0.4871	0.611	−1	65.5261
0.9218	0.4103	−1	0
0.7382	0.8936	−1	0
0.1763	0.0579	1	0
0.4057	0.3529	1	0
0.9355	0.8132	−1	0
0.2146	0.0099	1	0

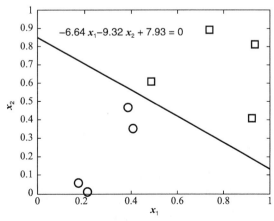

图 4.34　一个线性可分数据集的例子

令 $\boldsymbol{w}=(w_1，w_2)$ 和 b 表示决策边界的参数。使用式(4.74)，我们可以通过以下方式求解 w_1 和 w_2：

$$w_1 = \sum_i \lambda_i y_i x_{i1} = 65.5261 \times 1 \times 0.3858 + 65.5261 \times (-1) \times 0.4871 = -6.64$$

$$w_2 = \sum_i \lambda_i y_i x_{i2} = 65.5261 \times 1 \times 0.4687 + 65.5261 \times (-1) \times 0.611 = -9.32$$

对于每个支持向量，可以使用式(4.76)计算偏置项 b：

$$b^{(1)} = 1 - \boldsymbol{w} \cdot \boldsymbol{x}_1 = 1 - (-6.64) \times (0.3858) - (-9.32) \times (0.4687) = 7.9300$$

$$b^{(2)} = -1 - \boldsymbol{w} \cdot \boldsymbol{x}_2 = -1 - (-6.64) \times (0.4871) - (-9.32) \times (0.611) = 7.9289$$

对这些值取平均，得到 $b=7.93$。这些参数对应的决策边界如图 4.34 所示。◄

4.9.3 软边缘 SVM

图 4.35 给出了一个和图 4.32 相似的数据集，不同之处在于它包含了两个新样本 P 和 Q。尽管决策边界 B_1 误分类了新样本，而 B_2 正确分类了它们，但这并不表示 B_2 是比 B_1 好的决策边界，因为新样本可能只是训练数据集中的噪声。B_1 可能仍然比 B_2 更可取，因为它具有较宽的边缘，从而不易过拟合。然而，上一节给出的 SVM 公式只能构造没有误差的决策边界。

这一节考虑如何修正 SVM 的公式，利用一种称为**软边缘**（soft margin）的方法，学习允许一定训练错误率的分离超平面。更重要的是，本节给出的方法允许 SVM 在一些类线性不可分的情况下学习线性超平面。为了做到这一点，SVM 学习算法必须考虑边缘的宽度与线性超平面允许的训练错误率之间的折中。

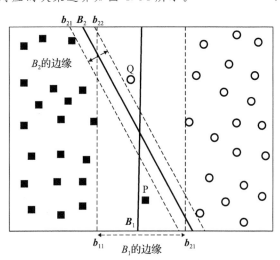

图 4.35 不可分情况下 SVM 的决策边界

为了在 SVM 公式中引入训练错误率的概念，让我们放松不等式约束以适应违反给定约束的少数训练实例。这可以通过为每个训练实例 $\boldsymbol{x}_i$ 引入一个松弛变量 $\xi \geqslant 0$ 来实现，如下式所示：

$$y_i(\boldsymbol{w}^{\mathrm{T}}\boldsymbol{x}_i + b) \geqslant 1 - \xi_i \quad (4.80)$$

变量 ξ_i 允许在 SVM 的不等式中存在一些松弛，使得每个实例 $\boldsymbol{x}_i$ 不需要严格地满足，$y_i(\boldsymbol{w}^{\mathrm{T}}\boldsymbol{x}_i+b)\geqslant 1$。此外，只有边缘超平面不能将 $\boldsymbol{x}_i$ 放置在属于 y_i 的其余实例的同一侧，ξ_i 才是非零的。为了说明这一点，图 4.36 显示了一个圆圈 P 与其余圆圈的落点相反，落在了分离超平面的另一侧，因此满足 $\boldsymbol{w}^{\mathrm{T}}\boldsymbol{x}_i+b=-1+\xi$。P 和边缘超平面 $\boldsymbol{w}^{\mathrm{T}}\boldsymbol{x}_i+b=-1$ 之间的距离等于 $\frac{\xi}{\|\boldsymbol{w}\|}$。因此，$\xi_i$ 提供了使用软不等式

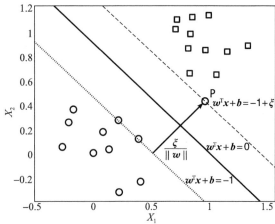

图 4.36 用于软边缘 SVM 的松弛变量

约束来表示在 x_i 上的 SVM 错误率的量度。

在存在松弛变量的情况下，重要的是要学习一个联合最大化边缘（确保良好泛化性能）和最小化松弛变量值（确保低训练错误率）的分离超平面。这可以通过修改 SVM 的优化问题来实现，如下所示：

$$\min_{w,b,\xi_i} \frac{\|w\|^2}{2} + C\sum_{i=1}^{n}\xi_i \tag{4.81}$$

$$受限于 \quad y_i(w^{\mathrm{T}}x_i+b) \geqslant 1-\xi_i$$

$$\xi_i \geqslant 0$$

其中，C 是一个超参数，在最大化边缘和最小化训练错误率之间做一个折中。较大的 C 值强调最大限度地减少训练错误率，而不是最大化边缘。注意上面的公式与 3.4 节介绍的泛化错误率的通用公式的相似性。事实上，SVM 提供了一种自然的方式在模型复杂度和训练错误之间做一个平衡，以最大化泛化性能。

为了求解式 (4.81)，应用拉格朗日乘子方法并将原始问题转换为相应的对偶问题，这与前一节描述的方法类似。式 (4.81) 的拉格朗日原始问题可以写成如下形式：

$$L_P = \frac{1}{2}\|w\|^2 + C\sum_{i=1}^{n}\xi_i - \sum_{i=1}^{n}\lambda_i(y_i(w^{\mathrm{T}}x_i+b)-1+\xi_i) - \sum_{i=1}^{n}\mu_i(\xi_i) \tag{4.82}$$

其中，$\lambda_i \geqslant 0$ 且 $\mu_i \geqslant 0$ 是拉格朗日乘子，其对应于式 (4.81) 的不等式约束。令 L_P 关于 w、b 和 ξ_i 的导数为 0，可得到如下公式：

$$\frac{\partial L_P}{\partial w} = 0 \Rightarrow w = \sum_{i=1}^{n}\lambda_i y_i x_i \tag{4.83}$$

$$\frac{\partial L}{\partial b} = 0 \Rightarrow \sum_{i=1}^{n}\lambda_i y_i = 0 \tag{4.84}$$

$$\frac{\partial L}{\partial \xi_i} = 0 \Rightarrow \lambda_i + \mu_i = C \tag{4.85}$$

还可以通过使用以下 KKT 条件获得互补松弛条件：

$$\lambda_i(y_i(w^{\mathrm{T}}x_i+b)-1+\xi_i) = 0 \tag{4.86}$$

$$\mu_i\xi_i = 0 \tag{4.87}$$

式 (4.86) 表明除了那些位于边缘超平面 $w^{\mathrm{T}}x_i+b=\pm 1$，或 $\xi_i>0$ 的训练实例外，λ_i 都为零。$\lambda_i>0$ 的这些实例被称为支持向量。另一方面，对于任何被误分类的训练实例，式 (4.87) 给出的 μ_i 为零，即 $\xi_i>0$。此外，λ_i 和 μ_i 通过式 (4.85) 相互关联。这导致了 (λ_i, μ_i) 有以下 3 种设置：

1）如果 $\lambda_i=0$ 且 $\mu_i=C$，则 x_i 不在边缘超平面上，并且与属于 y_i 的其他实例被正确地分类在同一侧。

2）如果 $\lambda_i=C$ 且 $\mu_i=0$，那么 x_i 被错误分类并且具有非零松弛变量 ξ_i。

3）如果 $0<\lambda_i<C$ 且 $0<\mu_i<C$，则 x_i 在其中一个边缘超平面上。

将式 (4.83) ～式 (4.87) 代入式 (4.82)，我们得到以下对偶优化问题：

$$\max_{\lambda_i} \quad \sum_{i=1}^{n}\lambda_i = \frac{1}{2}\sum_{i=1}^{n}\sum_{j=1}^{n}\lambda_i\lambda_j y_i y_j x_i^{\mathrm{T}}x_j \tag{4.88}$$

$$受限于 \quad \sum_{i=1}^{n}\lambda_i y_i = 0$$

$$0 \leqslant \lambda_i \leqslant C$$

　　注意除了要求 λ_i 大于 0 而且小于常数 C 之外，前面的问题与线性可分离情况（见式 (4.77)）的 SVM 对偶问题几乎相同。显然，当 C 达到无穷大时，先前的优化问题等价于式 (4.77)，学习的超平面完全分离类别（没有训练错误）。然而，通过将 λ_i 的值限制在 C，学习的超平面能够容忍一些 $\xi_i > 0$ 的训练错误。

　　如前所述，式 (4.88) 可以使用 QPP 的任何标准求解器来求解，并且可以使用式 (4.83) 获得 w 的最优值。为了求解 b，可以使用式 (4.86) 对在边缘超平面上的支持向量进行如下计算：

$$b = \frac{1}{n_S} \sum_{i \in S} \frac{1 - y_i \boldsymbol{w}^\mathrm{T} \boldsymbol{x}_i}{y_i} \tag{4.89}$$

其中，S 表示在边缘超平面上的支持向量集合（$S = \{i \mid 0 < \lambda_i < C\}$），$n_S$ 是 S 中元素的数量。

SVM 作为合页损失的正则项

　　SVM 属于一大类正则化技术，它使用损失函数来表示训练错误，使用模型参数的范数表示模型复杂度。为了实现这一点，注意用于度量 SVM 中训练错误的松弛变量 ξ 与合页损失函数是等效的，该函数可定义如下：

$$\mathrm{Loss}(y, \hat{y}) = \max(0, 1 - y\,\hat{y})$$

其中，$y \in \{+1, -1\}$。应用在 SVM 中，$\hat{y}$ 相当于 $\boldsymbol{w}^\mathrm{T} \boldsymbol{x} + b$。图 4.37 显示了当 $y\,\hat{y}$ 变化时合页损失函数的曲线图。只要 y 和 $\hat{y}$ 具有相同的符号且 $|\hat{y}| \geqslant 1$，就可以看到合页损失等于 0。然而，无论何时 y 与 $\hat{y}$ 的符号

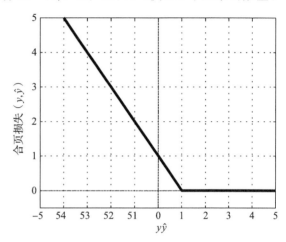

图 4.37　合页损失作为 $y\,\hat{y}$ 的函数

相反或 $|\hat{y}| < 1$，合页损失都随着 $|\hat{y}|$ 线性增长。这与松弛变量 ξ 的概念类似，该变量用于测量点与边缘超平面的距离。因此，SVM 的优化问题可以用以下等价形式表示：

$$\min_{\boldsymbol{w}, b} \frac{\|\boldsymbol{w}\|^2}{2} + C \sum_{i=1}^{n} \mathrm{Loss}(y_i, \boldsymbol{w}^\mathrm{T} \boldsymbol{x}_i + b) \tag{4.90}$$

注意使用合页损失可确保优化问题是凸优化问题并可使用标准优化技术求解。然而，如果我们使用不同的损失函数，如 4.7 节介绍的 ANN 使用的平方损失函数，它将导致不同的优化问题，可能会是凸优化问题，也可能不是。尽管如此，仍然可以研究不同的损失函数，以捕获训练误差变化的概念，这取决于问题的特点。

　　SVM 的另一个有趣的性质是边缘的概念，该性质将它与一大类正则化技术相关联。虽然最小化 $\|\boldsymbol{w}\|^2$ 具有最大化分离超平面边缘的几何解释，但它基本上是模型参数的平方 L_2 范数，即 $\|\boldsymbol{w}\|_2^2$。通常，$\boldsymbol{w}$ 的 L_q 范数 $\|\boldsymbol{w}\|_q$ 等于从 $\boldsymbol{w}$ 到原点的 q 阶明氏距离，即

$$\|\boldsymbol{w}\|_q = \left(\sum_i^p \boldsymbol{w}_i^q \right)^{\frac{1}{q}}$$

最小化 $\boldsymbol{w}$ 的 L_q 范数以实现较低的模型复杂度是一种通用的正则化概念，这种概念有几种解释。例如，最小化 L_2 范数就是在一个具有最小半径的超立方体上寻找解，该超立方体显示合适的训练性能。为了在二维中可视化，图 4.38a 显示了一个具有恒定半径 r 的圆，其中每个点具有相同的 L_2 范数。另一方面，使用 L_1 范数确保解位于具有最小尺寸的超立方体的表面上，该立方体的顶点沿着轴。在图 4.38b 中，被描述为一个正方形，其顶点与

原点之间的距离为 r。L_1 范数通常用作正则化项来获得只有少量非零参数值的稀疏模型参数，例如在回归问题中使用 Lasso（参见文献注释）。

289

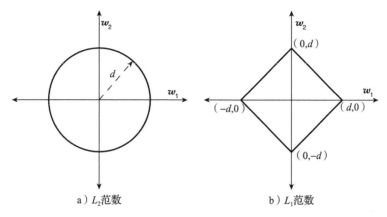

a）L_2 范数　　　　　　　　　　　　b）L_1 范数

图 4.38　显示具有恒定的 L_2 和 L_1 范数的二维解的图

一般来说，根据问题的特点，可以使用 L_q 范数和训练损失函数的不同组合来学习模型参数，每个需要不同的优化求解器。这构成了广泛的建模技术的基础，这些技术试图通过联合最小化训练错误和模型复杂度来提高泛化性能。然而，在本节中，我们只关注平方 L_2 范数和合页损失函数，从而得到 SVM 的经典公式。

4.9.4　非线性 SVM

上一节描述的 SVM 公式构建了一个线性的决策边界，从而把训练实例划分到它们各自的类中。本节提出了一种把 SVM 应用到具有非线性决策边界数据集上的方法。其基本思想是将数据从原先的属性空间 x 中变换到一个新的空间 $\varphi(x)$ 中，从而可以在变换后的空间中使用由 SVM 方法得到的线性超平面来划分实例。然后可以将学习到的超平面投影回原始属性空间，从而产生非线性决策边界。

290

1. 属性变换

为了说明怎样进行属性变换可以生成一个线性的决策边界，图 4.39a 给出了一个二维数据集，它包含方块（类标为 $y=1$）和圆圈（类标为 $y=-1$）。数据集是这样生成的——所有的圆圈都聚集在图的中心附近，而所有的方块都分布在离中心较远的地方。可以使用下面的公式分类数据集中的实例：

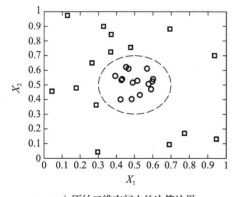

a）原始二维空间中的决策边界

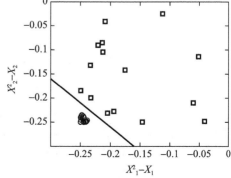

b）变换后的空间中的决策边界

图 4.39　用非线性决策边界分类数据

$$y = \begin{cases} 1, & \sqrt{(x_1 - 0.5)^2 + (x_2 - 0.5)^2} > 0.2 \\ -1, & \text{其他} \end{cases} \tag{4.91}$$

因此，数据集的决策边界可以表示如下：

$$\sqrt{(x_1 - 0.5)^2 + (x_2 - 0.5)^2} = 0.2$$

这可以进一步简化为下面的二次方程：

$$x_1^2 - x_1 + x_2^2 - x_2 = -0.46$$

需要一个非线性变换 φ，将数据从其原始属性空间映射到一个新的空间，以便线性超平面可以分离这些类。这可以通过使用以下简单变换来实现：

$$\varphi : (x_1, x_2) \rightarrow (x_1^2 - x_1, x_2^2 - x_2) \tag{4.92}$$

图 4.39b 显示了变换后的空间中的点，可以看到所有的圆圈都位于图的左下方。因此，可以在变换后的空间中构建一个参数为 w 和 b 的线性超平面，从而把实例划分到各自所属的类中。

　　有人可能会认为，非线性变换会增加输入空间的维数，因此这种方法对于高维数据可能产生维数灾难。然而，正如将在下一节看到的，非线性 SVM 能够使用核函数来避免这个问题。

2. 学习非线性 SVM 模型

　　使用适当的函数 $\varphi(\cdot)$，可以将任何数据实例 x 转换为 $\varphi(x)$。（关于如何选择 $\varphi(\cdot)$ 的细节稍后会详解。）变换空间中的线性超平面可以表示为 $w^\mathrm{T}\varphi(x) + b = 0$。为了学习最优分离超平面，可以用 $\varphi(x)$ 代替 SVM 公式中的 x 来获得以下优化问题：

$$\min_{w, b, \xi_i} \frac{\|w\|^2}{2} + C \sum_{i=1}^{n} \xi_i \tag{4.93}$$

$$\text{受限于} \quad y_i(w^\mathrm{T}\varphi(x_i) + b) \geqslant 1 - \xi_i$$

$$\xi_i \geqslant 0$$

使用拉格朗日乘子 λ_i，可以将其转换为对偶优化问题：

$$\max_{\lambda_i} \quad \sum_{i=1}^{n} \lambda_i - \frac{1}{2} \sum_{i=1}^{n} \sum_{j=1}^{n} \lambda_i \lambda_j y_i y_j \langle \varphi(x_i) \varphi(x_j) \rangle \tag{4.94}$$

$$\text{受限于} \quad \sum_{i=1}^{n} \lambda_i y_j = 0$$

$$0 \leqslant \lambda_i \leqslant C$$

其中，$\langle a, b \rangle$ 表示向量 a 和 b 之间的内积。另外，变换空间中超平面的方程可以用 λ_i 表示如下：

$$\sum_{i=1}^{n} \lambda_i y_i \langle \varphi(x_i), \varphi(x) \rangle + b = 0 \tag{4.95}$$

此外，b 由下式给出：

$$b = \frac{1}{n_S} \Big(\sum_{i \in S} \frac{1}{y_i} - \sum_{i \in S} \sum_{j=1}^{n} \frac{\lambda_j y_j \langle \varphi(x_i), \varphi(x_j) \rangle}{y_i} \Big) \tag{4.96}$$

其中，$S = \{i \mid 0 < \lambda_i < C\}$ 是在边缘超平面上的支持向量的集合，n_S 是 S 中元素的数量。

　　注意，为了求解式（4.94）中的对偶优化问题，或者通过使用式（4.95）和式（4.96），用学习到的模型参数来进行预测，都只需要 $\varphi(x)$ 的内积。因此，尽管 $\varphi(x)$ 可以是非线性的并且是高维的，但是在变换空间中使用 $\varphi(x)$ 的内积函数就足够了。这可以通过使用核技术来实现，如下所述。

　　两个向量之间的内积经常用来度量向量间的相似度。例如，在 2.4.5 节介绍的余弦相似度为规范化后具有单位长度的两个向量间的点积。类似地，内积 $\langle \varphi(x_i), \varphi(x_j) \rangle$ 可以被

看作两个实例 x_i 和 x_j 在变换空间中的相似性度量。核技术是一种根据原始属性计算相似度的方法。具体来说，两个实例 u 和 v 间的核函数 $K(u, v)$ 可以定义如下：

$$K(u,v) = \langle \varphi(u), \varphi(v) \rangle = f(u, v) \tag{4.97}$$

其中，$f(\cdot)$ 是一个遵循 Mercer 定理所述的某些条件的函数。虽然这个定理的细节超出了本书的范围，但下面列出了一些常用的核函数：

$$\text{多项式核}\quad K(u,v) = (u^{\mathrm{T}}v + 1)^p \tag{4.98}$$

$$\text{径向基函数核}\quad K(u,v) = \mathrm{e}^{\frac{\|u-v\|^2}{(2\sigma^2)}} \tag{4.99}$$

$$\text{S 形核}\quad K(u,v) = \tanh(ku^{\mathrm{T}}v - \delta) \tag{4.100}$$

通过使用核函数，可以直接在变换空间中处理内积，而不必处理非线性变换函数 φ 的确切形式。具体地说，这允许使用高维变换（有时甚至涉及无限多维），而仅在原始属性空间中执行计算。使用核函数计算内积也比使用变换后的属性集 $\varphi(x)$ 要廉价得多。因此，核函数的使用为表示非线性决策边界提供了显著的优势，并且不会受维灾难的影响。这是在高度复杂和非线性的问题中广泛使用 SVM 的主要原因之一。

图 4.40 显示了一个非线性决策边界，它是通过使用式(4.98)中给出的多项式核函数的 SVM 获得的。可以看到，学习到

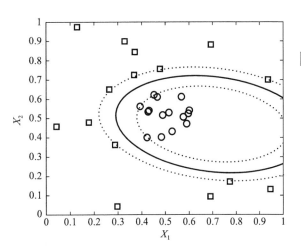

图 4.40　通过线多项式核的非线性 SVM 获得的决策边界

的决策边界与图 4.39a 显示的真实决策边界非常相似。尽管核函数的选择取决于输入数据的特征，但常用的核函数是**径向基函数**（Radial Basis Function，RBF）核，其包含单个超参数 σ（称为 RBF 核的标准差）。

4.9.5　SVM 的特点

1）SVM 学习问题可以表示为凸优化问题，因此可以利用已知的有效算法发现目标函数的全局最小值。而其他的分类方法，如基于规则的分类器和人工神经网络，都采用一种贪心策略来搜索假设空间。这种方法一般只能找到局部最优解。

2）SVM 提供了一种通过最大化决策边界的边缘来规范模型参数的有效方法。此外，它能够通过使用超参数 C 在模型复杂度和训练错误之间做一个折中。这种折中对于一大类模型学习技术来说是通用的，这些技术可以使用不同的公式来获得模型复杂度和训练损失。

3）线性 SVM 可以通过学习与这些属性相关的零权重来处理不相关的属性。它还可以通过学习重复属性的相似权重来处理冗余属性。此外，相比于其他分类器，即使在高维空间中，SVM 对其学习进行规范化的能力使它对大量不相关和冗余属性的存在具有鲁棒性。因此，相比于其他具有高表达能力的分类器，（这些分类器如决策树可以学习非线性决策边界），非线性 SVM 受不相关和冗余属性的影响较小。

为了比较不相关属性对非线性 SVM 和决策树性能的影响，考虑如图 4.41a 所示的二维数据集，它包含 500 个用加号表示的实例和 500 个用圆圈表示的实例，其中可以使用非线性

决策边界轻松分离这两个类。我们逐渐添加不相关属性到这个数据集中，并比较两个分类器的性能：决策树和非线性 SVM(使用径向基函数核)使用 70% 的数据集进行训练，剩下的用于测试。图 4.41b 显示了两个分类器的测试错误率，由于增加了不相关属性的数量。我们可以看到，在存在少量不相关属性的情况下，决策树的测试错误率迅速达到 0.5(与随机猜测相同)。这可以归因于在内部结点选择分离属性时进行多重比较的问题，如例 3.7 所述。另外，非线性 SVM 即使在添加了大量不相关属性之后也表现出更具有鲁棒性和稳定性的性能。SVM 的测试错误率逐渐下降，并且在添加了 125 个不相关属性后最终接近 0.5，此时难以从

剩余属性的噪声中辨别出两个原始属性中的判别信息，进而学习非线性决策边界。

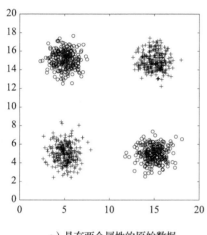

a）具有两个属性的原始数据

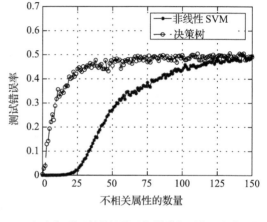

b）在将不相关属性添加到原始数据后的测试错误率

图 4.41　比较不相关属性对非线性 SVM 和决策树性能的影响

4) 通过对数据中每个分类属性值引入一个哑变量，SVM 可以应用于分类数据。例如，如果婚姻状态有三个值{单身，已婚，离异}，则可以对每个属性值引入一个二元变量。

5) 本章所给出的 SVM 公式是针对二分类问题的。但是，也提出了把 SVM 扩展到多类的方法。

6) 虽然 SVM 模型的训练时间可能很长，但可以在少量支持向量的帮助下，对学习到的参数进行简洁表示，使其能快速分类测试实例。

4.10　组合方法

本节将介绍一些通过聚集多个分类器的预测来提高分类准确率的技术。这些技术称为**组合**(ensemble)或**分类器组合**(classifier combination)方法。组合方法由训练数据构建一组**基分类器**(base classifier)，并通过对每个基分类器的预测进行投票来进行分类。本节将解释为什么组合方法比任意单分类器的效果好，并提供构建组合分类器的技术。

4.10.1　组合方法的基本原理

下面的例子说明了组合方法如何提高分类器的性能。

例 4.8　考虑 25 个二分类器的组合，每个分类器的错误率 ε 为 0.35。组合分类器通过对这些基分类器的预测进行多数表决来预测测试样本的类标签。如果所有的基分类器都是相同的，那么它们都会犯同样的错误。因此，组合分类器的错误率仍然是 0.35。另一方面，如果基分类器是相互独立的，即它们的误差是不相关的，则仅当超过一半的基分类器都预测错误

时，组合分类器才会做出错误的预测。在这种情况下，组合分类器的错误率是：

$$e_{\text{ensemble}} = \sum_{i=13}^{25} \binom{25}{i} \varepsilon^i (1-\varepsilon)^{25-i} = 0.06 \qquad (4.101)$$

远低于基分类器的错误率。

图 4.42 显示对于不同的基分类器误差率(ε)，25 个二分类器的组合分类器误差率(e_{ensemble})。对角线表示所有基分类器都是相同的情况，而实线则表示基分类器独立时的情况。观察到当 ε 大于 0.5 时，组合分类器的性能比不上基分类器。

前面的例子说明组合分类器的性能优于单个分类器必须满足两个必要条件：（1）基分类器应该相互独立；（2）基分类器应该好于随机猜测分类器。在实践中，很难保证基分类器之间完全独立。尽管如此，我们看到在基分类器轻微相关的情况下，组合方法可以提高分类的准确率。

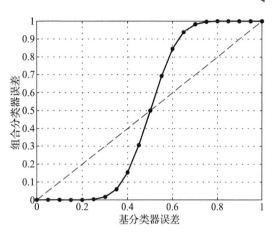

图 4.42　基分类器和组合分类器的误差比较

4.10.2　构建组合分类器的方法

图 4.43 给出了组合方法的逻辑视图。基本思想是在原始数据上构建多个分类器，然后在分类未知样本时聚集它们的预测结果。下面是构建组合分类器的几种方法：

1）**通过处理训练数据集**。这种方法根据某种抽样分布，通过对原始数据进行再抽样并用每个训练集构建分类器来得到多个训练集。抽样分布决定一个样本选作训练样本的可能性大小，并且这个可能性因实验而异。**装袋**（bagging）和**提升**（boosting）是两种处理训练集的组合方法。这些方法将在 4.10.4 节和 4.10.5 节更详细地介绍。

2）**通过处理输入特征**。在这种方法中，通过选择输入特征的子集来形成每个训练集。子集可以随机选择，也可以根据领域专家的建议选择。一些研究表明，对于那些含有大量冗余特征的数据集，这种方法的性能非常好。**随机森林**（random forest）就是一种处理输入特征的组合方法，它使用决策树作为基分类器。随机森林将在 4.10.6 节中介绍。

3）**通过处理类标签**。这种方法适用于类数足够多的情况。通过将类标签随机划分成两个不相交的子集 A_0 和 A_1，把训练数据变换为二分类问题。类标签属于子集 A_0 的训练样本指派到类 0，而那些类标签属于子集 A_1 的训练样本指派到类 1。然后使用重新标记过的数据来训练一个基分类器。通过多次重复该过程，就得到一组基分类器。当遇到一个测试样本时，使用每个基分类器 C_i 预测它的类标签。如果测试样本被预测为类 0，则所有属于 A_0 的类都将得到一票。相反，如果它被预测为类 1，则所有属于 A_1 的类都得到一票。最后统计选票，将测试样本指派到得票最高的类。之后介绍的**错误-纠错输出编码**（error-correcting output coding）方法就是这种方法的一个例子。

4）**通过处理学习算法**。许多学习算法都可以按如下方式来处理：在相同的训练数据上多次执行算法可能构建不同的分类器。例如，人工神经网络可以改变它的网络拓扑结构或各神经元之间连接的初始权重。同样，通过在树生成过程中注入随机性可以得到决策树的组合分类器。例如，在每一个结点上，可以随机地从最好的 k 个属性中选择一个属性，而不是选择该结点上最好的属性来进行划分。

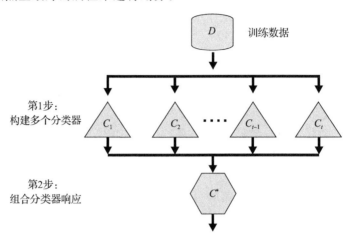

图 4.43   组合学习方法的逻辑视图

前 3 种方法属于一般性方法，适用于任何分类器，而第 4 种方法依赖于使用的分类器类型。对于大部分方法，基分类器可以顺序产生（一个接一个）或并行产生（一次性产生）。一旦学习了一个组合分类器，就通过组合基分类器 $C_i(x)$ 的预测来对测试样本 x 进行分类：

$$C^*(x) = f(C_1(x), C_2(x), \cdots, C_k(x))$$

其中，f 是结合这些组合分类器响应的函数。获得 $C^*(x)$ 的一个简单方法是对单个预测进行多数表决。另一种方法是进行加权多数表决，其中基分类器的权重表示其准确率或相关度。

由于模型复杂度高，组合方法在与**不稳定的分类器**（unstable classifier）一起使用时表现出最大的提升。不稳定的分类器是对训练集微小扰动敏感的基分类器。虽然不稳定的分类器在寻找最优决策边界时偏置可能很小，但是对于训练集或模型选择中的微小变化，它们的预测具有很高的方差。下一节将详细讨论偏置和方差之间的这种折中。通过聚集多个不稳定分类器的响应，组合学习试图尽量减少它们的方差而不会影响它们的偏置。

4.10.3   偏置-方差分解

偏置-方差分解是分析预测模型的泛化误差的形式化方法。虽然分类与回归略有不同，但我们首先通过使用回归问题的类比来直观地解释这种分解。

考虑从起始位置 x 发射弹到达目标 y 的任务，如图 4.44 所示。目标对应于测试实例的期望输出，而起始位置对应于其观察到的属性。在这个类比中，射弹表示使用观察属性来预测目标的模型。$\hat{y}$ 表示射弹撞击地面的点，这与模型的预测类似。

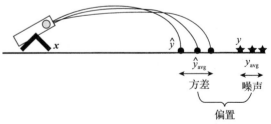

图 4.44   偏置-方差分解

理想情况下，我们希望预测尽可能接近真实的目标。但是，由于基于训练数据或用于模型选择的方法的不同，弹道有不同轨迹是可能的。因此，可以观察到射弹在不同运行过程中的预测值 $\hat{y}$ 的**方差**（variance）。此外，我们例子中的目标不是固定的，并且存在自由移动，从而导致真实目标中出现**噪声**（noise）分量。这可以理解为输出变量的非确定性性质，其中相同的一组属性可以具有不同的输出值。令 $\hat{y}_{avg}$ 代表多次运行中射弹的平均预测值，

y_{avg} 表示平均目标值。$\hat{y}_{avg}$ 和 y_{avg} 之间的差异称为模型的**偏置**（bias）。

在分类的背景下，分类模型 m 的泛化错误率可以通过以下方式分解为包含模型的偏置、方差和噪声分量的项：

$$泛化错误率(m) = c_1 \times 噪声 + 偏置(m) + c_2 \times 方差(m)$$

其中，c_1 和 c_2 是取决于训练集和测试集特征的常数。注意尽管噪声项对于目标类是固有的，但偏置项和方差项取决于分类模型的选择。模型的偏置表示模型的平均预测值与平均目标值有多接近。能够学习复杂决策边界的模型（例如由 k-最近邻和多层 ANN 产生的模型）通常显示出低偏置。模型的方差反映了训练集或模型选择方法中的微小扰动对其预测的稳定性。

我们可以说，如果一个模型具有较低的偏置和较低的方差，则该模型显示出更好的泛化性能。但是，如果模型的复杂度很高而训练规模较小，我们通常将会看到较低的偏置但较高的方差，这会导致过拟合现象。这种现象如图 4.45a 中。另一方面，一个过度简化的模型如果存在欠拟合问题，则可能表现出较低的方差，但会受到高偏置的影响，如图 4.45b 所示。因此，偏置和方差之间的折中为解释模型泛化性能的欠拟合和过拟合的效果提供了一种有用的方法。

301

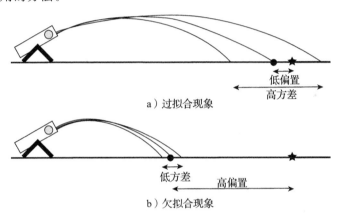

a）过拟合现象

b）欠拟合现象

图 4.45　具有恒定的 L_2 和 L_1 范数的二维解的行为图

偏置-方差折中可以用来解释为什么组合学习改善了不稳定分类器的泛化性能。如果基分类器显示出低偏置但方差很高，则它可能容易过拟合，因为即使训练集中的小改变也会导致不同的预测。但是，通过结合多个基分类器的响应，我们期望可以减少总体方差。因此，组合学习方法主要通过降低预测方差来显示更好的性能，虽然它们也可以帮助减少偏置。结合预测并减少其方差的最简单方法之一是计算它们的平均值。这构成了装袋方法的基础，在下一小节详述。

4.10.4　装袋

装袋（bagging）也称为**自助聚集**（bootstrap aggregating），是一种根据均匀概率分布从数据集中重复抽样（有放回的）的技术。每个自助样本都和原始数据一样大。由于抽样过程是有放回的，因此一些实例可能在同一个训练集中出现多次，而其他实例可能会在训练集中被忽略。一般来说，自助样本 D_i 大约包含 63% 的原始训练数据，因为每个样本抽到 D_i 的概率为 $1-(1-\frac{1}{N})^N$。如果 N 足够大，这个概率将收敛于 $1-\frac{1}{e} \approx 0.632$。装袋的基本过程概括在算法 4.5 中。训练过 k 个分类器后，测试实例被指派到得票最高的类。

302

算法 4.5 装袋算法

1：设 k 为自助样本集的数目
2：**for** $i=1$ **to** k **do**
3： 生成一个大小为 N 的自助样本集 D_i
4： 在自助样本集 D_i 上训练一个基分类器 C_i
5：**end for**
6：$C^*(x)=\mathop{\arg\max}\limits_{y}\sum\limits_{i}(C_i(x)=y)$
  {如果参数为真，则 $\delta(\cdot)=1$，否则 $\delta(\cdot)=0$}

为了说明装袋如何进行，考虑表 4.4 中给出的数据集。设 x 表示一维属性，y 表示类标签。假设使用这样一个分类器，它是仅包含一层的二叉决策树，具有一个测试条件 $x\leqslant k$，其中，k 是使得叶结点熵最小的分裂点。这样的树也称为**决策树桩**（decision stump）。

表 4.4   用于构建装袋组合分类器的数据集例子

x	0.1	0.2	0.3	0.4	0.5	0.6	0.7	0.8	0.9	1
y	1	1	1	-1	-1	-1	-1	1	1	1

不进行装袋，能产生的最好的决策树桩的分裂点为 $x\leqslant0.35$ 或 $x\leqslant0.75$。无论选择哪一个，树的准确率最多为 70%。假设应用 10 个自助样本集的装袋过程。图 4.46 给出了每轮装袋选择的训练样本。在每个表的右边，我们还给出了每轮中使用的决策树桩。

装袋第1轮：

x	0.1	0.2	0.2	0.3	0.4	0.4	0.5	0.6	0.9	0.9
y	1	1	1	1	-1	-1	-1	-1	1	1

$x \le 0.35 \Longrightarrow y = 1$
$x > 0.35 \Longrightarrow y = -1$

装袋第2轮：

x	0.1	0.2	0.3	0.4	0.5	0.8	0.9	1	1	1
y	1	1	1	-1	-1	1	1	1	1	1

$x \le 0.65 \Longrightarrow y = 1$
$x > 0.65 \Longrightarrow y = 1$

装袋第3轮：

x	0.1	0.2	0.3	0.4	0.4	0.5	0.7	0.7	0.8	0.9
y	1	1	1	-1	-1	-1	-1	-1	1	1

$x \le 0.35 \Longrightarrow y = 1$
$x > 0.35 \Longrightarrow y = -1$

装袋第4轮：

x	0.1	0.1	0.2	0.4	0.4	0.5	0.5	0.7	0.8	0.9
y	1	1	1	-1	-1	-1	-1	-1	1	1

$x \le 0.3 \Longrightarrow y = 1$
$x > 0.3 \Longrightarrow y = -1$

装袋第5轮：

x	0.1	0.1	0.2	0.5	0.6	0.6	0.6	1	1	1
y	1	1	1	-1	-1	-1	-1	1	1	1

$x \le 0.35 \Longrightarrow y = 1$
$x > 0.35 \Longrightarrow y = -1$

装袋第6轮：

x	0.2	0.4	0.5	0.6	0.7	0.7	0.7	0.8	0.9	1
y	1	-1	-1	-1	-1	-1	-1	1	1	1

$x \le 0.75 \Longrightarrow y = -1$
$x > 0.75 \Longrightarrow y = 1$

装袋第7轮：

x	0.1	0.4	0.4	0.6	0.7	0.8	0.9	0.9	0.9	1
y	1	-1	-1	-1	-1	1	1	1	1	1

$x \le 0.75 \Longrightarrow y = -1$
$x > 0.75 \Longrightarrow y = 1$

装袋第8轮：

x	0.1	0.2	0.5	0.5	0.5	0.7	0.7	0.8	0.9	1
y	1	1	-1	-1	-1	-1	-1	1	1	1

$x \le 0.75 \Longrightarrow y = -1$
$x > 0.75 \Longrightarrow y = 1$

装袋第9轮：

x	0.1	0.3	0.4	0.4	0.6	0.7	0.7	0.8	1	1
y	1	1	-1	-1	-1	-1	-1	1	1	1

$x \le 0.75 \Longrightarrow y = -1$
$x > 0.75 \Longrightarrow y = 1$

装袋第10轮：

x	0.1	0.1	0.1	0.1	0.3	0.3	0.8	0.8	0.9	0.9
y	1	1	1	1	1	1	1	1	1	1

$x \le 0.05 \Longrightarrow y = -1$
$x > 0.05 \Longrightarrow y = 1$

图 4.46 装袋的例子

通过对每个基分类器所做的预测使用多数表决来分类表 4.4 给出的整个数据集。图 4.47 给出了预测结果。由于类标签为 −1 或 +1，因此应用多数表决等价于对 y 的预测值求和，并检查结果的符号(参看图 4.47 中的第二行到最后一行)。注意，组合分类器完全正确地分类了原始数据集中的 10 个样本。

轮	$x=0.1$	$x=0.2$	$x=0.3$	$x=0.4$	$x=0.5$	$x=0.6$	$x=0.7$	$x=0.8$	$x=0.9$	$x=1.0$
1	1	1	1	−1	−1	−1	−1	−1	−1	−1
2	1	1	1	1	1	1	1	1	1	1
3	1	1	1	−1	−1	−1	−1	−1	−1	−1
4	1	1	1	1	1	1	1	−1	−1	−1
5	1	1	1	1	1	1	1	1	1	1
6	−1	−1	−1	−1	−1	−1	−1	1	1	1
7	−1	−1	−1	−1	−1	−1	−1	1	1	1
8	−1	−1	−1	−1	−1	−1	−1	1	1	1
9	−1	−1	−1	−1	−1	−1	−1	1	1	1
10	1	1	1	1	1	1	1	1	1	1
和	2	2	2	−6	−6	−6	−6	2	2	2
符号	1	1	1	−1	−1	−1	−1	1	1	1
实际类	1	1	1	−1	−1	−1	−1	1	1	1

图 4.47　使用装袋方法构建组合分类器的例子

前面的例子说明了使用组合方法的又一个优点：增强了目标函数的表达功能。即使每个基分类器都是一个决策树桩，组合分类器也能表示一个模仿深度为 2 的决策树的决策边界。

装袋通过降低基分类器方差改善了泛化误差。装袋的性能依赖于基分类器的稳定性。如果基分类器是不稳定的，装袋有助于减少训练数据的随机波动导致的误差。如果基分类器是稳定的，即对训练集中的微小变化是鲁棒的，则组合分类器的误差主要由基分类器中的偏置引起。在这种情况下，装袋可能不会对基分类器的性能有显著改善。装袋甚至可能降低分类器的性能，因为每个训练集的有效容量比原始数据集小了约 37%。

4.10.5　提升

提升是一个迭代的过程，用来自适应地改变学习基分类器的训练样本的分布，使得基分类器聚焦在那些很难分类的例子。不像装袋，提升给每个训练样本赋一个权重，而且可以在每一轮提升过程结束时自动地调整权重。训练样本的权重可以用于以下方面：

1) 它们可以用来得到抽样分布，该分布用于从原始数据集中提取出自助样本集。

2) 它们可以用来学习有利于高权重样本的模型。

本节描述一个算法，它利用样本的权重来确定其训练集的抽样分布。开始时，所有样本都被赋予相同的权重 $\frac{1}{N}$，从而使得它们被选用于训练的可能性都一样。根据训练样本的抽样分布来抽取样本，得到新的训练集。接下来，从训练集中构建分类器，并用它对原始数据集中的所有样本进行分类。每一轮提升结束时更新训练样本的权重。增加被错误分类的样本的权重，而减小被正确分类的样本的权重。这使得分类器在随后迭代中关注那些很难分类的样本。

下表列出了在选择表 4.4 中的数据时，每轮提升选择的样本。

提升(第 1 轮)	7	3	2	8	7	9	4	10	6	3
提升(第 2 轮)	5	4	9	4	2	5	1	7	4	2
提升(第 3 轮)	4	4	8	10	4	5	4	6	3	4

开始时，对所有样本赋予相同的权重。然而由于抽样是有放回的，因此某些样本(例如样本 3 和 7)可能被选中多次。然后，使用由这些数据构建的分类器对所有的样本进行分类。假设样本 4 很难分类。随着它被重复地错误分类，该样本的权重在后面的迭代中将会增加。同时，前一轮没有被选中的样本(如样本 1 和 5)也有更好的机会在下一轮被选中，因为前一轮对它们的预测多半是错误的。随着提升过程的进行，最难分类的那些样本将有更大的机会被选中。通过聚集从每一轮提升得到的基分类器，可得到最终的组合分类器。

在过去的几年里，已经实现了几个提升算法。这些算法的差别在于：(1)每次提升结束时如何更新训练样本的权重，(2)如何组合每个分类器的预测。下一节将探讨名为 AdaBoost 的算法的实现。

AdaBoost

令$\{(\boldsymbol{x}_i,\ y_i)\,|\,j=1,\ 2,\ \cdots,\ N\}$表示包含 N 个训练样本的集合。在 AdaBoost 算法中，基分类器 C_i 的重要性取决于其错误率，该错误率定义为

$$\varepsilon_i = \frac{1}{N}\Big[\sum_{j=1}^{N} w_j I(C_i(\boldsymbol{x}_j) \neq y_j)\Big] \tag{4.102}$$

其中，如果谓词 p 为真，则 $I(p)=1$，否则为 0。基分类器 C_i 的重要性由如下参数给出，

$$\alpha_i = \frac{1}{2}\ln\Big(\frac{1-\varepsilon_i}{\varepsilon_i}\Big)$$

注意，如果错误率接近 0，则α_i具有一个很大的正值，而当错误率接近 1 时，α_i有一个很大的负值，如图 4.48 所示。

α_i 参数也被用来更新训练样本的权重。为了说明这一点，假定$w_i^{(j)}$表示在第 j 轮提升迭代中分配给样本$(\boldsymbol{x}_i,\ y_i)$的权重。AdaBoost 的权重更新机制由以下公式给出：

$$w_i^{(j+1)} = \frac{w_i^{(j)}}{Z_j} \times \begin{cases} e^{-\alpha_j}, & C_j(\boldsymbol{x}_i) = y_i \\ e^{\alpha_j}, & C_j(\boldsymbol{x}_i) \neq y_i \end{cases}$$
$$\tag{4.103}$$

其中，Z_j 是一个归一化因子，用来确保$\sum_i w_i^{(j+1)} = 1$。式(4.103)给出的权重更新公式增加了那些错误分类样本的权重，并减少那些已经被正确分类的样本的权重。

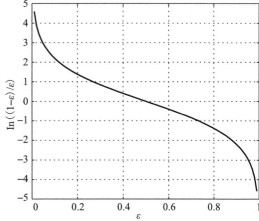

图 4.48   作为训练误差 ε 的函数绘制 α 的曲线

AdaBoost 算法将每一个分类器 C_j 的预测值根据α_j进行加权，而不是使用多数表决的方案。这种方法有助于 AdaBoost 惩罚那些准确率很差的模型，如那些在较早的提升轮中产生的模型。另外，如果任何中间轮产生高于 50% 的错误率，则将权重恢复为开始的一致值$w_i=\frac{1}{N}$，并重新进行抽样。算法 4.6 总结了 AdaBoost 算法。

算法 4.6   AdaBoost 算法

1：$\boldsymbol{w}=\{w_j=\frac{1}{N}\,|\,j=1,\ 2,\ \cdots,\ N\}$. 〈初始化 N 个样本的权重〉

2：令 k 表示提升的轮数

3：**for** $i=1$ to k **do**

4：   根据 $\boldsymbol{w}$，通过对 D 进行抽样(有放回的)产生训练集D_i

5：　在 D_i 上训练基分类器 C_i

6：　用 C_i 对原训练集 D 中的所有样本分类

7：　$\varepsilon_i = \dfrac{1}{N}\Big[\sum_j w_j\delta(C_i(x_j)\neq y_j)\Big]$　　〈计算加权误差〉

8：　**if** $\varepsilon_i > 0.5$ **then**

9：　　$w=\{w_i=\dfrac{1}{N}\,|\,j=1,\,2,\,\cdots,\,N\}.$　〈重新设置 N 个样本的权重〉

10：　　返回步骤 4

11：　**end if**

12：　$\alpha_i=\dfrac{1}{2}\ln\dfrac{1-\varepsilon_i}{\varepsilon_i}$

13：　根据式(4.103)更新每个样本的权重

14：**end for**

15：$C^*(x)=\underset{y}{\arg\max}\sum_{j=1}^{T}\alpha_j\delta(C_j(x)=y))$

让我们看看提升方法在表 4.4 给出的数据集上是怎样工作的。最初，所有的样本具有相同的权重。经过三轮提升后，选作训练的样本如图 4.49a 所示。而图 4.50b 给出在每轮提升结束时使用式(4.103)来更新每一个样本的权重。

第1轮提升

x	0.1	0.4	0.5	0.6	0.6	0.7	0.7	0.7	0.8	1
y	1	-1	-1	-1	-1	-1	-1	-1	1	1

第2轮提升

x	0.1	0.1	0.2	0.2	0.2	0.2	0.3	0.3	0.3	0.3
y	1	1	1	1	1	1	1	1	1	1

第3轮提升

x	0.2	0.2	0.4	0.4	0.4	0.4	0.5	0.6	0.6	0.7
y	1	1	-1	-1	-1	-1	-1	-1	-1	-1

a）提升选择的训练样本

轮	x=0.1	x=0.2	x=0.3	x=0.4	x=0.5	x=0.6	x=0.7	x=0.8	x=0.9	x=1.0
1	0.1	0.1	0.1	0.1	0.1	0.1	0.1	0.1	0.1	0.1
2	0.311	0.311	0.311	0.01	0.01	0.01	0.01	0.01	0.01	0.01
3	0.029	0.029	0.029	0.228	0.228	0.228	0.228	0.009	0.009	0.009

b）训练样本的权重

图 4.49　提升的例子

不使用提升，决策桩的准确率至多达到 70%。使用 AdaBoost 后，预测结果如图 4.50b 所示。组合分类器的最终预测结果通过取每个基分类器预测的加权平均得到，如图 4.50b 的最后一行所示。注意，AdaBoost 完全正确地分类了训练数据集中的所有样本。

提升的一个重要分析结果显示，组合分类器的训练误差受下式限制：

$$e_{\text{ensemble}} \leqslant \prod_i\Big[\sqrt{\varepsilon_i(1-\varepsilon_i)}\Big] \tag{4.104}$$

其中，ε_i 是基本分类器 i 的错误率。如果基分类器的错误率低于 50%，则 $\varepsilon_i=0.5-\gamma_i$，其中 γ_i 用来衡量分类器比随机猜测强多少。由此，组合分类器的训练误差的边界变为

轮	划分点	左类	右类	α
1	0.75	−1	1	1.738
2	0.05	1	1	2.778 4
3	0.3	1	−1	4.119 5

a）

轮	x=0.1	x=0.2	x=0.3	x=0.4	x=0.5	x=0.6	x=0.7	x=0.8	x=0.9	x=1.0
1	−1	−1	−1	−1	−1	−1	−1	1	1	1
2	1	1	1	1	1	1	1	1	1	1
3	1	1	1	−1	−1	−1	−1	−1	−1	−1
和	5.16	5.16	5.16	−3.08	−3.08	−3.08	−3.08	0.397	0.397	0.397
符号	1	1	1	−1	−1	−1	−1	1	1	1

b）

图 4.50 使用 AdaBoost 方法构建的组合分类器的例子

$$e_{\text{ensemble}} \leqslant \prod_i \sqrt{1 - 4\gamma_i^2} \leqslant \exp\left(-2\sum_i \gamma_i^2\right) \qquad (4.105)$$

因此，组合分类器的训练误差呈指数递减，从而导致算法快速收敛。通过关注难以用基分类器分类的样本，它能够减小最终预测值的偏置以及方差。在一系列数据集上已经证明 AdaBoost 的基分类器的性能有显著的改善。尽管如此，由于它倾向于关注那些被错误分类的训练样本，提升技术很容易过拟合，导致在某些情况下泛化性能较差。

4.10.6 随机森林

随机森林(Random forest)试图通过构建去相关决策树组合分类器来提高泛化性能。随机森林基于装袋的思想，使用不同训练数据集的自助样本来学习决策树。然而，随机森林与装袋的一个关键区别在于，在树的每个内部结点处，从一组随机选择的属性中选择最佳划分标准。通过这种方式，随机森林不但通过使用训练实例(类似于装袋的自助样本)来构建决策树组合分类器，而且还通过使用输入属性(每个内部结点处使用不同的属性子集)来构建决策树的组合。

给定一个由 n 个实例和 d 个属性组成的训练集 D，以下步骤为练一个随机森林分类器的基本过程：

1) 通过从 D 中随机抽样 n 个实例(有放回的)来构建训练集的自助样本 D_i。

2) 使用 D_i 来学习决策树 T_i，如下所示。在 T_i 的每个内部结点处，随机地抽样一组 p 属性并从该子集中选择一个属性，该子集显示了用于划分的不纯性度量的最大减少。重复此过程直到每个叶子都是纯的，即包含来自同一类别的实例。

一旦构建了一个决策树组合分类器，它们对测试实例的平均预测(多数表决)就被用作随机森林的最终预测。请注意，随机森林中包含的决策树是未修剪的树木，因为它们可以生长到最大可能的大小，直到每片叶子都是纯的。因此，随机森林的基分类器是不稳定的分类器，它们具有较低的偏置但方差较大，因为它们的尺寸较大。

在随机森林中学习的基分类器的另一个性质是它们的模型参数和测试预测之间缺乏相关性。这是因为随机森林使用独立抽样的数据集 D_i 来学习每个决策树 T_i，类似于装袋方法。然而，随机森林具有额外的优势，那就是使用不同(随机选择)的属性子集在每个内部结点上选择划分标准。该性质有助于打破决策树 T_i 之间的关联结构(如果有的话)。

为了实现这一点，考虑一个包含大量属性的训练集，其中只有一小部分属性对目标类有很强的预测，而其他属性是弱指标。给定这样的训练集，即使考虑用于学习 T_i 的不同自助样本 D_i，也会主要选择与用于内部结点划分的属性相同的属性，因为与强预测因子相比，弱属性在很大程度上会被忽略。这可能会导致树之间的相关性很大。然而，如果将每个内部结点的属性选择限制为属性的随机子集，则可以确保强预测因子和弱预测因子都会被选择，从而促进树的多样性。这个原则被随机森林用来构建去相关的决策树。

通过聚集强且去相关的决策树组合分类器的预测，随机森林能够减小树的方差而不会对它们的低偏置产生负面影响。这使得随机森林对过拟合具有鲁棒性。此外，由于它们能够在每个内部结点仅考虑属性的一小部分，所以即使在高维设置中，随机森林在计算上也是快速且鲁棒的。

在每个结点 p 上选择的属性的数量是随机森林分类器的超参数。较小的 p 值可以降低 [311] 分类器之间的相关性，但也可能降低其强度。较大的 p 值可以提高其强度，但可能会导致出现类似于装袋的相关树。尽管文献中通常建议 p 为 $\sqrt{d}$ 和 $\log_2(d+1)$，但对于给定的训练集，合适的 p 值总是可以通过在验证集上进行调整来选择，如第 3 章所述。但是，在随机森林中选择超参数还有另一种方法，不需要使用单独的验证集。它包含直接在训练期间计算广义误差率的可靠估计，即所谓的**袋外**（out-of-bag，oob）误差估计。可以针对任何通用组合学习方法来计算 oob 估计，该组合学习方法使用训练集的自助样本（例如装袋和随机森林）来构建独立的基分类器。计算 oob 估计的方法可以描述如下。

考虑一种组合学习方法，该方法使用独立的基分类器 T_i，该分类器建立在训练集 D_i 的自助样本上。由于每个训练实例 x 将用于训练大约 63% 的基分类器，因此可以将其余 27% 的基分类器的 x 作为一个**袋外样本**（out-of-bag sample）调用，而这些基分类器并未用于训练。如果使用这剩余的 27% 的分类器对 x 进行预测，那么通过多数表决并将其与类标签进行比较，可以获得 x 上的 oob 误差。注意，oob 误差会在未用于训练这些分类器的实例上估计这 27% 的分类器的误差。因此，oob 误差可以被认为是广义误差的可靠估计。通过取所有训练实例的 oob 误差的平均值，可以计算总体 oob 误差估计值。这可以用作选择超参数的验证错误率的替代方法。因此，随机森林不需要使用训练集的单独分区进行验证，因为它可以同时训练基分类器并计算相同数据集上的泛化错误率估计值。

实验发现随机森林能够显著改善泛化性能，通常可以与 AdaBoost 算法提供的改进相比较。与 AdaBoost 算法相比，随机森林对过拟合更具有鲁棒性，运行也更快。

4.10.7　组合方法的实验比较

表 4.5 显示了将决策树分类器与装袋、提升和随机森林的性能相比较的实验结果。每种组合方法使用的基分类器由 50 棵决策树组成。表中展示的分类准确率通过十重交叉验 [312] 证得到。注意，在许多数据集上，组合分类器都优于单个的决策树分类器。

表 4.5　决策树分类器与三种组合方法的准确率比较

数据集	（属性、类、实例）的个数	决策树（%）	装袋（%）	提升（%）	RF（%）
Anneal	(39, 6, 898)	92.09	94.43	95.43	95.43
Australia	(15, 2, 690)	85.51	87.10	85.22	85.80
Auto	(26, 7, 205)	81.95	85.37	85.37	84.39

（续）

数据集	(属性、类、实例)的个数	决策树(%)	装袋(%)	提升(%)	RF(%)
Breast	(11, 2, 699)	95.14	96.42	97.28	96.14
Cleve	(14, 2, 303)	76.24	81.52	82.18	82.18
Credit	(16, 2, 690)	85.8	86.23	86.09	85.8
Diabetes	(9, 2, 768)	72.40	76.30	73.18	75.13
German	(21, 2, 1000)	70.90	73.40	73.00	74.5
Glass	(10, 7, 214)	67.29	76.17	77.57	78.04
Heart	(14, 2, 270)	80.00	81.48	80.74	83.33
Hepatitis	(20, 2, 155)	81.94	81.29	83.87	83.23
Horse	(23, 2, 368)	85.33	85.87	81.25	85.33
Ionosphere	(35, 2, 351)	89.17	92.02	93.73	93.45
Iris	(5, 3, 150)	94.67	94.67	94.00	93.33
Labor	(17, 2, 57)	78.95	84.21	89.47	84.21
Led7	(8, 10, 3200)	73.34	73.66	73.34	73.06
Lymphography	(19, 4, 148)	77.03	79.05	85.14	82.43
Pima	(9, 2, 768)	74.35	76.69	73.44	77.60
Sonar	(61, 2, 208)	78.85	78.85	84.62	85.58
Tic-tac-toe	(10, 2, 958)	83.72	93.84	98.54	95.82
Vehicle	(19, 4, 846)	71.04	74.11	78.25	74.94
Waveform	(22, 3, 5000)	76.44	83.30	83.90	84.04
Wine	(14, 3, 178)	94.38	96.07	97.75	97.75
Zoo	(17, 7, 101)	93.07	93.07	95.05	97.03

4.11 类不平衡问题

在许多数据集中，不同类别的实例数量是不接近的，这种性质称为**倾斜**（skew）或**类不平衡**（class imbalance）。例如，考虑一个医疗健康应用，其中用诊断报告来判断一个人是否患有罕见疾病。由于疾病的不常见特性，使得我们只能观察到小部分被肯定诊断的对象。类似地，在信用卡欺诈检测中，合法交易的数量远远超过欺诈数量。

类之间的不平衡度在不同的应用之间，甚至在同一个应用的不同数据集之间都会不同。例如，由于饮食和生活方式的不同，患罕见疾病的风险会因人群而异。但是，尽管这些是偶尔发生的事情，对于稀少类别的正确分类器比大多数类别的正确分类器具有更大的价值。例如，忽视患有疾病的患者可能比误诊健康人更危险。

更一般地，类不平衡给分类带来了两个挑战。首先，很难找到充足的稀有类别的样本。请注意，目前讨论的许多分类器只有在两个类别平衡的情况下才会有效。尽管有些分类器处理训练数据中的不平衡问题比其他的分类器更加有效，例如基于规则的分类器和 $k-$NN。但是如果少数类在训练集中没有得到很好的表达，它们都会受到影响。一般来说，在不平衡数据集上进行训练的分类器显示出偏于改善大多数类别的性能，这往往不是所期望的行为。因此，现有的许多分类模型在不平衡数据集上进行训练时，可能无法有效检测到罕见类的实例。

其次，准确率是评估分类性能的传统方法，不适合在类不平衡的测试数据中评估模型。例如，如果1%的信用卡交易是欺诈性的，那么一个预测每笔交易合法的普通模型即使未能检测到任何欺诈活动，也会有99%的准确性。因此，需要使用对倾斜敏感的替代评估指标，并且可以捕获不同的准确率指标。

在本节中，我们首先介绍一些在训练集中存在类不平衡时构建分类器的通用方法。然后讨论评估分类性能的方法，并在存在倾斜测试集的情况下调整分类决策。在本节的其余部分中，我们将简单地考虑二分类问题，其中少数类称为正（＋）类，而多数类称为负（－）类。

4.11.1　类不平衡的分类器构建

在训练集中出现类不平衡时，建立分类器主要要考虑两个因素。首先，需要确保在一 [314] 个数据集上进行训练的学习算法既能够充分表示大多数类，也能够表达少数类。确保这一点的一些常见方法包括对训练数据集的过采样和欠采样。其次，在学习分类模型之后，需要一种方法来调整其分类决策（从而创建适当调整的分类器），以最佳地匹配不平衡测试集的要求。这通常将分类模型的输出转换为实数分数，然后在分类分数上选择合适的阈值以匹配测试集的需求。下面将详细讨论这两个考虑因素。

1. 过采样和欠采样

学习不平衡数据的第一步是将训练集转换为平衡训练集，其中两个类的表示几乎相等。然后平衡训练集可以使用现有的任何分类技术（不需要对学习算法进行任何修改）来学习一个模型，该模型同等地对待两个类。接下来介绍一些将不平衡训练集转化为平衡训练集的常用技术。

创建平衡训练集的一个基本方法是生成一个训练实例样本，其中罕见类具有足够的代表性。有两种采样方法可用于增强少数类的代表性：（a）**欠采样**（undersampling），其中降低多数类的频率来匹配少数类的频率；（b）**过采样**（oversampling），生成少数类的人造实例，使它们与负实例的数量成比例。

为了描述欠采样，请考虑一个包含100个正实例和1000个负实例的训练集。为了克服这些类之间的倾斜，可以从负类中选择100个实例的随机样本，并将它们与100个正实例一起构成一个平衡的训练集。建立在所得到的平衡数据集上的分类器不会偏向两个类。然而，欠采样的一个限制是一些有意义的数据不被选来训练（例如，更接近实际决策边界的实例），因此导致较差的分类模型。另一个限制是100个负实例的较小样本可能比1000个较大数据集具有更高的方差。

过采样试图通过人为产生新的正样本来创建一个平衡的训练集。过采样的一个简单 [315] 方法是复制每个正例 $\frac{n_-}{n_+}$ 次，其中 n_+ 和 n_- 分别是正和负训练实例的数目。图4.51说明了过采样对使用分类器（如决策树）进行决策边界学习的影响。在没有过采样的情况下，只有图4.51a右下方的正实例才能正确分类。因为没有足够的实例来判断新的决策边界能够区分正类和负类，所以图中间的正实例是被错误分类的。如图4.51b所示，过采样提供了额外的实例，以确保围绕正例的决策边界不被修剪。请注意，重复一个正实例类似于在训练阶段将其权重加倍。因此，过采样的影响可以通过给正实例分配比负实例更高的权重来实现。这种给实例加权的方法可以与多种分类器一起使用，如logistic回归、ANN和SVM。

过采样的复制方法的一个限制是，与其在整体数据中的真实分布相比，重复的正例具有人为的较低方差，这可能会使分类器偏向于训练实例的特定分布，不代表测试实例的总

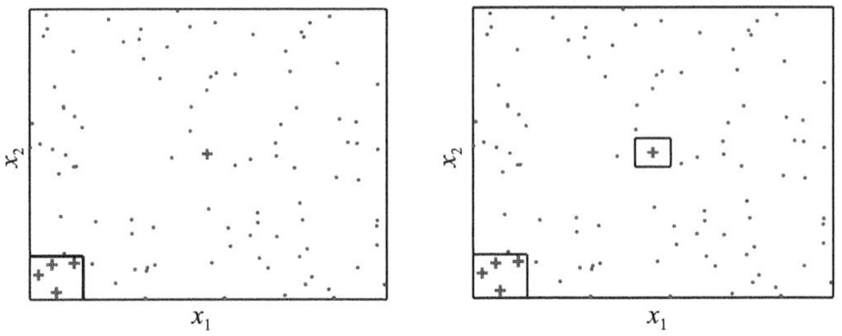

a）不使用过采样   b）使用过采样

图 4.51 对罕见类过采样的影响描述

体分布，从而导致泛化能力差。为了克服这个限制，过采样的另一种方法是在现有正实例附近生成合成正实例。在这种被称为合成少数过采样技术（Synthetic Minority Oversampling Technique，SMOTE）的方法中，首先确定每个正实例 x 最近的 k 个近邻正实例，然后在连接 x 到随机选择的 k 近邻 x_k 的线段上的某个中间点处生成一个合成正实例。重复该过程，直到达到所需数量的正实例。然而，这种方法的一个局限性是，它只能在现有正类的凸包中产生新的正实例。因此，它不能改善现有正实例边界以外的正类的表现。尽管它们各有优缺点，但欠采样和过采样为在类不平衡情况下生成平衡训练集提供了有用的指导。

2. 为测试实例分配分数

如果一个分类器为每个测试实例 x 返回一个分数 $s(x)$，例如，更高的分数表示 x 属于正类的可能性更大，那么对于每个可能的分数阈值 s_T，可以创建一个新的二分类器，其中测试实例 x 仅在 $s(x) > s_T$ 时才为正类。因此，对 s_T 的每个选择都可能导致不同的分类器，我们希望找到最适合需求的分类器。

理想情况下，我们希望分类得分随着正类的实际后验概率单调变化，即如果 $s(x_1)$ 和 $s(x_2)$ 是任意两个实例 x_1 和 x_2 的分数，则 $s(x_1) \geqslant s(x_2) \Rightarrow P(y=1|x_1) \geqslant P(y|x_2)$。然而，这在实践中难以保证，因为分类分数的属性取决于若干因素，例如分类算法的复杂性和训练集的表达能力。一般而言，即使关系不是严格单调的，我们也只能期望一个合理算法的分类分数与正类的实际后验概率弱相关。大多数分类器可以很容易地修改，以产生这样一个实数分数。例如，SVM 正边界超平面上的一个有符号实例距离可以用作分类分数。另一个例子，属于决策树中的叶子的测试实例，可以根据叶子中标记为正类的训练实例的比例分配一个分数。此外，概率分类器，如朴素贝叶斯，贝叶斯网络和 logistic 回归自然会输出后验概率 $P(y=1|x)$ 的估计值。接下来，讨论一些在类不平衡情况下评估分类器好坏的评估方法。

4.11.2 带类不平衡的性能评估

在测试集上表示分类器性能的最基本方法是使用**混淆矩阵**（confusion matrix），如表 4.6 所示。该表与表 3.4 基本相同，表 3.4 是在 3.2 节评估分类性能的情况下引入的。混淆矩阵使用以下 4 种计数总结了分类器正确或不正确预测的实例的数量：

- 真正（True Positive，TP）或 f_{++}，对应于被分类模型正确预测的正样本数。
- 假负（False Negative，FN）或 f_{+-}（也称为第一类错误），对应于被分类模型错误预测为负类的正样本数。
- 假正（False Positive，FP）或 f_{-+}（也称为第二类错误），对应于被分类模型错误预测为正类的负样本数。

- 真负(True Negative，TN)或 f_{--}，对应于被分类模型正确预测的负样本数。

表 4.6　类不是同等重要的二分类器的混淆矩阵

		预测的类	
		+	−
实际的类	+	f_{++}(TP)	f_{+-}(FN)
	−	f_{-+}(FP)	f　(TN)

　　混淆矩阵提供给定测试数据集上分类性能的简洁表示。然而，使用由分类器的混淆矩阵提供的四维表示(对应于 4 个计数)来解释和比较分类器的性能通常是困难的。因此，混淆矩阵中的计数通常使用若干**评估方法**(evaluation measure)进行概括。准确率就是这种评估方法的一个例子，其将这 4 种计数结合成一个单一值，这种方法在类平衡时被广泛使用。但是，准确率度量不适合处理不平衡类分布的数据集，因为它往往倾向于正确分类多数类的分类器。在下文中，我们将描述其他可能的措施，这些措施可以在处理不平衡类时提供不同的性能标准。

　　基本的评估指标是**真正率**(True Positive Rate，TPR)，它定义为由分类器正确预测的正测试实例的比例：

$$\text{TPR} = \frac{\text{TP}}{\text{TP} + \text{FN}}$$

　　在医学界，TPR 也称为**灵敏度**(sensitivity)，而在信息检索文献中，称其为**召回率** r(recall)。具有较高 TPR 的分类器正确识别正实例数据的机会较大。

　　类似于 TPR，**真负率**(True Negative Rate，TNR)(也称为**特指度**(specificity))定义为由分类器正确预测的负测试实例的比例：

$$\text{TNR} = \frac{\text{TN}}{\text{FP} + \text{TN}}$$

　　高 TNR 值表示分类器对测试集中任意随机选择的负实例进行分类的正确性大。类似于 TNR 的一个常用评估方式是**假正率**(False Positive Rate，FPR)，定义为 $1 - \text{TNR}$。

$$\text{FPR} = \frac{\text{FP}}{\text{FP} + \text{TN}}$$

　　同理，可以定义**假负率**(False Negative Rate，FNR)为 1-RPR：

$$\text{FNR} = \frac{\text{FN}}{\text{FN} + \text{TP}}$$

　　请注意，上面定义的评估度量没有考虑类之间的**倾斜度**(skew)，倾斜度形式化定义为 $\alpha = \dfrac{P}{P+N}$，其中 P 和 N 分别表示实际的正例数量和实际负例数量。因此，改变 P 和 N 的相对数不会影响 TPR、TNR、FPR 或 FNR，因为它们仅取决于每个类的正确分类的比例，而不依赖于其他类。此外，知道 TPR 和 TNR 的值(以及 FNR 和 FPR)本身并不能帮助我们唯一确定混淆矩阵的所有 4 个计数。然而，如表 4.7 所示，结合倾斜因子 α 和实例总数 N 的信息，可以使用 TPR 和 TNR 来计算整个混淆矩阵。

表 4.7　根据 TPR、TNR、倾斜度 α、实例总数 N 来丰富混淆矩阵

	预测的+	预测的−	
实际的+	$\text{TPR} \times \alpha \times N$	$(1 - \text{TPR}) \times \alpha \times N$	$\alpha \times N$
实际的−	$(1 - \text{TNR}) \times (1 - \alpha) \times N$	$\text{TNR} \times (1 - \alpha) \times N$	$(1 - \alpha) \times N$
			N

对倾斜敏感的评估度量是**精度**(precision)，其可以定义为预测为正类的总数中被正确预测为正类的比例，即

$$p = \frac{\text{TP}}{\text{TP}+\text{FP}}$$

精度也称为**正预测值**(Positive Predicted Value，PPV)。具有高精度的分类器可能具有大多数正确的正预测。对于高度倾斜的测试集，精度是一种有用的度量方法，其中正预测(即使数量很少)要求大部分是正确的。与精度密切相关的度量是**错误发现率**(False Discovery Rate，FDR)，可以将其定义为 $1-p$。

$$\text{FDR} = \frac{\text{FP}}{\text{TP}+\text{FP}}$$

虽然 FDR 和 FPR 都关注 FP，但它们旨在捕捉不同的评估目标，因此可以采用完全不同的值，尤其是在类不平衡的情况下。为了说明这一点，考虑一个具有以下混淆矩阵的分类器。

		预测的类	
		$+$	$-$
实际的类	$+$	100	0
	$-$	100	900

由于分类器做出的一半正预测不正确，因此 FDR 值为 $\frac{100}{100+100}=0.5$。但是，它的 FPR 很低，等于 $\frac{100}{100+900}=0.1$。这个例子表明，在高倾斜(即 α 值非常小)的情况下，即使是小的 FPR 也会导致高 FDR。有关此问题的进一步讨论，请参见 10.6 节。

320

请注意，以上定义的评估度量提供了性能的不完整表示，因为它们只捕获假正(例如，FPR 和精度)的影响或假负的影响(例如 TPR 或召回率)，但不是全部。因此，如果只优化其中一种评估度量，可能会得到一个分类器，该分类器显示低 FN 但高 FP，反之亦然。例如，将每个实例断言为正类的分类器将具有最高的召回率，但是具有高 FPR 和非常差的精度。另一方面，在将实例非常保守地分类为正(以减少 FP)的分类器可能最终导致具有高精度但非常差的召回率。因此，我们需要评估措施来解决两类错误分类 FP 和 FN。以下定义总结了此类评估措施的一些示例：

$$\text{正似然比} = \frac{\text{TPR}}{\text{FPR}}$$

$$F_1\text{度量} = \frac{2rp}{r+p} = \frac{2 \times \text{TP}}{2 \times \text{TP} + \text{FP} + \text{FN}}$$

$$G\text{度量} = \sqrt{rp} = \frac{\text{TP}}{\sqrt{(\text{TP}+\text{FP})(\text{TP}+\text{FN})}}$$

尽管这些评估度量中的一些对于倾斜度是不变的(例如，正似然比)，但其他(例如精度和 F_1 度量)对于倾斜敏感。此外，不同的评估度量以各种方式捕捉不同类型的分类错误的影响。例如，F_1 度量表示召回率和精度之间的调和均值，即，

$$F_1 = \frac{2}{\frac{1}{r}+\frac{1}{p}}$$

由于两个数字的调和均值趋于接近这两个数值中较小的一个，所以 F_1 度量的高值确保精度和召回率都较高。类似地，G 度量表示召回率和精度之间的几何平均值。在下一个

例子中给出了调和、几何和算术平均值之间的比较。

例 4.9 考虑两个正数 $a=1$，$b=5$，它们的算术平均值 $\mu_a=\dfrac{a+b}{2}=3$，几何均值 $\mu_g=$ $\sqrt{ab}=2.236$，它们的调和均值 $\mu_h=\dfrac{2\times1\times5}{6}=1.667$，它比算术均值和几何均值更接近于 a 和 b 中的较小值。 ◀ [321]

F_1 度量的一个通用扩展是 F_β 度量，它可以定义为

$$F_\beta=\frac{(\beta^2+1)rp}{r+\beta^2 p}=\frac{(\beta^2+1)\times\mathrm{TP}}{(\beta^2+1)\mathrm{TP}+\beta^2\mathrm{FP}+\mathrm{FN}} \tag{4.106}$$

通过分别设定 $\beta=0$ 和 $\beta=\infty$，可以将精度和召回率分别视为 F_β 的特例。β 的低值使得 F_β 更接近精度，而高值使其更接近召回率。

捕获 F_β 以及准确率的更一般性度量是加权准确率度量，其由以下等式定义：

$$\text{加权准确率}=\frac{w_1\mathrm{TP}+w_4\mathrm{TN}}{w_1\mathrm{TP}+w_2\mathrm{FP}+w_3\mathrm{FN}+w_4\mathrm{TN}} \tag{4.107}$$

下表总结了加权准确率与其他性能度量之间的关系：

度量	w_1	w_2	w_3	w_4
召回率	1	1	1	0
精度	1	0	0	0
F_β	β^2+1	β^2	1	0
准确率	1	1	1	1

4.11.3　寻找最优的评分阈值

给定一个合适的评估度量 E 和分类评分分布值 $s(\boldsymbol{x})$，在验证集上，可以使用以下方法获得最优评分阈值 s^*：

1）根据评分值的大小升序排序。

2）对于评分 s 的每个唯一值，考虑仅当 $s(\boldsymbol{x})>s$ 时将实例 $\boldsymbol{x}$ 分配为正类的分类模型。设 $E(s)$ 表示该模型在验证集上的性能。

3）找到 s^* 使得评估度量 $E(s)$ 最大化：

$$s^*=\operatorname{argmax} x_s E(s)$$

请注意，s^* 可以被视为在模型选择时学习到的分类算法超参数。使用 s^*，只有在 [322] $s(\boldsymbol{x})>s^*$ 的情况下，才能为将来的测试实例 $\boldsymbol{x}$ 分配一个正的标签。如果评估度量 E 是倾斜不变的(例如，正似然比)，则可以在不知道测试集的倾斜情况下选择 s^*，并且可以预期使用 s^* 形成的分类器在测试集上获得关于评估度量 E 的最佳性能。另一方面，如果 E 对倾斜敏感(例如精度或 F_1 度量)，那么需要确保用于选择 s^* 的验证集的倾斜与测试集的倾斜相似，因此使用 s^* 形成的分类器展示了相对于 E 的最佳测试性能。或者，给定测试数据的倾斜估计 α，我们可以将它与验证集上的 TPR 和 TNR 一起用于估计混淆矩阵(见表 4.7)，从而估计测试集上的任何评估度量 E。然后可以预期使用 E 的估计来选择评分阈值 s^*，并且得到关于 E 的最佳测试性能。此外，在验证集上选择 s^* 的方法可以通过使用每个算法的最优值 s^* 帮助比较不同分类算法的测试性能。

4.11.4　综合评估性能

虽然上述方法有助于找到一个评分阈值 s^*，该评分阈值 s^* 提供了关于期望的评估度

量和一个确定的倾斜度 α 的最佳性能，但有时我们关注于评估分类器在多个可能的评分阈值上的表现，每一个都对应不同的评估度量和倾斜度。在评分阈值范围内评估分类器的性能称为**综合评估**（aggregate evaluation）。在这种分析方式中，重点不在于评估与最佳评分阈值对应的单个分类器的性能，而是评估由测试集上的分类评分产生的排名的总体质量。一般而言，这有助于获得对特定评分阈值选择不敏感的分类性能的稳健估计。

1. 接受者操作特征曲线

一种广泛使用的综合评估工具是**接受者操作特征**（Receiver Operating Characteristic，ROC）曲线。ROC 曲线是用于显示分类器在不同的评分阈值上的 TPR 和 FPR 之间折中的图形化方法。在 ROC 曲线中，TPR 沿 y 轴绘制，FPR 显示在 x 轴上。曲线的每个点对应于通过对分类器产生的测试评分设置阈值而得到的分类模型。以下过程描述了计算 ROC 曲线的一般方法：

1）根据评分值的大小对测试进行升序排序。

2）选择排名最低的测试实例（即评分值最小的实例）。将选择的实例和排名超过它的实例划分为正类。这种方式等价于把所有的测试实例都划分为正类。因为所有的正样本都被正确分类，而所有的负样本都被误分类，因此 TPR＝FPR＝1。

3）从排序列表中选择下一个测试实例。将选择的实例和排名超过它的实例划分为正类，而将排名低于它的实例分为负类。通过检查所选实例的实际类标鉴来更新 TP 和 FP 的计数。如果此实例属于正类，则 TP 计数减少并且 FP 计数保持不变。如果实例属于负类，则 FP 计数减少并且 TP 计数保持不变。

4）重复步骤 3 并相应地更新 TP 和 FP 计数，直到选择排名最高的测试实例。在这个最终的阈值处，因为所有的实例都被标记为负类，所以 TPR＝FPR＝0。

5）根据分类器的 FPR 绘制 TPR 图。

例 4.10 **生成 ROC 曲线** 图 4.52 显示了如何计算每个评分阈值选择的 TPR 和 FPR 值的例子。测试集中有 5 个正样本和 5 个负样本。测试实例的类标签显示在表的第一行，而第二行对应于每个实例排序后的评分值。接下来的 6 行包含 TP、FP、TN 和 FN 的计数，以及相应的 TPR 和 FPR。表格从左到右填充。开始时，所有的实例都被预测为正类。因此，TP＝FP＝5 并且 TPR＝FPR＝1。接下来，我们将具有最低分数的测试实例指定为负类。由于所选实例实际上是一个正例，因此 TP 计数从 5 减少到 4，并且 FP 计数不变。FPR 和 TPR 会相应更新。重复此过程直到列表的末尾，此时 TPR＝0 且 FPR＝0。这个例子的 ROC 曲线如图 4.53 所示。

类别	+	−	+	−	−	−	+	−	+	+	
	0.25	0.43	0.53	0.76	0.85	0.85	0.85	0.87	0.93	0.95	1.00
TP	5	4	4	3	3	3	3	2	2	1	0
FP	5	5	4	4	3	2	1	1	0	0	0
TN	0	0	1	1	2	3	4	4	5	5	5
FN	0	1	1	2	2	2	2	3	3	4	5
TPR	1	0.8	0.8	0.6	0.6	0.6	0.6	0.4	0.4	0.2	0
FPR	1	1	0.8	0.8	0.6	0.4	0.2	0.2	0	0	0

图 4.52 计算每个评分阈值对应的 TPR 和 FPR

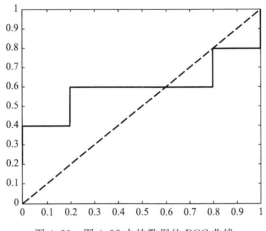

图 4.53 图 4.52 中的数据的 ROC 曲线

请注意，在 ROC 曲线中，TPR 随 FPR 单调递增，因为在预测为正类的集合中包含测试实例可以增加 TPR 或 FPR。ROC 曲线因此具有阶梯图案。此外，ROC 曲线上的几个关键点具有众所周知的解释：

- （TPR＝0，FPR＝0）：模型将每个实例都预测为负类。
- （TPR＝1，FPR＝1）：模型将每个实例都预测为正类。
- （TPR＝1，FPR＝0）：完美的模型具有零错误分类。

一个好的分类模型应该尽可能靠近图的左上角，而一个随机猜测的模型应该位于连接点为（TPR＝0，FPR＝0）和（TPR＝1，FPR＝1）的主对角线上。随机猜测是指以固定的概率 p 将实例分类为正类，而不管其属性集如何。例如，考虑一个包含 n_+ 个正实例和 n_- 个负实例的数据集。随机分类器期望正确地分类 pn_+ 个正实例，而误分类 pn_- 个负实例。因此，分类器的 TPR 是 $\frac{pn_+}{n_+}=p$，而它的 FPR 是 $\frac{pn_-}{p}=p$。因此，这个随机分类器将驻留在沿着主对角线的 ROC 曲线中的点（p，p）处。

由于 ROC 曲线上的每个点表示使用特定评分阈值生成的分类器的性能，因此可将它们视为分类器的不同**操作点**（operating point）。根据应用的要求，可以选择这些操作点。因此，ROC 曲线便于在一定范围的操作点上对分类器进行比较。例如，图 4.54 比较了通过改变评分阈值产生的两个分类器 M_1 和 M_2 的 ROC 曲线。当 FPR 小于 0.36 时，可以看到 M_1 比 M_2 好，因为 M_1 在这个范围的操作点上展示出比 M_2 好的 TPR。另一方面，当 FPR 大于 0.36 时，M_2 是较好的，因为在该范围内 M_2 的 TPR 高于 M_1 的 TPR。显然，两个分类器都不**主导**（严格优于）另一个，即在所有操作点上显示较高的 TPR 值和较低的 FPR 值。

总结所有操作点的总体行为，其中一个常用的度量是 **ROC 曲线下面积**（AUC）。如果分类器是完美的，那么 ROC 曲线下的面积将等于 1。如果该算法简单地执行随机猜测，则 ROC 曲线下的面积将等于 0.5。

尽管 AUC 提供了综合性能的有用总结，但使用 AUC 比较分类器时存在一些注意事项。首先，即使算法 A 的 AUC 高于另一算法 B 的 AUC，但这并不意味着算法 A 总是优于 B，即 A 的 ROC 曲线在所有操作点上占主导地位。例如，尽管 M_1 在图 4.54 中显示的 AUC 略低于 M_2，但可以看到，M_1 和 M_2 在不同的操作点范围内都是有用的，在所有可能的操作点中，它们都没有严格优于另一个。因此，除非知道其中一种算法的 ROC 曲线严

325
326

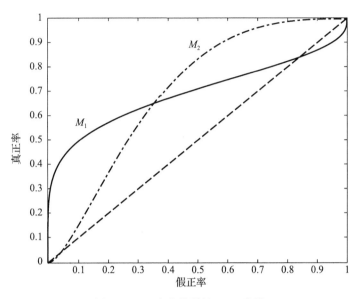

图 4.54　两个分类器的 ROC 曲线

格优于另一种算法，否则不能使用 AUC 来确定哪种算法更好。

其次，尽管 AUC 总结了所有操作点的综合性能，但大多数应用中，我们通常只对一小部分操作点感兴趣。例如，即使 M_1 的 AUC 略低于 M_2，但对于小 FPR 值（小于 0.36），M_1 的 TPR 高于 M_2 的 TPR 值。在类不平衡的情况下，算法具有小 FPR 值（也称为早期检索）通常比所有 FPR 值更有意义。这是因为，在许多应用中，评估分类器在前几个评分最高的情况下实现的 TPR 非常重要，而不会产生大的 FPR。因此，在图 4.54 中，由于 M_1 在早期检索过程中 TPR 值较高（FPR<0.36），尽管 M_1 的 AUC 较低，但对于不平衡的测试集，相对于 M_2，我们可能更倾向于 M_1。因此，在比较不同分类器的 AUC 值时必须小心，通常通过可视化它们的 ROC 曲线而不是仅仅展示它们的 AUC 值。

因为用于构建 ROC 曲线（TPR 和 FPR）的评估度量对于类不平衡是不变的，所以 ROC 曲线的一个关键特征是它们对测试集中的倾斜度不可知。因此，ROC 曲线不适合度量倾斜对分类性能的影响。特别是，对于两个具有不同倾斜度的测试数据集，我们可以获得相同的 ROC 曲线。

2. 精度-召回率曲线

精度-召回率（Precision Recall，PR）曲线是综合评估的一种替代工具。PR 曲线通过改变测试评分阈值分别绘制分类器在 y 轴和 x 轴上的精度和召回率值。图 4.55 展示了两个假设分类器 M_1 和 M_2 的 PR 曲线的例子。产生 PR 曲线的方法类似于上述产生 ROC 曲线的方法。但是，PR 曲线中有一些关键的差异特征：

1）PR 曲线是对倾斜因子 $\alpha = \dfrac{P}{P+N}$ 敏感的，并且针对不同的 α 值生成不同的 PR 曲线。

2）当评分阈值最低时（每个实例标记为正），精度等于 α，而召回率为 1。当增加评分阈值时，预测到的正类的数量可以保持相同或减少。因此，召回率随着评分阈值的增加而单调下降。一般来说，一旦将实例添加到预测到的正类的集合中，对于相同的召回率，精度可以增加或减少。例如，如果排名第 k 的实例属于负类，那么包含它将导致精度下降而不影响召回率。如果这个实例属于正类，那么在下一步中精度可以提高，这增加了第 $(k+1)$ 个排名实例。因此，PR 曲线并不像 ROC 曲线那样平滑的单调递增曲线，通常具有锯齿形图案。这种模式在曲线左侧更为突出，即使误报数量发生微小变化也会导致精度发生较大变化。

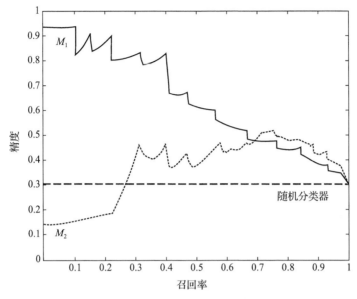

图 4.55　两个不同分类器的 PR 曲线

3）因为在增加类别之间的不平衡时（减少 α 的值），所有 PR 曲线的最右边点将向下移动。在 PR 曲线的最左端点（对应于评分阈值的较大值）处及附近，召回率接近于零，而精度等于该算法的排名最靠前的实例中正实例的比例。因此，不同的分类器在 PR 曲线的最左端点可能具有不同的精度值。此外，如果算法的分类评分随着正类的后验概率单调变化，则可以预计 PR 曲线从最左端点的高精度值逐渐下降到最右端点的常数值 α，尽管会有些起伏。这可以从图 4.55 中的算法 M_1 的 PR 曲线中观察到，该曲线从左侧的较高精度值开始，随着向右移动逐渐减小。另一方面，算法 M_2 的 PR 曲线从左侧精度较低的值开始，并且在向右移动时显示更剧烈的起伏，这表明 M_2 的分类得分与正类的后验概率具有较弱的单调关系。

4）一个随机分类器用一个固定的概率 p 将一个实例划分为正类，这个分类器具有 α 精度和 p 召回率。因此，如图 4.55 中的虚线所示，执行随机猜测的分类器具有水平 PR 曲线 $y=\alpha$。请注意，与代表随机分类器的 ROC 曲线的固定主对角线不同，PR 曲线中的随机基线取决于测试集中的倾斜度。

5）请注意，相比算法的 FPR，算法的精度受排名靠前的测试实例中假正实例的影响更强烈。基于这个原因，PR 曲线通常有助于放大 PR 曲线左侧分类器之间的差异。因此，在测试数据中出现类不平衡的情况下，分析 PR 曲线通常会比分析 ROC 曲线更深入地了解分类器的性能，特别是在操作点的早期检索范围内。

329

6）对应于完美的分类器（精度＝1，召回率＝1）。与 AUC 类似，我们也可以计算算法 PR 曲线下的面积，称为 AUC-PR。随机分类器的 AUC-PR 等于 α，而完美算法的 AUC-PR 等于 1。请注意，与 ROC 曲线不同，AUC-PR 随测试集中的倾斜度的变化而变化，而 ROC 曲线下的面积对倾斜度不敏感。AUC-PR 有助于强调操作点早期检索范围内分类算法之间的差异。因此，它更适合评估类不平衡情况下的分类性能，而不是 ROC 曲线下的面积。然而，与 ROC 曲线相似，AUC-PR 的较高值并不能保证一种分类算法优于另一种分类算法。这是因为两种算法的 PR 曲线很容易相互交叉，使得它们在不同的操作点范围内都表现出更好的性能。因此，在比较它们的 AUC-PR 值之前，为了确保有意义的评估，可视化 PR 曲线是重要的。

4.12 多类问题

本章描述的一些分类技术最初是针对二分类问题设计的。然而，现实有很多问题，例如字符识别、人脸识别和文本分类，其中输入数据被分为两类以上。本节介绍了扩展二分类器以处理多类问题的几种方法。为了说明这些方法，令 $Y = \{y_1, y_2, \cdots, y_K\}$ 是输入数据的一组类别。

第一种方法是将多类问题分解为 K 个二类问题。对于每个类 $y_i \in Y$，创建一个二类问题，其中属于 y_i 的所有实例都被认为是正类，而其余实例被认为是负类。然后构造二分类器将类别为 y_i 的实例与其他类分开。这就是所谓的一对其他 $(1-r)$ 方法。

第二种方法称为一对一 $(1-1)$ 方法，构造 $\frac{K(K-1)}{2}$ 个二分类器，其中每个分类器用于区分一对类 (y_i, y_j)。在构建 (y_i, y_j) 的二分类器时，不属于 y_i 或 y_j 的实例将被忽略。在 $1-r$ 和 $1-1$ 方法中，通过组合二分类器的预测来对测试实例进行分类。组合预测的典型做法是使用投票表决，其中，测试实例指派到得到最高投票数的类。在 $1-r$ 方法中，如果一个实例被分类为负类，那么除正类以外的所有类都会得到一票。然而，这种方法可能会导致不同类别之间的平局。另一种可能性是将二分类器的输出转换成概率估计，然后将测试实例指派给具有最高概率的类。

例 4.11 考虑一个多类问题，其中 $Y = \{y_1, y_2, y_3, y_4\}$。假设根据 $1-r$ 方法将测试实例分类为 $(+, -, -, -)$。换言之，当 y_1 用作正类时，它被分类为正类，而当 y_2、y_3 和 y_4 用作正类时，它被分类为负类。使用简单的多数表决，请注意 y_1 获得最高的投票数 4，而其余的类只得到 3 票，因此测试实例被分类为 y_1。◀

例 4.12 假设测试实例使用 $1-1$ 方法进行分类，具体如下：

类的二元对	$+: y_1$ $-: y_2$	$+: y_1$ $-: y_3$	$+: y_1$ $-: y_4$	$+: y_2$ $-: y_3$	$+: y_2$ $-: y_4$	$+: y_3$ $-: y_4$
分类	+	+	−	+	−	+

表中的前两行对应于选择构建分类器的类对 (y_i, y_j)，最后一行表示测试实例的预测类。通过合并预测后，y_1 和 y_4 的都得到两张投票，而 y_2 和 y_3 每个只能得到一张投票。测试实例因此被分类为 y_1 或 y_4，具体取决于打破平局的程序。◀

纠错输出编码

前面介绍的两种方法的一个问题是，它们对二分类的错误太敏感。对于例 4.12 中给出的 $1-r$ 方法，如果有一个二分类器做出了错误的预测，则组合分类器可能就以平局或一个错误的预测结束。例如，假设由于第三个分类器的误分，测试实例被分为 $(+, -, +, -)$。这时，除非考虑与每个类预测相关联的概率，否则很难决定样本应分为 y_1 类还是 y_3 类。

纠错输出编码（Error-Correcting Output Coding，ECOC）方法提供了一种处理多类问题的更鲁棒的方法。这种方法受信息理论中通过噪声信道发送信息的启发。其基本思想是借助代码字向传输信息中增加一些冗余，从而使得接收方能发现接收信息中的一些错误，而且如果错误量很少，还可能恢复原始信息。

对于多类学习，每个类 y_i 用一个长度为 n 的唯一的位串来表示，称它为代码字。然后训练 n 个二分类器，预测代码字串的每个位。检验实例的预测类由这样的代码字给出，该代码字到二分类器产生的代码字的汉明距离最近。注意，两个位串之间的汉明距离是它们的不同位的数目。

例 4.13 考虑一个多类问题，其中 $K=\{y_1, y_2, y_3, y_4\}$。假定使用下面的 7 位代码字对类进行编码：

类	代码字						
y_1	1	1	1	1	1	1	1
y_2	0	0	0	0	1	1	1
y_3	0	0	1	1	0	0	1
y_4	0	1	0	1	0	1	0

代码字的每个位用来训练一个二分类器。如果一个测试实例被二分类器分类为 $(0, 1, 1, 1, 1, 1, 1)$，则该代码字与 y_1 之间的汉明距离为 1，而与其他类之间的汉明距离为 3。因此，该测试实例被分类为 y_1。　　◀

纠错码的一个有趣的性质是，如果任意代码字对之间的最小汉明距离为 d，则输出代码中任意 $\lfloor(d-1)/2\rfloor$ 个错误可以使用离它最近的代码字纠正。在例 4.13 中，因为任意代码字对之间的最小汉明距离为 4，所以组合分类器可以容忍 7 个二分类器中的 1 个出错。如果出错的分类器超过一个，则组合分类器将不能纠正这些错误。

一个很重要的问题是如何为不同的类设计合适的代码字集合。从编码理论来看，目前已经开发出了大量的能够产生具有有限汉明距离的 n 位代码字的算法。然而，这些算法的讨论已经超出本书范围。值得一提的是，为通信任务设计的纠错码明显不同于多类学习的纠错码。对通信任务设计的代码字应该最大化各行之间的汉明距离，使得纠错可以进行。然而，多类学习要求将代码字列向和行向的距离很好地分开。较大的列向距离可以确保二分类器是相互独立的，而这正是组合学习算法的一个重要要求。

332

文献注释

Mitchdl[278]从机器学习的角度极好地介绍了许多分类技术。对分类的更广泛的论述还可以从下面文献中找到：Aggarwal[195]、Duda 等[229]、Webb[307]、Fukunaga[237]、Bishop[204]、Hastie 等[249]、Cherkassky 和 Mulier[244]、Witten 和 Frank[310]、Hand 等[247]、Han 和 Kamber[244]以及 Dunham[230]。

基于规则分类器的直接方法采用顺序覆盖模式来归纳分类规则。Holt[255]的 1R 是最简单的基于规则的分类器，因为它的规则集只包含单个的规则。尽管简单，但是 Holt 发现，对于一些属性和类标显示出很强的一对一关系的数据集，1R 的性能和其他分类器相当。基于规则的分类器的其他例子包括 IREP[234]、RIPPER[218]、CN2[216，217]、AQ[276]、RISE[224]和 ITRULE[296]，表 4.8 显示了其中 4 个分类器的特征对比。

表 4.8　各种的基于规则分类器的对比

	RIPPER	CN2（无序的）	CN2（有序的）	AQR
规则增长策略	一般到特殊	一般到特殊	一般到特殊	一般到特殊（以一个正样本作为种子）
评估度	FOIL 信息增益	拉普拉斯	熵和似然率	真正类的个数

（续）

	RIPPER	CN2（无序的）	CN2（有序的）	AQR
停止规则增长条件	所有样本都属于同一个类	无性能增益	无性能增益	规则只覆盖正类
规则剪枝	减少错误	无	无	无
实例删除	正的和负的	正的	正的	正的和负的
停止增加规则条件	误差>50%或基于 MDL	无性能增益	无性能增益	所有正样本都被覆盖
规则集剪枝	替换或修改规则	统计检验	无	无
搜索策略	贪心	定向搜索	定向搜索	定向搜索

333

对基于规则的分类器，先行规则可以推广到包含任意命题或一阶逻辑表达式（例如，Horn 子句）。对基于一阶逻辑规则的分类器感兴趣的读者可以参阅相关文献，如文献[278]或关于归纳逻辑程序设计的大量文献[278]。Quinlan[287]给出 C4.5 算法，从决策树中提取分类规则。Andrews 等[198]给出了从人工神经网络中提取规则的间接方法。

Cover 和 Hart[220]从贝叶斯定理的角度给出了最近邻分类方法的综述。Aha[196]提供了基于实例方法的理论和实验评估。PEBLS 是 Cost 和 Salzberg[219]提出的一种最近邻分类算法，能处理包含符号属性的数据集。在 PEBLS 中，赋予每个训练实例一个权重因子，该因子取决于实例帮助做出正确预测的次数。Han 等[243]给出了一个调整权重的最近邻算法，其中，使用一种贪心的、爬山式的优化算法来学习特征的权重。最新的有关 k 近邻分类的研究是 steinbach 和 Tan[298]。

朴素贝叶斯分类器有许多作者介绍过，包括 Langley 等[267]、Ramoni 和 Sebastiani[288]、Lewis[270]，以及 Domingos 和 Pazzani[227]。尽管朴素贝叶斯分类器中使用的独立性假设看上去很不现实，但是在诸如文本分类等应用领域，该方法的性能却出奇地好。通过允许某些属性相互依赖，贝叶斯信念网络提供了一种更灵活的方法。Heckerman[252]和 Jensen[258]给出了关于贝叶斯信念网络的很好的指南。贝叶斯网络属于更广泛的称为概率图模型的一类模型。Pearl[283]形式化地介绍了图与概率之间关系。其他有关概率图形模型的很好资源包括 Bishop[205]和 Jordan[259]书籍。Geiger 等[238]、Russell 和 Norvig[291]提供了对 d-分离和马尔可夫毯等概念的详细讨论。

广义线性模型（GLM）是统计学文献中广泛研究的一类丰富的回归模型。它们由 Nelder 和 Wedderburn[280]于 1972 年提出，以统一大量回归模型，如线性回归、logistic 回归和泊松回归，这些回归模型在公式中有一些相似之处。McCullagh 和 Nelder[274]在书中提供了关于 GLM 的广泛讨论。

人工神经网络（ANN）经历了漫长而曲折的发展历史，涉及停滞和复兴的多个阶段。1943 年 McCulloch 和 Pitts[275]首次提出了神经网络数学模型的概念。这导致了一系列基于神经可塑性理论的计算机模拟神经网络[289]。感知器是现代人工神经网络最简单的原型，由 Rosenblatt[290]于 1958 年开发出。感知器使用单层处理单元，可以执行基本的数学运算，如加法和乘法。然而，感知器只能学习线性决策边界，并且只有在类线性可分时才能保证收敛。尽管对学习多层网络的兴趣克服了感知器的局限性，但是在 1974 年 Werbos[309]发明反向传播算法之前，这方面的进展一直停滞不前，反向传播算法允许使用梯度下降法来快速训练多层神经网络。这导致人们对人工智能（AI）社区兴趣大增，开发出多层 ANN 模型，这种趋势持续了十多年。从历史上看，人工神经网络将人工智能的典型转变从基于专家系统（其中知识使用 if-then 规则编码）的方法转变为机器学习方法（知识在计算模型的参数中进行编码）。然而，在学习大型人工神经网络模型方面仍然存在许多算法

334

和计算方面的挑战，这些挑战长期以来一直没有得到解决。这阻碍了人工神经网络模型发展到解决实际问题所需的规模。慢慢地，人工神经网络开始被支持向量机等其他分类模型所超越，支持向量机提供了更好的性能以及收敛性和最优化的理论保证。直到最近，由于更好的计算资源和自 2006 年以来人工神经网络的一些算法改进，学习深度神经网络的挑战已被绕开。人工神经网络再次出现并被称为"深度学习"，它经常比现有分类模式表现得更好，并获得广泛普及。

深度学习是一个快速发展的研究领域，每年都会进行一些潜在的有影响力的贡献。深度学习的一些里程碑式的进步包括使用大规模限制玻耳兹曼机学习生成数据模型[201，253]，使用自动编码器及其变体(去噪自动编码器)来学习鲁棒特征表示[199，305-306]，以及促进跨结点参数共享的技巧性结构，例如用于图像的卷积神经网络[265，268]和用于序列的循环神经网络[241-242，277]。其他主要改进包括使用无监督预训练来初始化 ANN 模型的方法[232]、正则化的 Dropout 技术[254，297]、快速学习 ANN 参数的批量归一化[256]以及有效使用 Dropout 技术的 maxout 网络[240]。尽管本章关于学习人工神经网络模型的讨论集中在梯度下降法中，但大多数涉及大量隐藏层的现代人工神经网络模型都是使用随机梯度下降法进行训练的，因为它具有高度可扩展性[207]。Bengio[200]、LeCun 等[269]和 Schmidhuber[293]在综述文章中对深度学习方法进行了广泛的调查。Goodfellow 等[239]和 Nielsen[281]的最近的书籍也对深入学习方法做了优秀总结。

Vapnik[303，304]已经写了两本关于支持向量机(SVM)的权威书籍。关于 SVM 和核方法的其他一些有用的资源包括 Cristianini 和 Shawe-Taylor[221]以及 Schölkopf 和 Smola[294]的书。另外还有一些关于 SVM 的评论文章，包括 Burges[212]、Bennet 等[202]、Hearst[251]和 Mangasarian[272]。如 Hastie 等[249]详细描述的那样，SVM 也可以看作合页损失函数的 L_2 规范正则化函数。利用最小绝对缩减和选择算子(Lasso)可以获得平方损失函数的 L_1 范数正则化矩阵，该算子由 Tibshirani[301]于 1996 年提出。Lasso 具有一些有趣的特性，例如同时执行特征选择和正则化的能力，以便在最终模型中只选择一部分特征。Hastie 等[250]对 Lasso 做了出色的评论。

Dietterich[222]给出了机器学习中组合方法的概述。Breiman[209]提出了装袋方法。Freund 和 Schapire[236]提出了 AdaBoost 算法。Arcing 是自适应再抽样和组合(adaptive resampling and combining)的缩写，它是 Breiman[210]提出的提升算法的一个变种。它对训练实例赋予不一致的权重来对数据进行再抽样，从而建立训练数据集的组合分类器。不像 AdaBoost，在决定测试样本的类标签时，基分类器的投票是不加权的。随机森林方法在 Breiman[211]中有所介绍。Hastie 等[249]详细解释了偏差-方差分解的概念。虽然偏差-方差分解最初是针对具有平方损失函数的回归问题提出的，但 Domingos[226]提出了涉及 0-1 损失的统一分类问题框架。

关于挖掘稀有类和不平衡数据集的工作可以参看 Chawla 等[214]和 Weiss[308]写的综述。许多作者都介绍过挖掘不平衡数据集的基于样本的方法，如 Kubat 和 Matwin[266]、Japkowitz[257]以及 Drummond 和 Holte[228]。Joshi 等[261]讨论了提升算法对稀有类建模的局限性。挖掘稀有类的其他一些算法包括 SMOTE[213]、PNrule[260]和 CREDOS[262]。

存在一些适合类不平衡问题的可选度量。精度、召回率和 F_1 度量是信息检索中广泛使用的度量[302]。ROC 分析最初用于信号检测理论，用于对一系列评分阈值进行综合评估。Provost 和 Fawcett[286]提出了使用 ROC 曲线的凸包比较分类器性能的方法。Brad-

335

336

ley[208]研究了 ROC 曲线下面积（AUC）作为机器学习算法的性能指标。尽管有大量文献介绍优化机器学习模型中的 AUC 度量，众所周知 AUC 受到某些限制。例如，只有当一个分类器的 ROC 曲线严格优于另一个分类器时，AUC 才可用于比较两个分类器的性能。但是，如果两个分类器的 ROC 曲线在任何一点相交，则很难使用 AUC 度量来评估分类器的相对性能。Hand[245，246]和 Powers[284]的工作对使用 AUC 作为性能度量的陷阱进行了深入讨论。尽管 Ferri 等[235]提供了对 AUC 的一致解释，AUC 也被认为是一种不连贯的性能度量，即在比较不同分类器的表现时使用不同的尺度。Berrar 和 Flach[203]描述了使用 ROC 曲线进行临床微阵列研究的一些常见问题。度量分类器综合性能的另一种方法是精度-召回率（PR）曲线，这对于类不平衡问题特别有用[292]。

关于代价敏感学习的大量文献可以在 Ling 和 Sheng[271]的综述中找到。Elkan[231]研究了代价矩阵的特征。Margineantu 和 Dietterich[273]考察了将代价信息合并到 C4.5 学习算法中的多种方法，包括包装的方法、基于类分布的方法和基于损失（loss-based）的方法。其他一些独立于算法的代价敏感学方法包括 AdaCost[233]、MetaCost[225]和 costing[312]。

关于多类学习，也存在大量文献。这包括 Hastie 和 Tibshirani[248]、Allwein 等[197]、Kong 和 Dietterich[264]以及 Tax 和 Duin[300]的著作。Dietterich 和 Bakiri[223]提出了纠错输出编码（ECOC）方法。他们也介绍了适合解决多类问题的代码设计技术。

除了探索用于传统分类设置的算法，其中每个实例具有唯一分类标签的特征集合之外，近来对涉及复杂形式的输入和输出的非传统分类范例也很感兴趣。例如，多标签学习的范例允许为一个实例分配多个类标签，而不仅仅是一个。这在诸如图像中的对象识别之类的应用里是有用的，其中照片图像可以包括多于一个分类对象，诸如草地、天空、树木和山脉。关于多标签学习的综述可以在文献[313]中找到。作为另一个例子，多实例学习的范例考虑了实例以称为袋的组形式存在的问题，并且训练标签在袋的层次而不是单个实例。多实例学习在一个对象在不同状态下存在多个实例的应用程序中很有用（例如，化合物的不同异构体），即使单个实例显示特定的特征，与实例相关的整个实例对象需要被指派相关的类。文献[314]提供了一个关于多实例学习的综述。

在许多实际应用中，训练标签通常很少，因为获得标准监督的相关成本很高。但是，我们几乎总是有大量的未标记测试实例，它们没有监督标签，但包含了有关实例结构或分布的有价值信息。传统的学习算法，只利用训练集中的标记实例来学习决策边界，不能利用未标记实例中包含的信息。相反，利用未标记数据中的结构学习分类模型的学习算法称为半监督学习算法[315，316]。在多视角学习的范例中也探讨了未标记数据的使用[299，311]，其中每个对象都在多个数据视图中观察，涉及多种特征。多视图学习算法采用的共同策略是协同训练[206]，其中为每个数据视图学习不同的模型，但是来自每个视图的模型在未标记的测试实例中的预测被约束为彼此相同。

在缺乏训练数据的情况下通常会探索的另一种学习范式是主动学习框架，该框架试图寻找最小的一组标签注释来学习合理的分类模型。主动学习期望注释者参与模型学习过程，以便在给定预算有限的标注注释的情况下，对最相关的一组实例递增地请求标签。例如，在靠近决策边界的实例上获取标签可能会很有用，它可以在微调边界方面发挥更大的作用。主动学习方法的综述可以在文献[285，295]中找到。

在一些应用中，同时解决多个学习任务是重要的，其中一些任务可能彼此相似。例如，如果我们有兴趣将用英文写成的段落翻译成不同的语言，那么涉及词法相似的语言

（如西班牙语和葡萄牙语）的任务将需要类似的模型学习。多任务学习的范例有助于同时学习所有任务，同时在相关任务之间分享学习内容。当一些任务不包含足够多的训练样本时，这是特别有用的，在这种情况下借用其他相关任务的学习有助于学习鲁棒模型。多任务学习的一个特例是迁移学习，其中源任务（具有足够数量的训练样本）的学习必须迁移到目标任务（缺少训练数据）。Pan 等[282]提供了一项关于转移学习方法的广泛调查。

大多数分类器假定每个数据实例都必须属于一个类，而某些应用程序并不总是这样的。例如，在恶意软件检测中，由于新恶意软件的创建非常容易，因此即使新恶意软件的功能与现有恶意软件的功能大不相同，在现有类上训练过的分类器也可能无法检测到新分类。另一个例子是重要的应用，如医疗诊断，其预测误差的代价高并且可能造成严重后果。在这种情况下，如果分类器不确定它的类，那么分类器就不会对数据实例做出任何预测。这种方法称为带拒绝选项的分类器，除非确定预测是可靠的（例如，如果类概率超过用户指定的阈值），否则不需要对每个数据实例进行分类。未分类的实例可以呈现给领域专家，以进一步确定其真实的类标签。

分类器也可以根据分类模型的训练方式加以区分。批量分类器假定所有标记的实例在训练期间都被用到。这种策略适用于训练集不太大的情况和适用于固定数据的情况，其中属性和类之间的关系不随时间变化。另外，在线分类器使用标注数据的子集训练初始模型[263]。随着更多标记实例可用，模型将逐步更新。训练集太大或由于数据分布随时间变化而出现概念漂移时，此策略是有效的。

参考文献

[195] C. C. Aggarwal. *Data classification: algorithms and applications.* CRC Press, 2014.

[196] D. W. Aha. *A study of instance-based algorithms for supervised learning tasks: mathematical, empirical, and psychological evaluations.* PhD thesis, University of California, Irvine, 1990.

[197] E. L. Allwein, R. E. Schapire, and Y. Singer. Reducing Multiclass to Binary: A Unifying Approach to Margin Classifiers. *Journal of Machine Learning Research*, 1: 113–141, 2000.

[198] R. Andrews, J. Diederich, and A. Tickle. A Survey and Critique of Techniques For Extracting Rules From Trained Artificial Neural Networks. *Knowledge Based Systems*, 8(6):373–389, 1995.

[199] P. Baldi. Autoencoders, unsupervised learning, and deep architectures. *ICML unsupervised and transfer learning*, 27(37-50):1, 2012.

[200] Y. Bengio. Learning deep architectures for AI. *Foundations and trends® in Machine Learning*, 2(1):1–127, 2009.

[201] Y. Bengio, A. Courville, and P. Vincent. Representation learning: A review and new perspectives. *IEEE transactions on pattern analysis and machine intelligence*, 35(8): 1798–1828, 2013.

[202] K. Bennett and C. Campbell. Support Vector Machines: Hype or Hallelujah. *SIGKDD Explorations*, 2(2):1–13, 2000.

[203] D. Berrar and P. Flach. Caveats and pitfalls of ROC analysis in clinical microarray research (and how to avoid them). *Briefings in bioinformatics*, page bbr008, 2011.

[204] C. M. Bishop. *Neural Networks for Pattern Recognition.* Oxford University Press, Oxford, U.K., 1995.

[205] C. M. Bishop. *Pattern Recognition and Machine Learning.* Springer, 2006.

[206] A. Blum and T. Mitchell. Combining labeled and unlabeled data with co-training. In *Proceedings of the eleventh annual conference on Computational learning theory*, pages 92–100. ACM, 1998.

339

[207] L. Bottou. Large-scale machine learning with stochastic gradient descent. In *Proceedings of COMPSTAT'2010*, pages 177–186. Springer, 2010.

[208] A. P. Bradley. The use of the area under the ROC curve in the Evaluation of Machine Learning Algorithms. *Pattern Recognition*, 30(7):1145–1149, 1997.

[209] L. Breiman. Bagging Predictors. *Machine Learning*, 24(2):123–140, 1996.

[210] L. Breiman. Bias, Variance, and Arcing Classifiers. Technical Report 486, University of California, Berkeley, CA, 1996.

[211] L. Breiman. Random Forests. *Machine Learning*, 45(1):5–32, 2001.

[212] C. J. C. Burges. A Tutorial on Support Vector Machines for Pattern Recognition. *Data Mining and Knowledge Discovery*, 2(2):121–167, 1998.

[213] N. V. Chawla, K. W. Bowyer, L. O. Hall, and W. P. Kegelmeyer. SMOTE: Synthetic Minority Over-sampling Technique. *Journal of Artificial Intelligence Research*, 16: 321–357, 2002.

[214] N. V. Chawla, N. Japkowicz, and A. Kolcz. Editorial: Special Issue on Learning from Imbalanced Data Sets. *SIGKDD Explorations*, 6(1):1–6, 2004.

[215] V. Cherkassky and F. Mulier. *Learning from Data: Concepts, Theory, and Methods.* Wiley Interscience, 1998.

[216] P. Clark and R. Boswell. Rule Induction with CN2: Some Recent Improvements. In *Machine Learning: Proc. of the 5th European Conf. (EWSL-91)*, pages 151–163, 1991.

[217] P. Clark and T. Niblett. The CN2 Induction Algorithm. *Machine Learning*, 3(4): 261–283, 1989.

[218] W. W. Cohen. Fast Effective Rule Induction. In *Proc. of the 12th Intl. Conf. on Machine Learning*, pages 115–123, Tahoe City, CA, July 1995.

[219] S. Cost and S. Salzberg. A Weighted Nearest Neighbor Algorithm for Learning with Symbolic Features. *Machine Learning*, 10:57–78, 1993.

[220] T. M. Cover and P. E. Hart. Nearest Neighbor Pattern Classification. *Knowledge Based Systems*, 8(6):373–389, 1995.

[221] N. Cristianini and J. Shawe-Taylor. *An Introduction to Support Vector Machines and Other Kernel-based Learning Methods.* Cambridge University Press, 2000.

[222] T. G. Dietterich. Ensemble Methods in Machine Learning. In *First Intl. Workshop on Multiple Classifier Systems*, Cagliari, Italy, 2000.

[223] T. G. Dietterich and G. Bakiri. Solving Multiclass Learning Problems via Error-Correcting Output Codes. *Journal of Artificial Intelligence Research*, 2:263–286, 1995.

[224] P. Domingos. The RISE system: Conquering without separating. In *Proc. of the 6th IEEE Intl. Conf. on Tools with Artificial Intelligence*, pages 704–707, New Orleans, LA, 1994.

[225] P. Domingos. MetaCost: A General Method for Making Classifiers Cost-Sensitive. In *Proc. of the 5th Intl. Conf. on Knowledge Discovery and Data Mining*, pages 155–164, San Diego, CA, August 1999.

[226] P. Domingos. A unified bias-variance decomposition. In *Proceedings of 17th International Conference on Machine Learning*, pages 231–238, 2000.

[227] P. Domingos and M. Pazzani. On the Optimality of the Simple Bayesian Classifier under Zero-One Loss. *Machine Learning*, 29(2-3):103–130, 1997.

[228] C. Drummond and R. C. Holte. C4.5, Class imbalance, and Cost sensitivity: Why under-sampling beats over-sampling. In *ICML'2004 Workshop on Learning from Imbalanced Data Sets II*, Washington, DC, August 2003.

[229] R. O. Duda, P. E. Hart, and D. G. Stork. *Pattern Classification.* John Wiley & Sons, Inc., New York, 2nd edition, 2001.

[230] M. H. Dunham. *Data Mining: Introductory and Advanced Topics.* Prentice Hall, 2006.

[231] C. Elkan. The Foundations of Cost-Sensitive Learning. In *Proc. of the 17th Intl. Joint Conf. on Artificial Intelligence*, pages 973–978, Seattle, WA, August 2001.

[232] D. Erhan, Y. Bengio, A. Courville, P.-A. Manzagol, P. Vincent, and S. Bengio. Why does unsupervised pre-training help deep learning? *Journal of Machine Learning Research*, 11(Feb):625–660, 2010.

340

[233] W. Fan, S. J. Stolfo, J. Zhang, and P. K. Chan. AdaCost: misclassification cost-sensitive boosting. In *Proc. of the 16th Intl. Conf. on Machine Learning*, pages 97–105, Bled, Slovenia, June 1999.

[234] J. Fürnkranz and G. Widmer. Incremental reduced error pruning. In *Proc. of the 11th Intl. Conf. on Machine Learning*, pages 70–77, New Brunswick, NJ, July 1994.

[235] C. Ferri, J. Hernández-Orallo, and P. A. Flach. A coherent interpretation of AUC as a measure of aggregated classification performance. In *Proceedings of the 28th International Conference on Machine Learning (ICML-11)*, pages 657–664, 2011.

[236] Y. Freund and R. E. Schapire. A decision-theoretic generalization of on-line learning and an application to boosting. *Journal of Computer and System Sciences*, 55(1): 119–139, 1997.

[237] K. Fukunaga. *Introduction to Statistical Pattern Recognition*. Academic Press, New York, 1990.

[238] D. Geiger, T. S. Verma, and J. Pearl. d-separation: From theorems to algorithms. *arXiv preprint arXiv:1304.1505*, 2013.

[239] I. Goodfellow, Y. Bengio, and A. Courville. Deep Learning. Book in preparation for MIT Press, 2016.

[240] I. J. Goodfellow, D. Warde-Farley, M. Mirza, A. C. Courville, and Y. Bengio. Maxout networks. *ICML (3)*, 28:1319–1327, 2013.

[241] A. Graves, M. Liwicki, S. Fernández, R. Bertolami, H. Bunke, and J. Schmidhuber. A novel connectionist system for unconstrained handwriting recognition. *IEEE transactions on pattern analysis and machine intelligence*, 31(5):855–868, 2009.

[242] A. Graves and J. Schmidhuber. Offline handwriting recognition with multidimensional recurrent neural networks. In *Advances in neural information processing systems*, pages 545–552, 2009.

[243] E.-H. Han, G. Karypis, and V. Kumar. Text Categorization Using Weight Adjusted k-Nearest Neighbor Classification. In *Proc. of the 5th Pacific-Asia Conf. on Knowledge Discovery and Data Mining*, Lyon, France, 2001.

[244] J. Han and M. Kamber. *Data Mining: Concepts and Techniques*. Morgan Kaufmann Publishers, San Francisco, 2001.

[245] D. J. Hand. Measuring classifier performance: a coherent alternative to the area under the ROC curve. *Machine learning*, 77(1):103–123, 2009.

[246] D. J. Hand. Evaluating diagnostic tests: the area under the ROC curve and the balance of errors. *Statistics in medicine*, 29(14):1502–1510, 2010.

[247] D. J. Hand, H. Mannila, and P. Smyth. *Principles of Data Mining*. MIT Press, 2001.

[248] T. Hastie and R. Tibshirani. Classification by pairwise coupling. *Annals of Statistics*, 26(2):451–471, 1998.

[249] T. Hastie, R. Tibshirani, and J. Friedman. *The Elements of Statistical Learning: Data Mining, Inference, and Prediction*. Springer, 2nd edition, 2009.

[250] T. Hastie, R. Tibshirani, and M. Wainwright. *Statistical learning with sparsity: the lasso and generalizations*. CRC Press, 2015.

[251] M. Hearst. Trends & Controversies: Support Vector Machines. *IEEE Intelligent Systems*, 13(4):18–28, 1998.

[252] D. Heckerman. Bayesian Networks for Data Mining. *Data Mining and Knowledge Discovery*, 1(1):79–119, 1997.

[253] G. E. Hinton and R. R. Salakhutdinov. Reducing the dimensionality of data with neural networks. *Science*, 313(5786):504–507, 2006.

[254] G. E. Hinton, N. Srivastava, A. Krizhevsky, I. Sutskever, and R. R. Salakhutdinov. Improving neural networks by preventing co-adaptation of feature detectors. *arXiv preprint arXiv:1207.0580*, 2012.

[255] R. C. Holte. Very Simple Classification Rules Perform Well on Most Commonly Used Data sets. *Machine Learning*, 11:63–91, 1993.

[256] S. Ioffe and C. Szegedy. Batch normalization: Accelerating deep network training by reducing internal covariate shift. *arXiv preprint arXiv:1502.03167*, 2015.

341

[257] N. Japkowicz. The Class Imbalance Problem: Significance and Strategies. In *Proc. of the 2000 Intl. Conf. on Artificial Intelligence: Special Track on Inductive Learning*, volume 1, pages 111–117, Las Vegas, NV, June 2000.

[258] F. V. Jensen. *An introduction to Bayesian networks*, volume 210. UCL press London, 1996.

[259] M. I. Jordan. *Learning in graphical models*, volume 89. Springer Science & Business Media, 1998.

[260] M. V. Joshi, R. C. Agarwal, and V. Kumar. Mining Needles in a Haystack: Classifying Rare Classes via Two-Phase Rule Induction. In *Proc. of 2001 ACM-SIGMOD Intl. Conf. on Management of Data*, pages 91–102, Santa Barbara, CA, June 2001.

[261] M. V. Joshi, R. C. Agarwal, and V. Kumar. Predicting rare classes: can boosting make any weak learner strong? In *Proc. of the 8th Intl. Conf. on Knowledge Discovery and Data Mining*, pages 297–306, Edmonton, Canada, July 2002.

[262] M. V. Joshi and V. Kumar. CREDOS: Classification Using Ripple Down Structure (A Case for Rare Classes). In *Proc. of the SIAM Intl. Conf. on Data Mining*, pages 321–332, Orlando, FL, April 2004.

[263] J. Kivinen, A. J. Smola, and R. C. Williamson. Online learning with kernels. *IEEE transactions on signal processing*, 52(8):2165–2176, 2004.

[264] E. B. Kong and T. G. Dietterich. Error-Correcting Output Coding Corrects Bias and Variance. In *Proc. of the 12th Intl. Conf. on Machine Learning*, pages 313–321, Tahoe City, CA, July 1995.

[265] A. Krizhevsky, I. Sutskever, and G. E. Hinton. Imagenet classification with deep convolutional neural networks. In *Advances in neural information processing systems*, pages 1097–1105, 2012.

[266] M. Kubat and S. Matwin. Addressing the Curse of Imbalanced Training Sets: One Sided Selection. In *Proc. of the 14th Intl. Conf. on Machine Learning*, pages 179–186, Nashville, TN, July 1997.

[267] P. Langley, W. Iba, and K. Thompson. An analysis of Bayesian classifiers. In *Proc. of the 10th National Conf. on Artificial Intelligence*, pages 223–228, 1992.

[268] Y. LeCun and Y. Bengio. Convolutional networks for images, speech, and time series. *The handbook of brain theory and neural networks*, 3361(10):1995, 1995.

[269] Y. LeCun, Y. Bengio, and G. Hinton. Deep learning. *Nature*, 521(7553):436–444, 2015.

[270] D. D. Lewis. Naive Bayes at Forty: The Independence Assumption in Information Retrieval. In *Proc. of the 10th European Conf. on Machine Learning (ECML 1998)*, pages 4–15, 1998.

[271] C. X. Ling and V. S. Sheng. Cost-sensitive learning. In *Encyclopedia of Machine Learning*, pages 231–235. Springer, 2011.

[272] O. Mangasarian. Data Mining via Support Vector Machines. Technical Report Technical Report 01-05, Data Mining Institute, May 2001.

[273] D. D. Margineantu and T. G. Dietterich. Learning Decision Trees for Loss Minimization in Multi-Class Problems. Technical Report 99-30-03, Oregon State University, 1999.

[274] P. McCullagh and J. A. Nelder. *Generalized linear models*, volume 37. CRC press, 1989.

[275] W. S. McCulloch and W. Pitts. A logical calculus of the ideas immanent in nervous activity. *The bulletin of mathematical biophysics*, 5(4):115–133, 1943.

[276] R. S. Michalski, I. Mozetic, J. Hong, and N. Lavrac. The Multi-Purpose Incremental Learning System AQ15 and Its Testing Application to Three Medical Domains. In *Proc. of 5th National Conf. on Artificial Intelligence*, Orlando, August 1986.

[277] T. Mikolov, M. Karafiát, L. Burget, J. Cernockỳ, and S. Khudanpur. Recurrent neural network based language model. In *Interspeech*, volume 2, page 3, 2010.

[278] T. Mitchell. *Machine Learning*. McGraw-Hill, Boston, MA, 1997.

[279] S. Muggleton. *Foundations of Inductive Logic Programming*. Prentice Hall, Englewood Cliffs, NJ, 1995.

342

[280] J. A. Nelder and R. J. Baker. Generalized linear models. *Encyclopedia of statistical sciences*, 1972.

[281] M. A. Nielsen. Neural networks and deep learning. *Published online: http://neuralnetworksanddeeplearning.com/. (visited: 10.15.2016)*, 2015.

[282] S. J. Pan and Q. Yang. A survey on transfer learning. *IEEE Transactions on knowledge and data engineering*, 22(10):1345–1359, 2010.

[283] J. Pearl. *Probabilistic reasoning in intelligent systems: networks of plausible inference*. Morgan Kaufmann, 2014.

[284] D. M. Powers. The problem of area under the curve. In *2012 IEEE International Conference on Information Science and Technology*, pages 567–573. IEEE, 2012.

[285] M. Prince. Does active learning work? A review of the research. *Journal of engineering education*, 93(3):223–231, 2004.

[286] F. J. Provost and T. Fawcett. Analysis and Visualization of Classifier Performance: Comparison under Imprecise Class and Cost Distributions. In *Proc. of the 3rd Intl. Conf. on Knowledge Discovery and Data Mining*, pages 43–48, Newport Beach, CA, August 1997.

[287] J. R. Quinlan. *C4.5: Programs for Machine Learning*. Morgan-Kaufmann Publishers, San Mateo, CA, 1993.

[288] M. Ramoni and P. Sebastiani. Robust Bayes classifiers. *Artificial Intelligence*, 125:209–226, 2001.

[289] N. Rochester, J. Holland, L. Haibt, and W. Duda. Tests on a cell assembly theory of the action of the brain, using a large digital computer. *IRE Transactions on information Theory*, 2(3):80–93, 1956.

[290] F. Rosenblatt. The perceptron: a probabilistic model for information storage and organization in the brain. *Psychological review*, 65(6):386, 1958.

[291] S. J. Russell, P. Norvig, J. F. Canny, J. M. Malik, and D. D. Edwards. *Artificial intelligence: a modern approach*, volume 2. Prentice hall Upper Saddle River, 2003.

[292] T. Saito and M. Rehmsmeier. The precision-recall plot is more informative than the ROC plot when evaluating binary classifiers on imbalanced datasets. *PloS one*, 10(3):e0118432, 2015.

[293] J. Schmidhuber. Deep learning in neural networks: An overview. *Neural Networks*, 61:85–117, 2015.

[294] B. Schölkopf and A. J. Smola. *Learning with Kernels: Support Vector Machines, Regularization, Optimization, and Beyond*. MIT Press, 2001.

[295] B. Settles. Active learning literature survey. *University of Wisconsin, Madison*, 52 (55-66):11, 2010.

[296] P. Smyth and R. M. Goodman. An Information Theoretic Approach to Rule Induction from Databases. *IEEE Trans. on Knowledge and Data Engineering*, 4(4):301–316, 1992.

[297] N. Srivastava, G. E. Hinton, A. Krizhevsky, I. Sutskever, and R. Salakhutdinov. Dropout: a simple way to prevent neural networks from overfitting. *Journal of Machine Learning Research*, 15(1):1929–1958, 2014.

[298] M. Steinbach and P.-N. Tan. kNN: k-Nearest Neighbors. In X. Wu and V. Kumar, editors, *The Top Ten Algorithms in Data Mining*. Chapman and Hall/CRC Reference, 1st edition, 2009.

[299] S. Sun. A survey of multi-view machine learning. *Neural Computing and Applications*, 23(7-8):2031–2038, 2013.

[300] D. M. J. Tax and R. P. W. Duin. Using Two-Class Classifiers for Multiclass Classification. In *Proc. of the 16th Intl. Conf. on Pattern Recognition (ICPR 2002)*, pages 124–127, Quebec, Canada, August 2002.

[301] R. Tibshirani. Regression shrinkage and selection via the lasso. *Journal of the Royal Statistical Society. Series B (Methodological)*, pages 267–288, 1996.

[302] C. J. van Rijsbergen. *Information Retrieval*. Butterworth-Heinemann, Newton, MA, 1978.

343

344

[303] V. Vapnik. *The Nature of Statistical Learning Theory*. Springer Verlag, New York, 1995.

[304] V. Vapnik. *Statistical Learning Theory*. John Wiley & Sons, New York, 1998.

[305] P. Vincent, H. Larochelle, Y. Bengio, and P.-A. Manzagol. Extracting and composing robust features with denoising autoencoders. In *Proceedings of the 25th international conference on Machine learning*, pages 1096–1103. ACM, 2008.

[306] P. Vincent, H. Larochelle, I. Lajoie, Y. Bengio, and P.-A. Manzagol. Stacked denoising autoencoders: Learning useful representations in a deep network with a local denoising criterion. *Journal of Machine Learning Research*, 11(Dec):3371–3408, 2010.

[307] A. R. Webb. *Statistical Pattern Recognition*. John Wiley & Sons, 2nd edition, 2002.

[308] G. M. Weiss. Mining with Rarity: A Unifying Framework. *SIGKDD Explorations*, 6(1):7–19, 2004.

[309] P. Werbos. Beyond regression: new fools for prediction and analysis in the behavioral sciences. *PhD thesis, Harvard University*, 1974.

[310] I. H. Witten and E. Frank. *Data Mining: Practical Machine Learning Tools and Techniques with Java Implementations*. Morgan Kaufmann, 1999.

[311] C. Xu, D. Tao, and C. Xu. A survey on multi-view learning. *arXiv preprint arXiv:1304.5634*, 2013.

[312] B. Zadrozny, J. C. Langford, and N. Abe. Cost-Sensitive Learning by Cost-Proportionate Example Weighting. In *Proc. of the 2003 IEEE Intl. Conf. on Data Mining*, pages 435–442, Melbourne, FL, August 2003.

[313] M.-L. Zhang and Z.-H. Zhou. A review on multi-label learning algorithms. *IEEE transactions on knowledge and data engineering*, 26(8):1819–1837, 2014.

[314] Z.-H. Zhou. Multi-instance learning: A survey. *Department of Computer Science & Technology, Nanjing University, Tech. Rep*, 2004.

[315] X. Zhu. Semi-supervised learning. In *Encyclopedia of machine learning*, pages 892–897. Springer, 2011.

[316] X. Zhu and A. B. Goldberg. Introduction to semi-supervised learning. *Synthesis lectures on artificial intelligence and machine learning*, 3(1):1–130, 2009.

习题

1. 考虑一个二分类问题，属性集和属性值如下。
   - 空调＝{可用，不可用}。
   - 引擎＝{好，差}。
   - 行车里程＝{高，中，低}。
   - 生锈＝{是，否}。

   假设一个基于规则的分类器产生的规则集如下。

   > 行车里程＝高→价值＝低
   > 行车里程＝低→价值＝高
   > 空调＝可用，引擎＝好→价值＝高
   > 空调＝可用，引擎＝差→价值＝低
   > 空调＝不可用→价值＝低

   （a）这些规则是互斥的吗？
   （b）这些规则集是完全的吗？
   （c）规则需要排序吗？
   （d）规则集需要默认类吗？

2. RIPPER 算法（Cohen[218]）是早期算法 IREP（Fiimkranz 和 Widmer[234]）的扩展。两个算

法都使用**减少误差剪枝**(reduced-error pruning)方法来确定一个规则是否需要被剪枝。减少误差剪枝方法使用一个确认集来估计分类器的泛化错误率。考虑下面两个规则:

$$R_1 : A \to C$$
$$R_2 : A \land B \to C$$

R_2是由 R_1 的左边添加合取项 B 得到的。现在的问题是,从规则增长和规则剪枝的角度来确定 R_2 是否比 R_1 好。为了确定规则是否应该剪枝,IREP 计算下面的度量:

$$v_{\text{IREP}} = \frac{p + (N - n)}{P + N}$$

其中,P 是验证集中正例的总数,N 是验证集中负例的总数,p 是验证集中被规则覆盖的正例数,而 n 是验证集中被规则覆盖的负例数。实际上,v_{IREP} 类似于验证集的分类准确率。IREP 偏向于 v_{IREP} 值较高的规则。另一方面,RIPPER 使用下面的度量来确定规则是否应该剪枝:

$$v_{\text{RIPPER}} = \frac{p - n}{p + n}$$

(a) 假设 R_1 覆盖 350 个正例和 150 个负例,而 R_2 覆盖 300 个正例和 50 个负例。计算 R_2 相对于 R_1 的 FOIL 信息增益。

(b) 考虑一个验证集,其包含 500 个正例和 500 个负例。假设 R_1 覆盖 200 个正例和 50 个负例,R_2 覆盖 100 个正例和 5 个负例。计算两个规划的 v_{IREP},IREP 偏向于哪个规则?

(c) 计算(b)问题中的 v_{RIPPER},RIPPER 偏向于哪个规则?

3. C4.5 规则是从决策树生成规则的间接方法的一个实现,而 RIPPER 是从数据中生成规则的直接方法的一个实现。

   (a) 论这两种方法的优缺点。

   (b) 考虑一个数据集,其中类的大小差别很大(即有些类比其他类大得多)。在为较小的类寻找高准确率规则方面,哪一种方法(C4.5 规则和 RIPPER)更好?

4. 考虑一个训练集,包含 100 个正例和 400 个负例。对于下面的候选规则:

   R_1 : $A \to +$(覆盖 4 个正例和 1 个负例)

   R_2 : $B \to +$(覆盖个 30 个正例和 10 个负例)

   R_3 : $C \to +$(覆盖 100 个正例和 90 个负例)

   根据下面的度量,确定最好规则和最差规则。

   (a) 规则准确率。

   (b) FOIL 信息增益。

   (c) 似然比统计量。

   (d) 拉普拉斯度量。

   (e) m 度量($k = 2$ 且 $p_+ = 0.2$)。

5. 图 4.3 给出了分类规则 R_1、R_2 和 R_3 的覆盖率。根据以下度量确定最好规则和最差规则。

   (a) 似然比统计量。

   (b) 拉普拉斯度量。

   (c) m 度量($k = 2$ 且 $p_+ = 0.58$)。

   (d) 发现规则 R_1 后的准确率,这里不删除 R_1 覆盖的任何样例。

   (e) 发现规则 R_1 后的准确率,这里仅删除 R_1 覆盖的正例。

   (f) 发现规则 R_1 后的准确率,这里删除 R_1 覆盖的所有正例和负例。

6. (a) 假设本科生中抽烟的比例是 15%,研究生中抽烟的比例是 23%。如果大学生中研

究生占 $\frac{1}{5}$，其余是本科生，那么抽烟的学生是研究生的概率是多少？

(b) 根据(a)中的信息，随机选择一个大学里的学生，那么，该学生是研究生或本科生的可能性哪个大？

(c) 同(b)，假设学生是个抽烟者。

(d) 假设 30% 的研究生住学生宿舍，只有 10% 的本科生住学生宿舍。如果一个学生抽烟又住宿舍，那么他是研究生或本科生的可能性哪个大？可以假设住宿舍的学生和抽烟的学生相互独立。

7. 考虑表 4.9 中的数据集。

表 4.9　习题 7 的数据集

实例	A	B	C	类	实例	A	B	C	类
1	0	0	0	+	6	1	0	1	+
2	0	0	1	−	7	1	0	1	−
3	0	1	1	−	8	1	0	1	−
4	0	1	1	−	9	1	1	1	+
5	0	0	1	+	10	1	0	1	+

(a) 估计条件概率 $P(A\mid +)$、$P(B\mid +)$、$P(C\mid +)$、$P(A\mid -)$、$P(B\mid -)$ 和 $P(C\mid -)$。

(b) 根据(a)中的条件概率，使用朴素贝叶斯方法预测测试样本($A=0$，$B=1$，$C=0$)的类标签。

(c) 使用 m 估计方法($p=\frac{1}{2}$ 且 $m=4$)估计条件概率。

(d) 同(b)，使用(c)中的条件概率。

348

(e) 比较估计概率的两种方法。哪一种更好？为什么？

8. 考虑表 4.10 中的数据集。

表 4.10　习题 8 的数据集

实例	A	B	C	类	实例	A	B	C	类
1	0	0	1	−	6	0	0	1	+
2	1	0	1	+	7	1	1	0	−
3	0	1	0	−	8	0	0	0	−
4	1	0	0	−	9	0	1	0	+
5	1	0	1	+	10	1	1	1	+

(a) 估计条件概率 $P(A=1\mid +)$、$P(B=1\mid +)$、$P(C=1\mid +)$、$P(A=1\mid -)$、$P(B=1\mid -)$ 和 $P(C=1\mid -)$。

(b) 根据(a)中的条件概率，使用朴素贝叶斯方法预测测试样本($A=1$，$B=1$，$C=1$)的类别标签。

(c) 比较 $P(A=1)$、$P(B=1)$ 和 $P(A=1, B=1)$。陈述 A、B 之间的关系。

(d) 对 $P(A=1)$、$P(B=0)$ 和 $P(A=1, B=0)$ 重复(c)的分析。

(e) 比较 $P(A=1, B=1\mid$ 类 $=+)$ 与 $P(A=1\mid$ 类 $=+)$ 和 $P(B=1\mid$ 类 $=+)$。给定类 +，变量 A、B 条件独立吗？

9. (a) 解释朴素贝叶斯分类器在图 4.56 所示数据集上的工作过程。

(b) 如果每个类进一步分割，进而得到四个类(A_1，A_2，B_1，B_2)，朴素贝叶斯会工作得更好吗？

(c) 决策树在该数据集上怎样工作(二分类问题)? 四个类呢?

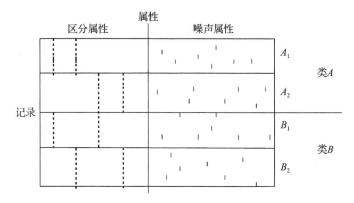

图 4.56　习题 9 的数据集

10. 图 4.57 给出了表 4.11 中的数据集对应的贝叶斯网络(假设所有属性都是二元的)。

(a) 画出网络中每个结点对应的概率表。

(b) 使用贝叶斯网络计算 P(引擎＝差, 空调＝不可用)。

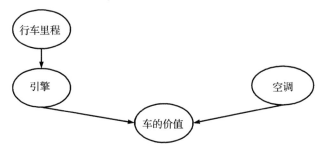

图 4.57　贝叶斯网络

表 4.11　习题 10 的数据集

行车里程	引擎	空调	实例数(车的价值＝高)	实例数(车的价值＝低)
高	好	可用	3	4
高	好	不可用	1	2
高	差	可用	1	5
高	差	不可用	0	4
低	好	可用	9	0
低	好	不可用	5	1
低	差	可用	1	2
低	差	不可用	0	2

11. 给定图 4.58 所示的贝叶斯网络, 计算下面的概率。

(a) $P(B＝好, F＝空, G＝空, S＝是)$。

(b) $P(B＝差, F＝空, G＝非空, S＝否)$。

(c) 如果电池是差的, 计算车发动起来的概率。

12. 考虑表 4.12 中的一维数据集。

(a) 根据 1-最近邻、3-最近邻、5-最近邻及 9-最近邻, 对数据点 $x＝5.0$ 分类(使用多数表决)。

(b) 使用 4.3.1 节中描述的距离加权表决方法重复前面的分析。

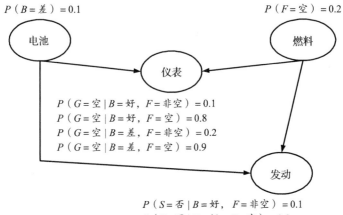

$P(B=差)=0.1$

$P(F=空)=0.2$

电池

燃料

仪表

$P(G=空 \mid B=好,\ F=非空)=0.1$
$P(G=空 \mid B=好,\ F=空)=0.8$
$P(G=空 \mid B=差,\ F=非空)=0.2$
$P(G=空 \mid B=差,\ F=空)=0.9$

发动

$P(S=否 \mid B=好,\ F=非空)=0.1$
$P(S=否 \mid B=好,\ F=空)=0.8$
$P(S=否 \mid B=差,\ F=非空)=0.9$
$P(S=否 \mid B=差,\ F=空)=1.0$

图 4.58   习题 11 的贝叶斯网络

表 4.12   练习 12 的数据集

x	0.5	3.0	4.5	4.6	4.9	5.2	5.3	5.5	7.0	9.5
y	−	−	+	+	+	−	−	+	−	−

13. 在 4.3 节中描述的最近邻算法可以扩充以便处理标称属性。Cost 和 Salzberg[219]提出了一个最近邻算法的变种，称为并行的基于实例的学习系统(Parallel Examplar-Based Learning System，PEBLS)，它使用改进的值差度量(Modified Value Difference Metric，MVDM)

$$d(V_1, V_2) = \sum_{i=1}^{k} \left| \frac{n_{i1}}{n_1} - \frac{n_{i2}}{n_2} \right| \tag{4.108}$$

其中，n_{ij} 是类 i 中具有属性值 V_i 的样例数，n_j 是具有属性值 V_j 的样例总数。

考虑图 4.8 中贷款分类问题的训练集。使用 MVDM 来计算每一对是否有房和婚姻状况属性值之间的距离。

14. 对下面的每一个布尔函数，说出问题是否线性可分。

(a) A AND B AND C

(b) NOT A AND B

(c) $(A$ OR $B)$ AND $(A$ OR $C)$

(d) $(A$ XOR $B)$ AND $(A$ OR $B)$

15. (a) 说明感知器模型是如何表示两个布尔变量之间的 AND 和 OR 函数的。

(b) 评论使用线性函数作为多层神经网络的激活函数的缺点。

16. 请评价两个分类模型 M_1 和 M_2 的性能。所选择的测试集包含 26 个二元属性，记作 $A \sim Z$。表 4.13 是模型应用到测试集时得到的后验概率(图中只显示正类的后验概率)。因为这是二分类问题，所以 $P(−)=1−P(+)$，$P(− \mid A, \cdots, Z)=1−P(+ \mid A, \cdots, Z)$。假设希望从正类中检测实例。

表 4.13   习题 16 的后验概率

实例	真实类	$P(+ \mid A, \cdots, Z, M_1)$	$P(+ \mid A, \cdots, Z, M_2)$
1	+	0.73	0.61
2	+	0.69	0.03
3	−	0.44	0.68

（续）

实例	真实类	$P(+\mid A,\cdots,Z,M_1)$	$P(+\mid A,\cdots,Z,M_2)$
4	−	0.55	0.31
5	+	0.67	0.45
6	+	0.47	0.09
7	−	0.08	0.38
8	−	0.15	0.05
9	+	0.45	0.01
10	−	0.35	0.04

（a）画出曲线 M_1 和 M_2 的 ROC 曲线（画在同一幅图中）。哪个模型更好？给出理由。

（b）对模型 M_1，假设截止阈值 $t=0.5$。换句话说，任何后验概率大于 t 的测试实例都被看作正例。计算模型在此阈值下的精度、召回率和 F 度量。

（c）对模型 M_2 使用相同的截止阈值重复（b）的分析。比较两个模型的 F 度量，哪个模型更好？所得结果和从 ROC 曲线中得到的结论一致吗？

（d）使用阈值 $t=0.1$ 对模型重复（b）的分析。$t=0.5$ 和 $t=0.1$ 哪个阈值更好？该结果与从 ROC 曲线中得到的结果一致吗？

352

17. 表 4.14 的数据集包含两个属性 X 和 Y，两个类标签"＋"和"－"。每个属性取 3 个不同的值：0，1 或 2。"＋"类的概念是 $Y=1$，"－"类的概念是 $X=0\vee X=2$。

表 4.14　习题 17 的数据集

X	Y	实例数量 +	实例数量 −	X	Y	实例数量 +	实例数量 −
0	0	0	100	2	1	10	100
1	0	0	0	0	2	0	100
2	0	0	100	1	2	0	0
0	1	10	100	2	2	0	100
1	1	10	0				

（a）建立该数据集的决策树。该决策树能捕捉到"＋"和"－"的概念吗？

（b）决策树的准确率、精度、召回率和 F_1 度量各是多少？（注意，精度、召回率和 F_1 度量均是对"＋"类定义的。）

（c）使用下面的代价函数建立新的决策树：

$$C(i,j)=\begin{cases}0, & i=j\\ 1, & i=+,j=-\\ \dfrac{\text{负例个数}}{\text{正例个数}}, & i=-,j=+\end{cases}$$

353

（提示：只需改变原决策树的叶结点。）新决策树能捕捉到"＋"的概念吗？

（d）新决策树的准确率、精度、召回率和 F_1 度量各是多少？

18. 考虑以下任务：为随机数据建立分类器，其中属性值随机产生，与类标签无关。假设数据集包含类别标签为"＋"和"－"的实例。数据集的一半用于训练，而剩下的一半用于测试。

（a）假设数据集中正例和负例的数目相等，决策树分类器把所有测试实例预测为正类，则分类器在测试数据上的期望错误率是多少？

（b）假设分类器把每个测试实例预测为正类的概率是 0.8，预测为负类的概率是 0.2，重复前面的分析。

（c）假设 $\dfrac{2}{3}$ 的数据属于正类，$\dfrac{1}{3}$ 的数据属于负类，分类器把每个测试实例预测为正类的期望错误率是多少?

(d) 假设分类器把每个测试实例预测为正类的概率是 $\frac{2}{3}$,预测为负类的概率是 $\frac{1}{3}$,重复前面的分析。

19. 推导出不可分数据的线性 SVM 的对偶拉格朗日函数(dual Lagrangian),其中目标函数是:

$$f(\boldsymbol{w}) = \frac{\|\boldsymbol{w}\|^2}{2} + C\Big(\sum_{i=1}^{N} \xi_i\Big)^2$$

20. 考虑 XOR 问题,其中有 4 个训练点:

$$(1,1,-),(1,0,+),(0,1,+),(0,0,-)$$

把数据转换为下面的特征空间:

$$\varphi = (1,\sqrt{2}x_1,\sqrt{2}x_2,\sqrt{2}x_1x_2,x_1^2,x_2^2)$$

找出转换后空间的最大边缘线性决策边界。

21. 给定图 4.59 所示的数据集,解释在此数据集上,决策树、朴素贝叶斯和 k-最近邻分类器是怎样工作的。

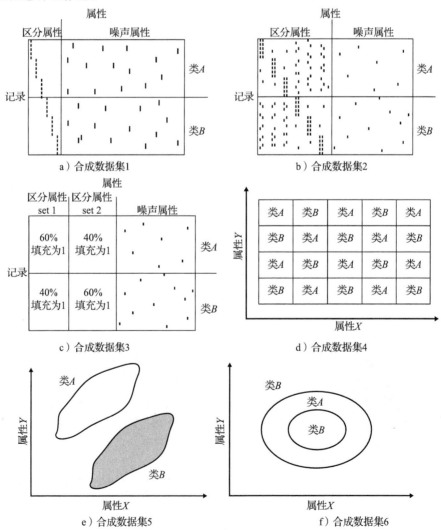

图 4.59 习题 21 的数据集

关联分析：基本概念和算法

许多商业企业在日复一日的运营中积聚了大量的数据。例如，食品商店的收银台每天都收集大量的顾客购物数据。表 5.1 给出一个这种数据的例子，通常称作**购物篮事务**（market basket transaction）。表中每一行对应一个事务，包含一个唯一标识 TID 和给定顾客购买的商品的集合。零售商很热衷于分析这些数据，以便了解顾客的购买行为。它们可以使用这种有价值的信息来支持各种商务应用，如市场促销、库存管理和顾客关系管理等。

表 5.1 购物篮事务的例子

TID	项集
1	{面包，牛奶}
2	{面包，尿布，啤酒，鸡蛋}
3	{牛奶，尿布，啤酒，可乐}
4	{面包，牛奶，尿布，啤酒}
5	{面包，牛奶，尿布，可乐}

本章主要介绍一种称作**关联分析**（association analysis）的方法，用于发现隐藏在大型数据集中有意义的联系。所发现的联系可以用**频繁项集**（frequent itemset）——出现在许多事务中的项集来表示。或者使用**关联规则**（association rule）——两个项集之间的关系来表示。例如，从表 5.1 所示的数据中可以提取出如下规则：

$$\{尿布\} \rightarrow \{啤酒\}$$

该规则表明尿布和啤酒的销售之间存在着很强的联系，因为许多购买尿布的顾客同时也会购买啤酒。零售商可以使用这类规则发现新的交叉销售商机。

除了购物篮数据外，关联分析也可以应用于其他领域的数据，如生物信息学、医疗诊断、网页挖掘和科学数据分析等。例如，在地球科学数据分析中，关联模式可以揭示海洋、陆地和大气过程之间的有趣联系。这样的信息能够帮助地球科学家更好地理解地球系统中不同的自然力之间的相互作用。尽管这里提供的技术一般都可以用于更广泛的数据集，但是为了便于解释，讨论将主要集中在购物篮数据上。

在对购物篮数据进行关联分析时，需要处理两个关键的问题：第一，从大型事务数据集中发现模式可能在计算上要付出很高的代价；第二，所发现的某些模式可能是虚假的（仅仅是偶然发生的），甚至对于非虚假的模式来说，它们的意义也会有所不同的。本章的其余部分主要是围绕上述两个问题展开。本章的第一部分解释了关联分析的基本概念和一些用来有效地挖掘这种模式的算法。第二部分讨论了如何评估所发现的模式，以避免产生虚假结果，并根据一些兴趣度量来对模式进行排序。

5.1 预备知识

这一节讲述关联分析中使用的基本术语，并提供该任务的形式化描述。

二元表示 购物篮数据可以用表 5.2 所示的二元形式来表示，其中每行对应一个事务，而每列对应一个项。项可以用二元变量表示，如果项在事务中出现，则它的值为 1，否则为 0。因为通常认为项在事务中出现比不出现更重要，因此项是**非对称**（asymmetric）二元变量。这种表示是实际购物篮数据极其简单的展现，因为忽略了数据的重要方面，如所购商品的数量和价格等。处理这种非二元数据的方法将在第 6 章讨论。

表 5.2 购物篮数据的二元 $\frac{0}{1}$ 表示

TID	面包	牛奶	尿布	啤酒	鸡蛋	可乐
1	1	1	0	0	0	0
2	1	0	1	1	1	0
3	0	1	1	1	0	1
4	1	1	1	1	0	0
5	1	1	1	0	0	1

项集和支持度计数　令 $I = \{i_1, i_2, \cdots, i_d\}$ 是购物篮数据中所有项的集合，而 $T = \{t_1, t_2, \cdots, t_N\}$ 是所有事务的集合。每个事务 t_i 包含的项集都是 I 的子集。在关联分析中，包含零个或多个项的集合称为项集（itemset）。如果一个项集包含 k 个项，则称它为 k-项集。例如，{啤酒，尿布，牛奶}是一个 3-项集。空集是指不包含任何项的项集。

如果项集 X 是事务 t_j 的子集，则称事务 t_j 包括项集 X。例如，在表 5.2 中第二个事务包括项集{面包，尿布}，但不包括项集{面包，牛奶}。项集的一个重要性质是它的支持度（support）计数，即包含某个特定项集的事务个数。数学上，项集 X 的支持度计数 $\sigma(X)$ 可以表示为：

$$\sigma(X) = |\{t_i | X \subseteq t_i, t_i \in T\}|$$

其中，符号 $|\cdot|$ 表示集合中元素的个数。在表 5.2 显示的数据集中，项集{啤酒，尿布，牛奶}的支持度计数为 2，因为只有 2 个事务同时包含这 3 个项。

通常，支持度是兴趣的属性，它是一个有项集出现的事务片段：

$$s(X) = \frac{\sigma(X)}{N}$$

如果 $s(X)$ 比用户定义的某些阈值 minsup 大，则称项集 X 是频繁的。

关联规则（association rule）　关联规则是形如 $X \rightarrow Y$ 的蕴涵表达式，其中 X 和 Y 是不相交的项集，即 $X \cap Y = \varnothing$。关联规则的强度可以用它的**支持度**和**置信度**度量。支持度确定规则可以用于给定数据集的频繁程度，而置信度确定 Y 在包含 X 的事务中出现的频繁程度。支持度（s）和置信度（c）这两种度量的形式定义如下：

$$s(X \rightarrow Y) = \frac{\sigma(X \bigcup Y)}{N} \tag{5.1}$$

$$c(X \rightarrow Y) = \frac{\sigma(X \bigcup Y))}{\sigma(X)} \tag{5.2}$$

例 5.1　考虑规则{牛奶，尿布}→{啤酒}。由于项集{牛奶，尿布，啤酒}的支持度计数是 2，而事务的总数是 5，所以规则的支持度为 $\frac{2}{5} = 0.4$。规则的置信度是项集{牛奶，尿布，啤酒}的支持度计数与项集{牛奶，尿布}支持度计数的商。由于有 3 个事务同时包含牛奶和尿布，所以该规则的置信度为 $\frac{2}{3} = 0.67$。　◀

为什么使用支持度和置信度？　支持度是一种重要度量，因为支持度很低的规则出现的概率比较低。同样，从商业角度来看，低支持度的规则多半也是无意义的，因为对顾客很少同时购买的商品进行促销可能并无益处（5.8 节讨论的情况则是例外）。因此，我们想找到的是那些支持度比用户定义的某些阈值大的规则。此外，正如 5.2.1 节所示，支持度还具有一种期望的性质，可以用于关联规则的有效发现。

另一方面，置信度度量通过规则进行推理的可靠性。对于给定的规则 $X{\rightarrow}Y$，置信度越高，Y 在包含 X 的事务中出现的可能性就越大。置信度也可以估计 Y 在给定 X 下的条件概率。

解释关联分析结果应谨慎。由关联规则做出的推论并不必然蕴涵因果关系。只是说，它有时能表示规则前件和后件中的项同时出现的概率很大。另一方面，因果关系需要知道数据中哪些属性是导致结果发生的原因，并且通常涉及随时间推移发生的联系（例如，温室气体排放导致全球变暖）。请参阅 5.7.1 节，进一步讨论。

关联规则挖掘问题的形式描述　　关联规则的挖掘问题可以有如下形式描述。

定义 5.1 关联规则发现　　给定事务的集合 T，关联规则发现是指找出支持度大于等于 minsup 并且置信度大于等于 minconf 的所有规则，其中 minsup 和 minconf 是对应的支持度和置信度阈值。

挖掘关联规则的一种暴力方法是：计算每个可能的规则的支持度和置信度。但由于从数据集中提取的规则的数目可达指数级，所以这种方法的代价高得令人望而却步。更具体地说，假设规则的左边和右边都不是空集，那么从包含 d 个项的数据集提取的可能规则的总数 R 为

$$R = 3^d - 2^{d+1} + 1 \tag{5.3}$$

此式的证明作为习题留给读者（见本章习题 5）。即使对于表 5.1 所示的小数据集，这种方法也需要计算 $3^6 - 2^7 + 1 = 602$ 条规则的支持度和置信度。使用 minsup $=$ 20% 和 minconf $=$ 50%，则 80% 以上的规则将被丢弃，因此浪费了大量的计算开销。为了避免不必要的计算，事先对规则剪枝而不必计算它们的支持度和置信度值，这将是有益的。

提高关联规则挖掘算法性能的第一步是拆分支持度和置信度要求。由式(5.1)可以看出，规则 $X{\rightarrow}Y$ 的支持度和其对应项集 $X{\cup}Y$ 的支持度是一样的。例如，下面的规则有相同的支持度，因为它们涉及的项都源自同一个项集｛啤酒，尿布，牛奶｝：

｛啤酒，尿布｝→｛牛奶｝，　｛啤酒，牛奶｝→｛尿布｝，
｛尿布，牛奶｝→｛啤酒｝，　｛啤酒｝→｛尿布，牛奶｝，
｛牛奶｝→｛啤酒，尿布｝，　｛尿布｝→｛啤酒，牛奶｝

如果项集｛啤酒，尿布，牛奶｝是非频繁的，则可以立即剪掉这 6 个候选规则，而不必计算它们的置信度值。

因此，大多数关联规则挖掘算法通常采用的一种策略是，将关联规则挖掘任务分解为如下两个主要的子任务。

1）**频繁项集产生**：其目标是发现满足最小支持度阈值的所有项集。这些项集称作频繁项集（frequent itemset）。

2）**规则的产生**：其目标是从上一步发现的频繁项集中提取所有高置信度的规则。这些规则称作强规则（strong rule）。

通常，频繁项集的产生所需的计算开销远大于规则生成所需的计算开销。频繁项集和关联规则产生的有效技术将分别在 5.2 节和 5.3 节讨论。

5.2　频繁项集的产生

格结构（lattice structure）常常用于枚举所有可能的项集。图 5.1 显示了 $I = \{a, b, c,$

d，e}的项集格。一般来说，一个包含 k 个项的数据集可能产生不包括空集在内的 2^k-1 个频繁项集。由于在许多实际应用中 k 的值可能非常大，因此需要探查的项集搜索空间可能是指数规模的。

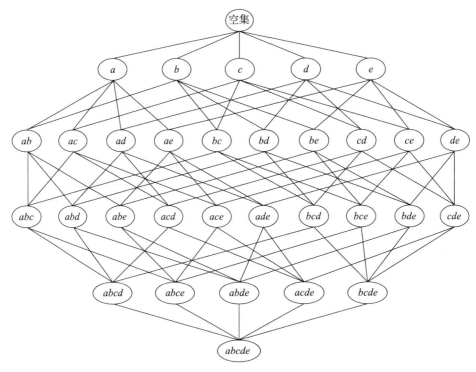

图 5.1   一个项集格

发现频繁项集的一种暴力方法是确定格结构中每个**候选项集**(candidate itemset)的支持度计数。为了完成这一任务，必须将每个候选项集与每个事务进行比较，如图 5.2 所示。如果候选项集包含在事务中，则候选项集的支持度计数会增加。例如，由于项集{面包，牛奶}出现在事务 1、4 和 5 中，其支持度计数将增加 3 次。这种方法的开销可能非常大，因为它需要进行 $O(NMw)$ 次比较，其中 N 是事务数，$M=2^k-1$ 是候选项集数，而 w 是事务的最大宽度。

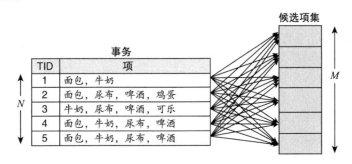

图 5.2   计算候选项集的支持度

降低产生频繁项集的计算复杂度有 3 种主要方法：

1）**减少候选项集的数目**(M)。下一节介绍的先验(apriori)原理是一种不用计算支持度值而删除某些候选项集的有效方法。

2）**减少比较次数**。不用将每个候选项集与每个事务相匹配，而是选择使用更高级的数据结构来存储候选项集或者压缩数据集，以此减少比较次数。这些策略将在 5.2.4 节和 5.6 节讨论。

3）**减少事务数目**（N）。随着候选项集的规模越来越大，能支持项集的事务将越来越少。例如，由于表 5.1 中第一个事务的宽度为 2，有利的做法是在搜索大小为 3 或更大的频繁项集之前将这个事务去掉。文献注释中对采用这种策略的算法进行了讨论。

362

5.2.1　先验原理

本节描述如何使用支持度度量来减少频繁项集产生时需要探查的候选项集个数。使用支持度对候选项集剪枝是基于如下原理的。

定理 5.1 先验原理　如果一个项集是频繁的，则它的所有子集一定也是频繁的。

为了解释先验原理的基本思想，考虑如图 5.3 所示的项集格。假定 $\{c, d, e\}$ 是频繁项集。显而易见，任何包含项集 $\{c, d, e\}$ 的事务一定包含它的子集 $\{c, d\}$、$\{c, e\}$、$\{d, e\}$、$\{c\}$、$\{d\}$ 和 $\{e\}$。这样，如果 $\{c, d, e\}$ 是频繁的，则它的所有子集（图 5.3 中的阴影项集）一定也是频繁的。

363

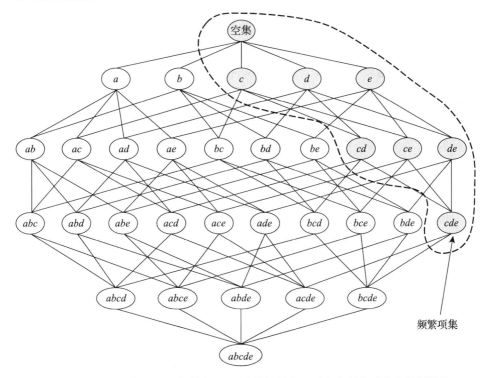

图 5.3　先验原理的图示。如果 $\{c, d, e\}$ 是频繁的，则它的所有子集也是频繁的

相反，如果项集 $\{a, b\}$ 是非频繁的，则它的所有超集也一定是非频繁的。如图 5.4 所示，一旦发现 $\{a, b\}$ 是非频繁的，则整个包含 $\{a, b\}$ 超集的子图可以被立即剪枝。这种基于支持度度量修剪指数搜索空间的策略称为**基于支持度的剪枝**（support-based pruning）。这种剪枝策略依赖于支持度度量的一个关键性质，即一个项集的支持度绝不会超过它的子集的支持度。这个性质也称为支持度度量的**反单调性**（anti-monotone）。

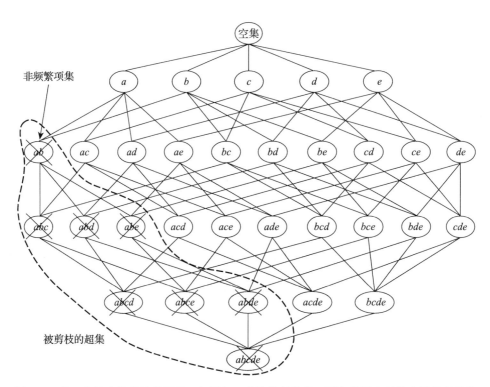

图 5.4　基于支持度的剪枝的图示。如果$\{a,b\}$是非频繁的，则它的所有超集也是非频繁的

定义 5.2 反单调性　如果对于项集 Y 的每个真子集 X（即 $X \subset Y$），有 $f(Y) \leqslant f(X)$，那么度量 f 具有反单调性。

更一般地，很多度量（见 5.7.1 节）被应用到项集中来评估其不同的性质。下一节将会讲到，任何具有反单调性的度量都可以直接与某一项集挖掘算法相结合，以有效地修剪候选项集的指数搜索空间。

5.2.2　Apriori 算法的频繁项集产生

Apriori 算法是第一个关联规则挖掘算法，它开创性地使用基于支持度的剪枝技术，系统地控制候选项集的指数增长。对于表 5.1 所示的事务，图 5.5 给出 Apriori 算法频繁项集产生部分的一个高层实例。这里假定支持度阈值是 60%，相当于最小支持度计数为 3。

初始时，每个项都被看作候选 1-项集。对它们的支持度计数之后，候选项集{可乐}和{鸡蛋}被丢弃，因为它们出现的事务少于 3 个。在下一次迭代，仅使用频繁 1-项集来产生候选 2-项集，因为先验原理保证了所有非频繁 1-项集的超集都是非频繁的。由于只有 4 个频繁 1-项集，因此算法产生的候选 2-项集的数目为 $C_4^2 = 6$。计算它们的支持度值之后，发现这 6 个候选项集中的{啤酒，面包}和{啤酒，牛奶}是非频繁的，剩下的 4 个候选项集是频繁的，因此用来产生候选 3-项集。若不使用基于支持度的剪枝，使用该例给定的 6 个项，将形成 $C_6^3 = 20$ 个候选 3-项集。依据先验原理，只需要保留其子集都频繁的候选 3-项集。具有这种性质的唯一候选是{面包，尿布，牛奶}。然而，尽管{面包，尿布，牛奶}的子集是频繁的，但该项集本身并非如此。

通过计算产生的候选项集数目，可以看出先验剪枝策略的有效性。枚举所有项集（到 3-项集）的暴力策略将产生 $C_6^1 + C_6^2 + C_6^3 = 6 + 15 + 20 = 41$ 个候选；而使用先验原理，将减少为$C_6^1+C_4^2+1=6+6+1=13$个候选。甚至在这个简单的例子中，候选项集的数目也降低了68%。

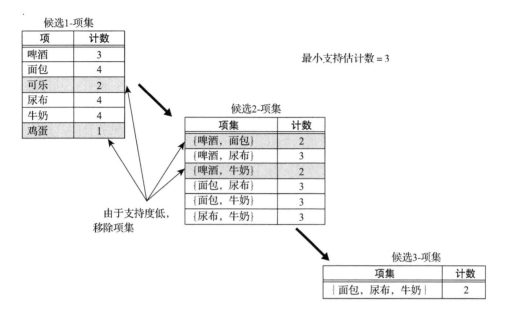

图 5.5　使用 Apriori 算法产生频繁项集的例子

算法 5.1 给出了 Apriori 算法产生频繁项集部分的伪代码。令 C_k 为候选 k-项集的集合，而 F_k 为频繁 k-项集的集合：

算法 5.1　Apriori 算法的频繁项集产生

1：$k=1$.
2：$F_k=\{i\,|\,i\in I\wedge\sigma(\{i\})\geqslant N\times\text{minsup}\}$　〈找出所有的频繁 1-项集〉
3：**repeat**
4：　$k=k+1$
5：　$C_k=\text{candidate-gen}(F_{k-1})$　〈产生候选项集〉
6：　$C_k=\text{candidate-prune}(C_k,\ F_{k-1})$　〈剪枝候选项集〉
7：　**for** 每个事务 $t\in T$ **do**
8：　　$C_t=\text{subset}(C_k,\ t)$　〈识别所有属于 t 的候选〉
9：　　**for** 每个候选项集 $c\in C_t$ **do**
10：　　　$\sigma(c)=\sigma(c)+1$　〈支持度计数增加〉
11：　　**end for**
12：　**end for**
13：　$F_k=\{c\,|\,c\in C_k\wedge\sigma(c)\geqslant N\times\text{minsup}\}$　〈提取频繁 k-项集〉
14：**until** $F_k=\varnothing$
15：$\text{Result}=\bigcup F_k$

- 该算法一开始通过单遍扫描数据集，确定每个项的支持度。一旦完成这一步，就得到了所有频繁 1-项集的集合 F_1（步骤 1 和步骤 2）。
- 接下来，该算法将使用上一次迭代发现的频繁 $(k-1)$-项集，迭代地产生新的候选 k-项集并对一定是非频繁的候选进行剪枝（步骤 5 和步骤 6）。候选的产生和剪枝使用 candidate-gen 和 candidate-prune 函数实现，这将在 5.2.3 节进行介绍。

- 为了对候选项集的支持度计数，算法需要再次扫描一遍数据集(步骤 7~12)，使用子集函数确定包含在每个事务 t 的C_k 中的所有候选项集。子集函数的实现在 5.2.4 节进行介绍。
- 计算候选项的支持度计数之后，算法将删去支持度计数小于 $N \times \text{minsup}$ 的所有候选项集(步骤 13)。
- 当没有新的频繁项集产生，即$F_k = \varnothing$ 时，算法结束(步骤 14)。

Apriori 算法的频繁项集产生的部分有两个重要的特点：第一，它是一个**逐层**(level-wise)算法，即从频繁 1-项集到最长的频繁项集，它每次遍历项集格中的一层；第二，它使用**产生-测试**(generate-and-test)策略来发现频繁项集。在每次迭代之后，新的候选项集都由前一次迭代发现的频繁项集产生，然后对每个候选项集的支持度进行计数，并与最小支持度阈值进行比较。该算法需要的总迭代次数是$k_{\max} + 1$，其中，$k_{\max}$ 是频繁项集的最大长度。

5.2.3 候选项集的产生与剪枝

算法 5.1 步骤 5 和步骤 6 的 candidate-gen 和 candidate-prune 函数分别通过如下两个操作产生候选项集和剪枝非必要项。

367
〈
368

1) **候选项集的产生**。该操作由前一次迭代发现的频繁$(k-1)$-项集产生新的候选 k-项集。

2) **候选项集的剪枝**。该操作采用基于支持度的剪枝策略，删除一些候选 k-项集。也就是说，如果某一 k-项集的子集在之前迭代中被发现是非频繁的，则将这一 k-项集删除。需要注意的是，完成这种剪枝并不需要计算这些 k-项集的实际支持度(支持度可以通过将这些项集和每个事务进行比较获得)。

1. 候选项集的产生

理论上，生成候选项集的方法有很多。有效的候选产生过程必须是完全且无冗余的。如果候选项集产生过程中未遗漏任何频繁项集，则称其为**完备的**(complete)。为确保完备性，候选项集的集合必须包含所有频繁项集的集合，即$\forall k: F_k \subseteq C_k$。如果候选项集产生过程对同一候选项集的生成不超过两次，则称之为**无冗余的**(non-redundant)。例如：候选项集$\{a, b, c, d\}$ 可能会通过多种方法产生，如合并$\{a, b, c\}$ 和$\{d\}$，合并$\{b, d\}$ 和$\{a, c\}$，合并$\{c\}$ 和$\{a, b, d\}$ 等。候选项集的重复产生将会导致计算的浪费，因此为了计算的效率应该避免使用此种方法。同样，有效的候选项集产生过程应该避免产生太多不必要的候选。在剪枝时如果遇到至少有一个子集是非频繁的候选项集时，可以将其去掉。

接下来，将简要地介绍几种候选项集产生过程，其中包括 candidate-gen 函数使用的方法。

暴力方法 暴力方法把所有的 k-项集都看作可能的候选，然后使用候选剪枝除去不必要的候选(见图 5.6)。第 k 层产生的候选项集的数目为C_d^k，其中 d 是项的总数。虽然候选产生是相当简单的，但由于必须进行考查的项集数量很大，所以候选剪枝的开销也是特别大的。

$F_{k-1} \times F_1$ **方法** 另一种产生候选项集的方法是，用其他不是$(k-1)$-项集子集的频繁项来扩展每个频繁$(k-1)$-项集。图 5.7 显示了如何用频繁项(如面包)扩展频繁 2-项集$\{$啤酒，尿布$\}$，产生候选 3-项集$\{$啤酒，尿布，面包$\}$。

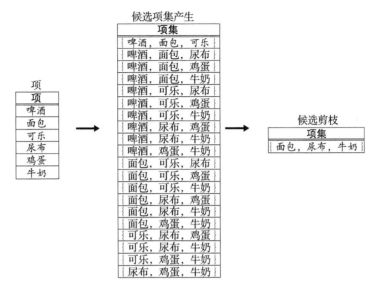

图 5.6　产生候选 3-项集的暴力方法

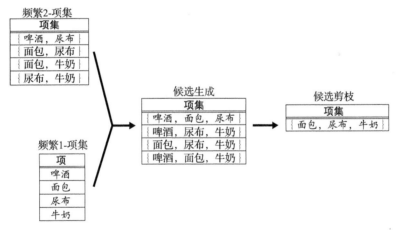

图 5.7　通过合并频繁$(k-1)$-项集和频繁 1-项集生成与剪枝候选 k-项集
注意：某些候选是不必要的，因为它们的子集是非频繁的

　　这种方法是完备的，因为每一个频繁 k 项集都是由一个频繁$(k-1)$-项集和一个频繁 1-项集组成的。因此，所有的频繁 k-项集是这种方法产生的候选 k-项集的一部分。由图 5.7 可见，$F_{k-1} \times F_1$ 候选产生方法只产生 4 个候选 3-项集，而使用暴力方法则要产生 $C_6^3 = 20$ 个项集。由于每个候选都能确保至少包含一个频繁$(k-1)$-项集，因此 $F_{k-1} \times F_1$ 方法能产生数量更少的候选。尽管这种方法比暴力方法有明显改进，但由于候选项集的其余子集仍可能是非频繁的，所以该方法仍会产生大量不必要的候选。

　　需要注意的是，以上讨论的方法很难避免重复产生候选项集。例如，项集{面包，尿布，牛奶}不仅可以合并项集{面包，尿布}和{牛奶}得到，而且还可以合并{面包，牛奶}和{尿布}得到，或者合并{尿布，牛奶}和{面包}得到。避免产生重复的候选项集的一种方法是确保每个频繁项集中的项以字典序存储。例如，像{面包，尿布}、{面包，尿布，牛奶}，以及{尿布，牛奶}这些项集都是遵守了字典序的，因为每个项集中的项都是按照字母排序的。每个频繁$(k-1)$-项集 X 只用字典序比 X 中所有的项都大的频繁项进行扩展。

例如，项集{面包，尿布}可以用项集{牛奶}扩展，因为"牛奶"(Milk)在字典序下比"面包"(Bread)和"尿布"(Diaper)都大。然而，不应当用{面包}扩展{尿布，牛奶}或用{尿布}扩展{面包，牛奶}，因为它们违反了字典序条件。因此，通过按照字典序，将最大的项和项集中其余的 $k-1$ 个项进行合并，能使得每个候选 k-项集只被产生一次。如果协同使用 $F_{k-1} \times F_1$ 方法和字典序，那么对于图 5.7 所示的例子，仅会产生两个候选 3-项集。{啤酒，面包，尿布}和{啤酒，面包，牛奶}将不会产生，因为{啤酒，面包}不是频繁 2-项集。

$F_{k-1} \times F_{k-1}$ **方法** Apriori 算法使用的函数 candidate-gen 的候选产生过程是将一对频繁 $(k-1)$-项集进行合并，仅当其前 $k-2$ 个项按照字典序都相同。令 $A = \{a_1, a_2, \cdots, a_{k-1}\}$ 和 $B = \{b_1, b_2, \cdots, b_{k-1}\}$ 是一对符合字典序的频繁 $(k-1)$-项集，合并 A 和 B，如果它们满足如下条件：

$$a_i \times b_i (i = 1, 2, \cdots, k-2)$$

注意在这种情况下，$a_{k-1} \neq b_{k-1}$，因为 A 和 B 是两个不一样的项集。通过合并 A 和 B 生成的候选 k-项集包括相同的前 $k-2$ 个项，紧接着是按照字典序的 a_{k-1} 和 b_{k-1}。这个候选产生过程是完备的，因为对于每个符合字典序的频繁 k-项集，都存在着两个按字典序的频繁 $(k-1)$-项集，它们在前 $k-2$ 个位置都包含了相同的项。

[371]

在图 5.8 中，频繁项集{面包，尿布}和{面包，牛奶}合并后形成了候选 3-项集{面包，尿布，牛奶}。算法不会合并项集{啤酒，尿布}和{尿布，牛奶}，因为它们的第一个项不相同。实际上，如果{啤酒，尿布，牛奶}是可行的候选，则它应当由{啤酒，尿布}和{啤酒，牛奶}合并得到。这个例子表明了候选项产生过程的完备性和使用字典序避免重复候选的优点。同样，如果按照字典序对频繁 $(k-1)$-项集排序，包含完全相同的前 $k-2$ 个项的项集会连续地排列在一起。因此，$F_{k-1} \times F_{k-1}$ 候选产生方法只将频繁项集和在排序列表中位于随后几位的项集进行合并，从而节省了部分计算。

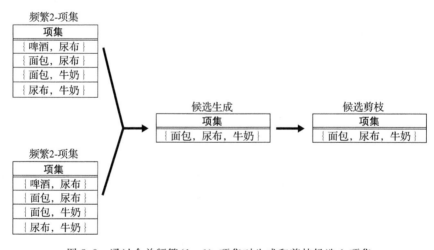

图 5.8 通过合并频繁 $(k-1)$-项集对生成和剪枝候选 k-项集

由图 5.8 可见，$F_{k-1} \times F_{k-1}$ 候选产生过程只产生一个候选 3-项集，这与 $F_{k-1} \times F_1$ 方法产生的 4 个候选 3-项集相比，数量有了相当大的减少。这是因为 $F_{k-1} \times F_{k-1}$ 方法确保了每个候选 k-项集至少包含了两个频繁 $(k-1)$-项集，因此，在这一步大大减少了候选的数量。

[372]

需要注意的是，在 $F_{k-1} \times F_{k-1}$ 过程中，合并两个频繁 $(k-1)$-项集的方式有很多种，每一种方法都是在前 $k-2$ 个项都完全相同时，将二者进行合并。另一种方法是，对于两个频繁$(k-1)$-项集 A 和 B，如果 A 的后 $k-2$ 个项与 B 的前 $k-2$ 个项完全相同，那么该方法将 A 与 B 进行合并。例如，使用这个方法能将{面包，尿布}和{尿布，牛奶}合并生成候选 3-项集{面包，尿布，牛奶}。随后我们将看到，这种 $F_{k-1} \times F_{k-1}$ 过程有利于产生序列模式，这将在第 6 章进行讨论。

2. 候选项集的剪枝

为说明对候选 k-项集的候选剪枝操作，此处，令 $X = \{i_1, i_2, \cdots, i_k\}$，其 k 个真子集用 $X - \{i_j\}$（$\forall j = 1, 2, \cdots, k$）来表示。按照 Apriori 原理，只要真子集中有任何一个是非频繁的，X 会被立即剪枝。注意到，不必明确地要求 X 的所有大小不超过 $k-1$ 的子集是频繁的（见习题 7）。这个方法极大地减少了在支持度计数时考虑的候选项集数量。对于暴力候选生成方法，候选剪枝只需要对每个候选 k-项集检查其 k 个大小为 $k-1$ 的子集。然而，由于 $F_{k-1} \times F_1$ 候选产生策略保证了每个候选 k-项集至少有一个大小为 $k-1$ 的子集是频繁的，所以只需检查剩余的 $k-1$ 个子集。同样，$F_{k-1} \times F_{k-1}$ 策略只要求对每个候选 k-项集检查其 $k-2$ 个子集，这是因为在候选产生步骤中，已经有两个大小为 $k-1$ 的子集被确定为是频繁的。

5.2.4 支持度计数

支持度计数过程的作用是，确定在候选剪枝步骤中保留下来的每个候选项集出现的频繁程度。支持度计数在算法 5.1 的第 6～11 步实现。支持度计数的一种暴力方法是，将每个事务与所有的候选项集进行比较（见图 5.2），并更新包含在事务中的候选项集的支持度计数。这种方法的计算开销十分高，尤其当事务和候选项集的数目都很大时更为明显。

另一种方法是枚举每个事务所包含的项集，并且利用其更新对应的候选项集的支持度。例如，考虑事务 t，它包含 5 个项{1，2，3，5，6}。该事务包含 $C_5^3 = 10$ 个大小为 3 的项集，其中的某些项集可能对应于所考察的候选 3-项集，遇到这种情况则增加其支持度。而那些不与任何候选项集对应的事务 t 的子集则可以忽略。

图 5.9 显示了枚举事务 t 中所有 3-项集的一个系统性方法。假定每个项集中的项都以递增的字典序排列，则项集可以这样枚举：先指定最小项，其后跟随较大的项。例如，给定 $t = \{1, 2, 3, 5, 6\}$，它的所有 3-项集一定以项 1、2 或 3 开始。不能构造以 5 或 6 开

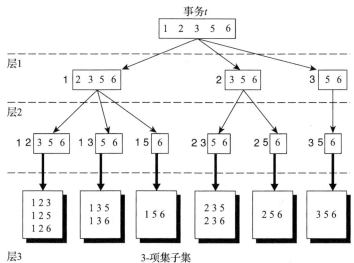

图 5.9 枚举事务 t 的所有包含 3 个项的子集

始的 3-项集，因为事务 t 中只有两个项的标号大于等于 5。图 5.9 中第一层的前缀树结构描述了指定包含在事务 t 中的 3-项集的第一项的方法。例如，1 $\boxed{2\ 3\ 5\ 6}$ 表示的 3-项集是：以 1 开始，后随两个取自集合{2，3，5，6}的项。

确定了第一项之后，第二层的前缀树结构表示选择第二项的方法。例如：1 2 $\boxed{3\ 5\ 6}$ 表示以{1，2}为前缀、后随项 3、5 或 6 的项集。最后，第三层的前缀结构显示了事务 t 包含的所有的 3-项集。例如，以{1，2}为前缀的 3-项集是{1，2，3}，{1，2，5}和{1，2，6}；而以{2，3}为前缀的 3-项集是{2，3，5}和{2，3，6}。

374

图 5.9 所示的前缀树结构展示了如何系统地枚举事务所包含的项集，即通过从最左项到最右项依次指定项集的项。然而还必须确定每一个枚举的 3-项集是否对应于一个候选项集，如果它与一个候选项集匹配，则相应候选项集的支持度计数增加。在下一节中，将解释如何使用 Hash 树来有效地进行匹配操作。

使用 Hash 树进行支持度计数

在 Apriori 算法中，候选项集被划分为不同的桶，并存放在 Hash 树中。在支持度计数期间，包含在事务中的项集也散列到相应的桶中。这种方法不是将事务中的每个项集与所有的候选项集进行比较，而是将它与同一桶内的候选项集进行匹配，如图 5.10 所示。

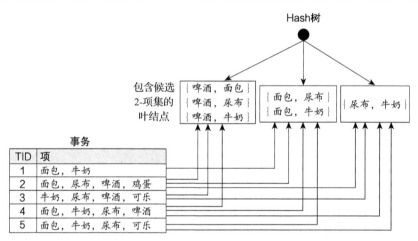

图 5.10　使用 Hash 树结构的项集支持度计数

图 5.11 是一棵 Hash 树的结构示例。树的每个内部结点都使用 Hash 函数 $h(p)=(p-1)\bmod 3$（模运算表示求模操作，即取余数）来确定应当沿着当前结点的哪个分支向下。例如，项 1、4 和 7 应当散列到相同的分支（即最左分支），因为除以 3 之后它们都具有相同的余数。所有的候选项集都存放在 Hash 树的叶结点中。图 5.11 显示的 Hash 树包含 15 个候选 3-项集，分布在 9 个叶结点中。

375

考虑这一个事务 $t=\{1，2，3，5，6\}$。为了更新候选项集的支持度计数，必须这样遍历 Hash 树：所有包含属于事务 t 的候选 3-项集的叶结点至少访问一次。注意，包含在 t 中的候选 3-项集必须以项 1、2 或 3 开始，如图 5.9 中第一层前缀树结构所示。这样，在 Hash 树的根结点，事务中的项 1、2 和 3 将分别散列。项 1 被散列到根结点的左子树，项 2 被散列到中间子树，而项 3 被散列到右子树。在树的下一层，事务根据图 5.9 中的第二层树结构列出的第二项进行散列。例如，在根结点散列项 1 之后，散列事务的项 2、3 和 5。按照 Hash 函数，项 2 和项 5 散列到中间子树，而项 3 散列到右子树，如图 5.12 所示。

继续该过程，直至到达 Hash 树的叶结点。将存放在被访问过的叶结点中的候选项集与事务进行比较，如果候选项集是该事务的子集，则增加它的支持度计数。注意到在遍历 Hash 树时，并不是所有的叶结点都会被访问，这有利于减少计算开销。在这个例子中，访问了 9 个叶结点中的 5 个，同时将 15 个项集中的 9 个与事务进行了比较。

5.2.5　计算复杂度

Apriori 算法（包含运行时间和存储空间）的计算复杂度受如下因素影响。

支持度阈值　降低支持度阈值通常会导致更多的项集被判定为频繁的。这给算法的计算复杂度会带来不利影响，因为每一层必须产生更多候选项集并对其计数，如图 5.13 所示。随着支持度阈值的降低，频繁项集的最大长度将增加。这导致 Apriori 算法执行的迭代总次数增加，进而增加了计算开销。

项数（维度）　随着项数的增加，需要更多的空间来存储项的支持度计数。如果频繁项集的数目也随着数据维度的增加而增长，则由于算法产生的候选项集更多，运行时间和存储需求将增加。

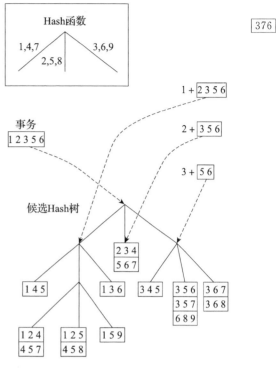

图 5.11　在 Hash 树的根结点散列一个事务

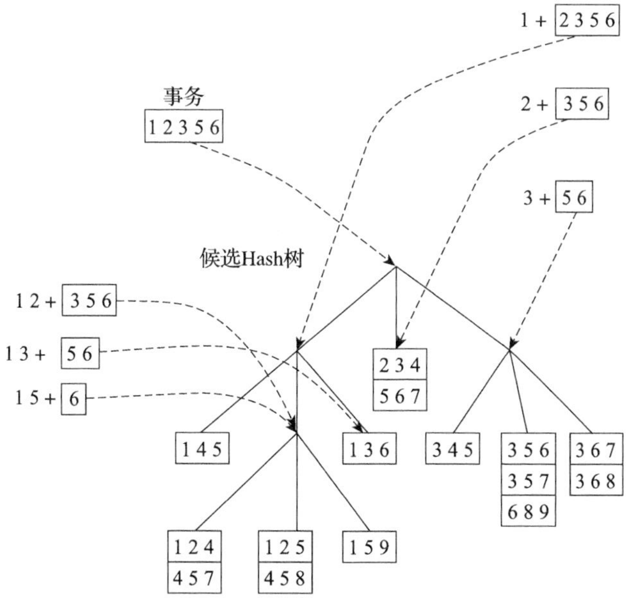

图 5.12　在候选项集 Hash 树根最左子树上的子集操作

事务数　由于 Apriori 算法反复扫描事务数据集，因此它的运行时间随着事务数的增加而增加。

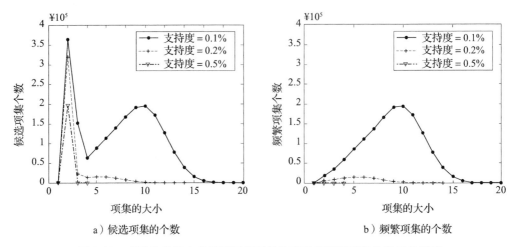

a）候选项集的个数   b）频繁项集的个数

图 5.13   基准数据集中支持度阈值对候选项集和频繁项集的数量的影响

事务的平均宽度   对于稠密数据集，事务的平均宽度可能很大，这将在两个方面影响
Apriori 算法的复杂度。首先，频繁项集的最大长度随事务平均宽度的增加而增加，因而，
在候选项产生和支持度计数时必须考察更多候选项集，如图 5.14 所示；其次，随着事务
宽度的增加，事务中将包含更多的项集，这将增加支持度计数时 Hash 树的遍历次数。

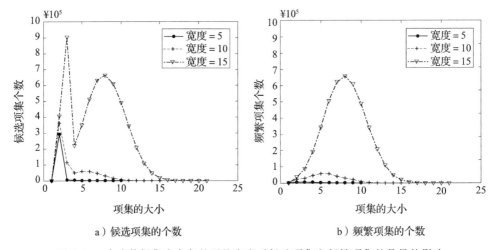

a）候选项集的个数   b）频繁项集的个数

图 5.14   合成数据集中事务的平均宽度对候选项集和频繁项集的数量的影响

下面，详细分析 Apriori 算法的时间复杂度。

频繁 1-项集的产生   对于每个事务，需要更新事务中出现的每个项的支持度计数。假
定 w 为事务的平均宽度，则该操作需要的时间为 $O(Nw)$，其中 N 为事务的总数。

候选的产生   为了产生候选 k-项集，需要合并一对频繁$(k-1)$-项集，确定它们是否
至少有 $k-2$ 个相同项。每次合并操作最多需要 $k-2$ 次相等比较。在最好的情况下，每次
合并都能产生至多一个可行的候选 k-项集；在最坏的情况下，算法必须试图合并上次迭代
发现的每对频繁$(k-1)$-项集。因此，合并频繁项集的总开销为：

$$\sum_{k=2}^{w}(k-2)|C_k| < 合并开销 < \sum_{k=2}^{w}(k-2)|F_{k-1}|^2$$

其中，w 为最大事务宽度。Hash 树在候选产生时构造，以存放候选项集。由于 Hash 树

的最大深度为 k，将候选项集散列到 Hash 树的开销为 $O\Big(\sum_{k=2}^{w}k|C_k|\Big)$。在候选项剪枝的过程中，需要检验每个候选 k-项集的 $k-2$ 个子集是否频繁。由于在 Hash 树上查找一个候选项集的花费是 $O(k)$，因此候选剪枝需要的时间是 $O\Big(\sum_{k=2}^{w}k(k-2)|C_k|\Big)$。

支持度计数　每个宽度为 $|t|$ 的事务将产生 $C_{|t|}^{k}$ 个 k-项集。这也是每个事务遍历 Hash 树的有效次数。支持度计数的开销为 $O\Big(N\sum_{k}C_{w}^{k}\alpha_k\Big)$，其中 w 是事务的最大宽度，α_k 是更新 Hash 树中一个候选 k-项集的支持度计数的开销。

5.3　规则的产生

本节介绍如何有效地从给定的频繁项集中提取关联规则。忽略那些前件或后件为空的规则（$\varnothing\rightarrow Y$ 或 $Y\rightarrow\varnothing$），每个频繁 k-项集能够产生多达 2^k-2 个关联规则。关联规则可以这样提取：将项集 Y 划分成两个非空的子集 X 和 $Y-X$，使得 $X\rightarrow Y-X$ 满足置信度阈值。注意：这样的规则必然已经满足支持度阈值，因为它们是由频繁项集产生的。

例 5.2　设 $X=\{a,b,c\}$ 是频繁项集。可以由 X 产生 6 个候选关联规则：$\{a,b\}\rightarrow\{c\}$、$\{a,c\}\rightarrow\{b\}$、$\{b,c\}\rightarrow\{a\}$、$\{a\}\rightarrow\{b,c\}$、$\{b\}\rightarrow\{a,c\}$ 和 $\{c\}\rightarrow\{a,b\}$。由于它们的支持度都等于 X 的支持度，这些规则一定满足支持度阈值。　◀

计算关联规则的置信度并不需要再次扫描事务数据集。考虑由频繁项集 $X=\{1,2,3\}$ 产生的规则 $\{1,2\}\rightarrow\{3\}$，该规则的置信度为 $\dfrac{\sigma(\{1,2,3\})}{\sigma(\{1,2\})}$。因为 $\{1,2,3\}$ 是频繁的，所以支持度的反单调性确保项集 $\{1,2\}$ 一定也是频繁的。由于这两个项集的支持度计数已经在频繁项集产生时得到，因此不必再扫描整个数据集。

5.3.1　基于置信度的剪枝

置信度不具备像支持度度量那样的反单调性。例如：规则 $X\rightarrow Y$ 的置信度可能大于、小于或等于规则 $\tilde{X}\rightarrow\tilde{Y}$ 的置信度，其中 $\tilde{X}\subseteq X$ 且 $\tilde{Y}\subseteq Y$（见本章习题 3）。尽管如此，当比较由频繁项集 Y 产生的规则时，下面的定理对置信度度量成立。

定理 5.2　令 Y 是一个项集，X 是 Y 的一个子集。如果规则 $X\rightarrow Y-X$ 不满足置信度阈值，则形如 $\tilde{X}\rightarrow Y-\tilde{X}$ 的规则一定也不满足置信度阈值，其中 $\tilde{X}$ 是 X 的子集。

为了证明该定理，考虑如下两个规则：$\tilde{X}\rightarrow Y-\tilde{X}$ 和 $X\rightarrow Y-X$，其中 $\tilde{X}\subset X$。这两个规则的置信度分别 $\dfrac{\sigma(Y)}{\sigma(\tilde{X})}$ 和 $\dfrac{\sigma(Y)}{\sigma(X)}$。由于 $\tilde{X}$ 是 X 的子集，所以 $\sigma(\tilde{X})\geqslant\sigma(X)$。因此，前一个规则的置信度不可能大于后一个规则。

5.3.2　Apriori 算法中规则的产生

Apriori 算法使用一种逐层方法来产生关联规则，其中每层对应于规则后件中的项数。首先，提取规则后件只含一个项的所有高置信度规则，然后，使用这些规则来产生新的候选规则。例如，如果 $\{acd\}\rightarrow\{b\}$ 和 $\{abd\}\rightarrow\{c\}$ 是两个高置信度规则，则通过合并这两个规则的后件产生候选规则 $\{ad\}\rightarrow\{bc\}$。图 5.15 显示了由频繁项集 $\{a,b,c,d\}$ 产生关联规则的格结构。如果格中的任意结点具有低置信度，则根据定理 5.2，可以立即剪掉该结点生成的整个子图。假设规则 $\{bcd\} \rightarrow \{a\}$ 具有低置信度，则可以丢弃后件包含 a 的所有规则，包括 $\{cd\} \rightarrow \{ab\}$，$\{bd\} \rightarrow \{ac\}$，$\{bc\} \rightarrow \{ad\}$ 和 $\{d\} \rightarrow \{abc\}$。

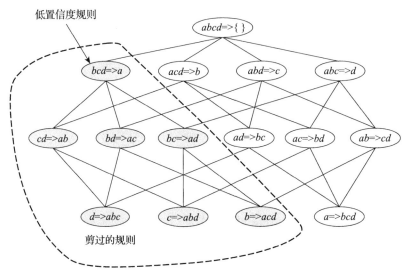

图 5.15　使用置信度度量对关联规则进行剪枝

　　算法 5.2 和算法 5.3 给出了关联规则产生的伪代码。注意，算法 5.3 中的 ap-gen-rules 过程与算法 5.1 中的频繁项集产生的过程类似。二者唯一的不同是，在规则产生时，不必再次扫描数据集来计算候选规则的置信度，而是使用在频繁项集产生时计算的支持度计数来确定每个规则的置信度。

算法 5.2　Apriori 算法中∧规则的生成

1：**for** 每一个频繁 k-项集 f_k，$k \geqslant 2$ **do**
2：　　$H_1 = \{i \,|\, i \in f_k\}$　　〖规则的 1-项后件〗
3：　　**call** ap-genrules(f_k, H_1)
4：**end for**

算法 5.3　ap-genrules(f_k, H_m)过程

1：$k = |f_k|$　　〖频繁项集的大小〗
2：$m = |H_m|$　　〖规则后件的大小〗
3：**if** $k > m+1$ **then**
4：　　$H_{m+1} = $ candidate-gen(H_m)
5：　　$H_{m+1} = $ candidate-prune(H_{m+1}, H_m)
6：　　**for** each $h_{m+1} \in H_{m+1}$ **do**
7：　　　　$conf = \dfrac{\sigma(f_k)}{\sigma(f_k - h_{m+1})}$
8：　　　　**if** $conf \geqslant minconf$ **then**
9：　　　　　　**output** the rule $(f_k - h_{m+1}) \rightarrow h_{m+1}$
10：　　　　**else**
11：　　　　　　**delete** h_{m+1} from H_{m+1}
12：　　　　**end if**
13：　　**end for**
14：　　**call** ap-genrules(f_k, H_{m+1})
15：**end if**

5.3.3 示例：美国国会投票记录

本节演示对美国众议院议员投票记录应用关联分析的结果。这些数据来自 1984 年美国国会投票数据库，可以从 UCI 机器学习库中获取到。每一个事务包含议员的党派信息，以及他对 16 个关键问题的投票记录。数据集中共有 435 个事务和 34 个项。表 5.3 列出了所有的项。

表 5.3   1984 年美国国会投票记录的二元属性列表。信息源：UCI 机器学习库

1. Republican	18. aid to Nicaragua＝no
2. Democrat	19. MX-missile＝yes
3. handicapped-infants＝yes	20. MX-missile＝no
4. handicapped-infants＝no	21. immigration＝yes
5. water project cost sharing＝yes	22. immigration＝no
6. water project cost sharing＝no	23. synfuel corporation cutback＝yes
7. budget-resolution＝yes	24. synfuel corporation cutback＝no
8. budget-resolution＝no	25. education spending＝yes
9. physician fee freeze＝yes	26. education spending＝no
10. physician fee freeze＝no	27. right-to-sue＝yes
11. aid to El Salvador＝yes	28. right-to-sue＝no
12. aid to El Salvador＝no	29. crime＝yes
13. religious groups in schools＝yes	30. crime＝no
14. religious groups in schools＝no	31. duty-free-exports＝yes
15. anti-satellite test ban＝yes	32. duty-free-exports＝no
16. anti-satellite test ban＝no	33. export administration act＝yes
17. aid to Nicaragua＝yes	34. export administration act＝no

设定 minsup＝30％和 minconf＝90％，对数据集使用 Apriori 算法。表 5.4 列举了算法产生的一些高置信度的规则。前两个规则暗示大部分同时投"aid to El Salvador"(援助萨尔瓦多)赞成票、投"budget resolution"(预算决议案)和"MX missile"(MX 导弹决议案)反对票的是共和党人；而同时投"aid to El Salvador"反对票、投"budget resolution"和"MX missile"赞成票的是民主党人。这些高置信度规则反映出了可以将两个政党成员分开的关键问题。

表 5.4   从 1984 年美国国会投票记录中提取的关联规则

关联规则	置信度
{budget resolution＝no, MX-missile＝no, aid to El Salvador＝yes}→{Republican}	91.0％
{budget resolution＝yes, MX-missile＝yes, aid to El Salvador＝no}→{Democrat}	97.5％
{crime＝yes, right-to-sue＝yes, physician fee freeze＝yes}→{Republican}	93.5％
{crime＝no, right-to-sue＝no, physician fee freeze＝no}→{Democrat}	100％

5.4   频繁项集的紧凑表示

实践中，由事务数据集产生的频繁项集的数量可能非常大。因此，从中识别出可以推导出其他所有的频繁项集的、较小的、具有代表性的项集是很有必要的。本节将介绍两种具有代表性的项集：极大频繁项集和闭频繁项集。

5.4.1   极大频繁项集

定义 5.3 极大频繁项集(maximal frequent itemset)   *若频繁项集的直接超集都不是频*

繁的，则它是极大频繁项集。

为了解释这一概念，考虑如图 5.16 所示的项集格。格中的项集分为两组：频繁项集和非频繁项集。图中虚线表示频繁项集的边界。位于边界上方的每个项集都是频繁的，而位于边界下方的项集（阴影结点）都是非频繁的。在边界附近的结点中，$\{a,d\}$、$\{a,c,e\}$、$\{b,c,d,e\}$ 都是极大频繁项集，因为它们的所有直接超集都是非频繁的。例如，项集 $\{a,d\}$ 是极大频繁的，因为它的所有直接超集 $\{a,b,d\}$ 和 $\{a,c,d\}$ 和 $\{a,d,e\}$ 都是非频繁的；相反，项集 $\{a,c\}$ 不是极大的，因为它的一个直接超集 $\{a,c,e\}$ 是频繁的。

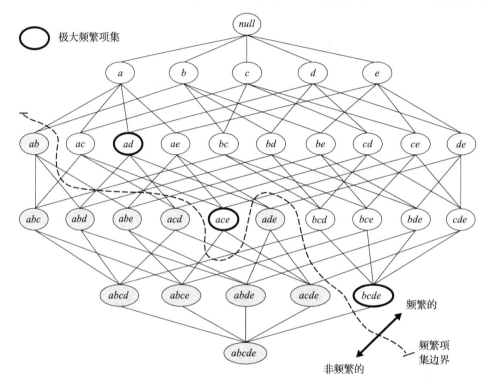

图 5.16　极大频繁项集

极大频繁项集有效地提供了频繁项集的紧凑表示。换句话说，极大频繁项集形成了可以导出所有频繁项集的最小的项集的集合。例如，图 5.16 中的每个频繁项集都是 $\{a,d\}$、$\{a,c,e\}$ 和 $\{b,c,d,e\}$ 这三个极大频繁项集中的一个子集。如果某项集不是任何一个极大频繁项集的真子集，那么该项集要么是非频繁的（如 $\{a,d,e\}$），要么其本身就是极大频繁的（如 $\{b,c,d,e\}$）。因此，极大频繁项集 $\{a,c,e\}$、$\{a,d\}$ 和 $\{b,c,d,e\}$ 提供了如图 5.16 显示的频繁项集的紧凑表示。枚举出极大频繁项集的所有子集，就会产生包含所有频繁项集的完整列表。

对于可能产生很长的频繁项集的数据集，极大频繁项集提供了颇有价值的表示，因为这种数据集中的频繁项集可能有指数多个。尽管如此，仅当存在一种有效的算法，可以直截了当地发现极大频繁项集时，这种方法才是实用的。5.5 节将简略介绍一种这样的方法。

尽管提供了一种紧凑表示，但是极大频繁项集却不包含它们子集的支持度信息。例如，极大频繁项集 $\{a,c,e\}$、$\{a,d\}$ 和 $\{b,c,d,e\}$ 不能够提供它们子集支持度的任何信息，除非满足了支持度阈值。因此，这就需要再次扫描数据集，来确定那些非极大的频繁项集的支持度计数。在某些情况下，可能需要得到保留支持度信息的项集最小表示。下一节将介绍一种这样的表示。

5.4.2　闭项集

闭项集提供了所有频繁项集的一种最小表示，该表示不会丢失支持度信息。下面给出闭项集的形式定义。

定义 5.4 闭项集(closed itemset)　如果项集 X 的直接超集都不具有和它相同的支持度计数，则该项集是闭项集。

换句话说，如果至少存在一个 X 的直接超集，其支持度计数与 X 相同，X 就不是闭的。图 5.17 给出了闭项集的例子。为了更好地解释每个项集的支持度计数，对格中每个结点(项集)都标出了与它相关联的事务 ID。例如，由于结点 $\{b, c\}$ 与事务 ID 1、2 和 3 相关联，因此它的支持度计数为 3。从图中给定的事务可以看出，$\{b\}$ 和 $\{b, c\}$ 的支持度是相同的，这是因为包含 b 的每个事务也包含 c。因此，$\{b\}$ 不是闭项集。同样，由于 c 出现在所有包含 a 和 d 的事务中，所以项集 $\{a, d\}$ 不是闭的，因为它和它的超集 $\{a, c, d\}$ 的支持度相同。另一方面，$\{b, c\}$ 是闭项集，因为它的支持度计数与它的任何超集都不同。

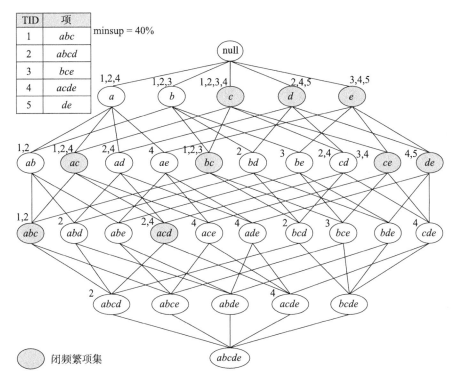

图 5.17　闭频繁项集的例子(最小支持度为 40%)

闭项集一个有趣的性质是，如果知道了它们的支持度计数，就可以由此得到项集格中的每个其他项集的支持度计数，而无须再扫描数据集。例如，考虑图 5.17 中的 2-项集 $\{b, e\}$。由于 $\{b, e\}$ 不是闭的，因此它的支持度必须等于它的一个直接超集，即 $\{a, b, e\}$、$\{b, c, e\}$ 和 $\{b, d, e\}$。进一步，由于支持度度量具备反单调性，因而 $\{b, e\}$ 的任何一个超集的支持度都不会超过 $\{b, e\}$ 的支持度。因此，对于 $\{b, e\}$ 的支持度，可以通过检查其所有大小为 3 的直接超集的支持度计数，并从中选择出最大值来计算得到。若直接超集是闭的（如$\{b, c, e\}$），就能知道它的支持度计数。否则，必须通过检查它的大小为 4 的直接超集的支持度，来递归计算出其支持度。总之，只要知道了所有 k-项集的支持度计数，就能确定任何不是闭的 $(k-1)$-项集的支持度计数。因此，可以设计一个迭代算法，从第 k_{max} 层开始（k_{max} 表示最大闭项集的大小），利用第 k 层项集的支持度计数，来计算第 $k-1$ 层项集的支持度计数。

尽管闭项集提供了对全部项集支持度计数的一种紧凑表示，它们在数量上仍可能有指数规模大小。并且对大多数实际应用来说，只需确定所有频繁项集的支持度计数。对此，闭频繁项集提供了对所有频繁项集支持度计数的紧凑表示，定义如下。

定义 5.5 闭频繁项集（closed frequent itemset） 如果一个项集是闭的，并且其支持度大于或等于最小支持度阈值，那么该项集是闭频繁项集。

在前面的例子中，假定支持度阈值为 40%，则项集$\{b, c\}$是闭频繁项集，因为它的支持度是 60%。在图 5.17 中，闭频繁项集用带阴影结点表示。

有一些算法可以直接从给定的数据集中提取闭频繁项集。对于这些算法的进一步讨论，感兴趣的读者可以查阅本章的文献注释。可以使用闭频繁项集的支持度来确定那些非闭的频繁项集的支持度。例如，考虑如图 5.17 所示的频繁项集$\{a, d\}$。因为该项集不是闭的，所以它的支持度计数一定与它的直接超集（$\{a, b, d\}$、$\{a, c, d\}$、$\{a, d, e\}$）的最大支持度计数相同。同样，由于$\{a, d\}$是频繁的，只需考虑它的频繁超集的支持度。总之，每个非闭的频繁 k-项集的支持度计数，可以通过考虑它的所有大小为 $k+1$ 的频繁超集的支持度来获得。例如，由于$\{a, d\}$的唯一频繁超集是$\{a, c, d\}$，因此它和$\{a, c, d\}$的支持度相等，等于 2。使用这种方法可以开发一个算法，用以计算每个频繁项集的支持度。算法 5.4 显示了这个算法的伪代码。该算法以从特殊到一般的方式进行处理，即从最大的频繁项集到最小的频繁项集。这是因为要找出非闭频繁项集的支持度就必须要知道它所有超集的支持度。注意，将频繁闭项集的所有子集并起来，可以计算得到所有频繁项集的集合。

算法 5.4　使用闭频繁项集进行支持度计数

1：设 C 为闭频繁项集的集合，F 为所有频繁项集的集合.
2：设 k_{max} 是闭频繁项集的最大长度
3：$Fk_{max} = \{f \mid f \in C,\ |f| = k_{max}\}$ 〈找出长度为 k_{max} 的所有频繁项集.〉
4：**for** $k = k_{max} - 1$ down to 1 **do**
5：　$F_k = \{f \mid f \in F,\ |f| = k\}$ 〈找出长度为 k 的所有频繁项集.〉
6：　for each $f \in F_k$ **do**
7：　　**if** $f \notin C$ **then**
8：　　　$f.support = \max\{f'.support \mid f' \in F_{k+1},\ f \subset f'\}$
9：　　**end if**
10：　**end for**
11：**end for**

为了举例说明使用闭频繁项集的优点，考虑表 5.5 中的数据集，它包含 10 个事务和 15 个项。数据集中的这些项大致可以分为 3 组：(1) 组 A，包含项a_1 到 a_5；(2) 组 B，包含项b_1 到b_5；(3) 组 C，包含项c_1 到 c_5。假定支持度阈值为 20%，包含来自同一组项的项集是频繁的，包含来自不同组项的项集是非频繁的。频繁项集的总数为 $3 \times (2^5 - 1) = 93$。然而，该数据只有 4 个闭频繁项集：$\{a_3, a_4\}$、$\{a_1, a_2, a_3, a_4, a_5\}$、$\{b_1, b_2, b_3, b_4, b_5\}$和$\{c_1, c_2,$

c_3，c_4，c_5}。对于分析，仅提供这些闭频繁项集，而不是所有的频繁项集就足够了。

表 5.5　挖掘闭项集的事务数据集

TID	a_1	a_2	a_3	a_4	a_5	b_1	b_2	b_3	b_4	b_5	c_1	c_2	c_3	c_4	c_5
1	1	1	1	1	1	0	0	0	0	0	0	0	0	0	0
2	1	1	1	1	1	0	0	0	0	0	0	0	0	0	0
3	1	1	1	1	1	0	0	0	0	0	0	0	0	0	0
4	0	0	1	1	0	1	1	1	1	1	0	0	0	0	0
5	0	0	0	0	0	1	1	1	1	1	0	0	0	0	0
6	0	0	0	0	0	1	1	1	1	1	0	0	0	0	0
7	0	0	0	0	0	0	0	0	0	0	1	1	1	1	1
8	0	0	0	0	0	0	0	0	0	0	1	1	1	1	1
9	0	0	0	0	0	0	0	0	0	0	1	1	1	1	1
10	0	0	0	0	0	0	0	0	0	0	1	1	1	1	1

最后，极大频繁项集都是闭的，因为任何极大频繁项集都不可能与它的直接超集具有相同的支持度计数。频繁项集、闭项集、闭频繁项集和极大频繁项集之间的关系如图 5.18 所示。

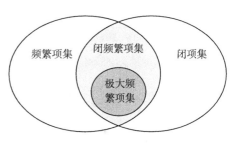

图 5.18　频繁项集、闭项集、闭频繁项集和极大频繁项集之间的关系

*5.5　其他产生频繁项集的方法

Apriori 算法是早期成功处理频繁项集产生的组合爆炸问题的算法之一。它通过使用先验原理对指数搜索空间进行剪枝，成功地处理了组合爆炸问题。尽管显著地提高了性能，但是该算法还会导致不可低估的 I/O 开销，因为它需要多次扫描事务数据集。此外，正如 5.2.5 节提到的，对于稠密数据集，由于事务数据宽度的增加，Apriori 算法的性能会显著降低。为了克服这些局限性和提高 Apriori 算法的效率，我们已经开发了一些替代方法。下面是这些方法的简略描述。

项集格遍历　概念上，可以把频繁项集的搜索看作遍历图 5.1 中的项集格。算法使用的搜索策略指明了在频繁项集产生过程中如何遍历格结构。根据频繁项集在格中的布局，某些搜索策略优于其他策略。下面概述这些策略。

- **一般到特殊与特殊到一般**：Apriori 算法使用了"一般到特殊"的搜索策略，合并两个频繁$(k-1)$-项集得到候选 k-项集。只要频繁项集的最大长度不是太长，这种"一般到特殊"的搜索策略通常情况下是有效的。使用这种策略效果最好的频繁项集的布局如图 5.19a 所示，其中灰色结点代表非频繁项集。相反，"特殊到一般"的搜索策略在发现更一般的频繁项集之前，先寻找更特殊的频繁项集。这种策略对于发现稠密事务中的极大频繁项集是有用的。由于稠密事务中频繁项集的边界靠近格的底部，如图 5.19b 所示，所以可以使用先验原理剪掉极大频繁项集的所有子集。具体说来，如果候选 k-项集是极大频繁项集，则不必考察它的任意 $k-1$ 项子集。然而，如果候选 k-项集是非频繁的，则必须在下一迭代考察它的所有 $k-1$ 项子集。另外一种策略是结合"一般到特殊"和"特殊到一般"的搜索策略。尽管这种双向搜索方法需要更多的空间存储候选项集，但是给定图 5.19c 所示的布局，该方法有助于加快确定频繁项集边界。

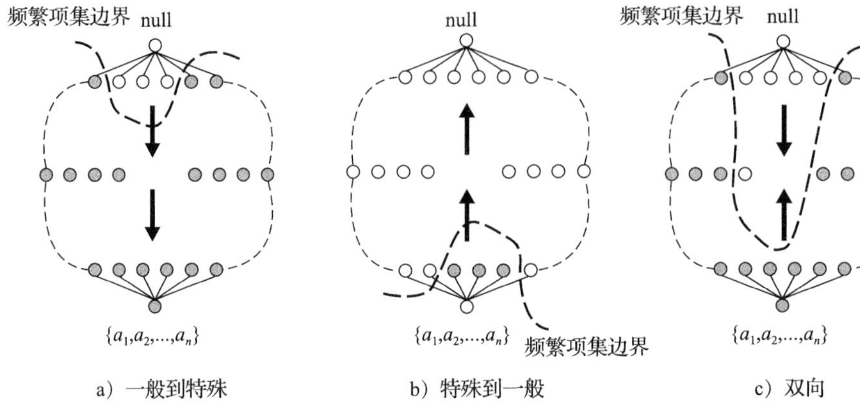

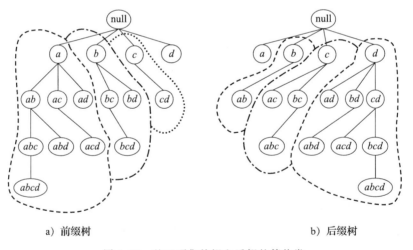

a) 一般到特殊   b) 特殊到一般   c) 双向

图 5.19   一般到特殊、特殊到一般和双向搜索

- **等价类**：另外一种遍历的方法是先将格划分为两个不相交的结点组（或等价类）。频繁项集产生算法依次在每个等价类内搜索频繁项集。例如，Apriori 算法采用的逐层策略可以看作根据项集的大小划分格，即在处理较大项集之前，首先找出所有的频繁 1-项集。等价类也可以根据项集的前缀或后缀来定义。在这种情况下，如果两个项集共享一个长度为 k 的相同前缀或后缀，则它们属于一个等价类。在基于前缀的方法中，算法首先搜索以前缀 a 开始的频繁项集，然后是以前缀 b 开始的频繁项集，然后是 c，如此下去。基于前缀和基于后缀的等价类都可以使用如图 5.20 所示的类似于树的结构来演示。

a) 前缀树   b) 后缀树

图 5.20   基于项集前缀和后缀的等价类

- **宽度优先与深度优先**：Apriori 算法采用宽度优先的方法遍历格，如图 5.21a 所示。它首先发现所有的频繁 1-项集，接下来是频繁 2-项集，如此下去直到没有新的频繁项集产生为止。也可以以深度优先的方式遍历项集格，如图 5.21b 和图 5.22 所示。比如说，算法可以从图 5.22 中的结点 a 开始，计算其支持度计数并判断它是否频繁。如果是，算法渐增地扩展下层结点，即结点 ab、abc 等，直到到达一个非频繁结点为止，如 $abcd$。然后，回溯到下一个分支，比如说 $abce$，并且从该处继续搜索。

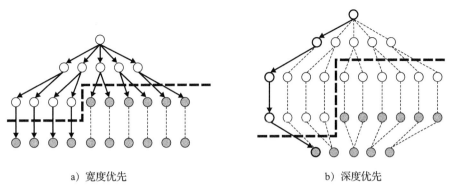

a）宽度优先　　　　　　　　　b）深度优先

图 5.21　宽度优先和深度优先遍历

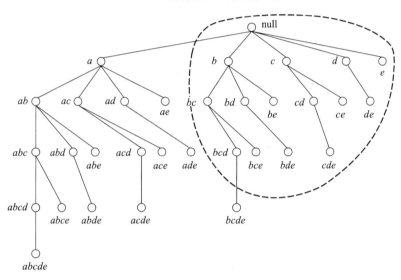

图 5.22　使用深度优先方法产生候选项集

通常，算法使用深度优先的方法来发现极大频繁项集。这种方法比宽度优先方法能更快地检测到频繁项集边界。一旦发现一个极大频繁项集，就可以在它的子集上进行剪枝。例如，如果图 5.22 中的结点 bcde 是极大频繁项集，则算法就不必访问以 bd、be、c、d 和 e 为根的子树，因为它们不可能包含任何极大频繁项集。然而，如果 abc 是极大频繁项集，则只有 ac 和 bc 这样的结点不是极大频繁项集，但以它们为根的子树还可能包含极大频繁项集。深度优先方法还允许使用不同的基于项集支持度的剪枝方法。例如，假定项集{a, b, c}和{a, b}具有相同的支持度，则可以跳过以 abd 和 abe 为根的子树，因为可以确保它们不包含任何极大频繁项集。该问题的证明作为习题留给读者。

事务数据集的表示　事务数据集的表示方法有多种。表示方法的选择可能影响计算候选项集支持度的 I/O 开销。图 5.23 显示了两种表示购物篮事务的不同方法。左边的表示法称作**水平**（horizontal）数据布局，许多关联规则挖掘算法（包括 Apriori）都采用这种表示法；另一种

水平数据布局

TID	项目
1	a,b,e
2	b,c,d
3	c,e
4	a,c,d
5	a,b,c,d
6	a,e
7	a,b
8	a,b,c
9	a,c,d
10	b

垂直数据布局

a	b	c	d	e
1	1	2	2	1
4	2	3	4	3
5	5	4	5	6
6	7	8	9	
7	8	9		
8	10			
9				

图 5.23　水平和垂直数据格式

可能的方法是存储与每一个项相关联的事务标识符列表(TID 列表),这种表示法称作**垂直**(vertical)数据布局。候选项集的支持度通过取其子项集 TID 列表的交得到。随着处理的项集变大,TID 列表的长度会不断收缩。然而,这种方法存在一个问题:TID 列表的初始集合可能太大,以致无法放进内存,因此就需要更为巧妙的技术来压缩 TID 列表。下一节,将介绍另外一种有效的数据表示方法。

*5.6 FP 增长算法

393

本节介绍另一种称作 **FP 增长**(FP-growth)的算法。该算法采用完全不同的方法来发现频繁项集。它不同于 Apriori 算法的"产生-测试"范型,而是使用一种称作 **FP 树**(FP-tree)的紧凑数据结构组织数据,并直接从该结构中提取频繁项集。下面详细说明该方法。

5.6.1 FP 树表示法

FP 树是一种输入数据的压缩表示,它通过逐个读入事务,并把每个事务映射到 FP 树中的一条路径来构造。由于不同的事务可能会有若干个相同的项,因此它们的路径可能部分重叠。越多的路径相互重叠,使用 FP 树结构获得的压缩效果越好。如果 FP 树足够小,能够存放在内存中,就可以直接从这个内存中的结构提取频繁项集,而不必重复地扫描存放在硬盘上的数据。

图 5.24 显示了一个包含 10 个事务和 5 个项的数据集。图中还绘制了读入前 3 个事务之后 FP 树的结构。树中每一个结点都包括一个项的标记和一个计数,计数显示映射到给定路径的事务个数。初始,FP 树仅包含一个根结点,用符号 null 标记。随后,用如下方法扩充 FP 树:

1)扫描一次数据集,确定每个项的支持度计数。丢弃非频繁项,而数据集中每个事务的频繁项将按照支持度递减排序。对于图 5.24 中的数据集,a 是最频繁的项,接下来依次是 b、c、d 和 e。

2)算法第二次扫描数据集,构建 FP 树。读入第一个事务 $\{a, b\}$ 之后,创建标记为 a 和 b 的结点。然后形成 null→a→b 路径,对该事务编码。该路径上所有结点的频度计数为 1。

3)读入第二个事务 $\{b, c, d\}$ 之后,为项 b、c 和 d 创建新的结点集。然后,连接结点 null→b→c→d,形

事务数据集

TID	项目
1	{a,b}
2	{b,c,d}
3	{a,c,d,e}
4	{a,d,e}
5	{a,b,c}
6	{a,b,c,d}
7	{a}
8	{a,b,c}
9	{a,b,d}
10	{b,c,e}

(i)读入TID=1之后

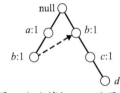

(ii)读入TID=2之后

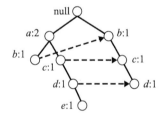

(iii)读入TID=3之后

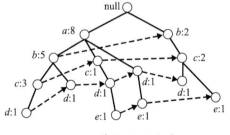

(iv)读入TID=10之后

图 5.24 构造 FP 树

394 ~ 395

成一条代表该事务的路径。该路径上的每个结点的频度计数也等于 1。尽管前两个事务具有一个共同项 b,但是它们的路径不相交,因为这两个事务没有共同的前缀。

4)第三个事务 $\{a, c, d, e\}$ 与第一个事务共享一个共同的前缀项 a，所以第三个事务的路径 null→a→c→d→e 与第一个事务的路径 null→a→b 部分重叠。因为它们的路径重叠，所以结点 a 的频度计数增加为 2，而新创建的结点 c、d 和 e 的频度计数等于 1。

5)继续该过程，直到每个事务都映射到 FP 树的一条路径。读入所有的事务后形成的 FP 树显示在图 5.24 的底部。

通常，FP 树的大小比未压缩的数据小，因为购物篮数据的事务常常共享一些共同项。在最好的情况下，所有的事务都具有相同的项集，FP 树只包含一条结点路径。当每个事务都具有唯一一项集时，最坏情况发生了，由于事务不包含任何共同项，所以 FP 树的大小实际上与原数据的大小一样，然而，由于需要附加的空间为每个项存放结点间的指针和计数，FP 树的存储需求增大。

FP 树的大小也取决于项的排序方式。按照支持度计数降序排列项的概念，也就是取决于高支持度项在所有路径中更频繁地出现的可能性，因此会被用作更常出现的前缀。例如，如果颠倒前面例子的序，即按照支持度由小到大排列项，则所得 FP 树如图 5.25 所示。该树显得更加茂盛，因为根结点上的分支数由 2 增加到 5，并且包含了高支持度项 a 和 b 的结点数由 3 增加到 12。尽管如此，支持度计数递减序并非总是产生最小的树，当高支持度项和其他项没有一起频繁出现的时候尤为如此。例如，假设扩充图 5.24 给定的数据集，增加 100 个包含 $\{e\}$ 的事务、80 个包含 $\{d\}$ 的事务、60 个包含 $\{c\}$ 的事务、40 个包含 $\{b\}$ 的事务。现在，项 e 是最频繁的，接下来依次是 d、c、b 和 a。使用扩充的事务数据，支持度计数递减序将导致类似于图 5.25 中的 FP 树，而基于支持度计数递增序将产生一棵类似于图 5.24(iv)的较小的 FP 树。

396

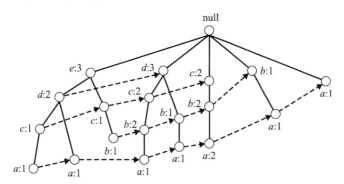

图 5.25　对图 5.24 所示数据集使用不同的项序方案的 FP 树表示

FP 树还包含一个连接具有相同项的结点的指针列表。这些指针在图 5.24 和图 5.25 中用虚线表示，有助于方便快速地访问树中的项。下一节将解释如何使用 FP 树及其相应指针产生频繁项集。

5.6.2　FP 增长算法的频繁项集产生

FP 增长是一种以自底向上方式进行的探索树、由 FP 树产生频繁项集的算法。给定图 5.24 所示的树，算法首先查找以 e 结尾的频繁项集，接下来依次是 d、c、b，最后是 a。这种用于发现以某一个特定项结尾的频繁项集的自底向上的策略等价于 5.5 节介绍的基于后缀的方法。由于每一个事务都映射到 FP 树中的一条路径，因此仅仅通过考察包含特定结点(例如 e)的路径，就可以发现以 e 结尾的频繁项集。通过使用与结点 e 相关联的指针，就可以快速访问这些路径。图 5.26a 显示了所提取的路径。对于以 d、c、b 和 a 结尾的项集的相似路径，分别由图 5.26b～e 表示。

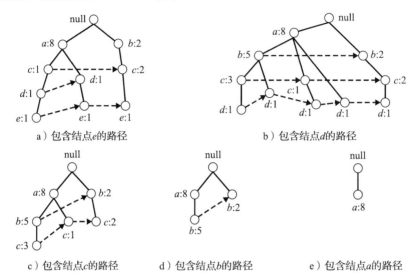

a）包含结点*e*的路径 　　　　　　　　　　b）包含结点*d*的路径

c）包含结点*c*的路径　　　　d）包含结点*b*的路径　　　　e）包含结点*a*的路径

图 5.26　将频繁项集产生的问题分解为多个子问题，其中每个子问题分别涉及发现以 *e*、*d*、*c*、*b* 和 *a* 结尾的频繁项集

　　FP 增长采用分治策略将一个问题分解为较小的子问题，从而发现以某个特定后缀结尾的所有频繁项集。例如，假设对发现所有以 *e* 结尾的频繁项集感兴趣。为了实现这个目的，必须首先检查项集{*e*}本身是否频繁。如果它是频繁的，则考虑发现以 *de* 结尾的频繁项集子问题，接下来是 *ce*，*be* 和 *ae*。以此类推，每一个子问题可以进一步划分为更小的子问题。通过合并这些子问题得到的结果，就可以找到所有以 *e* 结尾的频繁项集。最终，通过合并发现以 *e*、*d*、*c*、*b* 和 *a* 结尾的频繁项集子问题，就能得到所有频繁项集构成的集合。这种分治策略是 FP 增长算法采用的关键策略。

　　为了更具体地说明如何解决这些子问题，考虑发现所有以 *e* 结尾的频繁项集的任务。

　　1）第一步收集包含 *e* 结点的所有路径。这些初始的路径称为**前缀路径**（prefix-path），如图 5.27a 所示。

　　2）由图 5.27a 所显示的前缀路径，把与结点 *e* 相关联的支持度计数相加得到 *e* 的支持度计数。假定最小支持度为 2，因为{*e*}的支持度是 3，所以它是频繁项集。

　　3）由于{*e*}是频繁的，因此算法必须解决发现以 *de*、*ce*、*be* 和 *ae* 结尾的频繁项集的子问题。在解决这些子问题之前，必须先将前缀路径转化为**条件 FP 树**（conditional FP-tree）。除了用于发现以某特定后缀结尾的频繁项集之外，条件 FP 树的结构与

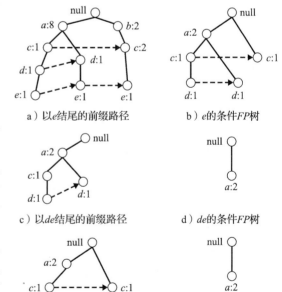

a）以*e*结尾的前缀路径 　　b）*e*的条件*FP*树

c）以*de*结尾的前缀路径 　　d）*de*的条件*FP*树

e）以*ce*结尾的前缀路径 　　f）*ae*的条件*FP*树

图 5.27　使用 FP 增长算法发现以 *e* 结尾的频繁项集的例子

FP 树类似。条件 FP 树通过以下步骤得到：

① 首先，必须更新前缀路径上的支持度计数，因为某些计数包括那些不含项 e 的事务。例如，图 5.27a 中的最右边路径 null→b：2→c：2→e：1 包括了并不含项 e 的事务 $\{b, c\}$。因此，必须将该前缀路径上的计数调整为 1，以反映包含 $\{b, c, e\}$ 事务的实际个数。

② 删除 e 的结点，修剪前缀路径。删除这些结点是因为沿着这些前缀路径的支持度计数已经更新，用来反映包含 e 的那些事务，并且发现以 de、ce、be 和 ae 结尾的频繁项集的子问题不再需要结点 e 的信息。

③ 更新沿前缀路径上的支持度计数之后，某些项可能不再是频繁的。例如，结点 b 只出现了 1 次，它的支持度计数等于 1，这就意味着只有一个事务同时包含 b 和 e。因为所有以 be 结尾的项集一定都是非频繁的，所以在其后的分析中可以安全地忽略 b。

e 的条件 FP 树显示在图 5.27b 中。该树看上去与原来的前缀路径不同，因为频度计数已经更新，并且结点 b 和 e 已被删除。

4）FP 增长使用 e 的条件 FP 树来解决发现以 de、ce、be 和 ae 结尾的频繁项集的子问题。为了发现以 de 结尾的频繁项集，从项 e 的条件 FP 树收集 d 的所有前缀路径（见图 5.27c）。通过将与结点 d 相关联的频度计数求和，得到项集 $\{d, e\}$ 的支持度计数。因为项集 $\{d, e\}$ 的支持度计数等于 2，所以它是频繁项集。接下来，算法采用第 3 步介绍的方法构建 de 的条件 FP 树。更新了支持度计数并删除了非频繁项 c 之后，de 的条件 FP 树显示在图 5.27d 中。因为该条件 FP 树只包含一个支持度等于最小支持度的项 a，算法提取出频繁项集 $\{a, d, e\}$ 并转到下一个子问题，产生以 ce 结尾的频繁项集。处理 c 的前缀路径后，发现项集 $\{c, e\}$ 是频繁的。然而，由于 ce 的条件 FP 树没有频繁项集，因此会被删除。接下来，算法继续解决下一个子问题并发现项集 $\{a, e\}$ 是剩下唯一的频繁项集。

这个例子解释了 FP 增长算法中使用的分治方法。每一次递归，都要通过更新前缀路径中的支持度计数和删除非频繁项来构建条件 FP 树。由于子问题是不相交的，因此 FP 增长不会产生任何重复的项集。此外，与结点相关联的支持度计数允许算法在产生相同的后缀项时进行支持度计数。

FP 增长是一个有趣的算法，它展示了如何使用事务数据集的压缩表示来有效地产生频繁项集。此外，对于某些事务数据集，FP 增长算法比标准的 Apriori 算法要快几个数量级。FP 增长算法的运行性能依赖于数据集的**压缩因子**（compaction factor）。如果生成的条件 FP 树非常茂盛（在最坏情形下，是一棵满前缀树），则算法的性能显著下降，因为算法必须产生大量的子问题，并且需要合并每个子问题返回的结果。

5.7 关联模式的评估

虽然先验原理大大减少了候选项集的指数搜索空间，但关联分析算法仍然具备产生大量模式的潜力。例如，表 5.1 显示的数据集只有 6 个项，但是在特定的支持度和置信度阈值下，它能够产生数以百计的关联规则。由于真正的商业数据库的数据量和维数都非常大，很容易产生数以千计甚至是数以百万计的模式，而其中很大一部分可能是人们不感兴趣的。所以从众多可能的模式中识别出最有趣的一个并非一项平凡的任务，因为"一个人的垃圾可能是另一个人的财富"。因此，建立一组广泛接受的评价关联模式质量的标准是非常重要的。

第一套标准可以通过数据驱动的方法来定义**客观兴趣度度量**（objective interestingness

measure)。这些度量可以用来对模式-项集或规则进行排序，从而为处理从数据集中发现的大量模式提供了一种直接的方法。有些度量还可以提供统计信息，例如包含一组不相关项或者覆盖少量事务的项集，被认为是不令人感兴趣的，因为它们可能反映数据中的伪联系，因此应该被排除。客观兴趣度度量的例子包括支持度、置信度和相关性。

第二组标准可以通过主观论据建立，即模式被主观地认为是无趣的，除非它能够揭示意想不到的信息或提供能导致有益行动的有用信息。例如，尽管规则{黄油}→{面包}有很高的支持度和置信度，但它可能不是有趣的，因为它表示的关系显而易见。另一方面，规则{尿布}→{啤酒}是有趣的，因为这种联系十分出乎意料，并且可能为零售商提供新的交叉销售机会。将主观知识加入到模式的评价中是一项困难的任务，因为需要来自领域专家的大量先验信息。对主观兴趣度度量感兴趣的读者可以参阅本章末尾参考文献中列举的资源。

401

5.7.1   兴趣度的客观度量

客观度量是一种评估关联模式质量的数据驱动方法。它不依赖于领域，只需要用户设置阈值来过滤低质量的模式。客观度量常常基于**列联表**(contingency table)中列出的频度计数来计算。表 5.6 显示了一对二元变量 A 和 B 的列联表。使用记号 $\overline{A}(\overline{B})$ 表示 $A(B)$ 不在事务中出现。在这个 2×2 的表中，每个 f_{ij} 都代表一个频度计数。例如，f_{11} 表示 A 和 B 同时出现在一个事务中的次数，f_{01} 表示包含 B 但不包含 A 的事务的个数。行之

表 5.6   变量 A 和 B 的二路列联表

	B	$\overline{B}$	
A	f_{11}	f_{10}	f_{1+}
$\overline{A}$	f_{01}	f_{00}	f_{0+}
	f_{+1}	f_{+0}	N

和 f_{1+} 表示 A 的支持度计数，而列之和 f_{+1} 表示 B 的支持度计数。最后，尽管讨论主要关注非对称的二元变量，列联表也可以应用于其他属性类型，如对称的二元变量、标称变量和序数变量。

支持度-置信度框架的局限性   经典的关联规则挖掘算法依赖支持度和置信度来去除没有意义的模式。支持度的缺点(5.8 节中有详细描述)在于许多潜在有意义的模式由于包含支持度小的项而被删去。置信度的缺点更加微妙，用下面的例子最适于说明。

例 5.3 假定希望分析爱喝咖啡和爱喝茶的人之间的关系。收集一组人关于饮料偏爱的信息，并将结果汇总在列联表中，如表 5.7 所示。

表 5.7   1000 个人的饮料偏爱

	咖啡	$\overline{咖啡}$	
茶	150	50	200
$\overline{茶}$	650	150	800
	800	200	1000

可以使用表 5.7 给出的信息来评估关联规则{茶}→{咖啡}。乍一看，似乎喜欢喝茶

402

的人也喜欢喝咖啡，因为该规则的支持度(15%)和置信度(75%)都相当的高。这个推论也许是可以接受的，但是所有的人中，不管他是否喝茶，喝咖啡的人的比例为 80%，而喝咖啡的人中的饮茶者却只占 75%。也就是说，一个人如果喝茶，则他喝咖啡的可能性由80% 减到了 75%。因此，尽管规则{茶}→{咖啡}有很高的置信度，但是它却是一个误导。

现在考虑一个类似的问题，我们希望分析饮茶者和在饮料中加蜂蜜的人之间的关系。表 5.8 对收集到的同一群人关于他们喜欢喝茶和使用蜂蜜的信息进行了汇总。如果使用这些信息来评估关联规则{茶}→{蜂蜜}，则会发现这条规则的置信度值仅为 50%，这可能很容易被一个合理的置信度阈值所拒绝，比如说 70%。因此，人们可能会认为，一个人喜欢

喝茶不会影响其喜欢用蜂蜜。然而，使用蜂蜜的人中，无论他们喝茶与否，只占12％。因此，知道一个人喝茶会使得他可能使用蜂蜜的概率从12％被显著增加到50％。此外，不喝茶但使用蜂蜜的人数只占2.5％！这表明，如果已知一个人喝茶，那么一定存在着这个人也有使用蜂蜜的偏好。因此，如果将置信度用作评估度量，则{茶}→{蜂蜜}规则可能被错误地拒绝。 ◀

表5.8   关于喝茶的人以及在饮料中加蜂蜜的人的信息

	蜂蜜	$\overline{\text{蜂蜜}}$	
茶	100	100	200
$\overline{\text{茶}}$	20	780	800
	120	880	1000

403

请注意，如果将咖啡饮用者的支持度考虑在内的话，那么对于许多饮茶者也喝咖啡这种发现，我们也不会感到惊讶。这是因为咖啡饮用者的总数本身就非常大。更令人惊讶的是，同时喝咖啡的饮茶者的人数实际上低于喝咖啡的总人数，这表明饮茶者和喝咖啡的人之间存在反向关系。同样，如果考虑到使用蜂蜜的支持度本身很小的事实，那么很容易理解使用蜂蜜的饮茶者的人数自然会很少。相反，若已知使用蜂蜜的人也喝茶这一信息，重要的是去衡量使用蜂蜜的人的比例变化。

置信度度量的局限性是众所周知的，可以从如下的统计角度来进行理解。一个变量的支持度度量了其发生的概率，而一对变量 A 和 B 的支持度 $s(A, B)$ 度量了两个变量一起发生的概率。因此，联合概率 $P(A, B)$ 可写为

$$P(A,B) = s(A,B) = \frac{f_{11}}{N}$$

如果假设 A 和 B 是统计独立的，即发生 A 和发生 B 之间不存在任何联系，则 $P(A, B) = P(A) \times P(B)$。因此，在 A 和 B 是统计独立的假设下，A 和 B 的支持度 $s_{\text{indep}}(A, B)$ 可写为

$$s_{\text{indep}}(A,B) = s(A) \times s(B) \quad \text{或等价地，} \quad s_{\text{indep}}(A,B) = \frac{f_{1+}}{N} \times \frac{f_{+1}}{N} \tag{5.4}$$

如果两个变量 $s(A, B)$ 之间的支持等于 $s_{\text{indep}}(A, B)$，那么可以认为 A 和 B 彼此不相关。然而，如果 $s(A, B)$ 与 $s_{\text{indep}}(A, B)$ 有很大不同，那么 A 和 B 最有可能是相互依赖的。因此，$s(A, B)$ 与 $s(A) \times s(B)$ 的任何偏差都可以看作 A 和 B 之间统计关系的一个指标。由于置信度只考虑 $s(A, B)$ 和 $s(A)$ 之间的偏差，而不是和 $s(A) \times s(B)$ 之间的偏差，它不能解释后件（即 $s(B)$）的支持度。这就导致检测出伪模式（例如，{茶}→{咖啡}）以及拒绝真正有趣的模式（例如{茶}→{蜂蜜}），就如前面的例子所示。

404

各种客观度量已经被使用来捕获 $s(A, B)$ 与 $s_{\text{indep}}(A, B)$ 的偏差，但这些偏差不易受置信度度量限制的影响。下面简要介绍这些度量并讨论其特性。

兴趣因子   兴趣因子，也叫作**提升度**(lift)，可以定义如下：

$$I(A,B) = \frac{s(A,B)}{s(A) \times s(B)} = \frac{Nf_{11}}{f_{1+}f_{+1}} \tag{5.5}$$

注意，$s(A) \times s(B) = s_{\text{indep}}(A, B)$。因此，兴趣因子度量了模式 $s(A, B)$ 的支持度与在统计独立性假设下计算出的基准支持度 $s_{\text{indep}}(A, B)$ 的比值。运用式(5.5)和式(5.4)，可以对度量进行如下解释：

$$I(A,B) \begin{cases} = 1, & A \text{ 和 } B \text{ 是独立的；} \\ > 1, & A \text{ 和 } B \text{ 是正相关的；} \\ < 1, & A \text{ 和 } B \text{ 是负相关的} \end{cases} \tag{5.6}$$

对于表 5.7 中的例子，$I = \dfrac{0.15}{0.2 \times 0.8} = 0.9375$，这表明饮茶者和喝咖啡的人之间稍微负相关。同样，对于表 5.8 中给出的茶-蜂蜜的例子，$I = \dfrac{0.1}{0.12 \times 0.2} = 4.1667$，这表明饮茶者和在饮料中使用蜂蜜的人之间存在较强正相关。因此，我们可以看到兴趣因子能够从茶-咖啡以及茶-蜂蜜的例子中探测出有意义的模式。事实上，兴趣因子比置信度度量具有更多统计学优势，使其成为分析变量之间统计独立性的合适度量方法。

PS(Piatesky-Shapiro)度量　PS 度量不计算 $s(A, B)$ 和 $s_{\mathrm{indep}}(A, B) = s(A) \times s(B)$ 之间的比值，而是采用如下方法来考虑 $s(A, B)$ 和 $s(A) \times s(B)$ 之间的差异：

$$\mathrm{PS} = s(A, B) - s(A) \times s(B) = \frac{f_{11}}{N} - \frac{f_{1+} f_{+1}}{N_2} \tag{5.7}$$

当 A 和 B 彼此独立时，PS 值为 0。否则，当两个变量是正相关时，PS>0；当是负相关时，PS<0。

相关度分析　相关度分析是分析一对变量之间关系的最流行方法之一。对于连续变量，相关度用皮尔逊相关系数定义（参见式(2.10)）。对于二元变量，相关度可以用 ϕ 系数度量。ϕ 系数定的定义如下：

$$\phi = \frac{f_{11} f_{00} - f_{01} f_{10}}{\sqrt{f_{1+} f_{+1} f_{0+} f_{+0}}} \tag{5.8}$$

如果重新排列式(5.8)中的项，可以证明 ϕ 系数可以根据 A、B 以及 $\{A, B\}$ 的支持度来重写，如下：

$$\phi = \frac{s(A, B) - s(A) \times s(B)}{\sqrt{s(A) \times (1 - s(A)) \times s(B) \times (1 - s(B))}} \tag{5.9}$$

请注意，上式中的分子与 PS 度量相同。因此，ϕ 系数可以被理解为 PS 度量的归一化版本，其中 ϕ 系数的值范围为 $-1 \sim +1$。从统计角度来看，相关性捕获了 $s(A, B)$ 和 $s_{\mathrm{indep}}(A, B)$ 之间的归一化差异。相关度的值为 0 表示没有关联，而值 $+1$ 表示了完全正相关，值 -1 表示完全负相关。相关度度量具有统计意义，因此被广泛用于评估变量之间统计独立性的强度。例如，表 5.7 中饮茶者与喝咖啡的人的相关性为 -0.0625，略低于 0。另一方面，表 5.8 中饮茶者与使用蜂蜜的人之间的相关性为 0.5847，表明二者是正相关的。

IS 度量　IS 是捕获 $s(A, B)$ 和 $s(A) \times s(B)$ 之间关系的另一种度量。该度量的定义如下：

$$\mathrm{IS}(A, B) = \sqrt{I(A, B) \times s(A, B)} = \frac{s(A, B)}{\sqrt{s(A) s(B)}} = \frac{f_{11}}{\sqrt{f_{1+} f_{+1}}} \tag{5.10}$$

虽然 IS 的定义看起来与兴趣因子非常相似，但它们存在着一些有趣的差异。由于 IS 是兴趣因子和模式支持度的几何平均，所以，当兴趣因子和支持度都很大时，IS 也会很大。因此，如果两种模式的兴趣因子相同，则 IS 选择具有较高支持度的模式。此外，还可以看出 IS 在数学上等同于二元变量的余弦度量值（请参阅式(2.6)）。因此，IS 的值为 $0 \sim 1$，当 IS 值为 0，表明两个变量不共现，而 IS 值为 1，表示完全关系，因为它们出现在完全相同的事务中。对于表 5.7 中所示的茶-咖啡的例子，IS 值等于 0.375；而对于表 5.8 中茶-蜂蜜的例子，IS 值是 0.6455。因此 IS 度量对 $\{茶\} \rightarrow \{蜂蜜\}$ 规则给出比 $\{茶\} \rightarrow \{咖啡\}$ 规则更高的值，这与我们对这两条规则的理解也是一致的。

1. 其他客观兴趣度度量

请注意，上一节定义的所有度量都使用到了不同技术来捕获 $s(A,B)$ 和 $s_{indep}(A,B) = s(A) \times s(B)$ 之间的偏差。一些度量使用了 $s(A,B)$ 和 $s_{indep}(A,B)$ 之间的比值，如兴趣因子和 IS 度量，而其他一些度量则考虑了两者间的差异，如 PS 和 ϕ 系数。一些度量被限制在特定范围内，如 IS 和 ϕ 系数；而其他度量则是无界的，并没有定义的最大值或最小值，如兴趣因子。正是由于这些差异，这些度量在被应用于不同类型的模式时会有不同的表现。事实上，上述定义的度量并非详尽无遗，还存在许多用于捕获不同的成对二元变量间关系属性的可选度量。表 5.9 以 2×2 列联表的形式给出了部分度量的定义。

表 5.9　项集 $\{A, B\}$ 的客观度量的例子

度量（符号）	定义
相关性（ϕ）	$\dfrac{Nf_{11} - f_{1+}f_{+1}}{\sqrt{f_{1+}f_{+1}f_{0+}f_{+0}}}$
比值比（α）	$\dfrac{(f_{11}f_{00})}{(f_{10}f_{01})}$
Kappa（κ）	$\dfrac{Nf_{11} + Nf_{00} - f_{1+}f_{+1} - f_{0+}f_{+0}}{N^2 - f_{1+}f_{+1} - f_{0+}f_{+0}}$
兴趣因子（I）	$\dfrac{(Nf_{11})}{(f_{1+}f_{+1})}$
余弦（IS）	$\dfrac{(f_{11})}{(\sqrt{f_{1+}f_{+1}})}$
Piatetsky-Shapiro（PS）	$\dfrac{f_{11}}{N} - \dfrac{f_{1+}f_{+1}}{N^2}$
集体强度（S）	$\dfrac{f_{11} + f_{00}}{f_{1+}f_{+1} + f_{0+}f_{+0}} \times \dfrac{N - f_{1+}f_{+1} - f_{0+}f_{+0}}{N - f_{11} - f_{00}}$
Jaccard（ζ）	$\dfrac{f_{11}}{(f_{1+} + f_{+1} - f_{11})}$
全置信度（h）	$\min\left[\dfrac{f_{11}}{f_{1+}}, \dfrac{f_{11}}{f_{+1}}\right]$

2. 客观度量的一致性

给定各种各样可用的度量后，会出现一个合理问题：当这些度量应用到一组关联模式时是否可以产生相似的有序结果。如果这些度量是一致的，那么就可以选择它们中的任意一个作为评估标准。否则，为了确定哪个度量更适合分析某个特定类型的模式，了解这些度量之间的差异是非常重要的。

假设使用表 5.9 中定义的度量来确定表 5.10 中的 10 个列联表的秩。这些列联表用来解释已有度量之间的差异。这些度量产生的序如表 5.11 所示（1 表示最有趣的，10 表示最无趣的）。虽然有些度量看上去是一

表 5.10　列联表的例子

实例	f_{11}	f_{10}	f_{01}	f_{00}
E_1	8123	83	424	1370
E_2	8330	2	622	1046
E_3	3954	3080	5	2961
E_4	2886	1363	1320	4431
E_5	1500	2000	500	6000
E_6	4000	2000	1000	3000
E_7	9481	298	127	94
E_8	4000	2000	2000	2000
E_9	7450	2483	4	63
E_{10}	61	2483	4	7452

致的，但仍有某些度量产生完全不同的次序结果。例如，ϕ 系数与 κ 和集体强度产生的秩是一致的，但与兴趣因子产生的秩有些不同。此外，列联表 E_{10} 根据 ϕ 系数具有最低秩，但根据兴趣因子却有最高秩。

表 5.11　使用表 5.9 中的度量对列联表定秩

	ϕ	α	κ	I	IS	PS	S	ζ	h
E_1	1	3	1	6	2	2	1	2	2
E_2	2	1	2	7	3	5	2	3	3
E_3	3	2	4	4	5	1	3	6	8
E_4	4	8	3	3	7	3	4	7	5
E_5	5	7	6	2	9	6	6	9	9
E_6	6	9	5	5	6	4	5	5	7
E_7	7	6	7	9	1	8	7	1	1
E_8	8	10	8	8	8	7	8	8	7
E_9	9	4	9	10	4	9	9	4	4
E_{10}	10	5	10	1	10	10	10	10	10

3. 客观度量的性质

表 5.11 中的结果表明度量之间存在很大差异，并且对同一个模式的质量提供了互相矛盾的信息。事实上，不存在一种度量对所有应用都是最好的。接下来，我们描述了度量的一些性质，而这些性质在决定度量是否适用于特定应用时起着重要作用。

反演性　考虑图 5.28 中的二元向量。每个列向量中的 0/1 值表示一个事务（行）是否包含某个特定的项（列）。例如，向量 A 表示该项在第一个和最后一个事务中出现，而向量 B 表示该项仅在第五个事务中出现。向量 $\overline{A}$ 和 $\overline{B}$ 是 A 和 B 的反转版本，即它们的值从 1 变为 0（不出现），反之亦然。将这种转换应用于二元向量的操作称为反演（inversion）。如果度量在反演操作下是不变的，则向量对 $\{\overline{A}, \overline{B}\}$ 的值应该与它对 $\{A, B\}$ 的值相等。度量的反演性可以按如下方法检验。

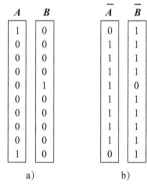

图 5.28　反演操作的结果。向量 $\overline{A}$ 和 $\overline{B}$ 分别是向量 A、B 的反演

定义 5.6 反演性　如果交换频度计数 f_{11} 和 f_{00}、f_{10} 和 f_{01} 后值保持不变，则客观度量 M 在反演操作下是不变的。

反演性不变的度量有相关度（ϕ 系数）、比率值、κ 和集体强度。当变量的出现（用 1 表示）与其不出现（用 0 表示）同等重要时，这些度量尤为有用。例如，如果比较两组真/假问题的答案，其中 0（真）和 1（假）具有等同意义，我们应该使用一个对 0-0 和 1-1 出现状况给出相同重要性的度量。对于图 5.28 所示的向量，无论考虑对 $\{A, B\}$ 还是对 $\{\overline{A}, \overline{B}\}$，$\phi$ 系数都等于 -0.1667。类似地，这两对向量的比率值都等于常数值 0。注意，即使 ϕ 系数和比率值是反演不变的，它们仍然可以得到不同的结果，之后将进行展示。

在反演操作下并未保持不变的度量有兴趣因子和 IS 度量。例如，图 5.28 中的对 $\{\overline{A}, \overline{B}\}$ 的 IS 值是 0.825，这反映出了 $\overline{A}$ 和 $\overline{B}$ 中的 1 值经常一起出现。然而，其反转对 $\{A, B\}$

的 IS 值等于 0，因为 A 和 B 没有任何 1 的共现。对于非对称二元变量，例如文档中词的出现，这确实是我们所期望的。非对称变量之间理想的相似性度量不应该是反演不变的，因为对于这些变量，基于变量的出现而非缺失来捕获关系更有意义。另一方面，如果要处理 0 和 1 之间的关系具有同等意义的对称二元变量，则应该确保所选度量是反演不变的。

尽管兴趣因子和 IS 的值随着反演操作而变化，但它们之间仍会不一致。为了说明这一点，考虑表 5.12，它显示了两对变量 $\{p, q\}$ 和 $\{r, s\}$ 的列联表。请注意，r 和 s 分别是 p 和 q 的反演变换，其中 0 和 1 的角色被反转了。$\{p, q\}$ 的兴趣因子是 1.02，$\{r, s\}$ 的是 4.08，这意味着兴趣因子发现反演对 $\{r, s\}$ 比原始对 $\{p, q\}$ 更相关。相反，当 $\{p, q\}$ 反转到 $\{r, s\}$ 时，IS 值从 0.9346 减小到 0.286，这与兴趣因子的变化趋势是相反的。尽管在这个例子中这些度量相互冲突，但在不同应用中，它们也可以是正确的选择。

表 5.12 对 $\{p, q\}$ 和 $\{r, s\}$ 的列联表

	p	$\bar{p}$			r	$\bar{r}$	
q	880	50	930	s	20	50	70
$\bar{q}$	50	20	70	$\bar{s}$	50	880	930
	930	70	1000		70	930	1000

缩放性 表 5.13 显示了注册某课程的学生性别和成绩的两个列联表。这些表可用来研究性别和课程表现之间的关系。第二个列联表的数据来自同一群人，但男性的数量翻了一番，而女性则是之前的 3 倍。实际的男性或女性人数取决于可供研究的样本，但性别和成绩之间的关系不应该仅因样本量的差异而发生改变。同样，如果在一项新的研究中高分和低分的学生人数发生变化，那么性别和成绩之间的关联性的度量应保持不变。因此，我们需要一个对行或列的缩放保持不变的度量。将列联表的行或列与常数值相乘的过程称为行或列的缩放操作。对缩放保持不变的度量，在任何行或列的缩放操作后，其值不会发生改变。

表 5.13 成绩和性别例子

	男	女			男	女	
高	30	20	50	高	60	60	120
低	40	10	50	低	80	30	110
	70	30	100		140	90	230

a) 大小为 100 的样本数据 　　　　　　　　　　b) 大小为 230 的样本数据

定义 5.7 缩放不变性 令 T 是频度计数为 $[f_{11}; f_{10}; f_{01}; f_{00}]$ 的列联表。T' 是转换后的列联表，缩放频度计数为 $[k_1 k_3 f_{11}; k_2 k_3 f_{10}; k_1 k_4 f_{01}; k_2 k_4 f_{00}]$，其中 k_1、k_2、k_3、k_4 是用于缩放 T 中两行或两列的正常量。如果 $M(T) = M(T')$，则客观度量 M 在行/列缩放操作下是不变的。

请注意，这里使用的术语"缩放"不应与第 2 章中介绍的连续变量缩放操作混淆，后者是一个变量所有的值都乘以常数因子，而不是缩放列联表中的行或列。

在不同的应用中，列联表中行和列的缩放方式有很多种。例如，如果正在测量特定医疗程序对健康和患病两组受试者的影响，则健康组和患病组受试者的比例在不同参与者组的不同研究之间可能会有很大差异。此外，选择用于对照研究的健康和患病对象的比例可能与从全部人群中观察到的真实比例大不相同。这些差异可以使得针对不同人群受试者对列联表中的行或列进行缩放。一般来说，列联表中项的频率密切取决于用于生成该表的事

务样本。在采样过程中的任何变化都可能会影响行或列的缩放变换。对采样过程中的差异保持不变的度量,不随行或列的缩放而改变。

在表 5.9 介绍的所有度量中,只有比值比(α)在行和列的缩放操作下是不变的。例如,表 5.13 中两个表的比值比都等于 0.375。所有其他度量,例如 ϕ 系数、κ、IS、兴趣因子和集体强度(S),在列联表的行和列重新缩放时,它们的值也会发生变化。事实上,比率值是医学领域中优选的度量选择,因为在医学领域中,找到不会随所研究的被选人群样本的差异而发生改变的关系是很重要的。

零加性　假定对分析文档集中的一对词(如"数据"和"挖掘")之间的联系感兴趣。如果向数据集中添加有关冰钓的文章,那么词"数据"和"挖掘"之间的关联会受到影响吗?这种向已知数据集中添加不相关数据(在此情况下为文档)的过程被称为**零加**(null addition)操作。

定义 5.8 零加性　对于客观度量 M,如果增加 f_{00} 而保持列联表中所有其他频度不变并不影响 M 的值,则 M 在零加操作下是不变的。

对文档分析或购物篮分析这样的应用,一般采用在零加操作下是保持不变的度量。否则,当添加足够多的不包含所分析词的文档时,被分析词语之间的关联可能会完全消失。满足零加性的度量包括余弦(IS)和 Jaccard(ξ)度量,而不满足该性质的度量包括兴趣因子、PS、比值比(α)和 ϕ 系数。

为了说明零加的影响,考虑表 5.14 中的两个列联表 T_1 和 T_2。通过在表 T_1 中增加 1000 个 A 和 B 都缺失的额外事务,得到表 T_2。此操作仅影响表 T_2 中的 f_{00} 条目,该条目从 100 增加到 1100,而表中的所有其他频率(f_{11},f_{10} 和 f_{01})保持不变。由于 IS 对于零加操作是不变的,因此它对这两个表都给出了 0.875 的恒定值。然而,额外增加的 1000 个事务(伴随着 0-0 值出现),将兴趣因子的值从对 T_1 的 0.972(表示轻微的负相关)变为对 T_2 的 1.944(正相关)。同样,比率值的值从对 T_1 的 7 增加到对 T_2 的 77。因此,当兴趣因子或比值比用作关联性度量时,变量之间的关系会跟着对两个变量都不存在的空事务的加法操作而发生变化。相反,IS 度量对于零加操作是不变的,因为它认为两个变量只有在它们经常一起出现时才相关。实际上,IS 度量(余弦度量)广泛用于度量文档之间的相似度,这些度量仅取决于文档中单词联合出现次数(1 值),而不取决于它们的不出现(0 值)。

表 5.14　说明零加操作影响的例子

	B	$\overline{B}$	
A	700	100	800
$\overline{A}$	100	100	200
	800	200	1000

a)T_1 表

	B	$\overline{B}$	
A	700	100	800
$\overline{A}$	10	1100	1200
	800	1200	2000

b)T_2 表

表 5.15 汇总了表 5.9 中定义的度量性质。尽管这些性质并非详尽无遗,但它可以为应用选择正确度量起到指导作用。理想情况下,如果我们知道某个应用的具体要求,那么可以确保所选度量具备符合这些要求的性质。例如,如果处理的是非对称变量,那么我们更愿意使用一个零加不变或反演不变的度量。另一方面,如果要求度量对样本大小的变化保持不变,则会希望使用一种对缩放保持不变的度量。

表 5.15　对称度量的性质

符号	度量	反演	零加	缩放
ϕ	ϕ 系数	Yes	No	No
α	比值比	Yes	No	Yes
κ	Cohen 度量	Yes	No	No
I	兴趣因子	No	No	No
IS	余弦	No	Yes	No
PS	PS 度量	Yes	No	No
S	集体强度	Yes	No	No
ζ	Jaccard	No	Yes	No
h	全置信度	No	Yes	No
s	支持度	No	No	No

4. 非对称的兴趣度度量

请注意，在目前的讨论中，我们只考虑了在变量的顺序颠倒时不会改变其值的度量。更具体地说，对于度量 M 以及变量 A 和 B，如果变量的顺序不重要，则 $M(A，B)$ 等于 $M(B，A)$。这种度量称为**对称的**（symmetric）。另一方面，取决于变量顺序（$M(A，B) \neq M(B，A)$）的度量称为**非对称**（asymmetric）度量。例如，兴趣因子是一个对称度量，因为它的值对于规则 $A \to B$ 和 $B \to A$ 都是相同的。相反，置信度是一个非对称度量，因为 $A \to B$ 和 $B \to A$ 的置信度可能不一样。请注意，使用术语"非对称"来描述一种特定类型的关系度量（变量顺序在关系中很重要），不应该与使用"非对称"来描述二元变量（只有 1 值是重要的）相混淆。非对称度量更适合于分析关联规则，因为规则中的项是具有特定顺序的。尽管我们只考虑用对称度量来讨论关联性度量的不同性质，但上述讨论对于非对称度量也是相关的。有关不同类型的非对称度量及其性质等更多内容，请参见文献注释。

5.7.2　多个二元变量的度量

表 5.9 中的度量都是针对一对二元变量定义的，例如，2-项集或关联规则。然而，其中某些度量也可以应用于较大的项集，如支持度和全置信度（all-confidence）。其他度量（如兴趣因子、IS、PS 和 Jaccard 系数）使用多维列联表中的频率，也可以扩展到多个变量。例如，表 5.16 给出了 a、b 和 c 的三维列联表。表中每个表目 f_{ijk} 都表示包含项 a、b 和 c 的某种组合的事务数。例如，f_{101} 表示包含 a 和 c 而不包含 b 的事务数。另一方面，边缘频率 f_{1+1} 表示包含项 a 和 c 而不管是否包含项 b 的事务数。

表 5.16　一个三维列联表的例子

c	b	$\bar{b}$		$\bar{c}$	b	$\bar{b}$	
a	f_{111}	f_{101}	f_{1+1}	a	f_{110}	f_{100}	f_{1+0}
$\bar{a}$	f_{011}	f_{001}	f_{0+1}	$\bar{a}$	f_{010}	f_{000}	f_{0+0}
	f_{+11}	f_{+01}	f_{++1}		f_{+10}	f_{+00}	f_{++0}

给定一个 k-项集 $\{i_1，i_2，\cdots，i_k\}$，统计独立性条件可以定义如下：

$$f_{i_1 i_2 \cdots i_k} = \frac{f_{i_1 + \cdots +} \times f_{+ i_2 \cdots +} \times \cdots \times f_{++\cdots i_k}}{N^{k-1}} \tag{5.11}$$

利用该定义，可以扩展基于背离统计独立性的客观度量（如兴趣因子和 PS）到多个变量：

$$I = \frac{N^{k-1} \times f_{i_1 i_2 \cdots i_k}}{f_{i_1 + \cdots +} \times f_{+i_2 + \cdots +} \times \cdots \times f_{++ \cdots i_k}}$$

$$\mathrm{PS} = \frac{f_{i_1 i_2 \cdots i_k}}{N} - \frac{f_{i_1 + \cdots +} \times f_{+i_2 + \cdots +} \times \cdots \times f_{++ \cdots i_k}}{N^k}$$

另一种方法是，将客观度量定义为模式中项对之间关联的最大值、最小值或平均值。例如，给定 k-项集 $X = \{i_1, i_2, \cdots, i_k\}$，可以将 X 的 ϕ 系数定义为 X 中所有项对 (i_p, i_q) 之间的 ϕ 系数的平均值。然而，由于该度量只考虑逐对之间的关联，所以它可能无法捕获模式中的隐含联系。此外，在将这些其他度量用于多个变量时应该多加注意，因为它们不一定总是与支持度量一样具备反单调性，因此不适合采用 Apriori 原则来挖掘模式。

由于数据中存在部分关联，所以多维列联表的分析更加复杂。例如，根据特定变量的值，某些关联可能出现或不出现。这个问题就是**辛普森悖论**（Simpson's paradox），将在下一节进行介绍。可以使用更复杂的统计技术（如对数线性模型）来分析这种联系，但是这些技术已经超出了本书的范围。

5.7.3 辛普森悖论

解释变量之间的关联时要特别小心，因为观察到的联系可能受到其他混淆因素（即，未被包括在分析中的隐藏变量）的影响。在某些情况下，隐藏变量可能会导致观察到的一对变量之间的关联消失或方向发生逆转，这种现象就是所谓的辛普森悖论。使用下面的例子来解释这样的性质。

考虑高清晰度电视（HDTV）销售和健身器销售之间的联系，如表 5.17 所示。规则 $\{$买 HDTV ＝是$\} \rightarrow \{$买健身器 ＝是$\}$ 的置信度是 $\frac{99}{180} = 55\%$，而规则 $\{$买 HDTV ＝否$\} \rightarrow$ $\{$买健身器 ＝是$\}$ 的置信度是 $\frac{54}{120} = 45\%$。这些规则暗示，购买了高清晰度电视的顾客比那些没有购买高清晰度电视的顾客更有可能购买健身器。

表 5.17　HDTV 和健身器销售之间的 2 路列联表

买 HDTV	买健身器		
	是	否	
是	99	81	180
否	54	66	120
	153	147	300

然而，进一步深入分析表明这些商品的销售取决于顾客是大学生或是在职人员。表 5.18 汇总了大学生、在职人员购买高清晰度电视和健身器之间的联系。注意，表中给出的大学生和在职人员的支持度计数的总和等于表 5.17 中显示的频率。而且，更多是在职人员而不是大学生购买了这些商品。对于大学生：

$$c(\{\text{买 HDTV} ＝ \text{是}\} \rightarrow \{\text{买健身器} ＝ \text{是}\}) = \frac{1}{10} = 10\%$$

$$c(\{\text{买 HDTV} ＝ \text{否}\} \rightarrow \{\text{买健身器} ＝ \text{是}\}) = \frac{4}{34} = 11.8\%$$

对于在职人员：

$$c(\{\text{买 HDTV} ＝ \text{是}\} \rightarrow \{\text{买健身器} ＝ \text{是}\}) = \frac{98}{170} = 57.7\%$$

$$c(\{\text{买 HDTV} ＝ \text{否}\} \rightarrow \{\text{买健身器} ＝ \text{是}\}) = \frac{50}{86} = 58.1\%$$

表 5.18   HDTV 和健身器销售之间的 3 路列联表

顾客组	买 HDTV	买健身器		总数
		是	否	
大学生	是	1	9	10
	否	4	30	34
在职人员	是	98	72	170
	否	50	36	86

这些规则暗示，对于每一组顾客，不买高清晰度电视的顾客更可能购买健身器，这与先前由包含两组顾客的数据得到的结论恰好相反。即使采用其他度量（如相关性、比率值或兴趣因子），仍然发现在组合数据情况下购买 HDTV 和健身器之间存在正相关，但是在分层数据情况下却仍存在负相关（参见本章习题 21）。这种关联方向上的逆转就是辛普森悖论。

这种悖论可以用下面的方法解释。首先，需要注意买高清晰度电视的顾客大部分都是在职人员。这反映在规则 $\{$买 HDTV$=$是$\} \rightarrow \{$在职人员$\}\left(\dfrac{170}{180}=94.4\%\right)$ 具有高置信度。其次，规则 $\{$买健身器$=$是$\} \rightarrow \{$在职人员$\}\left(\dfrac{148}{153}=96.7\%\right)$ 的高置信度暗示，购买了健身器的大多数顾客是在职人员。由于在职人员是买 HDTV 和健身器的主要顾客，所以规则 $\{$买 HDTV$=$是$\} \rightarrow \{$买健身器$=$是$\}$ 在组合数据情况下呈正相关而在分层数据情况下却呈负相关。因此，顾客群体扮演着隐藏变量的角色，会影响部分购买 HDTV 的顾客和购买健身器的顾客。如果我们在分层数据下分析隐藏变量的影响，我们会发现购买 HDTV 和购买健身器没有直接的联系，但是表现出一种隐藏变量的间接影响。

辛普森悖论也可以数学地解释如下。假设

$$\frac{a}{b}<\frac{c}{d} \text{ 并且 } \frac{p}{q}<\frac{r}{s}$$

其中，$\dfrac{a}{b}$ 和 $\dfrac{p}{q}$ 是规则 $A \rightarrow B$ 在两个不同层下的置信度，$\dfrac{c}{d}$ 和 $\dfrac{r}{s}$ 是规则 $\overline{A} \rightarrow B$ 在这两个层中的置信度。当数据汇集在一起时，在组合数据集中这些规则的置信度值分别是 $\dfrac{(a+p)}{(b+p)}$ 和 $\dfrac{(c+r)}{(d+s)}$。当满足公式，

$$\frac{a+p}{b+q}>\frac{c+r}{d+s}$$

辛普森悖论出现，从而导致变量间关联的错误结论。我们从中可以学到的是，有时需要适当的分层才能避免因辛普森悖论产生虚假的模式。例如，大型连锁超市的购物篮数据应该依据商店的位置分层，而不同病人的医疗记录应当按照混杂因素（如年龄和性别等）分层。

5.8 倾斜支持度分布的影响

许多关联分析算法的性能受输入数据性质的影响。例如，Apriori 算法的计算复杂度取决于数据中的项数、事务的平均宽度等性质和使用的支持度阈值。本节讨论另一种重要性质，该性质对关联分析算法的性能和提取模式的质量具有重要影响。更具体地说，关注

具有倾斜支持度分布的数据集，其中大多数项具有较低或中等频率，但是少数项具有很高的频率。

图 5.29 示例了一个支持度呈现倾斜分布数据集。p 是具有 83.8% 的高支持度的项，而 q 与 r 则是具有 16.7% 的低支持度的项。尽管 q 和 r 的支持度低，但它们表现出强烈的相关性并且总是出现在有限的事务中。一个模式挖掘算法应该能发现 $\{q, r\}$ 是有趣的。

选择合适的支持度阈值，挖掘类似 $\{q, r\}$ 这样的数据集可能相当棘手。如果阈值太高（如 20%），则可能遗漏涉及类似 $\{q, r\}$ 这种较低支持度项的模式。相反，如果支持度阈值设置过低，则会使模式挖掘过程变得复杂，原因如下：首先，由于支持度阈值太低，已有的关联分析算法所需的计算量和内存需求都将显著增加。其次，由于支持度太低，提取出的关联模式的数量大幅度增加，这使得分析和解释变得困难。特别地，可能会提取大量的

p	q	r
0	1	1
1	1	1
1	1	1
1	1	1
1	1	1
1	0	0
1	0	0
1	0	0
1	0	0
1	0	0
1	0	0
1	0	0
1	0	0
1	0	0
1	0	0
1	0	0
1	0	0
1	0	0
1	0	0
1	0	0
1	0	0
1	0	0
1	0	0
1	0	0
1	0	0
0	0	0
0	0	0
0	0	0
0	0	0

图 5.29　一个包含 3 个项 p、q 和 r 的事务数据集，其中 p 是高支持度项，q 和 r 是低支持度项

高频率项（如 p）与低频率项（如 q）相关联的虚假模式，这样的模式就是所谓的**交叉支持**（cross-support）模式，这是因为 p 与 q 之间的关联性大部分都是受 p 项的频繁发生而不是 p 与 q 共同出现的影响。由于 $\{p, q\}$ 的支持度与 $\{q, r\}$ 的支持度非常接近，当设定较低的支持度阈值从而包括 $\{q, r\}$ 数据集时，我们可以很简单地选择出 $\{p, q\}$。

图 5.30 显示了一个呈现这种分布的实际数据集的例子。该数据取自 PUMS（Public Use Microdata Sample）人口普查，它包含 49 046 条记录和 2113 个非对称的二元变量。把非对称二元变量作为项，把记录作为事务。尽管数据集中超过 80% 的项的支持度小于 1%，但是少数项的支持度大于 90%。为了解释倾斜支持度分布对频繁项集挖掘的影响，将所有的项按照支持度分为 3 组 G_1、G_2 和 G_3。表 5.19 显示每一组所包含项的数量，可以看出超过 82% 的项属于 G_1 并且支持度低于 1%。在购物篮数据分析中，这种支持度的项可能对

表 5.19　按照项的支持度将人口普查数据集中的项分组

组	G_1	G_2	G_3
支持度	$<1\%$	$1\% - 90\%$	$>90\%$
项的数量	1735	358	20

应那些顾客很少买的昂贵商品（如珠宝），但是它们的模式仍然是零售商十分感兴趣的。尽管包含像这样的低支持度项的模式是有意义的，但可能很容易被有高支持度阈值的频繁模式挖掘算法所拒绝。另一方面，设置一个低支持度阈值，可能导致提取出涉及 G_3 中的高频率项和 G_1 中的低频率项有关的虚假模式。例如，当支持度阈值等于 0.05% 时，将会挖掘出 18 847 个涉及 G_1 和 G_3 中的项的频繁项对，其中有 93% 是交叉支持模式，即包含来自 G_1 和 G_3 的项的模式。

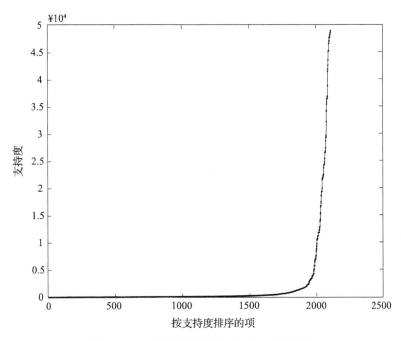

图 5.30 人口普查数据集中项的支持度分布

这个例子表明，当支持度阈值足够低时，可能产生大量弱相关的交叉支持模式。注意，在具有倾斜支持度分布的数据集中找到有趣的模式不仅仅是一个对支持度度量的挑战，而对前面章节讨论过的客观度量证明也可做出类似的结论。在介绍挖掘有趣模式和剔除虚假模式的方法之前，首先形式地定义交叉支持模式

定义 5.9 交叉支持模式 交叉支持模式是一个项集 $X=\{i_1, i_2, \cdots, i_k\}$，它的支持度比率

$$r(X) = \frac{\min[s(i_1), s(i_2), \cdots, s(i_k)]}{\max[s(i_1), s(i_2), \cdots, s(i_k)]} \tag{5.12}$$

小于用户指定的阈值 h_c。

例 5.4 假设牛奶的支持度是 70%，糖的支持度是 10%，鱼子酱的是 0.04%。给定 $h_c=0.01$，频繁项集{牛奶，糖，鱼子酱}是一个交叉支持模式，因为它的支持度比率为：

$$r = \frac{\min[0.7, 0.1, 0.0004]}{\max[0.7, 0.1, 0.0004]} = \frac{0.0004}{0.7} = 0.000\,58 < 0.01 \qquad \blacktriangleleft$$

现有的度量（如支持度和置信度），都不足以消除交叉支持模式。例如，假定 $h_c=0.3$，项集{p, q}、{p, r}和{p, q, r}是交叉支持模式，因为它们的支持度比率等于 0.2，小于阈值 0.3。然而，它们的支持度却可以和{q, r}的支持度进行比较，使用基于支持度的剪枝算法来消除交叉模式而不损失有趣模式，将变得困难。由于从交叉支持模式提取出的规则的置信度可能很高，因此使用置信度剪枝也无济于事。例如，虽然{p, q}是一个交叉支持模式，但是规则{q}→{p}的置信度却是 80%。交叉支持模式能够产生高置信度的规则并不奇怪，因为其中的项(p)在数据集中频繁出现。因此，p 在许多包含 q 的事务中出现是意料之中的事。同时，即使{q, r}不是交叉支持模式，规则{q}→{r}也具有高置信度。这个例子表明，使用置信度度量很难区别从交叉支持模式中提取的规则，以及包含强连接但低支持度项的有趣模式。

尽管规则{p}→{q}有较高置信度，但注意到由于包含 p 的大部分事务不包含 q，所以

421

规则 $\{p\}\rightarrow\{q\}$ 的置信度很低。相反，由模式 $\{q,\ r\}$ 导出的规则 $\{r\}\rightarrow\{q\}$ 却有很高的置信度。这一观察暗示，可以通过从给定项集提取出的最低置信度规则来检测交叉支持模式。下面给出了一个找到最低置信度规则的办法。

1）回忆如下置信度的反单调性：

$$\text{conf}(\{i_1 i_2\}\rightarrow\{i_3,i_4,\cdots,i_k\}) \leqslant \text{conf}(\{i_1 i_2 i_3\}\rightarrow\{i_4,i_5,\cdots,i_k\})$$

该性质表明，把关联规则左边的项不断移到右边之后，决不会增加规则的置信度。根据这一性质，由频繁项集提取的最低置信度规则的左边仅包含一个项。用 R_1 表示左边只有一个项的所有规则的集合。

2）给定一个频繁项集 $\{i_1,\ i_2,\ \cdots,\ i_k\}$，如果 $s(i_j)=\max[s(i_1),\ s(i_2),\ \cdots,\ s(i_k)]$，则规则

$$\{i_j\}\rightarrow\{i_1,i_2,\cdots,i_{j-1},i_{j+1},\cdots,i_k\}$$

是 R_1 中具有最小置信度的规则。由置信度的定义（即规则的支持度与规则前件支持度的比）可以直接得到这一结论。因此，当前件支持度最高时，规则的置信度最低。

3）总结以上各点，可以从频繁项集 $\{i_1,\ i_2,\ \cdots,\ i_k\}$ 中得到的最低置信度为：

$$\frac{s(\{i_1,i_2,\cdots,i_k\})}{\max[s(i_1),s(i_2),\cdots,s(i_k)]}$$

这个表达式又称 **h 置信度**（h-confidence）或**全置信度**（all-confidence）度量。由于支持度的反单调性，h 置信度度量的分子受限于频繁项集所有项中最小的支持度。换句话说，项集 $X=\{i_1,\ i_2,\ \cdots,\ i_k\}$ 的 h 置信度由下面的表达式限制：

$$h\text{-confidence}(X)\leqslant\frac{\min[s(i_1),s(i_2),\cdots,s(i_k)]}{\max[s(i_1),s(i_2),\cdots,s(i_k)]}$$

注意在上面的等式中 h-confidence 的上界与式（5.12）中的支持度比率（r）一样。因为交叉支持模式的支持度比率总是小于 h_c，这类模式的 h 置信度也一定小于 h_c。因此，通过确保模式的 h 置信度值超过 h_c 就可以消除交叉支持模式。最后值得一提的是，使用 h 置信度的好处不仅仅是能消除交叉支持模式，这种度量也是反单调的，即

$$h\text{-confidence}(\{i_1,i_2,\cdots,i_k\})\geqslant h\text{-confidence}(\{i_1,i_2,\cdots,i_{k+1}\})$$

从而可以将它直接并入挖掘算法。此外，h 置信度能够确保项集中的项之间是强关联的。例如，假定一个项集 X 的 h 置信度是 80%。如果 X 的一个项出现在某个事务中，则 X 中其他的项至少有 80% 的概率属于同一个事务。这种强关联模式又称为**超团模式**（hyperclique pattern）。

定义 5.10 超团模式　给定项集 X，如果 h-confidence(X) 大于 h_c，则称 X 为超团模式，其中 h_c 表示用户定义的阈值。

文献注释

关联规则的挖掘首先是由 Agrawal 等人[324，325]提出的，用来发现购物篮数据事务中各项之间的有趣联系。从那以后，人们进行了广泛的研究，以解决关联规则挖掘从基础概念、应用到实现的各种问题。图 5.31 展示了相关领域各个研究方向的分类，这就是常见的**关联分析**。相当多的研究专注于找到数据中频繁出现的模式，因此，这个领域也被称为**频繁模式挖掘**。关于这个领域中的一些研究问题的详细讨论请参见文献[362]和[319]。

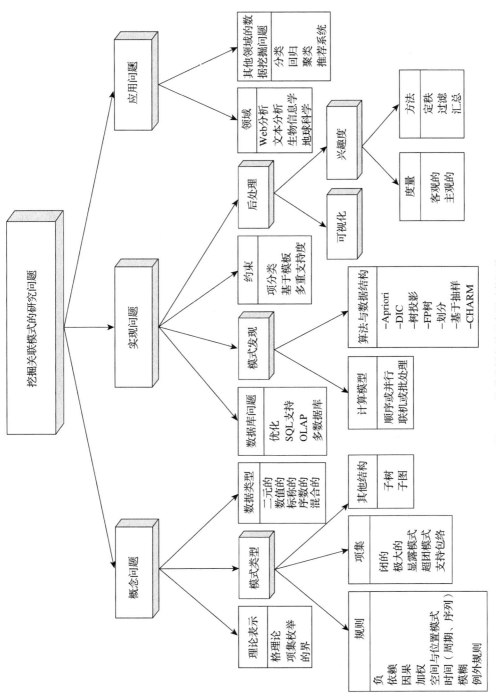

图5.31 关联分析各种研究活动的汇总

1. 概念问题

关于关联分析的概念的研究主要集中在建立关联分析的理论基础，扩展新模式的形式机制和非对称二元数据之外的属性。

继 Agrawal 等人[324，325]的开创性工作之后，在发展关联分析问题的理论方面已产生了大量的研究成果。在文献[357]中，Gunopoulos 等人证明了挖掘极大频繁项集问题和超图遍历问题之间的关系，并推出关联分析任务复杂度的上界。Zaki 等[454，456]和 Pasquier 等[407]使用形式概念分析研究频繁项集产生问题。更重要的是，这些研究推动了闭频繁项集[456]这类模式的研究发展。Friedman 等[355]在多维空间**凸点搜索**(bump hunting)的背景下研究了关联分析的问题。具体地讲，他们把频繁项集产生看作在多维空间中寻找高概率的稠密区域。另一种活跃的研究方向则是在统计学习框架下形式化关联分析规则[414，435，444]，它可以帮助解决与统计显著模式相关的问题和处理不确定数据[320，333，343]。

许多年来，关联规则挖掘公式已经扩展到包含其他基于规则的模式，如轮廓关联规则(profile association rule)[321]、环关联规则(cyclic association rule)[403]、模糊关联规则[379]、例外规则[431]、负关联规则[336，418]、加权关联规则[338，413]、依赖规则[336，418]、罕见规则(peculiar rule)[462]、事务间关联规则(inter-transaction association rule)[353，440]和局部分类规则[327，397]。此外，频繁项集的概念已经扩展到其他类型的模式，包括闭项集[407，456]、极大项集[330]、超团项集[449]、支持包络(support envelope)[428]、显露模式(emerging patterns)[347]、对比集(contast set)[329]、高效应项集[340，390]、近似或容错项集[358，389，451]和辨别模式[352，401，430]。关联分析技术也成功应用于序列数据[326，426]、空间数据[371]和基于图的数据[374，380，406，450，455]。

至今，已经有大量的研究将最初的关联规则分析扩展到了标称属性[425]、序数属性[392]、区间属性[395]和比率属性[356，359，425，443，461]。一个关键性的问题是如何定义这些属性的支持度。Steinbach 等人[429]提出了一种方法，将传统的支持度概念扩展到更一般的模式和属性类型。

2. 实现问题

这一领域的研究活动主要涉及：(1)将挖掘能力集成到现有的数据库技术中；(2)产生高效的可伸缩的挖掘算法；(3)处理用户指定的或领域特殊的约束；(4)提取模式的后处理。

将关联分析集成到现有的数据库技术中有许多优点。首先，可利用数据库系统的索引和查询处理机制；其次，可以利用 DBMS 对可伸缩性、检查点和并行性的支持[415]。Houtsma 等[370]提出的 SETM 算法是早期通过 SQL 查询支持关联挖掘的算法之一。从那时起，许多算法用于在数据库系统中提供关联规则挖掘的功能。例如，DMQL[363]和 M-SQL[373]查询语言用新的关联规则挖掘操作扩展了基本 SQL。挖掘规则操作(Mine Rule operator)[394]是一种表达能力很强的 SQL 操作，可以处理聚集属性和项分层结构。Tsur 等[439]提出了称为**查询群**(query flock)的挖掘关联规则的产生-测试的方法。Chen 等人[341]提出了分布的、基于 OLAP 的挖掘多层关联规则的框架。

尽管 Apriori 算法很受欢迎，但它的计算复杂度很高，因为它需要多次扫描事务数据库。Dunkel 和 Sparkar[349]研究了算法时间和存储复杂度。Han 等[364]提出了 FP 增长算法。挖掘频繁项集的其他算法包括 Park 等[405]提出的 DHP 算法和 Savasere 等[417]提出的划分算法。Toivonen[436]提出了基于抽样的频繁项集产生算法，这种算法只需要扫描一次数据集，但是它产生相对较多的候选项集。动态项集技术（Dynamic Itemset Counting，DIC）算法[405]只需要扫描数据集 1.5 次，并且产生的候选项集少于基于抽样的算法。其他著名的算法包括树投影算法[317]和 H-Mine[408]。关于频繁项集产生算法的综述可以在文献[322，367]中找到。频繁项集挖掘实现库 FIMI（http://fimi.cs.helsinki.fi）提供了有用的数据集和挖掘算法。

并行算法用于扩展关联模式挖掘进而处理大数据[318，360，399，420，457]。这些算法的综述可以在[453]找到。Hidber[365]和 Cheung 等[342]还提出了挖掘关联规则算法的联机和增量版本。最近，有新的算法利用 GPU[459]和分布式计算框架 MapReduce/Hadoop[382，384，396]的处理能力来加快频繁项集挖掘。例如，Apache Mahout software ⊖ 上提供了一个适用于 Hadoop 框架进行频繁项集挖掘的实现。

Srikant 等[427]考虑了在布尔约束下挖掘关联规则的问题。例如：

（饼干 ∧ 牛奶）∨（后代（饼干）∧ ¬ 祖先（小麦面包））

给定这样的约束，算法寻找包含饼干和牛奶的规则，或包含饼干的后代而不包含小麦面包的祖先的规则。Singh 等[424]和 Ng 等[400]提出了另一种基于约束的关联规则挖掘技术。也可以对不同项集的支持度施加约束。Wang 等[442]、Liu 等[387]和 Seno 等[419]研究了这个问题。此外，出于对挖掘敏感数据涉及的隐私问题的考虑，所产生的种种约束使得支持隐私保护的频繁模式挖掘技术[334，350，441，458]得以发展。

关联分析的潜在问题是现在的算法可能产生大量的模式。为了解决这个问题，提出了模式定秩、汇总和模式过滤方法。Toivonen 等[437]提出使用**结构规则覆盖**（structural rule cover）删除冗余规则并使用聚类对余下规则分组的思想。Liu 等[388]使用统计 χ^2 检验排除虚假模式，并采用一种称为**方向设置规则**（direction setting rule）的模式子集汇总剩下的模式。许多研究者都考察了使用客观度量过滤模式的方法，包括 Brin 等[336]、Bayardo 和 Agrawal[331]、Agrawal 和 Yu[323]、DuMouchel 和 Pregibon[348]。Piatetsky-Shapiro[410]、Kamber 和 Singhal[376]、Hilderman 和 Hamilton[366]、Tan 等[410]分析了这些度量的性质。"成绩-性别"例子用于强调行、列缩放不变性的重要性，该例很大程度上受 Monsteller[398]中的讨论的影响。同时，"喝茶-喝咖啡"的例子用于解释置信度的局限性，该例受 Brin 等[336]给出的例子的启发。由于置信度的局限性，Brin 等[336]提出使用兴趣因子作为兴趣度度量的观点。Omiecinski[402]提出了全置信度度量观点。Xiong 等[449]引进交叉支持性质，并表明全置信度度量可以用来删除交叉支持模式。使用支持度以外的客观度量的主要困难在于它们不具有单调性，这使得它们很难直接应用到挖掘算法中。Xiong 等[447]通过引进 ϕ 系数的上界函数，提出了一种高效的挖掘相关性的方法。虽然 ϕ 系数是非单调的，但是它有一个上界表达式，可以用来有效地挖掘强相关的项对。

Fabris 和 Freitas[351]提出了一种方法，通过检测辛普森悖论[423]发现有趣的关联。Megiddo 和 Srikant[393]也介绍了一种方法，采用假设检验来验证提取的模式。为了避免因多重比较问题而产生虚假模式，提出了一种基于再抽样的技术。Bolton 等[335]使用 Benjamini-Hochberg[332]和 Bonferroni 校正方法调整从购物篮数据中挖掘出的模式的 p 值。Webb[445]、Zhang 等[460]和 Llinares-Lopez 等[391]提出了另一种多重比较问题的

[427]

⊖ http://mahout.apache.org

方法。

许多研究者都研究了主观度量在关联分析中的应用。Silberschatz 和 Tuzhilin[421]提出了从主观角度判断一个规则是否是有趣的两条原则。Liu 等[385]提出了非期望条件规则的概念。Cooley 等[344]使用 Dempster-Shafer 理论分析软置信集组合的思想，并使用这种方法识别 Web 数据中相反或新颖的关联模式。其他方法包括使用贝叶斯信念网络[375]和基于近邻的信息[346]识别主观上有趣的模式。

可视化也有助于用户快速地掌握所发现模式的基本结构，许多商业数据挖掘工具把规则的完全集（满足支持度和置信度阈值）以二维图的形式显示，其中每个轴对应于这个规则的前件和后件项集。Hofmann 等[368]提出使用 Mosaic 图和双层图显示关联规则。这种方法不仅仅能够显示一条特定的规则，而且还显示规则的前件项集和后件项集之间的列联表。然而，这种技术假定规则的后件只有一个属性。

3. 应用问题

关联分析已经应用于各种各样的应用领域，如 Web 挖掘[409，432]、文档分析[369]、通信警告分析[377]、网络入侵检测[328，345，381]和生物信息学[416，446]。文献[411，412，434]考察了关联模式和相关模式分析在地球科学的研究中的应用。时空关联分析的另外一个应用是轨迹模式挖掘[339，372，438]，用于识别可移动对象的频繁遍历路径。

关联模式也已经应用到其他学习问题中，如分类[383，386]、回归[404]和聚类[361，448，452]。Freitas 在他的意见书[354]中对分类和关联规则挖掘进行了比较。许多作者研究了将关联模式应用于聚类，包括 Han 等[361]、Kosters 等[378]、Yang 等[452]和 Xiong 等[448]。

参考文献

[317] R. C. Agarwal, C. C. Aggarwal, and V. V. V. Prasad. A Tree Projection Algorithm for Generation of Frequent Itemsets. *Journal of Parallel and Distributed Computing (Special Issue on High Performance Data Mining)*, 61(3):350–371, 2001.

[318] R. C. Agarwal and J. C. Shafer. Parallel Mining of Association Rules. *IEEE Transactions on Knowledge and Data Engineering*, 8(6):962–969, March 1998.

[319] C. Aggarwal and J. Han. *Frequent Pattern Mining*. Springer, 2014.

[320] C. C. Aggarwal, Y. Li, J. Wang, and J. Wang. Frequent pattern mining with uncertain data. In *Proceedings of the 15th ACM SIGKDD International Conference on Knowledge Discovery and Data Mining*, pages 29–38, Paris, France, 2009.

[321] C. C. Aggarwal, Z. Sun, and P. S. Yu. Online Generation of Profile Association Rules. In *Proc. of the 4th Intl. Conf. on Knowledge Discovery and Data Mining*, pages 129–133, New York, NY, August 1996.

[322] C. C. Aggarwal and P. S. Yu. Mining Large Itemsets for Association Rules. *Data Engineering Bulletin*, 21(1):23–31, March 1998.

[323] C. C. Aggarwal and P. S. Yu. Mining Associations with the Collective Strength Approach. *IEEE Trans. on Knowledge and Data Engineering*, 13(6):863–873, January/February 2001.

[324] R. Agrawal, T. Imielinski, and A. Swami. Database mining: A performance perspective. *IEEE Transactions on Knowledge and Data Engineering*, 5:914–925, 1993.

[325] R. Agrawal, T. Imielinski, and A. Swami. Mining association rules between sets of items in large databases. In *Proc. ACM SIGMOD Intl. Conf. Management of Data*, pages 207–216, Washington, DC, 1993.

[326] R. Agrawal and R. Srikant. Mining Sequential Patterns. In *Proc. of Intl. Conf. on Data Engineering*, pages 3–14, Taipei, China, 1995.

[327] K. Ali, S. Manganaris, and R. Srikant. Partial Classification using Association Rules. In *Proc. of the 3rd Intl. Conf. on Knowledge Discovery and Data Mining*, pages 115–118, Newport Beach, CA, August 1997.

[328] D. Barbará, J. Couto, S. Jajodia, and N. Wu. ADAM: A Testbed for Exploring the Use of Data Mining in Intrusion Detection. *SIGMOD Record*, 30(4):15–24, 2001.

[329] S. D. Bay and M. Pazzani. Detecting Group Differences: Mining Contrast Sets. *Data Mining and Knowledge Discovery*, 5(3):213–246, 2001.

[330] R. Bayardo. Efficiently Mining Long Patterns from Databases. In *Proc. of 1998 ACM-SIGMOD Intl. Conf. on Management of Data*, pages 85–93, Seattle, WA, June 1998.

[331] R. Bayardo and R. Agrawal. Mining the Most Interesting Rules. In *Proc. of the 5th Intl. Conf. on Knowledge Discovery and Data Mining*, pages 145–153, San Diego, CA, August 1999.

[332] Y. Benjamini and Y. Hochberg. Controlling the False Discovery Rate: A Practical and Powerful Approach to Multiple Testing. *Journal Royal Statistical Society B*, 57 (1):289–300, 1995.

[333] T. Bernecker, H. Kriegel, M. Renz, F. Verhein, and A. Züfle. Probabilistic frequent itemset mining in uncertain databases. In *Proceedings of the 15th ACM SIGKDD International Conference on Knowledge Discovery and Data Mining*, pages 119–128, Paris, France, 2009.

[334] R. Bhaskar, S. Laxman, A. D. Smith, and A. Thakurta. Discovering frequent patterns in sensitive data. In *Proceedings of the 16th ACM SIGKDD International Conference on Knowledge Discovery and Data Mining*, pages 503–512, Washington, DC, 2010.

[335] R. J. Bolton, D. J. Hand, and N. M. Adams. Determining Hit Rate in Pattern Search. In *Proc. of the ESF Exploratory Workshop on Pattern Detection and Discovery in Data Mining*, pages 36–48, London, UK, September 2002.

[336] S. Brin, R. Motwani, and C. Silverstein. Beyond market baskets: Generalizing association rules to correlations. In *Proc. ACM SIGMOD Intl. Conf. Management of Data*, pages 265–276, Tucson, AZ, 1997.

[337] S. Brin, R. Motwani, J. Ullman, and S. Tsur. Dynamic Itemset Counting and Implication Rules for market basket data. In *Proc. of 1997 ACM-SIGMOD Intl. Conf. on Management of Data*, pages 255–264, Tucson, AZ, June 1997.

[338] C. H. Cai, A. Fu, C. H. Cheng, and W. W. Kwong. Mining Association Rules with Weighted Items. In *Proc. of IEEE Intl. Database Engineering and Applications Symp.*, pages 68–77, Cardiff, Wales, 1998.

[339] H. Cao, N. Mamoulis, and D. W. Cheung. Mining Frequent Spatio-Temporal Sequential Patterns. In *Proceedings of the 5th IEEE International Conference on Data Mining*, pages 82–89, Houston, TX, 2005.

[340] R. Chan, Q. Yang, and Y. Shen. Mining High Utility Itemsets. In *Proceedings of the 3rd IEEE International Conference on Data Mining*, pages 19–26, Melbourne, FL, 2003.

[341] Q. Chen, U. Dayal, and M. Hsu. A Distributed OLAP infrastructure for E-Commerce. In *Proc. of the 4th IFCIS Intl. Conf. on Cooperative Information Systems*, pages 209–220, Edinburgh, Scotland, 1999.

[342] D. C. Cheung, S. D. Lee, and B. Kao. A General Incremental Technique for Maintaining Discovered Association Rules. In *Proc. of the 5th Intl. Conf. on Database Systems for Advanced Applications*, pages 185–194, Melbourne, Australia, 1997.

[343] C. K. Chui, B. Kao, and E. Hung. Mining Frequent Itemsets from Uncertain Data. In *Proceedings of the 11th Pacific-Asia Conference on Knowledge Discovery and Data Mining*, pages 47–58, Nanjing, China, 2007.

[344] R. Cooley, P. N. Tan, and J. Srivastava. Discovery of Interesting Usage Patterns from Web Data. In M. Spiliopoulou and B. Masand, editors, *Advances in Web Usage Analysis and User Profiling*, volume 1836, pages 163–182. Lecture Notes in Computer Science, 2000.

430

[345] P. Dokas, L. Ertöz, V. Kumar, A. Lazarevic, J. Srivastava, and P. N. Tan. Data Mining for Network Intrusion Detection. In *Proc. NSF Workshop on Next Generation Data Mining*, Baltimore, MD, 2002.

[346] G. Dong and J. Li. Interestingness of discovered association rules in terms of neighborhood-based unexpectedness. In *Proc. of the 2nd Pacific-Asia Conf. on Knowledge Discovery and Data Mining*, pages 72–86, Melbourne, Australia, April 1998.

[347] G. Dong and J. Li. Efficient Mining of Emerging Patterns: Discovering Trends and Differences. In *Proc. of the 5th Intl. Conf. on Knowledge Discovery and Data Mining*, pages 43–52, San Diego, CA, August 1999.

[348] W. DuMouchel and D. Pregibon. Empirical Bayes Screening for Multi-Item Associations. In *Proc. of the 7th Intl. Conf. on Knowledge Discovery and Data Mining*, pages 67–76, San Francisco, CA, August 2001.

[349] B. Dunkel and N. Soparkar. Data Organization and Access for Efficient Data Mining. In *Proc. of the 15th Intl. Conf. on Data Engineering*, pages 522–529, Sydney, Australia, March 1999.

[350] A. V. Evfimievski, R. Srikant, R. Agrawal, and J. Gehrke. Privacy preserving mining of association rules. In *Proceedings of the Eighth ACM SIGKDD International Conference on Knowledge Discovery and Data Mining*, pages 217–228, Edmonton, Canada, 2002.

[351] C. C. Fabris and A. A. Freitas. Discovering surprising patterns by detecting occurrences of Simpson's paradox. In *Proc. of the 19th SGES Intl. Conf. on Knowledge-Based Systems and Applied Artificial Intelligence)*, pages 148–160, Cambridge, UK, December 1999.

[352] G. Fang, G. Pandey, W. Wang, M. Gupta, M. Steinbach, and V. Kumar. Mining Low-Support Discriminative Patterns from Dense and High-Dimensional Data. *IEEE Trans. Knowl. Data Eng.*, 24(2):279–294, 2012.

[353] L. Feng, H. J. Lu, J. X. Yu, and J. Han. Mining inter-transaction associations with templates. In *Proc. of the 8th Intl. Conf. on Information and Knowledge Management*, pages 225–233, Kansas City, Missouri, Nov 1999.

[354] A. A. Freitas. Understanding the crucial differences between classification and discovery of association rules—a position paper. *SIGKDD Explorations*, 2(1):65–69, 2000.

[355] J. H. Friedman and N. I. Fisher. Bump hunting in high-dimensional data. *Statistics and Computing*, 9(2):123–143, April 1999.

[356] T. Fukuda, Y. Morimoto, S. Morishita, and T. Tokuyama. Mining Optimized Association Rules for Numeric Attributes. In *Proc. of the 15th Symp. on Principles of Database Systems*, pages 182–191, Montreal, Canada, June 1996.

[357] D. Gunopulos, R. Khardon, H. Mannila, and H. Toivonen. Data Mining, Hypergraph Transversals, and Machine Learning. In *Proc. of the 16th Symp. on Principles of Database Systems*, pages 209–216, Tucson, AZ, May 1997.

[358] R. Gupta, G. Fang, B. Field, M. Steinbach, and V. Kumar. Quantitative evaluation of approximate frequent pattern mining algorithms. In *Proceedings of the 14th ACM SIGKDD International Conference on Knowledge Discovery and Data Mining*, pages 301–309, Las Vegas, NV, 2008.

[359] E. Han, G. Karypis, and V. Kumar. Min-apriori: An algorithm for finding association rules in data with continuous attributes. *Department of Computer Science and Engineering, University of Minnesota, Tech. Rep*, 1997.

[360] E.-H. Han, G. Karypis, and V. Kumar. Scalable Parallel Data Mining for Association Rules. In *Proc. of 1997 ACM-SIGMOD Intl. Conf. on Management of Data*, pages 277–288, Tucson, AZ, May 1997.

[361] E.-H. Han, G. Karypis, V. Kumar, and B. Mobasher. Clustering Based on Association Rule Hypergraphs. In *Proc. of the 1997 ACM SIGMOD Workshop on Research Issues in Data Mining and Knowledge Discovery*, Tucson, AZ, 1997.

431

[362] J. Han, H. Cheng, D. Xin, and X. Yan. Frequent pattern mining: current status and future directions. *Data Mining and Knowledge Discovery*, 15(1):55–86, 2007.

[363] J. Han, Y. Fu, K. Koperski, W. Wang, and O. R. Zaïane. DMQL: A data mining query language for relational databases. In *Proc. of the 1996 ACM SIGMOD Workshop on Research Issues in Data Mining and Knowledge Discovery*, Montreal, Canada, June 1996.

[364] J. Han, J. Pei, and Y. Yin. Mining Frequent Patterns without Candidate Generation. In *Proc. ACM-SIGMOD Int. Conf. on Management of Data (SIGMOD'00)*, pages 1–12, Dallas, TX, May 2000.

[365] C. Hidber. Online Association Rule Mining. In *Proc. of 1999 ACM-SIGMOD Intl. Conf. on Management of Data*, pages 145–156, Philadelphia, PA, 1999.

[366] R. J. Hilderman and H. J. Hamilton. *Knowledge Discovery and Measures of Interest*. Kluwer Academic Publishers, 2001.

[367] J. Hipp, U. Guntzer, and G. Nakhaeizadeh. Algorithms for Association Rule Mining— A General Survey. *SigKDD Explorations*, 2(1):58–64, June 2000.

[368] H. Hofmann, A. P. J. M. Siebes, and A. F. X. Wilhelm. Visualizing Association Rules with Interactive Mosaic Plots. In *Proc. of the 6th Intl. Conf. on Knowledge Discovery and Data Mining*, pages 227–235, Boston, MA, August 2000.

[369] J. D. Holt and S. M. Chung. Efficient Mining of Association Rules in Text Databases. In *Proc. of the 8th Intl. Conf. on Information and Knowledge Management*, pages 234–242, Kansas City, Missouri, 1999.

[370] M. Houtsma and A. Swami. Set-oriented Mining for Association Rules in Relational Databases. In *Proc. of the 11th Intl. Conf. on Data Engineering*, pages 25–33, Taipei, China 1995.

[371] Y. Huang, S. Shekhar, and H. Xiong. Discovering Co-location Patterns from Spatial Datasets: A General Approach. *IEEE Trans. on Knowledge and Data Engineering*, 16 (12):1472–1485, December 2004.

[372] S. Hwang, Y. Liu, J. Chiu, and E. Lim. Mining Mobile Group Patterns: A Trajectory-Based Approach. In *Proceedings of the 9th Pacific-Asia Conference on Knowledge Discovery and Data Mining*, pages 713–718, Hanoi, Vietnam, 2005.

[373] T. Imielinski, A. Virmani, and A. Abdulghani. DataMine: Application Programming Interface and Query Language for Database Mining. In *Proc. of the 2nd Intl. Conf. on Knowledge Discovery and Data Mining*, pages 256–262, Portland, Oregon, 1996.

[374] A. Inokuchi, T. Washio, and H. Motoda. An Apriori-based Algorithm for Mining Frequent Substructures from Graph Data. In *Proc. of the 4th European Conf. of Principles and Practice of Knowledge Discovery in Databases*, pages 13–23, Lyon, France, 2000.

[375] S. Jaroszewicz and D. Simovici. Interestingness of Frequent Itemsets Using Bayesian Networks as Background Knowledge. In *Proc. of the 10th Intl. Conf. on Knowledge Discovery and Data Mining*, pages 178–186, Seattle, WA, August 2004.

[376] M. Kamber and R. Shinghal. Evaluating the Interestingness of Characteristic Rules. In *Proc. of the 2nd Intl. Conf. on Knowledge Discovery and Data Mining*, pages 263–266, Portland, Oregon, 1996.

[377] M. Klemettinen. *A Knowledge Discovery Methodology for Telecommunication Network Alarm Databases*. PhD thesis, University of Helsinki, 1999.

[378] W. A. Kosters, E. Marchiori, and A. Oerlemans. Mining Clusters with Association Rules. In *The 3rd Symp. on Intelligent Data Analysis (IDA99)*, pages 39–50, Amsterdam, August 1999.

[379] C. M. Kuok, A. Fu, and M. H. Wong. Mining Fuzzy Association Rules in Databases. *ACM SIGMOD Record*, 27(1):41–46, March 1998.

[380] M. Kuramochi and G. Karypis. Frequent Subgraph Discovery. In *Proc. of the 2001 IEEE Intl. Conf. on Data Mining*, pages 313–320, San Jose, CA, November 2001.

[381] W. Lee, S. J. Stolfo, and K. W. Mok. Adaptive Intrusion Detection: A Data Mining Approach. *Artificial Intelligence Review*, 14(6):533–567, 2000.

432

[382] N. Li, L. Zeng, Q. He, and Z. Shi. Parallel Implementation of Apriori Algorithm Based on MapReduce. In *Proceedings of the 13th ACIS International Conference on Software Engineering, Artificial Intelligence, Networking and Parallel/Distributed Computing*, pages 236–241, Kyoto, Japan, 2012.

[383] W. Li, J. Han, and J. Pei. CMAR: Accurate and Efficient Classification Based on Multiple Class-association Rules. In *Proc. of the 2001 IEEE Intl. Conf. on Data Mining*, pages 369–376, San Jose, CA, 2001.

[384] M. Lin, P. Lee, and S. Hsueh. Apriori-based frequent itemset mining algorithms on MapReduce. In *Proceedings of the 6th International Conference on Ubiquitous Information Management and Communication*, pages 26–30, Kuala Lumpur, Malaysia, 2012.

[385] B. Liu, W. Hsu, and S. Chen. Using General Impressions to Analyze Discovered Classification Rules. In *Proc. of the 3rd Intl. Conf. on Knowledge Discovery and Data Mining*, pages 31–36, Newport Beach, CA, August 1997.

[386] B. Liu, W. Hsu, and Y. Ma. Integrating Classification and Association Rule Mining. In *Proc. of the 4th Intl. Conf. on Knowledge Discovery and Data Mining*, pages 80–86, New York, NY, August 1998.

[387] B. Liu, W. Hsu, and Y. Ma. Mining association rules with multiple minimum supports. In *Proc. of the 5th Intl. Conf. on Knowledge Discovery and Data Mining*, pages 125–134, San Diego, CA, August 1999.

[388] B. Liu, W. Hsu, and Y. Ma. Pruning and Summarizing the Discovered Associations. In *Proc. of the 5th Intl. Conf. on Knowledge Discovery and Data Mining*, pages 125–134, San Diego, CA, August 1999.

[389] J. Liu, S. Paulsen, W. Wang, A. B. Nobel, and J. Prins. Mining Approximate Frequent Itemsets from Noisy Data. In *Proceedings of the 5th IEEE International Conference on Data Mining*, pages 721–724, Houston, TX, 2005.

[390] Y. Liu, W.-K. Liao, and A. Choudhary. A two-phase algorithm for fast discovery of high utility itemsets. In *Proceedings of the 9th Pacific-Asia Conference on Knowledge Discovery and Data Mining*, pages 689–695, Hanoi, Vietnam, 2005.

[391] F. Llinares-López, M. Sugiyama, L. Papaxanthos, and K. M. Borgwardt. Fast and Memory-Efficient Significant Pattern Mining via Permutation Testing. In *Proceedings of the 21th ACM SIGKDD International Conference on Knowledge Discovery and Data Mining*, pages 725–734, Sydney, Australia, 2015.

[392] A. Marcus, J. I. Maletic, and K.-I. Lin. Ordinal association rules for error identification in data sets. In *Proc. of the 10th Intl. Conf. on Information and Knowledge Management*, pages 589–591, Atlanta, GA, October 2001.

[393] N. Megiddo and R. Srikant. Discovering Predictive Association Rules. In *Proc. of the 4th Intl. Conf. on Knowledge Discovery and Data Mining*, pages 274–278, New York, August 1998.

[394] R. Meo, G. Psaila, and S. Ceri. A New SQL-like Operator for Mining Association Rules. In *Proc. of the 22nd VLDB Conf.*, pages 122–133, Bombay, India, 1996.

[395] R. J. Miller and Y. Yang. Association Rules over Interval Data. In *Proc. of 1997 ACM-SIGMOD Intl. Conf. on Management of Data*, pages 452–461, Tucson, AZ, May 1997.

[396] S. Moens, E. Aksehirli, and B. Goethals. Frequent Itemset Mining for Big Data. In *Proceedings of the 2013 IEEE International Conference on Big Data*, pages 111–118, Santa Clara, CA, 2013.

[397] Y. Morimoto, T. Fukuda, H. Matsuzawa, T. Tokuyama, and K. Yoda. Algorithms for mining association rules for binary segmentations of huge categorical databases. In *Proc. of the 24th VLDB Conf.*, pages 380–391, New York, August 1998.

[398] F. Mosteller. Association and Estimation in Contingency Tables. *JASA*, 63:1–28, 1968.

[399] A. Mueller. Fast sequential and parallel algorithms for association rule mining: A comparison. Technical Report CS-TR-3515, University of Maryland, August 1995.

433

[400] R. T. Ng, L. V. S. Lakshmanan, J. Han, and A. Pang. Exploratory Mining and Pruning Optimizations of Constrained Association Rules. In *Proc. of 1998 ACM-SIGMOD Intl. Conf. on Management of Data*, pages 13–24, Seattle, WA, June 1998.

[401] P. K. Novak, N. Lavrač, and G. I. Webb. Supervised descriptive rule discovery: A unifying survey of contrast set, emerging pattern and subgroup mining. *Journal of Machine Learning Research*, 10(Feb):377–403, 2009.

[402] E. Omiecinski. Alternative Interest Measures for Mining Associations in Databases. *IEEE Trans. on Knowledge and Data Engineering*, 15(1):57–69, January/February 2003.

[403] B. Ozden, S. Ramaswamy, and A. Silberschatz. Cyclic Association Rules. In *Proc. of the 14th Intl. Conf. on Data Eng.*, pages 412–421, Orlando, FL, February 1998.

[404] A. Ozgur, P. N. Tan, and V. Kumar. RBA: An Integrated Framework for Regression based on Association Rules. In *Proc. of the SIAM Intl. Conf. on Data Mining*, pages 210–221, Orlando, FL, April 2004.

[405] J. S. Park, M.-S. Chen, and P. S. Yu. An effective hash-based algorithm for mining association rules. *SIGMOD Record*, 25(2):175–186, 1995.

[406] S. Parthasarathy and M. Coatney. Efficient Discovery of Common Substructures in Macromolecules. In *Proc. of the 2002 IEEE Intl. Conf. on Data Mining*, pages 362–369, Maebashi City, Japan, December 2002.

[407] N. Pasquier, Y. Bastide, R. Taouil, and L. Lakhal. Discovering frequent closed itemsets for association rules. In *Proc. of the 7th Intl. Conf. on Database Theory (ICDT'99)*, pages 398–416, Jerusalem, Israel, January 1999.

[408] J. Pei, J. Han, H. J. Lu, S. Nishio, and S. Tang. H-Mine: Hyper-Structure Mining of Frequent Patterns in Large Databases. In *Proc. of the 2001 IEEE Intl. Conf. on Data Mining*, pages 441–448, San Jose, CA, November 2001.

[409] J. Pei, J. Han, B. Mortazavi-Asl, and H. Zhu. Mining Access Patterns Efficiently from Web Logs. In *Proc. of the 4th Pacific-Asia Conf. on Knowledge Discovery and Data Mining*, pages 396–407, Kyoto, Japan, April 2000.

[410] G. Piatetsky-Shapiro. Discovery, Analysis and Presentation of Strong Rules. In G. Piatetsky-Shapiro and W. Frawley, editors, *Knowledge Discovery in Databases*, pages 229–248. MIT Press, Cambridge, MA, 1991.

[411] C. Potter, S. Klooster, M. Steinbach, P. N. Tan, V. Kumar, S. Shekhar, and C. Carvalho. Understanding Global Teleconnections of Climate to Regional Model Estimates of Amazon Ecosystem Carbon Fluxes. *Global Change Biology*, 10(5):693–703, 2004.

[412] C. Potter, S. Klooster, M. Steinbach, P. N. Tan, V. Kumar, S. Shekhar, R. Myneni, and R. Nemani. Global Teleconnections of Ocean Climate to Terrestrial Carbon Flux. *Journal of Geophysical Research*, 108(D17), 2003.

[413] G. D. Ramkumar, S. Ranka, and S. Tsur. Weighted association rules: Model and algorithm. In *Proc. ACM SIGKDD*, 1998.

[414] M. Riondato and F. Vandin. Finding the True Frequent Itemsets. In *Proceedings of the 2014 SIAM International Conference on Data Mining*, pages 497–505, Philadelphia, PA, 2014.

[415] S. Sarawagi, S. Thomas, and R. Agrawal. Integrating Mining with Relational Database Systems: Alternatives and Implications. In *Proc. of 1998 ACM-SIGMOD Intl. Conf. on Management of Data*, pages 343–354, Seattle, WA, 1998.

[416] K. Satou, G. Shibayama, T. Ono, Y. Yamamura, E. Furuichi, S. Kuhara, and T. Takagi. Finding Association Rules on Heterogeneous Genome Data. In *Proc. of the Pacific Symp. on Biocomputing*, pages 397–408, Hawaii, January 1997.

[417] A. Savasere, E. Omiecinski, and S. Navathe. An efficient algorithm for mining association rules in large databases. In *Proc. of the 21st Int. Conf. on Very Large Databases (VLDB'95)*, pages 432–444, Zurich, Switzerland, September 1995.

[418] A. Savasere, E. Omiecinski, and S. Navathe. Mining for Strong Negative Associations in a Large Database of Customer Transactions. In *Proc. of the 14th Intl. Conf. on Data Engineering*, pages 494–502, Orlando, Florida, February 1998.

434

435

[419] M. Seno and G. Karypis. LPMiner: An Algorithm for Finding Frequent Itemsets Using Length-Decreasing Support Constraint. In *Proc. of the 2001 IEEE Intl. Conf. on Data Mining*, pages 505–512, San Jose, CA, November 2001.

[420] T. Shintani and M. Kitsuregawa. Hash based parallel algorithms for mining association rules. In *Proc of the 4th Intl. Conf. on Parallel and Distributed Info. Systems*, pages 19–30, Miami Beach, FL, December 1996.

[421] A. Silberschatz and A. Tuzhilin. What makes patterns interesting in knowledge discovery systems. *IEEE Trans. on Knowledge and Data Engineering*, 8(6):970–974, 1996.

[422] C. Silverstein, S. Brin, and R. Motwani. Beyond market baskets: Generalizing association rules to dependence rules. *Data Mining and Knowledge Discovery*, 2(1): 39–68, 1998.

[423] E.-H. Simpson. The Interpretation of Interaction in Contingency Tables. *Journal of the Royal Statistical Society*, B(13):238–241, 1951.

[424] L. Singh, B. Chen, R. Haight, and P. Scheuermann. An Algorithm for Constrained Association Rule Mining in Semi-structured Data. In *Proc. of the 3rd Pacific-Asia Conf. on Knowledge Discovery and Data Mining*, pages 148–158, Beijing, China, April 1999.

[425] R. Srikant and R. Agrawal. Mining Quantitative Association Rules in Large Relational Tables. In *Proc. of 1996 ACM-SIGMOD Intl. Conf. on Management of Data*, pages 1–12, Montreal, Canada, 1996.

[426] R. Srikant and R. Agrawal. Mining Sequential Patterns: Generalizations and Performance Improvements. In *Proc. of the 5th Intl Conf. on Extending Database Technology (EDBT'96)*, pages 18–32, Avignon, France, 1996.

[427] R. Srikant, Q. Vu, and R. Agrawal. Mining Association Rules with Item Constraints. In *Proc. of the 3rd Intl. Conf. on Knowledge Discovery and Data Mining*, pages 67–73, Newport Beach, CA, August 1997.

[428] M. Steinbach, P. N. Tan, and V. Kumar. Support Envelopes: A Technique for Exploring the Structure of Association Patterns. In *Proc. of the 10th Intl. Conf. on Knowledge Discovery and Data Mining*, pages 296–305, Seattle, WA, August 2004.

[429] M. Steinbach, P. N. Tan, H. Xiong, and V. Kumar. Extending the Notion of Support. In *Proc. of the 10th Intl. Conf. on Knowledge Discovery and Data Mining*, pages 689–694, Seattle, WA, August 2004.

[430] M. Steinbach, H. Yu, G. Fang, and V. Kumar. Using constraints to generate and explore higher order discriminative patterns. *Advances in Knowledge Discovery and Data Mining*, pages 338–350, 2011.

[431] E. Suzuki. Autonomous Discovery of Reliable Exception Rules. In *Proc. of the 3rd Intl. Conf. on Knowledge Discovery and Data Mining*, pages 259–262, Newport Beach, CA, August 1997.

[432] P. N. Tan and V. Kumar. Mining Association Patterns in Web Usage Data. In *Proc. of the Intl. Conf. on Advances in Infrastructure for e-Business, e-Education, e-Science and e-Medicine on the Internet*, L'Aquila, Italy, January 2002.

[433] P. N. Tan, V. Kumar, and J. Srivastava. Selecting the Right Interestingness Measure for Association Patterns. In *Proc. of the 8th Intl. Conf. on Knowledge Discovery and Data Mining*, pages 32–41, Edmonton, Canada, July 2002.

[434] P. N. Tan, M. Steinbach, V. Kumar, S. Klooster, C. Potter, and A. Torregrosa. Finding Spatio-Temporal Patterns in Earth Science Data. In *KDD 2001 Workshop on Temporal Data Mining*, San Francisco, CA, 2001.

[435] N. Tatti. Probably the best itemsets. In *Proceedings of the 16th ACM SIGKDD International Conference on Knowledge Discovery and Data Mining*, pages 293–302, Washington, DC, 2010.

[436] H. Toivonen. Sampling Large Databases for Association Rules. In *Proc. of the 22nd VLDB Conf.*, pages 134–145, Bombay, India, 1996.

[437] H. Toivonen, M. Klemettinen, P. Ronkainen, K. Hatonen, and H. Mannila. Pruning and Grouping Discovered Association Rules. In *ECML-95 Workshop on Statistics, Machine Learning and Knowledge Discovery in Databases*, pages 47–52, Heraklion, Greece, April 1995.

[438] I. Tsoukatos and D. Gunopulos. Efficient mining of spatiotemporal patterns. In *Proceedings of the 7th International Symposium on Advances in Spatial and Temporal Databases*, pages 425–442, 2001.

[439] S. Tsur, J. Ullman, S. Abiteboul, C. Clifton, R. Motwani, S. Nestorov, and A. Rosenthal. Query Flocks: A Generalization of Association Rule Mining. In *Proc. of 1998 ACM-SIGMOD Intl. Conf. on Management of Data*, pages 1–12, Seattle, WA, June 1998.

[440] A. Tung, H. J. Lu, J. Han, and L. Feng. Breaking the Barrier of Transactions: Mining Inter-Transaction Association Rules. In *Proc. of the 5th Intl. Conf. on Knowledge Discovery and Data Mining*, pages 297–301, San Diego, CA, August 1999.

[441] J. Vaidya and C. Clifton. Privacy preserving association rule mining in vertically partitioned data. In *Proceedings of the Eighth ACM SIGKDD International Conference on Knowledge Discovery and Data Mining*, pages 639–644, Edmonton, Canada, 2002.

[442] K. Wang, Y. He, and J. Han. Mining Frequent Itemsets Using Support Constraints. In *Proc. of the 26th VLDB Conf.*, pages 43–52, Cairo, Egypt, September 2000.

[443] K. Wang, S. H. Tay, and B. Liu. Interestingness-Based Interval Merger for Numeric Association Rules. In *Proc. of the 4th Intl. Conf. on Knowledge Discovery and Data Mining*, pages 121–128, New York, NY, August 1998.

[444] L. Wang, R. Cheng, S. D. Lee, and D. W. Cheung. Accelerating probabilistic frequent itemset mining: a model-based approach. In *Proceedings of the 19th ACM Conference on Information and Knowledge Management*, pages 429–438, 2010.

[445] G. I. Webb. Preliminary investigations into statistically valid exploratory rule discovery. In *Proc. of the Australasian Data Mining Workshop (AusDM03)*, Canberra, Australia, December 2003.

[446] H. Xiong, X. He, C. Ding, Y. Zhang, V. Kumar, and S. R. Holbrook. Identification of Functional Modules in Protein Complexes via Hyperclique Pattern Discovery. In *Proc. of the Pacific Symposium on Biocomputing, (PSB 2005)*, Maui, January 2005.

[447] H. Xiong, S. Shekhar, P. N. Tan, and V. Kumar. Exploiting a Support-based Upper Bound of Pearson's Correlation Coefficient for Efficiently Identifying Strongly Correlated Pairs. In *Proc. of the 10th Intl. Conf. on Knowledge Discovery and Data Mining*, pages 334–343, Seattle, WA, August 2004.

[448] H. Xiong, M. Steinbach, P. N. Tan, and V. Kumar. HICAP: Hierarchial Clustering with Pattern Preservation. In *Proc. of the SIAM Intl. Conf. on Data Mining*, pages 279–290, Orlando, FL, April 2004.

[449] H. Xiong, P. N. Tan, and V. Kumar. Mining Strong Affinity Association Patterns in Data Sets with Skewed Support Distribution. In *Proc. of the 2003 IEEE Intl. Conf. on Data Mining*, pages 387–394, Melbourne, FL, 2003.

[450] X. Yan and J. Han. gSpan: Graph-based Substructure Pattern Mining. In *Proc. of the 2002 IEEE Intl. Conf. on Data Mining*, pages 721–724, Maebashi City, Japan, December 2002.

[451] C. Yang, U. M. Fayyad, and P. S. Bradley. Efficient discovery of error-tolerant frequent itemsets in high dimensions. In *Proceedings of the seventh ACM SIGKDD international conference on Knowledge discovery and data mining*, pages 194–203, , San Francisco, CA, 2001.

[452] C. Yang, U. M. Fayyad, and P. S. Bradley. Efficient discovery of error-tolerant frequent itemsets in high dimensions. In *Proc. of the 7th Intl. Conf. on Knowledge Discovery and Data Mining*, pages 194–203, San Francisco, CA, August 2001.

[453] M. J. Zaki. Parallel and Distributed Association Mining: A Survey. *IEEE Concurrency, special issue on Parallel Mechanisms for Data Mining*, 7(4):14–25, December 1999.

[454] M. J. Zaki. Generating Non-Redundant Association Rules. In *Proc. of the 6th Intl. Conf. on Knowledge Discovery and Data Mining*, pages 34–43, Boston, MA, August 2000.

437

[455] M. J. Zaki. Efficiently mining frequent trees in a forest. In *Proc. of the 8th Intl. Conf. on Knowledge Discovery and Data Mining*, pages 71–80, Edmonton, Canada, July 2002.

[456] M. J. Zaki and M. Orihara. Theoretical foundations of association rules. In *Proc. of the 1998 ACM SIGMOD Workshop on Research Issues in Data Mining and Knowledge Discovery*, Seattle, WA, June 1998.

[457] M. J. Zaki, S. Parthasarathy, M. Ogihara, and W. Li. New Algorithms for Fast Discovery of Association Rules. In *Proc. of the 3rd Intl. Conf. on Knowledge Discovery and Data Mining*, pages 283–286, Newport Beach, CA, August 1997.

[458] C. Zeng, J. F. Naughton, and J. Cai. On differentially private frequent itemset mining. *Proceedings of the VLDB Endowment*, 6(1):25–36, 2012.

[459] F. Zhang, Y. Zhang, and J. Bakos. GPApriori: GPU-Accelerated Frequent Itemset Mining. In *Proceedings of the 2011 IEEE International Conference on Cluster Computing*, pages 590–594, Austin, TX, 2011.

[460] H. Zhang, B. Padmanabhan, and A. Tuzhilin. On the Discovery of Significant Statistical Quantitative Rules. In *Proc. of the 10th Intl. Conf. on Knowledge Discovery and Data Mining*, pages 374–383, Seattle, WA, August 2004.

[461] Z. Zhang, Y. Lu, and B. Zhang. An Effective Partioning-Combining Algorithm for Discovering Quantitative Association Rules. In *Proc. of the 1st Pacific-Asia Conf. on Knowledge Discovery and Data Mining*, Singapore, 1997.

[462] N. Zhong, Y. Y. Yao, and S. Ohsuga. Peculiarity Oriented Multi-database Mining. In *Proc. of the 3rd European Conf. of Principles and Practice of Knowledge Discovery in Databases*, pages 136–146, Prague, Czech Republic, 1999.

习题

1. 对于下面每一个问题，请在购物篮领域举出一个满足下面条件的关联规则的例子。此外，指出这些规则是否是主观上有趣的。

   （a）具有高支持度和高置信度的规则。

   （b）具有相当高的支持度却有较低置信度的规则。

   （c）具有低支持度和低置信度的规则。

   （d）具有低支持度和高置信度的规则。

2. 考虑表 5.20 中显示的数据集。

   （a）将每个事务 ID 视为一个购物篮，计算项集 $\{e\}$、$\{b, d\}$ 和 $\{b, d, e\}$ 的支持度。

   （b）使用（a）的计算结果，计算关联规则 $\{b, d\} \rightarrow \{e\}$ 和 $\{e\} \rightarrow \{b, d\}$ 的置信度。置信度是对称的度量吗？

   （c）将每个顾客 ID 作为一个购物篮，重复（a）。应当将每个项看作一个二元变量（如果一个项在顾客的购买事务中至少出现了一次，则为 1；否则，为 0）。

   （d）使用（c）的计算结果，计算关联规则 $\{b, d\} \rightarrow \{e\}$ 和 $\{e\} \rightarrow \{b, d\}$ 的置信度。

   （e）假定 s_1 和 c_1 是将每个事务 ID 作为一个购物篮时关联规则 r 的支持度和置信度，而 s_2 和 c_2 是将每个顾客 ID 作为一个购物篮时关联规则 r 的支持度和置信度。讨论 s_1 和 s_2 或 c_1 和 c_2 之间是否存在某种关系？

3. （a）规则 $\phi \rightarrow A$ 和 $A \rightarrow \phi$ 的置信度是多少？

表 5.20　购物篮事务的例子

顾客 ID	事务 ID	购买项
1	0001	$\{a, d, e\}$
1	0024	$\{a, b, c, e\}$
2	0012	$\{a, b, d, e\}$
2	0031	$\{a, c, d, e\}$
3	0015	$\{b, c, e\}$
3	0022	$\{b, d, e\}$
4	0029	$\{c, d\}$
4	0040	$\{a, b, c\}$
5	0033	$\{a, d, e\}$
5	0038	$\{a, b, e\}$

438

(b) 令 c_1、c_2 和 c_3 分别是规则 $\{p\}\rightarrow\{q\}$，$\{p\}\rightarrow\{q, r\}$ 和 $\{p, r\}\rightarrow\{q\}$ 的置信度。如果假定 c_1、c_2 和 c_3 有不同的值，那么 c_1、c_2 和 c_3 之间可能存在什么关系？哪个规则的置信度最低？

(c) 假定(b)中的规则具有相同的支持度，重复(b)的分析。哪个规则的置信度最高？ 439

(d) 传递性：假定规则 $A\rightarrow B$ 和 $B\rightarrow C$ 的置信度都大于某个阈值 minconf。规则 $A\rightarrow C$ 可能具有小于 minconf 的置信度吗？

4. 对于下列各种度量，判断它是单调的、反单调的或非单调的(即既不是单调的，也不是反单调的)。

   例如： 支持度 $s=\dfrac{\sigma(X)}{|T|}$ 是反单调的，因为只要 $X\subset Y$，就有 $s(X)\geqslant s(Y)$。

   (a) 特征规则是形如 $\{p\}\rightarrow\{q_1, q_2, \cdots, q_n\}$ 的规则，其中规则的前件只有一个项。一个大小为 k 的项集能够产生 k 个特征规则。令 ζ 是由给定项集产生的所有特征规则的最小置信度：
   $$\zeta(\{p_1, p_2, \cdots, p_k\}) = \min[c\{p_1\}\rightarrow\{p_2, p_3, \cdots, p_k\}, \cdots, c\{p_k\}\rightarrow\{p_1, p_2, \cdots, p_{k-1}\}]$$
   ζ 是单调的、反单调的或非单调的？

   (b) 区分规则是形如 $\{p_1, p_2, \cdots, p_n\}\rightarrow\{q\}$ 的规则，其中规则的后件只有一个项。一个大小为 k 的项集能够产生 k 个区分规则。令 η 是由给定项集产生的所有区分规则的最小置信度：
   $$\eta(\{p_1, p_2, \cdots, p_k\}) = \min[c\{p_2, p_3, \cdots, p_k\}\rightarrow\{p_1\}, \cdots, c\{p_1, p_2, \cdots, p_{k-1}\}\rightarrow\{p_k\}]$$
   η 是单调的、反单调的或非单调的？

   (c) 将最小值函数改为最大值函数，重做(a)和(b)的分析。

5. 证明式(5.3)。(提示：首先，计算创建形成规则左部项集的方法数；然后，对每个选定为规则左部的 k 项集，计算选择剩下的 $d-k$ 个项形成规则右部的方法数。)假设所有项集的规则均不为空。

6. 证明表 5.21 中显示的购物篮事务。

   (a) 从这些数据中，能够提取出的关联规则的最大数量是多少(包括零支持度的规则)？

   (b) 能够提取的频繁项集的最大长度是多少(假定最小支持度>0)？

   (c) 写出从该数据集中能够提取的 3-项集的最大数量的表达式。

   (d) 找出一个具有最大支持度的项集(长度为 2 或更大)。

   (e) 找出一对项 a 和 b，使得规则 $\{a\}\rightarrow\{b\}$ 和 $\{b\}\rightarrow\{a\}$ 具有相同的置信度。

表 5.21　购物篮事务

事务 ID	购买项
1	{牛奶，啤酒，尿布}
2	{面包，黄油，牛奶}
3	{牛奶，尿布，饼干}
4	{面包，黄油，饼干}
5	{啤酒，饼干，尿布}
6	{牛奶，尿布，面包，黄油}
7	{面包，黄油，尿布}
8	{啤酒，尿布}
9	{牛奶，尿布，面包，黄油}
10	{啤酒，饼干}

440

7. 证明：如果候选 k-项集 X 有一个大小小于 $k-1$ 的非频繁的子集，那么 X 至少有一个大小为 $(k-1)$ 的子集一定是非频繁的。

8. 考虑下面的频繁 3-项集的集合：
   $$\{1,2,3\},\{1,2,4\},\{1,2,5\},\{1,3,4\},\{1,3,5\},\{2,3,4\},\{2,3,5\},\{3,4,5\}$$
   假定数据集中只有 5 个项。

(a) 列出采用 $F_{k-1} \times F_1$ 合并策略，由候选产生过程得到的所有候选 4-项集。

(b) 列出由 Apriori 算法的候选产生过程得到的所有候选 4-项集。

(c) 列出 Apriori 算法候选剪枝操作后剩下的所有候选 4-项集。

9. Apriori 算法使用产生–计数的策略找出频繁项集。通过合并一堆大小为 k 的频繁项集得到一个大小为 $k+1$ 的候选项集(称作候选产生步骤)。在候选项集剪枝步骤中，如果一个候选项集的任何一个子集是不频繁的，则该候选项集将被丢弃。假定将 Apriori 算法用于表 5.22 所示的数据集，最小支持度为 30%，即任何一个项集在少于 3 个事务中出现就被认为是非频繁的。

表 5.22 购物篮事务的例子

事务 ID	购买项
1	$\{a, b, d, e\}$
2	$\{b, c, d\}$
3	$\{a, b, d, e\}$
4	$\{a, c, d, e\}$
5	$\{b, c, d, e\}$
6	$\{b, d, e\}$
7	$\{c, d\}$
8	$\{a, b, c\}$
9	$\{a, d, e\}$
10	$\{b, d\}$

441

(a) 画出表示表 5.22 所示数据集的项集格。用下面的字母标记格中的每个结点。

- N：如果该项集被 Apriori 算法认为不是候选项集。一个项集不是候选项集有两种可能的原因：它不是在候选项集产生步骤中产生，或它在候选项集产生步骤中产生，但是由于它的一个子集是非频繁的而在候选项集剪枝步骤被丢掉。

- F：如果该项集被 Apriori 算法认为是频繁的。

- I：如果经过支持度计数后，该项集被发现是非频繁的。

(b) 频繁项集的百分比是多少？(考虑格中所有的项集。)

(c) 对于该数据集，Apriori 算法的剪枝率是多少？(剪枝率定义为基于如下原因不认为是候选的项集所占的百分比：在候选项集产生时未被产生，或在候选剪枝步骤中被丢掉。)

(d) 假警告率是多少？(假警告率是指经过支持度计算后被发现是非频繁的候选项集所占的百分比。)

10. Apriori 算法使用 Hash 树数据结构，有效地计算候选项集的支持度。考虑如图 5.32 所示的候选 3-项集的 Hash 树。

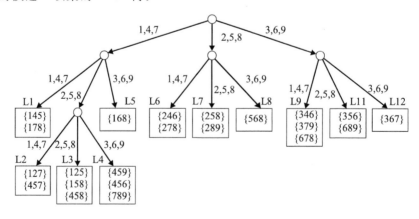

图 5.32 Hash 树结构的例子

(a) 给定一个包含项{1，3，4，5，8}的事务，在寻找该事务的候选项集时，访问了 Hash 树的哪些叶结点？

442

(b) 使用(a)中访问的叶结点确定事务{1，3，4，5，8}包含的候选项集。

11. 考虑下面的候选 3-项集的集合：{1，2，3}，{1，2，6}，{1，3，4}，{2，3，4}，{2，4，5}，{4，5，6}。

   (a) 构造以上候选 3-项集的 Hash 树。假定 Hash 树使用这样一个 Hash 函数：所有的奇数项都被散列到结点的左子女，所有偶数项被散列到右子女。一个候选 k-项集按如下方法插入在 Hash 树中：散列候选项集中的每个相继项，然后再跟随散列值相应的分支。一旦到达叶结点，候选项集将按照下面的条件插入。

     ● 条件 1：如果该叶结点的深度等于 k（假定根结点的深度为 0），则不管该结点已经存储了多少个项集，该候选插入该结点。

     ● 条件 2：如果该叶结点的深度等于 k，则只要该结点存储的项集数不超过 max-size，就把它插入到该叶结点。这里，maxsize 为 2。

     ● 条件 3：如果该叶结点的深度小于 k 且该结点已存储的项集数量等于 maxsize，则这个叶结点转变为内部结点，并创建新叶结点作为老的叶结点的子女。先前老叶结点中存放的候选项集按照散列值分布到其子女中。新候选项集也按照散列值存储到相应的叶结点。

   (b) 候选 Hash 树中共有多少个叶结点？多少个内部结点？

   (c) 考虑一个包含项集{1，2，3，5，6}的事务。使用(a)中创建的 Hash 树，则该事务要检查哪些叶结点？该事务包含哪些候选 3-项集？

12. 给定图 5.33 所示的格结构和表 5.23 给定的事务，用如下字母标记每一个结点。

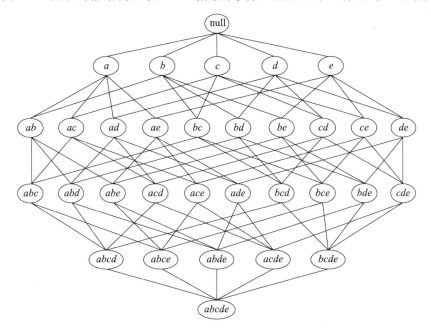

图 5.33　项集的格

   ● M：如果结点是极大频繁项集。

   ● C：如果结点是闭频繁项集。

   ● N：如果结点是频繁的，但既不是极大的也不是闭的。

   ● I：如果结点是非频繁的。

假定支持度阈值等于 30%。

13. 传统的关联规则挖掘方法使用支持度和置信度度量来剪枝没有兴趣的规则。

    (a) 使用表 5.23 中的事务数据，绘制出下面每个规则对应的列联表。

444

    规则：$\langle b\rangle \rightarrow \langle c\rangle$，$\langle a\rangle \rightarrow \langle d\rangle$，$\langle b\rangle \rightarrow \langle d\rangle$，$\langle e\rangle \rightarrow \langle c\rangle$，$\langle c\rangle \rightarrow \langle a\rangle$

    (b) 利用(a)的列联表，按照下面的度量计算并依次减序确定规则的秩。

        i. 支持度．

        ii. 置信度．

        iii. $\text{Interest}(X \rightarrow Y) = \dfrac{P(X, Y)}{P(X)P(Y)}$．

        iv. $\text{IS}(X \rightarrow Y) = \dfrac{P(X, Y)}{\sqrt{P(X)P(Y)}}$．

        v. $\text{Klosgen}(X \rightarrow Y) = \sqrt{P(X, Y)} \times \max(P(Y|X) - P(Y), P(X|Y) - P(X))$，其中 $P(Y|X) = \dfrac{P(X, Y)}{P(X)}$．

        vi. 比值比$(X \rightarrow Y) = \dfrac{P(X, Y)P(\overline{X}, \overline{Y})}{P(X, \overline{Y})P(\overline{X}, Y)}$．

表 5.23　购物篮事务示例

事务 ID	购买项
1	$\{a, b, d, e\}$
2	$\{b, c, d\}$
3	$\{a, b, d, e\}$
4	$\{a, c, d, e\}$
5	$\{b, c, d, e\}$
6	$\{b, d, e\}$
7	$\{c, d\}$
8	$\{a, b, c\}$
9	$\{a, d, e\}$
10	$\{b, d\}$

14. 给定习题 13 中得到的秩，计算置信度的秩与其他五种度量之间的相关性。哪种度量与置信的相关性最强？哪种最弱？

15. 使用图 5.34 显示的数据集回答下列问题。注意，每个数据集包含 1000 个项和 10 000 个事务。图中黑色单元表示项在事务中出现，白色表示不出现。假定 Apriori 算法提取频繁项集，最小支持度为 10%（即项集至少要包含在 1000 个事务中）。

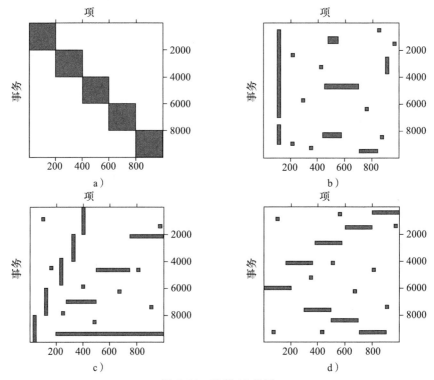

图 5.34　习题 15 的图

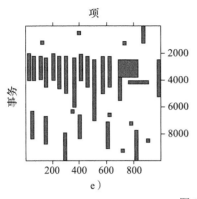 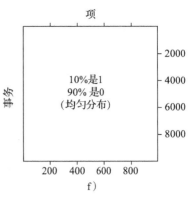

图 5.34　（续）

(a) 哪些数据集产生的频繁项集的数量最多？

(b) 哪些数据集产生的频繁项集的数量最少？

(c) 哪些数据集产生最长的频繁项集？

(d) 哪些数据集产生具有最大支持度的频繁项集？

(e) 哪些数据集产生的频繁项集包含有更广泛支持度（即所包含的支持度由小于 20％到大于 70％）的项？

16. (a) 证明：当且仅当 $f_{11}=f_{1+}=f_{+1}$ 时，ϕ 系数等于 1。

(b) 证明：如果 A 和 B 是相互独立的，则 $P(A,B) \times P(\overline{A},\overline{B}) = P(A,\overline{B}) \times P(\overline{A},B)$。

(c) 说明：Yule 的 Q 和 Y 系数是比率值的规范化版本。

$$Q = \left[\frac{f_{11}f_{00} - f_{10}f_{01}}{f_{11}f_{00} + f_{10}f_{01}} \right]$$

$$Y = \left[\frac{\sqrt{f_{11}f_{00}} - \sqrt{f_{10}f_{01}}}{\sqrt{f_{11}f_{00}} + \sqrt{f_{10}f_{01}}} \right]$$

(d) 假定变量是统计独立的，写出表 5.9 所列出的各种度量值的简化表达式。

17. 对于关联规则 $A{\rightarrow}B$，考虑兴趣度度量 $M = \dfrac{P(B|A) - P(B)}{1 - P(B)}$。

(a) 该度量的取值范围是什么？什么时候取最大值和最小值？

(b) 当 $P(A,B)$ 增加，$P(A)$ 和 $P(B)$ 保持不变时，M 如何变化？

(c) 当 $P(A)$ 增加，$P(A,B)$ 和 $P(B)$ 保持不变时，M 如何变化？

(d) 当 $P(B)$ 增加，$P(A,B)$ 和 $P(A)$ 保持不变时，M 如何变化？

(e) 该度量在变量置换下对称吗？

(f) 若 A 和 B 是统计独立的，该度量的值是多少？

(g) 该度量是零加不变的吗？

(h) 在行或列缩放操作下，该度量保持不变吗？

(i) 在反演操作下，该度量如何变化？

18. 假定有一个购物篮数据集，包含 100 个事务和 20 个项。假设项 a 的支持度 25％，项 b 的支持度为 90％，且项集 $\{a,b\}$ 的支持度为 20％。令最小支持度阈值和最小置信度阈值分别为 10％和 60％。

(a) 计算关联规则 $\{a\}{\rightarrow}\{b\}$ 的置信度。根据置信度，这条规则是有趣的吗？

(b) 计算关联模式 $\{a,b\}$ 的兴趣度度量。根据兴趣度度量，描述项 a 和 b 之间关联的

445

446

特点。

(c) 由 (a) 和 (b) 的结果，能得出什么结论？

(d) 证明：如果规则 {a}→{b} 的置信度小于 {b} 的支持度，则

    i. $c(\{\overline{a}\}→\{b\})>c(\{a\}→\{b\})$

    ii. $c(\{\overline{a}\}→\{b\})>s(\{b\})$

    其中，$c(\cdot)$ 表示规则置信度，$s(\cdot)$ 表示项集的支持度。

19. 表 5.24 显示了二元变量 A 和 B 在控制变量 C 的不同值上的 $2×2×2$ 的列联表。

表 5.24　一个列联表

			A	
			1	0
$C=0$	B	1	0	15
		0	15	30
$C=1$	B	1	5	0
		0	0	15

(a) 分别计算当 $C=0$，$C=1$ 和 $C=0$ 或 1 时 A 和 B 的 ϕ 系数。注意：$\varphi(\{A，B\})=\dfrac{P(A，B)-P(A)P(B)}{\sqrt{P(A)P(B)(1-P(A))(1-P(B))}}$。

(b) 由上面的结果可以得出什么结论？

20. 考虑表 5.25 中显示的列联表。

表 5.25　习题 20 的列联表

a）表Ⅰ　　　　b）表Ⅱ

(a) 对于表Ⅰ，计算关联模式 $\{A，B\}$ 的支持度、兴趣度和 ϕ 相关系数，并计算规则 $A→B$ 和 $B→A$ 的置信度。

(b) 对于表Ⅱ，计算关联模式 $\{A，B\}$ 的支持度、兴趣度和 ϕ 相关系数，并计算规则 $A→B$ 和 $B→A$ 的置信度。

(c) 由 (a) 和 (b) 的结果可以得出什么结论？

21. 考虑 5.17 和 5.18 中显示的购买高清晰度电视和购买健身器的顾客之间的联系。

(a) 计算两个表的比率值。

(b) 计算两个表的 ϕ 系数。

(c) 计算两个表的兴趣因子。

对于上述每一个度量，描述当汇总数据取代分层数据后，关联方向的变化。

447
〜
448

449
〜
450

关联分析：高级概念

上一章介绍的关联规则挖掘假定输入数据是由称作"项"的二元属性组成的，还假定"项"在事务中出现比不出现更重要。这样，"项"被看作非对称的二元属性，并且只有频繁模式才被认为是有意义的。

本章将这种表示扩展到具有对称二元属性、分类属性和连续属性的数据集。接着，这种表示还将进一步扩展，以包含更加复杂的实体，诸如序列和图形。尽管关联分析算法的总体结构保持不变，但是算法的某些方面必须加以修改，以便处理非传统的实体。

6.1 处理分类属性

许多应用包含对称二元属性和标称属性。如表 6.1 所示，互联网调查数据包含对称二元属性，如性别、是否拥有家庭计算机、网上聊天、网上购物和关注隐私；还包括标称属性，如文化程度和州。使用关联分析，我们可能发现关于互联网用户特征的有趣信息，如

〈网上购物＝是〉→〈关注隐私＝是〉

这条规则暗示大部分在网上购物的互联网用户都关心个人隐私。

451

表 6.1 具有分类属性的互联网调查数据

性别	文化程度	州	拥有家庭计算机	网上聊天	网上购物	关注隐私
女	研究生	伊利诺伊	是	是	是	是
男	大学生	加利福尼亚	否	否	否	否
男	研究生	密歇根	是	是	是	是
女	大学生	弗吉尼亚	否	否	是	是
女	研究生	加利福尼亚	是	否	否	是
男	大学生	明尼苏达	是	是	是	是
男	大学生	阿拉斯加	是	是	是	否
男	高中生	俄勒冈	是	否	否	否
女	研究生	得克萨斯	否	是	否	否
...	...	...	...	...	...	...

为了提取这样的模式，应首先将分类属性和对称二元属性转换成"项"，以便于使用已有的关联规则挖掘算法。这种类型的变换可以通过为每个不同的"属性-值"对创建一个新的项来实现。例如，标称属性文化程度可以用 3 个二元项取代：文化程度＝大学生，文化程度＝研究生，文化程度＝高中生。类似地，对称二元属性性别可以转换成一对二元项：男和女。表 6.2 显示互联网调查数据二元化后的结果。

表 6.2 二元化分类和对称二元属性后的互联网调查数据

男	女	文化程度＝研究生	文化程度＝大学生	...	关注隐私＝是	关注隐私＝否
0	1	1	0	...	1	0
1	0	0	1	...	0	1
1	0	1	0	...	1	0
0	1	0	1	...	1	0

（续）

男	女	文化程度＝研究生	文化程度＝大学生	…	关注隐私＝是	关注隐私＝否
0	1	1	0	…	1	0
1	0	0	1	…	1	0
1	0	0	1	…	0	1
1	0	0	0	…	0	1
0	1	1	0	…	0	1
…	…	…	…	…	…	…

将关联分析用于二元化后的数据时，需要考虑如下问题。

1）有些属性值可能不够频繁，因此不能成为频繁模式的一部分。对于具有许多可能属性值的标称属性（如州名），这个问题更为明显。因为发现的频繁模式的数量将以指数增长（许多可能是不真实的），所以，降低支持度阈值不会起太大作用，甚至会使计算开销更高。更实际的做法是，将相关的属性值分组，形成少数类别。例如，每个州名都可以用对应的地理区域来取代，比如中西部、太平洋西北部、西南部和东海岸。另一种可能性是，将不太频繁的属性值聚合成一个名为其他的类别，如图 6.1 所示。

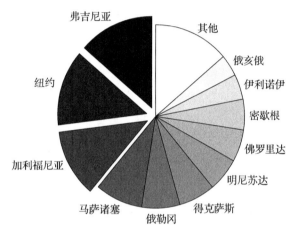

图 6.1　具有合并的"其他"类别的饼图

2）某些属性值的频率可能比其他属性值高很多。例如，假定 85% 的被调查人都有家庭计算机。如果为每个频繁出现在数据中的属性值创建一个二元项，我们可能产生许多冗余模式，如下面的例子所示：

〈拥有家庭计算机＝是，网上购物＝是〉→〈关注隐私＝是〉

该规则是冗余的，因为它被归入本节开始给出的更一般的规则。由于高频繁度的项对应于属性的典型值，因此它们很少携带那些能帮助我们更好地理解模式的新信息。因此，在使用标准的关联分析算法之前，删除这样的项可能是有好处的。另一种可能的做法是，使用 5.8 节提供的技术处理具有广泛支持度的数据集。

3）尽管每个事务的宽度与原始数据中属性的个数相同，但是计算时间可能增加，特别是当新创建的项变成频繁项时。这是因为需要更多时间处理由这些项产生的候选项集（见本章习题 1）。一种减少计算时间的方法是，避免产生包含来自同一属性的多个项的候选项集。例如，我们不必产生诸如〈州＝X，州＝Y，…〉的候选项集，因为该项集的支持度计数为零。

6.2　处理连续属性

上一节介绍的互联网调查数据可能还包含连续属性，如表 6.3 所示。挖掘连续属性可能会揭示数据的内在联系，如"年收入超过 $120K 的用户属于 45～60 年龄组"，或"拥有超过 3 个 e-mail 账号并且每周上网时间超过 15 小时的用户通常关注个人隐私"。包含连续属性的关联规则通常称为**量化关联规则**（quantitative association rule）。

表 6.3　具有连续属性的互联网调查数据

性别	…	年龄	年收入	每周上网时间	邮件账户数	关心隐私
女	…	26	90K	20	4	是
男	…	51	135K	10	2	否
男	…	29	80K	10	3	是
女	…	45	120K	15	3	是
女	…	31	95K	20	5	是
男	…	25	55K	25	5	是
男	…	37	100K	10	1	否
男	…	41	65K	8	2	否
女	…	26	85K	12	1	否
…	…	…	…	…	…	…

本节介绍对连续数据进行关联分析的各种方法。具体地说，我们将会讨论 3 类方法：(1)基于离散化的方法，(2)基于统计学的方法，(3)非离散化方法。使用这些方法挖掘出的量化关联规则本质上差别很大。

6.2.1　基于离散化的方法

离散化是处理连续属性最常用的方法。这种方法将连续属性按邻近值分组，形成有限个区间。例如，年龄属性可以被划分成如下区间：年龄∈[12，16)，年龄∈[16，20)，年龄∈[20，24)，…，年龄∈[56，60)。其中，[a，b)代表包含 a 但不包含 b 的区间。可以使用 2.3.6 节介绍的任意技术(等区间宽度、等频率、基于熵或聚类)对离散化加以实现。离散的区间可以映射到非对称的二元属性，使其可以使用已有的关联分析算法。表 6.4 显示离散化和二元化后的互联网调查数据。 454

表 6.4　二元化分类和连续属性后的互联网调查数据

男	女	…	年龄<13	年龄∈[13，21)	年龄∈[21，30)	…	关注隐私＝是	关注隐私＝否
0	1	…	0	0	1	…	1	0
1	0	…	0	0	0	…	0	1
1	0	…	0	0	1	…	1	0
0	1	…	0	0	0	…	1	0
0	1	…	0	0	0	…	1	0
1	0	…	0	0	1	…	1	0
1	0	…	0	0	0	…	0	1
1	0	…	0	0	0	…	0	1
0	1	…	0	0	1	…	0	1
…	…	…	…	…	…	…	…	…

属性离散化的一个关键参数是用于划分每个属性的区间个数。通常，这个参数由用户提供，并用区间的宽度(对于等区间宽度方法)、每个区间的平均事务个数(对于等频率方法)或所希望的聚类数(对于基于聚类的方法)来表示。确定正确的区间数的困难性可以用表 6.5 中的数据解释，该表汇总参加调查的 250 个用户的回答。数据中隐含两个强规则： 455

R_1：年龄∈[16，24)→网上聊天＝是(s＝8.8%，c＝81.5%)

R_2：年龄∈[44，60)→网上聊天＝否(s＝16.8%，c＝70%)

表 6.5   根据参加网上聊天的互联网用户的年龄组划分互联网用户

年龄组	网上聊天＝是	网上聊天＝否	年龄组	网上聊天＝是	网上聊天＝否
[12，16)	12	13	[36，40)	16	14
[16，20)	11	2	[40，44)	16	14
[20，24)	11	3	[44，48)	4	10
[24，28)	12	13	[48，52)	5	11
[28，32)	14	12	[52，56)	5	10
[32，36)	15	12	[56，60)	4	11

这些规则暗示 16～24 岁年龄组的大部分用户经常参加网上聊天，而 44～60 岁的多半不会参加网上聊天。在这个例子中，仅当某条规则的支持度（s）超过 5%，并且它的信度（c）超过 65% 时，才认为它是有趣的。当对年龄属性进行离散化时，遇到的问题之一是如何确定区间宽度。

1）如果区间太宽，则可能因为缺乏置信度而丢失某些模式。例如，当区间宽度为 24 岁时，R_1 和 R_2 被如下规则所取代：

$$R_1' ： 年龄 \in [12，36) \rightarrow 网上聊天 = 是 (s = 30\%，c = 57.7\%)$$
$$R_2' ： 年龄 \in [36，60) \rightarrow 网上聊天 = 否 (s = 28\%，c = 58.3\%)$$

尽管它们有较高的支持度，但是较宽的区间导致两个规则的置信度都低于最小置信度阈值。其结果是，离散化之后，两个模式都会丢失。

2）如果区间太窄，则可能因为缺乏支持度而丢失某些模式。例如，如果区间宽度为 4 岁，则 R_1 被分裂成如下两个子规则：

$$R_{11}^{(4)} ： 年龄 \in [16，20) \rightarrow 网上聊天 = 是 (s = 4.4\%，c = 84.6\%)$$
$$R_{12}^{(4)} ： 年龄 \in [20，24) \rightarrow 网上聊天 = 是 (s = 4.4\%，c = 78.6\%)$$

由于两个子规则的支持度都低于最小支持度阈值，R_1 在离散化后被丢失了。同理，规则 R_2 被分裂成 4 个子规则，也因 4 个子规则的支持度都低于最小支持度阈值而丢失。

3）如果区间宽度是 8 岁，则规则 R_2 被分裂成如下两个子规则：

$$R_{21}^{(8)} ： 年龄 \in [44，52) \rightarrow 网上聊天 = 否 (s = 8.4\%，c = 70\%)$$
$$R_{22}^{(8)} ： 年龄 \in [52，60) \rightarrow 网上聊天 = 否 (s = 8.4\%，c = 70\%)$$

由于 $R_{21}^{(8)}$ 和 $R_{22}^{(8)}$ 都有足够的支持度和置信度，R_2 可以通过聚合两个子规则而恢复。同时，R_1 被分裂成如下两个子规则：

$$R_{11}^{(8)} ： 年龄 \in [12，20) \rightarrow 网上聊天 = 是 (s = 9.2\%，c = 60.5\%)$$
$$R_{12}^{(8)} ： 年龄 \in [20，28) \rightarrow 网上聊天 = 是 (s = 9.2\%，c = 60.0\%)$$

与 R_2 不同，因为两个子规则的置信度都低于阈值，因此 R_1 不能通过聚合这两个子规则来恢复。

处理这些问题的一个方法是，考虑邻近区间的每种可能的分组。例如，可以从宽度为 4 岁开始，将近邻的区间合并成较宽的区间，年龄 $\in [12，16)$，年龄 $\in [12，20)$，…，年龄 $\in [12，60)$，年龄 $\in [16，20)$，年龄 $\in [16，24)$ 等。这种方法能够检测出 R_1 和 R_2 是强规则。然而，这也导致如下计算问题：

1）**计算开销非常大**。如果值域被划分成 k 个区间，则必须创建 $\frac{k(k-1)}{2}$ 个二元项来代表所有可能的区间。此外，如果对应于区间 $[a，b)$ 的项是频繁的，则包含 $[a，b)$ 的区间对应的所有项也必然是频繁的。因此，这种方法可能产生过多的候选和频繁项集。为了处理这些问题，可以使用最大支持度阈值来防止创建对应于非常宽的区间的项，并减少项集的数量。

2）**提取到许多冗余规则**。例如，考虑下面的一对规则：

$$R_3: \{年龄 \in [16, 20), 性别=男\} \rightarrow \{网上聊天=是\}$$
$$R_4: \{年龄 \in [16, 24), 性别=男\} \rightarrow \{网上聊天=是\}$$

对于年龄属性，R_4有更宽的区间，因此R_4是R_3的泛化（R_3是R_4的特化）。如果两个规则的置信度值相同，则R_4应当更有趣，因为它涵盖了更多的例子，包括R_3涵盖的那些。因此，R_3是冗余的。

6.2.2　基于统计学的方法

量化关联规则可以用来推断总体的统计性质。例如，假定我们希望根据表6.1和表6.3提供的数据找出互联网用户特定组群的平均年龄。使用本节介绍的基于统计学的方法，可以提取如下形式的量化关联规则：

$$\{年收入 > \$100K, 网上购物=是\} \rightarrow 年龄：均值=38$$

该规则表明年收入超过$100K并且定期在网上购物的互联网用户的平均年龄为38岁。

1. 规则生成

为了产生基于统计学的量化关联规则，必须指定用于刻画有趣总体段特性的目标属性。除了目标属性，使用上一节介绍的方法对数据中的其余分类和连续属性进行二元化。然后，可以使用已有的算法，如Apriori算法或FP增长，从二元化数据中提取频繁项集。每个频繁项集确定一个有趣总体段。使用诸如均值、中位数、方差或绝对偏差等统计量，可以对目标属性在每个段内的分布进行汇总。例如，前面的规则就是通过对支持频繁项集$\{年收入 > \$100K, 网上购物=是\}$的互联网用户的年龄求平均值得到的。

使用这个方法得到的量化关联规则的数量与提取的频繁项集的数量相同。根据量化关联规则的定义，置信度的概念不适用于此类规则。接下来给出一种确认量化关联规则的方法。

2. 规则确认

仅当由规则覆盖的事务计算的统计量不同于由未被规则覆盖的事务计算的统计量时，才说这个量化关联规则是有趣的。例如，只有不支持频繁项集$\{年收入 > \$100K, 网上购物=是\}$的互联网用户平均年龄显著地大于或小于38岁时，本节开始给出的规则才是有趣的。为了确定该平均年龄差是否具有统计意义，应当使用统计假设检验方法进行检验。

考虑量化关联规则$A \rightarrow t:\mu$，其中A是频繁项集，t是连续的目标属性，而μ是被A覆盖的事务的t的平均值。此外，设μ'是未被A覆盖的事务的t的平均值。目标是检验μ和μ'之间的差是否大于用户指定的某个阈值Δ。在统计假设检验中，两个相反的假设分别称作**原假设**（null hypothesis）和**备选假设**（alternative hypothesis）。根据从数据收集的证据进行假设检验，确定两个假设中的哪一个被接受（见附录C）。

在这种情况下，假定$\mu < \mu'$，则原假设是$H_0:\mu'=\mu+\Delta$，而备选假设是$H_1:\mu'>\mu+\Delta$。为了确定应当接受哪个假设，计算下面的Z统计量：

$$Z = \frac{\mu' - \mu - \Delta}{\sqrt{\frac{s_1^2}{n_1} + \frac{s_2^2}{n_2}}} \tag{6.1}$$

其中，n_1 是支持 A 的事务个数，n_2 是不支持 A 的事务个数，s_1 是支持 A 的事务的 t 的标准差，而 s_2 是不支持 A 的事务的 t 的标准差。在原假设下，Z 具有标准正态分布，均值为 0，方差为 1。然后，将使用式(6.1)计算的 Z 值与临界值 Z_α 比较，其中 Z_α 是依赖于期望置信水平的阈值。如果 $Z > Z_\alpha$，则原假设被拒绝，并且我们可以断言该量化关联规则是有趣的。否则，数据中没有足够的证据证明均值之差具有统计意义。

例 6.1 考虑量化以下关联规则：

$$\langle 年收入 > 100K，网上购物 = 是 \rangle \rightarrow 年龄：\mu = 38$$

假定有 50 个互联网用户支持该规则的前件，他们年龄的标准差是 3.5。另一方面，不支持该规则前件的 200 个用户的平均年龄是 30，标准差是 6.5。仅当 μ 与 μ' 之间的差大于 5 岁时，才假设该量化关联规则是有趣的。使用式(6.1)，可得到：

$$Z = \frac{38 - 30 - 5}{\sqrt{\dfrac{3.5^2}{50} + \dfrac{6.5^2}{200}}} = 4.4414$$

对于一个置信水平为 95% 的单侧假设检验，拒绝原假设的临界值是 1.64。由于 $Z > 1.64$，原假设被拒绝。因此，我们断言该量化关联规则是有趣的，因为支持和不支持规则前件的用户的平均年龄之差大于 5 岁。 ◀

6.2.3 非离散化方法

在一些应用中，分析者更感兴趣的是发现连续属性之间的关联，而不是连续属性的离散区间之间的关联。以在文本文档中找单词相关性的问题为例，在表 6.6 的文档-词矩阵中，每个实体表示在给定的文档中指定的词出现的次数。给定一个数据矩阵，分析者更感兴趣的是发现词(例如，数据和挖掘)之间的关联，而不是词频区间(例如，数据 $\in [1, 4]$，挖掘 $\in [2, 3]$)之间的关联。一种做法是，将数据变换成 0/1 矩阵。其中，如果规范化词频超过某个阈值 t，则值为 1，否则为 0。尽管该方法使得分析者可以对二元化数据集使用已有的频繁模式产生算法，但是为二元化找到合适的阈值却很棘手。如果阈值设置得太大，则可能丢失有趣的关联。反之，如果阈值设置得太小，则可能产生大量错误的关联。

表 6.6　规范化的文档-词矩阵

文档	word_1	word_2	word_3	word_4	word_5	word_6
d_1	3	6	0	0	0	2
d_2	1	2	0	0	0	2
d_3	4	2	7	0	0	2
d_4	2	0	3	0	0	1
d_5	0	0	0	1	1	0

本节介绍另一种用于发现连续属性之间关联的方法，称为 min-Apriori。和传统的关联分析类似，项集被认为是连续属性的集合，而支持度用于度量在数据矩阵多个行之间的属性的关联程度。比如，表 6.6 中的单词的集合可以被认为是一个项集，其支持度取决于共同出现的跨文档的单词。在 min-Apriori 中，数据矩阵指定行的属性间的关联性可通过得到属性的最小值来获取。比如，在文档 d_1 中，可以指定 word_1 和 word_2 之间的关联性为 $\min(3, 6) = 3$。然后通过累计项集与所有文档的关联程度来计算其支持度。

$$s(\{word_1, word_2\}) = \min(3,6) + \min(1,2) + \min(4,2) + \min(2,0) = 6$$

min-Apriori 中定义的支持度具有如下所期望的性质，使它适合用来发现文档中词之间的关联：

1）支持度随词的出现次数增加而单调递增。

2）支持度随包含该词的文档个数增加而单调递增。

3）支持度具有反单调性。例如，考虑一对项集$\{A，B\}$和$\{A，B，C\}$。由于 $\min(\{A，B\})\geqslant\min(\{A，B，C\})$，$s(\{A，B\})\geqslant s(\{A，B，C\})$。因此，支持度随项集中词数的增加而单调递减。

使用新的支持度定义，可以修改标准 Apriori 算法来发现词之间的关联。

6.3 处理概念分层

概念分层是定义在一个特定的域中的各种实体或概念的多层组织。例如，在购物篮分析中，概念分层具有如下形式：项的分类法描述商店销售的商品之间的"is-a"联系。例如，牛奶是一种食品，而 DVD 是一种电子设备（见图 6.2）。概念分层通常根据领域知识，或者基于特定组织的标准分类方案来定义（例如，国家图书馆用于组织图书资料的分类方案是基于主题分类的）。

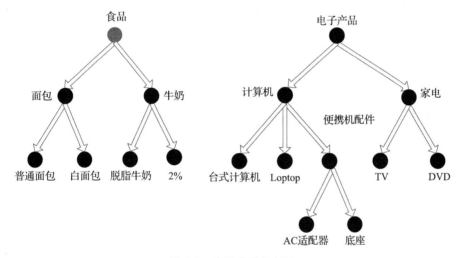

图 6.2   商品分类的例子

概念分层可以用**有向无环图**（directed acyclic graph）表示，如图 6.2 所示。如果图 6.2 中存在一条从结点 p 到另一个结点 c 的边，则称 p 是 c 的**父类**（parent），c 是 p 的**子类**（child）。例如，牛奶是脱脂牛奶的父类，因为从结点牛奶到结点脱脂牛奶存在一条有向边。如果有向无环图中存在一条从 $\hat{X}$ 到 X 的路径，则称 $\hat{X}$ 为 X 的**祖先**（ancestor）（X 是 $\hat{X}$ 的**后代**（descendent））。在图 6.2 中食品是脱脂牛奶的祖先，而 AC 适配器是电子产品的后代。

将概念分层纳入关联分析的主要优点如下。

1）位于层次结构较低层的项可能没有足够的支持度，从而不在任何频繁项集中出现。例如，尽管 AC 适配器和底座的销售量可能很低，但是，作为概念分层结构中它们的父结点，便携机配件的销售量可能很高，如果不使用概念分层就可能丢失涉及便携机配件的有趣模式。而且，包含高层类别的规则可能比使用低层类别产生的规则具有更低的置信度，除非使用概念层次结构，否则可能会错过不同层类别的有趣模式。

2) 在概念分层的较低层发现的规则过于特殊,可能不如较高层的规则令人感兴趣。例如,诸如牛奶和面包等大宗商品趋向于产生许多低层规则,如,脱脂牛奶→普通面包,2%牛奶→普通面包,脱脂牛奶→白面包。使用概念分层结构,它们可以汇总为一条规则:牛奶→面包。仅考虑分层结构顶部的商品可能也不好,因为这样的规则可能没有任何实际应用价值。例如,尽管规则电子产品→食品可能满足支持度和置信度阈值,但是由于顾客经常一起购买电子产品和食品是已知的事实,所以它并不提供什么信息。如果牛奶和电池才是经常同时销售的商品,则模式{食品,电子产品}可能过分泛化了这种情况。

可以用以下方法扩充标准的关联分析,使其包括概念分层。初始,每个事务 t 用它的**扩展事务**(extended transaction)t' 取代,其中,t' 包含 t 中所有项及其对应的祖先。例如,事务{DVD,普通面包}可以扩展为{DVD,普通面包,家电,电子产品,面包,食品},其中,家电和电子产品是 DVD 的祖先,而面包和食品是普通面包的祖先。

我们可以将已有的方法,比如 Apriori,应用到扩展事务数据库。虽然这种方法找到的规则会跨域不同的概念层次结构,但这种方法有如下一些明显的局限性:

1) 处于较高层的项比处于较低层的项趋向于具有较高的支持度计数。因此,如果支持度阈值设得太高,则只能提取涉及较高层项的模式。另一方面,如果阈值设得太低,则算法可能产生太多模式(其中大部分可能是不真实的),使得计算效率极低。

2) 概念分层的引入增加了关联分析的计算时间,因为项的个数更多,事务宽度更大。算法产生的候选模式和频繁模式的个数可能随事务变宽而指数增加。

3) 概念分层的引入可能产生冗余规则。对于规则 $X \rightarrow Y$,如果存在一个更一般的规则 $\hat{X} \rightarrow \hat{Y}$,其中 $\hat{X}$ 是 X 的祖先,$\hat{Y}$ 是 Y 的祖先,则这条规则是冗余的,并且两个规则具有非常相似的置信度。例如,假定{面包}→{牛奶},{白面包}→{2%牛奶},{普通面包}→{2%牛奶}{白面包}→{脱脂牛奶}和{普通面包}→{脱脂牛奶}具有非常相似的置信度,涉及较低层中的项的规则是冗余的,因为它们可以被涉及其祖先的规则所概括。诸如{脱脂牛奶,牛奶,食品}的项集也是冗余的,因为食品和牛奶都是脱脂牛奶的祖先。所幸,若给定分层结构,可以很容易在频繁模式产生时将这类冗余项集删除。

6.4 序列模式

购物篮数据常常包含关于商品何时被顾客购买的时间信息。可以通过使用这种信息,将顾客在一段时间内的购物拼接成事务序列。同样,从科学实验或对诸如通信网络、计算机网络和无线遥感网络等的物理系统的管理中收集的基于事件的数据都具有固有的序列特征。也就是说,在这种数据事件之间存在的序数关系,通常是基于时间或空间的先后次序。然而,迄今为止所讨论的关联模式概念都只强调同时出现关系,而忽略数据中的序列信息。对于识别动态系统的重现特征,或预测特定事件的未来发生,序列信息可能是非常有价值的。本节给出序列模式的基本概念和发现序列模式的算法。

6.4.1 预备知识

发现序列模式问题的输入是一个序列数据集,如图 6.3 左部所示。每一行记录与一个特定的对象相关联的一些事件在给定时刻的出现。例如,第一行包含在时间戳 $t = 10$ 时出现的对象 A 的事件集。值得注意的是,如果只考虑序列数据集的最后一列,这将和市场购物篮数据十分相似，每一行代表着包含一组事件(项)的事务。对于该数据，传统的关联模式概念对应的是事务之间共同出现的事件。但是，序列数据集还包括对象信息和事务事件的时间戳信息(前两列)。这两列给每个事务都增添了上下文，这为序列数据集的关联分析提供了新的方式。图 6.3 的右侧显示了序列数据集的不同表示形式，其中与对象关联的事件一起出现，并按照时间戳升序排列。在序列数据集中，我们可以找到事件的关联模式，这些关联模式通常按对象之间的顺序排列。比如，在图 6.3 所示的序列数据中，在所有序列中，事件 1 都会跟随着事件 6 出现。如果忽略对象的时间戳信息，并将数据视为购物篮数据，则无法推断出这种模式。

Sequence Database:

对象	时间戳	事件
A	10	2, 3, 5
A	20	1, 6
A	23	1
B	11	4, 5, 6
B	17	2
B	21	1, 2, 7, 8
C	14	1, 6
C	28	1, 7, 8

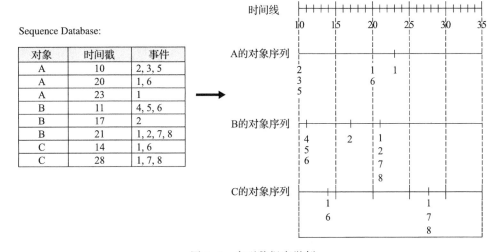

图 6.3　序列数据库举例　465

在提出发现序列模式的方法之前，我们提供序列和子序列的简要说明。

1. 序列

一般地，序列是**元素**(事务)的有序列表，可以记作 $s=\langle e_1 e_2 e_3 \cdots e_n \rangle$，其中每个 e_j 是一个或多个事件(项)的集族，下面是一些序列的例子。

- Web 站点访问者访问的 Web 页面序列：
  〈{首页}{电子产品}{照相机和摄像机}{数码相机}{购物车}{订购确认}{返回购物}〉
- 导致三里岛核事故的事件序列：
  〈{树脂堵塞}{出口阀关闭}{失去给水}{冷凝器出口阀关闭}{增压泵跳闸}{主水泵跳闸}{主涡轮机跳闸}{反应堆压力上升}〉
- 计算机科学专业学生在不同的学期参加课程的序列：
  〈{算法与数据结构，操作系统导论}{数据库系统，计算机体系结构}{计算机网络，软件工程}{计算机图形学，并行程序设计}〉

序列可以用它的长度和出现事件的个数刻画。序列的长度对应序列中的元素个数，包含 k 个事件的序列被称为 k-序列。上面例子中的 Web 序列包含 7 个元素和 7 个事件；三里岛事件序列包含 8 个元素和 8 个事件；而课程序列包含 4 个元素和 8 个事件。

图 6.4 提供了一些应用领域定义的序列、元素和事件的例子。除最后一行外，与前三个领域相关的序数属性对应于日历时间。对于最后一行，序数属性对应于基(A、C、G、T)在基因序列中的位置。尽管关于序列模式的讨论主要考虑时间事件，但是可以将它推广到具有非时间次序的事件，比如具有空间次序。　466

序列数据库	序列	元素 （事务）	事件 （项）
顾客	给定顾客的购物历史	顾客在时刻t购买的商品的集合	书、日常用品、CD等
网页数据	特定Web访问者的浏览活动	一次鼠标点击后Web访问者观看的文件的集合	主页、索引页、联系信息等
事件数据	给定的传感器产生的事件历史	传感器在时刻t触发的事件	传感器产生的警报类型
基因序列	一个特定物种的DNA	DNA序列的元素	基A、T、G、C

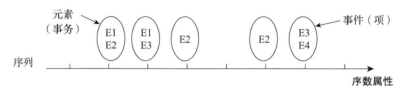

图6.4　序列数据集中的元素和事件的示例

2. 子序列

若通过删去 s 中的一些事件或者删除 s 中的一些元素能推导出 t，则称 t 为 s 的**子序列**（subsequence）。形式上讲，序列 $t = \langle t_1 t_2 \cdots t_m \rangle$ 是序列 $s = \langle s_1 s_2 \cdots s_n \rangle$ 的子序列，如果存在整数 $1 \leqslant j_1 < j_2 < \cdots < j_m \leqslant n$，使得 $t_1 \subseteq s_{j1}$，$t_2 \subseteq s_{j2}$，$\cdots$，$t_m \subseteq s_{jm}$。如果 t 是 s 的子序列，则称 t 包含在 s 中。表6.7的例子解释了子序列的概念。

表6.7　子序列概念的例子

序列数据 s	序列数据 t	t 是否为 s 的子序列
$\langle \{2, 4\}\{3, 5, 6\}\{8\} \rangle$	$\langle \{2\}\{3, 6\}\{8\} \rangle$	是
$\langle \{2, 4\}\{3, 5, 6\}\{8\} \rangle$	$\langle \{2\}\{8\} \rangle$	是
$\langle \{1, 2\}\{3, 4\} \rangle$	$\langle \{1\}\{2\} \rangle$	否
$\langle \{2, 4\}\{2, 4\}\{2, 5\} \rangle$	$\langle \{2\}\{4\} \rangle$	是

467

6.4.2　序列模式发现

设 D 是包含一个或多个**数据序列**（data sequence）的数据集。术语数据序列是指与单个数据对象相关联的事件的有序列表。例如，图6.5中显示的数据集包含5个数据序列，对象 A、B、C、D 和 E 各一个。

序列 s 的支持度是包含 s 的所有数据序列所占的比例。如果序列 s 的支持度大于或等于用户指定的最小支持度阈值，则称 s 是一个序列模式（或频繁序列）。

定义6.1序列模式发现　给定序列数据集 D 和用户指定的最小支持度阈值 minsup，则序列模式发现的任务是找出支持度大于或等于 minsup 的所有序列。

在图6.5中，序列 $\langle \{1\}\{2\} \rangle$ 的支持度等于80%，因为它出现在5个数据序列的4个中（除 D 之外的每个对象）。假定最小支持度阈值是50%，则包含在至少3个数据序列中的任何序列都被视为序列模式。从给定的数据集中提取的序列模式的例子包括 $\langle \{1\}\{2\} \rangle$，$\langle \{1, 2\} \rangle$，$\langle \{2, 3\} \rangle$，$\langle \{1, 2\}\{2, 3\} \rangle$ 等。

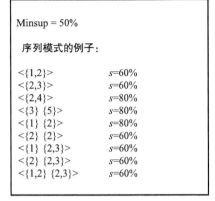

对象	时间戳	事件
A	1	1, 2, 4
A	2	2, 3
A	3	5
B	1	1, 2
B	2	2, 3, 4
C	1	1, 2
C	2	2, 3, 4
C	3	2, 4, 5
D	1	2
D	2	3, 4
D	3	4, 5
E	1	1, 3
E	2	2, 4, 5

Minsup = 50%

序列模式的例子：

$\langle\{1,2\}\rangle$	$s=60\%$
$\langle\{2,3\}\rangle$	$s=60\%$
$\langle\{2,4\}\rangle$	$s=80\%$
$\langle\{3\}\ \{5\}\rangle$	$s=80\%$
$\langle\{1\}\ \{2\}\rangle$	$s=80\%$
$\langle\{2\}\ \{2\}\rangle$	$s=60\%$
$\langle\{1\}\ \{2,3\}\rangle$	$s=60\%$
$\langle\{2\}\ \{2,3\}\rangle$	$s=60\%$
$\langle\{1,2\}\ \{2,3\}\rangle$	$s=60\%$

图 6.5　由包含 5 个数据序列的数据集导出的序列模式

序列模式的发现是一项具有挑战性的计算任务，因为从事件集合中产生的候选序列是指数级的且难以枚举的。例如，由 n 个事件的集合可以得出以下的 1-序列、2-序列、3-序列的例子：

1-序列：$\langle i_1 \rangle$，$\langle i_2 \rangle$，…，$\langle i_n \rangle$

2-序列：$\langle \{i_1, i_2\} \rangle$，$\langle \{i_1, i_3\} \rangle$，…，$\langle \{i_{n-1}, i_n\} \rangle$，…

$\quad\quad\quad\langle \{i_1\}\{i_1\} \rangle$，$\langle \{i_1\}\{i_2\} \rangle$，…，$\langle \{i_n\}\{i_n\} \rangle$

3-序列：$\langle \{i_1, i_2, i_3\} \rangle$，$\langle \{i_1, i_2, i_4\} \rangle$，…，$\langle \{i_{n-2}, i_{n-1}, i_n\} \rangle$，…

$\quad\quad\quad\langle \{i_1\}\{i_1, i_2\} \rangle$，$\langle \{i_1\}\{i_1, i_3\} \rangle$，…，$\langle \{i_{n-1}\}\{i_{n-1}, i_n\} \rangle$，…

$\quad\quad\quad\langle \{i_1, i_2\}\{i_2\} \rangle$，$\langle \{i_1, i_2\}\{i_3\} \rangle$，…，$\langle \{i_{n-1}, i_n\}\{i_n\} \rangle$，…

$\quad\quad\quad\langle \{i_1\}\{i_1\}\{i_1\} \rangle$，$\langle \{i_1\}\{i_1\}\{i_2\} \rangle$，…，$\langle \{i_n\}\{i_n\}\{i_n\} \rangle$

上面的枚举和第 5 章介绍的市场购物篮数据的项目在某些方面相似。但是，上述的枚举并没有穷尽，它只展示了一些序列，而通过省略号（……）省略了大量序列。因为候选序列的数量远远大于候选项集，这使得枚举变得十分困难。候选序列的数量增多主要有 3 个原因：

1）一个项在项集中最多出现一次，但一个事件可以在序列的不同元素中出现多次。给定两个项 i_1 和 i_2，只能产生一个候选 2-项集 $\{i_1, i_2\}$，但却可以产生许多候选 2-序列：$\langle \{i_1\}\{i_1\} \rangle$，$\langle \{i_1\}\{i_2\} \rangle$，$\langle \{i_2\}\{i_1\} \rangle$，$\langle \{i_2\}\{i_2\} \rangle$ 和 $\langle \{i_1, i_2\} \rangle$。

2）次序在序列中是重要的，但在项集中不重要。例如，$\{i_1, i_2\}$ 和 $\{i_2, i_1\}$ 表示同一个项集，而 $\langle \{i_1, i_2\} \rangle$ 和 $\langle \{i_2, i_1\} \rangle$ 对应于不同的序列，因此必须分别产生。

3）对于购物篮数据，对于序列数据，n 个不同的项的候选项集数量的上限是 $(2^{n}-1)$，甚至两个不同的事件 a 和 b 都可以导致相当多的候选序列（图 6.6 阐释了该观点）。

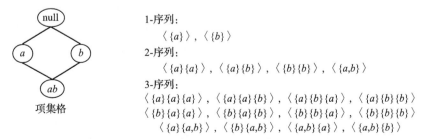

1-序列：

$\quad\langle \{a\} \rangle$，$\langle \{b\} \rangle$

2-序列：

$\quad\langle \{a\}\{a\} \rangle$，$\langle \{a\}\{b\} \rangle$，$\langle \{b\}\{b\} \rangle$，$\langle \{a,b\} \rangle$

3-序列：

$\quad\langle \{a\}\{a\}\{a\} \rangle$，$\langle \{a\}\{a\}\{b\} \rangle$，$\langle \{a\}\{b\}\{a\} \rangle$，$\langle \{a\}\{b\}\{b\} \rangle$

$\quad\langle \{b\}\{a\}\{a\} \rangle$，$\langle \{b\}\{a\}\{b\} \rangle$，$\langle \{b\}\{b\}\{a\} \rangle$，$\langle \{b\}\{b\}\{b\} \rangle$

$\quad\langle \{a\}\{a,b\} \rangle$，$\langle \{b\}\{a,b\} \rangle$，$\langle \{a,b\}\{a\} \rangle$，$\langle \{a,b\}\{b\} \rangle$

项集格

图 6.6　将项集的数量与使用两个事件（项）生成的序列数进行比较。这里只显示 1-序列、2-序列和 3-序列来进行说明

由于上述原因，即使数据中的事件数很少，枚举所有候选序列也具有挑战性。因此很难使用暴力方法通过遍历所有序列格来枚举所有候选序列模式。尽管有这些挑战存在，先验原理仍对序列数据成立，因为包含特定 k-序列的任何数据序列必然包含该 k-序列的所有 $(k-1)$-子序列。正如后面将会看到的那样，尽管构造序列格是一项挑战，但可以使用先验原理从频繁 $(k-1)$ 序列生成候选 k 序列。这使我们可以使用类 Apriori 算法从序列数据集中提取序列模式。算法 6.1 给出了该算法的基本结构。

算法 6.1 序列模式发现的类 Apriori 算法

1: $k=1$
2: $F_k = \left\{ i \,|\, i \in I \land \frac{\alpha(\langle i \rangle)}{N} \geqslant minsup \right\}$ 〈找出所有的频繁 1-序列〉
3: **repeat**
4:     $k=k+1$
5:     $C_k =$ candidate-gen(F_{k-1}) 〈产生候选 k-序列〉
6:     $C_k =$ candidate-prune(C_k, F_{k-1}) 〈对候选 k-序列剪枝〉
7:     **for** 每个数据序列 $t \in T$ **do**
8:         $C_t =$ subsequence(C_k, t) 〈识别包含在 t 中的所有候选〉
9:         **for** 每个候选 k-子序列 $c \in C_t$ **do**
10:            $\alpha(c) = \alpha(c) + 1$ 〈支持度计数增值〉
11:        **end for**
12:    **end for**
13:    $F_k = \left\{ c \,|\, c \in C_k \land \frac{\alpha(c)}{N} \geqslant minsup \right\}$ 〈提取频繁 k-序列〉
14: **until** $F_k = \varnothing$
15:    Answer $= \bigcup F_k$

注意，该算法的结构几乎和前一章介绍的用于频繁项集发现的 Apriori 算法完全一样。该算法将迭代地产生新的候选 k-序列，剪掉那些子集中有非频繁 $(k-1)$-序列的候选，然后对留下的候选计数，识别序列模式。这些步骤的细节在下面给出。

候选生成 通过合并一对频繁 $(k-1)$-序列来生成候选 k-序列。尽管这种方法和第 5 章介绍的用于生成候选项集的 $F_{k-1} \times F_{k-1}$ 策略相似，但仍存在一些差异。首先，在生成序列的情况下，可以将 $(k-1)$-序列和它自己连接来生成 k-序列。比如，我们可以将 1-序列和其自身合并生成候选 2-序列 $\langle \{a\}, \{a\} \rangle$。其次，回想一下，为了避免重复产生候选，传统的 Apriori 算法当且仅当前 $k-1$ 项按字典顺序排列相同时才合并为一对频繁 k-项集。在生成序列时，使用字典顺序来排列元素中的事件。然而，序列中元素的排列可能不遵循字典顺序。比如 $\langle \{b, c\} \{a\} \{b\} \rangle$ 是一个正确的 4-序列表示，虽然序列中的元素不是按字典顺序排序的。另一方面，$\langle \{c, b\} \{a\} \{d\} \rangle$ 不能正确表示同一个 4-序列，因为第一个元素的序列违背了字典顺序。

给定一个序列 $s = \langle e_1 e_2 e_3 \cdots e_n \rangle$，每个元素中的事件都是按照字典顺序排列的，可以假定第一个事件 e_1 是 s 的第一个事件，最后一个事件 e_n 是 s 的最后一个事件。合并序列的标准可以用以下过程的形式来表示。

序列合并过程

序列 $s^{(1)}$ 与另一个序列 $s^{(2)}$ 合并，仅当从 $s^{(1)}$ 中去掉第一个事件得到的子序列与从 $s^{(2)}$ 中去掉最后一个事件得到的子序列相同。通过如下方式扩展序列 $s^{(1)}$ 来得到候选集：

1) 如果 $s^{(2)}$ 的最后一个元素只有一个事件，则将 $s^{(2)}$ 的最后一个元素合并到 $s^{(1)}$ 的末尾，得到合并后的序列。

2) 如果 $s^{(2)}$ 的最后一个元素多于一个事件，则将 $s^{(2)}$ 的最后一个元素的最后一个事件(不被包含在 $s^{(1)}$ 的最后一个元素)合并到 $s^{(1)}$ 的最后一个元素，得到合并后的序列。

图 6.7 给出了一个例子，通过合并成对的频繁 3-序列得到候选 4-序列。第一个候选集 $\langle\{1\}\{2\}\{3\}\{4\}\rangle$ 是通过合并 $\langle\{1\}\{2\}\{3\}\rangle$ 和 $\langle\{2\}\{3\}\{4\}\rangle$ 得到的。因为第二个序列中最后一个元素($\{4\}$)只有一个事件，可以简单地将它合并到第一个序列的末尾来生成合并序列。另一方面，将 $\langle\{1\}\{5\}\{3\}\rangle$ 和 $\langle\{5\}\{3,4\}\rangle$ 生成 4-序列 $\langle\{1\}\{5\}\{3,4\}\rangle$。在这种情况下，第二个序列最后一个元素($\{3,4\}$)包含两个事件。因此，在这个元素中的最后一个事件(4)被增加到第一个序列的最后一个元素($\{3\}$)中，来得到合并序列。

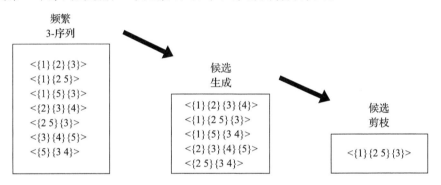

图 6.7　序列模式挖掘算法的候选生成和修剪步骤示例

该例表明序列合并过程是完备的，即，它会生成所有频繁 k-子序列。这是因为每个频繁 k-子序列 s 都包含了一个频繁 $(k-1)$-序列 s_1(它不包含 s 的第一个事件)和一个频繁 $(k-1)$-序列 s_2(它不包含 s 的最后一个事件)。由于 s_1 和 s_2 都频繁且满足合并序列的条件，所以它们被合并来生成每个频繁 k-序列 s 来作为候选者。同样，序列合并过程确保合并 s_1 和 s_2 是生成 s 的唯一方式。比如，在图 6.7 中，序列 $\langle\{1\}\{2\}\{3\}\rangle$ 和 $\langle\{1\}\{2,5\}\rangle$ 不必合并，因为去掉第一个序列的第一个事件与去掉第二个序列的最后一个事件并不产生相同的子序列。尽管 $\langle\{1\}\{2,5\}\{3\}\rangle$ 是一个可行的候选，但是它是通过合并另外一对序列 $\langle\{1\}\{2,5\}\rangle$ 和 $\langle\{2,5\}\{3\}\rangle$ 产生的。该例表明序列合并过程能避免产生重复的候选序列。

候选剪枝　如果候选 k-序列的 $(k-1)$-序列至少有一个是非频繁的，那么它将被剪掉。例如，假定 $\langle\{1\}\{2\}\{3\}\{4\}\rangle$ 是一个候选 4-序列。我们需要检查该 4-序列包含的所有 3-序列是否是非频繁的。因为该序列包含的序列 $\langle\{1\}\{2\}\{4\}\rangle$ 是非频繁的，因此可以删除候选 $\langle\{1\}\{2\}\{3\}\{4\}\rangle$。读者可以验证，候选剪枝后，图 6.7 中剩下的唯一候选 4-序列是 $\langle\{1\}\{2,5\}\{3\}\rangle$。

支持度计数　在支持度计数期间，算法将识别属于特定数据序列的所有候选 k-序列，并增加其支持度计数。在对每一个数据序列执行该步骤后，算法将识别出频繁 k-序列，并可以丢弃支持度计数小于最小支持度阈值 minsup 的候选。

*6.4.3　时限约束

本节提出一种序列模式，其中模式的事件和元素都施加时限约束。为了增强对时限约束的需要，考虑如下被两个注册数据挖掘课程的学生选修的课程序列：

学生 A：⟨{统计学}{数据库系统}{数据挖掘}⟩
学生 B：⟨{数据库系统}{统计学}{数据挖掘}⟩

感兴趣的序列模式是⟨{统计学，数据库系统}{数据挖掘}⟩，意思是说注册数据挖掘课程的学生必须先选修数据库系统和统计学方面的课程。显然，该模式被这两个学生支持，尽管他们都没有同时选修统计学和数据库系统。相比之下，不能认为某个 10 年之前选修了统计学课程的学生支持该模式，因为时间间隔太长了。由于上一节提供的表示并未体现时限约束，因此需要定义新的序列模式。

图 6.8 解释了可以施加在模式上的某些时限约束。这些约束的定义和它们对序列模式发现算法的影响将在下面讨论。注意，序列模式的每个元素都与一个时间窗口 $[l, u]$ 相关联，其中 l 是该时间窗口内事件的最早发生时间，而 u 是该时间窗口内事件的最晚发生时间。请注意，在本次讨论中，我们允许元素内的事件发生在不同的时间。因此，事件发生的实际时间可能与字典顺序不同。

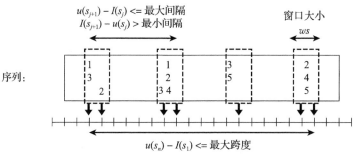

每个元素的时间窗口（w）用 $[l, u]$ 刻画，
其中 l 是 w 内事件的最早发生时间，u 是 w 内事件的最晚发生时间

图 6.8　序列模式的时限约束

1. 最大跨度约束

最大跨度(maxspan)约束指定整个序列中所允许事件的最晚和最早发生时间的最大时间差。例如，假定下面的数据序列包含的事件发生在连续的时间戳(1，2，3，…)，序列中的第 i 个元素发生在第 i 个时间戳。假定最大时间跨度 maxspan＝3，下面的表包含了给定的数据序列支持和不支持的序列模式。

数据序列 s	序列模式 t	s 是否支持 t？
⟨{1，3}{3，4}{4}{5}{6，7}{8}⟩	⟨{3}{4}⟩	是
⟨{1，3}{3，4}{4}{5}{6，7}{8}⟩	⟨{3}{6}⟩	是
⟨{1，3}{3，4}{4}{5}{6，7}{8}⟩	⟨{1，3}{6}⟩	否

一般地，maxspan 越长，在数据序列中检测到模式的可能性就越大。然而，较长的 maxspan 也可能捕获不真实的模式，因为这增加了两个不相关的事件成为时间相关事件的可能性。此外，模式也可能涉及陈旧事件。

最大跨度约束影响序列模式发现算法的支持度计数。如前面的例子所示，施加最大跨度约束之后，有些数据序列就不再支持候选模式。如果简单地使用算法 6.1，则有些模式的支持度计数就可能过分估计。为了避免该问题，我们必须修改算法，忽略给定模式中事件的第一次和最后一次发生的时间间隔大于 maxspan 的情况。

2. 最小间隔和最大间隔约束

时限约束也可以通过限制序列中两个连续元素之间的时间差来指定。如果最大时间差（maxgap）是一周，则元素中的事件必须在前一个元素的事件出现后的一周之内出现。如果最小时间差（mingap）是零，则元素中的事件必须在前一个元素的事件出现之后出现（见图 6.8）。假定 maxgap=3，mingap=1，则下表给出了模式通过或未通过最大间隔和最小间隔约束的例子。这些例子假定每个元素出现在连续的时间阶段。

数据序列 s	序列模式 t	maxgap	mingap
$\langle\{1,3\}\{3,4\}\{4\}\{5\}\{6,7\}\{8\}\rangle$	$\langle\{3\}\{6\}\rangle$	通过	通过
$\langle\{1,3\}\{3,4\}\{4\}\{5\}\{6,7\}\{8\}\rangle$	$\langle\{6\}\{8\}\rangle$	通过	未通过
$\langle\{1,3\}\{3,4\}\{4\}\{5\}\{6,7\}\{8\}\rangle$	$\langle\{1,3\}\{6\}\rangle$	未通过	通过
$\langle\{1,3\}\{3,4\}\{4\}\{5\}\{6,7\}\{8\}\rangle$	$\langle\{1\}\{3\}\{8\}\rangle$	未通过	未通过

与最大跨度一样，这些约束也影响序列模式发现算法的支持度计数，因为当最小间隔和最大间隔约束存在时，有些数据序列就不再支持候选模式。为确保对模式进行支持度计数时不会违反时限约束，必须修改算法。否则的话，可能将某些非频繁的序列误认为频繁序列。

使用最大间隔约束的一个副作用是可能违反先验原理。为了解释这一点，考虑图 6.5 中的数据集，由于没有最小间隔或最大间隔约束，$\langle\{2\}\{5\}\rangle$ 和 $\langle\{2\}\{3\}\{5\}\rangle$ 的支持度都是 60%。然而，如果 mingap=0，maxgap=1，则 $\langle\{2\}\{5\}\rangle$ 的支持度下降至 40%，而 $\langle\{2\}\{3\}\{5\}\rangle$ 的支持度仍然是 60%。换句话说，当序列中的事件个数增加时，支持度增加了——这与先验原理相违背。出现这种违背的原因是，事件 2 和事件 5 之间的时间间隔大于 maxgap，因而对象 D 不支持模式 $\langle\{2\}\{5\}\rangle$。使用邻接子序列的概念可以避免这一问题。

定义 6.2 邻接子序列　　如果下列条件之一成立，则称序列 s 是序列 $w=\langle e_1 e_2 \cdots e_k\rangle$ 的邻接子序列（contiguous subsequence）。

1）s 是从 e_1 或 e_k 中删除一个事件后由 w 得到。

2）s 是从至少包含两个事件的任意 $e_i \in w$ 中删除一个事件后由 w 得到。

3）s 是 t 的邻接子序列，而 t 是 w 的邻接子序列。

下面的例子解释了邻接子序列概念：

数据序列 s	序列模式 t	t 是否是 s 的邻接子序列
$\langle\{1\}\{2,3\}\rangle$	$\langle\{1\}\{2\}\rangle$	是
$\langle\{1,2\}\{2\}\{3\}\rangle$	$\langle\{1\}\{2\}\rangle$	是
$\langle\{3,4\}\{1,2\}\{2,3\}\{4\}\rangle$	$\langle\{1\}\{2\}\rangle$	是
$\langle\{1\}\{3\}\{2\}\rangle$	$\langle\{1\}\{2\}\rangle$	否
$\langle\{1,2\}\{1\}\{3\}\{2\}\rangle$	$\langle\{1\}\{2\}\rangle$	否

使用邻接子序列概念，可以用如下方法改进先验原理，来处理最大间隔约束。

定义 6.3 修订的先验原理　　如果一个 k-序列是频繁的，则它的所有邻接 $(k-1)$-子序列也一定是频繁的。

只需少量改动，就可以将修订的先验原理用于序列模式发现算法。在候选剪枝阶段，并非所有的 k-序列都需要检查，因为它们之中的一些可能违反最大间隔约束。例如，如果 maxgap=1，则不必检查候选 $\langle\{1\}\{2,3\}\{4\}\{5\}\rangle$ 的子序列 $\langle\{1\}\{2,3\}\{5\}\rangle$ 是否是频繁的，因为元素 $\{2,3\}$ 和 $\{5\}$ 之间的时间差大于一个时间单位。我们只需要考察 $\langle\{1\}\{2,3\}\{4\}\{5\}\rangle$ 的邻接子序列，包括⟨{1}{2，3}{4}⟩，⟨{2，3}{4}{5}⟩，⟨{1}{2}{4}{5}⟩和⟨{1}{3}{4}{5}⟩。

3. 窗口大小约束

最后，元素 s_j 中的事件不必同时出现。可以定义一个**窗口大小**（window size）阈值（ws）来指定序列模式的任意元素中事件最晚和最早出现之间的最大允许时间差。窗口大小为 0 表明模式的同一元素中的所有事件必须同时出现。

下面的例子使用 $w_s = 2$ 确定数据序列是否支持给定的序列（假定 mingap=0，maxgap=3，maxspan=∞）。

476

数据序列 s	序列模式 t	s 是否支持 t
⟨{1，3}{3，4}{4}{5}{6，7}{8}⟩	⟨{3，4}{5}⟩	是
⟨{1，3}{3，4}{4}{5}{6，7}{8}⟩	⟨{4，6}{8}⟩	是
⟨{1，3}{3，4}{4}{5}{6，7}{8}⟩	⟨{3，4，6}{8}⟩	否
⟨{1，3}{3，4}{4}{5}{6，7}{8}⟩	⟨{1，3，4}{6，7，8}⟩	否

在上一个例子中，尽管模式⟨{1，3，4}{6，7，8}⟩满足窗口大小约束，但是因为两个元素中事件的最大时间差是 5 个时间单位，因此它违反最大间隔约束。窗口大小约束也影响序列模式发现算法的支持度计数。如果直接使用算法 6.1 而不指定窗口大小约束，则可能会低估某些候选模式的支持度计数，从而可能丢掉某些有趣的模式。

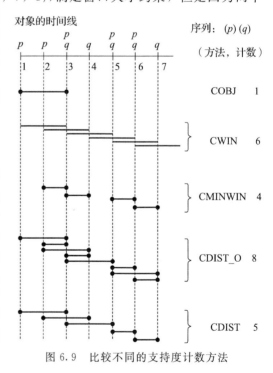

图 6.9　比较不同的支持度计数方法

*6.4.4　可选计数方案

给定数据序列，有很多方法去定义一个序列。比如，如果数据集包括事件的长序列，挖掘在同一个数据序列中多次出现的子序列是一项有趣的工作。因此，我们可以考虑子序列在数据序列中出现的次数，而不是将它所包含的数据序列的数量当作子序列的支持计数来计算。这个观点产生了几种不同的公式来计算来自序列数据集中候选 k-序列的支持计数。为了解释目的，考虑序列⟨{p}{q}⟩的支持度计数问题，如图 6.9 所示。假定 ws=0，mingap=0，maxgap=2，maxspan=2。

- COBJ：每个对象出现一次。
  该方法在对象时间线中查找给定序列的至少一次出现。在图 6.9 中，尽管序列⟨{p}{q}⟩在对象的时间线中出现多次，但是只对它计数一次，p 出现在 $t=1$ 处，而 q 出现在 $t=3$ 处。

- CWIN：每个滑动窗口出现一次。
  在该方法中，将一个固定长度（maxspan）的滑动时间窗口移过对象的时间线，一次移动一个时间单位。在滑动窗口中每观察到序列一次，支持度计数就增加一次。在图 6.9 中，使用该方法，序列⟨{p}{q}⟩被观察到 6 次。

- CMINWIN：最小出现窗口数。

  最小出现窗口是给定时限约束下的序列出现的最小窗口。换言之，最小出现窗口是可以使得序列在该时间间隔中出现，但不在其任何真子间隔中出现的时间间隔。该定义可以视为 CWIN 的限制版本，因为其效果是收缩或折叠被 CWIN 计数的某一些窗口。例如，序列 $\langle (p)(q) \rangle$ 有 4 个最小出现窗口：(1) 对 $(p:t=2, q:t=3)$，(2) 对 $(p:t=3, q:t=4)$，(3) 对 $(p:t=5, q:t=6)$，(4) 对 $(p:t=6, q:t=7)$。发生在 $t=1$ 的事件 p 和发生在 $t=3$ 的事件 q 不是最小窗口，因为它包含了一个更小的出现窗口 $(p:t=2, q:t=3)$，实际上，这才是最小出现窗口。

- CDIST_O：允许事件-时间戳重叠的不同出现 (distinct occurrence)。

  序列的不同出现定义为事件-时间戳对的集合，使得至少有一个新的事件-时间戳对不同于以前统计过的出现。对这样的不同出现计数就产生了 CDIST_O 方法。如果事件 p 和 q 的出现时间表示为元组 $(t(p), t(q))$，则该方法产生序列 $\langle \{p\}\{q\} \rangle$ 的 8 个不同出现，分别在时间 (1, 3)、(2, 3)、(2, 4)、(3, 4)、(3, 5)、(5, 6)、(5, 7) 和 (6, 7)。

- CDIST：不允许发生事件-时间戳重叠的不同事件。

  在上面的 CDIST_O 中，允许序列的两次出现具有重叠的事件-时间戳对，如 (1, 3) 和 (2, 3)。CDIST 方法不允许重叠。当一个事件-时间戳对在计数时用过之后，将它标记为已使用，并且在对相同的序列的子序列计数时不再使用。例如，在图 6.9 中，序列 $\langle \{p\}\{q\} \rangle$ 的不同的、不重叠的出现有 5 次。这些出现的发生时间分别为 (1, 3)、(2, 4)、(3, 5)、(5, 6) 和 (6, 7)。可以看出，这些出现是 CDIST_O 观察到的出现的子集。

关于计数方法最后要说的是，需要确定计算支持度度量的基线。对于频繁项集挖掘，基线由事务总数决定。对于序列模式挖掘，基线依赖于计数方法。对于 COBJ 方法，可以用输入数据中对象的总数作为基线。对于 CWIN 和 CMINWIN 方法，基线由所有对象中可能的时间窗口数之和给定。对于诸如 CDIST 和 CDIST_O 方法，基线由每个对象的输入数据中出现的不同时间戳个数之和确定。

6.5　子图模式

本节讲述了将关联分析方法用于图的方法，图有着比项集和序列更加复杂的实体。如表 6.8 所示，很多实体可以用图形表示建模，比如化学化合物、3-D 蛋白质结构、计算机网络和树结构的 XML 文档。

表 6.8　不同应用领域的实体图形表示

应用	图	顶点	边
Web 挖掘	互连的 Web 网页集合	Web 页面	页面间的超链接
计算化学	化学化合物	原子或离子	原子或离子之间的键
计算机安全	计算机网络	计算机与服务器	机器之间的互联
语义网络	XML 文档	XML 元素	元素之间的父-子关系
生物信息学	3D 蛋白质结构	氨基酸	接触残基

一种在这种类型的数据上进行数据挖掘的有用的任务是，在图的集合中发现一组频繁出现的子结构。这样的任务称作**频繁子图挖掘**（frequent subgraph mining）。频繁子图

479 挖掘的潜在应用可以在计算化学领域看到。每年，为了研制药物、农药、化肥等，都要构造新的化合物。尽管我们知道化合物的化学性质主要取决于其结构，但是建立它们之间的确切联系却很困难。通过识别与已知化合物的特定性质相关联的常见子结构，频繁子图挖掘可以为这项工作提供支持。这样的信息可以帮助科学家构造具有特定性质的新化学化合物。

本节提供一些方法，将关联分析用于基于图的数据。首先，我们回顾一些与图有关的基本概念和定义；然后引入频繁子图挖掘问题：接下来介绍如何扩展传统的算法（比如Apriori）来挖掘这些模式。

6.5.1 预备知识

1. 图

图是一种可以用来表示实体集之间联系的数据结构。从数学上讲，图 $G=(V，E)$ 由顶点集 V 和连接顶点对的边集 E 构成。每条边用顶点对 $(v_i，v_j)$ 表示，$v_i，v_j \in V$。其中可以给每个顶点 v_i 赋予一个标签 $l(v_i)$ 来表述实体的名字。同理，每条边 $(v_i，v_j)$ 也可以关联到一个标签 $l(v_i，v_j)$ 来描述实体对之间的联系。表 6.8 显示了与不同类型的图相关联的顶点和边。例如，在一个 Web 图中，顶点对应于 Web 页面，而边表示 Web 页面之间的超链接。

480 尽管图的大小一般使用它的顶点数或者边数来表示，但在这一章中，我们用图的边数来表示其大小。另外，我们将有 k 条边的图称为 k-图。

2. 图同构

使用图的一个基础是判断具有相同顶点数和边数的两个图是否彼此相等，比如，在实体间代表相同的组织关系。图同构提供了等价图的正式定义来作为计算图之间相似度的基本方法。

定义 6.4 图同构　若存在函数 $f_v:V_1 \rightarrow V_2$，$f_e:E_1 \rightarrow E_2$，使得每个顶点和边都可以从 G_1 映射到 G_2 且满足以下性质，则说两个图 $G_1=(V_1，E_1)$ 和 $G_2=(V_2，E_2)$ 和对方同构（表示为 $G_1 \simeq G_2$）：

1）边保留性质：当且仅当 G_2 中的两顶点 $f_v(v_a)$ 和 $f_v(v_b)$ 可以组成一条边时，G_1 中的两顶点 v_a 和 v_b 可以组成一条边。

2）标签保留性质：当且仅当 G_2 中的两顶点 $f_v(v_a)$ 和 $f_v(v_b)$ 等价时，G_1 中的两顶点 v_a 和 v_b 等价。同理，当且仅当 G_2 中的两条边 $f_e(v_a，v_a)$ 和 $f_e(v_c，v_d)$ 等价时，G_1 中的两条边 $(v_a，v_a)$ 和 $(v_c，v_d)$ 等价。

映射函数 $(f_v，f_e)$ 构成了两个图 G_1 和 G_2 的同构，可以表示为 $(f_v，f_e):G_1 \rightarrow G_2$。481 自同构是一种图映射到自身的特殊的同构，比如 $V_1=V_2$，$E_1=E_2$。图 6.10 展示了一个图自同构的例子，两个图中的顶点标签都是 $\{A，B\}$。尽管两个图看起来不同，但是它们确实和彼此同构，因为在两个图的顶点和边之间，有着一对一的映射。由于同一个图可以以多种形式表述，检测图自同构这个问题并不简单。解决这个问题的一个普遍做法是给每个图分配一个规范化

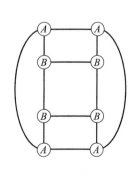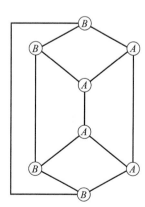

图 6.10　图同构

标签，使图的每个自同构都共享相同的规范标签。规范标签可以按特定（规范）顺序管理图，并检查重复项。本章未涉及构建规范标签所需要的技术，但本章最后注释了相关书目，供感兴趣的读者参阅了解更多细节。

3. 子图

定义 6.5 子图　图 $G'=(V', E')$ 是另一个图 $G=(V, E)$ 的子图，如果它的顶点集 V' 是 V 的子集，并且它的边集 E' 是 E 的子集，使得 E' 中所有的边的端点都包含在 V' 中。子图关系记作 $G' \subseteq_s G$。

例 6.2　图 6.11 显示了一个包含了 6 个顶点和 11 条边的图，以及它的一个可能的子图。该子图显示在图 6.11b 中，只包含了原图 6 个顶点中的 4 个，11 条边中的 4 条。◄

定义 6.6 支持度　给定图的集族 $\mathcal{G}$，子图 g 的支持度定义为包含它的所有图所占的百分比，即

$$s(g) = \frac{|\langle G_i \mid g \subseteq_s G_i, G_i \in \mathcal{G} \rangle|}{|\mathcal{G}|} \quad (6.2)$$

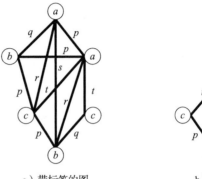
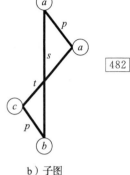

a）带标签的图　　　　b）子图

图 6.11　子图举例

例 6.3　考虑 5 个图 $G_1 \sim G_5$，如图 6.12 所示，图中顶点标签的范围为 $a \sim e$，但所有的边都有同样的标签。如右上角的图 g_1 是 G_1、G_3、G_4、G_5 的子图，因此 $s(g_1) = \dfrac{4}{5} = 80\%$。同样，我们有 $s(g_1) = 60\%$，因为 g_2 是 G_1、G_2 和 G_3 的子图；而 $s(g_3) = 40\%$，因为 g_2 是 G_1 和 G_3 的子图。◄

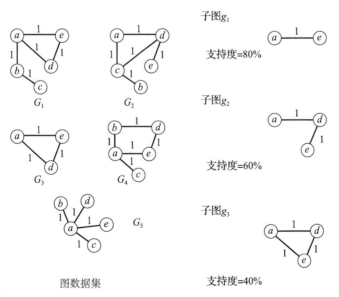

图 6.12　从图集中计算子图支持度

6.5.2　频繁子图挖掘

本节给出频繁子图挖掘问题的定义，并解释该任务的复杂性。

定义 6.7 频繁子图挖掘   给定图的集合 $\mathcal{G}$ 和支持度阈值 minsup，频繁子图挖掘的目标是找到所有满足 $s(g) \geqslant$ minsup 的子图 g。

尽管该定义适用于所有类型的图，但本章的讨论聚焦于**无向连通图**。这种图的定义如下：

1）如果一个图只包含无向边，那么它是无向图。边 (v_i, v_j) 若是无向的，那么它和边 (v_j, v_i) 是没有区别的。

2）如果在一个图中，每对顶点之间都存在一条路径，那么该图是连通的。其中，路径是顶点的序列 $\langle v_1, v_2, \cdots, v_k \rangle$，使得序列中每对相邻的顶点 (v_i, v_{i+1}) 之间都有一条边。

处理其他类型（有向的或不连通的）子图的方法作为习题（见本章习题 15）留给读者。

频繁子图挖掘是一项计算量很大的任务，它比频繁项集挖掘或者频繁子序列挖掘更具有挑战性。子图挖掘额外的复杂性在于两个主要原因。第一，计算给定图 $\mathcal{G}$ 的子图 g 的支持度不像项集或序列那样直接。由于图的自同构，同样的图 g 可以在 g' 中被表示为多种形式，这导致了检查子图 g 是否包含在 $g' \in \mathcal{G}$ 中是一个非平凡问题。验证图是否是另一个图的子图的问题称为子图同构问题，该问题被证明是 NP-完全的，即该问题没有已知的可在多项式时间内运行的算法。

其次，从一组给定的顶点和边的标签生成的候选子图的数量远多于使用传统购物篮数据集生成的候选项集的数量，主要原因如下：

1）项的集合形成唯一的项集，但是同一组边标签的集合可以以指数形式排列在图中，同时在其端点上有多个顶点标签可以选择。比如，项 p、q 和 r 组成唯一项集 $\{p, q, r\}$，但是三条标记为 p、q 和 r 的边能组成不同的图，图 6.13 显示了其中一些例子。

2）一个项在一个项集中至多出现一次，但是一个边标签可以在图中出现多次，有着相同边标签的边的在不同位置时代表不同的图。比如，项 p 只能生成一个候选项集，也就是它本身。然而，如图 6.14 所示，用一个边标签 p 和顶点标签 a，可以生成很多不同大小的图。

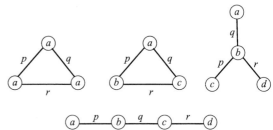

图 6.13   使用 p、q、r 3 个边标签生成的图举例

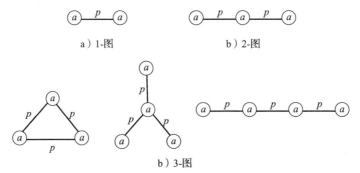

a）1-图   b）2-图

b）3-图

图 6.14   使用边标签 p 和顶点标签 a 生成的大小为 1~3 的图举例

由于上述原因，枚举使用给定顶点集和边集可能生成的子图具有挑战性。图 6.15 显示了一些可以通过给定顶点集 $\{a, b\}$ 和边集 $\{p, q\}$ 生成的 1-图、2-图和 3-图。可以看出，

即使使用两个顶点和边标签，枚举出所有可能的图也很困难。因此，使用枚举所有可能的子图并计算各自支持度的暴力方法进行频繁子图挖掘是非常不切实际的。

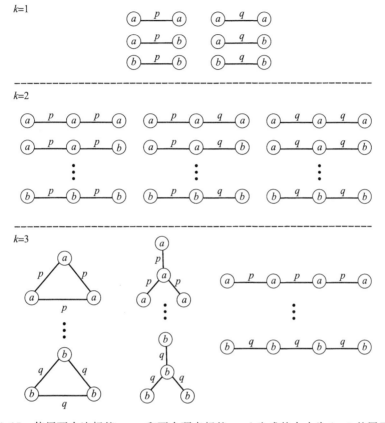

图 6.15　使用两个边标签 p、q 和两个顶点标签 a、b 生成的大小为 1～3 的图示例

　　但是值得注意的是，先验原理对子图仍然适用，因为当且仅当 $(k-1)$-子图是频繁的时，k-图才会是频繁的。因此，尽管在枚举所有可能的候选子图时遇到了计算挑战，我们还是可以通过先验原理使用频繁 $(k-1)$-子图生成候选 k-子图。算法 6.2 给出了一种用于频繁子图挖掘的类 Apriori 方法。在下文中，我们简要描述该算法的 3 个主要步骤：候选生成、候选剪枝和支持度计数。

485
～
486

算法 6.2　类 Apriori 的频繁子图挖掘算法

1：$F_1 \leftarrow$ 在 $\mathcal{G}$ 中找到所有频繁 1-子图
2：$F_2 \leftarrow$ 在 $\mathcal{G}$ 中找到所有频繁 2-子图
3：$k=2$
4：重复
5：　　$k=k+1$
6：　　$C_k=$ candidate-gen(F_{k-1})　〔生成候选 k-子图〕
7：　　$C_k=$ candidate-prune(C_k, F_{k-1})　〔执行候选剪枝〕
8：　　**for** each graph $g \in \mathcal{G}$ **do**
9：　　　　$C_t=$ subgraph(C_k, g)　〔在 t 中找到所有候选〕
10：　　　　**for** 每一个候选 k-子图 $c \in C_t$ **do**
11：　　　　　　$\sigma(c)=\sigma(c)+1$　〔增加支持度计数〕
12：　　　　**end for**

13： **end for**

14： $F_k = \left\{ c \mid c \in C_k \wedge \dfrac{\alpha(c)}{N} \geqslant minsup \right\}$ 〈提取频繁 k-子图〉

15： **until** $F_k = \varnothing$

16： Answer $= \bigcup F_k$

6.5.3 候选生成

在候选生成阶段，将一对频繁 $(k-1)$-子图合并成一个候选 k-子图，若它们共享一个共同的 $(k-2)$-子图，则称该 $(k-2)$-子图为**核**（core）。给定一个共同的核，子图合并过程可以描述如下。

子图合并过程

假定 $G_i^{(k-1)}$ 和 $G_j^{(k-1)}$ 是两个频繁 $(k-1)$-子图，假定 $G_i^{(k-1)}$ 包含核 $G_i^{(k-2)}$ 和一条额外的边 (u, u')，u 是核的一部分。如图 6.16a 所示，核由一个正方形以及 u 和 u' 之间额外的边来表示。同理，如图 6.16b 所示，$G_j^{(k-1)}$ 包含核 $G_j^{(k-2)}$ 和一条额外的边 (v, v')。

使用这些核，只有在两个核之间存在自同构的情况下，两个图才可以合并：$(f_v, f_e): G_i^{(k-2)} \rightarrow G_j^{(k-2)}$。通过如下过程向 $G_j^{(k-1)}$ 增加边来获得候选：

1）如图 6.17a 所示，如果 $f_v(u) = v$，即在核自同构中，u 被映射到了 v，则将边 (v, u') 增加到 $G_j^{(k-1)}$ 中。

2）如果 $f_v(u) = w \neq v$，即 u 不是映射到 v，而是映射到不同的顶点 w，则将边 (w, u') 增加到 $G_j^{(k-1)}$ 中。另外，如图 6.17b 所示，如果 u' 和 v' 的标签相同，则将边 (w, v') 增加到 $G_j^{(k-1)}$ 中。

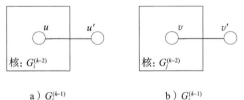

a）$G_i^{(k-1)}$　　　　b）$G_j^{(k-1)}$

图 6.16　考虑用于合并的一对频繁 $(k-1)$ 子图的紧凑表示

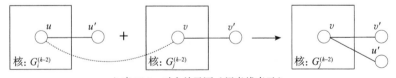

a）当 $f_v(u) = v$ 时合并子图（用虚线表示）

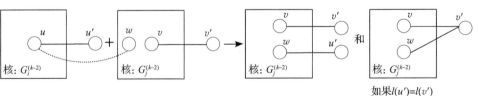

b）当 $f_v(u) = w \neq v$ 时合并子图（用虚线表示）

图 6.17　候选合并过程说明

图 6.18a 显示了通过合并 G_1 和 G_2 生成的候选子图。阴影顶点和加粗的线分别代表两个图的核的顶点和边，而虚线代表两个核之间的映射。请注意，因为这两个图中额外边的端点是相互映射的，所以这是子图合并过程的条件 1 的例子。最后的结果是单个候选子图 G_3。另一方面，图 6.18b 是子图合并过程的条件 2 的例子，其中额外边的端点不相互映射并且新端点的标签相同。如图 6.18b 所示，合并图 G_4 和 G_5 可以生成两个子图 G_6 和 G_7。

487
～
488

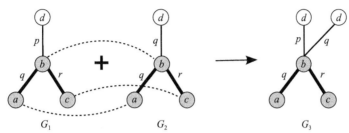

a）当额外边的端点没有相互映射时，合并图 G_1 和 G_2，新端点的标签是相同的

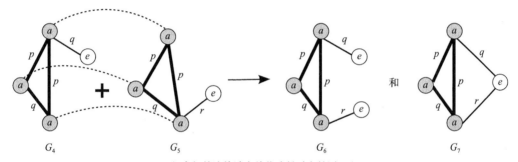

b）当额外边的端点彼此映射时合并图 G_4 和 G_5

图 6.18　使用一对 $(k-1)$-子图生成候选 k-子图的两个例子

上面介绍的合并两个频繁 $(k-1)$-子图的方法类似于第 5 章介绍的项集的 $F_{k-1} \times F_{k-1}$ 候选生成策略，并且保证了可以枚举出所有的频繁 k-子图作为可行的候选（见本章习题 18）。事实上，在项集的候选生成和子图的候选生成过程中有着几个显著差异。

1）**自我合并**：和项集不同，频繁 $(k-1)$-子图可以和自身合并来创建候选 k-子图。当 k-图包含 $(k-1)$-子图中包含的重复单位边时，这一点尤为重要。比如如果允许自我合并，那么图 6.14 中的 3-图只能通过图 6.14 中的 2-图来生成。

489

2）**多个候选**：如子图合并过程所述，一对有着相同核的频繁 $(k-1)$ 子图可以生成多个候选。例如，如果额外边的顶点的标签是相同的，即 $l(u') = l(v')$，如图 6.18b 所示，可以生成两个候选。另一方面，合并一堆频繁项集或子序列可以生成唯一的候选项集或子序列。

3）**多核**：两个频繁 $(k-1)$-子图可以共享多个在这两个图中都很常见的大小为 $k-2$ 的核。图 6.19 显示了一对共享两个共同核的图。由于共同核的每一种选择会导致不同的合并方法，这对通过合并同一对子图生成候选的多样性很有帮助。

4）**多重自同构**：两个图的共同核可以通过多种映射函数映射到对方，每种映射函数都会导致不同的自同构。为了解释这一点，图 6.20 用正方形表示一对拥有共同 4-核的图。第一个核可以以 3 种不同的形式（旋转的视图）存在，每个都会导致两核之间不同的映射。如图 6.20 所示，由于映射函数的选择会影响候选生成的过程，所以每个核的自同构都可能导致不同的候选集。

490

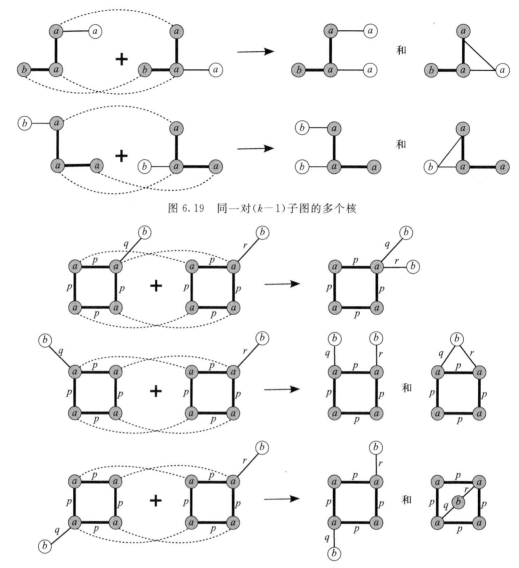

图 6.19 同一对($k-1$)子图的多个核

图 6.20 映射两个($k-1$)-子图的核的多种方式举例

5）**生成重复候选**：在生成候选项集时，使用按字典排序来避免重复候选的生成，两个频繁 k-项集只有当其前 $k-1$ 个项通过字典排序完全相同时，才会合并。不幸的是，在讨论子图时，图的顶点或边不存在字典顺序的概念。因此，合并两对不同的（$k-1$)-子图可能会生成相同的候选 k-子图。图 6.21 显示了可以通过两种不同的方式，即使用两对不同的频繁 3-子图，来生成同一个候选 4-子图的例子。因此，有必要在剪枝候选期间

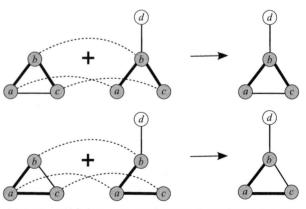

图 6.21 不同对($k-1$)-子图可以生成相同的候选 k-子图，因此会造成冗余候选

检查重复项并消除冗余图。

算法 6.3 给出了使用一组频繁 $(k-1)$-子图 F_{k-1} 来生成一组候选 k-子图 C_k 的完整过程。考虑合并 F_{k-1} 中的每一对子图，包括包含两个相同子图的子图对（以此保证自我合并）。对于每一对 $(k-1)$-子图，我们考虑了所有可能的 $(k-2)$-连通核，它们可以通过从每个图中删除一条边来构建。如果这两个核是同构的，我们考虑这两个核的顶点和边之间所有可能的映射。对于每一个这样的映射，我们使用子图合并过程来生成候选 k-子图，之后被添加到 C_k。

491

算法 6.3　候选生成过程：candidate-gen(F_{k-1})

1：$C_k = \varnothing$
2：**for** 每对 $G_i^{(k-1)} \in F_{k-1}$ 和 $G_j^{(k-1)} \in F_{k-1}$，$i \leqslant j$ **do**
3：　｛考虑所有用于合并的频繁 $(k-1)$-子图对｝
4：　**for** 每对 $e_i \in G_i^{(k-1)}$ 和 $e_j \in G_j^{(k-1)}$ **do**
5：　　｛在频繁 $(k-1)$-子图对之间找到所有的共同核｝
6：　　$G_i^{(k-2)} = G_i^{(k-1)} \setminus e_i$．　｛从 $G_i^{(k-1)}$ 中移除边｝
7：　　$G_j^{(k-2)} = G_j^{(k-1)} \setminus e_j$．　｛从 $G_j^{(k-1)}$ 中移除边｝
8：　　**if** $G_i^{(k-2)} \simeq G_j^{(k-2)}$ AND $G_i^{(k-2)}$ 和 $G_j^{(k-2)}$ 连通图 **then**
9：　　　｛$G_i^{(k-2)}$ 和 $G_j^{(k-2)}$ 分别是 $G_i^{(k-1)}$ 和 $G_j^{(k-1)}$ 的共同核｝
10：　　　**for** 每个 (f_v, f_e)：$G_i^{(k-2)} \rightarrow G_j^{(k-2)}$ **do**
11：　　　　｛在核之间给每一个自同构都生成候选｝
12：　　　　$C_k = C_k \bigcup$ 子图合并($G_i^{(k-2)}$，$G_j^{(k-2)}$，f_v，f_e，e_i，e_j)
13：　　　**end for**
14：　　**end if**
15：　**end for**
16：**end for**
17：Answer $= C_k$

492

6.5.4　候选剪枝

在产生候选 k-子图后，需要剪去 $(k-1)$-子图非频繁的候选。候选剪枝可以通过如下步骤实现：识别所有可以由从 k-子图删除一条边构建的 $(k-1)$-子图，并检查它们是否被识别为频繁。如果其中有任何一个 $(k-1)$-子图是不频繁的，那么候选 k-子图可以丢弃。此外，重复的候选需要被检测出来并进行移除。如果两个图是同构的，那它们的代码是相同的，因此可以通过比较候选图的规范标签来完成检测并移除重复候选。通过比较其规范标签和 F_{k-1} 的每一个频繁 $(k-1)$-子图的规范标签是否相同，可以检查候选 k-子图中的 $(k-1)$-子图是不是频繁的。

6.5.5　支持度计数

支持度计数也可能是开销很大的操作，因为对于每个 $G \in \mathcal{G}$，必须确定包含在 G 中的所有候选子图。加快该操作的一种方法是，维护一个与每个频繁 $(k-1)$-子图都相关联的图 ID 表。如果新的候选 k-子图通过合并一对频繁 $(k-1)$-子图生成，就对它们的对应图 ID 表求交集。最后，子图的同构检查就在表中的图上进行，以此确定它们是否包含特定的子图。

*6.6　非频繁模式

迄今为止，关联分析都基于这样的前提：项在事务中出现比不出现更重要。因此，数据库中很少出现的模式被认为是无趣的，并使用支持度度量将其删除。这种模式称为非频繁模式。

定义 6.8 非频繁模式   非频繁模式是一个项集或规则，其支持度小于阈值 minsup。

尽管绝大部分非频繁模式都是人们不感兴趣的，但是其中的一些可能对于分析是有用的，特别是涉及数据中的负相关时。例如，DVD 和 VCR 一起销售的情况很少，因为购买 DVD 的顾客多半不会购买 VCR，反之亦然。这种负相关模式有助于识别**竞争项**(competing item)，即可以相互替代的项。竞争项的例子包括茶与咖啡、黄油与人造黄油、普通碳酸饮料与节食碳酸饮料以及台式计算机与便携式计算机。

某些非频繁模式也可能暗示数据中出现了某些有趣的罕见事件或例外情况。例如，如果{火灾＝是}是频繁的，但{火灾＝是，警报＝打开}是非频繁的，则后者是有趣的非频繁模式，因为它可能指出警报系统的故障。为了检测这种不寻常情况，必须确定模式的期望支持度，以便当模式的支持度明显低于期望支持度时，可以声明它是一个有趣的非频繁模式。

挖掘非频繁模式是一个挑战，因为可以从给定的数据集导出大量这种模式。具体地说，挖掘非频繁模式的关键问题是：(1)如何识别有趣的非频繁模式，(2)如何在大型数据集中有效地发现它们。为了获得对各种类型的有趣的非频繁模式的不同看法，6.6.1 节和 6.6.2 节分别介绍两个相关的概念——负模式和负相关模式。这些模式之间的关系在 6.6.3 节阐述。最后，6.6.5 节和 6.6.6 节介绍了两类用来挖掘有趣的非频繁模式的技术。

6.6.1   负模式

设 $I=\{i_1, i_2, \cdots, i_d\}$ 是项的集合。**负项** $\overline{i_k}$ 表示项 i_k 在给定的事务中没有出现。例如，如果事务中不包含咖啡，则咖啡是一个值为 1 的负项。

定义 6.9 负项集   负项集 X 具有如下性质：(1)$X=A\bigcup\overline{B}$，其中 A 是正项集，而 $\overline{B}$ 是负项集，$|\overline{B}|\geqslant 1$；(2)$s(X)\geqslant$minsup。

定义 6.10 负关联规则   负关联规则具有如下性质：(1)规则是从负项集提取的，(2)规则的支持度大于或等于 minsup，(3)规则的置信度大于或等于 minconf。

本章中，负项集和负关联规则统称为**负模式**(negative pattern)。一个负关联规则的例子是茶→咖啡，它暗示喝茶的人往往不喝咖啡。

6.6.2   负相关模式

5.7.1 节介绍了如何使用相关分析来分析两个分类变量之间的关系。已经证明，对于发现正相关的项集，诸如兴趣因子(式(5.5))和 ϕ 系数(式(5.8))等度量是有用的。本节将这些讨论扩展到负相关模式。

定义 6.11 负相关项集   项集 $X=\{x_1, x_2, \cdots, x_k\}$ 是负相关的，如果

$$s(X) < \prod_{j=1}^{k} s(x_j) = s(x_1) \times s(x_2) \times \cdots \times s(x_k) \tag{6.3}$$

其中，$s(x_j)$ 是项 x_j 的支持度。

值得注意的是，对项集的支持度是对事务包含项集的可能性的估计。因此，表达式的

右侧 $\prod\limits_{j=1}^{k} s(x_j)$ 给出了 X 中所有项统计独立的概率估计。定义 6.11 表示，如果项集的支持度小于使用统计独立性假设计算出的期望支持度，则说明该项集是负相关的。$s(X)$ 越小，模式负相关性越强。

定义 6.12 负相关关联规则　如果满足下述条件，则关联规则 $X \rightarrow Y$ 是负相关的：

$$s(X \bigcup Y) < s(X)s(Y) \tag{6.4}$$

其中，X 和 Y 是不相交的项集，即 $X \bigcap Y = \varnothing$。

上面的定义只提供了 X 中的项和 Y 中的项之间存在负相关的部分条件。负相关的完全条件可以表述如下：

$$s(X \bigcup Y) < \prod_i s(x_i) \prod_j s(y_j) \tag{6.5}$$

其中，$x_i \in X$，$y_j \in Y$。由于 X 中（Y 中）的项通常是正相关的，因此使用部分条件而不是完全条件来定义负相关关联规则更具有操作性。例如，尽管根据不等式(6.4)，规则 {眼镜，镜头清洁剂} $\rightarrow$ {隐形眼镜，盐溶液} 是负相关的，但是眼镜与镜头清洁剂是正相关的，隐形眼镜与盐溶液是正相关的。如果使用不等式(6.5)，因为这样的规则可能不满足负相关的完全条件，所以不会被发现。

负相关条件也可以用正项集和负项集的支持度表示。设 $\overline{X}$ 和 $\overline{Y}$ 分别表示 X 和 Y 的对应负项集，由于

$$s(X \bigcup Y) - s(X)s(Y)$$
$$= s(X \bigcup Y) - [s(X \bigcup Y) + s(X \bigcup \overline{Y})][s(X \bigcup Y) + s(\overline{X} \bigcup Y)]$$
$$= s(X \bigcup Y)[1 - s(X \bigcup Y) - s(X \bigcup \overline{Y}) - s(\overline{X} \bigcup Y)] - s(X \bigcup \overline{Y})s(\overline{X} \bigcup Y)$$
$$= s(X \bigcup Y)s(\overline{X} \bigcup \overline{Y}) - s(X \bigcup \overline{Y})s(\overline{X} \bigcup Y)$$

负相关条件可以表述如下：

$$s(X \bigcup Y)s(\overline{X} \bigcup \overline{Y}) < s(X \bigcup \overline{Y})s(\overline{X} \bigcup Y) \tag{6.6}$$

本章中，负相关项集和负相关关联规则统称**负相关模式**(negatively correlated patterns)。

6.6.3　非频繁模式、负模式和负相关模式比较

非频繁模式、负模式和负相关模式是 3 个密切相关的概念。尽管非频繁模式和负相关模式只涉及包含正项的项集或规则，而负模式涉及包含正项和负项的项集或规则，但是这 3 个概念之间存在一定的共性，如图 6.22 所示。

首先，许多非频繁模式有对应的负模式。为了解释这种情况，考虑表 6.9 中显示的列联表。如果 $X \bigcup Y$ 是非频繁的，那么它会有对应的负项集，除非 minsup 太高。例如，假定 minsup $\leqslant 0.25$，如果 $X \bigcup Y$ 是非频繁的，则项集 $X \bigcup \overline{Y}$、$\overline{X} \bigcup Y$ 和 $\overline{X} \bigcup \overline{Y}$ 中至少有一个的支持度肯定大于 minsup，因为列联表中的支持度之和为 1。

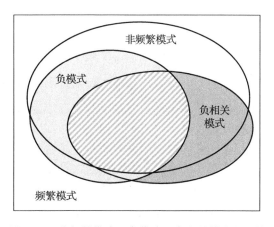

图 6.22　非频繁模式、负模式、负相关模式的比较

其次，许多负相关模式也具有对应的负模式。考虑表 6.9 中显示的列联表和不等式(6.6)所示的负相关条件，如果 X 和 Y 具有很强的负相关性，则

$$s(X \cup \overline{Y}) \times s(\overline{X} \cup Y) \gg s(X \cup Y) \times s(\overline{X} \cup \overline{Y})$$

因此，当 X 和 Y 负相关时，$X \cup \overline{Y}$ 或者 $\overline{X} \cup Y$ 或者二者必然具有相对较高的支持度。这些项集对应于负模式。最后，由于 $X \cup Y$ 支持度越低，该模式负相关性越强，不频繁模式比频繁模式的负相关性更强。

表 6.9   关联规则 $X \rightarrow Y$ 的双向列联表

	X	$\overline{Y}$	
X	$s(X \cup Y)$	$s(X \cup \overline{Y})$	$s(X)$
$\overline{X}$	$s(\overline{X} \cup Y)$	$s(\overline{X} \cup \overline{Y})$	$s(\overline{X})$
	$s(Y)$	$s(\overline{Y})$	1

6.6.4   挖掘有趣的非频繁模式的技术

原则上讲，非频繁项集是没有被标准频繁项集生成算法(比如 Apriori 和 FP 增长)所生成的全体项集。这些项集对应于图 6.23 所示的频繁项集边界之下的那些项集。

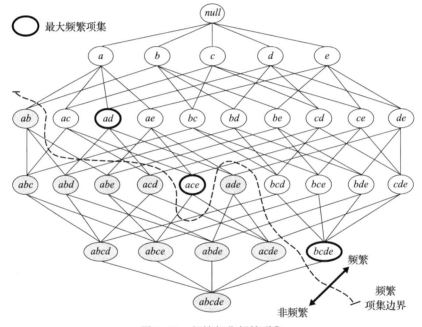

图 6.23   频繁与非频繁项集

由于非频繁模式的数量可能是指数级的(特别是对于稀疏的、高维数据)，因此，为挖掘非频繁模式而开发的技术着力于仅发现有趣的非频繁模式。这类模式的例子包括 6.6.2 节讨论过的负相关模式。这些模式可以通过删除那些不满足负相关条件(见式(6.3))的非频繁项集得到。这种方法的计算量较大，因为必须计算所有非频繁项集的支持度才能确定它们是否是负相关的。与挖掘频繁项集使用的支持度度量不同，挖掘负相关项集使用的基于相关性的度量不具有可以用于指数搜索空间剪枝的反单调性。尽管难以找到有效的解决方案，但正如本章文献注释所述，一些新颖算法已经被开发。

本章余下部分提供两类技术来挖掘有趣的非频繁模式。6.6.5 节介绍挖掘数据中负模式的方法，而 6.6.6 节介绍基于支持度期望发现有趣的非频繁模式的方法。

6.6.5   基于挖掘负模式的技术

为挖掘非频繁模式开发的第一类技术将每个项看作对称的二元变量。使用 6.1 节介绍

的方法，通过用负项增广，将事务数据二元化。图 6.24 显示了一个例子，将原始数据变换成具有正项和负项的事务。对增广的事务使用已有的频繁项集生成算法（如 Apriori），可以推导出所有的负项集。

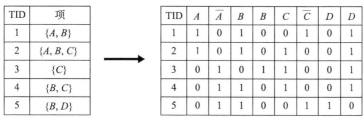

图 6.24 用负项增广数据集

仅当只有少量变量被视为对称的二元变量时（即负模式仅涉及少量负项），该方法才是可行的。如果每个项都必须视为对称的二元变量，基于如下原因，该问题就变得难以计算：

1）当每个项都用对应的负项增广时，项的个数将会加倍。待探测的项集格比 2^d 大得多（d 是原数据集中项的个数），见本章习题 22。

2）当增加负项后，基于支持度的剪枝将不再有效。对于每个变量 x，x 和 $\bar{x}$ 的支持度都大于等于 50%。因此，即使支持度阈值达到 50%，仍然有一半的项是频繁的。对于较低的阈值，更多的项和包含它们的可能项集都是频繁的。Apriori 算法使用的基于支持度的剪枝策略仅当大部分项集的支持度较低时才有效。否则的话，频繁项集的数量呈指数增长。

3）当增加负项后，每个事务的宽度增加。假定原数据集中有 d 个项。对于像购物篮事务那样的稀疏数据集，每个事务的宽度趋向于远小于 d。这样，频繁项集的最大长度受限于事务的最大宽度 $w_{\max}$，也趋向于相对较小。当包含负项时，事务的宽度增加到 d，因为一个项要么在事务中，要么不在，而不会既在又不在。由于事务的宽度从 $w_{\max}$ 增加到 d，这将使频繁项集的数量指数增加，导致许多已有的算法都不可以用于扩展数据集。

前面的暴力方法计算代价较高，因为它迫使我们确定大量正模式和负模式的支持度。另一种方法不是用负项增广数据集，而是根据对应的正项集计算负项集的支持度。例如，$\{p, \bar{q}, \bar{r}\}$ 的支持度可以用如下方法计算：

$$s(\{p, \bar{q}, \bar{r}\}) = s(\{p\}) - s(\{p,q\}) - s(\{p,r\}) + s(\{p,q,r\})$$

一般来说，任何项集 $X \cup \overline{Y}$ 的支持度都可以通过如下公式获取：

$$s(X \cup \overline{Y}) = s(X) + \sum_{i=1}^{n} \sum_{Z \subset Y, |Z|=i} \{(-1)^i \times s(X \cup Z)\} \qquad (6.7)$$

为了使用式（6.7），必须对 Y 的每个子集 Z 确定 $s(X \cup Z)$。如果 X 和 Z 的组合的支持度超过最小支持度阈值 minsup，则其支持度可以使用 Apriori 算法得到，其他组合的支持度必须明确计算。例如，通过扫描整个事务数据集计算。另一种可能的方法是忽略非频繁项集 $X \cup Z$ 的支持度，或用最小支持度阈值近似计算。

可以用若干优化策略来进一步提高挖掘算法的性能。首先，可以限制被视为对称二元变量的变量数。具体地说，仅当 y 是频繁项时才认为负项 $\bar{y}$ 是有趣的。该策略的原理是，稀有项易于产生大量的非频繁模式，并且其中许多都不是令人感兴趣的。将式（6.7）中的集合 $\overline{Y}$ 限制为其正项为频繁的变量，挖掘算法考虑的候选负项集的个数会大幅度减少。另一种策略是限制负模式的类型。例如，算法考虑负模式 $X \cup \overline{Y}$，如果它包含多个正项，即

499

500

$|X| \geqslant 1$。该策略的原理是，如果数据集包含少量支持度大于 50% 的正项，则大部分形如 $\overline{X} \cup \overline{Y}$ 的负模式都将是频繁的，这样就会降低挖掘算法的性能。

6.6.6　基于支持度期望的技术

另一类技术仅当非频繁模式的支持度显著小于期望支持度时，才认为它是有趣的。对于负相关模式，期望支持度是基于统计独立性假设计算的。本节介绍两种计算期望支持度的方法：概念分层和基于近邻的方法，后者也称为**间接关联**（indirect association）。

1. 基于概念分层的支持度期望

仅用客观度量还不足以删除不感兴趣的非频繁模式。例如，假设面包和台式计算机是频繁项。即使项集{面包，台式计算机}是非频繁的，并且可能是负相关，它也不是有趣的，因为对于领域专家，它们的支持度低是显而易见的。因此，需要确定期望支持度的主观方法，避免产生这种非频繁模式。

在上面的例子中，面包和台式计算机属于两个完全不同的产品类，因此它们的支持度低毫不奇怪。这个例子也解释了使用领域知识剪枝不感兴趣的项的优点。对于购物篮数据，领域知识可以从诸如图 6.25 所显示的概念分层中推断。该方法的基本假设是，在我们的预期中来自同一类产品的项与其他项具有类似的相互作用。例如，由于火腿和熏肉属于相同的产品族，我们预期火腿和薄片食物之间的关联与熏肉和薄片食物之间的关联类似。如果任何一对项的支持度小于其期望支持度，则非频繁模式是有趣的。

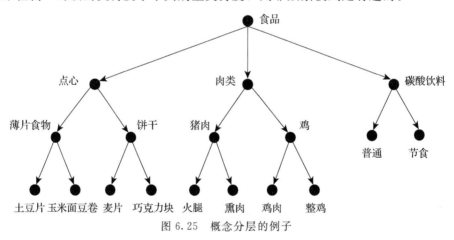

图 6.25　概念分层的例子

图 6.26 解释了如何计算期望支持度。假设项集{C，G}是频繁的，用 $s(\cdot)$ 表示模式的实际支持度，用 $\varepsilon(\cdot)$ 表示期望支持度。C 和 G 的孩子或兄弟项集的期望支持度可以用如下公式计算：

$$\varepsilon(s(E, J)) = s(C, G) \times \frac{s(E)}{s(C)} \times \frac{s(J)}{s(G)} \tag{6.8}$$

$$\varepsilon(s(C, J)) = s(C, G) \times \frac{s(J)}{s(G)} \tag{6.9}$$

$$\varepsilon(s(C, H)) = s(C, G) \times \frac{s(H)}{s(G)} \tag{6.10}$$

例如，碳酸饮料和点心是频繁的，则节食碳酸饮料和薄片食物的期望支持度可

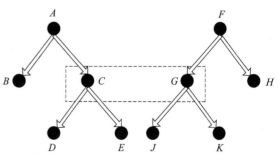

图 6.26　使用概念分层挖掘有趣的非频繁模式

以使用式(6.8)计算，因为这两个项分别是碳酸饮料和点心的孩子。如果节食碳酸饮料和薄片食物的实际支持度明显低于它们的期望支持度，则节食碳酸饮料和薄片食物形成一个有趣的非频繁模式。

2. 基于间接关联的期望支持度

考虑商品对(a, b)，它们很少被顾客同时购买。如果a和b是不相关的商品，如面包和DVD播放机，则它们的期望支持度较低；如果a和b是相关的商品，则它们的期望支持度较高。前面使用概念分层计算期望支持度。本节提供一种通过观察与这两个商品经常一起购买的其他商品来确定两个商品之间的期望支持度的方法。

例如，假定购买睡袋的顾客更有可能购买其他野营设备，而买台式计算机的顾客也更有可能购买其他计算机配件，如光电鼠标或打印机。假定没有其他商品经常和睡袋以及台式计算机一起购买，那么这些不相关的商品的期望支持度会比较低。另一方面，假定节食和普通碳酸饮料都经常与薄片食物和点心一起购买。即使不使用概念分层，也可以看出这两种商品是相关的，并且它们的支持度应当较高。因为它们的实际支持度低，节食和普通碳酸饮料形成了一个有趣的非频繁模式。这样的模式称为**间接关联**模式。

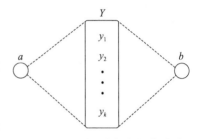

图6.27解释了间接关联。项a和项b分别对应于节食碳酸饮料和普通碳酸饮料，而Y称为中介集(mediator set)，包含薄片食物和点心之类的商品。下面给出了间接关联的正式定义。

图 6.27　一对项之间的间接关联

定义 6.13 间接关联　如果下列条件成立，则a、b这一对项是通过中介集Y间接关联的：

1) $s(\{a, b\}) < t_s$(项对支持度条件)；
2) $\exists Y \neq \varnothing$ 使得：
   a) $s(\{a\} \cup Y) \geq t_f$ 并且 $s(\{b\} \cup Y) \geq t_f$(中介支持度条件)；
   b) $d(\{a\}, Y) \geq t_d$ 并且 $d(\{b\}, Y) \geq t_d$，其中$d(X, Z)$是X和Z之间关联的客观度量(中介依赖条件)。

值得注意的是，中介支持度和依赖条件是用来确保Y中的项形成a和b的近邻。一些可以使用的依赖性度量包括5.7.1节介绍的兴趣因子、余弦或IS、Jaccard等。

间接关联有许多可能的应用。在购物篮分析中，a和b可以是竞争商品，如台式计算机和便携式计算机。在文本挖掘中，间接关联可以用来识别同义词、反义词，或用于不同上下文的词。例如，给定一个文档集族，"数据"和"黄金"两个词可以通过中介挖掘间接关联。该模式表示，"挖掘"这个词可以用于两种不同的上下文——数据挖掘与黄金挖掘。

间接关联可以用如下方法生成。首先，使用类似于Apriori和FP增长的标准算法生成频繁项集。然后，合并每对频繁k-项集得到候选间接关联(a, b, Y)，其中a和b是一对项，而Y是它们的公共中介。例如，若$\{p, q, r\}$和$\{p, q, s\}$是频繁3-项集，则通过合并这对频繁项集得到候选间接关联$(r, s, \{p, q\})$。产生候选之后，有必要验证它是否满足定义6.13中的项对支持度和中介依赖条件。然而，中介支持度条件不必验证，因为候选间接关联是通过合并一对频繁项集得到的。算法6.4给出了算法的总结。

算法 6.4 挖掘间接关联的算法

1：产生频繁项集的集合 F_k
2：**for** $k=2$ **to** k_{max} **do**
3： $C_k = \{(a, b, Y) \mid \{a\} \cup Y \in F_k, \{b\} \cup Y \in F_k, a \neq b\}$
4： **for** 每个候选 $(a, b, Y) \in C_k$ **do**
5：   **if** $s(\{a, b\}) < t_s \land d(\{a\}, Y) \geq t_d \land d(\{b\}, Y) \geq t_d$ **then**
6： $I_k = I_k \cup \{(a, b, Y)\}$
7：   **end if**
8： **end for**
9：**end for**
10：Result $= \cup I_k$.

文献注释

从分类和连续数据中挖掘关联规则的问题由 Srikant 和 Agrawal 提出[495]。他们的策略是二元化分类属性，使用等频离散化连续属性。他们还提出了**部分完备性**（partial completeness）度量，来确定离散化导致的信息损失量，然后使用该度量来确定所需要的离散区间个数，以确保损失的信息量可以保持在一个期望水平。沿着这一工作，学者们提出了许多挖掘量化关联规则的方法。Aumann 和 Lindell 提出了一种基于统计学的方法来代替量化属性的离散化，在该方法中，总结了规则中量化属性的统计数值，比如均值和标准差[465]。该方法被其他人进一步扩展，包括 Webb[501] 和 Zhang[506] 等。min-Apriori 算法由 Han 等提出[474]，用于挖掘连续数据的关联规则，且不使用离散方法。在 min-Apriori 之后，学者们提出了一系列用于捕获连续属性之间不同类型的关联的技术。例如，Pandey 等人[487] 提出的 RAange 支持模式（RAP），该模式用于查找在数据矩阵的多行上的相关属性组。Gupta 等人对 RAP 框架进行了扩展，以处理噪声数据[473]。由于规则可以用来满足多重目标，因此开发了用于挖掘量化关联规则的一系列算法[484，485]。其他技术包括 Fukuda 等[471]、Lent 等[480]、Wang 等[500]、Ruckert 等[490] 和 Miller 以及 Yang[486]。

6.3 节介绍的使用扩展的事务处理概念分层的方法由 Srikant 和 Agrawal 提出[494]。另一种可供选择的算法由 Han 和 Fu[475] 提出，该算法一次产生一层频繁模式。具体地说，他们的算法在概念分层的顶层产生所有的频繁 1-项集。频繁 1-项集的集合记作 $L(1, 1)$。使用 $L(1, 1)$ 中的频繁 1-项集，算法进一步产生第一层的所有频繁 2-项集 $L(1, 2)$。重复该过程，直到提取了最高概念层中的所有频繁项集 $L(1, k)(k>1)$。然后，基于 $L(1, 1)$ 中的频繁项集，算法继续提取下一个概念层中的频繁项集 $L(2, 1)$。继续该过程，直到处理完用户指定的最低概念层后停止。

6.4 节介绍的序列模式的形式化描述和算法由 Agrawal 和 Srikant[463，496] 提出。同样，Mannila 等[483] 引进了频繁周期模式的概念，用来从长事件流中挖掘序列模式。另一种形式的序列模式挖掘基于正则表达式，由 Garofalakis 等[472] 提出。Joshi 等试图统一各种不同的序列模式表示[477]，其结果是带有不同计数方案（6.4.4 节介绍）的序列模式的通用表示。挖掘序列模式的其他算法由 Pei 等[489]、Ayres 等[466]、Cheng 等[468] 和 Seno 等[492] 提出。关于序列模式挖掘的算法综述可以在文献[482] 和[493] 中找到。最近几年已经提出了最大[470，481] 和封闭[499，504] 序列模式挖掘等扩展算法。

频繁子图挖掘问题最早由 Inokuchi 等提出[476]。他们使用了顶点增长方法，由图数据集产生频繁的归约子图。边增长方法由 Kuramochi 和 Karypis 开发[478]。他们还提出了一种类 Apriori 算法 FSG，处理诸如多重候选、规范标签、顶点变体等问题。另一种频繁子图挖掘算法称为 gSpan，由 Yang 和 Han 开发[503]。这种算法试图使用最小化的 DFS 码对各种子图编码。频繁子图挖掘的其他变形由 Zaki[505]、Parthasarathy 和 Coatney[488]、Kuramochi 和 Karypis[479]提出。图挖掘的综述由 Cheng[469]提出。

506

许多研究者都考察了挖掘非频繁模式的问题。Savasere 等[491]考察了使用概念分层挖掘负相关规则。Tan 等[497]提出了挖掘序列和非序列数据的间接关联的思想。挖掘负模式的有效算法由 Boulicaut 等[467]、Teng 等[498]、Wu 等[502]以及 Antonie 和 Zaiane [464]提出。

参考文献

[463] R. Agrawal and R. Srikant. Mining Sequential Patterns. In *Proc. of Intl. Conf. on Data Engineering*, pages 3–14, Taipei, China, 1995.

[464] M.-L. Antonie and O. R. Zaïane. Mining Positive and Negative Association Rules: An Approach for Confined Rules. In *Proc. of the 8th European Conf. of Principles and Practice of Knowledge Discovery in Databases*, pages 27–38, Pisa, Italy, September 2004.

[465] Y. Aumann and Y. Lindell. A Statistical Theory for Quantitative Association Rules. In *KDD99*, pages 261–270, San Diego, CA, August 1999.

[466] J. Ayres, J. Flannick, J. Gehrke, and T. Yiu. Sequential Pattern mining using a bitmap representation. In *Proc. of the 8th Intl. Conf. on Knowledge Discovery and Data Mining*, pages 429–435, Edmonton, Canada, July 2002.

[467] J.-F. Boulicaut, A. Bykowski, and B. Jeudy. Towards the Tractable Discovery of Association Rules with Negations. In *Proc. of the 4th Intl. Conf on Flexible Query Answering Systems FQAS'00*, pages 425–434, Warsaw, Poland, October 2000.

[468] H. Cheng, X. Yan, and J. Han. IncSpan: incremental mining of sequential patterns in large database. In *Proc. of the 10th Intl. Conf. on Knowledge Discovery and Data Mining*, pages 527–532, Seattle, WA, August 2004.

[469] H. Cheng, X. Yan, and J. Han. Mining Graph Patterns. In C. Aggarwal and J. Han, editors, *Frequent Pattern Mining*, pages 307–338. Springer, 2014.

[470] P. Fournier-Viger, C.-W. Wu, A. Gomariz, and V. S. Tseng. VMSP: Efficient vertical mining of maximal sequential patterns. In *Proceedings of the Canadian Conference on Artificial Intelligence*, pages 83–94, 2014.

[471] T. Fukuda, Y. Morimoto, S. Morishita, and T. Tokuyama. Mining Optimized Association Rules for Numeric Attributes. In *Proc. of the 15th Symp. on Principles of Database Systems*, pages 182–191, Montreal, Canada, June 1996.

[472] M. N. Garofalakis, R. Rastogi, and K. Shim. SPIRIT: Sequential Pattern Mining with Regular Expression Constraints. In *Proc. of the 25th VLDB Conf.*, pages 223–234, Edinburgh, Scotland, 1999.

[473] R. Gupta, N. Rao, and V. Kumar. Discovery of error-tolerant biclusters from noisy gene expression data. *BMC bioinformatics*, 12(12):1, 2011.

[474] E.-H. Han, G. Karypis, and V. Kumar. Min-Apriori: An Algorithm for Finding Association Rules in Data with Continuous Attributes. http://www.cs.umn.edu/~han, 1997.

[475] J. Han and Y. Fu. Mining Multiple-Level Association Rules in Large Databases. *IEEE Trans. on Knowledge and Data Engineering*, 11(5):798–804, 1999.

[476] A. Inokuchi, T. Washio, and H. Motoda. An Apriori-based Algorithm for Mining Frequent Substructures from Graph Data. In *Proc. of the 4th European Conf. of Principles and Practice of Knowledge Discovery in Databases*, pages 13–23, Lyon, France, 2000.

507

[477] M. V. Joshi, G. Karypis, and V. Kumar. A Universal Formulation of Sequential Patterns. In *Proc. of the KDD'2001 workshop on Temporal Data Mining*, San Francisco, CA, August 2001.

[478] M. Kuramochi and G. Karypis. Frequent Subgraph Discovery. In *Proc. of the 2001 IEEE Intl. Conf. on Data Mining*, pages 313–320, San Jose, CA, November 2001.

[479] M. Kuramochi and G. Karypis. Discovering Frequent Geometric Subgraphs. In *Proc. of the 2002 IEEE Intl. Conf. on Data Mining*, pages 258–265, Maebashi City, Japan, December 2002.

[480] B. Lent, A. Swami, and J. Widom. Clustering Association Rules. In *Proc. of the 13th Intl. Conf. on Data Engineering*, pages 220–231, Birmingham, U.K, April 1997.

[481] C. Luo and S. M. Chung. Efficient mining of maximal sequential patterns using multiple samples. In *Proceedings of the SIAM International Conference on Data Mining*, pages 415–426, 2005.

[482] N. R. Mabroukeh and C. Ezeife. A taxonomy of sequential pattern mining algorithms. *ACM Computing Survey*, 43(1), 2010.

[483] H. Mannila, H. Toivonen, and A. I. Verkamo. Discovery of Frequent Episodes in Event Sequences. *Data Mining and Knowledge Discovery*, 1(3):259–289, November 1997.

[484] D. Martin, A. Rosete, J. Alcalá-Fdez, and F. Herrera. A new multiobjective evolutionary algorithm for mining a reduced set of interesting positive and negative quantitative association rules. *IEEE Transactions on Evolutionary Computation*, 18 (1):54–69, 2014.

[485] J. Mata, J. L. Alvarez, and J. C. Riquelme. Mining Numeric Association Rules with Genetic Algorithms. In *Proceedings of the International Conference on Artificial Neural Nets and Genetic Algorithms*, pages 264–267, Prague, Czech Republic, 2001. Springer.

[486] R. J. Miller and Y. Yang. Association Rules over Interval Data. In *Proc. of 1997 ACM-SIGMOD Intl. Conf. on Management of Data*, pages 452–461, Tucson, AZ, May 1997.

[487] G. Pandey, G. Atluri, M. Steinbach, C. L. Myers, and V. Kumar. An association analysis approach to biclustering. In *Proceedings of the 15th ACM SIGKDD international conference on Knowledge discovery and data mining*, pages 677–686. ACM, 2009.

[488] S. Parthasarathy and M. Coatney. Efficient Discovery of Common Substructures in Macromolecules. In *Proc. of the 2002 IEEE Intl. Conf. on Data Mining*, pages 362–369, Maebashi City, Japan, December 2002.

[489] J. Pei, J. Han, B. Mortazavi-Asl, Q. Chen, U. Dayal, and M. Hsu. PrefixSpan: Mining Sequential Patterns efficiently by prefix-projected pattern growth. In *Proc of the 17th Intl. Conf. on Data Engineering*, Heidelberg, Germany, April 2001.

[490] U. Ruckert, L. Richter, and S. Kramer. Quantitative association rules based on half-spaces: An optimization approach. In *Proceedings of the Fourth IEEE International Conference on Data Mining*, pages 507–510, 2004.

[491] A. Savasere, E. Omiecinski, and S. Navathe. Mining for Strong Negative Associations in a Large Database of Customer Transactions. In *Proc. of the 14th Intl. Conf. on Data Engineering*, pages 494–502, Orlando, Florida, February 1998.

[492] M. Seno and G. Karypis. SLPMiner: An Algorithm for Finding Frequent Sequential Patterns Using Length-Decreasing Support Constraint. In *Proc. of the 2002 IEEE Intl. Conf. on Data Mining*, pages 418–425, Maebashi City, Japan, December 2002.

[493] W. Shen, J. Wang, and J. Han. Sequential Pattern Mining. In C. Aggarwal and J. Han, editors, *Frequent Pattern Mining*, pages 261–282. Springer, 2014.

[494] R. Srikant and R. Agrawal. Mining Generalized Association Rules. In *Proc. of the 21st VLDB Conf.*, pages 407–419, Zurich, Switzerland, 1995.

[495] R. Srikant and R. Agrawal. Mining Quantitative Association Rules in Large Relational Tables. In *Proc. of 1996 ACM-SIGMOD Intl. Conf. on Management of Data*, pages 1–12, Montreal, Canada, 1996.

[496] R. Srikant and R. Agrawal. Mining Sequential Patterns: Generalizations and Performance Improvements. In *Proc. of the 5th Intl Conf. on Extending Database*

Technology (EDBT'96), pages 18–32, Avignon, France, 1996.

[497] P. N. Tan, V. Kumar, and J. Srivastava. Indirect Association: Mining Higher Order Dependencies in Data. In *Proc. of the 4th European Conf. of Principles and Practice of Knowledge Discovery in Databases*, pages 632–637, Lyon, France, 2000.

[498] W. G. Teng, M. J. Hsieh, and M.-S. Chen. On the Mining of Substitution Rules for Statistically Dependent Items. In *Proc. of the 2002 IEEE Intl. Conf. on Data Mining*, pages 442–449, Maebashi City, Japan, December 2002.

[499] P. Tzvetkov, X. Yan, and J. Han. TSP: Mining top-k closed sequential patterns. *Knowledge and Information Systems*, 7(4):438–457, 2005.

[500] K. Wang, S. H. Tay, and B. Liu. Interestingness-Based Interval Merger for Numeric Association Rules. In *Proc. of the 4th Intl. Conf. on Knowledge Discovery and Data Mining*, pages 121–128, New York, NY, August 1998.

[501] G. I. Webb. Discovering associations with numeric variables. In *Proc. of the 7th Intl. Conf. on Knowledge Discovery and Data Mining*, pages 383–388, San Francisco, CA, August 2001.

[502] X. Wu, C. Zhang, and S. Zhang. Mining Both Positive and Negative Association Rules. *ACM Trans. on Information Systems*, 22(3):381–405, 2004.

[503] X. Yan and J. Han. gSpan: Graph-based Substructure Pattern Mining. In *Proc. of the 2002 IEEE Intl. Conf. on Data Mining*, pages 721–724, Maebashi City, Japan, December 2002.

[504] X. Yan, J. Han, and R. Afshar. CloSpan: Mining: Closed sequential patterns in large datasets. In *Proceedings of the SIAM International Conference on Data Mining*, pages 166–177, 2003.

[505] M. J. Zaki. Efficiently mining frequent trees in a forest. In *Proc. of the 8th Intl. Conf. on Knowledge Discovery and Data Mining*, pages 71–80, Edmonton, Canada, July 2002.

[506] H. Zhang, B. Padmanabhan, and A. Tuzhilin. On the Discovery of Significant Statistical Quantitative Rules. In *Proc. of the 10th Intl. Conf. on Knowledge Discovery and Data Mining*, pages 374–383, Seattle, WA, August 2004.

509

习题

1. 考虑表 6.10 所示的交通事故数据。

表 6.10 交通事故数据集

天气条件	驾驶员状况	交通违章	安全带	损毁程度
好	饮酒	超速	无	较大
坏	清醒	无	有	较小
好	清醒	不遵守停车指示	有	较小
好	清醒	超速	有	较大
坏	清醒	不遵守交通信号	无	较大
好	饮酒	不遵守停车指示	有	较小
坏	饮酒	无	有	较大
好	清醒	不遵守交通信号	有	较大
好	饮酒	无	无	较大
坏	清醒	不遵守交通信号	无	较大
好	饮酒	超速	有	较大
坏	清醒	不遵守停车指示	有	较小

（a）给出数据集的二元化版本。

（b）在二元化数据中，每个事务的最大宽度是多少？

(c) 假定支持度阈值是 30%，将产生多少候选和频繁项集？

(d) 创建一个数据集，只包含如下非对称二元属性：(天气条件＝坏，驾驶员状况＝饮酒，交通违章＝是，安全带＝无，损毁程度＝较大)。对于交通违章，无违章取值 0，其余情况属性值均为 1。假定支持度阈值是 30%，将产生多少候选和频繁项集？

(e) 比较(c)和(d)产生的候选和频繁项集的数量。

2. (a) 考虑表 6.11 所示数据集。假定对数据集的连续属性使用如下离散化策略。

D1：将每个连续属性的值域划分成 3 个等宽的箱。

D2：将每个连续属性的值域划分成 3 个箱，每个箱包含的事务个数相同。

对于每种策略，回答如下问题：

i. 构造数据集的二元化版本。

ii. 导出支持度大于或等于 30% 的所有频繁项集。

(b) 连续属性也可以使用聚类方法进行离散化。

i. 为表 6.11 所示的数据点绘制温度与气压图。

ii. 从该图可以看出多少个自然聚类？对图中每个聚类赋予一个标签(C_1、C_2 等)。

iii. 你认为可以使用何种类型的聚类算法来识别这些聚类？陈述你的理由。

iv. 使用非对称的二元属性 C_1、C_2 等置换表 6.11 中的温度和气压属性。使用新的属性(连同警报 1、警报 2 和警报 3)构造一个变换矩阵。

v. 从二元化数据导出支持度大于或等于 30% 的频繁项集。

表 6.11 习题 2 的数据集

TID	温度	气压	警报 1	警报 2	警报 3
1	95	1105	0	0	1
2	85	1040	1	1	0
3	103	1090	1	1	1
4	97	1084	1	0	0
5	80	1038	0	1	1
6	100	1080	1	0	1
7	83	1025	1	0	1
8	86	1030	1	0	0
9	101	1100	1	1	1

3. 考虑表 6.12 所示的数据集。第一个属性是连续的，而其余两个属性是非对称二元的。如果它的支持度超过 15% 且置信度超过 60%，则这个规则是强规则。表 6.12 给出的数据支持如下两个强规则。

i. $\{(1 \leqslant A \leqslant 2)，B=1\} \rightarrow \{C=1\}$

ii. $\{(5 \leqslant A \leqslant 8)，B=1\} \rightarrow \{C=1\}$

表 6.12 习题 3 的数据集

A	B	C	A	B	C
1	1	1	7	0	0
2	1	1	8	1	1
3	1	0	9	0	0
4	1	0	10	0	0
5	1	1	11	0	0
6	0	1	12	0	1

(a) 计算这两个规则的支持度和置信度。

(b) 为了使用传统的 Apriori 算法找出这些规则，我们需要离散化连续属性 A。假定我们使用等宽分箱方法离散化该数据，其中箱宽分别为 2，3，4。对于每个箱宽值，上面两个规则是否能够被 Apriori 算法发现？（注意，由于属性 A 可能具有较宽或较窄的区间，所以规则不一定与前面的规则完全相同。）对于每个与前面规则对应的规则，计算其支持度和置信度。 511

(c) 评述使用等宽分箱方法对上述数据集分类的有效性。是否有合适的箱宽度，以便很好地发现上面两个规则？如果没有，可以使用何种其他方法，以确保能够同时发现以上两个规则？

4. 考虑表 6.13 所示数据集。

表 6.13　习题 4 的数据集

年龄(A)	每周上网时数(B)				
	0～5	5～10	10～20	20～30	30～40
10～15	2	3	5	3	2
15～25	2	5	10	10	3
25～35	10	15	5	3	2
35～50	4	6	5	3	2

(a) 对于下面的每组规则，确定具有最高置信度的规则。

　i. $15<A<25 \rightarrow 10<B<20$，$10<A<25 \rightarrow 10<B<20$ 和 $15<A<35 \rightarrow 10<B<20$。 512

　ii. $15<A<25 \rightarrow 10<B<20$，$15<A<25 \rightarrow 5<B<20$ 和 $15<A<25 \rightarrow 5<B<30$。

　iii. $15<A<25 \rightarrow 10<B<20$ 和 $10<A<35 \rightarrow 5<B<30$。

(b) 假定我们希望找出年龄在 15 岁到 25 岁之间的互联网用户每周的平均上网小时数。写一个基于统计学的关联规则，来刻画这个年龄段的用户。为了计算平均上网小时数，用中点近似值来表示每个区间（例如，使用 $B=7.5$ 来表示区间 $5<B<10$）。

(c) 通过将(b)中的平均上网小时数与不属于该年龄段的其他用户的平均上网小时数进行比较，检查(b)的量化关联规则是否具有统计意义。

5. 对于具有下面给出的属性的数据集，描述如何将它转换成适合于关联分析的二元事务数据集。具体地，指出原数据集中的每个属性：

(a) 对应于事务数据集中多少个二元属性；

(b) 原属性的值如何映射到二元属性的值？

(c) 数据属性值中是否有分层结构可以用来分组数据，形成少量二元属性。

下面是该数据集的属性列表以及它们的可能值。假定所有的属性都基于每个学生收集。

● **年级**：一年级、二年级、三年级、四年级、硕士研究生、博士研究生、专业人员。

● **邮政编码**：美国学生的家庭邮政编码，非美国学生的住处邮政编码。

● **院**：农学、建筑学、继续教育、教育、文学、工程、自然科学、商学、法律、医学、牙科、药学、护理学、兽医学。

● **住校**：如果学生住校为 1，否则为 0。

● 以下每项是一个属性，如果学生说对应的语言，则取 1，否则取 0。

　■ 阿拉伯语

　■ 孟加拉语

- 汉语
- 英语
- 葡萄牙语
- 俄语
- 西班牙语

513

6. 考虑表 6.14 所示的数据集。假定对提取如下形式的关联规则感兴趣：

$$\{\alpha_1 \leqslant 年龄 \leqslant \alpha_2，弹钢琴＝是\} \rightarrow \{喜欢古典音乐＝是\}$$

表 6.14　习题 6 的数据集

年龄	弹钢琴	喜欢古典音乐	年龄	弹钢琴	喜欢古典音乐
9	是	是	25	否	否
11	是	是	29	是	是
14	是	否	33	否	否
17	是	否	39	否	是
19	是	是	41	否	否
21	否	否	47	否	是

为了处理连续属性，我们使用等频方法，区间个数为 3、4 和 6。分类属性通过引进与分类值个数一样多的新的非对称二元属性来处理。假定支持度阈值是 10%，置信度阈值是 70%。

(a) 假定将年龄属性离散化成 3 个等频区间。找出满足最小支持度和最小置信度的 α_1 和 α_2。

(b) 将年龄属性离散化成 4 个等频区间，重复(a)。将得到的规则与(a)得到的规则进行比较。

(c) 将年龄属性离散化成 6 个等频区间，重复(a)。将得到的规则与(a)得到的规则进行比较。

(d) 由(a)、(b)和(c)的结果，讨论离散化区间的选择对关联规则挖掘算法所提取的规则的影响。

514

7. 考虑表 6.15 所示的事务，其中商品分类由图 6.25 给出。

表 6.15　购物篮事务的例子

事务 ID	购买的商品
1	薄片食物，饼干，普通碳酸饮料，火腿
2	薄片食物，火腿，鸡肉，节食碳酸饮料
3	火腿，鲞肉，整鸡，普通碳酸饮料
4	薄片食物，火腿，鸡肉，节食碳酸饮料
5	薄片食物，熏肉，鸡肉
6	薄片食物，火腿，熏肉，整鸡，普通碳酸饮料
7	薄片食物，饼干，鸡肉，节食碳酸饮料

(a) 挖掘带产品分类的关联规则的主要挑战是什么？

(b) 考虑下面的方法：每个事务 t 用扩展的事务 t' 替换，t' 包含 t 中所有的商品及其的祖先。例如，事务 $t=\{薄片食物，饼干\}$ 用 $t'=\{薄片食物，饼干，点心，食品\}$ 替换。使用该方法找出所有支持度大于或等于 70% 的频繁项集(长度不超过 4)。

(c) 考虑另一种方法，其中频繁项集逐层产生。开始，产生分层结构顶层的所有频繁项集。然后，使用较高层发现的频繁项集，产生涉及较低层中项的候选项集。例如，仅当{点心，碳酸饮料}频繁时，才产生候选项集{薄片食物，节食碳酸饮料}。使用该方法导出所有支持度大于或等于70%的频繁项集（长度不超过4）。

(d) 比较(b)和(c)找出的频繁项集。评述算法的有效性和完备性。

8. 下面的问题考察关联规则的支持度和置信度，它们可以因概念分层而变化。

(a) 考虑给定概念分层中的项 x。令 $\overline{x}_1, \overline{x}_2, \cdots, \overline{x}_k$ 表示概念分层中 x 的 k 个子女。证明 $s(x) \leqslant \sum_{i=1}^{k} s(\overline{x}_i)$。其中片 $s(.)$ 是项的支持度。在什么条件下，不等式取等号？

(b) 设 p 和 q 是一对项，而 $\hat{p}$ 和 $\hat{q}$ 是它们在概念分层中对应的父母。如果 $s(\{p, q\}) > \text{min-sup}$，下面哪些项集肯定是频繁的？ (i) $s\{p\} \rightarrow \{\hat{p}, q\}$，(ii) $s(\{p, \hat{q}\})$，(iii) $s(\{\hat{p}\}, \hat{q})$。

(c) 考虑关联规则 $\{p\} \rightarrow \{q\}$。假定规则的置信度超过 minconf。下面哪些规则的置信度肯定高于 minconf？ (i) $\{p\} \rightarrow \{\hat{q}\}$，(ii) $\{\hat{p}\} \rightarrow \{q\}$，(iii) $\{\hat{p}\} \rightarrow \{\hat{q}\}$。 515

9. (a) 假定没有时限约束，列举包含在下面数据序列中的所有4-子序列：

$$\langle \{1,3\} \{2\} \{2,3\} \{4\} \rangle$$

(b) 假定未施加任何时限约束，列举包含在(a)的数据序列中的所有 3-子序列。

(c) 列举包含在(a)的数据序列中的所有 4-子序列（假定时限约束是灵活的）。

(d) 列举包含在(a)的数据序列中的所有 3-子序列（假定时限约束是灵活的）。

10. 给定表 6.16 所示的序列数据库，找出支持度大于等于 50% 的所有频繁子序列。假定序列上没有施加时限约束。

表 6.16　各种传感器产生的事件序列的例子

传感器	时间戳	事件
S1	1	A, B
	2	C
	3	D, E
	4	C
S2	1	A, B
	2	C, D
	3	E
S3	1	B
	2	A
	3	B
	4	D, E
S4	1	C
	2	D, E
	3	C
	4	E
S5	1	B
	2	A
	3	B, C
	4	A, D

516

11. (a) 对于下面给定的每个序列 $w = \langle e_1 e_2 \cdots e_i \cdots e_{i+1} \cdots e_{\text{last}} \rangle$，确定它们是否是序列 $\langle \{1, 2, 3\} \{2, 4\} \{2, 4, 5\} \{3, 5\} \{6\} \rangle$ 的子序列，时限约束为：

mingap＝0 （e_i中最后一个事件和e_{i+1}中第一个事件之间的间隔大于0）

maxgap＝3 （e_i中第一个事件和e_{i+1}中最后一个事件之间的间隔小于等于3）

maxspan＝5 （e_1中第一个事件和e_{last}中最后一个事件之间的间隔小于等于5）

w_s＝1 （e_i中第一个事件和最后一个事件之间的间隔小于等于1）

- $w＝\langle\{1\}\{2\}\{3\}\rangle$
- $w＝\langle\{1，2，3，4\}\{5，6\}\rangle$
- $w＝\langle\{2，4\}\{2，4\}\{6\}\rangle$
- $w＝\langle\{1\}\{2，4\}\{6\}\rangle$
- $w＝\langle\{1，2\}\{3，4\}\{5，6\}\rangle$

（b）确定上面每个子序列 w 是否是下面序列 s 的邻接子序列。

- $s＝\langle\{1，2，3，4，5，6\}\{1，2，3，4，5，6\}\{1，2，3，4，5，6\}\rangle$
- $s＝\langle\{1，2，3，4\}\{1，2，3，4，5，6\}\{3，4，5，6\}\rangle$
- $s＝\langle\{1，2\}\{1，2，3，4\}\{3，4，5，6\}\{5，6\}\rangle$
- $s＝\langle\{1，2，3\}\{2，3，4，5\}\{4，5，6\}\rangle$

12. 对于下面给定的每个序列 $w＝\langle e_1\cdots e_{last}\rangle$，确定它们是否是数据序列$\langle\{A，B\}\{C，D\}$ $\{A，B\}\{C，D\}\{A，B\}\{C，D\}\rangle$的子序列，时限约束为：

mingap＝0 （e_i中最后一个事件和e_{i+1}中第一个事件之间的间隔大于0）

maxgap＝2 （e_i中第一个事件和e_{i+1}中最后一个事件之间的间隔小于等于2）

maxspan＝6 （e_i中第一个事件和e_{last}最后一个事件之间的间隔小于等于6）

w_s＝1 （e_i中第一个事件和最后一个事件之间的间隔小于等于1）

（a）$w＝\langle\{A\}\{B\}\{C\}\{D\}\rangle$

（b）$w＝\langle\{A\}\{B，C，D\}\{A\}\rangle$

（c）$w＝\langle\{A\}\{A，B，C，D\}\{A\}\rangle$

517

（d）$w＝\langle\{B，C\}\{A，D\}\{B，C\}\rangle$

（e）$w＝\langle\{A，B，C，D\}\{A，B，C，D\}\rangle$

13. 考虑下面各频繁 3-序列：

$\langle\{1，2，3\}\rangle$、$\langle\{1，2\}\{3\}\rangle$、$\langle\{1\}\{2，3\}\rangle$、$\langle\{1，2\}\{4\}\rangle$、$\langle\{1，3\}\{4\}\rangle$，$\langle\{1，2，4\}\rangle$、$\langle\{2，3\}\{3\}\rangle$、$\langle\{2，3\}\{4\}\rangle$、$\langle\{2\}\{3\}\{3\}\rangle$和$\langle\{2\}\{3\}\{4\}\rangle$。

（a）列出 GSP 算法的候选生成步骤产生的所有候选 4-序列。

（b）列出 GSP 算法的候选剪枝步骤剪掉的所有候选 4-序列（假定没有时限约束）。

（c）列出 GSP 算法的候选剪枝步骤剪掉的所有候选 4-序列（假定 maxgap＝1）。

14. 考虑表 6.17 所示的给定对象的数据序列。根据如下计数方法，对序列$\langle\{p\}\{q\}\{r\}\rangle$的出现次数计数。

表 6.17　习题 14 事件序列数据的例子

时间戳	事件	时间戳	事件
1	$p，q$	6	p
2	r	7	$q，r$
3	s	8	$q，s$
4	$p，q$	9	p
5	$r，s$	10	$q，r，s$

（a）COBJ（每个对象出现一次）。

(b) CWIN（每个滑动窗口出现一次）。

(c) CMINWIN（最小出现窗口数）。

(d) CDIST_O（允许事件-时间戳重叠的不同出现）。

(e) CDIST（不允许事件-时间戳重叠的不同出现）。 518

15. 为了使频繁子图挖掘算法能够处理如下类型的图，讨论应做的必要修改类型。

  （a）有向图。

  （b）无标签图。

  （c）无环图。

  （d）非连通图。

上面给定的图类型影响算法的哪些步骤（候选生成、候选剪枝和支持度计数），是否可做进一步优化以提高算法的性能？

16. 画出连接图 6.28 中的图对得到的所有候选子图。假定使用边增长算法扩展子图。

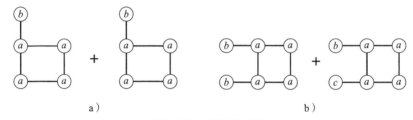

图 6.28　习题 16 的图

17. 画出连接图 6.29 中的图对得到的所有候选子图。假定使用边增长算法扩展子图。 519

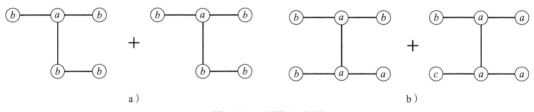

图 6.29　习题 17 的图

18. 证明 6.5.3 节介绍的频繁子图挖掘的候选生成过程是完备的，即如果考虑每对频繁 $(k-1)$-子图进行合并，则没有频繁 k-子图会被遗漏。

19. （a）如果用归纳子图关系定义支持度，证明如果允许 g_1 和 g_2 具有重叠的顶点集，则规则 $g_1 \rightarrow g_2$ 的置信度可能大于 1。

  （b）确定具有 $|V|$ 个顶点的图的规范标签的时间复杂度是多少？

  （c）子图的核可能是多重自同构的。这可能增加合并两个具有相同核的频繁子图后得到的候选子图的个数。确定由于 k 个顶点的核的自同构得到的候选子图的最大个数。

  （d）两个大小为 k 的频繁子图可能共享多个核。确定被两个频繁子图共享的核的最大个数。

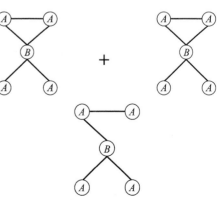

图 6.30　习题 20 的图

20. 考虑一个图挖掘算法，它使用边增长方法合并如图 6.30 所示两个无向、无权子图。

(a) 绘制合并两个子图时得到的不同的核。

(b) 使用下面的核可以产生多少候选?

520

21. 原来的关联规则挖掘框架只考虑项在事务中同时出现。有时候非频繁的项集可能也是富含信息的。例如,项集{TV,DVD,¬VCR}暗示,许多购买 TV 和 DVD 的顾客不购买 VCR。本题要求将关联规则框架扩展到负项集(即包含项的出现和不出现)。我们使用符号"¬"表示缺失项。

(a) 一种导出负项集的朴素方法是扩充每个事务,使之包含缺失项,如表 6.18 所示。

表 6.18   数值数据集的例子

TID	TV	¬TV	DVD	¬DVD	VCR	¬VCR	⋯
1	1	0	0	1	0	1	⋯
2	1	0	0	1	0	1	⋯

   i. 假定事务数据库包含 1000 个不同的项。由这些项可能产生的正项集的总数是多少?(注意:正项集不包含任何负项。)

   ii. 由这些事务产生的频繁项集的最大个数是多少?(假定频繁项集可以包含正项、负项或二者。)

   iii. 解释为什么这种用负项扩展每个事务的朴素方法对于导出负项集不切实际。

(b) 考虑表 6.15 所示的数据库。如下涉及普通和节食碳酸饮料的负关联规则的支持度和置信度是多少?

   i. ¬普通碳酸饮料→节食碳酸饮料

   ii. 普通碳酸饮料→¬节食碳酸饮料

   iii. ¬节食碳酸饮料→普通碳酸饮料

   iv. 节食碳酸饮料→¬普通碳酸饮料

521

22. 假定想从包含 d 个项的数据集中提取正项集和负项集。

(a) 考虑一种方法,引进一个新的变量来表示每个负项。使用这种方法,项的个数从 d 增加到 $2d$。假定项集可以包含同一个变量的正项和负项,项集格的大小是多少?

(b) 假定项集必须包含不同变量的正项和负项。例如,项集$\{a, \bar{a}, b, \bar{c}\}$是不合法的,因为它同时包含了变量 a 的正项和负项。项集格的大小是多少?

23. 对于下面定义的每种类型的模式,确定支持度度量随着项集大小的增长,是否是单调的、反单调的或非单调的(即既不单调,也不反单调)。

(a) 包含正项和负项的项集,如$\{a, b, \bar{c}, \bar{d}\}$。用于这样的模式,支持度度量是否是单调的、反单调的或非单调的?

(b) 诸如$\{(a \vee b \vee c), d, e\}$的布尔逻辑模式,可能包含项的析取与合取。用于这样的模式,支持度度量是否是单调的、反单调的或非单调的?

24. 许多关联分析算法依赖类 Apriori 方法找出频繁模式。算法的总体结构如算法 6.5 所示。

算法 6.5   类 Apriori 算法

1: $k=1$

2: $F_k = \left\{ i \,\middle|\, i \in I \wedge \dfrac{\sigma(\{i\})}{N} \geq minsup \right\}$.   〈找出频繁 1-模式〉

3：**repeat**
4：　　$k = k + 1$
5：　　$C_k = \text{genCandidate}(F_{k-1})$. ｛候选生成｝
6：　　$C_k = \text{pruneCandidate}(C_k, F_{k-1})$. ｛候选剪枝｝
7：　　$C_k = \text{count}(C_k, D)$. ｛支持度计数｝
8：　　$F_k = \left\{ c \mid c \in C_k \wedge \dfrac{\sigma(c)}{N} \geqslant minsup \right\}$. ｛提取频繁模式｝
9：**until** $F_k = \varnothing$
10：Answer $= \bigcup F_k$

假定对发现形如$\{a \vee b\} \rightarrow \{c, d\}$的布尔逻辑规则感兴趣。其中，规则可能涉及项的析取与合取。对应的项集可以写成$\{(a \vee b), c, d\}$。

(a) 对于这样的项集，先验原理是否依然成立？

(b) 如何修改候选产生步骤，以便发现这样的模式？

(c) 如何修改候选剪枝步骤，以便发现这样的模式？

(d) 如何修改支持度计数步骤，以便发现这样的模式？

522
~
524

聚类分析：基本概念和算法

聚类分析将数据划分成有意义或有用的组(簇)。如果目标是划分成有意义的组，则簇应当捕获数据的自然结构。然而，在某种意义下，聚类分析用于数据汇总来减少数据量。无论是旨在理解还是实用，聚类分析都在广泛的领域中扮演着重要角色。这些领域包括：心理学和其他社会科学、生物学、统计学、模式识别、信息检索、机器学习和数据挖掘。

聚类分析在许多实际问题中都有应用。我们按照聚类目的是理解还是实用，提供一些具体的例子。

旨在理解的聚类 在对世界的分析和描述中，类或在概念上有意义的具有公共特性的对象组扮演着重要的角色。的确，人类擅长将对象划分成组(聚类)，并将特定的对象指派到这些组(分类)。例如，即使很小的孩子也能很快地标记图片上的对象。就理解数据而言，簇是潜在的类，而聚类分析是研究自动发现这些类的技术。下面是一些例子。

- **生物学** 生物学家花了许多年来创建所有生物体的系统分类学(层次结构的分类)：界(kingdom)、门(phylum)、纲(class)、目(order)、科(family)、属(genus)和种(species)。或许并不奇怪，聚类分析早期的大部分工作都是在寻求创建可以自动发现分类结构的数学分类方法。最近，生物学家已使用聚类方法来分析大量遗传信息。例如，聚类已经用来发现具有类似功能的基因组。

- **信息检索** 万维网包含数以亿计的 Web 页面，向搜索引擎输入一条查询可以返回数千页面。可以使用聚类将搜索结果分成若干簇，每个簇捕获查询的某个特定方面。例如，查询"电影"返回的网页可以分成评论、电影预告片、影星和电影院等类别。每一个类别(簇)又可以划分成若干子类别(子簇)，从而产生一个层次结构，帮助用户进一步探索查询结果。

- **气候** 理解地球气候需要发现大气层和海洋的模式。为此，聚类分析已经用来发现对陆地气候具有显著影响的大气压力和海洋温度模式。

- **心理学和医学** 一种疾病或健康状况通常有多个变种，聚类分析可以用来发现这些子类别。例如，聚类已经用于识别不同类型的抑郁症。聚类分析也可以用来检测疾病的时间和空间分布模式。

- **商业** 商业能收集当前顾客和潜在顾客的大量信息。可以使用聚类将顾客划分成若干组，以便进一步分析和开展营销活动。

旨在实用的聚类 聚类分析提供由个别数据对象到数据对象所在的簇的抽象。此外，一些聚类技术使用簇原型(即代表簇中其他对象的数据对象)来刻画簇特征。这些簇原型可以用作大量附加数据分析和数据处理技术的基础。因此，就实用性而言，聚类分析是研究发现最有代表性的簇原型的技术。

- **汇总** 许多数据分析技术，如回归和主成分分析，都具有 $O(m^2)$ 或更高的时间或空间复杂度(其中，m 是对象的个数)。因此，对于大型数据集，这些技术并不适用。然而，可以将算法应用到仅包含簇原型的简化数据集，而非整个数据集。确定好分析类型、原型数量以及原型代表数据的准确度，汇总结果可以与使用所有数据得到的结果相媲美。

- **压缩**　簇原型可以用于数据压缩。例如，创建一个包含所有簇原型的表，即赋予每个原型一个整数值，作为它在表中的位置(索引)。每个对象用与它所在的簇相关联的原型的索引表示。这类压缩称为**向量量化**(vector quantization)，并常常用于图像、声音和视频数据，此类数据的特点是：(1)许多数据对象高度相似；(2)某些信息丢失是可以接受的；(3)希望大幅度压缩数据量。

- **有效地发现最近邻**　找出最近邻可能需要计算所有点对点之间的距离。通常，可以更有效地发现簇和簇原型。如果对象相对地靠近簇的原型，那么可以使用簇原型减少发现对象最近邻所需要计算的距离的数量。直观上，如果两个簇原型相距很远，则对应簇中的对象不可能互为近邻。因此，为了找出一个对象的最近邻，只需要计算到邻近簇中对象的距离，其中两个簇的邻近度用其原型之间的距离度量。对于这种思想更详细的描述见第 2 章习题 25。

本章提供聚类分析导论。从对聚类分析的概述开始，包括对将对象划分成簇的集合的各种方法的讨论，以及对聚类的不同类型的讨论。然后介绍三种专门的聚类技术：K 均值、凝聚层次聚类以及 DBSCAN，它们代表一大类算法，并用于解释各种概念。本章的最后一节专门讨论簇的有效性——评估聚类算法产生的簇的方法。更高级的聚类概念和算法将在第 8 章讨论。我们尽可能讨论不同方案的优点和缺点。此外，文献注释提供了相关的书籍和论文，以便更深入地探讨聚类分析。

7.1　概述

在讨论具体的聚类技术之前，我们先提供必要的背景知识。首先，我们进一步定义聚类分析，解释它的难点所在，并阐述它与其他数据分组技术之间的关系。然后，探讨两个重要问题：(1)将数据对象集划分成簇集合的不同方法；(2)簇的类型。

7.1.1　什么是聚类分析

聚类分析仅根据在数据中发现的描述对象及其关系的信息，将数据对象分组。其目标是，组内的对象是相似的(相关的)，而不同组中的对象是不同的(不相关的)。组内的相似性(同质性)越大，组间差别越大，聚类就越好。

在许多应用中，簇都没有很好的定义。为了理解确定簇构造的困难程度，参见图 7.1。该图显示了 20 个点和将它们划分成簇的 3 种不同方法。标记的形状表示簇的隶属关系。图 7.1b 和图 7.1d 分别将数据划分成 2 部分和 6 部分。然而，将 2 个较大的簇划分成 3 个子簇可能是人的视觉系统造成的假象。此外，说这些点形成 4 个簇(如图 7.1c 所示)可能也不无道理。该图表明簇的定义是不精确的，而最好的定义依赖于数据的特性和期望的结果。

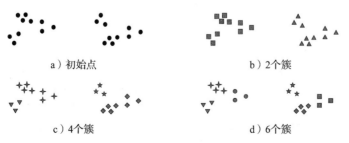

　　a) 初始点　　　　　　　　　　b) 2个簇

　　c) 4个簇　　　　　　　　　　d) 6个簇

图 7.1　相同点集的不同聚类方法

聚类分析与其他将数据对象分组的技术相关。例如，聚类可以看作一种分类，它用类别(簇)标签创建对象的标记。然而，只能从数据导出这些标签。相比之下，第 3 章的分类是**监督分类**(supervised classification)，即使用由类别标签已知的对象开发的模型，对新的、无标记的对象赋予类别标签。为此，有时聚类分析被视为**无监督分类**(unsupervised classification)。在数据挖掘中，不附加任何条件使用术语分类时，通常是指监督分类。

此外，尽管术语**分割**(segmentation)和**划分**(partitioning)有时也用作聚类的同义词，但是这些术语通常用来表示传统的聚类分析之外的方法。例如，划分通常用在与将图分成子图相关的技术中，与聚类并无太大联系。分割通常指使用简单的技术将数据分组。例如，图像可以根据像素亮度或颜色分割，人可以根据他们的收入分组。尽管如此，图划分、图像分割的许多工作都与聚类分析有关。

7.1.2 聚类的不同类型

整个簇集合通常称作**聚类**(clustering)，本小节将区分不同类型的聚类：层次的(嵌套的)与划分的(非嵌套的)，互斥的、重叠的与模糊的，完全的与部分的。

层次的与划分的　不同类型的聚类之间最常讨论的差别是：簇的集合是嵌套的还是非嵌套的；或者用更传统的术语，是层次的还是划分的。**划分聚类**(partional clustering)简单地将数据对象集划分成不重叠的子集(簇)，使得每个数据对象恰在一个子集中。例如，图 7.1b~d 中每个簇集都是一个划分聚类。

如果允许簇有子簇，我们能得到一个**层次聚类**(hierarchical clustering)。层次聚类是嵌套簇的集合，组织成一棵树。除叶结点外，树中每一个结点(簇)都是其子女(子簇)的并集，而树根则是包含所有对象的簇。通常(但并非总是)，树叶是单个数据对象的单元素簇。如果允许簇嵌套，则图 7.1a 的一种解释是：它有两个子簇(见图 7.1b)，其中每个子簇又各自具有 3 个子簇(见图 7.1d)。图 7.1a~d 中显示的簇也依次形成一个层次聚类，每层分别具有 1、2、4 和 6 个簇。最后，层次聚类可以看作划分聚类的序列。划分聚类可以通过取序列的任意成员得到，即通过在一个特定层剪断层次树得到。

互斥的、重叠的与模糊的　图 7.1 显示的聚类都是**互斥的**(exclusive)，因为每个对象都被指派到单个簇。在有些情况下，可以合理地将一个点放到多个簇中，这种情况可以被非互斥的聚类更好地处理。在最一般的意义下，**重叠的**(overlapping)或**非互斥的**(non-exclusive)聚类用来反映一个对象同时属于多个组(类)这一事实。例如，在大学里，一个人可能既是学生，又是雇员。当对象在两个或多个簇"之间"，并且可以合理地被指派到这些簇中的任何一个时，也常常可以使用非互斥聚类。设想有一个点在图 7.1 的两个簇中间，将它放到所有"同样好"的簇中，而不是任意地将它指派到单个簇中。

在**模糊聚类**(fuzzy clustering)(见 8.2.1 节)中，每个对象以 0(绝对不属于)和 1(绝对属于)之间的隶属权值归属于每个簇。换言之，簇被视为模糊集。(从数学上讲，在模糊集中，每个对象以 0 和 1 之间的权值属于任何一个集合。在模糊聚类中，通常施加一个约束条件：每个对象的权值之和必须等于 1。)同理，概率聚类技术(8.2.2 节)计算每个点属于每个簇的概率，并且这些概率的和必须等于 1。由于任何对象的隶属权值或概率之和等于 1，因此模糊和概率聚类并不能真正地解决一个对象属于多个类的多类问题，如学生雇员。这些方法最适用于如下情况：当对象接近多个簇时，避免将对象随意地指派到一个簇。实践中，通常通过将对象指派到具有最高隶属权值或概率的簇，将模糊或概率聚类转换成互斥聚类。

完全的与部分的　**完全聚类**(complete clustering)将每个对象指派到一个簇，而**部分聚类**(partial clustering)不是这样。数据集中的某些对象可能不属于明确定义的组，而部分聚类的目的就是处理这种情况。数据集中的一些对象代表噪声、离群点或"不感兴趣的背景"。例如，一些报刊报道可能涉及公共主题，如全球变暖，而其他报道更一般或独一无二。这样，为了发现上月报道的最重要的主题，我们可能希望只搜索与公共主题紧密相关的文档簇。在其他情况下，需要对对象进行完全聚类。例如，一个使用聚类来组织用于浏览的文档的应用，必须保证能够浏览所有的文档。

7.1.3　簇的不同类型

聚类旨在发现有用的对象组（簇），这里的有用性由数据分析目标定义。不足为奇的是，实践证明许多不同的簇概念都是有用的。为了以可视方式说明这些簇类型之间的差别，我们使用二维数据点（见图 7.2）作为数据对象。然而，有必要强调，这里介绍的簇类型同样适用于其他数据。

明显分离的　簇是对象的集合，其中每个对象到同簇中每个对象的距离比到不同簇中任意对象的距离都近（或更加相似）。有时，使用一个阈值来说明簇中的所有对象必须充分接近（或相似）。仅当数据包含相互远离的自然簇时，簇的这种理想定义才能够得到满足。图 7.2a 给出一个由二维空间的两组点组成的明显分离的簇的例子。不同组中任意两点之间的距离都大于组内任意两点之间的距离。明显分离的簇不必是球形的，可以具有任意形状。

531

基于原型的　簇是对象的集合，其中每个对象到定义该簇的原型的距离比到其他簇的原型的距离更近（或更加相似）。对于具有连续属性的数据，簇的原型通常是质心，即簇中所有点的平均值。当质心没有意义时（例如当数据具有分类属性时），原型通常是中心点，即簇中最有代表性的点。对于许多数据类型，原型可以视为最靠近中心的点。在这种情况下，通常把基于原型的簇看作**基于中心的簇**(center-based cluster)。毫无疑问，这种簇趋于呈球形。图 7.2b 给出一个基于中心的簇的例子。

基于图的　如果数据用图表示，其中结点是对象，而边代表对象之间的联系（见 2.1.2 节），则簇可以定义为**连通分支**(connectcd component)，即互相连通但不与组外对象连通的对象组。基于图的簇的一个重要例子是**基于邻近的簇**(contiguity-based cluster)，其中两个对象是相连的，仅当它们的距离在指定的范围之内。也就是说，在基于邻近的簇中，每个对象到该簇中某个对象的距离比到不同簇中任意点的距离更近。图 7.2c 对二维点给出这种簇的一个例子。当簇不规则或缠绕时，簇的这种定义是有用的。然而，当数据具有噪声时，这种方法有可能出现问题，因为如图 7.2c 的两个球形簇所示，一个小的点桥就可能合并两个不同的簇。

也存在其他类型的基于图的簇。一种方法（见 7.3.2 节）是定义簇为**团**(clique)，即图中相互之间完全连接的结点的集合。具体地说，如果按照对象之间的距离添加连接，当对象集形成团时就形成一个簇。与基于原型的簇一样，这样的簇也趋于呈球形。

基于密度的　簇是对象的稠密区域，被低密度的区域环绕。图 7.2d 给出了某些基于密度的簇，该图的数据是通过对图 7.2c 的数据添加噪声创建得到的。两个球形簇没有合并，因为它们之间的桥消失在噪声中。图 7.2c 中的曲线也消失在噪声中，在图 7.2d 中并未形成簇。当簇不规则或缠绕，并且有噪声和离群点时，常常使用基于密度的簇定义。相比之下，对于图 7.2d 的数据，簇的基于邻近的定义就行不通，因为噪声将形成簇间的桥。

532

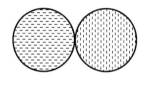

a）明显分离的簇。每个点到同簇中任意点的　　　　b）基于中心的簇。每个点到该簇中心的距离
　　距离比到不同簇中任意点的距离更近　　　　　　　　比到任何其他簇中心的距离更近

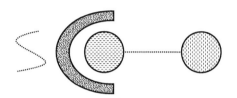 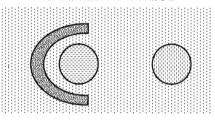

c）基于邻近的簇。每个点到该簇中至少一个　　　　d）基于密度的簇。簇是被低密度区域分开的
　　点的距离比到不同簇中任意点的距离更近　　　　　高密度区域

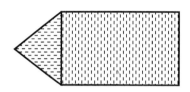

e）概念簇。簇中的点全都具有由整个点集导出的某种一般性质（在两
　　个环相交处的点属于两个环）

图 7.2　用二维点集图示的不同簇类型

共同性质的（概念簇）　通常，我们可以把簇定义为有某种共同性质的对象的集合。这个定义包括前面的所有簇定义。例如，基于中心的簇中的对象都具有共同的性质：它们都离相同的质心或中心点最近。然而，共同性质的方法还包含新的簇类型。考虑如图 7.2e 所示的簇。三角形区域（簇）邻近于矩形区域（簇），并且存在两个缠绕的环（簇）。在这两种情况下，聚类算法都需要非常具体的簇概念来成功地检测出这些簇。发现这样的簇的过程称作概念聚类。然而，过于复杂的簇概念将涉及模式识别领域。因此，本书只考虑较简单的簇类型。

线路图

本章使用如下 3 种简单但重要的技术来介绍聚类分析涉及的一些概念。

- K 均值。K 均值是基于原型的、划分的聚类技术。它试图发现用户指定个数（K）的簇（由质心代表）。
- 凝聚层次聚类。这种聚类方法涉及一组密切相关的聚类技术，它们通过如下步骤产生层次聚类：首先，每个点作为一个单点簇；然后，重复地合并两个最靠近的簇，直到产生单个的、包含所有点的簇。其中某些技术可以用基于图的聚类解释，而另一些可以用基于原型的方法解释。
- DBSCAN。这是一种产生划分聚类的基于密度的聚类算法，簇的个数由算法自动地确定。低密度区域中的点被视为噪声而忽略，因此 DBSCAN 不产生完全聚类。

7.2　K 均值

基于原型的聚类技术创建数据对象的单层划分。这样的技术有很多，但是最突出的两

个是 K 均值和 K 中心点。K 均值用质心定义原型，其中质心是一组点的均值。通常，K
均值聚类用于 n 维连续空间中的对象。K 中心点使用中心点定义原型，其中中心点是一组
点中最有代表性的点。由于 K 中心点聚类只需要对象之间的邻近度度量，所以它可以应用
于广泛的数据。尽管质心几乎从来不对应于实际的数据点，但是根据定义，中心点必须是
一个实际数据点。本节我们只关注 K 均值，这是一种最老的、最广泛使用的聚类算法。

7.2.1　K 均值算法

　　K 均值算法比较简单，我们先从介绍它的基本算法开始。首先，选择 K 个初始质心，
其中 K 是用户指定的参数，即所期望的簇的个数。每个点被指派到最近的质心，而指派到
一个质心的点集为一个簇。然后，根据被指派到簇的点，更新每个簇的质心。重复指派和
更新步骤，直到簇不发生变化，或者直到质心不发生变化。

　　K 均值的形式描述参见算法 7.1。K 均值的操作解释参见图 7.3。该图显示了如何从 3
个质心出发，通过 4 次指派和更新，找出最后的簇。在这些和其他显示 K 均值聚类的图
中，每个子图显示迭代开始时的质心和点到质心的指派。质心用符号"＋"指示，属于同
一个簇的所有点具有相同形状的标记。

算法 7.1　基本 K 均值算法

1：选择 K 个点作为初始质心
2：**repeat**
3：　将每个点指派到最近的质心，形成 K 个簇
4：　重新计算每个簇的质心
5：**until** 质心不发生变化

　　在图 7.3a 所示的第 1 步，将点指派到初始质心。这些质心都在点的较大组群中。对
于这个例子，我们用均值作为质心。把点指派到质心后，更新质心。每一步的图都显示了
该步开始时的质心以及所有点到质心的指派。在第 2 步中，指派各点到更新后的质心，并
且再次更新质心。在步骤 2、3 和 4(分别对应图 7.3b、c 和 d)中，两个质心移向图底部两
个较小的由点构成的组群。当 K 均值算法终止于图 7.3d 时(因为不再发生变化)，质心标
识出了点的自然分组。

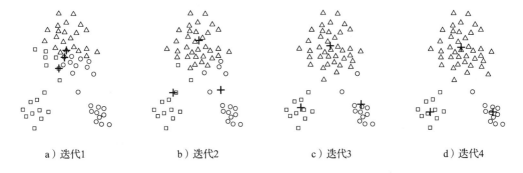

a）迭代1　　　　b）迭代2　　　　c）迭代3　　　　d）迭代4

图 7.3　使用 K 均值算法找出样本数据中的 3 个簇

　　对于邻近度函数和质心类型的某些组合，K 均值总是收敛到一个解，即 K 均值到达一
种状态：所有点都不会从一个簇转移到另一个簇，因此质心不再改变。然而，由于大部分
收敛都发生在早期阶段，因此通常用较弱的条件来替换算法 7.1 的第 5 行。例如，用"直

到仅有 1% 的点改变簇"。

我们将更详细地考虑基本 K 均值算法的每个步骤，并分析算法的时间和空间复杂度。

1. 指派点到最近的质心

为了将点指派到最近的质心，我们需要邻近度度量来量化所考虑的数据的"最近"概念。通常，对欧氏空间中的点使用欧几里得距离（L_2），对文档使用余弦相似性。然而，对于给定的数据类型，可能存在多种适合的邻近度度量。例如，曼哈顿距离（L_1）可以用于欧几里得数据，而 Jaccard 度量常常用于文档。

由于算法要重复计算每个点与每个质心的相似度，因此通常来说，K 均值使用的相似性度量是相对简单的。然而在某些情况下，如数据在低维欧几里得空间中时，许多相似度计算都是有可能避免的，因此能显著地加快 K 均值算法的速度。二分 K 均值（见 7.2.3 节）是另一种通过减少相似度计算量来加快 K 均值算法速度的方法。

2. 质心和目标函数

K 均值算法的步骤 4 一般可以陈述为"重新计算每个簇的质心"，因为质心可能随数据邻近度度量和聚类目标的不同而改变。聚类的目标通常用一个目标函数表示，该函数依赖于点之间或点到簇的质心的邻近度。例如，最小化每个点到最近质心的距离的平方。我们用两个例子解释这一点。然而，关键点是：一旦选定了邻近度度量和目标函数后，质心的选择就可以从数学上确定。7.2.6 节会给出数学推导的细节，这里只提供非数学的讨论。

欧几里得空间中的数据   考虑邻近度度量为欧几里得距离的数据。我们使用**误差的平方和**（Sum of the Squared Error，SSE）作为度量聚类质量的目标函数。SSE 也称为散布（scatter）。换言之，我们计算每个数据点的误差，即它到最近质心的欧几里得距离，然后计算误差的平方和。给定由两次运行 K 均值算法产生的两个不同的簇集，我们更喜欢误差平方和最小的那个，因为这说明聚类的原型（质心）可以更好地代表簇中的点。使用表 7.1 中的符号，SSE 形式地定义如下：

$$SSE = \sum_{i=1}^{K} \sum_{x \in C_i} \mathrm{dist}(c_i, x)^2 \tag{7.1}$$

其中，dist 是欧几里得空间中两个对象之间的标准欧几里得距离（L_2）。

给定这些假设，可以证明（见 7.2.6 节）：使簇的 SSE 最小的质心是均值。使用表 7.1 中的符号，第 i 个簇的质心（均值）由式（7.2）定义。

$$c_i = \frac{1}{m_i} \sum_{x \in C_i} x \tag{7.2}$$

例如，3 个二维点 $(1, 1)$、$(2, 3)$ 和 $(6, 2)$ 构成的簇的质心是 $\left(\frac{1+2+6}{3}, \frac{1+3+2}{3}\right) = (3, 2)$。

K 均值算法的步骤 3 和步骤 4 试图直接最小化 SSE

表 7.1 符号表

符号	描述
x	对象
C_i	第 i 个簇
c_i	簇 C_i 的质心
c	所有点的质心
m_i	第 i 个簇中对象的个数
m	数据集中对象的个数
K	簇的个数

（或更一般地，目标函数）。步骤 3 通过将点指派到最近的质心形成簇，最小化给定质心集的 SSE；而步骤 4 重新计算质心，进一步最小化 SSE。然而，K 均值的步骤 3 和步骤 4 只能确保针对选定的质心和簇找到关于 SSE 的局部最优，而不是对所有可能的选择来优化 SSE。稍后我们将用一个例子说明这将导致次最优聚类。

文档数据   为了解释 K 均值并不局限于欧几里得空间中的数据，我们考虑文档数据和余弦相似度度量。这里，假定文档数据用文档-词矩阵表示（见 2.1.2 节）。我们的目标是最大化簇中文档与簇的质心的相似性，该量称作簇的**凝聚度**（cohesion）。对于该目标，可以证明，与欧几里得中的数据一样，簇的质心是均值。总 SSE 的类似量是总凝聚度（total cohesion），由式（7.3）给出。

$$总凝聚度 = \sum_{i=1}^{K} \sum_{x \in C_i} \text{cosine}(x, c_i) \qquad (7.3)$$

一般情况　一些邻近度函数、质心和目标函数可以用于基本 K 均值算法，并且确保收敛。表 7.2 列举了一些组合，包括我们刚刚讨论的两种。注意：对于曼哈顿距离（L_1）和最小化距离和的目标，簇中各点的中位数可以作为合适的质心。538

表 7.2　K 均值：常见的邻近度、质心和目标函数组合

邻近度函数	质心	目标函数
曼哈顿距离（L_1）	中位数	最小化对象到其簇质心的 L_1 距离之和
平方欧几里得距离（L_2^2）	均值	最小化对象到其簇质心的 L_2 距离的平方和
余弦	均值	最大化对象到其簇质心的余弦相似度之和
Bregman 散度	均值	最小化对象到其簇质心的 Bregman 散度之和

表的最后一项——Bregman 散度（见 2.4.8 节）实际上是一类邻近度度量，包括平方欧几里得距离 L_2^2、Mahalanobis 距离和余弦相似度。Bregman 散度函数的重要性在于，任意这类函数都可以用作以均值为质心的 K 均值类型的聚类算法的基础。具体地说，如果用 Bregman 散度作为邻近度函数，则聚类算法的收敛性、局部最小等性质与通常的 K 均值相同。此外，对于所有可能的 Bregman 散度函数，都可以开发具有这样性质的聚类算法。例如，使用余弦相似度或平方欧几里得距离的 K 均值算法是基于 Bregman 散度的一般聚类算法的特例。

在接下来的 K 均值讨论中，我们使用二维数据，因为用这种类型的数据容易解释 K 均值及其性质。但是，正如前面所述，K 均值是非常一般的聚类算法，可以用于多种类型的数据，如文档和时间序列。

3. 选择初始质心

当质心随机初始化时，K 均值算法的不同执行将产生不同的总 SSE。我们用图 7.3 中的二维点集解释这一点。该二维点集具有 3 个自然点簇。图 7.4a 显示了一个聚类结果，3 个簇的 SSE 是全局最小的，而图 7.4b 显示了一个次最优聚类，它只有局部最小。

选择适当的初始质心是基本 K 均值过程的关键步骤。常见的方法是随机选取初始质心，但是簇的质量常常很差。

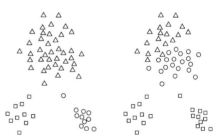

a）最优聚类　　　　b）次最优聚类

图 7.4　三个最优和非最优簇

539

例 7.1　拙劣的初始质心　随机选取初始质心可能很糟糕。这里提供一个例子，其中使用与图 7.3 和图 7.4 相同的数据集。图 7.3 和图 7.5 显示了由两种选定的初始质心获得的簇（对于这两个图，各次迭代的簇质心位置由"＋"指出）。在图 7.3 中，尽管所有的初始质心都在自然簇中，但是仍然找到了最小 SSE 聚类。而在图 7.5 中，尽管初始质心的分布看上去较好，但是我们仅得到了一个具有较高的平方误差的次最优聚类。

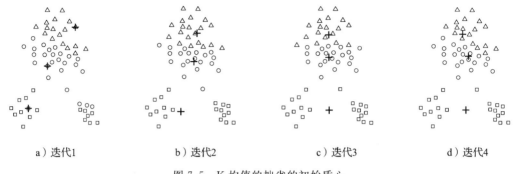

a）迭代1　　　　b）迭代2　　　　c）迭代3　　　　d）迭代4

图 7.5　K 均值的拙劣的初始质心

例 7.2　随机初始化的局限　处理选取初始质心问题的一种常用技术是：多次运行，每次使用一组不同的随机初始质心，然后选取具有最小 SSE 的簇集。该策略虽然简单，但是效果可能不好，这取决于数据集和寻找的簇的个数。我们使用图 7.6a 所示的数据集进行解释。该数据由两个簇对组成，其中，每个簇对（上、下）中的簇更靠近，而离另一对中的簇较远。图 7.6b～d 表明，如果对每个簇对使用两个初始质心，则即使两个质心在一个簇中，质心也会自己重新分布，从而找到"真正的"簇。而图 7.7 表明，如果一个簇对只用一个初始质心，而另一对有三个，则两个真正的簇将合并，而一个真正的簇将分裂。

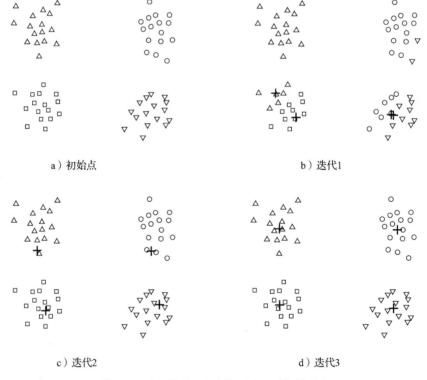

a）初始点　　　　　　　　　　　　　b）迭代1

c）迭代2　　　　　　　　　　　　　d）迭代3

图 7.6　两个簇对，每个簇对有一对初始质心

注意：只要两个初始质心落在簇对里的任何位置，就能得到最优聚类，因为质心自己会重新分布，每个簇分布有一个质心。不幸的是，随着簇的个数增加，至少一个簇对只有一个初始质心的可能性也逐步增大（见本章习题4）。在这种情况下，由于簇对相距较远，

K 均值算法不能在簇对之间重新分布质心，这样就只能得到局部最优。

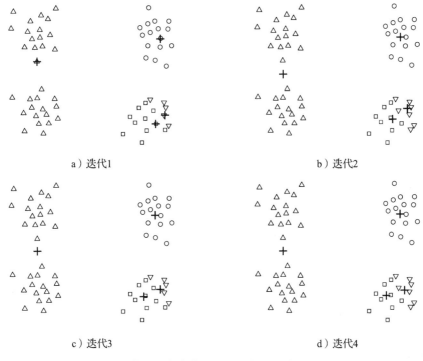

a）迭代1　　　　　　　　　　　　　b）迭代2

c）迭代3　　　　　　　　　　　　　d）迭代4

图 7.7　两个簇对，每个簇对中的初始质心多于或少于两个　　◄

　　即使重复运行多次，也不能克服随机选择初始质心存在的问题，因此常常使用其他技术进行初始化。一种有效的方法是，取一个样本，使用层次聚类技术对它聚类。从层次聚类中提取 K 个簇，并用这些簇的质心作为初始质心。该方法通常很有效，但仅对下列情况有效：（1）样本相对较小，例如数百到数千（层次聚类开销较大）；（2）K 相对于样本大小较小。

　　下面的过程是另一种选择初始质心的方法。随机地选择第一个点，或取所有点的质心作为第一个点。然后，对于每个后继初始质心，选择离已经选取过的初始质心最远的点。使用这种办法，我们得到初始质心的集合，确保它们不仅是随机的，而且是散开的。然而，这种方法可能选中离群点，而不是稠密区域（簇）中的点，因此可能会导致很多簇都仅有一个点（离群点）的情况发生，减少了使大多数点形成簇的质心数目。此外，求离当前初始质心集最远的点的开销也非常大。为了克服这些问题，通常将该方法用于点样本。由于离群点很少，它们多半不会在随机样本中出现。相比之下，除非样本非常小，否则来自稠密区域中的点很可能包含在样本中。此外，找出初始质心所需要的计算量也大幅减少，因为样本的大小通常远小于点的个数。

　　K 均值＋＋（K-means＋＋）　这是最近提出的一种初始化 K 均值的新方法。该方法保证可以找到一个在 $O\log(k)$ 内的最优 K 均值聚类的解决方案，并且针对较低 SSE 而言，该方案在实践中可以获得明显更好的聚类结果。这种技术类似于刚刚讨论过的思想：随机挑选第一个质心，然后将余下的每个质心选取为尽可能远离其余质心。具体来说，K 均值＋＋增量地选取质心，直到 K 个质心都被选择了。在每一个这样的步骤中，每一个点都有一定概率被选为新的质心，并且该概率和该点到其最近质心的距离平方成比例。这种方法看似可能更倾向选择离群点作为质心，但由于离群点很稀少，根据定义来看，不太可能发生这

541

542
~
543

样的情况。

算法 7.2 给出了 K 均值＋＋初始化算法的细节。算法其余部分和普通 K 均值算法相同。

算法 7.2   K 均值＋＋初始化算法

1：随机选择一个点作为初始质心
2：**for** $i=1$ 到试验次数 **do**
3：   计算每个点到其最近质心的距离 $d(x)$
4：   为每个点分配一个与该点的 $d(x)^2$ 成比例的概率
5：   使用加权概率从剩余点中选择新的质心
6：**end for**

稍后，我们将讨论另外两种能产生较高质量（较低 SSE）聚类的方法：使用对初始化问题不太敏感的 K 均值的变种（二分 K 均值）、使用后处理来"修补"所产生的簇集。K 均值＋＋可以和二者中的任何一个方法结合使用。

4. 时间和空间复杂度

K 均值的空间需求是适度的，因为只需要存放数据点和质心。具体地说，所需要的存储量为 $O((m+K)n)$，其中 m 是点数，n 是属性数。K 均值的时间需求也是适度的，基本上与数据点个数线性相关。具体地说，所需要的时间为 $O(I \times K \times m \times n)$，其中 I 是收敛所需要的迭代次数。如前所述，I 通常很小，可以是有界的，因为大部分变化通常出现在前几次迭代中。因此，只要簇个数 K 显著小于 m，则 K 均值的计算时间与 m 线性相关，并且是有效的、简单的。

7.2.2   K 均值：附加的问题

1. 处理空簇

544

基本 K 均值算法存在的问题之一是：如果所有的点在指派步骤都没有分配到某个簇就会得到空簇。如果这种情况发生，则需要某种策略来选择一个替补质心。否则的话，平方误差将会偏大。一种方法是选择一个距离当前任何质心都最远的点。这将消除当前对总平方误差影响最大的点（K 均值＋＋方法同样适用）。另一种方法是随机从具有最大 SSE 的簇中选择一个替补质心。这将分裂簇并降低聚类的总 SSE。如果有多个空簇，则重复该过程多次。

2. 离群点

使用平方误差标准时，离群点可能过度影响所发现的簇。具体地说，当存在离群点时，所得簇的质心（原型）通常不如没有离群点时那样具有代表性，并且 SSE 也比较高。正因为如此，提前发现离群点并删除它们是有用的。然而需要注意的是，对一些聚类应用是不能删除离群点的。当聚类用来压缩数据时，必须对每个点聚类。在某些情况下（如财经分析），明显的离群点（如不寻常的有利可图的顾客）反而可能是最令人感兴趣的点。

一个明显的问题是如何识别离群点。第 9 章将讨论一些识别离群点的技术。如果使用在聚类前就删除离群点的方法，则能避免对那些不能很好聚类的点进行聚类。当然也可以在后处理中识别离群点。例如，可以记录每个点对 SSE 的影响，删除那些具有异乎寻常影响的点（尤其是多次运行算法时）。此外，我们还可能需要删除那些很小的簇，因为它们常常代表离群点构成的组。

3. 使用后处理降低 SSE

一种明显降低 SSE 的方法是找出更多簇，即使用较大的 K。然而，在许多情况下，我们希望降低 SSE，但并不想增加簇的个数。这种情况是可能的，因为 K 均值常常收敛于局部最小。可以使用多种技术来"修补"结果簇，以便产生具有较小 SSE 的聚类。策略是关注每一个簇，因为总 SSE 只不过是每个簇的 SSE 之和。（为了避免混请，我们将分别使用术语总 SSE 和簇 SSE。）通过在簇上进行诸如分裂和合并等操作，可以改变总 SSE。一种常用的方法是交替地使用簇分裂和簇合并。在分裂阶段将簇分开，而在合并阶段将簇合并。用这种方法，常常可以避开局部 SSE 最小，并且仍然能够得到具有期望个数簇的聚类。下面是一些用于分裂和合并阶段的技术。 545

通过增加簇个数来降低总 SSE 的两种策略如下。

- **分裂一个簇**：通常选择具有最大 SSE 的簇，但是我们也可以分裂在特定属性上具有最大标准差的簇。
- **引进一个新的质心**：通常选择离所有簇质心最远的点。如果我们记录每个点对 SSE 的影响，则可以轻松确定最远的点。另一种方法是从所有的点或者相对于最近的质心具有最高 SSE 的点中随机地选择。

减少簇个数，而且试图最小化总 SSE 的增长的两种策略如下。

- **拆散一个簇**：删除簇的对应质心，并将簇中的点重新指派到其他簇。理想情况下，被拆散的簇应当是使总 SSE 增加最少的簇。
- **合并两个簇**：通常选择质心最接近的两个簇，尽管另一种方法（合并两个导致总 SSE 增加最少的簇）或许更好。这两种合并策略与层次聚类使用的方法相同，分别称作质心方法和 Ward 方法。7.3 节将讨论这两种方法。

4. 增量地更新质心

可以在每次指派点到簇之后，增量地更新质心，而不是在所有的点都被指派到簇中之后才更新簇质心。注意，每步需要零次或两次簇质心的更新，因为一个点或者转移到一个新的簇（两次更新），或者留在它的当前簇（零次更新）。使用增量更新策略能确保不会产生空簇，因为所有的簇最开始都只有单个点，并且如果一个簇只有单个点，则该点总是被重新指派到相同的簇。 546

此外，使用增量更新可以调整点的相对权值。例如，点的权值通常随聚类的进行而减小。尽管这可能产生更好的准确率和更快的收敛性，但是在千变万化的情况下，选择好的相对权值可能是困难的。这些更新问题类似于人工神经网络的权值更新。

增量更新的另一个优点是使用不同于"最小化 SSE"的目标。假设给定任意一个度量簇集的目标函数，当我们处理某个点时，我们可以对每个可能的簇指派计算目标函数的值，然后从中选择优化目标的簇。可选的目标函数的具体例子在 7.5.2 节将给出。

缺点方面，增量地更新质心可能导致次序依赖性。换言之，所产生的簇可能依赖于点的处理次序。尽管随机地选择点的处理次序可以解决该问题，但是，基本 K 均值方法在把所有点指派到簇中之后才更新质心，并没有次序依赖性。此外，增量更新的开销也稍微大一些。然而，K 均值收敛相当快，因此切换簇的点数很快就会变小。

7.2.3　二分 K 均值

二分 K 均值算法是基本 K 均值算法的直接扩展，它基于一种简单想法：为了得到 K 个簇，将所有点的集合分裂成两个簇，从这些簇中选取一个继续分裂，如此下去，直到产生 K 个簇。算法 7.3 给出了二分 K 均值算法的细节。

算法 7.3　二分 K 均值算法

1：初始化簇表，使之包含由所有的点组成的簇
2：**repeat**
3：　从簇表中取出一个簇
4：　〈对选定的簇进行多次二分"试验"〉
5：　**for** $i=1$ 到试验次数 **do**
6：　　使用基本 K 均值二分选定的簇
7：　**end for**
8：　从二分试验中选择具有最小总 SSE 的两个簇
9：　将这两个簇添加到簇表中
10：**until** 簇表中包含 K 个簇

待分裂的簇有许多不同的选择方法。可以在每一步选择最大的簇，选择具有最大 SSE 的簇，或者使用一个基于大小和 SSE 的标准进行选择。不同的选择会产生不同的簇。

因为我们局部地使用了 K 均值算法，即二分个体簇，所以最终的簇集并不表示使总 SSE 达到局部最小的聚类。因此，我们通常使用结果簇的质心作为标准 K 均值算法的初始质心，以此对结果簇逐步求精。

例 7.3　二分 K 均值与初始化　为了说明二分 K 均值不太受初始化问题的影响，在图 7.8 中，我们展示二分 K 均值如何找到图 7.6a 所示数据集中的 4 个簇。迭代 1 找到了两个簇对，迭代 2 分裂了最右边的簇对，迭代 3 分裂了最左边的簇对。二分 K 均值不太受初始化的影响，因为它执行了多次二分试验并选取具有最小 SSE 的试验结果，以及在每步只有两个质心。

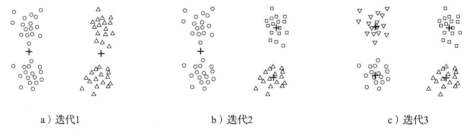

a）迭代1　　　　　　　　b）迭代2　　　　　　　　c）迭代3

图 7.8　4 个簇上的二分 K 均值例子

最后，通过记录 K 均值二分簇产生的聚类序列，还可以使用二分 K 均值产生层次聚类。

7.2.4　K 均值和不同的簇类型

对于发现不同的簇类型，K 均值及其变种都具有一些局限性。具体地说，当簇具有非球形状或具有不同尺寸或密度时，K 均值都很难检测到"自然的"簇，如图 7.9～图 7.11 所示。在图 7.9 中，K 均值不能发现那 3 个自然簇，因为其中一个簇比其他两个大得多，因此较大的簇被分开，而一个较小的簇与较大簇的一部分合并到了一起。在图 7.10 中，K 均值也未能发现那 3 个自然簇，因为两个较小的簇比较大的簇稠密得多。最后，在图 7.11 中，K 均值发现了两个簇（两个自然簇的混合体），因为这两个自然簇的形状不是球形的。

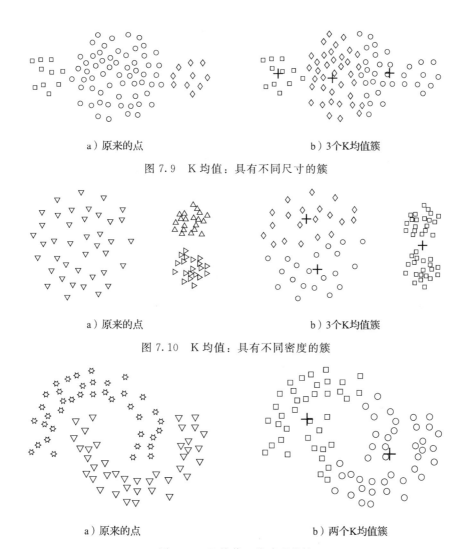

a）原来的点　　　　　　　　　　　　b）3个K均值簇

图 7.9　K 均值：具有不同尺寸的簇

a）原来的点　　　　　　　　　　　　b）3个K均值簇

图 7.10　K 均值：具有不同密度的簇

a）原来的点　　　　　　　　　　　　b）两个K均值簇

图 7.11　K 均值：非球形的簇

这三种情况的问题在于 K 均值的目标函数与我们试图发现的簇的类型不匹配，因为 K 均值目标函数是最小化等尺寸和等密度的球形簇，或者明显分离的簇。然而，如果用户愿意接受将一个自然簇分割成若干子簇的聚类，那么这些局限性在某种意义下是可以克服的。图 7.12 显示出了如果我们找 6 个簇，而不是 2 个或 3 个，前面 3 个数据集上会发生的情况。在仅包含一个自然簇的点这种情况下，每个较小的簇都是纯的。

7.2.5　优点与缺点

K 均值很简单，并且可以用于各种数据类型。它也相当有效，尽管常常运行多次。K 均值的某些变种（包括二分 K 均值）甚至更有效，并且不太受初始化问题的影响。然而，K 均值并不适合所有的数据类型。尽管指定足够大的簇个数时它通常可以发现纯子簇，但它不能处理非球形簇、不同尺寸和不同密度的簇。对包含离群点的数据进行聚类时，K 均值也存在问题。在这种情况下，检测和删除离群点会有很大帮助。最后，K 均值仅限用于具有中心（质心）概念的数据。一种相关的 K 中心点聚类技术虽然没有这种限制，但开销更大。

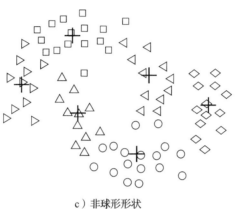

a）尺寸不等   b）密度不同

c）非球形形状

图 7.12   使用 K 均值发现自然簇的子簇

7.2.6   K 均值作为优化问题

这里，我们深入研究支撑 K 均值的数学问题。本节需要包括偏导数在内的微积分知识，不熟悉这方面知识的读者可以跳过本节，这样做并不会失去学习的连贯性。熟悉优化技术，特别是基于梯度下降的优化技术，可能也有帮助。

正如前面提到的，给定一个诸如"最小化 SSE"这样的目标函数，可以把聚类视为优化问题。解决该问题（找出全局最优）的一种方法是：枚举将点划分成簇的所有可能方法，然后选择能最好地满足目标函数（例如，最小化总 SSE）的簇集。当然，这种穷举的策略不是计算可行的，因此需要更实际的方法，即使这样的方法发现的解不能保证是最优的。一种称作**梯度下降**（gradient descent）的技术选择一个初始解，然后重复如下两步：计算能最好优化目标函数的解的变化，然后更新解。

我们假定数据是一维的，即 $\mathrm{dist}(x，y)=(x-y)^2$。这本质上没有改变任何东西，但是大大简化了论证过程。

1. 作为最小化 SSE 的算法的 K 均值推导

本节，我们说明，当邻近函数是欧几里得距离并且目标是最小化 SSE 时，如何从数学上推导出 K 均值的质心。具体地说，我们考察如何最好地更新簇质心，使得簇 SSE 最小化。使用数学术语，我们试图最简化式(7.1)。对于一维数据，式(7.1)可以写成：

$$\mathrm{SSE} = \sum_{i=1}^{K} \sum_{x \in C_i} (c_i - x)^2 \tag{7.4}$$

这里，C_i 是第 i 个簇，x 是 C_i 中的点，c_i 是第 i 个簇的均值。完整符号表见表 7.1。

可以对第 k 个质心 c_k 求解，最小化式(7.4)，即对 SSE 求导，令导数等于 0，求解 c_k，如下所示：

$$\frac{\partial}{\partial c_k}\text{SSE} = \frac{\partial}{\partial c_k}\sum_{i=1}^{K}\sum_{x \in C_i}(c_i - x)^2 = \sum_{i=1}^{K}\sum_{x \in C_i}\frac{\partial}{\partial c_k}(c_i - x)^2$$

$$= \sum_{x \in C_k}2 \times (c_k - x_k) = 0$$

$$\sum_{x \in C_k}2 \times (c_k - x_k) = 0 \Rightarrow m_k c_k = \sum_{x \in C_k}x_k \Rightarrow c_k = \frac{1}{m_k}\sum_{x \in C_k}x_k$$

552

这样，正如前面所指出的，使簇的 SSE 最小化的最佳质心是簇中各点的均值。

2. 为 SAE 推导 K 均值

为了表明 K 均值可以用于各种不同的目标函数，考虑如何将数据划分成 K 个簇，使得点到其簇中心的曼哈顿距离(L_1)之和最小。我们寻求最小化下式给出的 L_1 绝对误差之和(SAE)：

$$\text{SAE} = \sum_{i=1}^{K}\sum_{x \in C_i}\text{dist}_{L_1}(c_i, x) \tag{7.5}$$

其中，dist_{L_1} 是 L_1 距离。为了简单起见，再次使用一维数据，即 $\text{dist}_{L_1} = |c_i - x|$。

可以对第 K 个质心 c_k 求解，最小化式(7.5)，即对 SAE 求导，令其导数等于 0，求解 c_k，如下所示：

$$\frac{\partial}{\partial c_k}\text{SAE} = \frac{\partial}{\partial c_k}\sum_{i=1}^{K}\sum_{x \in C_i}|c_i - x| = \sum_{i=1}^{K}\sum_{x \in C_i}\frac{\partial}{\partial c_k}|c_i - x|$$

$$= \sum_{x \in C_k}\frac{\partial}{\partial c_k}|c_k - x| = 0$$

$$\sum_{x \in C_k}\frac{\partial}{\partial c_k}|c_k - x| = 0 \Rightarrow \sum_{x \in C_k}\text{sign}(x - c_k) = 0$$

如果对 c_k 求解，可以发现 $c_k = \text{median}\{x \in C_k\}$，即簇中各点的中位数。对一组点的中位数进行计算是直截了当的，并且较少受离群点扰动的影响。

553

7.3 凝聚层次聚类

层次聚类技术是第二类重要的聚类方法。与 K 均值一样，与许多聚类方法相比，这些方法相对较老，但是它们仍然被广泛使用。有两种产生层次聚类的基本方法。

- **凝聚的**：从点作为个体簇开始，每一步合并两个最接近的簇。这需要定义簇的邻近度概念。
- **分裂的**：从包含所有点的某个簇开始，每一步分裂一个簇，直到仅剩下单点簇。在这种情况下，我们需要确定每一步分裂哪个簇，以及如何分裂。

到目前为止，最常见的是凝聚层次聚类技术，本节只关注这类方法。分裂层次聚类技术将在 8.4.2 节介绍。

层次聚类常常使用称作**树状图**(dendrogram)的类似于树的图显示。该图显示簇-子簇联系和簇合并(凝聚)或分裂的次序。对于二维点的集合(如将用作实例的那些)，层次聚类也可以使用嵌套簇图(nested cluster diagram)表示。图 7.13 显示了对 4 个二维点集的这两种类型图的例子。这些点使用了 7.3.2 节介绍的单链技术聚类。

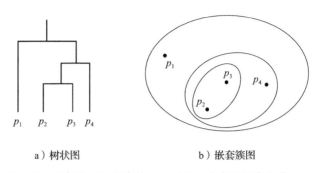

a）树状图　　　　　　　b）嵌套簇图

图 7.13　以树状图和嵌套簇图显示的 4 个点的层次聚类

7.3.1　基本凝聚层次聚类算法

许多凝聚层次聚类技术都是这个方法的变种：从个体点作为簇开始，相继合并两个最接近的簇，直到只剩下一个簇。算法 7.4 给出了对该方法的形式描述。

算法 7.4　基本凝聚层次聚类算法

1：如果需要，计算邻近度矩阵
2：**repeat**
3：　合并最接近的两个簇
4：　更新邻近度矩阵，以反映新的簇与原来的簇之间的邻近性
5：**until** 仅剩下一个簇

---

1. 定义簇之间的邻近度

算法 7.4 的关键操作是计算两个簇之间的邻近度，而簇的邻近度定义正好区分了我们将讨论的各种凝聚层次技术。簇的邻近性通常用特定的簇类型定义，见 7.1.3 节。例如，许多凝聚层次聚类技术，如 MIN、MAX 和组平均，都源于簇的基于图的观点。MIN 定义簇的邻近度为不同簇的两个最近的点之间的邻近度；或者使用图的术语表达为不同的结点子集中两个结点之间的最短边。这产生了图 7.2c 所示的基于邻近的簇。MAX 取不同簇中两个最远的点之间的邻近度作为簇的邻近度；或者使用图的术语表达为不同的结点子集中两个结点之间的最长边。（如果我们的邻近度是距离，则 MIN 和 MAX 这两个名字短小且有提示作用。然而，对于相似度，值越大表示点越近，这与 MIN 和 MAX 这两个名字的表面意思是相反的。因此，我们通常使用其他名字来表示，即**单链**（single link）和**全链**（complete link）。）另一种基于图的方法是**组平均**（group average）技术。它将取自不同簇的

所有点对邻近度的平均值（平均边长）定义为簇的邻近度。图 7.14 说明了这三种方法。

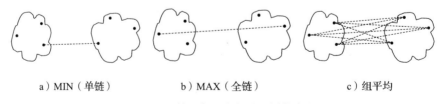

a）MIN（单链）　　　　　b）MAX（全链）　　　　　c）组平均

图 7.14　簇的邻近度的基于图的定义

如果取基于原型的观点，用质心代表簇，则不同的簇邻近度定义就会更加自然。使用质心时，簇的邻近度一般定义为簇质心之间的邻近度。另一种技术（Ward 方法）也假定用

质心表示簇，但它使用合并两个簇而导致的 SSE 增加来度量两个簇之间的邻近度。像 K 均值一样，Ward 方法也试图最小化点到其簇质心的距离的平方和。

2. 时间和空间复杂度

基本的凝聚层次聚类算法使用邻近度矩阵。这需要存储 $\frac{m^2}{2}$ 个邻近度（假定邻近度矩阵是对称的），其中 m 是数据点的个数。记录簇所需要的空间正比于簇的个数为 $(m-1)$，不包括单点簇。因此总的空间复杂度为 $O(m^2)$。

基本的凝聚层次聚类算法的计算复杂度分析也是很明确的，即需要 $O(m^2)$ 时间计算邻近度矩阵。之后，步骤 3 和 4 涉及 $(m-1)$ 次迭代，因为开始有 m 个簇，而每次迭代合并两个簇。如果邻近度矩阵采用线性搜索，则对于第 i 次迭代，步骤 3 需要 $O((m-i+1)^2)$ 时间，这正比于当前簇个数的平方。步骤 4 在合并两个簇后，只需要 $O(m-i+1)$ 的时间更新邻近度矩阵。（对于我们考虑的技术，簇合并会影响 $O(m-i+1)$ 个邻近度。）时间复杂度将为 $O(m^3)$。如果把某个簇到其他所有簇的距离存放在一个有序表或堆中，则查找两个最近簇的开销可能会降低到 $O(m-i+1)$。然而，由于维护有序表或堆的附加开销，基于算法 7.4 的层次聚类所需要的总时间为 $O(m^2 \log m)$。

层次聚类的空间和时间复杂度严重地限制了它所能够处理的数据集的大小。我们将在 8.5 节讨论聚类算法的可伸缩方法，包括层次聚类技术。注意，在 7.2.3 节提出的二分 K 均值算法是一个可伸缩的算法，可以产生层次聚类。

7.3.2　特殊技术

1. 样本数据

为了解释各种层次聚类算法，我们将使用包含 6 个二维点的样本数据，如图 7.15 所示。点的 x 和 y 坐标，以及点之间的欧几里得距离分别在表 7.3 和表 7.4 中给出。

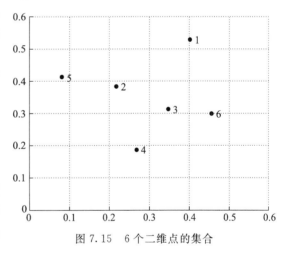

图 7.15　6 个二维点的集合

表 7.3　6 个点的 xy 坐标

点	x 坐标	y 坐标	点	x 坐标	y 坐标
p_1	0.4005	0.5306	p_4	0.2652	0.1875
p_2	0.2148	0.3854	p_5	0.0789	0.4139
p_3	0.3457	0.3156	p_6	0.4548	0.3022

表 7.4　6 个点的欧几里得距离矩阵

	p_1	p_2	p_3	p_4	p_5	p_6
p_1	0.00	0.24	0.22	0.37	0.34	0.23
p_2	0.24	0.00	0.15	0.20	0.14	0.25
p_3	0.22	0.15	0.00	0.15	0.28	0.11
p_4	0.37	0.20	0.15	0.00	0.29	0.22
p_5	0.34	0.14	0.28	0.29	0.00	0.39
p_6	0.23	0.25	0.11	0.22	0.39	0.00

2. 单链或 MIN

对于层次聚类的单链或 MIN 版本，两个簇的邻近度定义为两个不同簇中任意两点之间的最短距离（最大相似度）。使用图的术语，如果从所有点作为单点簇开始，每次在点之间加上一条链，最短的链先加，则这些链将点合并成簇。单链技术擅长处理非椭圆形状的簇，但对噪声和离群点很敏感。

例 7.4 单链 图 7.16 显示了将单链技术用于由 6 个点构成的数据集例子的结果。图 7.16a 用嵌套的椭圆序列显示嵌套的簇，其中与椭圆相关联的数指示聚类的次序。图 7.16b 显示了同样的信息，但使用树状图表示。树状图中，两个簇合并处的高度反映出两个簇的距离。例如，由表 7.4，我们看到点 3 和 6 的距离是 0.11，这就是它们在树状图里合并处的高度。作为另一个例子，簇{3，6}和簇{2，5}之间的距离是

$$\text{dist}(\{3,6\},\{2,5\}) = \min(\text{dist}(3,2),\text{dist}(6,2),\text{dist}(3,5),\text{dist}(6,5))$$
$$= \min(0.15,0.25,0.28,0.39) = 0.15$$

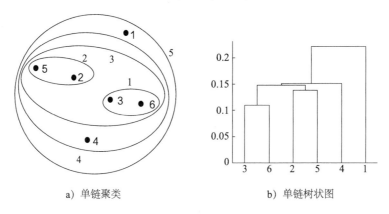

a) 单链聚类   b) 单链树状图

图 7.16   图 7.15 中 6 个点的单链聚类   ◀

3. 全链或 MAX 或团

对于层次聚类的全链或 MAX 版本，两个簇的邻近度定义为两个不同簇中任意两点之间的最长距离（最小相似度）。使用图的术语，如果从所有点作为单点簇开始，每次在点之间加上一条链，最短的链先加，则一组点直到其中所有的点都完全被连接（即形成团）才形成一个簇。完全连接对噪声和离群点不太敏感，但是它可能使大的簇破裂，并且偏好球形。

例 7.5 全链 图 7.17 显示了将 MAX 用于由 6 个点构成的数据集的结果。与单链一样，点 3 和 6 首先合并。然而，{3，6}与{4}合并，而不是与{2，5}或{1}合并，因为

$$\text{dist}(\{3,6\},\{4\}) = \max(\text{dist}(3,4),\text{dist}(6,4))$$
$$= \max(0.15,0.22) = 0.22$$
$$\text{dist}(\{3,6\},\{2,5\}) = \max(\text{dist}(3,2),\text{dist}(6,2),\text{dist}(3,5),\text{dist}(6,5))$$
$$= \max(0.15,0.25,0.28,0.39) = 0.39$$
$$\text{dist}(\{3,6\},\{1\}) = \max(\text{dist}(3,1),\text{dist}(6,1))$$
$$= \max(0.22,0.23) = 0.23$$

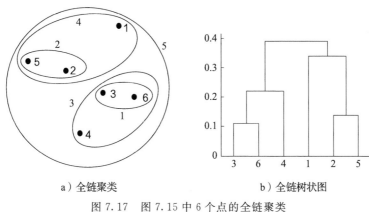

a）全链聚类   b）全链树状图

图 7.17 图 7.15 中 6 个点的全链聚类

4. 组平均

对于层次聚类的组平均版本，两个簇的邻近度定义为不同簇的所有点对邻近度的平均值。这是一种界于单链和全链之间的折中方法。对于组平均，簇 C_i 和 C_j 的邻近度 proximity$(C_i，C_j)$ 由下式定义：

$$\text{proximity}(C_i,C_j) = \frac{\displaystyle\sum_{y \in C_j}^{x \in C_i} \text{proximity}(x,y)}{m_i \times m_j} \tag{7.6}$$

例 7.6 **组平均** 图 7.18 显示了将组平均用于由 6 个点构成的数据集的结果。为了解释组平均如何工作，计算某些簇之间的距离：

$$\text{dist}(\{3,6,4\},\{1\}) = \frac{(0.22+0.37+0.23)}{(3 \times 1)} = 0.28$$

$$\text{dist}(\{2,5\},\{1\}) = \frac{(0.24+0.34)}{(2 \times 1)} = 0.29$$

$$\text{dist}(\{3,6,4\},\{2,5\}) = \frac{(0.15+0.28+0.25+0.39+0.20+0.29)}{(3 \times 2)} = 0.26$$

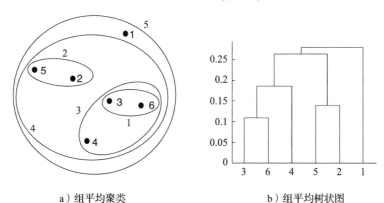

a）组平均聚类   b）组平均树状图

图 7.18 图 7.15 中 6 个点的组平均聚类

因为 dist$(\{3，6，4\}，\{2，5\})$ 比 dist$(\{3，6，4\}，\{1\})$ 和 dist$(\{2，5\}，\{1\})$ 小，簇 $\{3，6，4\}$，$\{2，5\}$ 在第 4 阶段合并。

5. Ward 方法和质心方法

对于 Ward 方法，两个簇的邻近度定义为两个簇合并时导致的平方误差的增量。这样一来，该方法使用的目标函数与 K 均值相同。尽管看上去这一特点使得 Ward 方法不同于其他层次聚类技术，但是可以从数学上证明：当将两个点间距离的平方作为它们之间的邻近度时，Ward 方法与组平均非常相似。

例 7.7 Ward 方法 图 7.19 显示了将 Ward 方法用于由 6 个点构成的数据集的结果。所产生的聚类与单链、全链、组平均是不同的。

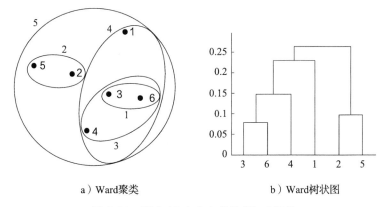

a）Ward聚类   b）Ward树状图

图 7.19　图 7.15 中 6 个点的 Ward 聚类 ◀

质心方法通过计算簇质心之间的距离来计算两个簇之间的邻近度。这种技术看上去与 K 均值类似，但正如我们论述的那样，Ward 方法才真正与它类似。

质心方法还具有一种我们讨论过的其他层次聚类技术不具备的特性（常被认为是坏的）：**倒置**（inversion）的可能性。具体地说，合并的两个簇可能比前一步合并的簇对更相似。对于其他方法，被合并的簇之间的距离随着层次聚类的进展单调地增加（或者，在最坏情况下不增加）。

7.3.3　簇邻近度的 Lance-Williams 公式

本节讨论的任何簇邻近度都可以看作簇 Q 和 R 之间邻近度的不同参数（式（7.7）显示的 Lance-Williams 公式）的一种选择，其中 R 是通过合并簇 A 和 B 形成的。在式（7.7）中，$p(.,.)$ 是邻近度函数，而 m_A、m_B 和 m_Q 分别是簇 A、B 和 Q 的点数。换言之，合并簇 A 和 B 形成簇 R 之后，新簇 R 与原簇 Q 的邻近度是 Q 与原来的簇 A 和 B 的邻近度的线性函数。表 7.5 给出了所讨论技术的这些系数值。

$$p(R,Q) = \alpha_A p(A,Q) + \alpha_B p(B,Q) + \beta p(A,B) + \gamma \, |p(A,Q) - p(B,Q)| \qquad (7.7)$$

表 7.5　常见层次聚类方法的 Lance-Williams 系数

聚类方法	α_A	α_B	β	γ
单链	$\dfrac{1}{2}$	$\dfrac{1}{2}$	0	$-\dfrac{1}{2}$
全链	$\dfrac{1}{2}$	$\dfrac{1}{2}$	0	$\dfrac{1}{2}$
组平均	$\dfrac{m_A}{m_A+m_B}$	$\dfrac{m_B}{m_A+m_B}$	0	0
质心	$\dfrac{m_A}{m_A+m_B}$	$\dfrac{m_B}{m_A+m_B}$	$\dfrac{-m_A m_B}{(m_A+m_B)^2}$	0
Ward	$\dfrac{m_A+m_Q}{m_A+m_B+m_Q}$	$\dfrac{m_B+m_Q}{m_A+m_B+m_Q}$	$\dfrac{-m_Q}{m_A+m_B+m_Q}$	0

任何可以使用 Lance-Williams 公式表示的层次聚类技术都不需要保留原来的数据点。也就是说，邻近度矩阵随聚类而更新。尽管使用通用公式，尤其是对于实现来说，通常是很吸引人的，但通过直接考察每种方法使用的簇邻近度定义，能更加容易理解层次聚类方法之间的不同。

562

7.3.4　层次聚类的主要问题

1. 缺乏全局目标函数

如前所述，凝聚层次聚类不能被视为全局优化目标函数。也就是说，凝聚层次聚类技术使用各种标准，在每一步局部地确定哪些簇应当合并（或分裂，对于分裂方法）。这种方法产生的聚类算法避开了解决困难的组合优化问题。（可以证明：对于诸如"最小化 SSE"这样的目标函数，一般聚类问题在计算上不可行。）此外，这样的方法不存在选择初始点的难题。尽管如此，在许多情况下，$O(m^2 \log m)$ 的时间复杂度和 $O(m^2)$ 的空间复杂度也阻碍了它们的应用。

2. 处理不同大小簇的能力

我们尚未讨论的一个凝聚层次聚类问题是：如何处理待合并的簇对的相对大小。（该讨论仅适用于涉及求和的簇邻近性方案，如质心、Ward 方法和组平均。）有两种方法：**加权**（weighted）方法平等地对待所有簇，**非加权**（unweighted）方法考虑每个簇的点数。注意：术语加权和非加权是对数据点而言的，而不是对簇。换言之，加权方法考虑到簇的大小而赋予不同簇中的点不同的权值，由此平等地对待不同大小的簇；而非加权方法则对不同簇中的点赋予相同的权值。

我们使用 7.3.2 节讨论的组平均技术解释这一点，它是组平均技术的非加权版本。在聚类文献中，该方法的全称是使用算术平均的、非加权的对组方法（Unweighted Pair Group Method using Arithmetic averages，UPGMA）。表 7.5 给出了更新簇相似度的公式，UPGMA 涉及的系数包括被合并的簇 A 和簇 B 的大小以及簇 A 和簇 B 中的点数 m_A、

563

m_B：$\alpha_A = \dfrac{m_A}{(m_A + m_B)}$，$\alpha_B = \dfrac{m_B}{(m_A + m_B)}$，$\beta = 0$，$\gamma = 0$。对于组平均的加权版本（称作 WPG-MA），这些系数都是常数，与簇大小无关：$\alpha_A = \dfrac{1}{2}$，$\alpha_B = \dfrac{1}{2}$，$\beta = 0$，$\gamma = 0$。通常，非加权的方法更可取，除非基于某种原因个体点具有不同的权值。例如，或许对象类别会被非均匀地抽样。

3. 合并决策是最终的

对于合并两个簇，凝聚层次聚类算法趋向于做出好的局部决策，因为它们可以使用所有点的逐对相似度信息。然而，一旦做出合并两个簇的决策，以后就不能再撤销。这种方法阻碍了局部最优标准变成全局最优标准。例如，尽管 Ward 方法使用 K 均值的"最小化平方误差"来决定合并哪些簇，但是每一层的簇并不代表总 SSE 局部最小。事实上，簇甚至是不稳定的，因为簇中的点可能离其他某个簇的质心更近，而离当前簇的质心更远。尽管如此，Ward 方法还是经常作为一种初始化 K 均值聚类的鲁棒方法被使用，表明局部"最小化平方误差"目标函数与全局"最小化平方误差"目标函数是有关联的。

有一些技术试图克服"合并是最终的"这一限制。一种方法试图通过如下方法来修补层次聚类：移动树的分支以改善全局目标函数。另一种方法使用划分聚类技术（如 K 均值）来创建许多小簇，然后从这些小簇出发进行层次聚类。

7.3.5 离群点

离群点增加了 SSE 并且扭曲了质心,从而给 Ward 方法和基于质心的层次聚类方法造成了很严重的问题。对于聚类方法,如单链、全链和组平均而言,离群点可能没有那么大的问题。随着这些算法不断进行层次聚类时,离群点或小规模的离群点趋向于形成单点簇或小簇,这些簇在合并阶段的后期才会与任意其他簇合并。通过丢弃不与其他簇合并的单点簇或小簇,可以删除离群点。

564

7.3.6 优点与缺点

具体的凝聚层次聚类算法的优缺点上面已经讨论过。通常,使用这类算法是因为基本应用(如创建一种分类法)需要层次结构。此外,有些研究表明,这些算法能够产生较高质量的聚类。然而,就计算量和存储需求而言,凝聚层次聚类算法是昂贵的。所有合并都是最终的,对于噪声、高维数据(如文档数据)也可能造成问题。反之,先使用其他技术(如 K 均值)进行部分聚类,那么这两个问题在某种程度上都能加以解决。

7.4 DBSCAN

基于密度的聚类寻找被低密度区域分离的高密度区域。DBSCAN 是一种简单、有效的基于密度的聚类算法,它解释了许多基于密度的聚类方法的重要概念。本节中,在考虑密度的主要概念之后,我们仅关注 DBSCAN。其他基于密度的聚类算法将在下一章中进行介绍。

7.4.1 传统的密度:基于中心的方法

尽管定义密度的方法没有定义相似度的方法多,但仍存在几种不同的方法。本节中,我们讨论 DBSCAN 使用的基于中心的方法。密度的其他定义将在第 8 章给出。

在基于中心的方法中,数据集中特定点的密度通过对该点 Eps 半径之内的点计数(包括点本身)来估计,如图 7.20 所示。点 A 的 Eps 半径内的点个数为 7,包括 A 本身。

565

该方法实现简单,但是点的密度取决于指定的半径。例如,如果半径足够大,则所有点的密度都等于数据集中的点数 m。同理,如果半径太小,则所有点的密度都是 1。在下一节讨论 DBSCAN 算法时,将给出一种针对低维数据确定合适半径的方法。

根据基于中心的密度进行点分类

密度的基于中心的方法使得我们可以将点分类为:(1)稠密区域内部的点(核心点);(2)稠密区域边缘上的点(边界点);(3)稀疏区域中的点(噪声或背景点)。图 7.21 使用二维点集图示了核心点、边界点和噪声点的概念。下文给出更详尽的描述。

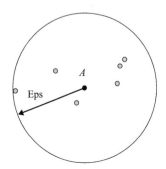

图 7.20 基于中心的密度

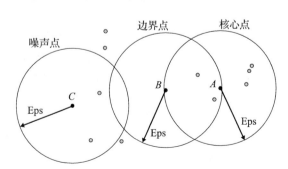

图 7.21 核心点、边界点和噪声点

- **核心点**(core point)：这些点在基于密度的簇内部。如果在距离该点 Eps 的范围内至少有 MinPts 个点，则该点为核心点，其中 Eps、MinPts 均为用户指定参数。在图 7.21 中如果 MinPts≥7，则对于给定的半径(Eps)，点 A 是核心点。
- **边界点**(border point)：边界点不是核心点，但它落在某个核心点的邻域内。在图 7.21 中，点 B 是边界点。边界点可能落在多个核心点的邻域内。
- **噪声点**(noise point)：噪声点是既非核心点也非边界点的任何点。在图 7.21 中，点 C 是噪声点。

7.4.2 DBSCAN 算法

给定核心点、边界点和噪声点的定义，DBSCAN 算法可以非正式地描述如下。任意两个足够靠近(相互之间的距离在 Eps 之内)的核心点将放在同一个簇中。同样，任何与核心点足够靠近的边界点也放到与核心点相同的簇中。(如果一个边界点靠近不同簇的核心点，则可能需要解决平局问题。)噪声点被丢弃。算法的细节在算法 7.5 中给出。该算法与原来的 DBSCAN 算法使用了相同概念并发现相同的簇，但是为了简洁，而不是为了有效，做了一些优化。

算法 7.5　DBSCAN 算法

1：将所有点标记为核心点、边界点和噪声点
2：删除噪声点
3：为距离在 Eps 之内的所有核心点之间赋予一条边
4：每组连通的核心点形成一个簇
5：将每个边界点指派到一个与之关联的核心点的簇中

1. 时间和空间复杂度

DBSCAN 的基本时间复杂度是 $O(m\times$ 找出 Eps 邻域中的点所需要的时间$)$，其中 m 是点的个数。在最坏情况下，时间复杂度是 $O(m^2)$。然而，在低维空间(尤其是二维空间)，有一些数据结构，如 kd 树，可以有效地检索特定点在给定距离内的所有点，因此平均时间复杂度可以降低到 $O(m\log m)$。即便对于高维数据，DBSCAN 的空间复杂度也是 $O(m)$，因为对每个点，它只需要维持少量数据，即簇标签和每个点是核心点、边界点还是噪声点的标识。

2. DBSCAN 参数选择

当然，还有如何确定参数 Eps 和 MinPts 的问题。基本方法是观察点到它的第 k 个最近邻的距离(称为 k-距离)的特性。对于属于某个簇的点，如果 k 不大于簇的大小的话，则 k-距离将很小。注意，尽管簇的密度因和点的随机分布不同而有一些变化，但是如果簇密度的差异不是很极端的话，在平均情况下变化不会太大。然而，对于不在簇中的点(如噪声点)，k-距离将相对较大。因此，如果对于某个 k，计算所有点的 k-距离，以递增次序将它们排序，然后绘制排序后的值，则会看到 k-距离的急剧变化，对应于合适的 Eps 值。如果选取该距离为 Eps 参数，而取 k 的值为 MinPts 参数，则 k-距离小于 Eps 的点将被标记为核心点，而其他点将被标记为噪声或边界点。

图 7.22 展示了一个样本数据集，图 7.23 给出了该数据的 k-距离图。用这种方法决定的 Eps 值取决于 k，但并不随 k 的改变而剧烈变化。如果 k 的值太小，则少量邻近点的噪声或离群点可能被错误地标记为簇。如果 k 的值太大，则小簇(尺寸小于 k 的簇)可能会标

记为噪声。最初的 DBSCAN 算法取 $k=4$，对于大部分二维数据集，看来是一个合理的值。

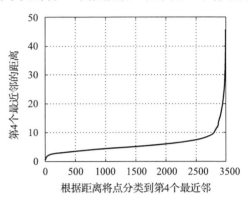

图 7.22　样本数据

图 7.23　样本数据的 k-距离

3. 变密度的簇

如果簇的密度变化很大，DBSCAN 可能会有问题。考虑图 7.24，它包含 4 个埋藏在噪声中的簇。簇和噪声区域的密度由它们的明暗度指出。较密的簇 A 和 B 周围的噪声的密度与簇 C 和 D 的密度相同。对于一个固定的 MinPts，如果设定一个 Eps 阈值，使得 DBSCAN 能发现 C 和 D 是两个不同的簇，并能识别它们周围的点为噪声，那么 A 和 B 及其周围的点将变成单个簇。如果设定 Eps 阈值，使得 DBSCAN 能发现 A 和 B 是分开的簇，并将它们周围的点标记为噪声，那么 C、D 及其周围的点也会被标记为噪声。

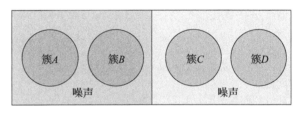

图 7.24　埋藏在噪声中的 4 个簇

4. 例子

为了解释如何使用 DBSCAN，我们展示图 7.22 给出的从相对复杂的二维数据集中发现的簇。该数据集包含 3000 个二维点。该数据的 Eps 阈值通过对每个点到其第 4 个最近邻的距离排序绘图（见图 7.23）并识别急剧变化处的值来确定。选取 Eps＝10，对应于曲线的拐点。使用这些参数（MinPts＝4，Eps＝10），DBSCAN 发现的簇显示在图 7.25a 中。核心点、边界点和噪声点显示在图 7.25b 中。

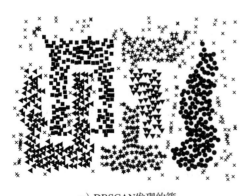

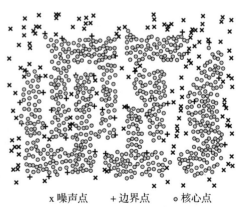

x 噪声点　　+ 边界点　　◦ 核心点

a）DBSCAN 发现的簇

b）核心点、边界点和噪声点

图 7.25　3000 个二维点的 DBSCAN 聚类

7.4.3 优点与缺点

因为 DBSCAN 基于密度定义簇，因此它相对来说能抗噪声，并且能够处理任意形状和大小的簇。这样，DBSCAN 可以发现许多使用 K 均值不能发现的簇，例如图 7.22 中的那些簇。然而，如前所述，当簇的密度变化太大时，DBSCAN 就会遇到麻烦。对于高维数据，它也会出现问题，因为对于这样的数据，更难定义密度。在 8.4.9 节会给出一种处理这些问题的可行方法。最后，当近邻计算需要计算所有的点对邻近度时（对于高维数据，常常如此），DBSCAN 的开销可能是很大的。

569
～
570

7.5 簇评估

对于监督分类，所得分类模型的评估是分类模型开发过程中必不可少的部分，并且存在被广泛接受的评估度量和过程，如准确率和交叉验证。然而，由于簇的特性，簇评估技术未被很好开发，或者说不是聚类分析普遍所使用的，尽管如此，簇评估或者更传统的称呼**簇验证**(cluster validation)还是重要的。本节将回顾一些最常用和容易使用的方法。

对于簇评估的必要性可能存在一些疑惑。在许多情况下，聚类分析作为试探性数据分析的一部分来实施。因此，评估似乎不必使得一个本来是非形式化的过程复杂化。此外，由于存在大量不同的簇类型（在某种意义下，每种聚类算法都定义了自己的簇类型），似乎每种情况都可能需要一种不同的评估度量。例如，K 均值簇可能需要用 SSE 来评估，但是有些基于密度的簇不是球形的，这时 SSE 就不起任何作用。

尽管如此，簇评估应当是聚类分析的一部分。它的主要目的是，几乎每种聚类算法都会在数据集中发现簇，即便该数据集根本没有自然的簇结构。例如，考虑图 7.26，它显示

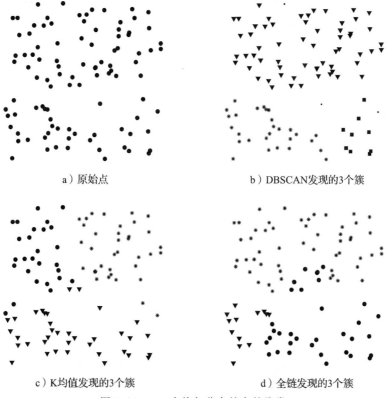

a）原始点　　　　　　　　　　b）DBSCAN发现的3个簇

c）K均值发现的3个簇　　　　　d）全链发现的3个簇

图 7.26　100 个均匀分布的点的聚类

了单位正方形上随机(均匀)分布的 100 个点的聚类结果。原始点显示在图 7.26a 中,而被 DBSCAN、K 均值和全链发现的簇分别显示在图 7.26b~d 中。由于 DBSCAN 发现了 3 个簇(在我们通过观察第 4 个最近邻的距离设定 Eps 之后),我们让 K 均值和全链也去找 3 个簇(在图 7.26b 中,噪声用较小的标记显示)。然而,这三种方法发现的簇看上去都不引人注目。在高维空间,这样的问题不容易检测到。

7.5.1 概述

能够识别数据中是否存在非随机结构正是簇验证的重要任务之一。下面列举了簇验证的一些重要问题。

1) 确定数据集的**聚类趋势**(clustering tendency),即识别数据中是否实际存在非随机结构。

2) 确定正确的簇个数。

3) 不引用附加的信息,评估聚类分析结果对数据拟合的情况。

4) 将聚类分析结果与已知的客观结果(如,外部提供的类别标签)比较。

5) 比较两个簇集,确定哪个更好。

注意,第 1~3 项不使用任何外部信息(它们是无监督技术),而第 4 项使用外部信息,第 5 项可以用有监督或无监督方式执行。根据第 3~5 项,还可以进一步区分是想评估整个聚类还是个别的簇?

尽管可以开发各种数值度量来评估上面提到的簇的有效性的不同方面,但是存在许多问题。首先,簇的有效性度量可能受限于它的可用范围。例如,聚类趋势度量方面的大部分工作都是针对二、三维空间数据。其次,我们需要框架来解释任意度量。对于评估簇标签与外部提供的类别标签的匹配情况的度量,如果得到一个值 10,那么这个值表示匹配是好、可以、还是差?匹配的优良度通常可以通过考察该值的统计分布来度量,即这样的值偶然出现的概率有多大。最后,如果度量复杂到难以使用或难以理解,那么很少有人愿意使用它。

用于评估簇的各方面的度量或指标一般分成如下 3 类。

- **无监督的**。聚类结构的优良性度量,不考虑外部信息,例如,SSE。簇的有效性的无监督度量常常可以进一步分成两类:**簇的凝聚性**(cluster cohesion)(紧凑性、紧致性),该度量确定簇中对象如何密切相关;**簇的分离性**(cluster separation)(孤立性),该度量确定某个簇不同于其他簇的地方。无监督度量通常称为**内部指标**(internal index),因为它们仅使用出现在数据集中的信息。

- **监督的**。度量聚类算法发现的聚类结构与某种外部结构的匹配程度。例如,监督指标的熵,它度量簇标签与外部提供的标签的匹配程度。监督度量通常称为**外部指标**(external index),因为它们使用了不在数据集中出现的信息。

- **相对的**。比较不同的聚类或簇。相对簇评估度量是用于比较的监督或无监督评估度量。因而,相对度量实际上不是一种单独的簇评估度量类型,而是度量的一种具体使用。例如,两个 K 均值聚类可以使用 SSE 或熵进行比较。

在本节的剩余部分,我们介绍关于簇有效性的具体内容。首先介绍关于无监督簇评估的主题:(1)基于凝聚性和分离性的度量,(2)两种基于邻近度矩阵的技术。由于这些方法仅用于部分簇集合,因此我们也介绍流行的共性分类相关系数。共性分类相关系数可以用于层次聚类的无监督评估,之后简略讨论找出正确的簇个数和评估聚类趋势的无监督评估。然后，我们考虑簇有效性的监督方法，如熵、纯度和 Jaccard 度量。最后，简略讨论如何解释(无监督或监督的)有效性度量值。

7.5.2　无监督簇评估：使用凝聚度和分离度

对于划分的聚类方案，簇有效性的许多内部度量都基于凝聚度和分离度概念。本节对基于原型和基于图的聚类技术，使用簇有效性度量来详细研究这些概念。在此过程中，我们也将看到基于原型和基于图的聚类技术之间的一些有趣联系。

通常，将 K 个簇的集合的总体簇有效性表示成个体簇有效性的加权和：

$$\text{总体簇有效性} = \sum_{i=1}^{K} w_i \, \text{validity}(C_i) \tag{7.8}$$

其中，validity($\cdot$)函数可以是凝聚度、分离度，或者这些量的某种组合。权值将因簇有效性度量而异。在某些情况下，权值可以简单地取 1 或者簇的大小；而在其他情况下(稍后讨论)，它们反映簇的复杂特性。

574

1. 凝聚度和分离度的基于图的观点

对于基于图的簇，簇的凝聚度可以定义为连接簇内点的邻近度图中边的加权和，如图 7.27a 所示。(回想一下，邻近度图以数据对象为结点，每对数据对象之间有一条边，并且每条边被指派了一个权值，它是边所关联的两个数据对象之间的邻近度。)同样，两个簇之间的分离度可以用从一个簇的点到另一个簇的点的边的加权和来度量，如图 7.27b 所示。

简单来说，基于图的簇的凝聚度和分离度可以分别用式(7.9)和式(7.10)表示。其中，proximity 函数可以是相似度、相异度。对于表 7.6 中的相似度来说，如果表示凝聚度，则值越大越好，如果表示分离度，则值越小越好。对于相异度情况刚好相反，较小的值对于凝聚度越好，较大的值对于分离度越好。更复杂的方法也是有可能的，但基本思想通常都像在图 7.27a 和 7.27b 中所体现的那样。

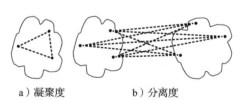

a) 凝聚度　　　　b) 分离度

图 7.27　凝聚度和分离度的基于图的观点

$$\text{cohesion}(C_i) = \sum_{\substack{x \in C_i \\ y \in C_i}} \text{proximity}(x, y) \tag{7.9}$$

$$\text{separation}(C_i, C_j) = \sum_{\substack{x \in C_i \\ y \in C_j}} \text{proximity}(x, y) \tag{7.10}$$

575

2. 凝聚度和分离度的基于原型的观点

对于基于原型的簇，簇的凝聚度可以定义为关于簇原型(质心或中心点)的邻近度的和。同理，两个簇之间的分离度可以用两个簇原型的邻近度度量。图 7.28 给出了图示，其中簇的质心用"＋"标记。

基于原型的凝聚度由式(7.11)给出，而两个分离性度量分别由式(7.12)和式(7.13)给出，其中 c_i 是簇 C_i 的原型(质心)，而 c 是总体原型(质心)。对于分离性，存在两种度量(在下一节

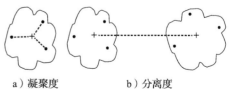

a) 凝聚度　　　　b) 分离度

图 7.28　凝聚度和分离度的基于原型的观点

中就会看到)，这是因为簇原型与总原型的分离度有时与簇原型之间的分离度直接相关。注意，如果取邻近度为平方欧几里得距离，则式(7.11)是簇的 SSE。

$$\text{cohesion}(C_i) = \sum_{x \in C_i} \text{proximity}(x, c_i) \tag{7.11}$$

$$\text{separation}(C_i, C_j) = \text{proximity}(c_i, c_j) \tag{7.12}$$

$$\text{separation}(C_i) = \text{proximity}(c_i, c) \tag{7.13}$$

3. 基于原型和基于图的凝聚度之间的关系

尽管度量簇的凝聚度和分离度的基于图的方法与基于原型的方法看上去截然不同，但是对于某些邻近度度量它们是等价的。例如，对于 SSE 和欧几里得空间的点，可以证明（见式(7.14)）簇中逐对点的平均距离等于簇的 SSE(见本章习题 27)。

$$\text{簇的 SSE} = \sum_{x \in C_i} \text{dist}(c_i, x)^2 = \frac{1}{2m_i} \sum_{x \in C_i} \sum_{y \in C_i} \text{dist}(x, y)^2 \tag{7.14}$$

4. 两种基于原型的分离度方法之间的关系

当邻近度用欧几里得距离度量时，簇之间分离度的传统度量是组平方和(SSB)，即簇质心 c_i 到所有数据点的总均值 c 的距离的平方和。式(7.15)给出了总 SSB，其中 c_i 是第 i 个簇的均值，而 c 是总均值。总 SSB 越高，簇之间的分离性越好。

$$\text{总 SSB} = \sum_{i=1}^{K} m_i \text{dist}(c_i, c)^2 \tag{7.15}$$

可以直接证明，总 SSB 与质心之间的逐对距离有直接关系。特别是，如果簇的大小相等，即 $m_i = \dfrac{m}{K}$，则该关系取式(7.16)给出的简单形式(见本章习题 28)。正是这类等价性列出了如式(7.12)和式(7.13)的原型分离度定义。

$$\text{总 SSB} = \frac{1}{2K} \sum_{i=1}^{K} \sum_{j=1}^{K} \frac{m}{K} \text{dist}(c_i, c_j)^2 \tag{7.16}$$

5. 凝聚度和分离度之间的关系

对于某些有效的方法，凝聚度和分离度之间也存在很强的关系。具体地说，可以证明总 SSE 和总 SSB 之和是一个常数，它等于总平方和(TSS)——每个点到数据的总均值的距离的平方和。这个结果的重要性在于：最小化 SSE(凝聚度)等价于最大化 SSB(分离度)。

下面，我们给出该事实的证明，该证明所用的方法也适用于证明前两节陈述的关系。为了简化证明过程，假定数据是一维的，即 $\text{dist}(x, y) = (x - y)^2$。证明中还使用了交叉项 $\sum_{i=1}^{K} \sum_{x \in C_i} (x - c_i)(c - c_i)$ 为 0 的事实(见本章习题 29)。

$$
\begin{aligned}
\text{TSS} &= \sum_{i=1}^{K} \sum_{x \in C_i} (x - c)^2 = \sum_{i=1}^{K} \sum_{x \in C_i} ((x - c_i) - (c - c_i))^2 \\
&= \sum_{i=1}^{K} \sum_{x \in C_i} (x - c_i)^2 - 2 \sum_{i=1}^{K} \sum_{x \in C_i} (x - c_i)(c - c_i) + \sum_{i=1}^{K} \sum_{x \in C_i} (c - c_i)^2 \\
&= \sum_{i=1}^{K} \sum_{x \in C_i} (x - c_i)^2 + \sum_{i=1}^{K} \sum_{x \in C_i} (c - c_i)^2 \\
&= \sum_{i=1}^{K} \sum_{x \in C_i} (x - c_i)^2 + \sum_{i=1}^{K} |C_i| (c - c_i)^2 = \text{SSE} + \text{SSB}
\end{aligned}
$$

6. 基于图和基于质心的凝聚度之间的关系

可以看出，基于图和基于质心的凝聚度方法针对欧几里得距离存在关系。为了简单起见，再次假定数据是一维的。回想一下，$c_i = \dfrac{1}{m_i} \sum_{y \in C_i} y$。

$$m_i^2 \mathrm{cohesion}(C_i) = m_i^2 \sum_{x \in C_i} \mathrm{proximity}(x, c_i) = \sum_{x \in C_i} m_i^2 (x - c_i)^2$$

$$= \sum_{x \in C_i} (m_i x - m_i c_i)^2 = \sum_{x \in C_i} \left(m_i x - m_i \left(\frac{1}{m_i} \sum_{y \in C_i} y \right) \right)^2$$

$$= \sum_{x \in C_i} \sum_{y \in C_i} (x - y)^2 = \sum_{\substack{x \in C_i \\ y \in C_i}} (x - y)^2 = \sum_{\substack{x \in C_i \\ y \in C_i}} \mathrm{proximity}(x, y)$$

一般来说，在质心对数据有意义的情况下，我们提出的简单的基于图或质心的簇有效性度量方法通常是有关联的。

7. 凝聚度和分离度的总度量

前面的凝聚度和分离度定义给出了簇的有效性的简单而严格定义的度量。通过使用加权和可以将它们组合成簇有效性的总度量，如式(7.8)所示。然而，我们需要决定使用什么权值。毫无疑问，可用的权值变化范围很大。通常，它们要么是簇大小的度量函数，要么是1，即平等对待所有簇，但也并非总是这样。

聚类工具箱(CLUstering TOoLkit，CLUTO)(见文献注释)使用表7.6中的簇评估度量，以及这里未提及的其他评估度量方法。只有余弦、相关性、Jaccard和欧几里得距离倒数等相似性度量方法被使用。$\mathcal{I}_1$ 用簇中对象的逐对相似性来度量凝聚度。$\mathcal{I}_2$ 基于簇中对象与簇质心的相似性之和或者簇中对象的逐对相似性来度量凝聚度。$\mathcal{E}_1$ 是一种分离度度量，定义为簇质心与总质心的相似性或者是簇中对象与其他簇中对象的逐对相似性。(尽管 $\mathcal{E}_1$ 是一种分离度的度量，但第二个方法的定义表明，尽管是在簇权值中，它也可以使用簇凝聚度。)$\mathcal{G}_1$ 是一种基于凝聚度和分离度的度量，是簇中所有对象与簇外所有对象的相似性之和(相似性图中将簇分开必须切断的边的总权值)除以簇内对象的逐对相似性之和。

579

表 7.6 基于图的簇评估度量表

名称	簇度量	簇权值	类型
$\mathcal{I}_1$	$\displaystyle\sum_{\substack{x \in C_i \\ y \in C_i}} \mathrm{sim}(x, y)$	$\dfrac{1}{m_i}$	基于图的凝聚度
$\mathcal{I}_2$	$\displaystyle\sum_{x \in C_i} \mathrm{sim}(x, c_i)$		基于原型的凝聚度
$\mathcal{I}_2$	$\sqrt{\displaystyle\sum_{\substack{x \in C_i \\ y \in C_i}} \mathrm{sim}(x, y)}$		基于原型的凝聚度
$\mathcal{E}_1$	$\mathrm{sim}(c_i, c)$	m_i	基于原型的分离度
$\mathcal{E}_1$	$\displaystyle\sum_{\substack{j=1 \\ }}^{k} \sum_{\substack{x \in C_i \\ y \in C_j}} \mathrm{sim}(x, y)$	$\dfrac{m_i}{\sqrt{\left(\sum\limits_{\substack{x \in C_i \\ y \in C_i}} \mathrm{sim}(x, y)\right)}}$	基于图的分离度
$\mathcal{G}_1$	$\displaystyle\sum_{\substack{j=1 \\ j \neq i}}^{k} \sum_{\substack{x \in C_i \\ y \in C_j}} \mathrm{sim}(x, y)$	$\dfrac{1}{\sum\limits_{\substack{x \in C_i \\ y \in C_i}} \mathrm{sim}(x, y)}$	基于图的凝聚度和分离度

注意，簇的有效性的任何无监督度量都可以作为聚类算法的目标函数使用。CLUTO采用一种类似于7.2.2节讨论的增量K均值算法来实现。具体地说，每个点指派到产生最优簇评估函数值的簇。簇评估度量 $\mathcal{I}_2$ 对应于传统的K均值，并产生具有较好SSE值的簇。其他度量产生的簇在SSE上取得的效果不太好，但是在特定的簇有效性度量上更优。

580

8. 评估个体簇和对象

迄今为止，我们一直关注使用凝聚度和分离度对一组簇进行总评估。许多簇的有效性度量也能用来评估个体簇和对象。例如，可以根据簇的有效性（即凝聚度和分离度）的具体值确定个体簇的秩。可以认为具有较高凝聚度值的簇比具有较低凝聚度值的簇好。这种信息通常可以用来提高聚类的质量。例如，如果簇的凝聚度不好，则可能希望将它分裂成若干个子簇。另一方面，如果两个簇相对凝聚，但分离度不好，则可能需要将它们合并成一个簇。

也可以使用对象对簇的总凝聚度或分离度的贡献，来评估簇中对象。对凝聚度和分离度贡献越大的对象就越靠近簇的"内部"，反之，对象可能离簇的"边缘"很近。下文考虑一种簇评估度量，它使用基于这些思想的方法来评估点、簇和整个簇集合。

9. 轮廓系数

流行的**轮廓系数**（silhouette coefficient）方法结合了凝聚度和分离度。下面的步骤解释如何计算个体点的轮廓系数。此过程由如下3步组成。我们使用距离，但是类似的方法可以使用相似度。

1）对于第 i 个对象，计算它到簇中所有其他对象的平均距离。该值记作 a_i。

2）对于第 i 个对象和不包含该对象的任意簇，计算该对象到给定簇中所有对象的平均距离。关于所有的簇，找出最小值。该值记作 b_i。

3）对于第 i 个对象，轮廓系数是 $s_i = \dfrac{(b_i - a_i)}{\max(a_i, \ b_i)}$。

轮廓系数的值在 −1 和 1 之间变化。我们不希望出现负值，因为负值表示点到簇内点的平均距离 a_i 大于点到其他簇的最小平均距离 b_i。我们希望轮廓系数是正的（$a_i < b_i$），并且 a_i 越接近 0 越好，因为当 $a_i = 0$ 时轮廓系数取其最大值 1。

可以简单地取簇中点的轮廓系数的平均值，计算簇的平均轮廓系数。通过计算所有点的平均轮廓系数，可以得到聚类优良性的总度量。

例 7.8 轮廓系数 图 7.29 显示了 10 个簇中点的轮廓系数图。较黑的阴影指示较小的轮廓系数。

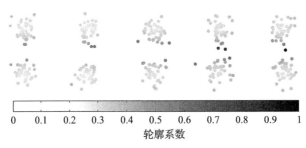

图 7.29　10 个簇中点的轮廓系数

7.5.3　无监督簇评估：使用邻近度矩阵

本节考察两种基于邻近度矩阵评估簇的有效性的无监督方法。第一种方法比较实际邻近度矩阵和理想邻近度矩阵，第二种方法使用可视化技术。

1. 关于无监督的簇评估度量方法的整体评价

除上述提到的方法外，还提出了许多其他评估簇的有效性的无监督方法。几乎所有的方法（包括上述已经给出的方法）都是基于划分和质心的聚类。需要注意的是，没有一个方法能很好地适用于基于连续性或密度的聚类。事实上，最近有一项对这些方法的评估（参见文献注释）显示，尽管有一些方法在处理诸如噪声、大小和密度的问题时表现良好，但是除了最近提出的一个称为基于最近邻的簇有效性指数（Clustering Validation index based on Nearest Neighbors，CVNN）方法外，没有任何一个方法可以处理任意形状的。当然，除却这一点之外，轮廓指数可以很好地处理其他问题。

582

　　诸如轮廓系数等大多数无监督的簇评估方法都包括凝聚度（紧密度）和分离度。当这些方法与划分聚类算法（如 K 均值）一起使用时，这些方法将逐渐减少直到发现"自然"簇的集合，并在簇被切分得"太细"后开始增长，因为这将影响分离度并且凝聚度不会有太大的改善。因此，这些方法提供了一种确定簇数量的方式。然而，如果聚类算法使用的簇定义与簇评估方法使用的簇定义不同，那么通过算法和验证方法识别出的最优簇集可以彼此区分开。例如，CLUTO 使用表 7.6 描述的方法来产生聚类，因此产生的聚类通常不会根据轮廓系数匹配最优的簇。这样统一适用于标准的 K 均值和 SSE。此外，如果确实存在不能被其他簇很好分离的子簇，那么整合两种方法仅能提供一个数据簇结构的粗略视图。另外需要考虑的是，当进行汇总聚类时，可能对数据的"自然"簇结构不感兴趣，反而更希望得到某个程度上的近似值，例如，希望将 SSE 降低到一定的水平。

　　一般来说，当没有太多的簇时，能更好地独立检查簇的凝聚度和分离度。我们将会更全面地了解每个簇的凝聚度以及每个成对的簇与其他簇分离的效果。例如，给定一个基于质心的聚类，我们可以计算出成对的簇的相似性或质心间的距离，即计算质心的距离或者相似度矩阵。刚刚描述的方法类似于考虑混淆矩阵的分类问题，而不是诸如准确率或 F-方法等分类方法。

2. 通过相关性度量簇的有效性

　　如果给定数据集的相似度矩阵和数据集聚类分析得到的簇标签，则可以通过考察相似度矩阵和基于簇标签的相似度矩阵的理想版本之间的相关性来评估聚类的"优良性"。（对下面内容稍加修改后也可用于邻近度矩阵，但是简单起见，我们此处只讨论相似度矩阵。）更具体地说，对于理想的簇，它包含的点与簇内所有点的相似度为 1，而与其他簇中的所有点的相似度为 0。这样，如果将相似度矩阵的行和列排序，使得属于相同簇的对象在一起，则理想的相似度矩阵具有**块对角**（block diagonal）结构。换言之，在相似度矩阵中代表簇内相似度的项的块内部相似度非零（为 1），而其他为 0。理想的相似度矩阵可以通过如下方法构造：创建一个矩阵，每个数据点一行一列（与实际的相似度矩阵类似），如果它所关联的一对点属于同一个簇，矩阵的一个项为 1。其他项均为 0。

583

　　理想的和实际的相似度矩阵之间的高度相关表明了属于同一个簇的点相互很接近，而二者间的低相关性表明相反的情况。（由于实际的和理想的相似度矩阵都是对称的，因此只需要对矩阵对角线下方或上方的 $\frac{n(n-1)}{2}$ 个项计算相关度。）对于许多基于密度和基于近邻的簇，这不是好的度量，因为它们不是球形的，并且常常与其他簇紧密地盘绕在一起。

例 7.9　实际的和理想的相似度矩阵　为了解释这种度量，我们对图 7.26c（随机数据）和图 7.30a（具有 3 个明显分离簇的数据）显示的 K 均值簇，计算理想和实际相似度矩阵之间的相关度。相关度分别为 0.5810 和 0.9235，这反映了所期望的结果——K 均值在随机数据上发现的簇没有比在具有明显分离的簇的数据上发现的簇效果好。　◀

3. 通过相似度矩阵可视地评价聚类

　　前面的技术使人联想起一种评价簇集合的一般的、定性的方法：先按照簇标签调整相似度矩阵的行列次序，然后画出它。从理论上讲，如果有明显分离的簇，则相似度矩阵应当粗略地是块对角的。如果不是，则相似度矩阵所显示的模式可能揭示了簇之间的关系。所有这些也可以用于相异度矩阵，但为了简单起见，我们只讨论相似度矩阵。

584

例 7.10 **可视化相似度矩阵**   考虑图 7.30a 中的点，它们形成 3 个明显分离的簇。如果使用 K 均值将这些点划分成 3 个簇，则可以轻松地发现这 3 个簇，因为它们明显分离。这些簇的分离性由图 7.30b 显示的重新排序的相似度矩阵图示。（为了一致，我们使用公式 $s = 1 - (d - \min\_d)/(\max\_d - \min\_d)$ 将距离变换成相似度。）图 7.31 显示了 DBSCAN、K 均值和全链在图 7.26 的随机数据集中发现的簇的相似度矩阵。

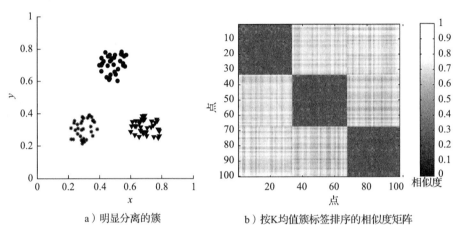

a）明显分离的簇   b）按K均值簇标签排序的相似度矩阵

图 7.30   明显分离的簇的相似度矩阵

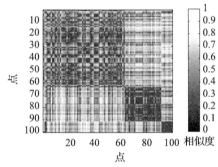

a）按DBSCAN簇标签排序的相似度矩阵

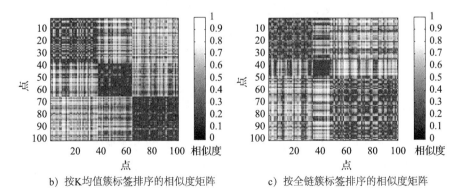

b）按K均值簇标签排序的相似度矩阵   c）按全链簇标签排序的相似度矩阵

图 7.31   随机数据的簇的相似度矩阵

图 7.30 中明显分离的簇在重新排序的相似度矩阵中显示了很强的块对角模式。然而，在随机数据中，DBSCAN、K 均值和全链方法发现的簇的重新排序的相似度矩阵中也存在弱块对角模式（见图 7.31）。正如人可以发现云中的模式一样，数据挖掘算法也可以发现随机数据中的簇。尽管发现云中的模式是一种娱乐，但是发现噪声中的簇毫无意义，并且还可能会妨碍我们的工作。

对于大型数据集，该方法的开销极大，因为相似度计算需要 $O(m^2)$ 时间，其中 m 是对象的个数。但是，若使用抽样，该方法仍然可以使用。可以从每个簇抽取数据点样本，计算这些点之间的相似度，然后对结果绘图。可能需要对小簇多抽样，对大簇少抽样，以得到对所有簇的足够多的代表。

7.5.4 层次聚类的无监督评估

前面的簇评估方法是为划分聚类设计的。这里，我们讨论一种用于层次聚类的流行的评估度量——共性分类相关。两个对象之间的**共性分类距离**（cophenetic distance）是凝聚层次聚类技术首次将对象放在同一个簇时的邻近度。例如，如果在凝聚层次聚类进程的某个时刻，两个合并的簇之间的最小距离是 0.1，则一个簇中的所有点关于另一个簇中各点的共性距离都是 0.1。在共性分类距离矩阵中，项是每对对象之间的共性分类距离。点集的每个层次聚类的共性分类距离不同。

例 7.11 共性分类距离矩阵 表 7.7 显示了图 7.16 中的单链聚类的共性分类距离矩阵。（图 7.16 中的数据由图 2.18a 给出的 6 个二维点组成。）

表 7.7 单链和图 2.18a 中数据的共性分类距离矩阵

点	P_1	P_2	P_3	P_4	P_5	P_6
P_1	0	0.222	0.222	0.222	0.222	0.222
P_2	0.222	0	0.148	0.151	0.139	0.148
P_3	0.222	0.148	0	0.151	0.148	0.110
P_4	0.222	0.151	0.151	0	0.151	0.151
P_5	0.222	0.139	0.148	0.151	0	0.148
P_6	0.222	0.148	0.110	0.151	0.148	0

共性分类相关系数（Cophenetic Correlation Coefficient，CPCC）是该矩阵的项与原来的相异矩阵的项之间的相关度，是（特定类型的）层次聚类对数据拟合程度的标准度量。该度量的最常见应用是，对于特定的数据类型，评估哪种类型的层次聚类最好。

例 7.12 共性分类相关系数 对图 7.16～图 7.19 显示的层次聚类计算 CPCC，并在表 7.8 中给出这些值。由结果来看单链技术产生的层次聚类似乎不如由全链、组平均和 Ward 方法产生的聚类。

表 7.8 图 2.18a 中的数据和 4 种凝聚层次聚类技术的共性分类相关系数

技术	CPCC	技术	CPCC
单链	0.44	组平均	0.66
全链	0.63	Ward	0.64

7.5.5 确定正确的簇个数

多种无监督簇评估度量都可以用来近似地确定正确的或自然的簇个数。

例 7.13　簇的个数　图 7.29 的数据集有 10 个自然簇。图 7.32 给出了该数据集的
(二分)K 均值聚类发现的簇个数的 SSE 曲线，而图 7.33 展示了相同数据的簇个数的平
均轮廓系数曲线。当簇个数等于 10 时，SSE 有一个明显的拐点，而轮廓系数有一个明
显的尖峰。

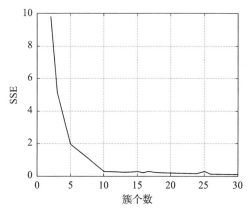
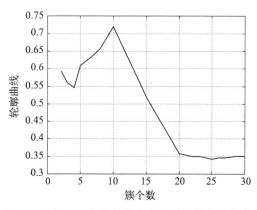

　图 7.32　图 7.29 的数据簇个数的 SSE 曲线　　图 7.33　图 7.29 的数据簇个数的平均轮廓系数曲线

这样，我们可以尝试通过寻找簇个数的评估度量曲线图中的拐点、尖峰或下降点发现
簇的自然个数。当然，这种方法并不总是有效的。与图 7.29 相比，簇可能盘绕得或交叠
得更厉害。此外，数据中也可能包含嵌套的簇。事实上，图 7.29 中的簇也有点儿嵌套，
即有 5 对簇，因为上下的簇比左右的簇更靠近。SSE 曲线中有一个拐点可以指明这一点，
但是轮廓系数曲线并没有这么清楚地给出指示。总而言之，尽管需要小心，刚才讨论的技
术还是可以帮助我们洞察数据中簇的个数。

7.5.6　聚类趋势

一种显而易见的确定数据集中是否包含簇的方法是试着对它聚类。然而，几乎所有的
聚类算法都会从给定数据集中责无旁贷地发现簇。为了处理这一问题，我们可以评估所得
簇，并且至少有些簇具有良好的质量时，才称数据集包含簇。然而，事实上数据集中存在
的簇与聚类算法所能发现的簇类型可能不同，如果出现这种情况，该方法就不能处理。为
了解决这个问题，我们可以使用多种算法来评估所得簇的质量。如果簇的质量都很差，则
可能表明数据中确实没有簇。

换一种方式，我们可以关注聚类趋势度量——试图评估数据集中是否包含簇，而不进
行聚类。最常用的方法(特别是对欧几里得空间数据)是使用统计检验来检验空间随机性。
然而，选择正确的模型、估计参数、评估数据是非随机的假设的统计数据，这些可能非常
具有挑战性。尽管如此，人们已经开发了许多方法，其中大部分都是针对低维欧几里得空
间中的点。

例 7.14　Hopkins 统计量　对于该方法，产生 p 个随机地分布在数据空间中的点，并
且也抽取 p 个实际数据点。对于这两个点集，找出每个点到原数据集的最近邻距离。设 u_i
是人工产生的点的最近邻距离，而 w_i 是样本点到原数据集的最近邻距离。Hopkins(霍普
金斯)统计量 H 由式(7.17)定义：

$$H = \frac{\sum_{i=1}^{p} w_i}{\sum_{i=1}^{p} u_i + \sum_{i=1}^{p} w_i} \tag{7.17}$$

如果随机产生的点与样本点具有大致相同的最近邻距离，则 H 将在 0.5 左右。H 值接近 0 或 1 分别表明数据是高度聚类的和数据在数据空间是有规律分布的。为了举例说明，对于 $p=20$ 和 $p=100$ 的不同实验，计算了图 7.26 中数据的 Hopkins 统计量。H 的平均值为 0.56，标准差为 0.03。对图 7.30 中明显分离的数据据点做相同实验。H 的平均值为 0.95，标准差为 0.006。　　◀

7.5.7　簇有效性的监督度量

数据的外部信息通常是从外部导出的数据对象的类别标签形式。在这种情况下，通常的做法是度量簇标签与类别标签的对应程度。但是，这样做的目的是什么？归根结底，如果有了类别标签，进行聚类分析的目的何在？这种分析的动机是比较聚类技术与"基本事实"，或评估人工分类过程在多大程度上可由聚类分析自动地实现，例如对新闻报道的聚类。另外一个潜在的动机是评估在同一个簇中的对象是否可能具有相同的半监督学习技术。

考虑两类不同的方法。第一组技术使用分类的度量，如熵、纯度和 F 度量。这些度量评估簇包含单个类的对象的程度。第二组方法涉及二元数据的相似性度量，例如第 2 章介绍的 Jaccard 度量。这些方法度量同一类的两个对象处于同一簇中的程度，反之亦然。为了方便起见，我们分别称这两类度量为**面向分类的**（classification-oriented）和**面向相似性的**（similarity-oriented）。

1. 面向分类的簇有效性度量

有许多普遍用于评估分类模型性能的度量。本节将讨论 5 种度量：熵、纯度、精度、召回率和 F 度量。对于分类问题，度量的是预测的类别标签与实际类别标签的对应程度，但是对于以上提到的几种度量，使用的是簇标签而不是预测类别标签，因此不需要做出大的改变。下面将在介绍簇的背景中简略回顾这些度量的定义。

- **熵**：每个簇由单个类的对象组成的程度。对于每个簇，首先计算数据的类分布，即对于簇 i，计算簇 i 的成员属于类 j 的概率 $p_{ij}=\dfrac{m_{ij}}{m_i}$，其中 m_i 是簇 i 中对象的个数，而 m_{ij} 是簇 i 中类 j 的对象个数。使用类分布，根据标准公式 $e_i = -\sum_{j=1}^{L} p_{ij} \log_2 p_{ij}$ 计算每个簇 i 的熵，其中 L 是类的个数。簇集合的总熵用每个簇的熵的加权和计算，即 $e = \sum_{i=1}^{K} \dfrac{m_i}{m} e_i$，其中 K 是簇的个数，而 m 是数据点的总数。

- **纯度**：簇包含单个类的对象的另一种度量程序。使用前面的术语，簇 i 的纯度是 $\text{purity}(i) = \max_j p_{ij}$，而聚类的总纯度是 $\sum_{i=1}^{K} \dfrac{m_i}{m} \text{purity}(i)$。

- **精度**：簇中一个特定类的对象所占的比例。簇 i 关于类 j 的精度是 $\text{precision}(i, j) = p_{ij}$。

- **召回率**：簇包含一个特定类的所有对象的程度。簇 i 关于类 j 的召回率是 $\text{recall}(i,$

$j)=\dfrac{m_{ij}}{m_j}$，其中 m_j 是类 j 的对象个数。

- **F 度量**：精度和召回率的组合，度量在多大程度上，簇只包含一个特定类的对象和包含该类的所有对象。簇 i 关于类 j 的 F 度量是 $F(i,j)=(2\times \text{precision}(i,j)\times \text{recall}(i,j))/(\text{precision}(i,j)+\text{recall}(i,j))$。后文给出了在讨论簇对于层次聚类的有效性时，对于一组簇的 F 度量、划分或者分层。

例 7.15 **监督评估度量**   我们提供一个例子解释这些度量。具体地说，我们会以余弦相似性度量使用 K 均值，对取自《洛杉矶时报》的 3204 篇新闻报道进行聚类。这些报道取自 6 个不同的类：娱乐、财经、国外、都市、国内和体育。表 7.9 显示了 K 均值聚类发现 6 个簇的结果。第一列指示簇，而接下来的六列形成混淆矩阵，即这些列指出每个类的文档在这些簇中如何分布。最后两列分别是熵和纯度。

表 7.9   《洛杉矶时报》文档数据集的 K 均值聚类结果

簇	娱乐	财经	国外	都市	国内	体育	熵	纯度
1	3	5	40	506	96	27	1.2270	0.7474
2	4	7	280	29	39	2	1.1472	0.7756
3	1	1	1	7	4	671	0.1813	0.9796
4	10	162	3	119	73	2	1.7487	0.4390
5	331	22	5	70	13	23	1.3976	0.7134
6	5	358	12	212	48	13	1.5523	0.5525
合计	354	555	341	943	273	738	1.1450	0.7203

理想情况下，每个簇仅包含来自一个类的文档。事实上，每个簇包含来自多个类的文档。尽管如此，许多簇包含的文档主要来自一个类。具体地说，簇 3 包含的文档大部分来自体育版，纯度和熵都异常好。其他簇的纯度和熵没有这么好，但是如果数据被划分成更多的簇，则它们可能大幅度提高。

可以对每个簇计算精度、召回率和 F 度量。为了给出一个具体的例子，考虑表 7.9 的簇 1 和都市类。精度是 $\dfrac{506}{677}=0.75$，召回率 $\dfrac{506}{943}=0.26$，因而 F 值是 0.39。相比之下，簇 3 和体育的 F 值是 0.94。在分类中，混淆矩阵可以给出最多的信息量。◀

2. 面向相似性的簇有效性度量

本节讨论的度量都基于这样一个前提：同一个簇的任意两个对象也应当在同一个类，反之亦然。我们可以把这种簇的有效性方法看作两个矩阵的比较：(1)前面讨论过的**理想的簇相似矩阵**，如果两个对象 i 和 j 在同一个簇中，其第 ij 项为 1，否则为 0；(2)关于类别标签定义的**理想的类相似度矩阵**(ideal class similarity matrix)，如果两个对象 i 和 j 在同一个类，其第 ij 项为 1，否则为 0。与前面一样，我们可以取这些矩阵的相关度作为簇有效性的度量。在聚类有效性文献中，该度量称作 Γ 统计量。

例 7.16 **簇和类矩阵之间的相似性**   为了更具体地解释这一思想，我们给出一个例子，涉及 5 个数据点 p_1、p_2、p_3、p_4 和 p_5，2 个簇 $C_1=\{p_1, p_2, p_3\}$、$C_2=\{p_4, p_5\}$，以及 2 个类 $L_1=\{p_1, p_2\}$，$L_2=\{p_3, p_4, p_5\}$。表 7.10 和表 7.11 分别给出了理想的簇和类相似度矩阵。这两个矩阵项之间的相关度是 0.359。

表 7.10 理想的簇相似度矩阵

点	p_1	p_2	p_3	p_4	p_5
p_1	1	1	1	0	0
p_2	1	1	1	0	0
p_3	1	1	1	0	0
p_4	0	0	0	1	1
p_5	0	0	0	1	1

表 7.11 理想的类相似度矩阵

点	p_1	p_2	p_3	p_4	p_5
p_1	1	1	0	0	0
p_2	1	1	0	0	0
p_3	0	0	1	1	1
p_4	0	0	1	1	1
p_5	0	0	1	1	1

更一般地，可以使用 2.4.5 节介绍的任何二元相似性度量。(例如，可以将这两个矩阵转换成二元向量。)重述用于定义这些相似度量的 4 个量，但是稍加修改，以适合当前情况。具体地说，我们需要对所有的不同对象对，计算如下 4 个量。(如果 m 是对象的个数，则这样的对象对有 $\frac{m(m-1)}{2}$ 个。)

- f_{00}＝具有不同的类和不同的簇的对象对的个数
- f_{01}＝具有不同的类和相同的簇的对象对的个数
- f_{10}＝具有相同的类和不同的簇的对象对的个数
- f_{11}＝具有相同的类和相同的簇的对象对的个数

特殊地，在这种情况下，称作 Rand 统计量的简单匹配系数 Jaccard 系数是两种最常使用的簇有效性度量。

$$\text{Rand 统计量} = \frac{f_{00} + f_{11}}{f_{00} + f_{01} + f_{10} + f_{11}} \tag{7.18}$$

$$\text{Jaccard 系数} = \frac{f_{11}}{f_{01} + f_{10} + f_{11}} \tag{7.19}$$

◀

例 7.17 Rand 和 Jaccard 度量 根据这些公式，可以立即计算基于表 7.10 和表 7.11 的例子的 Rand 统计量和 Jaccard 系数。注意，$f_{00}=4$，$f_{01}=2$，$f_{10}=2$，$f_{11}=2$，Rand 统计量$=\frac{(2+4)}{10}=0.6$，而 Jaccard 系数$=\frac{2}{(2+2+2)}=0.33$。

还要注意，这 4 个量 f_{00}、f_{01}、f_{10} 和 f_{11} 定义了相依表，如表 7.12 所示。

表 7.12 确定对象对是否在相同的类和相同的簇的二路列联表

	相同的簇	不同的簇
相同的类	f_{11}	f_{10}
不同的类	f_{01}	f_{00}

◀

在前面的 5.7.1 节关联分析的背景下，我们广泛地讨论了可以用于这类列联表的关联度量(对比表 7.12 和表 5.6),这些度量也适用于簇有效性。

3. 层次聚类的簇有效性

到目前为止,本节仅对划分聚类讨论了簇有效性的监督度量。各种原因(包括先前存在的层次结构常常不存在)使得层次聚类的监督评估更加困难。此外,尽管在层次聚类中通常存在相对较纯的簇,但随着聚类的发展,簇将变得不再纯粹。基于 F 度量的方法的关键思想是:评估层次聚类是否对于每个类,都至少有一个相对较纯的簇并且包含了该类的大部分对象。为了根据此目标评估层次聚类,我们对每个类,计算簇层次结构中每个簇的 F 度量。对于每个类,取最大 F 度量。最后,通过计算每类的 F 度量的加权平均,计算层次聚类的总 F 度量,其中,权值是基于类的大小。该层次 F 度量在形式上的定义如下:

$$F = \sum_j \frac{m_j}{m} \max_i F(i,j)$$

其中,最大值在所有层的所有簇 i 上取,m_j 是类 j 中对象的个数,而 m 是对象的总数。注意这个方法也可以应用于未修改的划分聚类。

7.5.8 评估簇有效性度量的显著性

簇有效性度量旨在帮助我们度量所得到的簇的优良性,通常用单个数字作为这种优良性的度量表示。然而,我们也因此面临解释该数显著性的问题——一项可能更加困难的任务。

在许多情况下,簇评估度量的最小值和最大值可能提供某种指导。例如,如果相信类别标签,并且希望簇结构反映类结构,则根据定义,可以认为纯度为 0 是坏的,而纯度为 1 是好的。同理,SSE 为 0 以及熵为 0 都表示好的。

但是,有时可能没有最小值或最大值,或者数据的尺度也可能影响解释。此外,即使存在能提供明显解释意义的最小值和最大值,中间值也需要解释。在某些情况下,我们可以使用绝对标准。例如,如果为了实用而进行聚类,则在用质心近似对象点时,我们或许只能容忍一定程度的误差。

但是,如果不是这种情况,那必须做一些别的事情。一种常用的方法是用统计学术语解释有效性度量值。具体来讲,我们试图确定观测值是随机得到的可能性有多大。如果值是不寻常的,则它是好的,即它不像是随机结果。这种方法的动机是,我们只对能反映数据中非随机结构的簇感兴趣,并且这样的结构应当产生异常高(低)的簇有效性度量值,至少在有效性度量的目的是反映强簇结构的存在性时应当如此。

例 7.18 SSE 的显著性 我们用一个基于 K 均值和 SSE 的例子加以解释。假定我们想要度量图 7.30 中明显分离的簇相对于随机数据更好的程度。我们产生多个包含 100 个点的随机数据集,它们与 3 个簇中的点具有相同的值域;使用 K 均值在每个数据集上找到 3 个簇,然后收集这些簇的 SSE 分布。使用这一分布,我们可以估计原来簇的 SSE 值的概率。图 7.34 显示了 500 次随机运行的 SSE 的直方图,由图可见,最低 SSE 是 0.0173,而对于图 7.30 中的 3 个簇,SSE 是

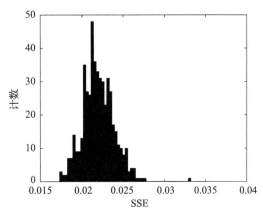

图 7.34　500 个随机数据集的 SSE 直方图

0.0050。因此，可以保守地认为，像图 7.30 那样的聚类随机出现的可能性不超过 1%。◀

在前面的示例中，使用随机化来评估一个簇有效性度量的统计显著性。然而，诸如休伯特 Γ 统计等一些方法，其分布是已知的并且可以用于评估度量。此外，通过减去平均值并除以标准差，可以计算出度量的标准化版本。更多细节可以参见文献注释。

我们强调簇评估（监督或无监督）绝对不仅仅是为了得到簇有效性的数值度量。除非该值在度量的定义下具有自然的解释，否则我们需要以某种方式去解释它。如果将簇评估度量定义为较低的值，则预示较强的簇，当已知评估度量的分布时，就可以使用统计学方法评估得到的值是否异乎寻常得低（高）。我们提供了如何发现这种分布的例子，但是该主题远非如此简单。建议读者阅读文献注释获取更多要点。

即使将评估度量值视为相对度量（即比较两个簇），我们仍需要评价两个簇评估度量之间的差别的显著性。即使一个值几乎总是比另一个好，也很难确定二者的差别是否显著。注意，这种显著性有两个方面：差别是否是统计显著的（可重复的），差别的量级对于应用是否有意义。尽管 1% 的差别是相容可再产生的，但许多人都认为其不是显著的。

7.5.9 簇有效性度量的选择

评估簇有效性的方法还有很多。不少书籍和文章都提出了若干更优的方法。本节提供一些高层次的指导。首先，区分聚类是否用于总结或者理解是非常重要的。如果用于总结，则通常不涉及典型的类别标签，并且目标是被最大化压缩的。通常通过查找能最小化目标与其最近的簇质心的距离的簇来解决这类问题。事实上，聚类过程的目标通常是最小化表示错误。诸如 SSE 等度量更适合于这种应用。

如果聚类的目的是理解，那么情况会更加复杂。在无监督情况下，几乎所有的方法都试图最大化凝聚度和分离度。一些度量方法为特定的 K 值（簇的数量）获得“最佳”值。尽管这些方法看起来很有吸引力，但通常也只能识别一个“正确的”簇数量，即使存在子簇也是如此。（回想一下，K 均值中的凝聚度和分离度持续增加，直到每个点归属于一个簇。）更一般地讲，如果簇数量不是很大，那么手动测试每个簇的凝聚度和逐对分离度也是有效的。然而，需要注意的是，簇有效性度量很少适用于具有不规则和交织形状的连续性或基于密度的簇。

在监督情况下，聚类总是以生成可理解的簇为目标，聚类的理想结果是生成可与潜在的类结构相匹配的簇。评估不同簇和类之间的匹配情况是一个重要的问题。之前讨论的 F 度量和分层 F 度量可以作为如何评估这种匹配的示例。其他相关示例可以参见文献注释中的相关簇评估部分。无论如何，当簇数量相对较小的时候，混淆矩阵能比其他单一的簇有效性度量提供更多信息，因为它指示了哪些类更容易与其他哪些类一起出现在簇中。需要注意的是，可监督的簇评估指数与簇是否是居中的、邻近的或者基于密度的无关。

总之，重要的是要认识到通常将聚类用作一种探索性的数据技术，其目标不是简单地提供一个清晰的答案，而是提供对数据的基础结构的一些了解。在这种情况下，簇有效性指数对于最终目标是有用的。

文献注释

本章的讨论深受 Jain 和 Dubes[536]、Anderberg[509]、Kaufman 和 Rousseeuw[540]所著的簇分析书籍，以及最近出版的如 Aggarwal 和 Reddy[507]所编撰著作的影

响。其他令人感兴趣的聚类相关书包括 Aldenderfer 和 Blashfield[508]、Everitt 等[527]、Hartigan[533]、Mirkin[548]、Murtagh[550]、Romesburg[553]、Späth[557]。Duda 等[524]的模式识别、Mitchell[549]的机器学习以及 Hastie 等[534]的统计学习书中介绍了更面向统计学的聚类方法。Jain 等[537]、Xu 和 Wunsch[560]给出了聚类的一般综述，而 Han 等[532]提供了空间数据挖掘技术的综述。Behrkin[515]提供了数据挖掘聚类技术的综述。Arabie 和 Hubert[511]的文章是一个很好的数据挖掘领域之外的聚类参考文献源。Kleinberg[541]讨论了聚类算法的一些折中，并证明了一个聚类算法不可能同时具有三个简单性质。Jain[535]的一个广泛的回顾性文章介绍了自 K 均值诞生 50 年来的聚类情况。

K 均值算法具有很长的历史，但仍然是当前研究的课题。K 均值算法由 MacUueen[545]命名，尽管它出现的时间实际更早。Bock[516]观察了原始 K 均值算法及其一些衍生问题。Ball 和 Hall[513]的 ISODATA 算法是 K 均值算法最早的复杂版本，它使用了各种预处理和后处理技术来改进基本算法。Anderberg[509]、Jain 和 Dubes[536]的书详细地介绍了 K 均值算法及其一些变形。Steinbach 等[558]的文章介绍了本章讨论的二分 K 均值算法，该算法与其他聚类方法的实现放在 Karpis[520]创建的 CLUTO（CLUstering Toolkit，聚类工具箱）软件包中，向学术研究免费提供。Boley[517]创建了基于发现数据主方向（主成分）的划分聚类算法（PDDP），而 Savaresi 和 Boley[555]考察了它与二分 K 均值之间的关系。K 均值的最新变形是 K 均值的新的增量版本（Dhillon 等[522]）、X 均值（Pelleg 和 Moore[552]）、K 调和均值（Zhang 等[562]）。Hamerly 和 Elkan[531]讨论了某些聚类算法，它们产生比 K 均值更好的结果。尽管前面提出的一些方法以某种方式处理了 K 均值的初始化问题，但是改进 K 均值初始化的其他方法也可以在 Bradley 和 Fayyad[518]的工作中找到。Arthur 和 Vassilvitskii[512]提出了 K 均值初始化方法。Dhillon 和 Modha[523]提供了 K 均值的一般化，称作球形 K 均值，使用常见的相似度函数。Banerjee 等[514]构建了基于 Bregman 散度的相异度函数的 K 均值聚类的一般框架。

层次聚类技术也有很长的历史。早期的活动大部分在分类学领域，Jardine 和 Sibson[538]、Sneath 和 Sokal[556]的书包含了这些研究。层次聚类的一般性讨论也可以在上面提到的大部分聚类书籍中找到。尽管层次聚类的大部分工作都关注凝聚层次聚类，但是分裂的层次聚类也受到一些关注。例如，Zahn[561]介绍了一种使用图的最小生成树的分裂的层次聚类技术。凝聚和分裂方法通常都将合并（分裂）作为最终决定，Fisher[528]、Karypis 等[539]的一些工作试图突破这些限制。Murtagh 和 Contreras[551]最近提出了层次聚类算法的概述和线性层次聚类算法。

Ester 等提出了 DBSCAN[526]，后来被 Sander 等[554]拓展成 GDBSCAN，以处理更一般的数据类型和距离度量，如邻近性用相交度来度量的多边形。Kriegel 等[525]开发了 DBSCAN 的增量版本。DBSCAN 的一个有趣派生物是 OPTICS（Ordering Point To Identify the Clustering Structure，对点排序以识别聚类结构）（Ankerst 等[510]），它使得簇结构可视化，并且也可以用于层次聚类。Kriegel 等[542]探讨了基于密度的聚类，它提供了一个基于密度的聚类和最新发展的可读性概要。

Jain 和 Dubes 的聚类书[536]的第 4 章提供了簇有效性的权威讨论，对本章的讨论具有重要影响。Xiong 和 Li[559]给出了最近的簇有效性度量的回顾。聚类有效性的最新综述见 Halkidi 等[529，530]和 Milligan[547]。Kaufman 和 Rousseeuw 的聚类书[540]介绍了轮廓系数。表 7.6 中的凝聚度与分离度度量源于 Zhao 和 Karypis[563]，其中还包含了熵、纯度和层次 F 度量的讨论。层次 F 度量源于 Larsen 和 Aone[543]。Li 等[544]介绍了 CVNN 方法。在文献[546]中展示了一个聚类有效性的公理方法。Charrad 等[519]阐述了 NbClust R 包，它实现了很多流行的簇验证的指数。

599

参考文献

[507] C. C. Aggarwal and C. K. Reddy, editors. *Data Clustering: Algorithms and Applications*. Chapman & Hall/CRC, 1st edition, 2013.

[508] M. S. Aldenderfer and R. K. Blashfield. *Cluster Analysis*. Sage Publications, Los Angeles, 1985.

[509] M. R. Anderberg. *Cluster Analysis for Applications*. Academic Press, New York, December 1973.

[510] M. Ankerst, M. M. Breunig, H.-P. Kriegel, and J. Sander. OPTICS: Ordering Points To Identify the Clustering Structure. In *Proc. of 1999 ACM-SIGMOD Intl. Conf. on Management of Data*, pages 49–60, Philadelphia, Pennsylvania, June 1999. ACM Press.

[511] P. Arabie, L. Hubert, and G. D. Soete. An overview of combinatorial data analysis. In P. Arabie, L. Hubert, and G. D. Soete, editors, *Clustering and Classification*, pages 188–217. World Scientific, Singapore, January 1996.

[512] D. Arthur and S. Vassilvitskii. k-means++: The advantages of careful seeding. In *Proceedings of the eighteenth annual ACM-SIAM symposium on Discrete algorithms*, pages 1027–1035. Society for Industrial and Applied Mathematics, 2007.

[513] G. Ball and D. Hall. A Clustering Technique for Summarizing Multivariate Data. *Behavior Science*, 12:153–155, March 1967.

[514] A. Banerjee, S. Merugu, I. S. Dhillon, and J. Ghosh. Clustering with Bregman Divergences. In *Proc. of the 2004 SIAM Intl. Conf. on Data Mining*, pages 234–245, Lake Buena Vista, FL, April 2004.

[515] P. Berkhin. Survey Of Clustering Data Mining Techniques. Technical report, Accrue Software, San Jose, CA, 2002.

[516] H.-H. Bock. Origins and extensions of the-means algorithm in cluster analysis. *Journal Électronique d'Histoire des Probabilités et de la Statistique [electronic only]*, 4(2):Article–14, 2008.

[517] D. Boley. Principal Direction Divisive Partitioning. *Data Mining and Knowledge Discovery*, 2(4):325–344, 1998.

[518] P. S. Bradley and U. M. Fayyad. Refining Initial Points for K-Means Clustering. In *Proc. of the 15th Intl. Conf. on Machine Learning*, pages 91–99, Madison, WI, July 1998. Morgan Kaufmann Publishers Inc.

[519] M. Charrad, N. Ghazzali, V. Boiteau, and A. Niknafs. NbClust: an R package for determining the relevant number of clusters in a data set. *Journal of Statistical Software*, 61(6):1–36, 2014.

[520] CLUTO 2.1.2: Software for Clustering High-Dimensional Datasets. www.cs.umn.edu/~karypis, October 2016.

[521] P. Contreras and F. Murtagh. Fast, linear time hierarchical clustering using the Baire metric. *Journal of classification*, 29(2):118–143, 2012.

[522] I. S. Dhillon, Y. Guan, and J. Kogan. Iterative Clustering of High Dimensional Text Data Augmented by Local Search. In *Proc. of the 2002 IEEE Intl. Conf. on Data Mining*, pages 131–138. IEEE Computer Society, 2002.

[523] I. S. Dhillon and D. S. Modha. Concept Decompositions for Large Sparse Text Data Using Clustering. *Machine Learning*, 42(1/2):143–175, 2001.

[524] R. O. Duda, P. E. Hart, and D. G. Stork. *Pattern Classification*. John Wiley & Sons, Inc., New York, second edition, 2001.

[525] M. Ester, H.-P. Kriegel, J. Sander, M. Wimmer, and X. Xu. Incremental Clustering for Mining in a Data Warehousing Environment. In *Proc. of the 24th VLDB Conf.*, pages 323–333, New York City, August 1998. Morgan Kaufmann.

600

[526] M. Ester, H.-P. Kriegel, J. Sander, and X. Xu. A Density-Based Algorithm for Discovering Clusters in Large Spatial Databases with Noise. In *Proc. of the 2nd Intl. Conf. on Knowledge Discovery and Data Mining*, pages 226–231, Portland, Oregon, August 1996. AAAI Press.

[527] B. S. Everitt, S. Landau, and M. Leese. *Cluster Analysis*. Arnold Publishers, London, 4th edition, May 2001.

[528] D. Fisher. Iterative Optimization and Simplification of Hierarchical Clusterings. *Journal of Artificial Intelligence Research*, 4:147–179, 1996.

[529] M. Halkidi, Y. Batistakis, and M. Vazirgiannis. Cluster validity methods: part I. *SIGMOD Record (ACM Special Interest Group on Management of Data)*, 31(2):40–45, June 2002.

[530] M. Halkidi, Y. Batistakis, and M. Vazirgiannis. Clustering validity checking methods: part II. *SIGMOD Record (ACM Special Interest Group on Management of Data)*, 31 (3):19–27, Sept. 2002.

[531] G. Hamerly and C. Elkan. Alternatives to the k-means algorithm that find better clusterings. In *Proc. of the 11th Intl. Conf. on Information and Knowledge Management*, pages 600–607, McLean, Virginia, 2002. ACM Press.

[532] J. Han, M. Kamber, and A. Tung. Spatial Clustering Methods in Data Mining: A review. In H. J. Miller and J. Han, editors, *Geographic Data Mining and Knowledge Discovery*, pages 188–217. Taylor and Francis, London, December 2001.

[533] J. Hartigan. *Clustering Algorithms*. Wiley, New York, 1975.

[534] T. Hastie, R. Tibshirani, and J. H. Friedman. *The Elements of Statistical Learning: Data Mining, Inference, Prediction*. Springer, New York, 2001.

[535] A. K. Jain. Data clustering: 50 years beyond K-means. *Pattern recognition letters*, 31 (8):651–666, 2010.

[536] A. K. Jain and R. C. Dubes. *Algorithms for Clustering Data*. Prentice Hall Advanced Reference Series. Prentice Hall, March 1988.

[537] A. K. Jain, M. N. Murty, and P. J. Flynn. Data clustering: A review. *ACM Computing Surveys*, 31(3):264–323, September 1999.

[538] N. Jardine and R. Sibson. *Mathematical Taxonomy*. Wiley, New York, 1971.

[539] G. Karypis, E.-H. Han, and V. Kumar. Multilevel Refinement for Hierarchical Clustering. Technical Report TR 99-020, University of Minnesota, Minneapolis, MN, 1999.

[540] L. Kaufman and P. J. Rousseeuw. *Finding Groups in Data: An Introduction to Cluster Analysis*. Wiley Series in Probability and Statistics. John Wiley and Sons, New York, November 1990.

[541] J. M. Kleinberg. An Impossibility Theorem for Clustering. In *Proc. of the 16th Annual Conf. on Neural Information Processing Systems*, December, 9–14 2002.

[542] H.-P. Kriegel, P. Kröger, J. Sander, and A. Zimek. Density-based clustering. *Wiley Interdisciplinary Reviews: Data Mining and Knowledge Discovery*, 1(3):231–240, 2011.

[543] B. Larsen and C. Aone. Fast and Effective Text Mining Using Linear-Time Document Clustering. In *Proc. of the 5th Intl. Conf. on Knowledge Discovery and Data Mining*, pages 16–22, San Diego, California, 1999. ACM Press.

[544] Y. Liu, Z. Li, H. Xiong, X. Gao, J. Wu, and S. Wu. Understanding and enhancement of internal clustering validation measures. *Cybernetics, IEEE Transactions on*, 43(3): 982–994, 2013.

[545] J. MacQueen. Some methods for classification and analysis of multivariate observations. In *Proc. of the 5th Berkeley Symp. on Mathematical Statistics and Probability*, pages 281–297. University of California Press, 1967.

[546] M. Meilă. Comparing Clusterings: An Axiomatic View. In *Proceedings of the 22Nd International Conference on Machine Learning*, ICML '05, pages 577–584, New York, NY, USA, 2005. ACM.

[547] G. W. Milligan. Clustering Validation: Results and Implications for Applied Analyses. In P. Arabie, L. Hubert, and G. D. Soete, editors, *Clustering and Classification*, pages 345–375. World Scientific, Singapore, January 1996.

[548] B. Mirkin. *Mathematical Classification and Clustering*, volume 11 of *Nonconvex Optimization and Its Applications*. Kluwer Academic Publishers, August 1996.

[549] T. Mitchell. *Machine Learning*. McGraw-Hill, Boston, MA, 1997.

[550] F. Murtagh. *Multidimensional Clustering Algorithms*. Physica-Verlag, Heidelberg and Vienna, 1985.

[551] F. Murtagh and P. Contreras. Algorithms for hierarchical clustering: an overview. *Wiley Interdisciplinary Reviews: Data Mining and Knowledge Discovery*, 2(1):86–97, 2012.

[552] D. Pelleg and A. W. Moore. *X*-means: Extending *K*-means with Efficient Estimation of the Number of Clusters. In *Proc. of the 17th Intl. Conf. on Machine Learning*, pages 727–734. Morgan Kaufmann, San Francisco, CA, 2000.

[553] C. Romesburg. *Cluster Analysis for Researchers*. Life Time Learning, Belmont, CA, 1984.

[554] J. Sander, M. Ester, H.-P. Kriegel, and X. Xu. Density-Based Clustering in Spatial Databases: The Algorithm GDBSCAN and its Applications. *Data Mining and Knowledge Discovery*, 2(2):169–194, 1998.

[555] S. M. Savaresi and D. Boley. A comparative analysis on the bisecting K-means and the PDDP clustering algorithms. *Intelligent Data Analysis*, 8(4):345–362, 2004.

[556] P. H. A. Sneath and R. R. Sokal. *Numerical Taxonomy*. Freeman, San Francisco, 1971.

[557] H. Späth. *Cluster Analysis Algorithms for Data Reduction and Classification of Objects*, volume 4 of *Computers and Their Application*. Ellis Horwood Publishers, Chichester, 1980. ISBN 0-85312-141-9.

[558] M. Steinbach, G. Karypis, and V. Kumar. A Comparison of Document Clustering Techniques. In *Proc. of KDD Workshop on Text Mining, Proc. of the 6th Intl. Conf. on Knowledge Discovery and Data Mining*, Boston, MA, August 2000.

[559] H. Xiong and Z. Li. Clustering Validation Measures. In C. C. Aggarwal and C. K. Reddy, editors, *Data Clustering: Algorithms and Applications*, pages 571–605. Chapman & Hall/CRC, 2013.

[560] R. Xu, D. Wunsch, et al. Survey of clustering algorithms. *Neural Networks, IEEE Transactions on*, 16(3):645–678, 2005.

[561] C. T. Zahn. Graph-Theoretical Methods for Detecting and Describing Gestalt Clusters. *IEEE Transactions on Computers*, C-20(1):68–86, Jan. 1971.

[562] B. Zhang, M. Hsu, and U. Dayal. K-Harmonic Means—A Data Clustering Algorithm. Technical Report HPL-1999-124, Hewlett Packard Laboratories, Oct. 29 1999.

[563] Y. Zhao and G. Karypis. Empirical and theoretical comparisons of selected criterion functions for document clustering. *Machine Learning*, 55(3):311–331, 2004.

602

习题

1. 考虑一个由 2^{20} 个数据向量组成的数据集，其中每个向量具有 32 个分量，而每个分量是 4 字节值。假定向量量化用于压缩，并且使用 2^{16} 个原型向量。压缩前后该数据集各需要多少字节的存储空间，压缩率是多少？

2. 找出图 7.35 所示点集中的所有明显分离的簇。

图 7.35　习题 2 的点

3. 许多自动地确定簇个数的划分聚类算法都声称这是它们的优点。请列举两种情况，表明事实并非如此。

4. 给定 K 个等大小的簇，随机选取的初始质心来自一个给定的簇的概率是 $\frac{1}{K}$，但是每个簇恰好包含一个初始质心的概率要低很多。（应当清楚，每个簇有一个初始质心对于 K 均值是一个很好的开端。）一般地说，如果有 K 个簇，而每个簇有 n 个点，则在一个大小为 K 的样本中，由每个簇选取一个初始质心的概率 p 由式(7.20)给出。（假定采用有回放采样。）例如，由该公式可以计算 4 个簇每个具有一个初始质心的可能性是 $\frac{4!}{4^4}=0.0938$。

$$\frac{\text{从一个簇选取一个质心的方法数}}{\text{选取 } K \text{ 个质心的方法数}} = \frac{K! n^K}{(Kn)^K} = \frac{K!}{K^K} \qquad (7.20)$$

(a) 对于 2 和 100 之间的 K 值，绘制从每个簇得到一个点的概率。

(b) 对于 K 个簇，$K=10$、100 和 1000，找出大小为 $2K$ 的样本至少包含来自每个簇中的一个点的概率。可以使用数学方法或统计估计确定答案。

5. 使用基于中心、邻近度和密度的方法，识别图 7.36 中的簇。对于每种情况指出簇个数，并简要给出你的理由。注意，明暗度或点数指明密度。如果有帮助的话，假定基于中心即为 K 均值，基于邻近度即为单链，而基于密度即为 DBSCAN。

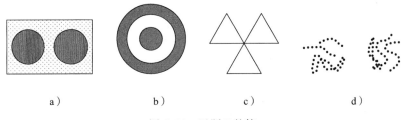

图 7.36 习题 5 的簇

6. 对于下面的二维点集，(1)简略描述对于给定的簇个数，如何使用 K 均值将它们划分成簇，(2)指出所得质心大约在何处。假定使用平方误差目标函数。如果你认为存在多个解，则指出每个解是全局最小还是局部最小。注意，在图 7.37 中，每个图的标签与本题的对应部分匹配。例如，图 7.37a 与(a)问题匹配。

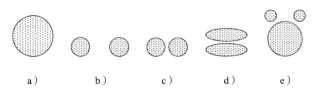

图 7.37 习题 6 的图

(a) $K=2$。假定点均匀分布在圆中，（理论上）有多少种方法能将这些点划分成两个簇？两个质心在何处？（不必提供质心的准确位置，只需要定性描述。）

(b) $K=3$。两个圆的边之间的距离略大于圆的半径。

(c) $K=3$。两个圆的边之间的距离比圆的半径小得多。

(d) $K=2$。

(e) $K=3$。提示：利用对称性，并且记住我们只是寻找粗略的结果。

7. 假定一个数据集：

- 有 m 个点，K 个簇；
- 一半的点和簇在"较稠密的"区域；
- 一半的点和簇在"不太稠密的"区域；
- 两个区域之间是明显分离的。

对于给定的数据集，下面哪种情况可以最小化寻找 K 个簇时的平方误差？

(a) 在较稠密和不太稠密的区域质心分布应当相同。

(b) 不太稠密的区域应当分配更多的质心。

(c) 较稠密的区域应当分配更多的质心。

注意：不要被特殊情况转移视线，也不要引进除密度之外的因素。然而，如果你觉到使用上面给定的条件很难得到答案，阐明你的理由。

8. 考虑取自二元事务数据集的对象的簇均值。均值分量的最小值和最大值是什么？簇均值分量如何解释？哪个分量最准确地刻画簇中的对象？

9. 给出一个数据集的例子，它包含 3 个自然簇。对于该数据集，K 均值（几乎总是）能够发现正确的簇，但是二分 K 均值不能。

10. 对于使用 K 均值对时间序列数据聚类，余弦度量是合适的相似度度量吗？为什么？如果不是，哪种相似度度量更适合？

11. 总 SSE 是每个属性的 SSE 之和。如果对于所有的簇，某变量的 SSE 都很低，这意味着什么？如果只对一个簇很低呢？如果对所有的簇都高呢？如果仅对一个簇高呢？如何使用每个变量的 SSE 信息改进聚类？

12. 领导者算法（Hartigan[533]）用一个点（称作领导者）代表一个簇，并将每个点指派到最近的领导者对应的簇，除非距离大于用户指定的阈值。在那种情况下，该点成为一个新簇的领导者。

> 605

(a) 与 K 均值比较，领导者算法的优点和缺点是什么？

(b) 提出可以改进领导者算法的方法。

13. 平面上 K 个点集合的 Voronoi 图是将平面上所有的点分成 K 个区域的一个划分，使得（平面上）每个点都指派到 K 个指定点中最近的一个（见图 7.38）。Voronoi 图与 K 均值簇之间的关系是什么？关于 K 均值簇的可能形状，Voronoi 图能告诉我们什么？

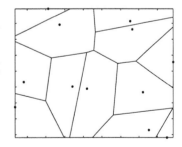

图 7.38　习题 13 的 Voronoi 图

14. 给定具有 100 个记录的数据集，要求对数据聚类。使用 K 均值对数据聚类，但是对所有的 K 值（$1 \leqslant K \leqslant 100$），K 均值算法都只返回一个非空簇。再用 K 均值的增量版本，得到的结果完全相同。这是怎么回事？用单链或 DBSCAN 处理该数据，结果如何？

15. 传统的凝聚层次聚类过程每步合并两个簇。这样的方法能够正确地捕获数据点集的（嵌套的）簇结构吗？如果不能，解释如何对结果进行后处理，以得到簇结构更正确的视图。

16. 使用表 7.13 中的相似度矩阵进行单链和全链层次聚类。绘制树状图显示结果。树状图应当清楚地显示合并的次序。

表 7.13 习题 16 的相似度矩阵

	p_1	p_2	p_3	p_4	p_5
p_1	1.00	0.10	0.41	0.55	0.35
p_2	0.10	1.00	0.64	0.47	0.98
p_3	0.41	0.64	1.00	0.44	0.85
p_4	0.55	0.47	0.44	1.00	0.76
p_5	0.35	0.98	0.85	0.76	1.00

17. 有时，层次聚类用来产生 K 个簇，$K>1$。方法是取树状图的第 K 层（根在第一层）的簇。通过观察这种方法产生的簇，可以评估不同数据和簇类型的层次聚类行为，并且将层次聚类与 K 均值进行比较。

606 一维点的集合是：$\{6, 12, 18, 24, 30, 42, 48\}$。

(a) 对于下列每组初始质心，将每个点指派到最近的质心，创建两个簇，然后对两个簇的每组质心分别计算总平方误差。对每组质心，给出这两个簇和总平方误差。

i. $\{18, 45\}$

ii. $\{15, 40\}$

(b) 两组质心代表稳定解吗，即如果在该数据集上，使用给定的质心作为初始质心运行 K 均值，所产生的簇会有改变吗？

(c) 单链产生的簇是什么？

(d) 在此情况下，哪种技术（K 均值或单链）能够产生"最自然的"簇？（对于 K 均值，用最小平方误差产生聚类。）

(e) 这个自然聚类对应于哪种（些）簇定义？（明显分离的、基于中心的、基于邻近的或基于密度的。）

(f) K 均值算法的哪个著名特性解释了前面的行为？

18. 假定使用 Ward 方法、二分 K 均值和一般的 K 均值找到了 K 个簇。这些解中的哪些代表局部或全局最小？解释你的结论。

19. 层次聚类算法需要 $O(m^2 \log m)$ 时间，因此直接用于大型数据集是不现实的。一种减少所需要时间的技术是对数据集采样。例如，如果期望 K 个簇，并且从 m 个点中抽取 $\sqrt{m}$ 个点作为样本，则层次聚类算法将在大约 $O(m)$ 时间产生一个层次聚类。取树状图第 K 层中的簇，便可以从层次聚类提取 K 个簇。使用各种策略，可以在线性时间内将其余的点指派到簇中。具体地说，可以计算这 K 个簇的质心，然后将剩余的 $m-$

607 $\sqrt{m}$ 个点指派到最近的质心所关联的簇中。

对于下面每种数据和簇类型，简略讨论(1)对于这种方法，采样是否会导致问题，(2)可能导致的问题有哪些。假定采样技术随机地从 m 个点的数据集中选择点，并且数据或簇的未提及的特性都尽可能是最优的。换言之，只关注提到的特定性质导致的问题。最后，假定 K 比 m 小得多。

(a) 数据具有大小不同的簇。

(b) 高维数据。

(c) 具有离群点（即非常见点）的数据。

(d) 具有高度不规则区域的数据。

(e) 具有球形簇的数据。

(f) 具有很不相同的密度的数据。

(g) 具有少量噪声点的数据。

(h) 非欧几里得数据。

(i) 欧几里得数据。

(j) 具有许多属性和混合属性类型的数据。

20. 考虑图 7.39 中显示的 4 张脸。明暗度或点数仍然表示密度，线用来区分区域，并不代表点。

　　(a) 对于每个图，可以使用单链找到鼻子、眼睛和嘴代表的模式吗？解释原因。

　　(b) 对于每个图，可以使用 K 均值找出鼻子、眼睛和嘴代表的模式吗？解释原因。

　　(c) 对于检测图 7.39c 中的点形成的所有模式，聚类存在什么局限性？

608

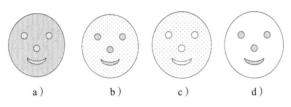

a)　　　　b)　　　　c)　　　　d)

图 7.39　习题 20 的图

21. 计算表 7.14 所示混淆矩阵的熵和纯度。

表 7.14　习题 21 的混淆矩阵

簇	娱乐	财经	国外	都市	国内	体育	合计
♯1	1	1	0	11	4	676	693
♯2	27	89	333	827	253	33	1562
♯3	326	465	8	105	16	29	949
合计	354	555	341	943	273	738	3204

22. 给定两个点集，每个点集包含 100 个落在单位正方形中的点。一个点集中的点在空间中均匀地分布。另一个点集由单位正方形上的均匀分布产生。

　　(a) 这两个点集之间有差别吗？

　　(b) 如果有，对于 $K=10$ 个簇，哪一个点集通常具有较小的 SSE？

　　(c) DBSCAN 在均匀数据集上的行为如何？在随机数据集上呢？

23. 使用习题 24 的数据计算每个点、每个簇和整个聚类的轮廓系数。

24. 给定分别由表 7.15 和表 7.16 显示的簇标签集合和相似度矩阵，计算该相似度矩阵与理想的相似度矩阵之间的相关度。如果两个对象属于同一个簇，理想的相似度矩阵的第 ij 项为 1。否则为 0。

表 7.15　习题 24 的簇标签表

点	簇标签	点	簇标签
P_1	1	P_3	2
P_2	1	P_4	2

表 7.16 习题 24 的相似度矩阵

点	P_1	P_2	P_3	P_4
P_1	1	0.8	0.65	0.55
P_2	0.8	1	0.7	0.6
P_3	0.65	0.7	1	0.9
P_4	0.55	0.6	0.9	1

25. 对于 8 个对象 $\{p_1, p_2, p_3, p_4, p_5, p_6, p_7, p_8\}$ 和图 7.40 显示的层次聚类，计算层次 F 度量。类 A 包含点 p_1、p_2 和 p_3，而 p_4、p_5、p_6、p_7 和 p_8 属于类 B。

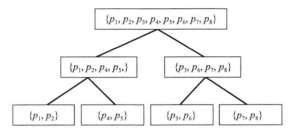

图 7.40 习题 25 的层次聚类

26. 计算习题 16 的层次聚类的共性分类相关系数。（可能需要将相似度矩阵转换成相异度矩阵。）

27. 证明式(7.14)。

28. 证明式(7.16)。

29. 证明 $\sum_{i=1}^{K} \sum_{x \in C_i} (x - m_i)(m - m_i) = 0$。该事实用于证明 7.5.2 节的 TSS＝SSE＋SSB。

30. 文档簇可以通过发现簇中文档的出现频率最高项(词)来概括。例如，通过取最频繁的 k 个项(其中，k 是常数，如 10)，或者通过取出现频率超过指定阈值的所有项来概括。假定使用 K 均值来发现文档数据集中文档的簇和词的簇。

　　(a) 文档簇中的出现频率最高项定义的项簇的集合与使用 K 均值对项聚类找到的词簇有何不同？

　　(b) 如何使用项聚类来定义文档簇？

31. 我们可以将一个数据集表示成对象结点的集合和属性结点的集合，其中每个对象与每个属性之间有一条边，该边的权值是对象在该属性上的值。对于稀疏数据，如果权值为 0，则忽略该边。双划分聚类(bipartite)试图将该图划分成不相交的簇，其中每个簇由一个对象结点集和一个属性结点集组成。该聚类的目标是最大化簇中对象结点和属性结点之间的边的权值，并且最小化不同簇的对象结点和属性结点之间的边的权值。这种聚类称作**协同聚类**(co-clustering)，因为对象和属性同时聚类。

　　(a) 双划分聚类(协同聚类)与对象集和属性集分别聚类有何不同？

　　(b) 是否存在某些情况，这些方法产生相同的结果？

　　(c) 与一般聚类相比，协同聚类的优点和缺点是什么？

32. 在图 7.41 中，相似度矩阵按簇标签存放，将相似度矩阵与点集匹配。不同的颜色深浅和标记形状区分不同的簇，并且每个点集包含 100 个点和 3 个簇。在标签为 2 的点集中，存在 3 个紧致的、大小相同的簇。

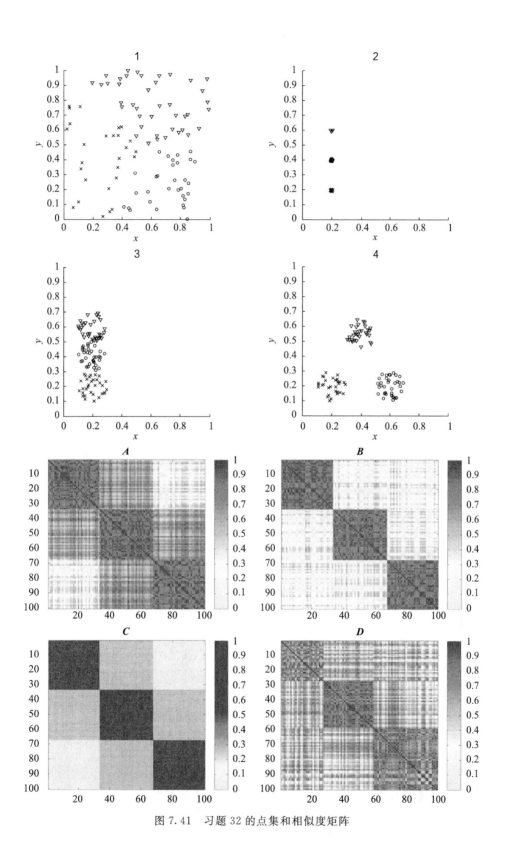

图 7.41　习题 32 的点集和相似度矩阵

聚类分析：其他问题与算法

在各个领域，针对不同的应用类型，已经开发出了大量的聚类算法。在这些算法中，没有一种算法能够适应所有的数据类型、簇和应用。事实上，对于更加有效或者更适合特定数据类型、簇或应用的新的聚类算法，总有进一步开发空间。我们只能说已经具有一些在某些情况下运行良好的技术。其原因是，在许多情况下，对于什么是一个好的簇集，仍然是凭主观进行解释的。此外，当使用客观度量精确地定义簇时，发现最优聚类问题常常是计算不可行的。

本章关注聚类分析的重要问题，并研究已提出的处理它们的概念和技术。首先，我们讨论聚类分析的关键问题，即数据、簇以及算法对聚类分析具有重要影响的特性，这些问题帮助我们理解、描述和比较聚类技术，并且提供在特定的情况下如何选择聚类技术的基础知识。例如，许多聚类算法具有 $O(m^2)$ 的时间或空间复杂度（m 是对象的个数），因此不适合大型数据集。然后，我们讨论其他聚类技术。对于每种技术，介绍算法，包括它所处理的问题和解决这些问题所使用的方法。最后，我们用为给定的应用选择聚类算法提供某些一般性准则结束本章。

8.1 数据、簇和聚类算法的特性

本节研究与数据、簇和聚类算法的特性相关的问题，这些问题对于全面理解聚类分析非常重要。其中某些问题具有挑战性，如处理噪声和离群点，某些问题涉及算法的期望特征，如无论数据对象以何种次序处理，都能产生相同结果的能力。本节的讨论，连同 7.1.2 节关于不同的聚类类型和 7.1.3 节关于不同的簇类型的讨论，可以确定一些能用来描述和比较各种聚类算法及其聚类结果的"尺度"。为了解释这一点，我们从一个例子开始，此例比较上一章介绍的两种聚类算法 DBSCAN 和 K 均值。随后，更详细地介绍数据、簇和对聚类分析具有重要影响的算法的特性。

8.1.1 示例：比较 K 均值和 DBSCAN

为了简化比较，我们假定对于 K 均值和 DBSCAN 都没有距离的限制，并且 DBSCAN 总是将与若干个核心点相关联的边界点指派到最近的核心点。

- DBSCAN 和 K 均值都是将每个对象指派到单个簇的划分聚类算法，但是 K 均值一般对所有对象进行聚类，而 DBSCAN 丢弃被它识别为噪声的对象。
- K 均值使用基于原型的簇概念，而 DBSCAN 使用基于密度的概念。
- DBSCAN 可以处理不同大小和不同形状的簇，并且不太受噪声和离群点的影响。K 均值很难处理非球形的簇和不同大小的簇。当簇的密度很不均匀时，两种算法的性能都很差。
- K 均值只能用于具有明确定义的质心（如均值或中位数）的数据。DBSCAN 要求密度定义（基于传统的欧几里得密度概念）对于数据是有意义的。
- K 均值可以用于稀疏的高维数据，如文档数据。DBSCAN 通常在这类数据上性能很差，因为对于高维数据，传统的欧几里得密度定义不能很好地处理它们。

- K 均值和 DBSCAN 的最初版本都是针对欧几里得数据设计的，但是它们都被扩展，以便处理其他类型的数据。

- DBSCAN 不对数据的分布做任何假设。基本 K 均值算法等价于一种统计聚类方法（混合模型），假定所有的簇都来自球形高斯分布，具有相同的协方差矩阵但具有不同的均值，见 8.2.2 节。

- DBSCAN 和 K 均值都寻找使用所有属性的簇，即它们都不寻找可能只涉及某个属性子集的簇。

- K 均值可以发现不是明显分离的簇，也能发现有重叠的簇（见图 7.2b），但是 DB-SCAN 会合并重叠的簇。

- 通常 K 均值算法的时间复杂度是 $O(m)$，而 DBSCAN 的时间复杂度是 $O(m^2)$，除非用于诸如低维欧几里得数据这样的特殊情况。

- DBSCAN 多次运行产生相同的结果，而 K 均值通常使用随机初始化质心，不会产生相同的结果。

- DBSCAN 自动地确定簇的个数。对于 K 均值，簇个数需要作为参数指定。然而，DBSCAN 必须指定另外两个参数：Eps（邻域半径）和 MinPts（最少点数）。

- 可以将 K 均值聚类看作优化问题，即最小化每个点到最近的质心的误差的平方和，并且可以看作一种统计聚类（混合模型）的特例。DBSCAN 不基于任何形式化模型。

8.1.2　数据特性

下面是一些对聚类分析具有很强影响的数据特性。

高维性　在高维数据集中，传统的欧几里得密度定义（单位体积中点的个数）变得没有意义。为了理解这一点，考虑到随着维数的增加，体积迅速增加，并且除非点的个数也随维数指数增加，否则密度将趋向于 0。（体积随维数指数增长。例如，半径为 r、维数为 d 的超球的体积正比于 r^d。）在高维空间中，邻近度也变得更加一致。从另一个角度来理解这一事实，即存在更多确定两个点的邻近度的维（属性），而这会使邻近度更加一致。由于大部分聚类算法都基于邻近度或密度，因此处理高维数据时它们常常会面临困难。处理该问题的一种方法是使用维归约技术。另一种方法，如 8.4.6 节和 8.4.8 节所讨论的，是重新定义邻近度和密度概念。

规模　许多聚类算法对于小规模和中等规模的数据集运行良好，但是不能处理大型数据集。这一问题将在讨论聚类算法的特性（可伸缩性就是这样的特性）时和 8.5 节进一步处理。8.5 节讨论可伸缩的聚类算法。

稀疏性　稀疏数据通常由非对称的属性组成，其中零值没有非零值重要。因此，一般使用适合于非对称属性的相似性度量。然而，这样处理将会出现其他相关问题。例如，非零项的量级重要吗？或者它们会扭曲聚类吗？换言之，当只有两个值 0 和 1 时，聚类能够最好地处理吗？

噪声和离群点　非常见点（离群点）可能严重地降低聚类算法的性能，特别是 K 均值这样的基于原型的算法。另一方面，噪声也可能导致单链等技术合并两个不应当合并的簇。在某些情况下，在使用聚类算法之前，先使用删除噪声和离群点的算法。还有些算法可以在聚类过程中检测代表噪声和离群点的点，然后删除它们或者消除它们的负面影响。例如，在前一章中，我们看到 DBSCAN 自动地将低密度的点分类成噪声，并把它们排除在聚类过程之外。Chameleon（8.4.4 节）、基于 SNN 密度的聚类（8.4.9 节）和 CURE（8.5.3

节)是本章介绍的 3 种算法,它们在聚类过程中显式地处理噪声和离群点。

属性和数据集类型   正如第 2 章所述,数据集可以有不同的类型,如结构化的、图形的或有序的,而且属性也可以是分类的(标称的或序数的)、定量的(区间的或比率的)、二元的、离散的或连续的。不同的邻近度和密度度量适合于不同类型的数据。在某些情况下,数据可能需要离散化或二元化,以便可以使用期望的邻近度度量或聚类算法。当属性具有很多不同的类型(如连续的和标称的)时,另一种复杂情况将会出现。在这些情况下,邻近度和密度更难定义,并且更特殊。最后,可能需要特殊的数据结构和算法来有效地处理特定类型的数据。

尺度   不同的属性,如高度和重量,可能用不同的尺度度量。这些差别可能严重地影响两个对象之间的距离或相似性,从而影响聚类分析的结果。例如根据身高和体重对一群人聚类,其中身高用米度量,而体重用千克度量。如果使用欧几里得距离作为邻近度度量,则身高的影响很小,人将主要根据体重属性聚类。然而,如果通过减去均值,再除以标准差,将每个属性都标准化,则会消除因尺度不同而造成的影响。更一般地,人们会使用诸如 2.3.7 节讨论的那些规范化技术来处理这些问题。

数据空间的数学性质   某些聚类算法计算数据点集合的均值时,可能使用在欧几里得空间或在其他具体数据空间中有意义的其他数学运算。而另一些算法则要求密度的定义对于数据是有意义的。

8.1.3   簇特性

在 7.1.3 节,我们介绍了不同的簇类型,如基于原型的、基于图的和基于密度的。在
617
本节,我们将介绍簇的其他重要特性。

数据分布   某些聚类技术假定数据具有特定的分布。更具体地说,它们常常假定可以用混合分布对数据建模,其中每个簇对应于一个分布。基于混合模型的聚类在 8.2.2 节讨论。

形状   有些簇具有规则的形状,如矩形或球形。但是,更一般地,簇可以具有任意形状。诸如 DBSCAN 和单链等技术可以处理任意形状的簇,但是基于原型的方法和诸如全链、组平均这样一些层次聚类技术不能进行这样的处理。Chameleon(8.4.4 节)和 CURE(8.5.3 节)提供了专门用来处理这一问题的技术的例子。

不同规模   许多聚类方法(如 K 均值)在簇的规模不同时不能很好地完成任务(见 7.2.4 节)。这个主题将在 8.6 节进一步讨论。

不同密度   密度不均匀的簇可能会对诸如 DBSCAN 和 K 均值等算法造成问题。8.4.9 节提供了基于 SNN 密度的聚类技术来处理这个问题。

无明显分离的簇   当簇接触或重叠时,有些聚类技术将应当分开的簇合并。有些发现不同簇的技术甚至随意地将点指派到这个或那个簇。8.2.1 节讨论的模糊聚类技术是一种旨在处理未形成明显分离的簇的数据的技术。

簇之间的关系   在大部分聚类技术中,都不明显地考虑簇之间的关系,如簇的相对位置。8.2.3 节讨论的自组织映射(SOM)是一种在聚类期间直接考虑簇之间关系的聚类技术。例如,点到簇的指派影响邻近簇的定义。

子空间簇   簇可能只在维(属性)的一个子集中存在,使用某一个维集合确定的簇通常可能与使用另一个维集合确定的簇很不相同。虽然这个问题在两个维时就可能出现,但是
618
随着维度的增加,问题将变得越来越严重,因为维的可能子集数以总维数的指数增加。因

此，除非维数相对很小，否则简单地在所有可能的维的子集中寻找簇是不可行的。

一种方法是使用 2.3.4 节讨论过的特征选择。然而这种方法假定簇中只存在一个维子集。实际上，簇可能存在多个不同的子空间（维的子集），其中一些是重叠的。8.3.2 节考虑处理子空间聚类的一般问题，即发现簇和它们生成的维。

8.1.4 聚类算法的一般特性

聚类算法各式各样。在本节，对聚类算法的重要特性进行一般讨论，并在讨论特定的技术时做更具体的评论。

次序依赖性   对于某些算法，所产生的簇的质量和个数可能因数据处理的次序不同而显著地变化。尽管看起来要尽量避免这种算法，但是有时次序依赖性相对次要，或者算法可能具有其他期望的特性。SOM（8.2.3 节）是次序依赖算法的一个例子。

非确定性   像 K 均值这样的聚类算法不是次序依赖的，但是它每次运行都产生不同的结果，因为它取决于需要随机选择的初始化步骤。因为簇的质量可能随运行而变化，因此可能需要多次运行。

可伸缩性   包含数以百万计级别的对象的数据集并不罕见，而用于这种数据集的聚类算法应当具有线性或接近线性的时间和空间复杂度。对于大型数据集，即使复杂度为 $O(m^2)$ 的算法也不适用。此外，数据集聚类技术不能总假定数据放在内存，或者数据元素可以随机地访问。这样的算法对于大型数据集是不可行的。8.5 节专门讨论了可伸缩问题。

参数选择   大部分聚类算法需要用户设置一个或多个参数。选择合适的参数值可能是困难的。因此，通常的态度是"参数越少越好"。如果参数值的很小改变就会显著改变聚类结果，则选择参数值就变得更加具有挑战性。最后，除非算法提供一个过程（可能涉及用户的输入）来确定参数值，否则用户就不得不通过试探法找到合适的参数值。

或许，最著名的参数选择问题是为划分聚类算法（如 K 均值）"选择正确的簇个数"。处理这个问题的一种方法在 7.5.5 节给出，而其他方法的参考文献在文献注释中给出。

变换聚类问题到其他领域   某些聚类技术使用的一种方法是将聚类问题映射到一个不同的领域。例如，基于图的聚类将发现簇的任务映射成将邻近度图划分成连通分支。

将聚类作为最优化问题处理   聚类常常被看作优化问题：将点划分成簇，根据用户指定的目标函数度量，最大化结果簇集合的优良度。例如，K 均值聚类算法（7.2 节）试图发现簇的集合，使每个点到最近的簇质心距离的平方和最小。理论上，这样的问题可以通过枚举所有可能的簇集合，并选择具有最佳目标函数值的那个簇集合来解决。但是，这种穷举的方法在计算上是不可行的。因此，许多聚类技术都基于启发式方法，产生好的但并非最佳的聚类。另一种方法是在贪心的或局部基上使用目标函数。例如，7.3 节讨论的层次聚类技术在聚类过程的每一步都是做局部最优的（贪心的）决策。

题材安排

我们用类似于上一章的方式来讨论聚类算法，主要根据是否是基于原型的、基于密度的或基于图的方法对技术进行分组。对于可伸缩的聚类技术，专门用一节进行讨论。最后讨论如何选择聚类算法。

8.2 基于原型的聚类

在基于原型的聚类中，簇是对象的集合，在这个簇中的任何对象离定义该簇的原型比离定义其他簇的原型更近。7.2 节介绍的 K 均值是一种简单的基于原型的聚类算法，它使用簇中对象的质心作为簇的原型。本节讨论的聚类方法以一种或多种方式扩展基于原型的概念，如下所述。

- 允许对象属于多个簇。具体地说，对象以某个权值属于每一个簇。这样的方法针对这样的事实，即某些对象与多个簇原型一样近。
- 用统计分布对簇进行建模。即对象通过一个随机过程，由一个被若干统计参数（如均值和方差）刻画的统计分布产生。这种观点推广原型概念，并且可以使用牢固建立的统计学技术。
- 簇被约束为具有固定的关系。通常，这些关系是指定近邻关系的约束，即两个簇互为邻居。约束簇之间的关系可以简化对数据的解释和可视化。

我们考虑 3 种特定的聚类算法，来解释这些基于原型的聚类的扩展。模糊 c 均值使用模糊逻辑和模糊集合论的概念，提出一种聚类方案，它很像 K 均值，但是不需要硬性地将对象指派到一个簇中。混合模型聚类采取的方法是，簇集合可以用一个混合分布建模，每个分布对应一个簇。基于自组织映射（SOM）的聚类方法在一个框架（例如二维网格结构）内进行聚类，该框架要求簇具有预先指定的相互关系。

8.2.1 模糊聚类

如果数据对象分布在明显分离的组中，则把对象明确分类成不相交的簇看来是一种理想的方法。然而，在大部分情况下，数据集中的对象不能划分成明显分离的簇，指派一个对象到一个特定的簇也具有一定的任意性。考虑一个靠近两个簇边界的对象，它离其中一个稍微近一点，在大多数这种情况下，下面的做法更合适：对每个对象和每个簇赋予一个权值，指明该对象属于该簇的程度。从数学上讲，w_{ij} 是对象 x_i 属于簇 C_j 的权值。

正如下一节将介绍的，概率方法也可以提供这样的权值。尽管概率方法在许多情况下都是有用的，但是有时很难确定一个合适的统计模型。在这种情况下，就需要用非概率的聚类技术提供类似的能力。模糊聚类技术基于模糊集合论，提供一种产生聚类的自然技术，其中隶属权值（w_{ij}）具有自然的（但非概率的）解释。本节介绍模糊聚类的一般方法，并用模糊 c 均值（模糊 K 均值）给出一个具体的例子。

1. 模糊集合

1965 年，Lotfi Zadeh 引进**模糊集合论**（fuzzy set theory）和**模糊逻辑**（fuzzy logic）作为一种处理不精确和不确定性的方法。简要地说，模糊集合论允许对象以 0 和 1 之间的某个隶属度属于一个集合，而模糊逻辑允许一个陈述以 0 和 1 之间的确定度为真。传统的集合论和逻辑是对应的模糊集合论和模糊逻辑的特殊情况，它们限制集合的隶属度或确定度为 0，或者为 1。模糊概念已经用于许多不同的领域，包括控制系统、模式识别和数据分析（分类和聚类）。

考虑如下模糊逻辑的例子。陈述"天空多云"为真的程度可以定义为天空被云覆盖的百分比。例如，天空的 50％被云覆盖，则"天空多云"为真的程度是 0.5。如果有两个集合"多云天"和"非多云天"，则可以类似地赋予每一天隶属于这两个集合的程度。这样，如果一天为 25％多云，则它在"多云天"集合中具有 0.25 的隶属度，而在"非多云天"集合中具有 0.75 的隶属度。

2. 模糊簇

假定有一个数据点的集合 $\mathcal{X} = \{x_1, \cdots, x_m\}$，其中每个点 x_i 是一个 n 维点，即 $x_i = (x_{i1}, \cdots, x_{in})$。模糊簇集 $C_1, C_2, \cdots, C_k$ 是 $\mathcal{X}$ 的所有可能模糊子集的一个子集。（这简

单地表示对于每个点 x_i 和每个簇 C_j 的隶属权值（度）w_{ij} 已经赋予 0 和 1 之间的值。）然而，我们还想将以下合理的条件施加在簇上，以确保簇形成**模糊伪划分**（fuzzy psuedo-partition）。

1）给定点 x_i 的所有权值之和为 1：

$$\sum_{j=1}^{k} w_{ij} = 1$$

2）每个簇 C_j 以非零权值至少包含一个点，但不以权值 1 包含所有的点：

$$0 < \sum_{i=1}^{m} w_{ij} < m$$

3. 模糊 c 均值

尽管存在多种模糊聚类（事实上，许多数据分析算法都可以"模糊化"），我们只考虑 K 均值的模糊版本，称作模糊 c 均值。在聚类文献中，不使用簇质心增量更新的 K 均值版本有时称作 c 均值，这个术语被用于 K 均值的模糊版本。模糊 c 均值算法有时称作 FCM，由算法 8.1 给出。

算法 8.1　基本模糊 c 均值算法

1：选择一个初始模糊伪划分，即对所有的 w_{ij} 赋值
2：**repeat**
3：　使用模糊伪划分，计算每个簇的质心
4：　重新计算模糊伪划分，即 w_{ij}
5：**until** 质心不发生变化
（替换的终止条件是"如果误差的变化低于指定的阈值"或"如果所有 w_{ij} 的变化的绝对值都低于指定的阈值。"）

初始化之后，FCM 重复地计算每个簇的质心和模糊伪划分，直到划分不再改变。FCM 的结构类似于 K 均值。K 均值在初始化之后，交替地更新质心和指派每个对象到最近的质心。具体地说，计算模糊伪划分等价于指派步骤。与 K 均值一样，FCM 可以解释为试图最小化误差的平方和（SSE），尽管 FCM 是基于 SSE 的模糊版本。事实上，K 均值可以看作 FCM 的特例，并且两个算法的行为相当类似。FCM 的细节介绍如下。

计算 SSE　误差的平方和（SSE）的定义修改为：

$$\text{SSE}(C_1, C_2, \cdots, C_k) = \sum_{j=1}^{k} \sum_{i=1}^{m} w_{ij}^p \, \text{dist}(x_i, c_j)^2 \tag{8.1}$$

其中，c_j 是第 j 个簇的质心，而 p 是确定权值影响的指数，在 1 和 ∞ 之间取值。注意，这个 SSE 只不过是式（7.1）给出的传统 K 均值的 SSE 的加权版本。

初始化　通常使用随机初始化。特殊地，权值随机地选取，同时限定与任何对象相关联的权值之和必须等于 1。与 K 均值一样，随机初始化是简单的，但是常常导致聚类结果代表 SSE 的局部最小。7.2.1 节包含了为 K 均值选择初始质心的讨论，与 FCM 也有很大关系。

计算质心　式（8.2）给出的质心定义可以通过发现最小化式（8.1）给定的模糊 SSE 的质心推导出来（见 7.2.6 节的方法）。对于簇 C_j，对应的质心 c_j 由下式定义：

$$c_j = \frac{\displaystyle\sum_{i=1}^{m} w_{ij}^p x_i}{\displaystyle\sum_{i=1}^{m} w_{ij}^p} \tag{8.2}$$

模糊质心的定义类似于传统的质心定义，不同之处在于所有点都要考虑（任意点至少在某种程度上属于任意一个簇），并且每个点对质心的贡献要根据它的隶属度加权。对于传统的明确集合，所有的 w_{ij} 为 0，或者为 1，该定义退化为传统的质心定义。

624

选择 p 的值有几种考虑。选取 $p=2$ 简化权值更新公式（见式(8.4)）。如果所选取的 p 值接近 1，则模糊 c 均值的行为很像传统的 K 均值。另一方面，随着 p 增大，所有的簇质心都趋向于所有数据点的全局质心。换言之，随着 p 增大，划分变得越来越模糊。

更新模糊伪划分   由于模糊伪划分由权值定义，因此这一步涉及更新与第 i 个点和第 j 个簇相关联的权值 w_{ij}。式(8.3)给出的权值更新公式可以通过限定权值之和为 1、最小化式(8.1)中的 SSE 导出。

$$w_{ij} = \frac{\left(\frac{1}{\text{dist}(x_i, c_j)^2}\right)^{\frac{1}{p-1}}}{\sum_{q=1}^{k} \left(\frac{1}{\text{dist}(x_i, c_q)^2}\right)^{\frac{1}{p-1}}} \tag{8.3}$$

该公式显得有点神秘。然而，如果 $p=2$，则可得到式(8.4)，它简单一些。下面给出式(8.4)的直观解释。这种解释稍加修改也适用于式(8.3)。

$$w_{ij} = \frac{\frac{1}{\text{dist}(x_i, c_j)^2}}{\sum_{q=1}^{k} \frac{1}{\text{dist}(x_i, c_q)^2}} \tag{8.4}$$

直观地，权值 w_{ij} 指明点 x_i 在簇 C_j 中的隶属度。如果 x_i 靠近质心 c_j（$\text{dist}(x_i, c_j)$ 比较小），则 w_{ij} 应该相对较高；而如果 x_i 远离质心 c_j（$\text{dist}(x_i, c_j)$ 比较大），则 w_{ij} 相对较低。如果 $w_{ij} = \frac{1}{\text{dist}(x_i, c_j)^2}$，即 w_{ij} 等于式(8.4)的分子，则 w_{ij} 确实反映了这种情况。然而，除非加以规范化（即，除以式(8.4)的分母），否则一个点的隶属权值之和不等于 1。总而言之，点在簇中的隶属权值是，点与簇质心距离平方的倒数除以该点所有隶属权值之和。

现在考虑式(8.3)中指数 $\frac{1}{(p-1)}$ 的影响。如果 $p>2$，则该指数降低赋予离点最近的簇的权值。事实上，随着 p 趋向于无穷大，该指数趋向于 0，而权值趋向于 $\frac{1}{k}$。另一方面，随着 p 趋向于 1，该指数增大赋予离点最近的簇的权值。随着 p 趋向于 1，关于最近簇的

625

隶属权值趋向于 1，而关于其他簇的隶属权值趋向于 0。这对应于 K 均值。

例 8.1 **三个圆形簇上的模糊 c 均值**   图 8.1 显示对于 100 个点的二维数据集，使用模糊 c 均值发现其 3 个簇的结果。每个点指派到它具有最大隶属权值的簇。属于各个簇的点用不同的标记显示，而点在簇中的隶属度用明暗程度表示。点越黑，它在被指派的簇中隶属度越高。靠近簇中心的点的隶属度最高，而簇间点的隶属度最低。   ◄

4. 优点与局限性

FCM 的正面特征是，它产生指示任意点属于任意簇的程度的聚类。除此以外，它具

626

有与 K 均值相同的优点和缺点，尽管它的计算密集程度更高一些。

8.2.2 使用混合模型的聚类

本节考虑基于统计模型的聚类。通常，一种方便而有效的做法是，假定数据是由一个统计过程产生的，并且通过找出最佳拟合数据的统计模型来描述数据，其中统计模型用分

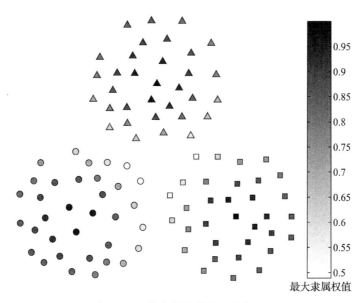

图 8.1　二维点集的模糊 c 均值聚类

布和该分布的一组参数描述。在高层，该过程涉及确定数据的统计模型，并由数据估计该模型的参数。本节介绍一种特殊类型的统计模型——**混合模型**（mixture model），它使用若干统计分布对数据建模。每一个分布对应于一个簇，而每个分布的参数提供对应簇的描述，通常用中心和发散描述。

本节的讨论按如下顺序进行。在描述混合模型之后，我们考虑如何估计统计数据模型的参数。首先介绍如何使用一个称作**最大似然估计**（Maximum Likelihood Estimation，MLE)的过程来估计简单统计模型的参数，然后讨论如何扩充该方法，来估计混合模型的参数。具体地说，我们介绍著名的**期望最大化**（Expectation-Maximization，EM)算法，它对参数做初始猜测，然后迭代地改进这些估计。我们提供一些例子，展示如何通过估计混合模型的参数，使用 EM 算法对数据聚类，并讨论它的优点与局限性。

对于理解本节的内容，统计和概率的坚实基础是至关重要的，见附录 C。此外，为了方便起见，在下面的讨论中，使用术语概率表示概率和概率密度。

1. 混合模型

混合模型将数据看作从不同的概率分布得到的观测值的集合。概率分布可以是任何分布，但通常是多元正态的，因为这种类型的分布已被人们完全理解，容易从数学上进行处理，并且已经证明在许多情况下都能产生好的结果。这种类型的分布可以对椭球簇建模。

概念上讲，混合模型对应于如下数据产生过程。给定几个分布（通常类型相同但参数不同），随机地选取一个分布并由它产生一个对象。重复该过程 m 次，其中 m 是对象的个数。

更形式地，假定有 K 个分布和 m 个对象 $\mathcal{X}=\{x_1, \cdots, x_m\}$。设第 j 个分布的参数为 θ_j，并设 Θ 为所有参数的集合，即 $\Theta=\{\theta_j, \cdots, \theta_K\}$。则 $\mathrm{prob}(x_i|\theta_j)$ 是第 i 个对象来自第 j 个分布的概率。选取第 j 个分布产生一个对象的概率由权值 $w_j(1\leqslant j\leqslant K)$ 给定，其中权值（概率）受限于其和为 1 的约束，即 $\sum_{j=1}^{K} w_j = 1$。于是，对象 x 的概率由式(8.5)给出：

$$\mathrm{prob}(x|\Theta) = \sum_{j=1}^{K} w_j p_j(x|\theta_j) \tag{8.5}$$

627

如果对象以独立的方式产生，则整个对象集的概率是每个个体对象 x_i 的概率的乘积：

$$\text{prob}(\mathcal{X}|\Theta) = \prod_{i=1}^{m} \text{prob}(x_i|\Theta) = \prod_{i=1}^{m} \sum_{j=1}^{K} w_j p_j(x_i|\theta_j) \qquad (8.6)$$

对于混合模型，每个分布描述一个不同的组，即一个不同的簇。通过使用统计方法，可以由数据估计这些分布的参数，从而描述这些分布(簇)。我们也可以识别哪个对象属于哪个簇。然而，混合建模并不产生对象到簇的明确指派，而是给出具体对象属于特定簇的概率。

例 8.2 单变量的高斯混合分布 我们用高斯分布给出混合模型的具体解释。一维高斯分布在点 x 的概率密度函数是：

$$\text{prob}(x|\Theta) = \frac{1}{\sqrt{2\pi}\sigma} e^{-\frac{(x-\mu)^2}{2\sigma^2}} \qquad (8.7)$$

该高斯分布的参数是 $\theta=(\mu, \sigma)$，其中 μ 是分布的均值，而 σ 是标准差。假定有两个高斯分布，它们具有共同的标准差 2，均值分别为 -4 和 4。还假定每个分布以等概率选取，即 $w_1=w_2=0.5$。于是，式(8.5)变成

$$\text{prob}(x|\Theta) = \frac{1}{2\sqrt{2\pi}} e^{-\frac{(x+4)^2}{8}} + \frac{1}{2\sqrt{2\pi}} e^{-\frac{(x-4)^2}{8}} \qquad (8.8)$$

图 8.2a 显示该混合模型的概率密度函数图，而图 8.2b 显示由该混合模型产生的 20 000 个点的直方图。

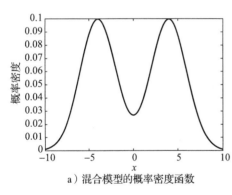

a) 混合模型的概率密度函数

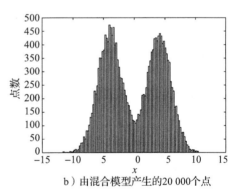

b) 由混合模型产生的20 000个点

图 8.2 由两个正态分布组成的混合模型(两个分布的均值分别为 -4 和 4，标准差都是 2) ◀

2. 使用最大似然估计模型参数

给定数据的一个统计模型，必须估计该模型的参数。在本节中用于这类任务的标准方法是最大似然估计。现在我们对它进行解释。

首先，考虑由一维高斯分布产生的 m 个点的集合。假定点的产生是独立的，则这些点的概率是个体点概率的乘积。(再次说明，我们处理的是概率密度，但是为了简化术语，称其为概率。)使用式(8.7)，可以将这个概率写成式(8.9)。由于这个概率是一个非常小的数，因此一般使用对数概率，如式(8.10)所示：

$$\text{prob}(\mathcal{X}|\Theta) = \prod_{i=1}^{m} \frac{1}{\sqrt{2\pi}\sigma} e^{-\frac{(x_i-\mu)^2}{2\sigma^2}} \qquad (8.9)$$

$$\log \text{prob}(\mathcal{X}|\Theta) = -\sum_{i=1}^{m} \frac{(x_i-\mu)^2}{2\sigma^2} - 0.5m\log 2\pi - m\log\sigma \qquad (8.10)$$

如果 μ 和 σ 的值未知，则需要一种办法来估计它们的值。其中一种方法是选择合适的

参数值使得数据是最可能的(最似然的)。换言之，选择最大化式(8.9)的 μ 和 σ 值。这种方法在统计学上称作**最大似然原理**(maximum likelihood principle)，而使用该原理由数据估计统计分布参数的过程称作**最大似然估计**。

之所以称该原理为最大似然原理，是因为给定一个数据集，我们将数据的概率看作参数的函数，称作**似然函数**(likelihood function)。为了进行解释，我们将式(8.9)写成式(8.11)，以强调把统计参数 μ、σ 看作变量，而把数据看作常量。考虑到实用性，对数似然更常用。从式(8.10)的对数概率推导出来的对数似然显示在式(8.12)中。注意，最大化对数似然的参数值也最大化该似然，因为 log 是单调增函数。

$$\text{likelihood}(\Theta \,|\, \mathcal{X}) = L(\Theta \,|\, \mathcal{X}) = \prod_{i=1}^{m} \frac{1}{\sqrt{2\pi}\sigma} e^{-\frac{(x_i-\mu)^2}{2\sigma^2}} \tag{8.11}$$

$$\log \text{likelihood}(\Theta \,|\, \mathcal{X}) = \ell(\Theta \,|\, \mathcal{X}) = -\sum_{i=1}^{m} \frac{(x_i-\mu)^2}{2\sigma^2} - 0.5m\log 2\pi - m\log\sigma \tag{8.12}$$

例 8.3 **最大似然参数估计** 我们给出使用 MLE 发现参数值的具体过程。假定有一个 200 个点的集合，其直方图显示在 8.3a 中。图 8.3b 显示了所考虑的 200 个点的最大对数似然图。使对数概率最大化的参数值是 $\mu = -4.1$ 和 $\sigma = 2.1$，与基本高斯分布的参数值 $\mu = -4.0$ 和 $\sigma = 2.0$ 很接近。

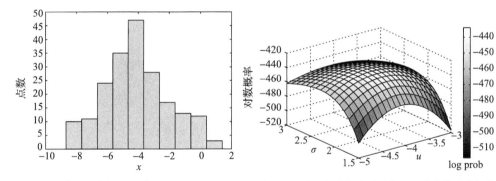

a) 符合高斯分布的200个点的直方图   b) 对于均值和标准差的不同值, 200 个点的对数似然图

图 8.3 符合高斯分布的 200 个点及其在不同参数值下的对数概率 ◀

如果参数多于两个，对于不同的参数绘制数据的似然图是不现实的。因而，标准的统计过程是，对似然函数关于参数求导，令结果等于 0 并求解，推导出统计参数的最大似然估计。特殊地，对于高斯分布，可以证明样本点的均值和标准差是基本分布对应参数的最大似然估计(见本章习题 9)。事实上，对于我们的例子所考虑的 200 个点，最大化对数似然的参数值恰好是这 200 个点的均值和标准差，即 $\mu = -4.1$ 和 $\sigma = 2.1$。 630

3. 使用最大似然估计混合模型参数：EM 算法

我们也可以使用最大似然方法来估计混合模型的参数。在最简单的情况下，我们知道哪个数据对象来自哪个分布，问题归结成：给定符合某分布的数据，估计单个分布的参数。对于大部分常见的分布，参数的最大似然估计由涉及数据的简单公式计算。

在更一般(并且更现实的)的情况下，我们不知道哪个点由哪个分布产生。这样就不能直接计算每一个点的概率，因此似乎不能使用最大似然原理来估计参数。该问题的解决方案是 EM 算法，显示在算法 8.2 中，简要地说，给定参数值的一个猜测，EM 算法计算每 631

个点属于每个分布的概率，然后使用这些概率，计算新的参数估计（这些参数是最大化该似然的参数）。该迭代持续下去，直到参数的估计不再改变或改变很小。这样，通过一个迭代搜索，仍然使用了最大似然估计。

算法 8.2 EM 算法

1：选择模型参数的初始集（与 K 均值一样，可以随机地进行，也可以用各种方法）
2：**repeat**
3：　**期望步骤**　对于每个对象，计算每个对象属于每个分布的概率，即计算 prob(distribution $j \mid x_i$, Θ)
4：　**最大化步骤**　给定期望步骤得到的概率，找出最大化该期望似然的新的参数估计
5：**until**　参数不再改变（或者，如果参数的改变低于预先指定的阈值，则停止）

EM 算法类似于 7.2.1 节的 K 均值算法。事实上，欧几里得数据的 K 均值算法是具有相同协方差矩阵，但具有不同均值的球形高斯分布的 EM 算法的特殊情况。期望步骤对应于 K 均值将每个对象指派到一个簇的步骤，但将每个对象以某一概率指派到每个簇（分布）。最大化步对应于计算簇质心，但是选取分布的所有参数以及权值参数来最大化似然。这一过程常常是直截了当的，因为参数一般使用由最大似然估计推导出来的公式进行计算。例如，对于单个高斯分布，MLE 估计的均值是分布中对象的均值。在混合分布和EM 算法的背景下，均值的计算需要修改，以说明每个对象以一定的概率属于某分布。下面的例子将进一步解释这一点。

例 8.4 **EM 算法的简单例子**　这个例子解释 EM 算法在用于图 8.2 所示数据时如何执行。为了使这个例子尽可能简单，假定知道两个分布的标准差都是 2.0，并且点以相等的概率由两个分布产生。我们把左边和右边的分布分别称作分布 1 和分布 2。

从对 μ_1 和 μ_2 做初始猜测开始介绍 EM 算法，比如说，取 $\mu_1 = -2$，$\mu_2 = 3$。这样，对于两个分布，初始参数 $\theta = (\mu, \sigma)$ 分别是 $\theta_1 = (-2, 2)$ 和 $\theta_2 = (3, 2)$。整个混合模型的参数集是 $\Theta = \{\theta_1, \theta_2\}$。对于 EM 的期望步骤，要计算某个点取自一个特定分布的概率，即要计算 prob(distribution $1 \mid x_i$, Θ) 和 prob(distribution $2 \mid x_i$, Θ)。这些值可以用下式表示，它是贝叶斯规则的直接应用（附录 3 有描述）。

$$\text{prob}(\text{distribution } j \mid x_i, \theta) = \frac{0.5\text{prob}(x_i \mid \theta_j)}{0.5\text{prob}(x_i \mid \theta_1) + 0.5\text{prob}(x_i \mid \theta_2)} \tag{8.13}$$

其中，0.5 是每个分布的概率（权），而 j 是 1 或 2。

例如，假定其中一个点是 0。使用式（8.7）的高斯密度函数，计算 prob$(0 \mid \theta_1) = 0.12$，prob$(0 \mid \theta_2) = 0.06$（实际计算的是概率密度）。使用这些值和式（8.13），我们发现 prob(distribution $1 \mid 0$, Θ) $= \dfrac{0.12}{(0.12 + 0.06)} = 0.66$，prob(distribution $2 \mid 0$, Θ) $= \dfrac{0.06}{(0.12 + 0.06)} = 0.33$。根据对参数值的当前假设，这意味着点 0 属于分布 1 的可能性是属于分布 2 的可能性的两倍。

计算了 20 000 个点的簇隶属概率之后，在 EM 算法的最大化步骤，计算 μ_1 和 μ_2 的新估计（使用式（8.14）和式（8.15））。注意，新的均值分布估计是点的加权平均，其中权值是点属于该分布的概率，即值 prob(distribution $j \mid x_i$)。

$$\mu_1 = \sum_{i=1}^{20\,000} x_i \frac{\text{prob}(\text{distribution } 1 \mid x_i, \Theta)}{\sum\limits_{i=1}^{20\,000} \text{prob}(\text{distribution } 1 \mid x_i, \Theta)} \tag{8.14}$$

$$\mu_2 = \sum_{i=1}^{20\,000} x_i \frac{\text{prob(distribution } 2 \mid x_i, \Theta)}{\sum\limits_{i=1}^{20\,000} \text{prob(distribution } 2 \mid x_i, \Theta)} \tag{8.15}$$

重复这两步，直到 μ_1 和 μ_2 的估计不再改变或变化很小。表 8.1 显示 EM 算法用于 20 000 个点的集合的前几次迭代。对于该数据，我们知道哪个分布产生哪些点，因此也可以由每个分布计算均值。这些均值是 $\mu_1 = -3.98$ 和 $\mu_2 = 4.03$。

表 8.1　对于简单示例的 EM 算法的前几次迭代

迭代	μ_1	μ_2
0	-2.00	3.00
1	-3.74	4.10
2	-3.94	4.07
3	-3.97	4.04
4	-3.98	4.03
5	-3.98	4.03

例 8.5　样本数据集上的 EM 算法　我们给出 3 个例子，解释如何使用 EM 算法发现混合模型的簇。第一个例子基于用于解释模糊 c 均值算法（见图 8.1）的数据集。我们用 3 个具有不同均值和相同协方差矩阵的二维高斯分布对该数据建模。然后，使用 EM 算法对数据进行聚类。结果显示在图 8.4 中。每个点指派到它具有最大隶属权值的簇中。属于每个簇的点用不同形状的标记显示，簇中的隶属度用明暗程度显示。在两个簇边界上的那些点的隶属度相对较低，而其他地方较高。通过观察比较图 8.4 和图 8.1 中的这些隶属权值和概率是很有趣的（见本章习题 11）。

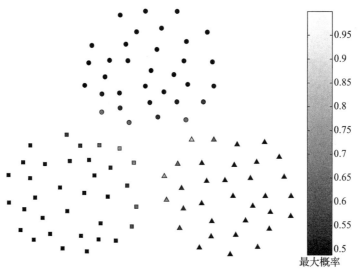

图 8.4　具有 3 个簇的二维数据点集的 EM 聚类

对于第二个例子，使用混合模型对有不同密度的簇的数据进行聚类。该数据由两个自然簇组成，每个大约 500 个点。该数据通过合并两个高斯数据集而创建，其中一个数据集的中心为 $(-4, 1)$，标准差为 2；而另一个的中心为 $(0, 0)$，标准差为 0.5。图 8.5 显示了 EM 算法产生的聚类。尽管密度不同，但 EM 算法还是相当成功地识别出了原来的簇。

对于第三个例子，我们使用混合模型对 K 均值不能很好处理的数据集进行聚类。图 8.6a 显示混合模型算法产生的聚类，而图 8.6b 显示相同的 1000 个点的集合上的 K 均值聚类。对于混合模型聚类，每个点已经指派到它具有最高概率的簇。两个图中都使用不同的标记来区分不同的簇。不要混淆图 8.6a 中的标记"＋"和"×"。

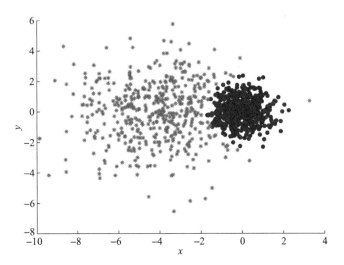

图 8.5   具有两个不同密度的簇的二维数据点集的 EM 聚类

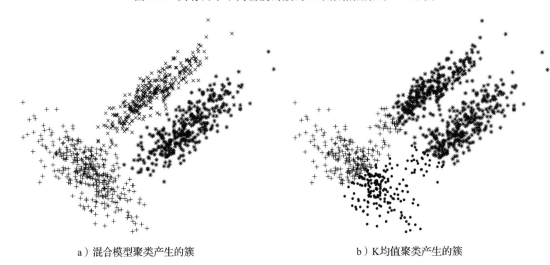

a）混合模型聚类产生的簇   b）K均值聚类产生的簇

图 8.6   二维数据点集上的混合模型聚类和 K 均值聚类   ◀

4. 使用 EM 算法的混合模型聚类的优点和局限性

使用混合模型对数据建模，并使用 EM 算法估计这些模型的参数，从而发现簇的方法有许多优点和缺点。缺点方面，EM 算法可能很慢，对于具有大量分量的模型可能不切实际。当簇只包含少量数据点，或者数据点近似协线性时，它也不能很好地处理。在估计簇的个数，或更一般地，在选择正确的模型形式方面也存在问题。这个问题通常使用贝叶斯方法处理。粗略地说，贝叶斯方法基于由数据得到的估计，给出一个模型相对于另一个模型的比率值。混合模型在存在噪声和离群点时也可能有问题，尽管已经做了一些工作来处理该问题。

优点方面，混合模型比 K 均值或模糊 c 均值更一般，因为它可以使用各种类型的分布。混合模型（基于高斯分布）可以发现不同大小和椭球状的簇。此外，基于模型的方法提供了一种消除与数据相关联的复杂性的方法。为了看出数据中的模式，常常需要简化数据。如果模型与数据匹配得很好，那么用数据拟合一个模型是一种简化数据的好办法。更进一步，模型更容易刻画所产生的簇，因为它们可以用少量参数描述。最后，许多数据集实际上是随机处理的结果，因此应当满足这些模型的统计假设。

8.2.3　自组织映射

　　Kohonen 自组织特征映射(SOFM 或 SOM)是一种基于神经网络观点的聚类和数据可视化技术。尽管 SOM 源于神经网络，但是它更容易(至少在本章的背景下)表示成一种基于原型的聚类变形。与其他基于质心的聚类一样，SOM 的目标是发现质心的集合(用 SOM 的术语称为**参考向量**(reference vector))，并将数据集中的每个对象指派到与该对象最相似的质心。用神经网络的术语来说，每个质心都与一个神经元相关联。

　　与增量 K 均值一样，SOM 每次也处理一个数据对象并更新最近的质心。与 K 均值不同，SOM 赋予质心地形序(topographic ordering)并将附近的质心一起更新。此外，SOM 不记录对象的当前簇隶属情况，并且不像 K 均值，如果对象转移簇，并不会明确地更新旧的簇质心。当然，如果旧的簇质心是新的簇质心的近邻，那么它也会因此而更新。继续处理点，直到到达某个预先确定的界限或者质心变化不大为止。SOM 的最终输出是一个隐式定义簇的质心的集合。每个簇由最靠近某个特定质心的点组成。下面将详细介绍该过程。

1. SOM 算法

　　SOM 的显著特征是它赋予质心(神经元)一种地形(空间)组织。图 8.7 显示了一个二维 SOM 的例子，其中质心用安排在矩形格中的结点表示。每个质心分配一对坐标(i, j)。有时，这样的网络用邻接结点之间的链绘制，但这样可能会产生误导，因为一个质心通过按坐标定义的邻域(而不是通过链)对另一个质心产生影响。有多种类型的 SOM 神经网络，但是我们只讨论具有矩形或六边形质心的二维 SOM。

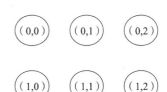

图 8.7　二维 3×3 矩形 SOM 神经网络

　　尽管 SOM 类似于 K 均值或其他基于原型的方法，但是却存在根本上的差异。SOM 使用的质心具有预先确定的地形序关系。在训练过程中，SOM 使用每个数据点更新最近的质心和在地形序下邻近的质心。以这种方式，对于任意给定的数据集，SOM 产生一个有序的质心集合。换言之，在 SOM 网格中互相靠近的质心比互相远离的质心更密切相关。由于这种约束，可以认为二维 SOM 质心是在一个尽可能好地拟合 n 维数据的二维曲面上。SOM 质心也可以看作关于数据点的非线性回归的结果。

　　在高维度下，使用 SOM 聚类的过程如算法 8.3 所述。

算法 8.3　基本 SOM 算法

1：初始化质心
2：**repeat**
3：　　选择下一个对象
4：　　确定到该对象最近的质心
5：　　更新该质心和附近的质心，即在一个特定邻域内的质心
6：**until** 质心改变不大或超过某个阈值
7：指派每个对象到最近的质心，并返回质心和簇

初始化　这一步(行1)可以用多种方法执行。一种方法是，对每个分量，从观测到的数据的值域中随机地选择质心的分量值。尽管该方法可行，但是不一定是最好的，特别是对于快速收敛的数据。另一种方法是从数据点中随机地选择初始质心。这非常像 K 均值随机地选择质心。

选择对象　循环的第一步(行3)是选择下一个对象。这相当直接，但是存在一些困难。由于可能需要许多步才收敛，每个数据对象可能使用多次，特别是对象较少时。然而，如果对象很多，则并非需要使用每个对象。通过提高某些对象组在训练集中的出现频率，也可以增强这些对象组的影响。

指派　确定最近的质心(行4)也是相对简单的，尽管它需要具体的距离度量。通常使用欧几里得距离或点积度量。使用点积距离时，数据向量通常要预先规范化，并且要在每一步对参考向量进行规范化。在这种情况下，使用点积度量等价于使用余弦度量。

更新　更新步(行5)是最复杂的。设 $m_1, \cdots, m_k$ 是质心(对于矩形网格，k 是行数与列数的乘积)。对于时间步 t，设 $p(t)$ 是当前的对象(点)，并假定到 $p(t)$ 最近的质心是 m_j。则对于时间 $t+1$，使用下式更新第 j 个质心。(稍后将会看到，更新实际上限于其神经元在 m_j 的小邻域中的质心。)

$$m_j(t+1) = m_j(t) + h_j(t)(p(t) - m_j(t)) \tag{8.16}$$

这样，在时刻 t，质心 $m_j(t)$ 被更新，加上一项 $h_j(t)(p(t)-m_j(t))$。新增的项正比于当前对象 $p(t)$ 与质心 $m_j(t)$ 之间的差 $p(t)-m_j(t)$。$h_j(t)$ 决定差 $p(t)-m_j(t)$ 将具有的影响，它的选取使得它随时间减退；增强邻域效果，即对象在最接近质心 m_j 的质心上影响最大。这里所谈的是网格中的距离，而不是数据空间中的距离。通常，$h_j(t)$ 从以下两种函数选取：

$$h_j(t) = \alpha(t)\exp\frac{(-\operatorname{dist}(r_j,r_k)^2)}{(2\sigma^2(t))} \quad \text{(高斯函数)}$$

$$h_j(t) = \alpha(t), \operatorname{dist}(r_j,r_k) \leqslant \text{阈值};0,\text{其他} \quad \text{(阶梯函数)}$$

这些函数需要更多的解释。$\alpha(t)$ 是学习率参数，$0<\alpha(t)<1$，随时间单调减少，并控制收敛率。$r_k=(x_k, y_k)$ 是二维点，给出第 k 个质心的网格坐标。$\operatorname{dist}(r_j, r_k)$ 是两个质心网格位置之间的欧几里得距离，即 $\sqrt{(x_j-x_k)^2+(y_j-y_k)^2}$。这样，对于网格位置远离质心 m_j 的质心，对象 $p(t)$ 的影响将大幅度减弱或不存在。最后，σ 是典型的高斯方差参数，控制邻域的宽度：即，较小的 σ 将产生较小的邻域，而较大的 σ 将产生较宽的邻域。阶梯函数使用的阈值也控制邻域的大小。

记住，正是这种邻域更新技术加强了与邻近神经元相关联的质心之间的联系。

终止　决定何时足够接近稳定的质心集是一个重要的问题。理想情况下，迭代应当一直继续到收敛为止，即直到参考向量不发生变化或变化很小。收敛率依赖于许多因素，如数据和 $\alpha(t)$。除了一般地提及收敛可能很慢并且没有保证之外，我们不进一步讨论这些问题。

例8.6 文档数据　我们提供两个例子。在第一个例子中，我们以边长为 4 的六边形网格，将 SOM 应用于文档数据。我们对取自《洛杉矶时报》的 3204 篇新闻报道进行聚类。它们取自 6 个不同的版块：娱乐、财经、国外、都市、国内和体育。图 8.8 显示了 SOM 网格。我们使用六边形网格，这样每个质心具有 6 个直接邻居，而不是 4 个。每个 SOM 网格单元(簇)用相关联的点的多数类标记来标记。每个特定类的簇形成邻近组，并且它们相对于簇的其他类的位置给我们提供了附加的信息，例如，都市版块包含了与其他所有版块有关的故事。

例 8.7　二维点　在第二个例子中，使用矩形 SOM 和一个二维数据点集。图 8.9a 显示了点和 SOM 产生的 36 个参考向量（用 "×" 显示）的位置。将点安排在棋盘模式中，并划分成 5 个类：圆形、三角形、正方形、菱形和六边形（星形）。使用 6×6 的二维矩形质心网格并随机初始化，如图 8.9a 所示，质心趋向于分布在稠密区域。图 8.9b 指出了质心与多数类的联系。与三角形点相关联的簇在一个连续的区域，正如质心与其他四种类型的点的联系一样。这是 SOM 强加邻域约束的结果。尽管每组都有相同的点数，但是质心并非均匀分布。原因一部分归结于点的总体分布，一部分归结于将每个质心放到单个簇中。

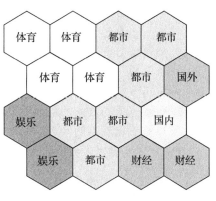

图 8.8　《洛杉矶时报》文档数据集的 SOM 簇之间的可视化联系

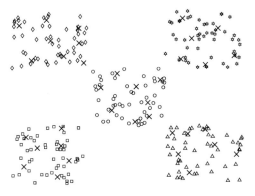

a）二维点集的SOM参考向量（"×"）分布

菱形	菱形	菱形	六边形	六边形	六边形
菱形	菱形	菱形	圆形	六边形	六边形
菱形	菱形	圆形	圆形	圆形	六边形
正方形	正方形	圆形	圆形	三角形	三角形
正方形	正方形	圆形	圆形	三角形	三角形
正方形	正方形	正方形	三角形	三角形	三角形

b）SOM质心的类

图 8.9　用于二维数据点的 SOM

2. 应用

一旦找到 SOM 向量，就可以将它们用于聚类之外的许多目的。例如，使用二维 SOM 可以建立各种量与关联每个质心（簇）的网格点的联系，并通过各种类型的图可视化结果。例如，绘制与每个簇相关联的点的数量的图将揭示点在簇之间的分布。一个二维 SOM 是原概率分布函数到二维空间的非线性投影，该投影试图保持拓扑特征。因此，使用 SOM 捕获数据结构的过程类似于"压花"的过程。

3. 优点与局限性

SOM 是一种聚类技术，它将相邻关系强加在结果簇质心上。正因为如此，互为邻居的簇之间比非邻居的簇之间更相关。这种联系有利于聚类结果的解释和可视化。事实上，SOM 的这一特点已经应用在许多领域，例如可视化 Web 文档或基因阵列数据。

但是 SOM 也有许多局限性，列举如下。其中，所列举的某些局限性仅当将 SOM 作为一种标准的旨在发现数据中真正的簇的聚类技术，而不是使用聚类帮助发现数据的结构时才是其局限性。此外，其中某些局限性已经被扩充后的 SOM 或被受 SOM 影响的聚类算法所解决（见文献注释）。

- 用户必须选择参数、邻域函数、网格类型和质心个数。
- 一个 SOM 簇通常并不对应于单个自然簇。在某些情况下，一个 SOM 簇可能包含若干个自然簇，而在其他情况下，一个自然簇可能分解到若干个 SOM 簇中。这个问题部分归结于质心网格的使用，部分归结于如下事实：和其他基于原型的聚类技术一样，当自然簇的大小、形状和密度不同时，SOM 趋向于分裂或合并它们。
- SOM 缺乏具体的目标函数。SOM 试图找出最好的能够近似数据的质心的集合，这受限于质心之间的地形约束，但是 SOM 的成功不能用一个函数来表达。这可能使得难于比较不同 SOM 聚类的结果。
- SOM 不能保证收敛，尽管实际中它经常收敛。

`643`

8.3 基于密度的聚类

在 7.4 节中，我们考虑了 DBSCAN——一种发现基于密度的簇的简单而有效的算法。在该算法中基于密度的簇是对象的稠密区域，它们被低密度的区域包围。本节将介绍其他基于密度的聚类技术，解决有效性、发现子空间中的簇和更准确的密度建模等问题。首先，考虑基于网格的聚类，它将数据空间划分成网格单元，然后由足够稠密的网格单元形成簇。这样的方法是有效的，至少对于低维数据是如此。其次，考虑子空间聚类，它在所有维的子空间中寻找簇（稠密区域）。对于 n 维数据空间，需要搜索的潜在子空间有 $2^n - 1$ 个，因此需要有效的技术。CLIQUE 是一种基于网格的聚类算法，它基于如下的观察提供了一种有效的子空间聚类方法，即高维空间的稠密区域暗示着低维空间稠密区域的存在性。最后，我们介绍一种聚类技术 DENCLUE，它使用核密度函数用个体数据对象影响之和对密度建模。尽管 DENCLUE 本质上不是基于网格的技术，但是它使用基于网格的方法提高性能。

8.3.1 基于网格的聚类

网格是一种组织数据集的有效方法，至少在低维空间中如此。其基本思想是，将每个属性的可能值分割成许多相邻的区间，创建网格单元的集合。（对于这里和本节其余部分的讨论，假定属性值是序数的、区间的或连续的。）每个对象落入一个网格单元，网格单元对应的属性区间包含该对象的值。扫描一遍数据就可以把对象指派到网格单元中，并且还可以同时收集关于每个单元的信息，如单元中的点数。

`644`

存在许多利用网格进行聚类的方法，但是大部分方法是基于密度的，至少部分地基于密度。因此，本节讨论的基于网格的聚类指的是使用网格的基于密度的聚类。算法 8.4 描述了基本的基于网格的聚类方法。该方法的各个步骤在下面介绍。

算法 8.4　基本的基于网格的聚类算法

1：定义一个网格单元集
2：将对象指派到合适的单元，并计算每个单元的密度
3：删除密度低于指定阈值 τ 的单元
4：由邻近的稠密单元组形成簇

---

1. 定义网格单元

这是关键步骤，但定义也最不严格，因为存在许多将每个属性的可能值分割成许多相邻的区间的方法。对于连续属性，一种常用的方法是将值划分成等宽的区间。如果该方法用于所有的属性，则结果网格单元都具有相同的体积，而单元的密度可以方便地定义为单

元中点的个数。

　　然而，也可以使用更复杂的方法。例如，对于连续属性，通常用于离散化属性的任何技术都可以使用（见 2.3.6 节）。除已经提到的等宽方法之外，包括将属性值划分成区间，使得每个区间包含的点数相等，即等频率离散化，或者使用聚类。另一种方法被子空间聚类算法 MAFIA 使用，它初始地将属性值的集合划分成大量等宽区间，然后合并相近密度的区间。

　　无论采用哪种方法，网格的定义都对聚类的结果具有很大影响。稍后详细说明。

2. 网格单元的密度

　　定义网格单元密度的一种自然方法是：定义网格单元（或更一般形状的区域）的密度为该区域中的点数除以区域的体积。换言之，密度是每单位空间中的点数，而不管空间的维度。具体的低维密度的例子是：每英里的路标个数（一维），每平方千米栖息地的鹰个数（二维），每立方厘米的气体分子个数（三维）。然而，正如所提到的，一种常用的方法是使用具有相同体积的网格单元，使得用每个单元的点数直接度量单元的密度。

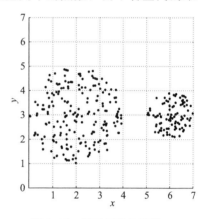

图 8.10　基于网格的密度

　　例 8.8　基于网格的密度　图 8.10 展示了两个二维点的集合，使用 7×7 的网格划分成 49 个单元。第一个集合包含 200 个点，在圆心为(2，3)、半径为 2 的圆上均匀分布产生。而第二个集合包含 100 个点，在圆心为(6，3)、半径为 1 的圆上均匀分布产生。网格单元的计数显示在表 8.2 中。由于单元具有相等的体积（面积），因此可以将这些值看作单元的密度。

表 8.2　网格单元的点计数

0	0	0	0	0	0	0
0	0	0	0	0	0	0
4	17	18	6	0	0	0
14	14	13	13	0	18	27
11	18	10	21	0	24	31
3	20	14	4	0	0	0
0	0	0	0	0	0	0

3. 由稠密网格单元形成簇

　　由邻接的稠密单元组形成簇是相对简单的（例如，在图 8.10 中，很明显存在两个簇）。然而，这仍然存在某些问题。需要定义邻接单元的含义，例如，二维网格单元有 4 个还是 8 个邻接单元。此外，还需要有效的技术发现邻接单元，特别是当仅存放被占据的单元时更需要这种技术。

　　算法 8.4 定义的聚类方法有一些局限性，将算法改写得稍微复杂一点就可以解决。例如，在簇的边缘多半会有一些部分为空的单元。通常，这些单元不是稠密的。如果不稠密，它们将会被丢弃并导致簇的部分丢失。图 8.10 和表 8.2 显示，如果密度阈值为 9，则大簇的 4 个部分将丢失。可以修改聚类过程来避免丢弃这样的单元，尽管这需要附加的处理。

使用密度之外的信息也可以加强基本的基于网格的聚类算法。在许多情况下，数据具有空间和非空间属性。换言之，某些属性描述对象的时间或空间位置，而另一些属性描述对象的其他方面。一个常见的例子是房子，它具有位置和许多其他特性，如价格或占地面积。由于空间（或时间）的自相关性，一个特定单元中的对象通常在其他属性上也具有类似的值。在这些情况下，有可能基于一个或多个非空间属性的统计性质（如平均房价）对单元进行过滤，然后根据剩下的点的密度形成簇。

4. 优点与局限性

优点方面，基于网格的聚类可能是非常有效的。给定每个属性的划分，单次扫描数据就可以确定每个对象的网格单元和每个网格单元的计数。此外，尽管潜在的网格单元数量可能很高，但实际上只需要为非空单元创建网格单元。这样，定义网格、将每个对象指派到一个单元并计算每个单元的密度的时间和空间复杂度仅为 $O(m)$，其中 m 是点的个数。如果可以有效地访问邻接的、已占据的单元（例如，通过使用搜索树），则整个聚类过程将非常高效，具有 $O(m \log m)$ 时间复杂度。正是由于这种原因，密度聚类的基于网格的方法形成了许多聚类算法的基础，如 STING、GRIDCLUS、WaveCluster、Bang-Clustering、CLIQUE 和 MAFIA。

缺点方面，像大多数基于密度的聚类方法一样，基于网格的聚类非常依赖于密度阈值 τ 的选择。如果 τ 太高，则簇可能丢失。如果 τ 太低，则本应分开的两个簇可能被合并。此外，如果存在不同密度的簇和噪声，则也许不能找到适用于数据空间所有部分的单个 τ 值。

基于网格的方法还存在一些其他问题。例如，在图 8.10 中，矩形网格单元不能准确地捕获圆形边界区域的密度。我们可以试图通过将网格加细来减轻该问题，但是与一个簇相关联的网格单元中的点数可能更加波动，因为簇中的点不是均匀分布的。事实上，有些网格单元，包括簇内部的单元，甚至可能为空。另一个问题是一组点可能仅出现在一个单元中，或者分散在几个不同的单元中（取决于单元的放置或大小）。在第一种情况下，同一组的点可能是簇的一部分，而在第二种情况下则可能被丢弃。最后，随着维度的增加，网格单元个数迅速增加——随维度指数级增加。尽管不必明显地考虑空网格单元，但是大部分网格单元都只包含单个对象的情况很容易发生。换言之，对于高维数据，基于网格的聚类的效果将会很差。

8.3.2　子空间聚类

迄今为止，所考虑的聚类技术都是使用所有的属性来发现簇。然而，如果仅考虑特征子集（即数据的子空间），则发现的簇可能因子空间不同而不同。有两个理由可以推断子空间的簇是有意义的。第一，数据关于少量属性的集合可能可以聚类，而关于其余属性是随机分布的。第二，在某些情况下，在不同的维集合中存在不同的簇。考虑记录不同时间、不同商品销售情况的数据集（时间是维，而商品是对象），某些商品对于特定的月份集（如夏季）可能表现出类似行为，但是不同的簇可能被不同的月份（维）刻画。

例 8.9　子空间聚类　图 8.11a 展示了一个三维空间点集。在整个空间有 3 个簇，分别用正方形、菱形和三角形标记。此外，用圆形标记了一个不属于三维空间簇的点集。该数据集的每个维（属性）被划分成固定个数（η）的等宽区间。有 $\eta = 20$ 个区间，每个区间的宽度为 0.1。数据空间被划分成等体积的立方体单元，每个单元的密度是它所包含的点所点的比例。簇是稠密单元的邻接组。例如，如果稠密单元的阈值是 $\xi=0.06$，或 6% 的点，则可以在图 8.12 中识别出 3 个一维簇。图 8.12 展示了图 8.11a 所示数据点关于属性 x 的直方图。

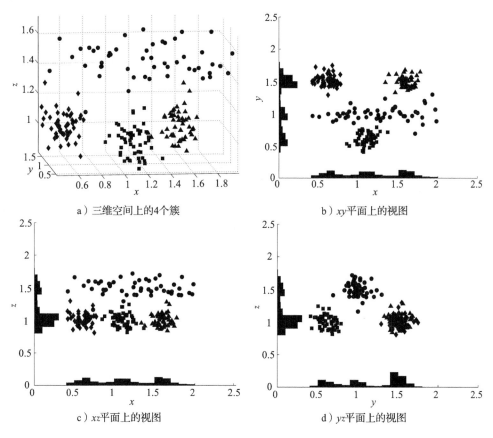

a）三维空间上的4个簇　　　　b）xy 平面上的视图

c）xz 平面上的视图　　　　d）yz 平面上的视图

图 8.11　子空间聚类例子

图 8.11b 显示了绘制在 xy 平面上的点（z 属性被忽略）。该图沿 x 和 y 轴也包含直方图，分别显示点关于其 x 和 y 坐标的分布（较高的条指明对应的区间包含相对较多的点，反之亦然）。当考虑 y 轴时，可看到 3 个簇。一个来自在整个空间中不形成簇的圆点，一个由正方形点组成，而另一个由菱形和三角形点组成。在 x 维上也有 3 个簇，它们对应于整个空间的 3 个簇（菱形、三角形和正方形）。这些点在 xy 平面上也形成不同的簇。图 8.11c 显示绘制在 xz 平面上的点。如果只考虑 z 属性，则存在两个簇。一个簇对应于圆表示的点，而另一个由菱形、三角形和正方形点组成。这些点在 xz 平面上也形成不同的簇。在图 8.11d 中，当考虑

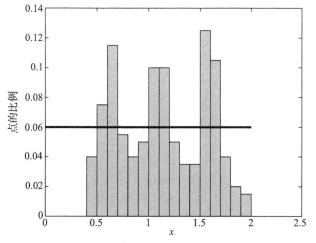

图 8.12　点关于 x 属性的分布直方图

376 第 8 章

y 和 z 时，存在 3 个簇。一个由圆组成，另一个由正方形标记的点组成。菱形和三角形形成 yz 平面上的单个簇。 ◀

　　这些图解释了两个重要事实。第一，一个点集（圆点）在整个空间可能不形成簇，但是在子空间却可能形成簇。第二，存在于整个数据空间（或者甚至子空间）的簇作为低维空间中的簇出现。第一个事实告诉我们可能需要在维的子集中发现簇，而第二个事实告诉我们许多在子空间中发现的簇可能只是较高维簇的"影子"（投影）。目标是发现簇和它们存在的维，但是我们通常对是较高维簇的投影的那些簇并不感兴趣。

1. CLIQUE

　　CLIQUE（CLustering In QUEst）是系统地发现子空间簇的基于网格的聚类算法。检查每个子空间寻找簇是不现实的，因为这样的子空间的数量是维度的指数。CLIQUE 依赖如下性质。

　　基于密度的簇的单调性　如果一个点集在 k 维（属性）上形成一个基于密度的簇，则相同的点集在这些维的所有可能的子集上也是基于密度的簇的一部分。

　　考虑一个邻接的、形成簇的 k 维单元集，即其密度大于指定的阈值 ξ 的邻接单元的集合。对应的 $k-1$ 维单元集可以通过忽略 k 个维（属性）中的一个得到。这些较低维的单元也是邻接的，并且每个低维单元包含对应高维单元的所有点。它还可能包含附加的点。这样，低维单元的密度大于或等于对应高维单元的密度。结果，这些低维单元形成了一个簇，即点形成一个具有约减属性的簇。

　　算法 8.5 给出了一个 CLIQUE 的简化版本。从概念上讲，CLIQUE 算法类似于发现频繁项集的 Apriori 算法，见第 5 章。

算法 8.5　CLIQUE 算法

1：找出对应于每个属性的一维空间中的所有稠密区域。这是稠密的一维单元的集合
2：$k \leftarrow 2$
3：**repeat**
4：　由稠密的 $k-1$ 维单元产生所有的候选稠密 k 维单元
5：　删除点数少于 ξ 的单元
6：　$k \leftarrow k+1$
7：**until** 不存在候选稠密 k 维单元
8：通过取所有邻接的、高密度的单元的并集发现簇
9：使用一小组描述簇中单元的属性值域的不等式概括每一个簇

---

2. CLIQUE 的优点与局限性

　　CLIQUE 最有用的特征是，它提供了一种搜索子空间来发现簇的有效技术。由于这种方法基于源于关联分析的著名的先验原理，它的性质能够被很好地理解。另一个有用的特征是，CLIQUE 用一小组不等式概括构成一个簇的单元列表的能力。

　　CLIQUE 的许多局限性与前面讨论过的其他基于网格的密度方法相同。其他局限性类似于 Apriori 算法。具体地说，正如频繁项集可以共享项一样，CLIQUE 发现的簇也可以共享对象。允许簇重叠可能大幅度增加簇的个数，并使得解释更加困难。另一个问题是 Apriori（像 CLIQUE）潜在地具有指数复杂度。例如，如果在较低的 k 值产生过多的稠密单元，则 CLIQUE 将遇到困难。提高密度阈值 ξ 可以减缓该问题。CLIQUE 的另一个潜在的局限性在本章习题 20 中考察。

8.3.3　DENCLUE：基于密度聚类的一种基于核的方案

DENCLUE(DENsity CLUstEring)是一种基于密度的聚类方法，它用与每个点相关联的影响函数之和对点集的总密度建模。结果总密度函数将具有局部尖峰(即局部密度最大值)，并且这些局部尖峰用来以自然的方式定义簇。具体地说，对于每个数据点，爬山过程找出与该点相关联的最近的尖峰，以及与一个特定的尖峰(称作**局部密度吸引点**(local density attractor))相关联的所有数据点，成为一个簇。然而，如果局部尖峰处的密度太低，则相关联的簇中的点将被视为噪声而丢弃。此外，如果一个局部尖峰通过一条数据点路径与另一个局部尖峰相连接，并且该路径上每个点的密度都高于最小密度阈值，则与这些局部尖峰相关联的簇合并在一起，这样就可以发现任意形状的簇。

例 8.10 DENCLUE 密度　用图 8.13 解释这些概念。该图显示了一维数据集的一个可能的密度函数。点 A-E 是该密度函数的尖峰，代表局部密度吸引点。垂直虚线描绘局部密度吸引点的局部影响区域。这些区域中的点将成为中心确定的簇。水平虚线显示密度阈值 ξ。与密度阈值小于 ξ 的局部密度吸引点相关联的所有点(如与 C

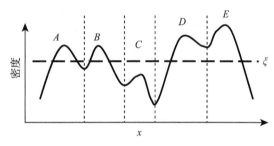

图 8.13　一维 DENCLUE 密度概念的解释

相关联的那些点)都将被丢弃。其他所有簇将留下。注意，留下的簇可能包括密度小于 ξ 的点，只要这些点与密度大于 ξ 的局部密度吸引点相关联。最后，通过密度大于 ξ 的点路径连接的簇合并在一起。簇 A 和 B 将保持分离，而簇 D 和 E 将合并。　◀

DENCLUE 算法的高层细节概括在算法 8.6 中。下文会更详细地讨论 DENCLUE 的各个方面。首先简略回顾核密度估计，然后提供 DENCLUE 用来近似密度的基于网格的方法。

算法 8.6　DENCLUE 算法

1：对数据点占据的空间推导密度函数
2：识别局部极大点。(这些是密度吸引点)
3：通过沿密度增长最大的方向移动，将每个点关联到一个密度吸引点
4：定义与特定的密度吸引点相关联的点构成的簇
5：丢弃密度吸引点的密度小于用户指定阈值 ξ 的簇
6：合并通过密度大于或等于 ξ 的点路径连接的簇

1. 核密度估计

DENCLUE 基于一个发展完善的统计学和模式识别领域，称作**核密度估计**(kernel density estimation)。这些技术(以及其他许多统计技术)的目标是用函数描述数据的分布。对于核密度估计，每个点对总密度函数的贡献用一个影响(influence)或**核函数**(kernel function)表示。总密度函数仅仅是与每个点相关联的影响函数之和。

通常，影响函数或核函数是对称的(所有方向相同)，并且它的值(贡献)随到点的距离增加而下降。例如，对于一个特定的点 x，高斯函数 $k(y) = \mathrm{e}^{-\frac{\mathrm{distance}(x,y)^2}{2\sigma^2}}$ 常常用作核函数。(σ 是参数，类似于标准差，它支配一个点的影响衰减的速度。)图 8.14a 显示单个二维点的高斯密度函数的形状，而图 8.14c 和图 8.14d 显示将该高斯影响函数用于图 8.14b 中的点集产生的总密度函数。

652
653

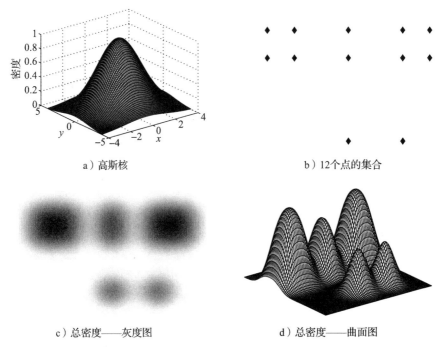

a）高斯核　　　　　　　　　　　　　b）12个点的集合

c）总密度——灰度图　　　　　　　d）总密度——曲面图

图 8.14　高斯影响(核)函数和总密度函数的例子

2. 实现问题

核密度的计算开销可能相当高，DENCLUE 使用许多近似方法来有效地实现其基本算法。首先，它只在数据点显式地计算密度。然而，这仍然导致 $O(m^2)$ 的时间复杂度，因为每个点的密度是所有点贡献的密度的函数。为了降低时间复杂度，DENCLUE 使用一种基于网格的实现来有效地定义近邻，并借此限制定义点的密度所需要考虑的点的数量。首先，预处理步骤创建网格单元集。仅创建被占据的单元，并且这些单元及其相关信息可以通过搜索树有效地访问。然后计算点的密度，并找出其最近的密度吸引点。DENCLUE 只考虑近邻中的点，即相同单元或者与该点所在单元相连接的单元中的点。尽管这种方法牺牲了一些密度估计的精度，但是计算复杂度大大降低。

3. DENCLUE 的优点与局限性

DENCLUE 具有坚实的理论基础，因为它基于发展完善的统计学领域——核密度函数和核密度估计。基于这种原因，DENCLUE 提供了比其他基于网格的聚类技术和 DB-SCAN 更加灵活、更加精确的计算密度的方法(DBSCAN 是 DENCLUE 的特例)。基于核密度函数的方法本质上计算开销大，但是 DENCLUE 使用基于网格的技术来处理该问题。尽管如此，DENCLUE 可能比其他基于密度的聚类技术的计算开销更大。此外，网格的使用对于密度估计的准确率可能具有负面影响，并且这使得 DENCLUE 容易受基于网格的方法共同存在的问题的影响，例如，很难选择合适的网格尺寸。更一般地，DENCLUE 具有其他基于密度的方法的优点和局限性。例如，DENCLUE 擅长处理噪声和离群点，并且可以发现不同形状和不同大小的簇，但是对于高维数据和包含密度很不相同的簇的数据，DENCLUE 可能有问题。

8.4　基于图的聚类

7.3 节讨论了一些基于图的观点看待数据的聚类技术。其中，数据对象用结点表示，而两个数据对象之间的邻近度用对应结点之间边的权值表示。本节考虑其他一些基于图的聚类算法，它们利用图的许多重要性质和特性。下面是一些重要方法，算法利用这些方法的不同子集。

1）稀疏化邻近度图，只保留对象与其最近邻之间的连接。这种稀疏化对于处理噪声和离群点是有用的。稀疏化也使得我们可以利用为稀疏图开发的有效图划分算法。

2）基于共享的最近邻个数，定义两个对象之间的相似性度量。该方法基于这样一种观察，即对象和它的最近邻通常属于同一个类。该方法有助于克服高维和变密度簇的问题。

3）定义核心对象并构建环绕它们的簇。为了对基于图的聚类做这件事，需要引入基于密度的邻近度图或稀疏化的邻近度图的概念。与 DBSCAN 一样，围绕核心对象构建簇将产生一种聚类技术，从而可以发现不同形状和大小的簇。

4）使用邻近度图中的信息，提供两个簇是否应当合并的更复杂的评估。具体地说，仅当结果簇具有类似于原来的两个簇的特性，两个簇合并。

下面从讨论邻近度图的稀疏化开始，提供三个例子，其聚类方法仅基于如下技术：MST（等价于单链聚类算法）、Opossum 和谱聚类。然后，讨论 Chameleon，一种使用自相似性（self-similarity）概念确定簇是否应当合并的层次聚类算法。接下来，定义一种新的相似性度量——共享最近邻（Shared Nearest Neighbor，SNN）相似性，并介绍使用这种相似性度量的 Jarvis-Patrick 聚类算法。最后，讨论如何基于 SNN 相似度定义密度和核心对象，并介绍一种基于 SNN 密度的聚类算法（可以看作使用新的相似性度量的 DBSCAN）。

8.4.1　稀疏化

m 个数据点的 $m \times m$ 邻近度矩阵可以用一个稠密图表示，图中每个结点与其他所有结点相连接，任何一对结点之间边的权值反映它们之间的邻近性。尽管每个对象与其他每个对象都有某种程度的相似性，但是对于大部分数据集，对象只与少量对象高度相似，而与大部分其他对象的相似性很弱。这一性质可以用来稀疏化邻近度图（矩阵），在实际的聚类过程开始之前，将许多低相似度（高相异度）的值置 0。例如，稀疏化可以这样进行：断开相似度（相异度）低于（高于）指定阈值的边，或仅保留连接到点的 k 个最近邻的边。后一种方法创建所谓 k-**最近邻图**（k-nearest neighbor graph）。

稀疏化具有下面一些有益效果。

- **压缩了数据量**。聚类所需要处理的数据量被大幅度压缩。稀疏化常常可以删除邻近度矩阵中 99% 以上的项。这样，可以处理的问题的规模就提高了。
- **可以更好地聚类**。稀疏化技术保持了对象与最近邻的连接，而断开了与较远对象的连接，这与**最近邻原理**（nearest neighbor principle）一致：对象的最近邻趋向于与对象在同一个类（簇）。这降低了噪声和离群点的影响，增强了簇之间的差别。
- **可以使用图划分算法**。在寻找稀疏图的最小切割划分启发式算法方面，特别是在并行计算和集成电路设计领域，研究人员已经做了大量工作。邻近度图的稀疏化使得使用图划分算法进行聚类成为可能。例如，Opossum 和 Chameleon 都使用图划分。

应当把邻近度图的稀疏化看成使用实际聚类算法之前的初始化步骤。理论上讲，完美的稀疏化应当将邻近度图划分成对应于期望簇的连通分支，但实际中这很难做到。很容易出现单条边连接两个簇，或者单个簇被分裂成若干个不连接的子簇的情况。事实上，正如将讨论的 Jarvis-Patrick 和基于 SNN 密度的算法那样,我们常常修改稀疏邻近度图,以便产生新的邻近度图。新的邻近度图还可以被稀疏化。聚类算法使用的邻近度图是所有这些预处理步骤的结果。这一过程汇总在图 8.15 中。

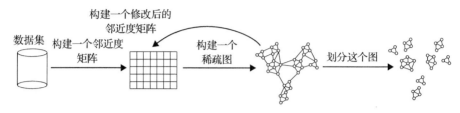

图 8.15　使用稀疏化聚类的理想过程

8.4.2　最小生成树聚类

在 7.3 节介绍凝聚层次聚类技术时,我们提到还存在分裂层次聚类算法。在 7.2.3 节,我们看到了这种技术的一个例子,即二分 K 均值。另一种分裂层次聚类技术 MST 从邻近度图的最小生成树开始,可以看作用稀疏化找出簇的应用。简略地讨论这个算法。有趣的是,这个算法也产生与单链凝聚聚类相同的聚类,见本章习题 13。

图的一棵**最小生成树**(Minimum Spanning Tree,MST)是一个子图:它没有环,即为一棵树;包含图的所有结点;在所有可能的生成树中它的边的总权值最小。术语最小生成树假定只使用相异度或距离,我们将遵循这一约定。然而,这不是一种限制,因为可以将相似度转换成相异度,或者修改最小生成树的概念以使用相似度。某些二维点的最小生成树的一个例子显示在图 8.16 中。

MST 分裂层次聚类算法显示在算法 8.7 中。第一步是找出原相异度图的 MST。注意,最小生成树可以看作一种特殊类型的稀疏化图。步骤 3 也可以看作图的稀疏化。因此,MST 可以看作一种基于相异度图的稀疏化的聚类算法。

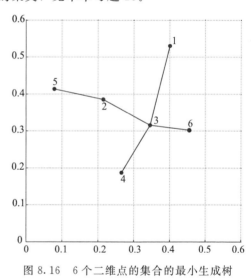

图 8.16　6 个二维点的集合的最小生成树

算法 8.7　MST 分裂层次聚类算法

1:计算相异度图的最小生成树
2:**repeat**
3:　断开对应于最大相异度的边,创建一个新的簇
4:**until** 只剩下单个簇

8.4.3　OPOSSUM:使用 METIS 的稀疏相似度最优划分

OPOSSUM(Optimal Partitioning of Sparse Similarities Using METIS)是一种专门为诸如文档或购物篮数据等稀疏、高维数据设计的聚类技术。与 MST 一样,它基于相似度图的稀疏化进行聚类。然而,OPOSSUM 使用 METIS 算法,该算法专门用于划分稀疏

图。OPOSSUM 算法的进行步骤在算法 8.8 中给出。

算法 8.8   OPOSSUM 聚类算法

1：计算稀疏化的相似度图
2：使用 METIS，将相似度图划分成 k 个不同的分支(簇)

所使用的相似度度量是适合于稀疏、高维数据的度量，如扩充的 Jaccard 度量或余弦度量。METIS 图划分程序将稀疏图划分成 k 个不同的分支，其中 k 是用户指定的参数，旨在最小化分支之间边的权值(相似度)，实现平衡约束。OPOSSUM 使用如下两种平衡约束中的一种：每个簇中的对象个数必须粗略相等，或属性值的和必须粗略相等。第二种约束在有些情况下是有用的，例如当属性值表示商品价格时。

优点与缺点

OPOSSUM 简单、速度快。它将数据划分为大小粗略相等的簇。根据聚类的目标，这可能看作优点或缺点。由于簇被约束为大小粗略相等，因此簇可能被分裂或合并。然而，如果使用 OPOSSUM 产生大量簇，则这些簇通常是更大簇的相对纯的片段。事实上，OPOSSUM 类似于 Chameleon 聚类过程的初始化步骤。Chameleon 将在下面讨论。

8.4.4   Chameleon：使用动态建模的层次聚类

凝聚层次聚类技术通过合并两个最相似的簇来聚类，其中簇的相似性定义依赖于具体的算法。有些凝聚聚类算法，如组平均，将其相似性概念建立在两个簇之间的连接强度上(例如，两个簇中点的逐对相似性)，而其他技术，如单链方法，使用簇的接近性(例如，不同簇中点的最小距离)来度量簇的相似性。尽管有两种基本方法，但是仅使用其中一种方法可能导致错误的簇合并。考虑图 8.17，它显示了 4 个簇。如果使用簇的接近性(用不同簇的最近的两个点度量)作为合并标准，则将合并两个圆形簇(见图 8.17c 和 d)(它们几乎接触)，而不是合并两个矩形簇(见图 8.17a 和 b)(它们被一个小间隔分开)。然而，直观地，我们应当合并图 8.17a 和 b。习题 15 要求给出一个连接强度可能导致不直观结果的例子。

图 8.17   接近性不是适当的合并标准的情况(©1999，IEEE)

另一个问题是，大部分聚类技术都有一个全局(静态)簇模型。例如，K 均值假定簇是球形的，而 DBSCAN 基于单个密度阈值定义簇。使用这样一种全局模型的聚类方案不能处理诸如大小、形状和密度等簇特性在簇间变化很大的情况。作为簇的局部(动态)建模的重要性的一个例子，考虑图 8.18。如果使用簇的接近性来决定哪一对簇应当合并，例如，使用单链聚类算法，则将合并簇 a 和 b。然而，我们并未考虑每个个体簇的特性。具体地说，我们忽略了个体簇的密度。对于簇 a 和 b，它们相对稠密，两个簇之间的距离显著大于同一个簇内两个最近邻点之间的距离。对于簇 c 和 d，就不是这种情况，它们相对稀疏。事实上，与合并簇 a 和 b 相比，簇 c 和 d 合并所产生的簇看上去与原来的簇更相似。

Chameleon 是一种凝聚聚类技术，它解决前两段提到的问题。它将数据的初始划分（使用一种有效的图划分算法）与一种新颖的层次聚类方案相结合。这种层次聚类使用接近性和互连性概念以及簇的局部建模。它的关键思想是：仅当合并后的结果簇类似于原来的两个簇时，这两个簇才应当合并。我们首先介绍自相似性，然后提供 Chameleon 算法的其余细节。

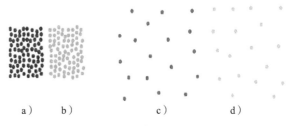

图 8.18　相对接近性概念的图示（©1999，IEEE）

1. 确定合并哪些簇

7.3 节考虑的凝聚层次聚类技术重复地合并两个最接近的簇，各个具体技术之间的主要区别是簇的邻近度定义方式。相比之下，Chameleon 力求合并这样的一对簇，合并后产生的簇，用接近性和互连性度量，与原来的一对簇最相似。因为这种方法仅依赖于簇对而不依赖于全局模型，Chameleon 能够处理包含具有各种不同特性的簇的数据。

下面是接近性和互连性更详细的解释。为了理解这些性质，需要要用邻近度图的观点，并且考虑簇内和簇间点之间的边数和这些边的强度。

- **相对接近度**（Relative Closeness，RC）是被簇的内部接近度规范化的两个簇的绝对接近度。当结果簇中的点之间的接近程度几乎与原来的每个簇一样时，两个簇才合并。数学表述为：

$$RC(C_i, C_j) = \frac{\overline{S}_{EC}(C_i, C_j)}{\frac{m_i}{m_i + m_j}\overline{S}_{EC}(C_i) + \frac{m_j}{m_i + m_j}\overline{S}_{EC}(C_j)} \tag{8.17}$$

其中，m_i 和 m_j 是簇 C_i 和 C_j 的大小，$\overline{S}_{EC}(C_i, C_j)$ 是连接簇 C_i 和 C_j 的（k-最近邻图的）边的平均权值，$\overline{S}_{EC}(C_i)$ 是二分簇 C_i 的边的平均权值；$\overline{S}_{EC}(C_j)$ 是二分簇 C_j 的边的平均权值；EC 表示割边。图 8.18 解释了相对接近度的概念。如前所述，尽管图 8.18 中簇 a 和 b 比簇 c 和 d 更绝对接近，但是如果考虑簇的特性，则情况并非如此。

- **相对互连度**（Relative Interconnectivity，RI）是被簇的内部互连度规范化的两个簇的绝对互连度。当结果簇中的点之间的连接几乎与原来的每个簇一样强时，两个簇合并。数学表述为：

$$RI(C_i, C_j) = \frac{EC(C_i, C_j)}{\frac{1}{2}(EC(C_i) + EC(C_j))} \tag{8.18}$$

其中，$EC(C_i, C_j)$ 是连接簇 C_i 和 C_j（k-最近邻图）的边之和；$EC(C_i)$ 是二分簇 C_i 的割边的最小和；$EC(C_j)$ 是二分簇 C_j 的割边的最小和。图 8.19 解释了相对互连度的概念。其中，两个圆形簇 c 和 d 比两个矩形簇 a 和 b 具有更多连接。然而，合并簇 c 和 d 产生的簇的连接性非常不同于簇 c 和 d 的连接性。相比之下，合并簇 a 和 b 产生的簇的连接性与簇 a 和 b 的非常类似。

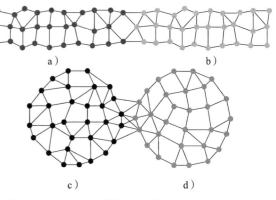

图 8.19　相对互连性概念的图示（©1999，IEEE）

RI 和 RC 可以用多种不同的方法组合，产生自相似性(self-similarity)的总度量。Chameleon 使用的一种方法是合并最大化RI(C_i，C_j) * RC(C_i，C_j)$^\alpha$的簇对，其中 α 是用户指定的参数，通常大于 1。

663

2. Chameleon 算法

Chameleon算法由 3 个关键步骤组成：稀疏化、图划分和层次聚类。算法 8.9 和图 8.20 描述了这些步骤。

算法 8.9　　Chameleon 算法

1：构造 k-最近邻图
2：使用多层图划分算法划分图
3：**repeat**
4：　　合并对于相对互连性和相对接近性而言，最好地保持簇的自相似性的簇
5：**until** 不再有可以合并的簇

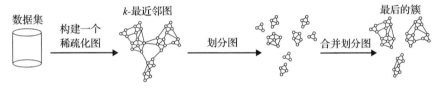

图 8.20　　Chameleon 进行聚类的整个步骤(ⓒ1999，IEEE)

稀疏化　　Chameleon 算法的第一步是产生 k-最近邻图。从概念上讲，这样的图由邻近度图导出，并且仅包含点及其 k 个最近邻点(即最近的点)之间的边。如前所述，使用稀疏化的邻近度图而不是完全的邻近度图可以显著地降低噪声和离群点的影响，提高计算的有效性。

图划分　　一旦得到稀疏化的图，就可以使用诸如 METIS(见文献注释)等有效的多层图划分算法来划分数据集。Chameleon 从一个全包含的图(簇)开始。然后，二分当前最大的子图(簇)，直到没有一个簇多于 MIN_SIZE 个点，其中 MIN_SIZE 是用户指定的参数。这一过程导致大量大小大致相等的、良连接的顶点(高度相似的数据点)的集合。目标是确保每个划分包含的对象都来自一个真正的簇。

664

凝聚层次聚类　　如前所述，Chameleon 基于自相似性概念合并簇。可以用参数指定，让 Chameleon 一步合并多个簇对，并且在所有的对象都合并到单个簇之前停止。

3. 复杂性

假定 m 是数据点的个数，p 是划分的个数。在由图划分步骤得到的 p 个划分上进行凝聚层次聚类需要 $O(p^2 \log p)$ 时间(见 7.3.1 节)。划分图需要的时间总量是 $O(mp + m\log m)$。图稀疏化的时间复杂度取决于建立 k-最近邻图需要多少时间。对于低维数据，如果使用 k-d 树或类似的数据结构，则需要 $O(m\log m)$ 时间。然而，这种数据结构只适用于低维数据，因此，对于高维数据集，稀疏化的时间复杂度变成 $O(m^2)$。由于只需要存放 k-最近邻表，空间复杂度是 $O(km)$ 加上存放数据所需要的空间。

例 8.11　　使用 Chameleon 对其他聚类算法(如 K 均值和 DBSCAN)很难聚类的两个数据集进行聚类。聚类的结果如图 8.21 所示，用点的明暗区分不同的簇。在图 8.21a 中，两个簇具有不规则的形状，并且相当接近，此外还有噪声。在图 8.21b 中，两个簇通过一个桥连接，并且也有噪声。尽管如此，Chameleon 还是识别出了大部分人认为自然的簇。这表明 Chameleon 对于空间数据聚类很有效。最后，注意与其他聚类方案不同，Chameleon 并不丢弃噪声点，而是把它们指派到簇中。

a)   b)

图 8.21   使用 Chameleon 对两个二维点集进行聚类(©1999,IEEE)

4. 优点与局限性

Chameleon 能够有效地聚类空间数据,即便存在噪声和离群点,并且簇具有不同的形状、大小和密度。Chameleon 假定由稀疏化和图划分过程产生的对象组群是子簇,即一个划分中的大部分点属于同一个真正的簇。如果不是,则凝聚层次聚类将混合这些错误,因为它绝对不可能再将已经错误地放到一起的对象分开(见 7.3.4 节的讨论)。这样,当划分过程未产生子簇时,Chameleon 就有问题,对于高维数据,常常出现这种情况。

8.4.5 谱聚类

谱聚类是一种非常优秀的图形分区方法,它通过挖掘相似图的属性来进行簇分区。特别地,它通过检查图的频谱(即与图的邻接矩阵相关联的特征值和特征向量)来识别数据的自然簇。为了了解这种方法背后的思想,参考图 8.22 所示的包含 6 个数据点的数据集的相似性图。图中的连接权值是基于某种相似性方法计算的,并通过应用阈值来移除相似度较低的连接。稀疏化生成一个包含两个连通分支的图,代表了数据中的两个簇$\{v_1, v_2, v_3\}$和$\{v_4, v_5, v_6\}$。

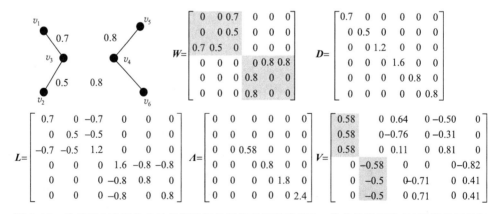

图 8.22   具有两个连通分支的相似度图的权值邻接矩阵(W)、拉普拉斯矩阵(L)及其特征分解

图的右上方显示了图的权值邻接矩阵 W,以及对角矩阵(对角线元素对应于途中每个结点的连接权值之和)D。

$$D_{ij} = \begin{cases} \sum\limits_{k} W_{ik}, & i = j \\ 0, & \text{其他} \end{cases}$$

权值邻接矩阵的行和列以这样的方式排序,即属于相同联通分量的结点彼此相邻。通过这种排序,矩阵 W 具有如下形式的块结构:

$$W = \begin{bmatrix} W_1 & 0 \\ 0 & W_2 \end{bmatrix}$$

其中,非对角线块是 0 矩阵,因为两个连通分支之间没有结点连接。事实上,如果稀疏图包含 k 个连通分支,其权值邻接矩阵可以重新排序成如下块对角线形式:

$$W = \begin{bmatrix} W_1 & 0 & \cdots & 0 \\ 0 & W_2 & \cdots & 0 \\ \cdots & \cdots & \cdots & \cdots \\ 0 & 0 & \cdots & W_k \end{bmatrix} \tag{8.19}$$

这个例子表明了可以通过检查权值邻接矩阵的块结构来识别数据中的固有簇。

不幸的是,除非这些簇是完全分离的,否则大多数相似图的邻接矩阵都不是对角线形式。例如,考虑如图 8.23 所示的图,其中 v_3、v_4 通过低相似度连接。如果想要生成两个簇,则会删除 v_3、v_4 之间这条弱连接将图划分为两个区域。由于这条连接是图中连通分支的唯一一条连接,删除之后将会使得 W 的块状结构更难识别。

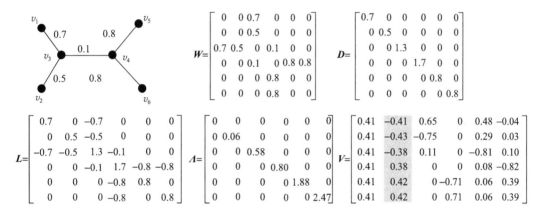

图 8.23 具有一个连通分支的相似度图的权值邻接矩阵(W)、拉普拉斯矩阵(L)及其特征分解

幸运的是,我们有一种更客观的方式来划分簇分区,即通过图谱划分。首先,需要计算图的拉普拉斯矩阵,拉普拉斯矩阵的定义如下:

$$L = D - W \tag{8.20}$$

图 8.22 和图 8.23 都在左下角展示了图的拉普拉斯矩阵,这个矩阵具备几个值得注意的特点:

1)这是一个对称矩阵,因为 W 和 D 都是对称的。

2)它是一个半正定矩阵,这意味着对于任何输入向量 v 都有 $v^{\mathrm{T}}Lv \geqslant 0$。

3)L 的所有特征值都是非负的。图 8.22 和 8.23 中的特征值为 Λ,特征向量为 V,拉普拉斯矩阵的特征值由 Λ 的对角元素给出。

4)L 的最小特征值为零,并带有相应的特征向量 e(值为 1 的向量),这是因为

$$We = \begin{bmatrix} W_{11} & W_{12} & \cdots & W_{1n} \\ W_{21} & W_{22} & \cdots & W_{2n} \\ \cdots & \cdots & \cdots & \cdots \\ W_{n1} & W_{n2} & \cdots & W_{nn} \end{bmatrix} \begin{bmatrix} 1 \\ 1 \\ \cdots \\ 1 \end{bmatrix} = \begin{bmatrix} \sum_j W_{1j} \\ \sum_j W_{2j} \\ \cdots \\ \sum_j W_{nj} \end{bmatrix}$$

$$
\boldsymbol{De} = \begin{bmatrix} \sum_j W_{1j} & 0 & \cdots & 0 \\ 0 & \sum_j W_{2j} & \cdots & 0 \\ \cdots & \cdots & \cdots & \cdots \\ 0 & 0 & \cdots & \sum_j W_{nj} \end{bmatrix} \begin{bmatrix} 1 \\ 1 \\ \cdots \\ 1 \end{bmatrix} = \begin{bmatrix} \sum_j W_{1j} \\ \sum_j W_{2j} \\ \cdots \\ \sum_j W_{nj} \end{bmatrix}
$$

因此，$\boldsymbol{We} = \boldsymbol{De}$ 等价于 $(\boldsymbol{D} - \boldsymbol{W})\boldsymbol{e} = \boldsymbol{0}$，该等式简化为 $\boldsymbol{Le} = \boldsymbol{0e}$，因此 $\boldsymbol{L} = \boldsymbol{D} - \boldsymbol{W}$。

5）一个有 k 个连通分支的图有如式（8.19）所示的对角线结构的邻接矩阵 $\boldsymbol{W}$，它的拉普拉斯矩阵也具有对角线结构：

$$
\boldsymbol{L} = \begin{bmatrix} \boldsymbol{L}_1 & \boldsymbol{0} & \cdots & \boldsymbol{0} \\ \boldsymbol{0} & \boldsymbol{L}_2 & \cdots & \boldsymbol{0} \\ \cdots & \cdots & \cdots & \cdots \\ \boldsymbol{0} & \boldsymbol{0} & \cdots & \boldsymbol{L}_k \end{bmatrix}
$$

特别地，它的拉普拉斯矩阵有 k 个为 0 的特征值及其特征向量：

$$
\begin{bmatrix} \boldsymbol{e}_1 \\ \boldsymbol{0} \\ \cdots \\ \boldsymbol{0} \end{bmatrix}, \begin{bmatrix} \boldsymbol{0} \\ \boldsymbol{e}_2 \\ \cdots \\ \boldsymbol{0} \end{bmatrix}, \cdots, \begin{bmatrix} \boldsymbol{0} \\ \boldsymbol{0} \\ \cdots \\ \boldsymbol{e}_k \end{bmatrix}
$$

其中，$\boldsymbol{e}_i$ 是值全为 1 的向量，$\boldsymbol{0}$ 是值全为 0 的向量。例如，图 8.22 展示的图包含两个连通分支，它的拉普拉斯矩阵有两个为 0 的特征值。更特别地，它的前两个特征向量（正则化为单位长度）

$$
\begin{array}{l} v_1 \rightarrow \\ v_2 \rightarrow \\ v_3 \rightarrow \\ v_4 \rightarrow \\ v_5 \rightarrow \\ v_6 \rightarrow \end{array} \begin{bmatrix} 0.58 & 0 \\ 0.58 & 0 \\ 0.58 & 0 \\ 0 & -0.58 \\ 0 & -0.58 \\ 0 & -0.58 \end{bmatrix}
$$

对应矩阵 $\boldsymbol{V}$ 的前两列，这提供了某个结点从属于簇的信息。例如，一个属于第一个簇的结点在第一个特征向量中为正值，在第二个特征向量中是 0 值，而一个属于第二个簇的结点在第一个特征向量中为 0 值，在第二个特征向量中为负值。

8.23 展示的图有一个为 0 的特征值，因为它只有一个连通分支。但是，如果检查拉普拉斯矩阵的前两个特征向量：

$$
\begin{array}{l} v_1 \rightarrow \\ v_2 \rightarrow \\ v_3 \rightarrow \\ v_4 \rightarrow \\ v_5 \rightarrow \\ v_6 \rightarrow \end{array} \begin{bmatrix} 0.41 & -0.41 \\ 0.41 & -0.43 \\ 0.41 & -0.38 \\ 0.41 & 0.38 \\ 0.41 & 0.42 \\ 0.41 & 0.42 \end{bmatrix}
$$

可以发现图可以轻易分为两个簇，因为结点集 $\{v_1, v_2, v_3\}$ 在第二个特征向量中为负值，而 $\{v_4, v_5, v_6\}$ 在第二个特征向量中为正值。简单地说，拉普拉斯矩阵的特征向量提供了一个信息：可以将图切分为它的底层组件。在实际中，通常通过一些简单的聚类算法，如 K 均值算法，从特征向量中聚类，而不是手动地计算特征向量。算法 8.10 提供了谱聚类的算法结构。

算法 8.10　谱聚类算法

1：构造稀疏相似图 G
2：计算 G 的拉普拉斯矩阵 L（见式（8.20））
3：构造由 L 的前 k 个特征向量组成的矩阵 V
4：在矩阵 V 中应用 K 均值算法获得 k 个簇

例 8.12　考虑一个含有 350 个数据点的二维环形数据，如图 8.24b 所示，其中 100 个点属于内环，250 个点属于外环。图 8.24a 描绘了任意两点的欧几里得距离的热点图。可以发现内环的点彼此紧密连接，外环的点彼此相距较远。一些标准的聚类算法（如 K 均值）处理这样的数据相对困难，而在稀疏相似图上使用谱聚类则能正确进行聚类（结果如图 8.24d 所示）。使用高斯径向基函数计算相似度，并选择每个点的 10—近邻进行图稀疏化。稀疏化减少了内环点和外环点的相似度使得谱聚类能有效地将内外环进行区分。

670

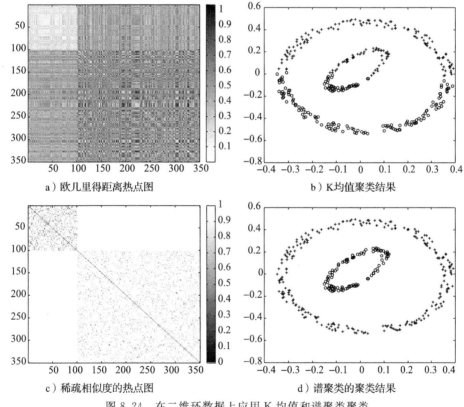

a）欧几里得距离热点图　　　　b）K均值聚类结果

c）稀疏相似度的热点图　　　　d）谱聚类的聚类结果

图 8.24　在二维环数据上应用 K 均值和谱聚类聚类

1. 谱聚类和图划分的关系

　　图划分的目标是去掉联系较弱的连接，直到获得合适数量的簇。其中一个评估划分质量的方法是将去掉的连接的权值进行相加，我们将这个方法得到的结果称为图割（graph cut）。但不幸的是，最小化划分的图割将会导致聚类的簇大小极度不平衡。例如，考虑图 8.25，假如要将图划分为两个连通分支，图割将会去掉 v_4 和 v_5 的连接，因为它的权值最低。

　　但不幸的是，这样一种划分方法将会产生一个只有一个

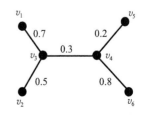

图 8.25　使用图割进行图划分评估的局限性例子

671

结点的簇和一个包含所有剩余结点的簇。为了克服这样的缺点，提出了其他包括**比率切割**（ratio cut）的方法：

$$\text{Ratio cut}(C_1, C_2, \cdots, C_k) = \frac{1}{2} \sum_{i=1}^{k} \frac{\sum_{p \in C_i, q \notin C_i} W_{pq}}{|C_i|}$$

其中，C_1，C_2，$\cdots$，C_k 是划分的簇。分子代表了去掉的连接的权值之和，即图割，分母代表了每一个划分簇的大小。这样的方法可以确保最终结果簇的大小相对平衡。更重要的是，最小化一个比率切割等价于寻找一个簇的关系矩阵 Y 并最小化 $\text{Tr}[Y^T L Y]$，其中 $\text{Tr}[\cdot]$ 代表了矩阵的记录，L 是拉普拉斯矩阵，约束条件为 $Y^T Y = I$。为了便于计算，假设 Y 是一个二元矩阵，然后可以使用拉格朗日乘子法优化：

$$\text{Lagrangian}, \mathcal{L} = \text{Tr}[Y^T L Y] - \lambda(\text{Tr}[Y^T Y - I])$$

$$\frac{\partial \mathcal{L}}{\partial Y} = LY - \lambda Y = 0$$

$$\Rightarrow LY = \lambda Y$$

换言之，可以通过寻找图的拉普拉斯矩阵的特征向量获得最小化切割比率的近似解，而这正是谱聚类使用的方法。

2. 优点与局限性

如例 8.12 所示，谱聚类的优点是能够从变化大小和形状的数据中聚类，然而聚类的结果却依靠于相似图的构造和稀疏化。特别地，如何调整相似函数（如高斯径向基函数）的参数构造一个合适的稀疏图是谱聚类的关键。而算法的时间复杂度取决于拉普拉斯矩阵的特征向量的计算速度，存在针对于稀疏矩阵的高效的特征向量算法，这些算法都基于克雷洛夫子空间法，而且只针对聚类簇较小的情况。算法的空间复杂度是 $O(N^2)$，这可以通过使用拉普拉斯矩阵的稀疏表达来减少。在大多数情况下，谱聚类和 K 均值算法是相似的。首先，它们都需要用户指定簇的数量作为输入参数。其次，它们都容易受离群点的影响，这些点都试图组成自己的连通分支（簇）。因此，我们需要一个预处理或者后处理的方法来处理数据的离群点。

8.4.6 共享最近邻相似度

在某些情况下，依赖于相似度和密度的标准方法的聚类技术不能产生理想的聚类结果。本节考察这一问题的原因，并引入一种相似性的间接方法，它基于如下原理：

如果两个点与大部分的点都相似，即使直接的相似度度量方法不能指出相似性，这两个点之间也依然相似。

为了进一步讨论，首先考察相似性的 SNN 版本解决的两个问题：低相似度和不同密度。

1. 传统的相似度在高维数据上的问题

在高维空间，相似度低并不罕见。例如，考虑如下文档集合，它取自报纸不同版块的文章，包括娱乐、财经、国外、都市、国内和体育。正如第 2 章所讨论的，可以将这些文档看作高维空间中的向量，其中向量的每个分量（属性）记录词汇表中每个词在文档中的出现次数。通常使用余弦相似度度量处理文档之间的相似度。对于这个例子（取自《洛杉矶时报》的文章的集合），表 8.3 给出了每个版块和整个文档集的平均余弦相似度。

表 8.3 报纸不同版块的文档之间的相似度

版本	平均余弦相似度
娱乐	0.032
财经	0.030
国外	0.030
都市	0.021
国内	0.027
体育	0.036
所有版本	0.014

每个文档与其最相似的文档(第一个最近邻)之间的相似度高一些，平均为 0.39。如果同一类中的对象之间的相似度低，则它们的最近邻也常常不是同一类。在产生表 8.3 的文档集合中，大约 20% 的文档都有不同类的最近邻。一般地说，如果直接相似度低，则对于聚类，特别是凝聚层次聚类(最近的点放在一起，并且不能再分开)，相似度将成为不可靠的指导。尽管如此，一个对象的大多数最近邻通常仍然属于同一个类。这一事实可以用来定义更适合聚类的邻近度度量。

2. 密度不同的问题

另一个问题涉及簇之间的密度不同。图 8.26 显示了一对具有不同密度点的二维簇。右边簇的较低密度反映在点之间的较小平均距离上。尽管不太稠密的簇中的点形成了同样合法的簇但是常见的聚类技术发现这样的簇将产生更多的问题。此外，标准的凝聚度度量(如 SSE)将指出这样的簇不太凝聚。用一个实际的例子解释，与太阳系中的行星相比，银河系中的恒星更像一个恒星对象簇，尽管太阳系中的行星比银河系中的恒星的平均距离小得多。

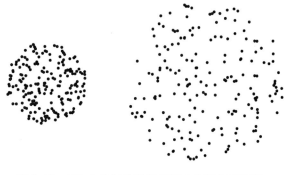

图 8.26　200 个均匀分布的点形成的两个圆形簇

674

3. SNN 相似度计算

在上述两种情况下，关键思想是在定义相似度度量时考虑点的环境。这种思想可以按算法 8.11 所示的方式，用相似度的**共享最近邻**(Shared Nearest Neighbor，SNN)定义量化。本质上讲，只要两个对象都在对方的最近邻列表中，SNN 相似度就是它们共享的近邻个数。注意，基本的邻近度度量可以是任何有意义的相似度或相异度度量。

算法 8.11　计算共享最近邻相似度

1：找出所有点的 k-最近邻
2：**if** 两个点 x 和 y 不是相互在对方的 k-最近邻中 **then**
3：　　similarity(x，y)←0
4：**else**
5：　　similarity(x，y)←共享近邻个数
6：**end if**

SNN 相似度的计算在算法 8.11 中给出，而图形解释由图 8.27 给出。两个黑点都有 8 个最近邻，相互包含。这些最近邻中的 4 个(灰色点)是共享的。因此这两个点之间的 SNN 相似度为 4。

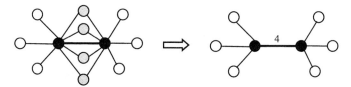

图 8.27　两个点之间 SNN 相似度的计算

对象之间 SNN 相似度的相似度图称为 **SNN 相似度图**(SNN similarity graph)。由于许多对象对之间的 SNN 相似度为 0，因此 SNN 相似度图非常稀疏。

675

4. SNN 相似度与直接相似度

SNN 相似度是有用的，因为它解决了使用直接相似度出现的一些问题。首先，由于它通过使用共享最近邻的个数考虑了对象的环境，SNN 相似度可以处理如下情况：一个对象碰巧与另一个对象相对接近，但属于不同的类。在这种情况下，对象一般不共享许多近邻，并且它们的 SNN 相似度低。

SNN 相似度也能处理变密度簇的问题。低密度区域的对象比高密度区域的对象分开得更远。然而，一对点之间的 SNN 相似度只依赖于两个对象共享的最近邻的个数，而不是这些近邻之间相距多远。这样一来，SNN 相似度关于点的密度自动进行缩放。

8.4.7 Jarvis-Patrick 聚类算法

算法 8.12 给出了使用上一节所述概念的 Jarvis-Patrick(JP)聚类算法。JP 聚类算法用算法 8.11 计算的 SNN 相似度取代两个点之间的邻近度。然后使用一个阈值来稀疏化 SNN 相似度矩阵。使用图的术语就是，创建并稀疏化 SNN 相似度图。簇是 SNN 图的连通分量。

算法 8.12 Jarvis-Patrick 聚类算法

1：计算 SNN 相似度图
2：使用相似度阈值，稀疏化 SNN 相似度图
3：找出稀疏化的 SNN 相似度图的连通分支（簇）

JP 聚类算法的存储需求仅为 $O(km)$，因为即便在初始阶段也不需要存放整个相似度矩阵。JP 聚类的基本时间复杂度是 $O(m^2)$，因为 k-最近邻列表的创建可能需要计算 $O(m^2)$ 个邻近度。然而，对于特定类型的数据，如低维欧几里得数据，可以使用专门的技术（如 k-d 树）来更有效地找出 k-最近邻，而不必计算整个相似度矩阵。这可以把时间复杂度从 $O(m^2)$ 降低到 $O(m\log m)$。

例 8.13 二维数据集的 JP 聚类 使用 JP 聚类算法对图 8.28a 显示的"鱼"数据集聚类，发现的簇显示在图 8.28b 中。最近邻列表的大小为 20，并且当两个点至少共享 10 个点时才将它们放到一个簇，不同的簇用不同的标记和不同的明暗度显示。标记为"×"的点被 JP 算法分类为噪声。它们大部分在不同密度的簇之间的过渡区域。

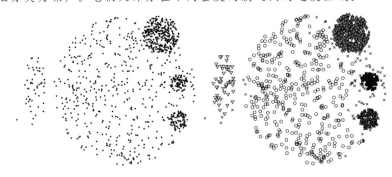

a）原数据   b）Jarvis-Palrick聚类发现的簇

图 8.28 二维点集的 Jarvis-Patrick 聚类

优点与局限性

因为 JP 聚类基于 SNN 相似度概念，它擅长处理噪声和离群点，并且能够处理不同大

小、形状和密度的簇。该算法对高维数据效果良好，尤其擅长发现强相关对象的紧凑簇。

　　然而，JP 聚类把簇定义为 SNN 相似度图的连通分支。这样，一个对象集是分裂成两个簇还是作为一个簇留下，可能取决于一条链。因此 JP 聚类多少有点脆弱，即它可能分裂真正的簇，或者合并本应分开的簇。

　　另一个潜在的局限性是，并非所有的对象都被聚类。然而，这些对象可以添加到已有的簇中，并且在某些情况下也不要求完全聚类。JP 聚类的基本时间复杂度为 $O(m^2)$，这是一般情况下计算对象集的最近邻列表所需要的时间。在特定情况下（例如低维数据），可以使用专门的技术将找出最近邻的时间复杂度降低到 $O(m \log m)$。最后，与其他聚类算法一样，选择好的参数值可能是一个问题。

8.4.8　SNN 密度

　　正如本章开头所讨论的，传统的欧几里得密度在高维空间变得没有意义。无论取基于网格的观点（如 CLIQUE 所采用的），基于中心的观点（如 DBSCAN 所采用的）还是核密度估计方法（如 DENCLUE 所采用的），情况都是如此。借助于在高维数据上也很成功的相似度度量（例如余弦或 Jaccard），使用基于中心的密度定义是可能的，但是正如 8.4.6 节所述，虽然这些度量也有问题。然而，由于 SNN 相似度度量反映了数据空间中点的局部结构，因此它对密度的变化和空间的维度都相对不太敏感，并且可以作为新的密度度量的候选。

　　本节解释如何使用 SNN 相似度，并按照 7.4 节的 DBSCAN 方法定义 SNN 密度概念。为清楚起见，下面重复 7.4 节的定义，但是做了适当的修改，以反映正在使用 SNN 相似度。

- **核心点**　一个点是核心点，如果在该点给定邻域（由 SNN 相似度和用户提供的参数 Eps 确定）内的点数超过某个阈值 MinPts，其中 MinPts 也是用户提供的参数。
- **边界点**　边界点不是核心点（即它的邻域内没有足够的点使它成为核心点），但是它落在一个核心点的邻域内。
- **噪声点**　噪声点是既非核心点，也非边界点的任何点。

　　SNN 密度度量一个点被类似的点（关于最近邻）包围的程度。这样，在高密度和低密度区域的点一般具有相对较高的 SNN 密度，而从低密度到高密度的过渡区域中的点（簇间的点）将趋向于具有低 SNN 密度。这样的方法可能更适合这样的数据集，其中密度变化很大，但是低密度的簇仍然是有趣的。

　　例 8.14　核心点、边界点和噪声点　为了更具体地讨论 SNN 密度概念，我们用一个例子说明如何使用 SNN 密度发现核心点并删除噪声点和离群点。图 8.29a 显示的二维点的数据集包含 10 000 个点。图 8.29b~d 根据点的 SNN 密度区分了这些点。图 8.29b 显示具有高 SNN 密度的点，图 8.29c 显示具有中等 SNN 密度的点，而图 8.29d 显示具有低 SNN 密度的点。从这些图可看到，具有高 SNN 密度（即 SNN 图中的高连接性）的点是候选代表点或核心点，因为它们大部分在簇的内部；而具有低连接性的点是候选噪声点或离群点，因为它们多半在环绕簇的区域中。

a）所有的点　　　　b）高SNN密度　　　　c）中等SNN密度　　　　d）低SNN密度

图 8.29　二维点的 SNN 密度

8.4.9　基于 SNN 密度的聚类

可以将上面定义的 SNN 密度与 DBSCAN 算法结合在一起，创建一种新的聚类算法。该算法类似于 JP 聚类算法，都以 SNN 相似度图开始。然而，基于 SNN 密度的聚类算法简单地使用 DBSCAN，而不是使用阈值稀疏化 SNN 相似度图，然后取连通分支作为簇。

1. 基于 SNN 密度的聚类算法

基于 SNN 密度的聚类算法的步骤在算法 8.13 中给出。

算法 8.13　基于 SNN 密度的聚类算法

1：计算 SNN 相似度图
2：以用户指定的参数 Eps 和 MinPts，使用 DBSCAN

该算法自动地确定数据中的簇的个数。注意并非所有的点都被聚类，被丢弃的点包括噪声点和离群点，以及没有很强地连接到一组点的那些点。基于 SNN 密度的聚类发现这样的簇，簇中的点相互之间都是强相关的。依据应用，我们可能需要丢弃许多点。例如，基于 SNN 密度的聚类对于发现文档组中的主题效果很好。

例 8.15　时间序列的基于 SNN 密度的聚类　本节介绍的基于 SNN 密度的聚类算法比 Jarvis-Patrick 聚类或 DBSCAN 更加灵活。不像 DBSCAN，它可以用于高维数据和簇具有不同密度的情况。不像 Jarvis-Patrick 聚类简单地使用阈值，然后取连通分支作为簇，基于 SNN 密度的聚类使用了一种不那么脆弱的方法，它依赖于 SNN 密度和核心点的概念。

为了表明基于 SNN 密度的聚类处理高维数据的能力，我们将它用于处理地球各点上的大气压月度时间序列数据。具体地说，该数据包含 41 年间，在 2.5° 的经纬度网格的每一个点上的月平均海平面气压（Sea-Level Pressure，SLP）。基于 SNN 密度的聚类算法发现的簇（灰色区域）显示在图 8.30 中。注意，尽管它们可视化为二维区域，但是这些是长度为 492 个月的时间序列簇。白色区域是压力不均匀的区域。由于球面映射到矩形会扭曲，靠近两极的簇被拉长。

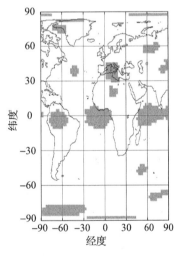

图 8.30　用基于 SNN 密度的聚类发现的气压时间序列簇

使用 SLP，地球科学家已经定义了时间序列，称为**气候指数**（climate indice），可以用来捕获与地球气候有关的现象的行为。例如，气候指数异常涉及世界不同地区异常低或高的降水量或气温。基于 SNN 密度的聚类发现的某些簇与地球科学家已知的某些气候指数具有很强的关联。

图 8.31 显示用于提取簇的数据的 SNN 密度结构。密度已经规范化到 0～1。时间序列的密度看来可能是一个不寻常的概念，它测量时间序列与它的最近邻具有相同最近邻的程度。由于每个时间序列都与一个地点相关联，因此可以在二维图上绘制这些密度。由于时间的自相关性，这些密度形成了有意义的模式。例如，可以从视觉上识别图 8.31 中的簇。

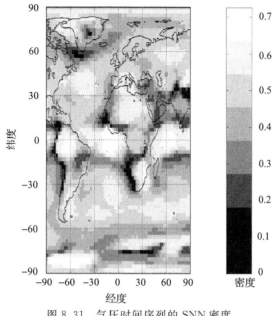

图 8.31　气压时间序列的 SNN 密度

2. 优点与局限性

基于 SNN 密度的聚类的优点与局限性类似于 JP 聚类。然而，核心点和 SNN 密度的使用大大增加了该方法的能力和灵活性。

8.5 可伸缩的聚类算法

如果运行时间长得不可接受，或者需要的存储量太大，即使最好的聚类算法也没有多大价值。本节考察着重强调可扩展到超大型数据集的聚类技术，这种超大型数据集正变得越来越常见。首先，讨论某些可伸缩的一般策略，包括降低邻近度计算量的方法、数据抽样、数据划分和对数据的汇总表示聚类。然后，讨论两个具体的可伸缩聚类算法：BIRCH 和 CURE。

8.5.1 可伸缩：一般问题和方法

许多聚类算法所需的存储量都是非线性的。例如，使用层次聚类，存储需求一般是 $O(m^2)$，其中 m 是对象的个数。例如，对于 10 000 000 个对象，所需要的存储量级是 10^{14}，远远超过当前系统的容量。注意，由于需要随机访问数据，许多聚类算法都很难修改，以便有效地利用二级存储器（磁盘）（对于磁盘，数据的随机访问太慢）。同样，某些聚类算法所需要的计算量也是非线性的。在本节的剩余部分，我们讨论减少聚类算法所需计算量和存储量的各种技术。BIRCH 和 CURE 使用其中某些技术。

多维或空间存取方法　许多聚类技术（K 均值、Jarvis-Patrick 聚类和 DBSCAN）需要找出最近的质心、点的最近邻或指定距离内的所有点。可以使用称为多维或空间存取方法的专门技术来更有效地执行这些任务，至少对于低维数据可以这样做。这些技术，如 k-d 树或 $R*$ 树，一般产生数据空间的层次划分，可以用来减少发现点的最近邻所需要的时间。注意，基于网格的聚类方法也划分数据空间。

邻近度界　另一种避免邻近度计算的方法是使用邻近度界。例如，使用欧几里得距离时，有可能使用三角不等式来避免许多距离的计算。例如，在传统 K 均值的每一阶段，需要评估点是应当留在它的当前簇，还是应当移动到一个新的簇。如果知道质心间的距离和点到当前所属簇的(刚更新的)质心的距离，则可以使用三角不等式来避免计算该点到其他质心的距离。见本章习题 21。

抽样　另一种降低时间复杂度的方法是抽样。在这种方法中，提取一个样本，对样本中的点进行聚类，然后将其余的点指派到已有的簇，通常是最近的簇。如果抽取的点数是 $\sqrt{m}$，则算法的 $O(m^2)$ 时间复杂度降低到 $O(m)$。不过，抽样的主要问题是小簇可能丢失。在讨论 CURE 时，我们将提供一种技术，考察这种问题出现的频繁程度。

划分数据对象　另一种降低时间复杂度的常用方法是，使用某种有效的技术，将数据划分成不相交的集合，然后分别对这些集合聚类。最终的簇的集合是这些分离的簇的集合的并，或者通过合并或对分离的簇的集合求精得到。本节，我们只讨论二分 K 均值(见 7.2.3 节)，尽管许多其他基于划分的方法也能使用。在本节后面介绍 CURE 时，将介绍一种这样的方法。

如果使用 K 均值来找出 K 个簇，则在每次迭代时都需要计算每个点到每个簇质心的距离。如果 K 很大，则这种计算可能开销很大。二分 K 均值从整个点集合开始，使用 K 均值二次重分一个现有的簇，直到得到 K 个簇。在每一步，需要计算点到两个簇质心的距离。除了第一步(该步中被二分的簇由所有的点组成)，只需要计算点的一个子集到两个被考虑的质心的距离。正因为如此，二分 K 均值明显比一般的 K 均值快。

汇总　另一种聚类方法是，首先汇总数据(通常通过一遍扫描)，然后在汇总数据上聚类。比如，领导者算法(见第 7 章习题 12)或者将一个数据对象放进最近的簇(如果该簇足够近)，或者创建一个包含当前对象的新簇。这种方法关于对象个数是线性的，可以用来汇总数据，以便使用其他聚类技术。BIRCH 算法使用了类似的概念。

并行与分布式计算　如果不能利用前面介绍的技术，或者如果这些计算不能产生期望的准确率或降低计算时间，则需要其他方法。一种高效的方法是将计算分布到多个处理器上。

8.5.2　BIRCH

BIRCH(Balanced Iterative Reducing and Clustering using Hierarchy)是一种非常有效的聚类技术，用于欧几里得向量空间数据，即平均值有意义的数据。BIRCH 能够用一遍扫描有效地对这种数据进行聚类，并可以使用附加的扫描改进聚类。BIRCH 还能够有效地处理离群点。

BIRCH 基于聚类特征(Clustering Feature，CF)和 CF 树的概念。其基本思想是，数据点(向量)的簇可以用三元组 (N, LS, SS) 表示，其中 N 是簇中点的个数，LS 是点的线性和，而 SS 是点的平方和。这些是常见的统计量，可以增量地更新，并且可以用来计算许多重要的量，如簇的质心及其方差(标准差)。方差用来度量簇的直径。

这些量也可以用来计算簇之间的距离。最简单的方法是计算质心之间的 L_1(城市街区)或 L_2(欧几里得)距离。我们还可以用合并簇的直径(方差)作为距离。BIRCH 定义了许多不同的簇距离，但是所有的距离都可以使用这些汇总统计量来计算。

CF 树是一棵高度平衡的树。每个内部结点具有形如 $[CF_i, child_i]$ 的项，其中 $child_i$ 是指向第 i 个子结点的指针。每个项占用的空间和页面大小决定了内部结点的项个数。而每个项的空间由每个点的属性个数决定。

　　叶结点由一个聚类特征序列 CF_i 组成，其中每个聚类特征代表先前扫描过的若干点。叶结点受限于如下限制：叶结点的直径必须小于参数化的阈值 T。每个项占用的空间，连同页面大小，决定叶结点中项的个数。

　　通过调整阈值参数 T，可以控制树的高度。T 控制聚类的粒度，即原数据集中的数据被压缩的程度。目标是通过调整参数 T，将 CF 树保持在内存中。

　　CF 树在数据扫描时创建。每当遇到一个数据点，就从根结点开始遍历 CF 树，每层选择最近的结点。当识别出当前数据点的最近的叶结点（簇）时，就进行测试，检查将该数据项添加到候选簇中是否导致新簇的直径大于给定的阈值 T。如果不是，则通过更新 CF 信息将数据点添加到候选簇中。从该叶到根的所有结点的簇信息也都需要更新。

　　如果新簇的直径大于 T，若叶结点不满就创建一个新项，否则必须分裂叶结点。选择两个相距最远的项（簇）作为种子，而其余的项分布到两个新的叶结点中，分布基于哪个叶结点包含最近的种子簇。一旦分裂叶结点，就要更新父结点，并且在必要时（即父结点满时）分裂父结点。这一过程可能继续，一直到根结点。

　　BIRCH 在每次分裂后跟随一个合并步骤。在分裂停止的内部结点，找出两个最近的项。如果这些项不对应于刚分裂产生的项，则试图合并这些项及其对应的子结点。这一步的目的是提高空间利用率，并避免不对称的数据输入顺序带来的问题。 |685|

　　BIRCH 还有一个删除离群点的过程。当用尽内存而需要重建树时，可以将离群点写到磁盘（离群点定义为包含的点远小于平均情况的结点）。在该过程的特定点，扫描离群点，看是否可以将它们吸收到树中，而不导致树增长。如果可以，则吸收它们。如果不可以，则删除它们。

　　除 CF 树的初始创建外，BIRCH 还包括许多其他阶段。BIRCH 的所有阶段都在算法 8.14 中简略描述。

算法 8.14　BIRCH 算法

1：**通过创建汇总数据的 CF 树，将数据装入内存**
2：**如果第 3 阶段需要，构造一棵较小的 CF 树。** T 增加，然后重新插入叶结点项（簇）。由于 T 已增加，某些簇将合并
3：**进行全局聚类。** 可以使用不同形式的全局聚类（使用所有簇之间的逐对距离的聚类）。然而，我们选取一种凝聚的层次技术。因为聚类特征存放了对于特定聚类类型很重要的汇总信息，可以使用全局聚类算法，就像它用于 CF 代表的簇中的所有点一样
4：**使用步骤 3 发现的簇质心，重新分布数据点，从而发现新的簇集合。** 这克服了可能在 BIRCH 第一阶段出现的问题。由于页面大小限制和参数 T，应当在一个簇中的点有时可能被分裂，而应当在不同簇中的点有时可能被合并。此外，如果数据集包含重复点，则这些点根据出现次序的不同，有时可能被聚到不同的类。通过多次重复本阶段，过程将收敛到一个局部最优解

8.5.3　CURE

　　CURE（Clustering Using REpresentative）是一种聚类算法，它使用各种不同的技术创建一种方法，该方法能够处理大型数据、离群点和具有非球形和非均匀大小的簇的数据。CURE 使用簇中的多个代表点来表示一个簇。理论上，这些点捕获了簇的几何形状。第一 |686| 个代表点选择离簇中心最远的点，而其余的点选择离所有已经选取的点最远的点。这样，代表点自然地相对分散。选取的点的个数是一个参数，但是已发现 10 或更大的值效果很好。

　　一旦选定代表点，它们就以因子 α 向簇中心收缩。这有助于减轻离群点的影响（离群

点一般远离中心，因此收缩更多）。例如，一个到中心的距离为 10 个单位的代表点将移动 3 个单位（对于 $\alpha=0.7$），而到中心距离为 1 个单位的代表点仅移动 0.3 个单位。

CURE 使用一种凝聚层次聚类方案进行实际的聚类。两个簇之间的距离是任意两个代表点（在它们向它们代表的中心收缩之后）之间的最短距离。尽管这种方案与我们看到的其他层次聚类方案不完全一样，但是如果 $\alpha=0$，它等价于基于质心的层次聚类；而 $\alpha=1$ 时，它与单链层次聚类大致相同。注意，尽管使用层次聚类方案，但是 CURE 的目标是发现用户指定个数的簇。

CURE 利用层次聚类过程的特性，在聚类过程的两个不同阶段删除离群点。首先，如果一个簇增长缓慢，则意味它主要由离群点组成，因为根据定义，离群点远离其他点，并且不会经常与其他点合并。在 CURE 中，一般当簇的个数是原来点数的 $\frac{1}{3}$ 时是删除离群点的第一个阶段。第二个离群点删除阶段出现在簇的个数达到 K（期望的簇个数）的量级时。此时，小簇又被删除。

由于 CURE 在最坏情况下的复杂度为 $O(m^2\log m)$，它不能直接用于大型数据集。因此 CURE 使用了两种技术来加快聚类过程。第一种技术是取随机样本，并在抽样的数据点上进行层次聚类。随后是最终扫描，通过选择具有最近代表点的簇，将数据集中剩余的点指派到簇中。稍后更详细地讨论 CURE 的抽样方法。

在某些情况下，聚类所需的样本仍然太大，需要第二种附加的技术。在这种情况下，CURE 划分样本数据，然后聚类每个划分中的点。这种预聚类步骤之后通常紧随中间簇的聚类，以及将数据集中的每个点指派到一个簇的最终扫描。CURE 的划分方案稍后也会更详细地讨论。

算法 8.15 总结了 CURE。注意，K 是期望的簇个数，m 是点的个数，p 是划分的个数，而 q 是一个划分中的点的期望压缩，即一个划分中的簇的个数是 $\frac{m}{pq}$。因此，簇的总数是 $\frac{m}{q}$。例如，如果 $m=10\,000$，$p=10$ 并且 $q=100$，则每个划分包含 $\frac{10\,000}{10}=1000$ 个点，每个划分有 $\frac{1000}{100}=10$ 个簇，而总共有 $\frac{10\,000}{100}=100$ 个簇。

算法 8.15 CURE 算法

1：由数据集抽取一个随机样本。值得注意的是，CURE 的相关文章中有明确的公式，指出为了以较高的概率确保所有的簇都被最少的点代表，样本应当多大

2：将样本划分成 p 个大小相等的划分

3：使用 CURE 的层次聚类算法，将每个划分中的点聚类成 $\frac{m}{pq}$ 个簇，总共得到 $\frac{m}{q}$ 个簇。注意，在此处理过程中将删除某些离群点

4：使用 CURE 的层次聚类算法对上一步发现的 $\frac{m}{q}$ 个簇进行聚类，直到只剩下 k 个簇

5：删除离群点。这是删除离群点的第二阶段

6：将所有剩余的数据点指派到最近的簇，得到完全聚类

1. CURE 的抽样

使用抽样的一个关键问题是样本是否具有代表性，即它是否捕获了令人感兴趣的特性。对于聚类，该问题是我们是否能够在样本中发现与在整个对象集中相同的簇。理想情况下，我们希望对于每个簇，样本都包含一些对象，并且整个数据集中属于不同簇的对

象，在样本中也在不同的簇中。

一个更具体的和可达到的目标是(以较高的概率)确保每个簇至少有一些点。这样的样本所需要的点的个数因数据集而异，并且依赖于对象的个数和簇的大小。CURE 的创建者推导出了一个样本大小的界，指出为了(以较高的概率)确保我们从每个簇至少得到一定数量的点，样本应当多大。使用本书的符号，这个界限由如下定理给出。

688

定理 8.1　设 f 是一个分数，$0 \leqslant f \leqslant 1$。对于大小为 m_i 的簇 C_i 我们将以概率 $1-\delta(0 \leqslant \delta \leqslant 1)$ 从簇 C_i 得到至少 $f \times m_i$ 个对象，如果样本的大小 s 由下式给出：

$$s = fm + \frac{m}{m_i} * \log \frac{1}{\delta} + \frac{m}{m_i} \sqrt{\log \frac{1}{\delta}^2 + 2 * f * m_i * \log \frac{1}{\delta}} \qquad (8.21)$$

其中，m 是对象的个数。

这个表达式看上去有点吓人，但是相当容易使用。假定有 100 000 个对象，我们的目标是以 80% 的可能性得到 10% 的 C_i 簇对象，其中 C_i 的大小是 1000。在如下情况下，$f=0.1$，$\delta=0.2$，$m=100\,000$，这样 $s=11\,962$。如果目标是得到 5% 的 C_i 簇对象，其中 C_i 有 50 个对象，则大小为 6440 的样本就足够了。

再次说明，CURE 以如下方式使用抽样。首先抽取一个样本，然后使用 CURE 对该样本进行聚类。找到簇之后，将每个未聚类的点指派到最近的簇。

2. 划分

当抽样不够时，CURE 还可以使用划分方法。其基本思想是，将点划分成 p 个大小为 $\frac{m}{p}$ 的组，使用 CURE 对每个划分聚类，将对象的个数压缩一个因子 $q>1$，其中 q 可以粗略地看作划分中的簇的平均大小。总共产生 $\frac{m}{q}$ 个簇。(注意，由于 CURE 用多个代表点表示一个簇，因此对象个数的压缩量不是 q)。然后，预聚类步骤后随 $\frac{m}{q}$ 个中间簇的最终聚类，产生期望的簇个数(K)。两遍聚类都使用 CURE 的层次聚类算法，而最后一遍将数据集中的每个点指派到一个簇。

关键的问题是如何选取 p 和 q。像 CURE 这样的算法的时间复杂度为 $O(m^2)$ 或更高，并且还需要将所有的数据放在内存。因此，我们希望选择尽可能小的 p，使得整个划分可以以"合理的"时间在内存中处理。当前，常见的台式计算机几秒内可以对几千个对象进行层次聚类。

选取 p 和 q 的另一个因素涉及聚类质量。具体地说，目标是选取 p 和 q 的值，使得同一基本簇的对象最终在一个簇中。为了解释这一点，假定有 1000 个对象和一个大小为 100 的簇。如果随机地产生 100 个划分，则在平均情况下，每个划分只有一个点来自我们的簇。这些点很可能与来自其他簇的点放到一个簇中，或者被当作离群点丢弃。如果只产生 10 个 100 个对象的划分，但是 q 是 50，则每个簇的 10 个点(平均情况)仍然可能与其他簇的点合并，因为每个簇只有 10 个点(平均情况)，并且我们要为每个划分产生两个簇。为了避免后一个涉及的适当选择 q 的问题，我们建议如果簇过于不相似，就不合并簇。

689

8.6　使用哪种聚类算法

在确定使用哪种类型的聚类算法时，需要考虑各种各样的因素。其中许多因素已经在本章和前几章讨论过。本节的目的是简洁地总结这些因素，清楚地显示对于特定的聚类任务，哪种聚类算法更合适。

聚类的类型   为了使聚类算法更适合任务，算法产生的聚类需匹配应用所需要的聚类类型。对于一些应用，如创建生物学分类法，层次聚类是首选的。对于旨在汇总的聚类，划分聚类是常用的。对于其他应用，两种都可能是有用的。

大部分聚类应用要求所有（或几乎所有）对象的聚类。例如，如果使用聚类组织用于浏览的文档集，则我们希望大部分文档都属于一个组。然而，如果想要找出文档集合中的最重要的主题，则我们更愿意有一个只产生凝聚的簇的聚类方案，即使许多文档未被聚类也没有关系。

最后，大部分聚类应用都假定每个对象都被指派到一个簇（或层次方案某层上的一个簇）。然而，我们已经看到，概率和模糊方案提供了指明对象在各簇的概率或隶属度的权值。其他技术，如 DBSCAN 和基于 SNN 密度的聚类，具有核心点概念。核心点强属于一个簇。在特定应用中，这些概念可能是有用的。

簇的类型   另一个重要方面是，簇的类型是否与应用匹配。经常遇到的簇有三种类型：基于原型的、基于图的和基于密度的。基于原型的聚类方案以及某些基于图的聚类方案（全链、质心和 Ward）易于产生全局簇，其中每个对象都与簇的原型或簇中其他对象足够靠近。例如，如果想汇总数据以压缩它的大小，并且希望以最小的误差做这件事，则这些技术类型应当最适合。相比之下，基于密度的聚类技术和某些基于图的聚类技术（如单链）易于产生非全局的簇，因而包含许多相互之间不很相似的对象。如果聚类用于根据地表覆盖将地理区域划分成毗邻的区域，则这些技术比基于原型的方法（如 K 均值）更合适。

簇的特性   除了一般的簇类型之外，簇的其他特性也很重要。如果想在原数据空间的子空间中发现簇，则必须选择像 CLIQUE 这样的算法，显式地寻找这样的簇。同样，如果对强化簇之间的空间联系感兴趣，则 SOM 或某些相关的方法更合适。此外，对于处理形状、大小和密度变化的簇，聚类算法的能力也有很大区别。

数据集和属性的特性   正如在导论中所讨论的，数据集和属性的类型可能决定所用算法的类型。例如，K 均值算法只能用于这样的数据：有合适的邻近度量，使得簇质心的计算是有意义的。对于其他聚类技术，如许多凝聚层次聚类方法，只要可以创建邻近度矩阵，数据集和属性的本质就不那么重要。

噪声和离群点   噪声和离群点是数据特别重要的方面。我们一直试图指出噪声和离群点对所讨论的各种聚类算法的影响。然而在实践中，估计数据集中的噪声量或离群点的个数可能是非常困难的。此外，对一个人而言是噪声或离群点的东西，对另一个人可能是有意义的。例如，如果使用聚类将一个地区划分成人口密度不同的区域，则我们不愿意使用诸如 DBSCAN 那样的基于密度的技术，因为它假定密度低于全局阈值的区域或点是噪声或离群点。作为另一个例子，诸如 CURE 这样的层次聚类方案通常丢弃增长缓慢的点簇，因为这样的簇更适合代表离群点。然而，在某些应用中，我们可能对相对小的簇最感兴趣。例如，在市场分割中，这样的组群可能代表最有利可图的顾客。

数据对象的个数   在前几节，我们已经非常详细地考虑了数据对象的个数对聚类的影响。这里重申，在决定使用聚类算法的类型时，这个因素起重要作用。假设想创建数据集的一个层次聚类，我们对一路扩展到每个对象的完全层次聚类不感兴趣，而只对将数据分裂成数百个簇的那些点感兴趣。如果该数据集非常大，则我们不能直接使用凝聚聚类技术。然而，我们可以使用分裂聚类技术，如最小生成树（MST）算法（类似于单链的分裂算法），但是这仅当数据集不是太大时才是可行的。二分 K 均值也可以处理许多数据集，但是如果数据集太大，不能完全放入内存，则这种方法可能会遇到问题。在这种情况下，像 BIRCH 这样的不要求数据都在内存中的技术就变得更有用。

属性的个数　我们已经讨论了某种长度的维度的影响。关键是要认识到，在低维和适度维上运行很好的算法在高维空间可能无法运行。正如其他不适当地使用聚类算法的情况那样，聚类算法可能运行并产生簇，但是这些簇可能并不代表数据的真实结构。

簇描述　聚类技术常常被忽视的一个方面是如何描述结果簇。原型簇由簇原型的一个小集合简洁地描述。对于混合模型，簇被少量参数（如均值向量和协方差矩阵）的集合描述。这也是非常紧凑和容易理解的表示。对于 SOM，一般可以把簇之间的联系可视化地显示在一个如图 8.8 所示的二维图中。然而，对于基于图和基于密度的聚类方法，簇通常用簇成员的集合描述。尽管如此，在 CURE 中，也可以用（相对）较小的代表点的集合描述簇。此外，对于基于网格的方案（如 CLIQUE），可以使用描述簇中网格单元的属性值上的条件，产生更紧凑的描述。

692

算法考虑　算法也有需要考虑的重要方面。算法是非确定性的还是次序依赖的？算法自动地确定簇的个数吗？是否存在某种确定各种参数值的技术？许多聚类算法试通过最优化一个目标函数来解决聚类问题。该目标与应用目标匹配吗？如果不，即使算法做了很好的工作，发现了关于目标函数最优或接近最优的聚类，结果仍然没有意义。此外，大部分目标函数以牺牲较小的簇为代价，偏好于较大的簇。

小结　选择合适的聚类算法涉及对所有上述问题，以及特定领域问题的考虑。不存在确定合适技术的公式。尽管如此，可用的关于聚类技术类型的一般知识和对上述问题的考虑，连同对实际应用的密切关注，应当可以帮助数据分析者做出试用哪种（或哪些）聚类方法的决策。

文献注释

模糊聚类的广泛讨论包括模糊 c 均值的描述和 8.2.1 节提供的公式的形式推导，可以在 Höppner 等[595]关于模糊聚类分析的书中找到。尽管本章没有讨论，Cheeseman 等[573]的 AutoClass 是最早的、最著名的混合模型聚类程序之一。混合模型导论可以在以下文献中找到：Bilmes[568]的指南、Mitchell[606]的书（它还介绍了如何从混合模型方法推导出 K 均值算法）、Fraley 和 Raftery[581]的文章。混合模型是概率聚类方法的一个例子，其中聚类被表示为模型中的隐变量。近年来，已经开发了更多应用于文本聚类等领域的复杂概率聚类方法。

693

除数据探查之外，SOM 和它的监督学习版本——学习向量量化（Learning Vector Quantization，LVQ）已经用于许多任务：图像分割、文档文件的组织和语音处理。SOM 讨论中使用了基于原型的聚类的术语。Kohonen 等[601]的书包含了 SOM 的广泛介绍，侧重它的神经网络起源，以及它的一些变形和应用。一种重要的 SOM 相关的聚类开发是 Bishop 等[569]的生成地形图（Generative Topographic Map，GTM）算法。该算法使用 EM 算法找出满足二维地形约束的高斯模型。

Chameleon 的介绍可以在 Karypis 等[599]的文章中找到。尽管不等价于 Chameleon，类似的功能已经在 Karypis 等[575]的 CLUTO 聚类软件包中实现。Karypis 和 Kumar [600]的 METIS 图划分软件包用于这两个程序进行图划分，同时还用于 Strehl 和 Ghosh [616]的 OPOSSUM 聚类算法。关于谱聚类的详细讨论可以在 von Luxburg[618]的教材中找到。本章描述的谱聚类方法是基于非标准图的拉普拉斯矩阵和比率切割度量[590]。对于其他评估方法，使用标准图拉普拉斯矩阵开发了谱聚类的替代形式[613]。

Jarvis 和 Patrick[596]引进 SNN 相似度概念。Gowda 和 Krishna[586]提出了一种基于共享最近邻的类似概念的层次聚类方案。Guha 等[589]创建了 ROCK——一种用于事务数据聚类的层次的、基于图的聚类算法。ROCK 也使用一种共享近邻的概念，非常像 Jarvis 和 Patrick 提出的 SNN 相似度。基于 SNN 密度的聚类技术的介绍可以参考 Ertöz 等[578，579]的文章。Steinbach 等[614]使用基于 SNN 密度的聚类来发现气候指数。

基于网格的聚类算法的例子有 OptiGrid（Hinneburg 和 Keim[594]）、BANG 聚类系统（Schikuta 和 Erhart[611]）和 WaveCluste（Sheikholeslami 等[612]）。Agrawal 等的文章[564]描述了 CLIQUE 算法。MAFIA（Nagesh 等[608]）是对 CLIQUE 的修改，目标是提高效率。Kailng 等[598]开发了 SUBCLU（density-connected SUBspace CLUstering），它是一种基于 DB-SCAN 的子空间聚类算法。DENCLUE 算法由 Hinneburg 和 Keim[593]提出。

我们的可伸缩讨论深受 Ghosh[584]的文章影响。用于大规模数据集聚类的专门技术的广泛讨论可以在 Murtagh[607]的文章中找到。CURE 是 Guha 等[588]设计的，而 BIRCH 的细节可参见 Zhang 等[620]的文章。CLARANS（Ng 和 Han[690]）是一种把 K 中心点聚类伸缩到更大数据集的算法。将 EM 和 K 均值聚类扩展到更大数据集的讨论由 Bradley 等[571，572]提供。一个 K 均值聚类在 MapReduce 框架上的并行实现在文献[621]中开发出来了。除了 K 均值，其他的聚类算法也在 MapReduce 的框架下实现，包括 DBScan[592]、谱聚类[574]和层次聚类[617]。

除了本章描述的方法，参考文献还提出了很多其他聚类方法。近年来越来越流行的一类方法是基于非负矩阵分解的（NMF）[602]。这个想法是在第 2 章中描述的奇异值分解方法的扩展，其中数据矩阵被分解为代表底层组件或较低秩的矩阵。在 NMF 中，强加附加的约束以确认成分矩阵元素的非负性。有了不同的形式和约束，NMF 方法能等价于其他的方法，包括了 K 均值聚类和谱聚类[577，603]。另一种流行的方法是利用用户提供的约束来指导聚类算法。这种算法通常称为约束聚类或半监督聚类[566，567，576，619]。

关于聚类，有许多问题我们没有提及。上一章文献注释提到的书和综述提供了附加的线索。这里，我们提及了四个领域，由于篇幅有限忽略了很多。事务数据聚类（Ganti 等[582]、Gibson 等[585]、Han 等[591]、Peters 和 Zaki[610]）是一重要的领域，因为事务数据常见并在商业上具有重要意义。随着通信和传感器网络的普及，流数据也变得日趋普遍和重要。数据流聚类的两篇导论性文章是 Barbará[565]和 Guh 等[587]。概念聚类（Fisher 和 Langley[580]、Jonyer 等[597]、Mishra 等[605]，Michalski 和 Stepp[604]以及 Stepp 和 Michalski[615]）使用更复杂的簇定义，通常可以更好地应用于人类的簇概念。概念聚类是一个潜能或许还未被完全认识的聚类领域。最后，在向量量化领域，存在大量旨在压缩数据的聚类工作。Gersho 和 Gray[583]的书是该领域的标准教科书。

参考文献

[564] R. Agrawal, J. Gehrke, D. Gunopulos, and P. Raghavan.   Automatic subspace clustering of high dimensional data for data mining applications. In *Proc. of 1998 ACM-SIGMOD Intl. Conf. on Management of Data*, pages 94–105, Seattle, Washington, June 1998. ACM Press.

[565] D. Barbará.   Requirements for clustering data streams.   *SIGKDD Explorations Newsletter*, 3(2):23–27, 2002.

[566] S. Basu, A. Banerjee, and R. Mooney.   Semi-supervised clustering by seeding.   In *Proceedings of 19th International Conference on Machine Learning*, pages 19–26, 2002.

[567] S. Basu, I. Davidson, and K. Wagstaff. *Constrained Clustering: Advances in Algorithms, Theory, and Applications.* CRC Press, 2008.

[568] J. Bilmes. A Gentle Tutorial on the EM Algorithm and its Application to Parameter Estimation for Gaussian Mixture and Hidden Markov Models. Technical Report ICSI-TR-97-021, University of California at Berkeley, 1997.

[569] C. M. Bishop, M. Svensen, and C. K. I. Williams. GTM: A principled alternative to the self-organizing map. In C. von der Malsburg, W. von Seelen, J. C. Vorbruggen, and B. Sendhoff, editors, *Artificial Neural Networks—ICANN96. Intl. Conf, Proc.*, pages 165–170. Springer-Verlag, Berlin, Germany, 1996.

[570] D. M. Blei, A. Y. Ng, and M. I. Jordan. Latent Dirichlet Allocation. *Journal of Machine Learning Research*, 3(4-5):993–1022, 2003.

[571] P. S. Bradley, U. M. Fayyad, and C. Reina. Scaling Clustering Algorithms to Large Databases. In *Proc. of the 4th Intl. Conf. on Knowledge Discovery and Data Mining*, pages 9–15, New York City, August 1998. AAAI Press.

[572] P. S. Bradley, U. M. Fayyad, and C. Reina. Scaling EM (Expectation Maximization) Clustering to Large Databases. Technical Report MSR-TR-98-35, Microsoft Research, October 1999.

[573] P. Cheeseman, J. Kelly, M. Self, J. Stutz, W. Taylor, and D. Freeman. AutoClass: a Bayesian classification system. In *Readings in knowledge acquisition and learning: automating the construction and improvement of expert systems*, pages 431–441. Morgan Kaufmann Publishers Inc., 1993.

[574] W. Y. Chen, Y. Song, H. Bai, C. J. Lin, and E. Y. Chang. Parallel spectral clustering in distributed systems. *IEEE Transactions on Pattern Analysis and Machine Intelligence*, 33(3):568586, 2011.

[575] CLUTO 2.1.2: Software for Clustering High-Dimensional Datasets. www.cs.umn.edu/~karypis, October 2016.

[576] I. Davidson and S. Basu. A survey of clustering with instance level constraints. *ACM Transactions on Knowledge Discovery from Data*, 1:1–41, 2007.

[577] C. Ding, X. He, and H. Simon. On the equivalence of nonnegative matrix factorization and spectral clustering. In *Proc of the SIAM International Conference on Data Mining*, page 606610, 2005.

[578] L. Ertöz, M. Steinbach, and V. Kumar. A New Shared Nearest Neighbor Clustering Algorithm and its Applications. In *Workshop on Clustering High Dimensional Data and its Applications, Proc. of Text Mine'01, First SIAM Intl. Conf. on Data Mining, Chicago, IL, USA*, 2001.

[579] L. Ertöz, M. Steinbach, and V. Kumar. Finding Clusters of Different Sizes, Shapes, and Densities in Noisy, High Dimensional Data. In *Proc. of the 2003 SIAM Intl. Conf. on Data Mining*, San Francisco, May 2003. SIAM.

[580] D. Fisher and P. Langley. Conceptual clustering and its relation to numerical taxonomy. *Artificial Intelligence and Statistics*, pages 77–116, 1986.

[581] C. Fraley and A. E. Raftery. How Many Clusters? Which Clustering Method? Answers Via Model-Based Cluster Analysis. *The Computer Journal*, 41(8):578–588, 1998.

[582] V. Ganti, J. Gehrke, and R. Ramakrishnan. CACTUS–Clustering Categorical Data Using Summaries. In *Proc. of the 5th Intl. Conf. on Knowledge Discovery and Data Mining*, pages 73–83. ACM Press, 1999.

[583] A. Gersho and R. M. Gray. *Vector Quantization and Signal Compression*, volume 159 of *Kluwer International Series in Engineering and Computer Science*. Kluwer Academic Publishers, 1992.

[584] J. Ghosh. Scalable Clustering Methods for Data Mining. In N. Ye, editor, *Handbook of Data Mining*, pages 247–277. Lawrence Ealbaum Assoc, 2003.

[585] D. Gibson, J. M. Kleinberg, and P. Raghavan. Clustering Categorical Data: An Approach Based on Dynamical Systems. *VLDB Journal*, 8(3–4):222–236, 2000.

[586] K. C. Gowda and G. Krishna. Agglomerative Clustering Using the Concept of Mutual Nearest Neighborhood. *Pattern Recognition*, 10(2):105–112, 1978.

696

[587] S. Guha, A. Meyerson, N. Mishra, R. Motwani, and L. O'Callaghan. Clustering Data Streams: Theory and Practice. *IEEE Transactions on Knowledge and Data Engineering*, 15(3):515–528, May/June 2003.

[588] S. Guha, R. Rastogi, and K. Shim. CURE: An Efficient Clustering Algorithm for Large Databases. In *Proc. of 1998 ACM-SIGMOD Intl. Conf. on Management of Data*, pages 73–84. ACM Press, June 1998.

[589] S. Guha, R. Rastogi, and K. Shim. ROCK: A Robust Clustering Algorithm for Categorical Attributes. In *Proc. of the 15th Intl. Conf. on Data Engineering*, pages 512–521. IEEE Computer Society, March 1999.

[590] L. Hagen and A. Kahng. New spectral methods for ratio cut partitioning and clustering. *IEEE Trans. Computer-Aided Design*, 11(9):1074 1085, 1992.

[591] E.-H. Han, G. Karypis, V. Kumar, and B. Mobasher. Hypergraph Based Clustering in High-Dimensional Data Sets: A Summary of Results. *IEEE Data Eng. Bulletin*, 21 (1):15–22, 1998.

[592] Y. He, H. Tan, W. Luo, H. Mao, D. Ma, S. Feng, and J. Fan. MR-DBSCAN: an efficient parallel density-based clustering algorithm using MapReduce. In *Proc of the IEEE International Conference on Parallel and Distributed Systems*, pages 473–480, 2011.

[593] A. Hinneburg and D. A. Keim. An Efficient Approach to Clustering in Large Multimedia Databases with Noise. In *Proc. of the 4th Intl. Conf. on Knowledge Discovery and Data Mining*, pages 58–65, New York City, August 1998. AAAI Press.

[594] A. Hinneburg and D. A. Keim. Optimal Grid-Clustering: Towards Breaking the Curse of Dimensionality in High-Dimensional Clustering. In *Proc. of the 25th VLDB Conf.*, pages 506–517, Edinburgh, Scotland, UK, September 1999. Morgan Kaufmann.

[595] F. Höppner, F. Klawonn, R. Kruse, and T. Runkler. *Fuzzy Cluster Analysis: Methods for Classification, Data Analysis and Image Recognition*. John Wiley & Sons, New York, July 2 1999.

[596] R. A. Jarvis and E. A. Patrick. Clustering Using a Similarity Measure Based on Shared Nearest Neighbors. *IEEE Transactions on Computers*, C-22(11):1025–1034, 1973.

[597] I. Jonyer, D. J. Cook, and L. B. Holder. Graph-based hierarchical conceptual clustering. *Journal of Machine Learning Research*, 2:19–43, 2002.

[598] K. Kailing, H.-P. Kriegel, and P. Kröger. Density-Connected Subspace Clustering for High-Dimensional Data. In *Proc. of the 2004 SIAM Intl. Conf. on Data Mining*, pages 428–439, Lake Buena Vista, Florida, April 2004. SIAM.

[599] G. Karypis, E.-H. Han, and V. Kumar. CHAMELEON: A Hierarchical Clustering Algorithm Using Dynamic Modeling. *IEEE Computer*, 32(8):68–75, August 1999.

[600] G. Karypis and V. Kumar. Multilevel k-way Partitioning Scheme for Irregular Graphs. *Journal of Parallel and Distributed Computing*, 48(1):96–129, 1998.

[601] T. Kohonen, T. S. Huang, and M. R. Schroeder. *Self-Organizing Maps*. Springer-Verlag, December 2000.

[602] D. D. Lee and H. S. Seung. Learning the parts of objects by non-negative matrix factorization. *Nature*, 401(6755):788791, 1999.

[603] T. Li and C. H. Q. Ding. The Relationships Among Various Nonnegative Matrix Factorization Methods for Clustering. In *Proc of the IEEE International Conference on Data Mining*, pages 362–371, 2006.

[604] R. S. Michalski and R. E. Stepp. Automated Construction of Classifications: Conceptual Clustering Versus Numerical Taxonomy. *IEEE Transactions on Pattern Analysis and Machine Intelligence*, 5(4):396–409, 1983.

[605] N. Mishra, D. Ron, and R. Swaminathan. A New Conceptual Clustering Framework. *Machine Learning Journal*, 56(1–3):115–151, July/August/September 2004.

[606] T. Mitchell. *Machine Learning*. McGraw-Hill, Boston, MA, 1997.

[607] F. Murtagh. Clustering massive data sets. In J. Abello, P. M. Pardalos, and M. G. C. Reisende, editors, *Handbook of Massive Data Sets*. Kluwer, 2000.

697

[608] H. Nagesh, S. Goil, and A. Choudhary. Parallel Algorithms for Clustering High-Dimensional Large-Scale Datasets. In R. L. Grossman, C. Kamath, P. Kegelmeyer, V. Kumar, and R. Namburu, editors, *Data Mining for Scientific and Engineering Applications*, pages 335–356. Kluwer Academic Publishers, Dordrecht, Netherlands, October 2001.

[609] R. T. Ng and J. Han. CLARANS: A Method for Clustering Objects for Spatial Data Mining. *IEEE Transactions on Knowledge and Data Engineering*, 14(5):1003–1016, 2002.

[610] M. Peters and M. J. Zaki. CLICKS: Clustering Categorical Data using K-partite Maximal Cliques. In *Proc. of the 21st Intl. Conf. on Data Engineering*, Tokyo, Japan, April 2005.

[611] E. Schikuta and M. Erhart. The BANG-Clustering System: Grid-Based Data Analysis. In *Advances in Intelligent Data Analysis, Reasoning about Data, Second Intl. Symposium, IDA-97, London*, volume 1280 of *Lecture Notes in Computer Science*, pages 513–524. Springer, August 1997.

[612] G. Sheikholeslami, S. Chatterjee, and A. Zhang. Wavecluster: A multi-resolution clustering approach for very large spatial databases. In *Proc. of the 24th VLDB Conf.*, pages 428–439, New York City, August 1998. Morgan Kaufmann.

[613] J. Shi and J. Malik. Normalized cuts and image segmentation. *IEEE Transactions on Pattern Analysis and Machine Intelligence*, 22(8):888 905, 2000.

[614] M. Steinbach, P.-N. Tan, V. Kumar, S. Klooster, and C. Potter. Discovery of climate indices using clustering. In *KDD '03: Proceedings of the ninth ACM SIGKDD international conference on Knowledge discovery and data mining*, pages 446–455, New York, NY, USA, 2003. ACM Press.

[615] R. E. Stepp and R. S. Michalski. Conceptual clustering of structured objects: A goal-oriented approach. *Artificial Intelligence*, 28(1):43–69, 1986.

[616] A. Strehl and J. Ghosh. A Scalable Approach to Balanced, High-dimensional Clustering of Market-Baskets. In *Proc. of the 7th Intl. Conf. on High Performance Computing (HiPC 2000)*, volume 1970 of *Lecture Notes in Computer Science*, pages 525–536, Bangalore, India, December 2000. Springer.

[617] T. Sun, C. Shu, F. Li, H. Yu, L. Ma, and Y. Fang. An efficient hierarchical clustering method for large datasets with map-reduce. In *Proc of the IEEE International Conference on Parallel and Distributed Computing, Applications and Technologies*, pages 494–499, 2009.

[618] U. von Luxburg. A tutorial on spectral clustering. *Statistics and Computing*, 17(4): 395–416, 2007.

[619] K. Wagstaff, C. Cardie, S. Rogers, and S. Schroedl. Constrained K-means Clustering with Background Knowledge. In *Proceedings of 18th International Conference on Machine Learning*, pages 577–584, 2001.

[620] T. Zhang, R. Ramakrishnan, and M. Livny. BIRCH: an efficient data clustering method for very large databases. In *Proc. of 1996 ACM-SIGMOD Intl. Conf. on Management of Data*, pages 103–114, Montreal, Quebec, Canada, June 1996. ACM Press.

[621] W. Zhao, H. Ma, and Q. He. Parallel K-Means Clustering based on MapReduce. In *Proc of the IEEE International Conference on Cloud Computing*, page 674679, 2009.

698

习题

1. 对于稀疏数据，讨论为什么只考虑非零值的存在性给出的对象视图可能比考虑实际值的大小更准确。什么时候该方法不是所期望的？

2. 描述随着待发现的簇的个数增加，K 均值的时间复杂度的变化。

3. 考虑一个文档集。假定所有的文档已经规范化，具有单位长度 1。包含到质心的余弦相似度大于某个指定常数（即 $\cos(d, c) \geqslant \delta$，其中 $0 < \delta \leqslant 1$）的所有文档的簇是什么“形状”？

4. 讨论将聚类问题处理成最优化问题的优点和缺点。在其他因素中，考虑有效性、非确定性，以及基于最优化的方法是否捕获了所有感兴趣的聚类类型。

5. 模糊 c 均值的时间和空间复杂度是多少？SOM 的呢？这些复杂度与 K 均值的复杂度相比较如何？

6. 传统的 K 均值具有许多局限性，例如对离群点敏感、难以处理不同大小和不同密度或具有非球形形状的簇。评述模糊 c 均值处理这些问题的能力。

7. 对于本书描述的模糊 c 均值算法，任何点在所有簇中的隶属度之和为 1。也可以只要求点在一个簇中的隶属度为 0～1。这种方法的优点和缺点是什么？

8. 解释似然与概率的区别。

9. 式(8.12)将取自高斯分布的点集的似然作为均值 μ 和标准差 σ 的函数。从数学上证明 μ 和 σ 的最大似然估计分别是样本的均值和样本的标准差。

10. 取一个成年人的样本并度量他们的身高。如果记录每个人的性别，则可以分别计算男人和女人的平均身高和身高的方差。然而，如果没有记录性别信息，仍然有可能得到这一信息吗？解释原因。

11. 比较图 8.1 和图 8.4 的隶属权值和概率，它们分别来自对相同的数据点集使用模糊和 EM 聚类。你发现了什么差别，如何解释这些差别？

12. 图 8.32 显示具有两个簇的二维点集的聚类。左边的簇(点用星号标记)多少有点散开，而右边的簇(点用圆标记)是紧凑的。在紧凑簇的右边有一个单独的点(用箭头指出)属于散开的簇。该簇的中心比紧凑簇的中心远得多。解释为什么用 EM 聚类是可能的，但是用 K 均值聚类不可能。

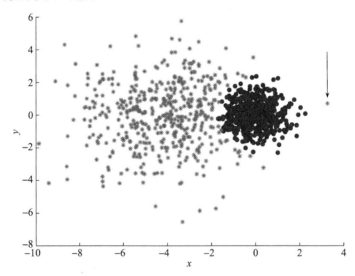

图 8.32　习题 12 的数据集，具有两个不同密度的簇的二维点集的 EM 聚类

13. 证明 8.4.2 节的 MST 聚类技术与单链聚类产生相同的簇，为了避免复杂化和特殊情况，假定所有的逐对相似度都不相同。

14. 一种稀疏化邻近度矩阵的方法如下：对于每个对象(矩阵的行)，除了对应于对象的 k-最近邻的项之外，所有的项都设置为 0。然而，稀疏化之后的邻近度矩阵一般不是对称的。

（a）如果对象 a 在对象 b 的 k-最近邻中，为什么不能保证 k 在对象 a 的 k-最近邻中？

（b）至少建议两种方法，可以用来使稀疏化后的矩阵是对称的。

15. 给出一个簇集合的例子，其中基于簇的接近性的合并得到的簇集合比基于簇的连接强度（互连性）的合并得到的簇集合更自然。 700

16. 表 8.4 列出了 4 个点的两个最近邻。使用算法 8.11 定义的 SNN 相似度定义，计算每对点之间的 SNN 相似度。

表 8.4　4 个点的两个最近邻

点	第一个近邻	第二个近邻
1	4	3
2	3	4
3	4	2
4	3	1

17. 对于算法 8.11 提供的 SNN 相似度定义，SNN 距离的计算没有考虑两个最近邻表中共享近邻的位置。换言之，可能希望给予以相同或粗略相同的次序共享相同的最近邻的两个点更高的相似度。

（a）描述如何修改 SNN 相似度定义，给予以粗略相同的次序共享近邻的两个点更高的相似度。

（b）讨论这种修改的优点和缺点。 701

18. 至少列举一种你不想使用基于 SNN 相似度或密度的聚类的情况。

19. 网格聚类技术不同于其他聚类技术，它们划分空间而不是点的集合。

（a）这样的技术对于结果簇的描述和可以发现的簇的类型有何影响？

（b）可以使用基于网格的聚类发现的簇类型中有哪些不能使用其他类型的聚类方法发现（提示：见第 7 章习题 20）？

20. 在 CLIQUE 中，当维数增加时，用来发现簇密度的阈值仍为常数。这是一个潜在的问题，因为密度随维度增加而下降。即，为了发现较高维的簇，阈值应该设置到可能导致低维簇合并的水平。你是否认为这的确是一个问题，如果是，如何修改 CLIQUE 来解决该问题。

21. 给定欧几里得空间中的一个点集，以欧几里得距离使用 K 均值对它进行聚类。在赋值时，可以使用三角不等式避免计算每个点到每个簇质心的距离。给出如何做的一般步骤。

22. 除了使用 CURE 推导出的公式（见式（8.21）），我们可以运行蒙特卡洛模拟来直接估计大小为 s 的样本至少包含一个簇中一定比例的样本的概率。使用蒙特卡洛模拟计算大小为 s 的样本包含一个大小为 100 的簇中 50% 元素的概率，其中总点数为 1000，而 s 可以取 100、200 和 500。 702

异 常 检 测

  异常检测的目标是发现一些不符合正常规律或行为的对象。通常，异常对象被称作**离群点**(outlier)，因为在数据的散点图中，它们的分布远离其他的数据点。异常检测也称为**偏差检测**(deviation detection)，因为异常对象的某些属性值明显偏离该属性的期望值或典型的属性值。异常检测也称为**例外挖掘**(exception mining)，因为异常在某种意义上是例外的。本章我们主要使用术语异常或离群点。目前已经有各种异常检测方法，这些方法来自多个领域，包括统计学、机器学习和数据挖掘。所有这些方法都遵循这样的思想：异常的数据对象是不寻常的，或者在某些方面与其他正常对象不一致。

  尽管由定义可知，不寻常的对象或事件是相对罕见的，但是在很多实际应用中，异常对象或事件的检测和分析具有重要作用。下面的例子阐述了一些应用中的异常是相当有趣的。

- **欺诈检测**。盗窃信用卡的人的购买行为和原始持有人的行为常常有很大不同。信用卡公司试图通过寻找窃贼的购买模式或注意一些不同于常见行为的变化来检测窃贼。类似的方法在许多领域内都是相关的，例如检测保险索赔欺诈和内幕交易。

- **入侵检测**。不幸的是，对计算机系统和网络系统的攻击已是常事。某些攻击是显而易见的，例如用来瘫痪或控制计算机和网络的攻击；但另一些攻击则很难被检测出来，例如秘密收集信息的攻击等。许多入侵只能通过监视系统和网络的异常行为来检测。

- **生态系统失调**。在过去的几十年里，由于自然或人为原因，地球的生态系统正在经历快速变化。一些罕见的事件发生的概率正在增加，例如热浪、干旱和洪水，这些事件对环境有重大影响。通过一些传感器的记录和卫星图像去鉴别这些罕见事件对于理解它们发生的根源和行为有重要作用，同时对于制定一些可持续的应对措施也有帮助。

- **医疗和公共卫生**。对于一个特定病人，诸如异常的核磁共振扫描结果等不寻常的症状或检测结果可能预示着潜在的健康问题。然而，一个特定的检测结果是否异常可能取决于病人的其他多个特征，例如年龄、性别和遗传基因。此外，结果判定为异常会付出某种代价——如果病人是健康的，则可能会增加不必要的检查；如果病情未被诊断出来且未被治疗，则会对病人造成潜在的伤害。诸如 H1N1 流感或 SARS 等疾病导致一系列患者出现异常和惊人的检测结果，探测该类新发疾病，对于监测疾病的扩散和采取有效预防措施非常重要。

- **航空安全**。飞机是一个高度复杂和动态的系统，很可能因为一些机械、环境和人为因素而发生严重的事故。为了监测异常的发生，大多数商业飞机都装备了大量的传感器来检测不同的航空参数，例如控制系统的信息、电子设备和推进系统、驾驶员的行为。从这些传感器记录中鉴定异常事件(例如，驾驶员的一系列异常操作或飞机部件的异常工作)可以帮助预防航空灾难，提升航空安全。

  尽管当前对于异常检测的兴趣多半是由关注异常的应用所驱动的，但是历史上异常检测(和消除)被认为是一种数据预处理技术,用来消除一些由于人为错误、机器问题或噪声而产生的错误数据对象。这些异常不但没有提供有用的信息,还会干扰对正常对象的分析。识别和消除这样的错误数据不是本章关注的内容,本章重点是检测一些自身有趣的异常对象。

9.1　异常检测问题的特性

异常检测问题是多种多样的,因为它们出现在多种不同设定下的应用领域中。在不同的情境下,这种问题特征的多样性产生了非常丰富且有用的异常检测方法。在讨论这些方法之前,我们会对异常检测问题的一些关键特性进行描述,这些描述是非常有用的,其促使异常检测方法具有不同的风格。

9.1.1　异常的定义

异常检测问题的一个重要特性是异常的定义方式。因为异常是罕见事件,难以被完全理解,所以可以根据问题需求按照不同的方式进行定义。以下的异常检测高层次定义包含了大多数异常的常用定义。

定义 9.1　异常是指不符合正常实例分布的观测,比如与某种分布下大多数实例不相似。

注意以下方面:
- 这个定义没有假设这种分布是可以用已知统计分布术语轻易表达的。事实上,这种困难正是许多异常检测方法使用非统计学方法的原因。尽管如此,这些方法旨在找到那些不常见的数据对象。
- 从概念上讲,我们可以按照看到一个对象的概率或某种更极端的方法来对数据对象排序。出现的概率越低,这个对象越可能是一个异常数据。这个概率的倒数经常用作一个排序分数,这在一些情况下是切实可行的。这种方法将在 9.3 节讨论。
- 造成异常现象的原因有很多:噪声,对象来自不同的分布(比如一些柚子和橘子混在一起),对象仅仅是这个分布中极少出现的(比如一个 7 英尺(1 英尺＝0.3048 米)高的人)。如前所述,我们不关心那些由于噪声造成的异常对象。

9.1.2　数据的性质

输入数据的性质在决定选择合适的异常检测技术中起着重要的作用。输入数据的一些共有特性包括属性的数量和类型,以及描述每个数据实例的表示方式。

单变量或多变量　如果数据包含单一属性,一个对象是否异常的问题只依赖于这个对象的属性值是否是异常的。然而,如果一个数据对象使用多个属性表示,可能在某些属性上有异常的数值,但在其他属性上表现正常。再有,一个对象即使在每个单独属性上的数值都不是异常的,整体而言它也可能是异常对象。比如,身高 2 英尺(儿童)或体重 100 磅(1 磅≈0.45 千克)这两个属性在人群中都很常见,但是一个 2 英尺高的人拥有 100 磅的体重则不正常。在多变量的环境下,判定一个对象是否异常是非常困难的,尤其是在数据的维度很高的时候。

记录数据或邻近度矩阵　表示一个数据集合最常见的方式是使用记录数据或它的变体,比如数据矩阵,在矩阵中每个数据实例都使用相同的属性进行描述。然而,对于异常检测的目的而言，在比较时知道一个实例和其他实例有多大不同已经足够。因此，一些异常检测方法使用一种不同的输入数据表示方法，叫作**邻近度矩阵**（proximity matrix），矩阵中的每一个数值表示两个实例间的接近程度（相似或不相似）。注意，数据矩阵通常可以通过一种合适的邻近度度量方式转换成邻近度矩阵。同样，相似度矩阵也可以通过 2.4.1 节的变换方法轻易地变换成距离矩阵。

标签的可用性　一个数据实例的标签表明这个实例是正常的还是异常的。如果有一个每个数据实例都带有标签的训练数据集，那么异常检测的问题就可以转化为**监督学习**（分类）问题。解决稀有类问题的分类技术是很有意义的，因为相对于正常实例来说，异常的实例是稀少的。参见 4.11 节。

然而，在大多数的实际应用中，所获得的训练数据集并没有正确区分正常和异常数据的类标。注意，因为异常数据非常稀少，所以获得异常类的类标是非常具有挑战性的。对于人类专家来说，把每个类型的异常都进行分类是非常困难的，因为异常类的性质通常是未知的。因此，本质上大多数异常检测问题是**无监督的**，比如输入数据没有任何类标。本章讲解的所有异常检测方法都设定为无监督环境。

注意在没有标签的情况下，给定一个输入数据集，从正常实例中区分出异常实例是非常具有挑战性的。然而，异常数据通常具有一些性质，一些技术可以利用这些性质来找到异常的实例。两个主要的性质如下所述：

数量相对较少　因为异常数据是不常见的，所以大部分输入数据中正常的实例占了绝大多数。因此，在大多数异常检测技术中，常将输入数据集用作正常类的不完美表示。然而，这类方法需要对输入数据中的离群点具有鲁棒性。一些异常检测方法还提供了指定输入数据中异常值期望数量的机制，这类方法可以处理具有大量异常的数据。

稀疏分布　与正常的对象不同，异常数据通常和其他实例不相关，因此在属性空间中分布稀疏。事实上，大多数成功的异常检测方法依靠的是那些不能被紧密聚类的异常数据。然而，有一些异常检测方法专门用来寻找聚类异常（参见 9.5.1 节），通常假设这些异常数据的数量很小或者离其他实例的距离很远。

9.1.3　如何使用异常检测

任何通用的异常检测方法都有两种不同的方法可以使用。在第一种方法中，给定的输入数据中既包含正常实例又包含异常实例，我们需要在这些数据中找到异常实例。本章中所有的异常检测方法都可以在这种设定中使用。在第二种方法中，我们需要将所提供的测试实例识别为异常。大部分异常检测方法（除个别外）都能使用输入数据，然后在测试实例中给出输出。通过寻找异常聚类来发现异常数据是其中一个例外情况，这部分内容参见 9.5.1 节。

9.2　异常检测方法的特性

为了满足异常检测问题的不同需要，大量技术在探究过程中使用了来自不同研究领域的概念。在本节中，我们会以较高的视角来描述异常检测方法的一些共有特性，用来帮助读者了解它们的共性和差异。

1. 基于模型与无模型

许多异常检测方法利用输入数据来建立一个**模型**，并使用该模型来判断一个测试实例是否是异常实例。多数**基于模型**的异常检测技术为正常类的数据建立一个模型，那些不符合模型的便是异常数据。例如，可以使用高斯分布对正常类进行建模，那些没有很好服从分布的数据则判为异常。另一类基于模型的技术从正常类和异常类中各学习一个模型，那些更可能属于异常类的实例则判为异常。虽然这些方法在技术上需要两个类的代表性标签，但它们常常对异常类的性质做出假设（比如异常数据通常是罕见且分布稀疏的），因此这些方法也可以在无监督的情况下工作。

除了鉴别异常数据，基于模型的方法还对正常类有时甚至是异常类的性质提供了一些有用信息。然而，它们做出的关于正常类和异常类性质的假设不见得对所有问题都成立。相比之下，**无模型**的方法没有显式地对正常类或异常类的分布做出描述，没有从输入数据中学习模型，而是直接对实例是否异常进行判定。比如，如果一个实例和它的相邻实例都很不一样，那么它就被认定为异常的。无模型方法通常是非常直观且易于使用的。

708

2. 全局视角与局部视角

可以在考虑全局背景下鉴别实例是否为异常，例如，在所有正常实例上构建模型并使用这个**全局**模型进行异常检测；还可以考虑每个数据实例的局部透视图来进行鉴别。具体来说，一个给定实例的邻近实例发生改变或被去掉，而对于给定实例的异常检测的输出结果没有改变，那么这种异常检测方法就被认定为**局部**方法。全局和局部视角的不同可能导致异常检测方法的结果产生巨大差异，因为一个对象从全局来看可能不太常见，但是对于邻近的对象来说则是正常的。比如，对于一般人群来说，一个 6 英尺 5 英寸（1 英寸 = 0.0254 米）高的人是很少见的，但在职业篮球运动员中则很常见。

3. 标签与分数

不同的异常检测方法会产生不同的输出格式。最基本的输出类型是二分类**异常标签**（anomaly label）：对象被判定为异常实例或正常实例。然而，标签不会提供任何关于实例有多大程度属于异常类别的信息。通常，一些被检测到的异常比其他数据更极端，而一些被标记为正常的实例可能处于被识别为异常的边缘。

因此，许多异常检测方法产生一个**异常分数**（anomaly score）来指示一个实例有多大可能是异常实例。异常分数可以轻易地排序再转换成排名，然后分析人员可以选择排名最高的那些实例作为异常点。另一种方法是给异常分数设定一个切分阈值来获得二分类的异常标签。选择一个合适阈值的任务经常留给分析人员，由他们酌情选择。然而，有时候分数有相关的含义，比如统计显著性（参见 9.3 节），这些含义会使异常分析变得更加容易和易于理解。

在接下来的各节中，我们将简要描述六种不同类型的异常检测方法。对于每个类型，将使用说明性的例子来阐述它们的基本思想、关键特征和基本假设。在每一节的结束部分，将讨论它们在处理不同偏好的异常检测问题时的优缺点。按照惯例，我们将在本章的其余部分中交替使用离群点和异常值这两个术语。

709

9.3 统计方法

统计方法使用概率分布（比如，高斯分布）对正常类进行建模。这些分布的一个重要特征是它们把每一个数据实例和一个概率值进行关联，表示这个实例从分布中生成的可能性有多大。异常数据被认为是那些不太可能从正常类的概率分布中生成的实例。

有两种类型的模型可以用来表示正常类的概率分布：参数模型和非参数模型。参数模型使用那些熟知的统计分布族，这些分布需要从数据中进行参数估计；非参数模型则非常灵活，并且直接从得到的数据中学习正常类的分布。接下来，我们将讨论如何用这两类模型来进行异常检测。

9.3.1 使用参数模型

一些常用的参数模型被广泛用于描述许多类型的数据集，这些模型包括高斯分布、泊松分布和二项分布。其中涉及的参数需要从数据中学习，例如，高斯模型需要从数据中确定均值和方差这两个参数。

参数模型能够非常有效地表示正常类的行为，尤其当知道正常类服从某个特定分布时。通过参数模型计算的异常分数具有较强的理论性质，可用于分析异常分数并评估其统计显著性。接下来，我们将在一元和多元环境下讨论用高斯分布对正常类进行建模。

1. 使用一元高斯分布

高斯（正态）分布在统计学中是最常用的一种分布，我们将使用它来描述一种简单的统计异常检测方法。高斯分布有两个参数 μ 和 σ，它们分别表示均值和标准差，并且使用符号 $N(\mu, \sigma)$ 表示。高斯分布中一个点 x 的概率密度函数 $f(x)$ 表示为

$$f(x) = \frac{1}{\sqrt{2\pi\sigma^2}}e^{-\frac{(x-\mu)^2}{2\sigma^2}} \tag{9.1}$$

图 9.1 展示了 $N(0, 1)$ 的概率密度函数。可以看到 x 离分布中心越远，$p(x)$ 的值越小，因此可以使用点 x 到原点的距离作为异常分数。正如在之后的 9.3.4 节所见，这个距离值有一个概率解释，可以用来评定 x 是一个异常点的置信度。

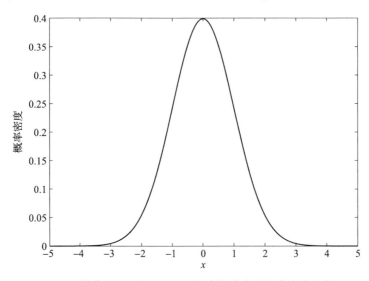

图 9.1　均值为 0、标准差为 1 的高斯分布的概率密度函数

如果一个属性 x 服从均值为 μ、标准差为 σ 的高斯分布 $N(\mu, \sigma)$，那么一种常用的方法是把属性 x 转换为一个服从 $N(0, 1)$ 分布的新属性 z。可以使用 $z = \frac{x-\mu}{\sigma}$ 进行转换，这被称为 z-分数。注意 z^2 和式（9.1）中点 x 的概率密度是直接相关的，因为式（9.1）可以重写为如下公式：

$$p(x) = \frac{1}{\sqrt{2\pi\sigma^2}}e^{-\frac{z^2}{2}} \tag{9.2}$$

高斯分布的参数 μ 和 σ 可以从大多数为正常实例的训练集中估计而来，使用样本均值 $\bar{x}$ 作为 μ，使用样本标准差 s_x 作为 σ。然而，如果认为异常点对参数估计有很大干扰，那么需要使用更具鲁棒性的估计，参见文献注释。

2. 使用多元高斯分布

对于由两个或多个连续属性组成的数据集，可以使用多元高斯分布对正常类建模。多元高斯分布 $N(\mu, \Sigma)$ 包括两个参数：均值向量 μ 和协方差矩阵 Σ，它们需要从数据中估计得到。点 x 的概率密度分布 $N(\mu, \Sigma)$ 表示为

$$f(x) = \frac{1}{(\sqrt{2\pi})m |\Sigma|^{\frac{1}{2}}} e^{-\frac{(x-\mu)\Sigma^{-1}(x-\mu)}{2}} \tag{9.3}$$

其中，p 是 x 的维数，$|\Sigma|$ 表示协方差矩阵的行列式。

在多元高斯分布中，点 x 到中心 μ 的距离不能直接作为一个可行的异常分数。这是因为如果属性间存在相关关系，那么多元正态分布就不是关于其中心对称的。为了表明这一点，图 9.2 展示了一个二维多元高斯分布的概率密度，该分布的均值为 $(0, 0)$，协方差矩阵为

$$\Sigma = \begin{bmatrix} 1.00 & 0.75 \\ 0.75 & 3.00 \end{bmatrix}$$

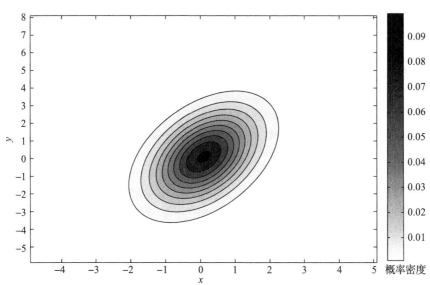

图 9.2　概率密度为高斯分布的点，用来生成图 9.3 的点

当在不同的方向上从中心向外移动时，概率密度的变化是不对称的。为了解释这个事实，我们需要一个把数据形状考虑在内的距离度量方法。**马氏距离**（Mahalanobis distance）就是这样的一种度量方法（见式(2.27)）。点 x 到数据均值 $\bar{x}$ 的马氏距离表示为

$$\text{Mahalanobis}(x, \bar{x}) = (x - \bar{x})S^{-1}(x - \bar{x})^{\text{T}} \tag{9.4}$$

其中，S 是从数据中估计的协方差矩阵。注意，当 $\bar{x}$ 和 S 分别作为 μ 和 Σ 的估计值时，x 到 $\bar{x}$ 的马氏距离与式(9.3)中 x 的概率密度直接相关（见习题 9）。

例 9.1 多元高斯分布中的异常点　图 9.3 展示了二维数据集中点的马氏距离（点到分布均值的距离）。把异常点 $A(-4, 4)$ 和点 $B(5, 5)$ 加入数据集中，它们的马氏距离已经在图中表示了出来。数据集中其他 2000 个点是从图 9.2 的分布随机生成的。

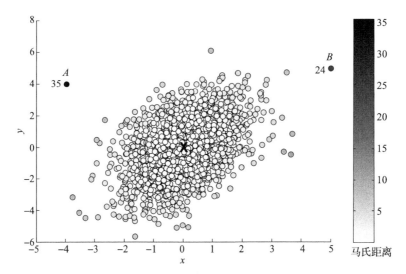

图 9.3 点到二维数据集中心的马氏距离，数据集包括 2002 个点

A 和 B 都有很大的马氏距离。虽然按照欧几里得距离度量，A 距离中心 $((0，0)$ 处的黑色 **X**)更近，然而 A 在马氏距离上却比 B 要远，因为马氏距离考虑了分布的形状。确切地说，点 B 的欧几里得距离为 $5\sqrt{2}$、马氏距离为 24，而点 A 的欧几里得距离为 $4\sqrt{2}$、马氏距离为 35。 ◀

上述方法假设正常类是从同一个高斯分布生成的。注意情况并不总是这样，尤其是多个正常类可能有多个不同的均值和方差。在这种情况下，可以使用高斯混合模型(见 8.2.2 节所述)表示正常的类。对于每个点来说，该点到任意高斯分布的马氏距离的最小值作为异常分数。这种方法与将在 9.5 节中介绍的基于聚类的异常检测方法有关。

9.3.2 使用非参数模型

另一种可以对正常类的分布建模的方法是使用基于核密度估计的技术，该技术使用核函数(见 8.3.3 节)来估计可用数据中正常类的密度。这种方法可以用来构建正常类的非参数概率分布，分布中正常实例密集发生的区域具有高的概率，反之亦然。注意，基于核的方法没有假设数据服从任何已知的分布族，而仅仅从数据中求得它的分布。当使用核密度方法从正常类中学习到了一个概率密度时，一个实例的异常分数被计算为它在学习到的密度基础上的概率的倒数。

一个更简单的对正常类建模的非参数方法是建立正常数据的直方图。例如，如果数据包含单一连续的属性，那么可以使用 2.3.6 节描述的等宽度离散技术来构造属性的不同范围的容器。之后，可以检查一个新的实例是否落在了直方图的容器中。如果它没有落在任何一个容器中，则可以认为它是一个异常实例。否则，可以使用实例所在容器的高度(频率)的倒数作为它的异常分数。这个方法称为基于频率的或基于计数的异常检测方法。

713
~
714

使用基于频率的异常检测方法的一个重要步骤是在构建直方图选择时容器大小。小的容器会把许多正常实例错误地认为是异常的。另一方面，如果容器过大，许多异常的实例可能落在稠密的容器中，从而导致没有被注意到。因此，选择一个大小合适的容器是具有挑战性的，通常需要尝试许多不同的大小或使用专业知识协助选择。

9.3.3　对正常类和异常类建模

到目前为止，所描述的统计方法只对正常类的分布进行建模，而不是对异常类进行建模。这些方法假设训练集主要由正常实例组成。然而，如果异常点出现在训练集中（这在大多数实际应用中是很常见的），那么对正常类的概率分布学习就会产生干扰，继而导致较差的异常检测结果。

这里，我们介绍一种异常检测的统计方法，它可以容忍训练集中有较多(λ)的异常值，前提是在属性空间中异常值是均匀分布的（因此不是聚类的）。这种方法会使用混合建模技术来学习正常类和异常类的分布。该方法和 8.2.2 节介绍的基于最大期望（EM）的技术相似。注意，λ（异常点的比例）很像先验。

这个方法的基本思想是，假设这些实例是从服从均匀分布 P_A 的异常类中以概率 λ 生成的，以及从正常类中以概率 $1-\lambda$ 生成的，正常类服从的分布为 $f_M(\theta)$，θ 代表分布的参数。把训练实例分配给正常类和异常类的方法如下所述。首先，把所有的对象都分配给正常类，异常对象集合为空。在 EM 算法的每一轮迭代中，通过把对象从正常类转移到异常类来提高整体数据的似然。让 M_t 和 A_t 分别表示正常对象和异常对象的集合，在迭代 t 中，数据集 D 的似然为 $\mathcal{L}_t(D)$，对数似然为 $\log\mathcal{L}_t(D)$，它们通过下面的公式计算：

$$\mathcal{L}_t(D) = \prod_{\boldsymbol{x}_i \in D} P(\boldsymbol{x}_i) = \Big((1-\lambda)^{|M_t|} \prod_{\boldsymbol{x}_i \in M_t} P_M(\boldsymbol{x}_i, \theta_t)\Big)\Big(\lambda^{|A_t|} \prod_{\boldsymbol{x}_i \in A_t} P_A(\boldsymbol{x}_i)\Big) \quad (9.5)$$

$$\log\mathcal{L}_t(D) = |M_t|\log(1-\lambda) + \sum_{\boldsymbol{x}_i \in M_t} \log P_M(\boldsymbol{x}_i, \theta_t) + |A_t|\log\lambda + \sum_{\boldsymbol{x}_i \in A_t} \log P_A(\boldsymbol{x}_i) \quad (9.6)$$

其中，$|M_t|$ 和 $|A_t|$ 分别表示正常类和异常类中对象的数量，θ_t 表示正常类分布的参数，它可以通过 $|M_t|$ 来估计。如果对象 $\boldsymbol{x}$ 从 M_t 转移到 A_t 会导致数据的对数似然大幅增加（大于阈值 c），那么 $\boldsymbol{x}$ 就被分配到异常点集合 A_t。异常点集合 A_t 会一直增大到数据集达到最大似然。这个方法总结在算法 9.1 中。

715

算法 9.1　基于似然的异常点检测

1：初始化：在时刻 $t=0$，令 M_t 包含所有对象，而 A_t 为空
2：**for** 属于 M_t 的每个点 $\boldsymbol{x}$ **do**
3：　　将 $\boldsymbol{x}$ 从 M_t 移动到 A_t，产生新的数据集合 A_{t+1} 和 M_{t+1}
4：　　计算 D 的新的对数似然 $\log\mathcal{L}_{t+1}(D)$
5：　　计算差 $\Delta = \log\mathcal{L}_{t+1}(D) - \log\mathcal{L}_t(D)$
6：　　**if** $\Delta > c$，其中 c 是某个阈值 **then**
7：　　　　将 $\boldsymbol{x}$ 分类为异常
8：　　　　对 t 增加 1，在下一次迭代中使用 M_{t+1} 和 A_{t+1}
9：　　**end if**
10：**end for**

由于正常对象的数量比异常对象的数量要多，所以当一个对象被转移到异常集合时，正常对象的分布变化可能不会很大。这样的话，每个正常对象对于正常对象的整体似然的贡献会保持相对稳定。此外，每一个被转移到异常集合中的对象对异常点的似然都有一定贡献。因此，当一个对象被移动到异常集合时，数据集的整体似然的改变大致等于一个对象服从均匀分布（权重为 λ）的概率减去它服从正常数据对象分布的概率（权重为 $1-\lambda$）。因

此，异常集合往往是由那些在均匀分布下比正常对象的分布有显著更高的概率的对象组成的。

在刚才讨论的情形中，算法 9.1 描述的方法大致等价于把正常对象分布中概率值较低的对象分类成异常点。例如，当把它应用到图 9.3 中的点时，该技术将会把点 A 和 B（和其他远离均值的点）当作异常点。然而，如果正常对象的分布随着异常点的去除而显著改变，或者异常的分布可以以更复杂的方式建模，那么这个方法产生的结果将会和简单地把低概率对象分为异常点的方法不同。而且，即使正常对象的分布是多模态的，这种方法也可以工作，例如，使用一个混合高斯分布作为 $f_M(\theta)$。此外，从概念上讲，这种方法可以使用除高斯分布以外的分布。

9.3.4 评估统计意义

统计方法提供了一种为被检测为异常的实例指定置信度的方法。比如，因为由统计方法计算的异常分数具有概率意义，所以我们可以对这些分数设定一个阈值进行统计保证。或者，可以定义统计测试（也称为**不一致测试**（discordancy test））来识别被统计方法认定为异常实例的统计显著性。这些不一致性测试许多都是高度专业化的，并且许多统计知识超出了本书的范围。因此，我们使用一个服从单变量高斯分布的简单例子来阐述这个基本思想，以便读者可以从文献注释中查阅更多要点。

考虑图 9.1 所示的高斯分布 $N(0, 1)$。正如 9.3.1 节所讨论的，大部分概率密度都集中在 0 周围，处于分布尾部的一个对象（或数值）属于 $N(0, 1)$ 的概率很小。例如，一个对象位于离中心超过 ± 3 个标准差的地方，那么它的概率就只有 0.0027。更一般地，如果 c 是一个常数，x 是一个对象的属性值，那么 $|x| \geqslant c$ 的概率随着 c 的增加很快地减少。令 $\alpha = \text{prob}(|x| \geqslant c)$，表 9.1 展示了当分布是 $N(0, 1)$ 时一些 c 和对应 α 的样本值。注意，当一个值超过原来的均值 4 个标准差时，它的出现概率就是万分之一。

这种从中心到点的距离的解释可以作为测试的基础，以评估一个对象是否是异常点，具体使用下面的定义。

定义 9.2 单一 $N(0, 1)$ 高斯属性的异常点
设属性 x 取自具有均值 0 和标准差 1 的高斯分布。一个具有属性值 x 的对象是异常点，如果

$$|x| \geqslant c \qquad (9.7)$$

其中，c 是一个选定的常量，满足 $P(|x| \geqslant c) = \alpha$，$P$ 代表概率。

表 9.1 样本对 (c, α)，对于均值为 0、标准差为 1 的高斯分布 $\alpha = \text{prob}(|x| \geqslant c)$

c	对于 $N(0, 1)$ 的 α
1.00	0.3173
1.50	0.1336
2.00	0.0455
2.50	0.0124
3.00	0.0027
3.50	0.0005
4.00	0.0001

为了使用这个定义，需要给 α 指定一个值。从不常见的值（对象）表示它来自一个不同的分布的观点来看，α 表示错误地将一个值从给定分布中分类为异常点的概率。从异常点是 $N(0, 1)$ 分布的罕见值的观点来看，α 指的是罕见的程度。

更一般地，对于具有均值 μ 和标准差 σ 的高斯分布，可以首先计算 x 的 z-分数，然后对 x 应用上述检验。在实际应用中，当从大量的人口中估计 μ 和 α 时，该方法效果良好。本章习题 7 中对更加复杂的统计程序（Grubbs 检验法）进行了探究，该方法考虑了由异常值引起的参数估计失真。

这里介绍的异常检测方法等同于测试数据对象的统计显著性,并将统计上显著的对象分类为异常,第 10 章会详细讨论这一点。

9.3.5　优点与缺点

异常检测的统计方法具有坚实的理论基础,并建立在标准统计技术的基础上。当有足够的数据知识和应用的测试类型时,这些方法在统计上是合理的,并且可以非常有效。它们还可以提供与异常分数相关的置信区间,这在做出关于测试实例的决策时非常有用,例如,确定异常分数的阈值。 718

但是,如果选择了错误的模型,则可能将正常实例错误地标识为异常值。例如,数据可以使用一个高斯分布建模,但实际上可能来自另一个分布,这个分布在远离均值时有比高斯分布更高的概率。具有这种行为的统计分布在实际中很常见,被称为**重尾分布**(heavy-tailed distribution)。另外,我们注意到,尽管对于单个属性的统计异常测试有很多种类,但是对于多元数据的可用选项却很少,而且这些测试对于高维数据可能表现不佳。

9.4　基于邻近度的方法

基于邻近度的方法把那些远离其他对象的实例认定为离群点。该方法依赖的假设是,正常实例是相关的并且彼此接近,而异常的实例与其他实例不同,因此与其他实例的距离相对较远。因为许多基于邻近度的技术都基于距离度量,因此也称为**基于距离的异常检测技术**。

基于邻近度的方法都是无模型异常检测技术,因为它们没有构建一个明确的正常类模型用于计算异常分数。它们利用每个数据的局部视角计算其异常分数。它们比统计方法更加通用,因为确定一个对数据集有意义的邻近度度量通常比确定其统计分布更容易。接下来,我们将介绍一些基本的基于邻近度的方法来定义一个异常分数。从根本上说,这些技术在分析数据实例的局部性的方法上有所不同。

9.4.1　基于距离的异常分数

定义数据实例 x 的基于邻近度的异常分数的最简单方法之一是,使用它到第 k 个最近邻的距离 $\mathrm{dist}(x, k)$。如果一个实例 x 有许多其他实例位于它的附近(正常类的特性), $\mathrm{dist}(x, k)$ 的值将会很小。另一个方面,一个异常实例 x 将会和它的 k-近邻实例有非常远的距离,因此 $\mathrm{dist}(x, k)$ 的值也会比较高。 719

图 9.4 显示了在二维空间中的一组点,它们已经根据自身到 k-近邻的距离 $\mathrm{dist}(x, k)$($k=5$)被涂上阴影。值得注意的是,已经给点 C 分配了一个很高的异常分数,因为它距离其他实例很远。

注意, $\mathrm{dist}(x, k)$ 会对 k 的取值非常敏感。如果 k 值太小,例如 1,那么少量的离群点彼此靠近可以显示出低的异常分数。例如,图 9.5 给出了使用 $k=1$ 的一组正常点和两个离群点彼此接近的异常分数(阴影反映异常分数)。注意 C 和它的邻居都有一个低的异常分数。如果 k 太大,那么在小于 k 个对象的簇中的所有对象都可能变成异常。例如,图 9.6 显示了一个数据集,它具有大小

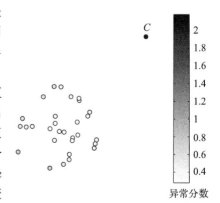

图 9.4　基于距离的 5-近邻异常分数

为 5 的小簇和大小为 30 的较大簇。对于 $k=5$，小簇中所有点的异常分数非常高。

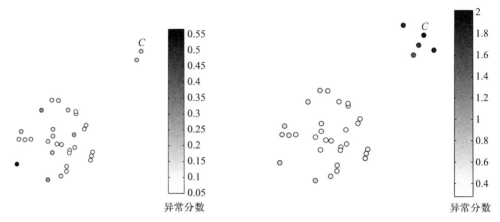

图 9.5　基于距离的 5-近邻异常分数。
离群点周围有较低的异常分数

图 9.6　基于距离的 5-近邻异常分数。
一个小簇实例变成了离群点

另一种基于距离的异常分数是取前 k 个最近邻距离的平均值 $\mathrm{avg.\,dist}(\boldsymbol{x}, k)$，其对 k 的选择更具有鲁棒性。事实上，$\mathrm{avg.\,dist}(\boldsymbol{x}, k)$ 作为一种可靠的基于邻近度的异常分数被广泛应用在多个应用中。

9.4.2　基于密度的异常分数

一个实例周围的密度可以定义为 $\dfrac{n}{V(d)}$，其中 n 是指距离它在一个特定距离 d 内的实例数，$V(d)$ 是邻域的体积。由于 $V(d)$ 对于给定的 d 是恒定的，所以实例周围的密度通常用固定距离 d 内的实例数量 n 来表示。此定义类似于 7.4 节中的 DBSCAN 聚类算法所使用的定义。从基于密度的观点来看，异常是在低密度区域中的实例。因此，一个异常在距离 d 内具有的实例个数比正常的实例更少。

类似于在基于距离的度量中选择参数 k 时的权衡，在基于密度的度量中选择参数 d 是具有挑战性的。如果 d 太小，那么许多正常实例会错误地显示低密度值；如果 d 太大，那么许多异常可能具有类似于正常实例的密度。

注意，从基于距离和密度的角度看邻近度是非常相似的。为了说明这一点，考虑数据实例 $\boldsymbol{x}$ 的 k-近邻，其与第 k 个近邻的距离由 $\mathrm{dist}(\boldsymbol{x}, k)$ 给出。在这种方法中，$\mathrm{dist}(\boldsymbol{x}, k)$ 提供了 $\boldsymbol{x}$ 周围的密度的度量，对于每个实例使用不同的 d 值。如果 $\mathrm{dist}(\boldsymbol{x}, k)$ 很大，$\boldsymbol{x}$ 周围的密度就很小，反之亦然。基于距离和基于密度的异常分数是相反的关系。这可以用来定义如下的密度度量，其基于两个距离度量 $\mathrm{dist}(\boldsymbol{x}, k)$ 和 $\mathrm{avg.\,dist}(\boldsymbol{x}, k)$：

$$\mathrm{density}(\boldsymbol{x}, k) = \frac{1}{\mathrm{dist}(\boldsymbol{x}, k)}$$

$$\mathrm{avg.\,density}(\boldsymbol{x}, k) = \frac{1}{\mathrm{avg.\,dist}(\boldsymbol{x}, k)}$$

9.4.3　基于相对密度的异常分数

上述基于邻近度的方法只考虑单个实例的局部性来计算其异常分数。在数据包含不同密度的区域的情况下，这样的方法无法正确地识别异常，因为正常位置将在区域之间变化。

720
～
721

为了说明这一点，考虑图 9.7 中的二维点集。这个图中有一个相当松散的点簇，一个密集的点簇，以及两个远离这两个簇的点 C 和 D。根据 $k=5$ 的 $\text{dist}(x,k)$ 将异常分数分配给它们，可以正确地识别出点 C 是一个异常实例，但是点 D 的分数也很低。事实上，D 的分数远低于松散点簇中的许多点。为了正确地识别这类数据集中的异常点，我们需要一个与相邻实例的密度相关的密度概念。例如，图 9.7 中的点 D 比点 A 有一个更高的绝对密度，但是它的密度却比它最邻近的点低。

有很多方法定义一个实例的相对密度。对于一个点 x，有一种方法就是计算它的 k-近邻平均密度的比率，即 y_1 到 y_k 和 x 的密度的比率，如下：

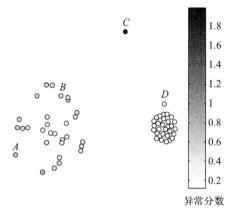

图 9.7　当簇密度变化时，基于距离的 5-近邻异常分数

$$相对密度(x,k) = \frac{\sum_{i=1}^{k} \dfrac{\text{density}(y_i,k)}{k}}{\text{density}(x,k)} \quad (9.8)$$

当点附近的平均密度明显高于点的密度时，它的相对密度就会很高。

注意，通过在上述方程中用 $\text{density}(x,k)$ 代替 $\text{avg.density}(x,k)$，可以得到一个更加鲁棒的相对密度的度量方法。上述方法与**局部异常因子**（Local Outlier Factor，LOF）分数所使用的方法类似，局部异常因子是一种广泛使用的利用相对密度检测异常的方法（见文献注释）。然而，LOF 使用某种程度上不同的密度定义来实现更加鲁棒的结果。

例 9.2　相对密度异常检测　图 9.8 展示了图 9.7 使用的示例数据集上基于相对密度的异常检测方法的表现。使用式(9.8)(设置 $k=10$)计算出每个点的异常分数。每个点的阴影深浅代表它的分数，比如，分数越高的点越暗。我们已经给异常分数最大的点 A、C 和 D 打上了标签。这些点各自都是最异常的点，有紧密点集中最异常的点，也有松散点集中最异常的点。

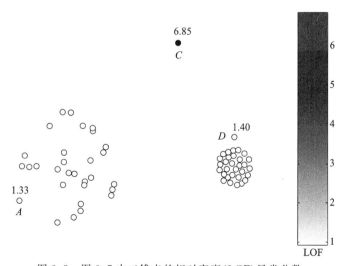

图 9.8　图 9.7 中二维点的相对密度(LOF)异常分数

9.4.4　优点与缺点

基于邻近度的方法本质上是非参数的，因此不限于正常类和异常类的任何特定形式的

分布。它们在各种异常检测问题上具有广泛的适用性，在这种情况下，可以在实例之间定义合理的邻近度度量。它们非常直观，而且很具视觉吸引力，因为当数据可以在二维或三维散点图中显示时，可以直观地解释基于邻近度的异常。

然而，基于邻近度的方法的有效性很大程度上取决于距离度量的选择。在高维空间中定义距离也是很有挑战性的。在某些情况下，可以使用降维技术将实例映射到低维特征空间。然后，基于邻近度的方法可以应用在缩小的空间中以检测异常。所有基于邻近度的方法共同面临的另一个挑战是它们的高计算复杂度。给定 n 点，计算每个点的异常分数需要考虑所有的逐对距离，从而导致 $O(n^2)$ 运行时间。对于大型数据集，这可能过于昂贵，尽管在一些情况下，例如，低维数据集，可以使用专门的算法来提高性能。但在基于邻近度的方法中选择参数(k 或 d)的正确值也是困难的，并且通常需要专业领域知识。

9.5 基于聚类的方法

基于聚类的异常检测方法使用簇来表示正常类。这依赖于这样的假设：正常实例彼此接近，因此可以被分组成簇。然后异常点则为不符合正常类的簇的实例，或者出现在与正常类的簇相距很远的小簇中的实例。基于聚类的方法可以分为两种类型：将小簇视为异常的方法，以及一个点如果没有很好地符合簇将被定义为异常的方法，通常由该点到簇心的距离来度量。接下来将描述这两种基于聚类的方法。

9.5.1 发现异常簇

这种方法假定在数据中存在聚类异常，而异常出现在狭小而紧密的空间中。当异常从同一异常类中产生时，就会出现聚类异常。例如，网络攻击在其发生时可能具有共同的模式，可能是因为同一个攻击者在多个实例中使用相似的方式。

异常簇通常为小簇，因为异常在自然界中是罕见的。由于异常不符合正常的模式或行为，所以异常也被期望会远离正常类的簇。因此，一种检测异常簇的基本方法是把总体数据和标记簇聚类在一起，这些标记簇要么太小，要么太远离其他簇。

例如，如果使用基于原型的方法来对总体数据进行聚类，例如使用 K 均值，每个簇可以用它的原型来表示，如簇质心。然后，我们可以把每一个原型都当作一个点，并且直接识别那些与其他簇的距离较远的簇。另一个例子，如果使用诸如 MIN、MAX 或组平均值（见 7.3 节）等分层技术，那么通常将小簇中的那些实例识别为异常，或者将那些在几乎所有其他点都已经聚类之后仍然保持单个的点视为异常。

9.5.2 发现异常实例

从聚类的角度来看，另一种描述一个异常的方式是该实例不能被任何正常簇解释。因此，一个异常检测的基本方法是，首先聚类所有数据（主要包括正常实例），然后评估每个实例属于其各自簇的程度。例如，如果使用 K 均值聚类，一个实例到它所属簇的质心的距离表示它属于该簇的程度。因此，远离它们各自簇的质心的实例可以被识别为异常。

虽然基于聚类的异常检测方法是非常直观和易于使用的，但在使用它们时，必须考虑许多因素，如下所述。

1. 评估一个对象属于一个簇的程度

对于基于原型的簇，有几种方法来评估一个实例属于一个簇的程度。一种方法是度量实例与其簇原型之间的距离，并将其视为该实例的异常分数。然而，如果这些簇的密度不同，那么我们可以构造一个异常分数，该分数可以就实例到簇中其余实例的距离而言，度量实例到簇原型的相对距离。另一种可能是，假设簇可以用高斯分布精确地建模，那就使用马氏距离作为度量方式。

对于具有目标函数的聚类技术，可以为一个实例分配一个异常分数来反映当该实例从整体数据中消除时目标函数的改进程度。但是，这种方法往往是计算密集型的。基于这个原因，上一段的基于距离的方法通常是首选。

例 9.3　基于聚类的例子　本例基于图 9.7 所示的点集合。本例中基于原型的聚类使用了 K 均值算法，并且通过两种方式来计算一个点的异常分数：（1）该点与其最近质心的距离；（2）该点与其最接近的质心的相对距离，其中相对距离是该点与质心的距离跟该簇中所有点的中位距离之比。后一种方法用来调整紧凑簇和松散簇之间密度的巨大差异。

得到的异常评分显示在图 9.9 和图 9.10 中。如前所述，在这种情况下通过距离或相对距离度量的异常分数用阴影深浅表示。在每种情况下使用两个簇。基于原始距离的方法在区分不同密度的簇方面存在问题，例如，D 不被视为离群点。对于基于相对距离的方法，先前使用 LOF（A、C 和 D）标识为异常的点在这里也显示为异常。

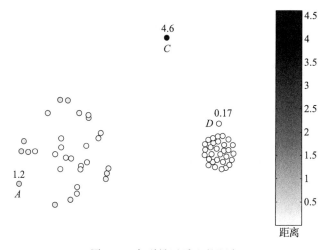

图 9.9　点到最近质心的距离

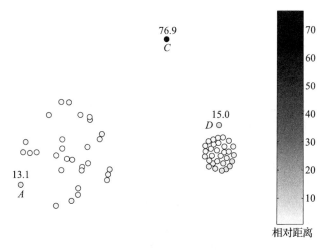

图 9.10　点到最近质心的相对距离

2. 离群点对聚类初始化的影响

基于聚类的方法通常对数据中的离群点很敏感。因此，离群点的存在会降低相对应正常类的簇的质量，因为这些簇是通过对由正常实例和异常实例组成的整体数据进行聚类而发现的。要解决此问题，可以使用以下方法：实例已经被聚类，远离任何簇的离群点被移除，然后实例再次聚类。这种方法用于 K 均值算法的每次迭代。K 均值算法就是这种算法的一个例子。虽然不能保证这种方法能够产生最佳结果，但它易于使用。

更复杂的方法是针对当前不适合任何簇的实例设置一个特殊组，该组代表潜在的离群点。随着聚类过程的继续，簇也随之改变。不再属于任何簇的实例被添加到潜在离群点集合中，而当前在离群点组中的实例将被测试，以确定它们现在是否属于某个簇并且可以从潜在离群点集合中移除。聚类结束时，离群点组中剩余的实例将被认定为是离群点。注意，该方法不能保证得到一个最佳解决方法，甚至不能保证它会比之前描述的简单方法更好。

3. 使用簇的数量

诸如 K 均值等聚类技术不会自动确定簇的数量。当使用基于聚类的方法进行异常检测时这会是个问题，因为对象是否被认为是异常的可能取决于簇的数量。例如，一组 10 个对象可能彼此相对较近，但如果仅找到几个大的簇，则可能将其作为较大簇的一部分。在这种情况下，10 个点中的每一个点都可以被认为是一个异常点，尽管如果指定了足够多的簇，它们将会形成一个簇。

与其他一些问题一样，这个问题也没有简单的答案。一种策略是重复分析不同数量的簇。另一种方法是找到大量的小簇。这个想法是：(1) 较小的簇往往更具内聚性；(2) 如果一个对象即使在有大量小簇时仍然是异常的，那么它很可能是一个真正的异常。缺点是异常组可能形成小簇，从而逃避检测。

9.5.3 优点与缺点

基于聚类的技术可以在无监督的环境下运行，因为它们不需要仅由正常实例组成的训练数据。除了识别异常外，学习到的正常类的簇有助于理解正常数据的性质。一些聚类技术，例如 K 均值，具有线性或接近线性的时间和空间复杂度，因此基于这种算法的异常检测技术可以是高效的。然而，基于聚类的异常检测方法的性能在很大程度上取决于所使用的簇的数量以及数据中存在的异常值。如第 7 章和第 8 章所讨论的，每个聚类算法仅适用于某种类型的数据，因此需要仔细选择聚类算法以有效捕获数据中的簇结构。

9.6 基于重构的方法

基于重构的技术依赖于这样的假设：正常类位于比属性的原始空间更低的维度空间中。换句话说，在正常类的分布中存在可以使用低维表征来捕获的模式，例如通过使用维归约技术。

为了说明这一点，考虑一个正常实例的数据集，其中每个实例都使用 p 个连续属性 $x_1, \cdots, x_p$ 表示。如果在正常类中存在隐藏结构，则可以使用少于 p 个派生特征来估计这些数据。从数据集中导出有用特征的一种常用方法是使用主成分分析(PCA)，如 2.3.3 节所述。通过对原始数据应用 PCA，可得到 p 个主成分 $y_1, \cdots, y_p$，每个主成分都是原始属性的线性组合，并且每个主成分都会捕捉原始数据中的最大变化量，这个变化量必须与前面的主成分正交。因此，随着不断获得主成分，捕获的变化量会减少，因此，可以使

用前 k 个主成分 y_1，…，y_k 来近似表示原始数据。事实上，如果在正常类中存在隐藏结构，则可以期望使用较少数量的特征来获得良好的近似值，$k<p$。

一旦导出了一组较少的 k 个特征，则可以将任何新的数据实例 x 投影到它的 k 维表示 y。此外，我们也可以将 y 重新投影到 p 个属性的原始空间，导致对 x 的重构。让我们把这个重构表示为 $\hat{x}$，并把 x 和 $\hat{x}$ 之间的欧几里得距离作为**重构误差**：

$$重构误差(x) = \|x - \hat{x}\|^2$$

由于低维特征是专门用来解释正常数据中的大部分变化的，因此可以预期在正常情况下重构误差较低。然而，对于异常情况，重构误差很高，因为它们不符合正常类的隐藏结构。因此重构误差可用作有效的异常检测分数。

为了说明基于重构的异常检测方法，考虑一个正常情况的二维数据集，如图 9.11 中的圆圈所示。黑色方块是异常实例。黑色实线表示从这些数据中学习到的第一主成分，它对应于正常情况下的最大方差。

可以看到，大多数正常实例都围绕着这条线。这表明第一个主成分使用低维表征提供了对正常类的良好近似。使用这种表示形式，可以将每个数据实例 x 投影到线上的一个点上。这个投影 $\hat{x}$ 用作使用单一主成分的原始实例的重构。

729

x 和 $\hat{x}$ 之间的距离对应于 x 的重构误差，如图 9.11 中的虚线所示。可以看到，由于第一主成分已经被学习到最适合的正常类，所以正常情况下的重构误差值相当小。然而，异常实例(显示为正方形)的重构误差很高，因为它们不符合正常类的结构。

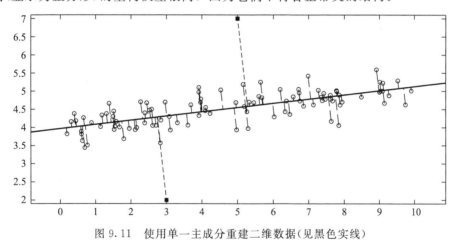

图 9.11　使用单一主成分重建二维数据(见黑色实线)

虽然 PCA 为捕获低维表示提供了一种简单的方法，但它只能导出原始属性的线性组合。当正常类呈现非线性模式时，使用 PCA 很难捕获它们。在这种情况下，使用**自编码器**(autoencoder)的人工神经网络为非线性降维和重构提供了一种可能的方法。如 4.7 节所述，自编码器广泛用于深度学习的背景下，利用无监督方式从训练数据中导出复杂特征。

自编码器(也称为自动关联器或镜像网络)是多层神经网络，其中输入和输出神经元的数量等于原始属性的数量。图 9.12 显示了一个自动编码器的整体架构，它包含**编码**(encoding)和

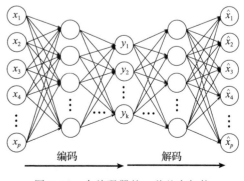

图 9.12　自编码器的一种基本架构

解码(decoding)两个基本步骤。在编码期间,使用编码层中的多个非线性变换将数据实例 x 变换为低维表示 y。请注意,每个编码层的神经元数量都会减少,以便从原始数据中学习低维表示。然后将学习的表示 y 映射回使用解码层的属性的原始空间,产生 x 的重构,用 $\hat{x}$ 表示。然后将 x 和 $\hat{x}$ 之间的距离(重构误差)用作异常分数的度量。

730

为了从主要由正常实例组成的输入数据集中学习自编码器,可以使用 4.7 节中介绍的人工神经网络中的反向传播技术。自编码器方案为学习正常类的复杂和非线性表示提供了强大的方法。上述基本自编码器方案有很多变体,可用来学习不同类型的数据集中的表示。例如,即使在存在噪声的情况下,**去噪自编码器**也能够从训练数据中鲁棒地学习非线性表示。有关不同类型自编码器的更多详细信息,请参阅文献注释。

优点与缺点

基于重构的技术为正常类建模提供了一种通用方法,不需要对正常实例的分布进行很多假设。它们能够通过使用广泛的降维技术来学习正常类丰富多样的表示。它们也可用于存在不相关属性的情形,因为在编码步骤中可能会忽略与其他属性没有任何关系的属性,

731

因为它在重构正常类中没有多大用处。然而,由于通过度量属性的原始空间中 x 和 $\hat{x}$ 之间的距离来计算重构误差,所以当属性的数量很大时,性能会受到影响。

9.7　单类分类

单类分类方法在属性空间中学习一个决策边界,该边界把所有正常对象都划分到边界的同一边。图 9.13 展示了单类分类问题中的一个决策边界的例子,其中边界一侧(阴影部分)的点属于正常类。这与第 3 章和第 4 章中介绍的二元分类方法形成了对比,该方法学习了从两个类中分离对象的边界。

单类分类对异常检测提出了一个独特的视角,它不是学习正常类的分布,而是关注对正常类的边界进行建模。从操作的角度来看,学习的边界确实是我们需要的用来区分异常与正常对象的。用 Vladimir Vapnik 的话来说:"人们应该直接解决'分类'问题,而不是解决一个更普遍的问题'如学习正常类的分布'作为中间步骤。"

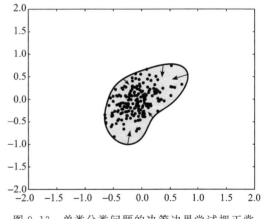

图 9.13　单类分类问题的决策边界尝试把正常实例包围在边界的同一侧

在本节中,我们提出了一种基于 SVM 的单类方法,称为单类支持向量机(one-class SVM),它只使用正常类的训练实例来学习其决策边界。将其与正常的 SVM 对比(参见 4.9 节),正常 SVM 使用来自两个类的训练实例。这涉及核函数的使用和一种新颖的"原点技巧",如下所述。(有关核函数方法的介绍,请参见 2.4.7 节。)

732

9.7.1　核函数的使用

为了学习包含正常类的非线性边界,将数据转换为更高维的空间,使正常类可以使用线性超平面分离。这可以通过使用函数 ϕ 将原始属性空间中的每个数据实例 x 映射成变换

后的高维空间中的点 $\phi(\boldsymbol{x})$（映射函数的选择将在后面解释）。在变换空间中，可以使用由参数 $(\boldsymbol{w}, \rho)$ 定义的线性超平面将训练实例分开，如下所示：

$$\langle \boldsymbol{w}, \phi(\boldsymbol{x}) \rangle = \rho$$

其中，$\langle \boldsymbol{x}, \boldsymbol{y} \rangle$ 表示向量 $\boldsymbol{x}$ 和 $\boldsymbol{y}$ 之间的内积。理想情况下，我们需要一个线性超平面，将所有正常实例置于一侧。因此，如果 $\boldsymbol{x}$ 属于正常类，我们希望 $(\boldsymbol{w}, \rho)$ 能使 $<\boldsymbol{w}, \phi(\boldsymbol{x})>>\rho$，如果 $\boldsymbol{x}$ 属于异常类，则 $\langle \boldsymbol{w}, \phi(\boldsymbol{x}) \rangle < \rho$。

设 $\{\boldsymbol{x}_1, \boldsymbol{x}_2, \cdots, \boldsymbol{x}_n\}$ 是属于正常类的训练实例集合。类似于使用 SVM 中的核函数（见第 4 章），我们将 $\boldsymbol{w}$ 定义为 $\phi(\boldsymbol{x}_i)$ 的线性组合：

$$\boldsymbol{w} = \sum_{i=1}^{n} \alpha_i \phi(\boldsymbol{x}_i)$$

可以使用 α_i 和 ρ 来描述分离超平面，如下所述。

$$\sum_{i=1}^{n} \alpha_i \langle \phi(\boldsymbol{x}_i), \phi(\boldsymbol{x}) \rangle = \rho$$

请注意，上述方程使用变换空间中 $\phi(\boldsymbol{x})$ 的内积来描述超平面。为了计算这样的内积，可以利用 2.4.7 节中介绍的核函数 $\kappa(\boldsymbol{x}, \boldsymbol{x}) = <\phi(\boldsymbol{x}), \phi(\boldsymbol{x})>$。请注意，核函数广泛用于学习二元分类问题中的非线性边界，例如，使用第 4 章中介绍的核函数 SVM。然而，在缺乏关于训练期间异常类的信息的情况下，在单类分类环境中学习非线性边界是很有挑战性的。为了克服这个挑战，单类 SVM 机使用"原点技巧"来学习分离超平面，该平面适用于某些类型的核函数。这种方法可以简要描述如下。

733

9.7.2 原点技巧

考虑通常用于学习非线性边界的高斯核函数，可以将其定义为

$$\kappa(\boldsymbol{x}, \boldsymbol{y}) = \exp\left(-\frac{\|\boldsymbol{x} - \boldsymbol{y}\|^2}{2\sigma^2}\right)$$

其中，$\|\cdot\|$ 表示向量的长度，σ 是超参数。在使用高斯核函数在单类分类问题中学习分离超平面之前，先理解高斯核函数的变换空间 $\phi(\boldsymbol{x})$ 是什么样子的。高斯核的变换空间有两个重要的性质，它们有助于理解单类 SVM 蕴含的意义：

1）每个点都映射到单位半径的超球面。

为了实现这一点，考虑点 $\boldsymbol{x}$ 在其自身上的核函数 $\kappa(\boldsymbol{x}, \boldsymbol{x})$。由于 $\|\boldsymbol{x} - \boldsymbol{x}\|^2 = 0$，

$$\kappa(\boldsymbol{x}, \boldsymbol{x}) = \langle \phi(\boldsymbol{x}), \phi(\boldsymbol{x}) \rangle = \|\phi(\boldsymbol{x})\|^2 = 1$$

这意味着 $\phi(\boldsymbol{x})$ 的长度等于 1，因此对于所有 $\boldsymbol{x}$，$\phi(\boldsymbol{x})$ 位于单位半径的超球面上。

2）每个点映射到变换空间中的相同象限。

对于两个点 $\boldsymbol{x}$ 和 $\boldsymbol{y}$，因为 $\kappa(\boldsymbol{x}, \boldsymbol{y}) = \langle \phi(\boldsymbol{x}), \phi(\boldsymbol{y}) \rangle \geqslant 0$，$\phi(\boldsymbol{x})$ 和 $\phi(\boldsymbol{y})$ 之间的夹角总是小于 $\frac{\pi}{2}$。因此，所有点的映射位于变换后的空间中的相同"象限"（"象限"的高维模拟）。

出于说明的目的，图 9.14 显示了使用上述两个考虑的高斯核函数的变换空间的可视化示例。黑点代表变换空间中训练实例的映射，它位于具有单位半径的圆的四分之一圆弧上。在这个视图中，单类 SVM 的目标是学习一个线性超平面，它可以将黑点与异常实例的映射分离开来，这些异常实

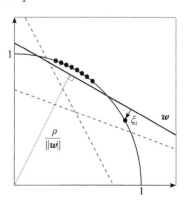

图 9.14   在转换后的空间中展示单类 SVM 的概念

例也将映射在同一个四分之一圆弧上。有很多可能的超平面可以完成这个任务，其中两个在图 9.14 中用虚线表示。为了选择最好的超平面（如粗线所示），我们使用结构风险最小化原则，第 4 章讨论过 SVM。在由参数(w, ρ)定义的最优超平面中寻求 3 个主要要求：

1）超平面应该有一个大的"间隔"或一个小的$\|w\|^2$值。间隔较大可确保模型简单，因此不易出现过拟合现象。

2）超平面应尽可能远离原点。这确保了超平面上的点的紧密表示（对应于正常类）。从图 9.14 中注意到超平面与原点之间的距离基本上是$\frac{\rho}{\|w\|}$。因此，最大化ρ意味着最大化超平面距原点的距离。

3）以"软间隔"SVM 的方式。如果某些训练实例位于超平面的对面（对应于异常类），那么这些点与超平面的距离应该最小化。

请注意，异常检测算法对训练集中的少数异常值具有鲁棒性非常重要，因为这在现实世界问题中很常见。图 9.14 显示了一个异常训练实例的例子，它是四分之一弧上最低的黑点。如果训练样本x_i位于超平面的对面（对应于异常类），则应该保持其与超平面的距离（由其松弛变量ξ_i度量）较小。如果x_i位于与正常类相对应的一侧，则$\xi_i = 0$。

以上 3 个要求为单类 SVM 的优化目标提供了基础，可以正式描述如下：

$$\min_{w, \rho, \xi} \frac{1}{2} \|w\|^2 - \rho + \frac{1}{n\upsilon} \sum_{i=1}^{n} \xi_i$$

$$\text{受限于} \langle w, \phi(x_i) \rangle \geqslant \rho - \xi_i, \quad \xi_i \geqslant 0 \tag{9.9}$$

其中，n是训练实例的数量，$\upsilon \in (0, 1]$是一个超参数，在保持训练实例在同一侧上的同时，在降低模型复杂度和改进决策边界的覆盖率之间保持折中。

请注意上述方程与第 4 章介绍的二分类 SVM 优化目标的相似性。然而，单类 SVM 的一个关键不同在于，约束只是为正常类而不是异常类定义的。乍一看，这看起来可能是一个严重的问题，因为超平面由一侧（对应于正常类）的约束保持，但不受另一侧的束缚。然而，在"原点技巧"的帮助下，单类 SVM 能够通过最大化超平面距原点的距离来克服这种不足。从这个角度来看，原点作为代理第二类，并且学习的超平面试图以类似于二分类 SVM 分离两个类的方式将正常类与第二类分开。

式(9.9)是具有线性不等式约束的二次规划问题（QPP）的实例，其类似于二分类 SVM 的优化问题。因此，第 4 章讨论的用于学习二分类 SVM 的优化过程可以直接用于求解式(9.9)。学习好的单类 SVM 可以应用于测试实例，以确定它是属于正常类还是异常类。此外，如果测试实例被识别为异常，则它与超平面的距离可被视为其异常分数的估计。

单类 SVM 的超参数υ有一个特殊的解释。它代表了在学习超平面时，可以容忍为异常的训练实例部分的上限。这意味着$n\upsilon$表示可以放置在超平面另一侧（对应于异常类）的训练实例的最大数量。υ值较低表示训练集的离群值数量较少，而υ值较高确保超平面的学习对训练期间的大量离群值具有鲁棒性。

图 9.15 显示了使用$\upsilon = 0.1$对于训练集大小为 200 的示例学习到的决策边界。可以

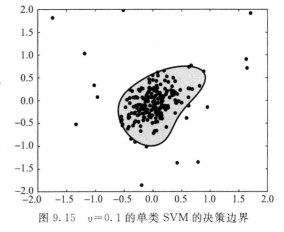

图 9.15 $\upsilon = 0.1$ 的单类 SVM 的决策边界

看到训练数据主要由以(0，0)为中心的高斯分布生成的正常实例组成。但是，输入数据中也有一些异常值不符合正常类的分布。当 $v=0.1$ 时，单类 SVM 能够在超平面的另一侧（对应于正常类）放置至多 20 个训练实例。这导致了一个健壮地包围大多数正常情况的决策边界。如果使用 $v=0.05$，那么预计最多可以容忍训练集中的 10 个异常值，从而产生图 9.16a 所示的决策边界。可以看到，这个决策边界为正常类分配比必要的更大的区域。另一方面，使用 $v=0.2$ 来学习的决策边界如图 9.16b 所示，这看起来更加紧凑，因为它可以容忍训练数据中多达 40 个异常值。因此，v 的选择在学习单类 SVM 里的决策边界中起着至关重要的作用。

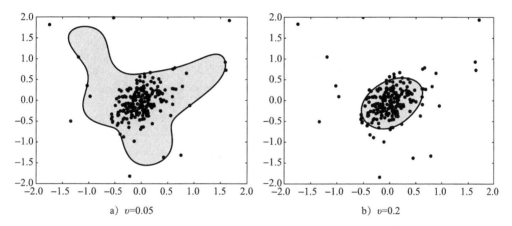

图 9.16 不同 v 值的单类 SVM 决策边界

9.7.3 优点与缺点

单类 SVM 在决策边界的学习中利用了结构风险最小化的原理，这具有很强的理论基础。它们有能力在模型的简单性和边界的有效性之间取得平衡，以此来包含正常类的分布。通过使用超参数 v，它们提供了一种内置的机制来避免训练数据中的异常值，这在现实世界的问题中是常见的。但是，如图 9.16 所示，v 的选择会显著影响学习决策边界的性能。选择正确的 v 值是很困难的，因为第 4 章讨论的超参数选择技术只适用于多类环境，可以定义验证错误率。而且，使用高斯核函数需要相对较大的训练数量来有效地学习属性空间中的非线性决策边界。此外，与常规 SVM 一样，单类 SVM 具有较高的计算成本。因此，训练代价昂贵，特别是当训练集很大时。

9.8 信息论方法

这些方法假设可以用紧凑（也称为代码）表示法表示正常类。信息论方法的重点不是明确地学习这样的表示，而是量化编码它们所需的信息量。如果正常类表现出某种结构或模式，可以期望使用少量的比特对它进行编码。异常可以被定义为导致数据**不规则**(irregularity)的实例，这增加了数据集的整体信息内容。这是可操作环境中异常的可接受定义，因为异常往往与**意外**(suprise)因素相关，因为它们不符合正常类的模式或行为。

有许多方法可以量化数据集的信息内容（也称为复杂性）。例如，如果数据集包含分类变量，则可以使用 2.3.6 节中描述的熵度量来评估其信息内容。对于具有其他属性类型的数据集，可以使用其他度量，例如 Kolmogorov 复杂度。直观地说，Kolmogorov 复杂度通过可以再现原始数据的最小计算机程序（以预先指定的语言编写）的大小来度量数据集的复杂性。更实用的方法是使用标准压缩技术来压缩数据,并将所得压缩文件的大小用作原始数据的信息内容的度量。

用于异常检测的基本信息论方法可以描述如下。让我们将数据集 D 的信息内容表示为 $\text{Info}(D)$。考虑计算 D 中数据实例 x 的异常分数。如果从 D 中移除 x,则可以将剩余数据的信息内容作为 $\text{Info}(D \setminus x)$ 来度量。如果 x 确实是一个异常,它将显示出高的值:

$$\text{Gain}(x) = \text{Info}(D) - \text{Info}(D \setminus x)$$

发生这种情况是因为异常现象让人惊讶,因此消除这些异常会导致信息内容大量减少。因此,可以使用 $\text{Gain}(x)$ 来衡量异常分数。

通常情况下,通过消除一部分实例(被认为是异常的)而不仅仅是一个实例来衡量信息内容的减少。这是因为信息内容的大多数度量对于消除单个实例不敏感,例如,通过移除单个数据条目,压缩数据文件的大小没有实质性改变。因此有必要确定实例 x 的最小子集,其在消除时显示 $\text{Gain}(x)$ 的最大值。这并不是一个容易的问题,需要指数时间复杂度,但也提出了具有线性时间复杂度的近似解(参见文献注释)。

例 9.4 给定一组参与者的体重和身高的调查报告,我们希望确定那些具有不同身高和体重的参与者。体重和身高都可以表示为具有三个值的分类变量:〈低,中,高〉。表 9.2 显示了 100 名参与者的体重和身高信息数据,其熵值为 2.08。我们可以看到,正常参与者的身高和体重分布存在一种模式,因为大多数体重大的参与者的身高值也很高,反之亦然。然而,有 5 个参与

表 9.2　100 个参与者的身高和体重调查数据

体重	身高	频率
低	低	20
低	中	15
中	中	40
高	高	20
高	低	5

者的体重值大但身高值低,这是非常不寻常的。通过消除这 5 个实例,结果数据集的熵变为 1.89,导致增益为 2.08-1.89=0.19。 ◀

优点与缺点

信息论方法为无监督方法,因为它们不需要单独的正常实例训练集。它们不会对正常类的结构做出很多假设,并且通用于不同类型和属性的数据集。然而,信息论方法的性能在很大程度上取决于用于捕获数据集信息内容的度量方法的选择。应该适当地选择度量方法,使得它对消除少数实例足够敏感。这往往是一个挑战,因为压缩技术通常对小的偏差具有鲁棒性,只有当异常值数量很大时才有用。此外,信息论方法具有高计算成本,因此应用于大型数据集时有昂贵的计算代价。

9.9　异常检测评估

当类别标签可用于区分异常数据和正常数据时,可以使用 4.11 节讨论的分类性能度量来评估异常检测方案的有效性。由于异常类通常比正常类要小得多,所以诸如精度、召回率和假正率等度量比准确率更合适。特别是,通常被称为**误报率**(false alarm rate)的假正率通常决定了异常检测方案的实用性,因为太多的误报会让异常检测系统变得无效。

如果没有类别标签,那么评估就是具有挑战性的。对于基于模型的方法,异常值检测的有效性可以通过消除异常后模型拟合程度的提升来判断。对于信息论方法也是如此,信息增益给出了有效性的度量。对于基于重构的方法,重构误差提供了可用于评估的度量。

在最后一段中提出的评估类似于用于聚类分析的无监督评估措施,即使不存在类别标

签，也可以计算出度量(参见7.5节)，例如平方误差的总和(SSE)或轮廓指数。这些度量被称为"内部"度量，因为它们只使用数据集中的信息。最后一段提到的异常评估方法也是如此，即它们是内部度量。关键在于，特定应用程序感兴趣的异常可能不是异常检测算法标记的异常，就像聚类算法产生的聚类类别标签可能与外部提供的类别标签不一致。实际上，这意味着异常检测的选择和调整依赖于用户对此类系统的反馈。

评估异常检测结果更一般的方法是查看异常分数的分布。我们所讨论的技术假设只有相对较小的一部分数据由异常值组成。因此，大多数异常分数应该相对较低，而只有小部分分数是比较高的(假定越高的分数表示一个实例越异常)。因此，通过直方图或密度图来查看分数的分布，可以评估所使用生成异常分数的方法是否合理。下面用一个例子来说明。

例 9.5 **异常分数的分布**   图9.17和9.18显示了两组点集的异常分数。它们都有100个点，但最左边的簇的密度较低。图9.17使用第 k_{th} 个邻居的平均距离(平均KNN距离)显示较低密度簇中点的异常分数较高。相比之下，图9.18使用LOF进行异常评分，显示了两个簇之间的得分相似。

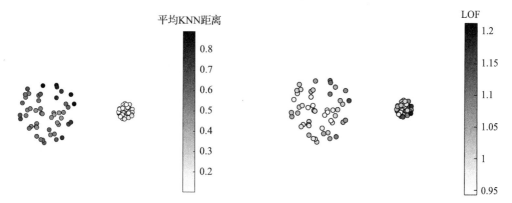

图9.17 基于到第5近邻的平均距离的异常分数   图9.18 使用5个最近邻的基于LOF的异常分数

平均KNN距离和LOF得分的直方图分别显示在图9.19和9.20中。LOF分数的直方图显示了具有相似异常分数的大多数点和具有显著较大值的几个点。平均KNN距离的直方图呈双峰分布。

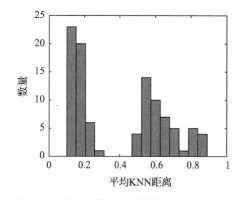

图9.19 基于到第5个最近邻的平均距离的
异常分数的直方图

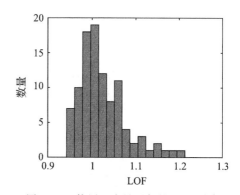

图9.20 使用5个最近邻的LOF异常
分数的直方图

在本例中，关键异常分数的分布应与LOF分数的分布类似。随着向右移动，分布中

可能会有一个或多个次要峰值，但这些次要峰值只应包含相对少数的点，而平均 KNN 距离方法包含多数点。   ◀

文献注释

异常检测有很长的历史，特别是在统计学领域，常称为离群点检测。与该主题相关的书有 Aggarwal[623]、Barnett 和 Lewis[627]、Hawkins[648]、Rousseeuw 和 Leroy[683]。Beckman 和 Cook[629]的论文提供了统计学家如何看待离群点检测这一主题的评述，并且介绍了该主题的历史，可追溯到 1777 年 Bernoulli 的评论，另见相关文章[630，649]。另一篇关于离群点检测的一般综述是 Barnett[626]。在多元数据中找到离群点的文章包括 Davies 和 Gather[639]、Gnanadesikan 和 Kettenring[646]、Rocke 和 Woodruff[681]、Rousseeuw 和 van Zomerenand[685]以及 Scott[690]。Rosner[682]提供了同时找到多个离群点的探讨。

Chandola 等[633]、Hodge 和 Austin[651]的综述广泛覆盖了离群点检测的方法，Aggarwal[623]最近就该主题写了一本书。Markou 和 Singh[674，675]分别对包含统计和神经网络技术等新颖的检测技术进行了两部分的综述。Pimento 等[678]是新颖的检测方法的另一篇综述，包括本章讨论的许多方法。

单变量情况下的异常检测的统计方法在第一段提及的书中有很好的介绍。Shyu 等[692]使用基于主成分和马氏距离的方法来产生多变量数据的异常分数。Schubert 等[688]给出了用于异常检测的核密度方法的一个例子。9.3.3 节中讨论的混合模型离群点方法来自 Eskin[641]。Ye 和 Chen[695]给出了基于 χ^2 度量的方法。Johnson 等[654]、Liu 等[673]和 Rousseeuw 等[684]在论文中探索了基于几何思想的离群点检测，如凸包的深度。

742

Knorr 等[663-665]描述了基于距离的离群点的概念，以及这个定义可以包括许多离群点的统计定义的事实。Ramaswamy 等[680]提出了基于距离的离群点检测程序，该程序基于其 k-最近邻的距离为每个对象提供离群点分数。效率是通过使用 BIRCH 的第一阶段划分数据来实现的（见 8.5.2 节）。Chaudhary 等[634]使用 $k-d$ 树来提高离群点检测的效率，而 Bay 和 Schwabacher[628]使用随机化和剪枝来提高性能。

743

对于基于相对密度的方法，最为人所知的技术是由 DBSCAN 产生的局部异常因子（LOF）（Breunig 等[631-632]）。Papadimitriou 等[677]的另一种局部感知的全面检测算法是 LOCI。Schubert 等[689]最近提出了关于局部方法的观点。邻近度可以看作一个图。Tang 等[694]提出的基于连通性的异常因子（COF）是一种基于图的方法来检测局部离群值。Akoglu 等[625]提供了基于图的方法的综述。

基于距离和密度的方法在高维数据中存在重大问题。关于高维空间中离群点去除的讨论可以在 Aggarwal 和 Yu[624]以及 Dunagan 和 Vempala[640]的论文中找到。Zimek 等[696]提供了高维数值数据的异常检测方法综述。

聚类和异常检测有很深的关系。在第 7 章和第 8 章中，我们考虑了诸如 BIRCH、CURE、DENCLUE、DBSCAN、SNN 密度聚类等技术，其中特别包括处理异常的技术。进一步讨论这种关系的统计方法在 Scott [690]、Hardin 和 Rocke[647]的论文中进行了论述。Chawla 和 Gionis[637]提出了可同时处理聚类和离群点的 K 均值算法。

对基于重构的方法的讨论集中在基于神经网络方法上，即自动编码器。更广泛地说，在 Ghosh 和 Schwartzbard[645]、Sykacek[693]和 Hawkins 等[650]的论文中可以找到关于神经网络方法的讨论，他们讨论复制网络。Schölkopf 等[686]创建了单类 SVM 异常检测方法，Li 等[672]进行了改进。更一般地说，在文献[662]中探究了单类分类技术。Lee 和 Xiang[671]描述了在异常检测中使用信息度量。

在本章中，我们重点关注无监督异常检测。有监督的异常检测属于稀有类分类。关于稀有类检测的工作包括 Joshi 等[655−659]的工作。稀有类问题有时也称为不平衡数据问题。与之相关的是 AAAI 研讨会（Japkowicz[653]）、ICML 研讨会（Chawla 等[635]）和 SIGKDD 探索特刊（Chawla 等[636]）。

9.9 节讨论了无监督异常检测方法的评估。另见文献 Aggarwal[623]中第 8 章的讨论。总之，评估方法非常有限。对于有监督的异常检测，可以在 Schubert 等[687]的文章中找到当前评估方法的概述。

在本章中，我们将重点放在基本的异常检测方法上。我们的方法中没有考虑数据的时空性。Shekhar 等[691]提供了关于空间异常值问题的详细讨论，并提出了空间异常值检测的统一方法。Kawale 等[660]提供了关于气候数据异常检测挑战的讨论。

Fox[643]首先在统计学上严格地探讨了时间序列中离群点的问题。Muirhead[676]提供了时间序列中不同类型离群点的讨论。Abraham 和 Chu[622]提出了一种贝叶斯方法来处理时间序列中的离群值，而 Chen 和 Liu[638]考虑了时间序列中不同类型的离群值，并提出了一种检测它们并获得时间序列参数的良好估计的技术。Jagadish 等[652]和 Keogh 等[661]已经开展了在时间序列数据库中发现异常或令人惊讶的模式的工作。

异常检测的一个重要应用领域是入侵检测。Lee 和 Stolfo[669]、Lazarevic 等[668]给出了数据挖掘在入侵检测方面应用的综述。在另一篇文章中，Lazarevic 等[667]比较了专门用于网络入侵的异常检测方法。Garcia 等[644]提供了一篇最新网络入侵的异常检测方面的综述。Lee 等[670]提供了使用数据挖掘技术进行入侵检测的框架。入侵检测领域中基于聚类的方法包括 Eskin 等[642]、Lane 和 Brodley[666]和 Portnoy 等[679]的工作。

744

参考文献

[622] B. Abraham and A. Chuang. Outlier Detection and Time Series Modeling. *Technometrics*, 31(2):241–248, May 1989.

[623] C. C. Aggarwal. *Outlier Analysis*. Springer Science & Business Media, 2013.

[624] C. C. Aggarwal and P. S. Yu. Outlier Detection for High Dimensional Data. In *Proceedings of the 2001 ACM SIGMOD International Conference on Management of Data*, SIGMOD '01, pages 37–46, New York, NY, USA, 2001. ACM.

[625] L. Akoglu, H. Tong, and D. Koutra. Graph based anomaly detection and description: a survey. *Data Mining and Knowledge Discovery*, 29(3):626–688, 2015.

[626] V. Barnett. The Study of Outliers: Purpose and Model. *Applied Statistics*, 27(3): 242–250, 1978.

[627] V. Barnett and T. Lewis. *Outliers in Statistical Data*. Wiley Series in Probability and Statistics. John Wiley & Sons, 3rd edition, April 1994.

[628] S. D. Bay and M. Schwabacher. Mining distance-based outliers in near linear time with randomization and a simple pruning rule. In *Proc. of the 9th Intl. Conf. on Knowledge Discovery and Data Mining*, pages 29–38. ACM Press, 2003.

[629] R. J. Beckman and R. D. Cook. 'Outlier..........s'. *Technometrics*, 25(2):119–149, May 1983.

[630] R. J. Beckman and R. D. Cook. ['Outlier..........s']: Response. *Technometrics*, 25(2): 161–163, May 1983.

[631] M. M. Breunig, H.-P. Kriegel, R. T. Ng, and J. Sander. OPTICS-OF: Identifying Local Outliers. In *Proceedings of the Third European Conference on Principles of Data Mining and Knowledge Discovery*, pages 262–270. Springer-Verlag, 1999.

745

[632] M. M. Breunig, H.-P. Kriegel, R. T. Ng, and J. Sander. LOF: Identifying density-based local outliers. In *Proc. of 2000 ACM-SIGMOD Intl. Conf. on Management of Data*, pages 93–104. ACM Press, 2000.

[633] V. Chandola, A. Banerjee, and V. Kumar. Anomaly detection: A survey. *ACM computing surveys (CSUR)*, 41(3):15, 2009.

[634] A. Chaudhary, A. S. Szalay, and A. W. Moore. Very fast outlier detection in large multidimensional data sets. In *Proc. ACM SIGMOD Workshop on Research Issues in Data Mining and Knowledge Discovery (DMKD)*, 2002.

[635] N. V. Chawla, N. Japkowicz, and A. Kolcz, editors. *Workshop on Learning from Imbalanced Data Sets II, 20th Intl. Conf. on Machine Learning*, 2000. AAAI Press.

[636] N. V. Chawla, N. Japkowicz, and A. Kolcz, editors. *SIGKDD Explorations Newsletter, Special issue on learning from imbalanced datasets*, volume 6(1), June 2004. ACM Press.

[637] S. Chawla and A. Gionis. k-means-: A Unified Approach to Clustering and Outlier Detection. In *SDM*, pages 189–197. SIAM, 2013.

[638] C. Chen and L.-M. Liu. Joint Estimation of Model Parameters and Outlier Effects in Time Series. *Journal of the American Statistical Association*, 88(421):284–297, March 1993.

[639] L. Davies and U. Gather. The Identification of Multiple Outliers. *Journal of the American Statistical Association*, 88(423):782–792, September 1993.

[640] J. Dunagan and S. Vempala. Optimal outlier removal in high-dimensional spaces. *Journal of Computer and System Sciences, Special Issue on STOC 2001*, 68(2):335–373, March 2004.

[641] E. Eskin. Anomaly Detection over Noisy Data using Learned Probability Distributions. In *Proc. of the 17th Intl. Conf. on Machine Learning*, pages 255–262, 2000.

[642] E. Eskin, A. Arnold, M. Prerau, L. Portnoy, and S. J. Stolfo. A geometric framework for unsupervised anomaly detection. In *Applications of Data Mining in Computer Security*, pages 78–100. Kluwer Academics, 2002.

[643] A. J. Fox. Outliers in Time Series. *Journal of the Royal Statistical Society. Series B (Methodological)*, 34(3):350–363, 1972.

[644] P. Garcia-Teodoro, J. Diaz-Verdejo, G. Maciá-Fernández, and E. Vázquez. Anomaly-based network intrusion detection: Techniques, systems and challenges. *computers & security*, 28(1):18–28, 2009.

[645] A. Ghosh and A. Schwartzbard. A Study in Using Neural Networks for Anomaly and Misuse Detection. In *8th USENIX Security Symposium*, August 1999.

[646] R. Gnanadesikan and J. R. Kettenring. Robust Estimates, Residuals, and Outlier Detection with Multiresponse Data. *Biometrics*, 28(1):81–124, March 1972.

[647] J. Hardin and D. M. Rocke. Outlier Detection in the Multiple Cluster Setting using the Minimum Covariance Determinant Estimator. *Computational Statistics and Data Analysis*, 44:625–638, 2004.

[648] D. M. Hawkins. *Identification of Outliers*. Monographs on Applied Probability and Statistics. Chapman & Hall, May 1980.

[649] D. M. Hawkins. '[Outlier..........s]': Discussion. *Technometrics*, 25(2):155–156, May 1983.

[650] S. Hawkins, H. He, G. J. Williams, and R. A. Baxter. Outlier Detection Using Replicator Neural Networks. In *DaWaK 2000: Proc. of the 4th Intnl. Conf. on Data Warehousing and Knowledge Discovery*, pages 170–180. Springer-Verlag, 2002.

[651] V. J. Hodge and J. Austin. A Survey of Outlier Detection Methodologies. *Artificial Intelligence Review*, 22:85–126, 2004.

[652] H. V. Jagadish, N. Koudas, and S. Muthukrishnan. Mining Deviants in a Time Series Database. In *Proc. of the 25th VLDB Conf.*, pages 102–113, 1999.

[653] N. Japkowicz, editor. *Workshop on Learning from Imbalanced Data Sets I, Seventeenth National Conference on Artificial Intelligence, Published as Technical Report WS-00-05*, 2000. AAAI Press.

[654] T. Johnson, I. Kwok, and R. T. Ng. Fast Computation of 2-Dimensional Depth Contours. In *KDD98*, pages 224–228, 1998.

746

[655] M. V. Joshi. On Evaluating Performance of Classifiers for Rare Classes. In *Proc. of the 2002 IEEE Intl. Conf. on Data Mining*, pages 641–644, 2002.

[656] M. V. Joshi, R. C. Agarwal, and V. Kumar. Mining needle in a haystack: Classifying rare classes via two-phase rule induction. In *Proc. of 2001 ACM-SIGMOD Intl. Conf. on Management of Data*, pages 91–102. ACM Press, 2001.

[657] M. V. Joshi, R. C. Agarwal, and V. Kumar. Predicting rare classes: can boosting make any weak learner strong? In *Proc. of 2002 ACM-SIGMOD Intl. Conf. on Management of Data*, pages 297–306. ACM Press, 2002.

[658] M. V. Joshi, R. C. Agarwal, and V. Kumar. Predicting Rare Classes: Comparing Two-Phase Rule Induction to Cost-Sensitive Boosting. In *Proc. of the 6th European Conf. of Principles and Practice of Knowledge Discovery in Databases*, pages 237–249. Springer-Verlag, 2002.

[659] M. V. Joshi, V. Kumar, and R. C. Agarwal. Evaluating Boosting Algorithms to Classify Rare Classes: Comparison and Improvements. In *Proc. of the 2001 IEEE Intl. Conf. on Data Mining*, pages 257–264, 2001.

[660] J. Kawale, S. Chatterjee, A. Kumar, S. Liess, M. Steinbach, and V. Kumar. Anomaly construction in climate data: issues and challenges. In *NASA Conference on Intelligent Data Understanding CIDU*, 2011.

[661] E. Keogh, S. Lonardi, and B. Chiu. Finding Surprising Patterns in a Time Series Database in Linear Time and Space. In *Proc. of the 8th Intl. Conf. on Knowledge Discovery and Data Mining*, Edmonton, Alberta, Canada, July 2002.

[662] S. S. Khan and M. G. Madden. One-class classification: taxonomy of study and review of techniques. *The Knowledge Engineering Review*, 29(03):345–374, 2014.

[663] E. M. Knorr and R. T. Ng. A Unified Notion of Outliers: Properties and Computation. In *Proc. of the 3rd Intl. Conf. on Knowledge Discovery and Data Mining*, pages 219–222, 1997.

[664] E. M. Knorr and R. T. Ng. Algorithms for Mining Distance-Based Outliers in Large Datasets. In *Proc. of the 24th VLDB Conf.*, pages 392–403, August 1998.

[665] E. M. Knorr, R. T. Ng, and V. Tucakov. Distance-based outliers: algorithms and applications. *The VLDB Journal*, 8(3-4):237–253, 2000.

[666] T. Lane and C. E. Brodley. An Application of Machine Learning to Anomaly Detection. In *Proc. 20th NIST-NCSC National Information Systems Security Conf.*, pages 366–380, 1997.

[667] A. Lazarevic, L. Ertöz, V. Kumar, A. Ozgur, and J. Srivastava. A Comparative Study of Anomaly Detection Schemes in Network Intrusion Detection. In *Proc. of the 2003 SIAM Intl. Conf. on Data Mining*, 2003.

[668] A. Lazarevic, V. Kumar, and J. Srivastava. Intrusion Detection: A Survey. In *Managing Cyber Threats: Issues, Approaches and Challenges*, pages 19–80. Kluwer Academic Publisher, 2005.

[669] W. Lee and S. J. Stolfo. Data Mining Approaches for Intrusion Detection. In *7th USENIX Security Symposium*, pages 26–29, January 1998.

[670] W. Lee, S. J. Stolfo, and K. W. Mok. A Data Mining Framework for Building Intrusion Detection Models. In *IEEE Symposium on Security and Privacy*, pages 120–132, 1999.

[671] W. Lee and D. Xiang. Information-theoretic measures for anomaly detection. In *Proc. of the 2001 IEEE Symposium on Security and Privacy*, pages 130–143, May 2001.

[672] K.-L. Li, H.-K. Huang, S.-F. Tian, and W. Xu. Improving one-class SVM for anomaly detection. In *Machine Learning and Cybernetics, 2003 International Conference on*, volume 5, pages 3077–3081. IEEE, 2003.

[673] R. Y. Liu, J. M. Parelius, and K. Singh. Multivariate analysis by data depth: descriptive statistics, graphics and inference. *Annals of Statistics*, 27(3):783–858, 1999.

[674] M. Markou and S. Singh. Novelty detection: A review–part 1: Statistical approaches. *Signal Processing*, 83(12):2481–2497, 2003.

[675] M. Markou and S. Singh. Novelty detection: A review–part 2: Neural network based approaches. *Signal Processing*, 83(12):2499–2521, 2003.

[676] C. R. Muirhead. Distinguishing Outlier Types in Time Series. *Journal of the Royal*

747

Statistical Society. Series B (Methodological), 48(1):39–47, 1986.

[677] S. Papadimitriou, H. Kitagawa, P. B. Gibbons, and C. Faloutsos. Loci: Fast outlier detection using the local correlation integral. In *Data Engineering, 2003. Proceedings. 19th International Conference on*, pages 315–326. IEEE, 2003.

[678] M. A. Pimentel, D. A. Clifton, L. Clifton, and L. Tarassenko. A review of novelty detection. *Signal Processing*, 99:215–249, 2014.

[679] L. Portnoy, E. Eskin, and S. J. Stolfo. Intrusion detection with unlabeled data using clustering. In *In ACM Workshop on Data Mining Applied to Security*, 2001.

[680] S. Ramaswamy, R. Rastogi, and K. Shim. Efficient algorithms for mining outliers from large data sets. In *Proc. of 2000 ACM-SIGMOD Intl. Conf. on Management of Data*, pages 427–438. ACM Press, 2000.

[681] D. M. Rocke and D. L. Woodruff. Identification of Outliers in Multivariate Data. *Journal of the American Statistical Association*, 91(435):1047–1061, September 1996.

[682] B. Rosner. On the Detection of Many Outliers. *Technometrics*, 17(3):221–227, 1975.

[683] P. J. Rousseeuw and A. M. Leroy. *Robust Regression and Outlier Detection*. Wiley Series in Probability and Statistics. John Wiley & Sons, September 2003.

[684] P. J. Rousseeuw, I. Ruts, and J. W. Tukey. The Bagplot: A Bivariate Boxplot. *The American Statistician*, 53(4):382–387, November 1999.

[685] P. J. Rousseeuw and B. C. van Zomeren. Unmasking Multivariate Outliers and Leverage Points. *Journal of the American Statistical Association*, 85(411):633–639, September 1990.

[686] B. Schölkopf, R. C. Williamson, A. J. Smola, J. Shawe-Taylor, J. C. Platt, et al. Support Vector Method for Novelty Detection. In *NIPS*, volume 12, pages 582–588, 1999.

[687] E. Schubert, R. Wojdanowski, A. Zimek, and H.-P. Kriegel. On evaluation of outlier rankings and outlier scores. In *Proceedings of the 2012 SIAM International Conference on Data Mining*. SIAM, 2012.

[688] E. Schubert, A. Zimek, and H.-P. Kriegel. Generalized Outlier Detection with Flexible Kernel Density Estimates. In *SDM*, volume 14, pages 542–550. SIAM, 2014.

[689] E. Schubert, A. Zimek, and H.-P. Kriegel. Local outlier detection reconsidered: a generalized view on locality with applications to spatial, video, and network outlier detection. *Data Mining and Knowledge Discovery*, 28(1):190–237, 2014.

[690] D. W. Scott. Partial Mixture Estimation and Outlier Detection in Data and Regression. In M. Hubert, G. Pison, A. Struyf, and S. V. Aelst, editors, *Theory and Applications of Recent Robust Methods*, Statistics for Industry and Technology. Birkhauser, 2003.

[691] S. Shekhar, C.-T. Lu, and P. Zhang. A Unified Approach to Detecting Spatial Outliers. *GeoInformatica*, 7(2):139–166, June 2003.

[692] M.-L. Shyu, S.-C. Chen, K. Sarinnapakorn, and L. Chang. A Novel Anomaly Detection Scheme Based on Principal Component Classifier. In *Proc. of the 2003 IEEE Intl. Conf. on Data Mining*, pages 353–365, 2003.

[693] P. Sykacek. Equivalent error bars for neural network classifiers trained by bayesian inference. In *Proc. of the European Symposium on Artificial Neural Networks*, pages 121–126, 1997.

[694] J. Tang, Z. Chen, A. W.-c. Fu, and D. Cheung. A robust outlier detection scheme for large data sets. In *In 6th Pacific-Asia Conf. on Knowledge Discovery and Data Mining*. Citeseer, 2001.

[695] N. Ye and Q. Chen. Chi-square Statistical Profiling for Anomaly Detection. In *Proc. of the 2000 IEEE Workshop on Information Assurance and Security*, pages 187–193, June 2000.

[696] A. Zimek, E. Schubert, and H.-P. Kriegel. A survey on unsupervised outlier detection in high-dimensional numerical data. *Statistical Analysis and Data Mining*, 5(5):363–387, 2012.

748

习题

1. 比较 9.2 节介绍的不同的异常检测技术。试确定用于不同技术的异常定义可能等价的情况；或定义一种有意义，而另一种无意义的情况。确保考虑不同的数据类型。

2. 考虑这个对异常的定义：异常是一个对数据建模具有不寻常影响的对象。

   (a) 将此定义与标准的基于模型的异常定义进行比较。

   (b) 这个定义适合什么规模的数据集（小、中、大）？

3. 在一种异常检测方法中，对象被表示为多维空间中的点，并且这些点被分组成连续的壳(shell)，其中每个壳代表点组周围的一个层，例如一个凸包(convex hull)。对象如果位于一个外部的壳中，则是一个异常。

   (a) 9.2 节中的哪个异常定义与这个定义的关系最密切？

   (b) 指出该异常定义的两个问题。

4. 关联分析可以用来发现异常，方法如下。找出涉及对象最少的强关联模式。异常是那些不属于任何此类模式的对象。具体地，我们注意到 5.8 节讨论的超团关联模式特别适用于这种方法。更具体地说，给定用户选择的 h 置信水平，找到对象的最大超团模式。没在大小至少为 3 的最大超团模式中出现的所有对象都被分类为离群点。

   (a) 这种技术是否属于本章讨论的异常检测类别？如果是，是哪一个？

   (b) 说出这种方法的一个潜在优势和潜在缺点。

5. 讨论结合多种异常检测技术来改善异常对象识别的技术。考虑有监督和无监督的情况。

6. 讨论基于以下方法的异常检测方法潜在的时间复杂度：基于聚类模型的，基于邻近度的和基于密度的。不需要特定技术的知识，而是着重于每种方法的基本计算要求，例如计算每个对象的密度所需的时间。

7. 算法 9.2 描述的 Grubbs 测试是一种比定义 9.2 更为复杂的离群点检测的统计过程。因为它是迭代的，并且 z-分数不具有正态分布。该算法根据当前一组值的样本均值和标准差计算每个值的 z 值。如果 z-分数大于显著性水平 α 处异常值的测试临界值 g_c，则放弃 z 值中最大的值。重复这个过程直到没有对象再被除去。请注意，样本均值、标准偏差和 g_c 在每次迭代中都会更新。

   (a) 当 m 趋向无穷大时，用于 Grubbs 检验的值 $\dfrac{m-1}{\sqrt{m}}\sqrt{\dfrac{t_c^2}{m-2+t_c^2}}$ 的极限是多少？使用 0.05 的显著水平。

   (b) 用文字描述上述结果的含义。

算法 9.2　删除离群点的 Grubbs 方法

1：输入值和 α
    $\{m$ 是值的个数，α 是参数，t_c 是一个选定的值，使得对于具有 $m-2$ 个自由度的 t 分布，$\alpha=P(x\geqslant t_c)\}$
2：**repeat**
3：　　计算样本均值$(\overline{x})$和标准差(s_x)
4：　　计算 g_c，使得 $P(|z|\geqslant g_c)=\alpha$
    $\left(根据 t_c 和 m，g_c=\dfrac{m-1}{\sqrt{m}}\sqrt{\dfrac{t_c^2}{m-2+t_c^2}}\right)$
5：　　计算每个值的 z 分数，即 $z=\dfrac{(x-\overline{x})}{s_x}$

6： 令 $g = \max|z|$，即找出具有最大量级的 z 分数，并称之为 g
7： **if** $g > g_c$ **then**
8： 删除对应于 g 的值
9： $m \leftarrow m-1$
10： **end if**
11： **until** 没有对象被删除

8. 许多用于离群点检测的统计检验是在这样一个环境中开发的：在这个环境中，几百个观测数据是一个大数据集，我们探索了这些方法的局限性。

   (a) 如果一个值与平均值的距离超过标准差的 3 倍，则检验称它为离群点。对于 1 000 000 个值的集合，根据该检验，有离群点的可能性有多大？（假设是一个正态分布。）

   (b) 在处理大型数据集时，是否需要调整把具有非常低的概率的对象认定为离群点的方法？如果是，怎么办？

9. 点 x 关于正态分布（均值为 μ，协方差矩阵为 Σ）的概率密度由下式给出：

$$f(x) = \frac{1}{(\sqrt{2\pi})^m |\Sigma|^{\frac{1}{2}}} e^{-\frac{(x-\mu)\Sigma^{-1}(x-\mu)}{2}} \tag{9.10}$$

   使用样本均值 $\bar{x}$ 和协方差矩阵 s 分别作为均值 μ 和协方差矩阵 Σ 的估计，证明 $\log f(x)$ 等于数据点 x 与样本均值 $\bar{x}$ 之间的马氏距离加上一个不依赖于 x 的常量。

10. 比较以下两种对象属于簇的程度的度量：(1)对象到它的最近簇的质心的距离，(2)7.5.2 节介绍的轮廓系数。

11. 考虑 9.5 节介绍的离群点检测的（相对距离）K 均值方法和相应的图 9.10。

    (a) 图 9.10 中紧凑簇底部的点比紧凑簇顶部的点的离群点分数略高。为什么？

    (b) 假定选择的簇数量很大，例如 10。该技术仍然能够有效地找出该图顶部的最极端的离群点吗？为什么能或为什么不能？

    (c) 相对距离的使用是为了根据不同的密度做出适应的调整。给出一个例子，说明这种方法可能导致错误的结论。

12. 假定正常对象被分类为异常的概率是 0.01，而异常对象被分类为异常的概率是 0.99。如果 99％ 的对象都是正常的，那么误报率和检测率各是多少？（使用下面给出的定义。）

$$\text{检测率} = \frac{\text{检测出的异常的个数}}{\text{异常的总数}} \tag{9.11}$$

$$\text{误报率} = \frac{\text{假异常的个数}}{\text{被分类为异常的对象个数}} \tag{9.12}$$

13. 当存在详尽的训练集时，如果使用检测率和误报率等度量评价性能，则有监督的异常检测技术一般优于无监督的异常检测技术。然而，在某些情况下，如欺诈检测，总是会出现新的异常类型。可以使用检测率和误报率评价性能，因为通常可以根据调查研究决定对象（事物）是否异常。讨论在此条件下，有监督和无监督异常检测的相对优势。

14. 考虑一组文档，它们选自大量不同的文档，这使得被选中的文档尽可能相异。如果我们认为相互之间不是高度相关（相连接、相似）的文档是异常，则选择的所有文档可能都被分类为异常。一个数据集仅由异常对象组成可能吗？或者，这是术语的滥用吗？

15. 考虑一个点集合，其中大部分点在低密度区域，少量点在高密度区域。如果定义异常为低密度区域中的点，则大部分点将被分类为异常。这是对基于密度的异常定义的适当使用吗？是否需要用某种方式修改该定义？

16. 考虑一个均匀分布在[0，1]区间的点集。离群点是不被频繁观测到的值这一统计概念对于该数据集有意义吗？

17. 一个数据分析者使用一种异常检测算法发现一个异常集合。出于好奇，分析人员将异常检测算法应用于异常的集合。

(a) 讨论本章介绍的每种异常检测技术的表现。（如果可能，使用实际数据和算法来做。）

752
～
753

(b) 当用于异常对象的集合时，你认为异常检测算法的效果如何？

避免错误发现

前序章节讲述了数据挖掘的分类、关联分析、聚类分析和异常检测这四个关键领域的算法、概念和方法。深入理解这些内容有助于对真实世界进行数据分析。然而，若对数据挖掘过程性能评价中的重要问题缺乏认真思考，产生的结果可能是无意义或不可重现的，例如，结果可能是错误的发现。许多科学领域的知名刊物已经报道了这个问题的普遍性。此外，该问题也常见于商业和政府。因此，理解一些不可靠的数据挖掘结果的共同原因以及如何避免错误发现是很重要的。

在数据集上应用数据挖掘算法时，将产生簇、模式、预测模型或异常列表。然而，任何可用的数据集仅仅是关于所有样本总体（分布）的有限样本，并且总体中经常存在显著变化的实例。因此，从一个特定数据集中发现的模式和模型，可能并不总是捕捉到总体的实质，即对感兴趣的特性进行精确估计或建模。有时，同一个算法应用到不同的数据集上会产生完全不同或不一致的结果，从而表明发现的结果是虚假的，如不可重现。

为了产生有效的（可靠的和可重现的）结果，有必要确保数据中发现的模式或关系不是一个随机变化的结果（由数据样本中的自然变化产生），而是代表了有意义的结果。这通常涉及使用统计程序，该部分将在后面讲述。不仅要确保单个结果是有意义的，当我们遇到有多个结果需要同时评估时，问题将变得更加复杂，例如，通常利用频繁模式挖掘算法发现的大量项集。在这种情况下，许多甚至大部分结果都会变成错误发现，这一点也将在本章详细讨论。

本章的目的是讲述一些用以避免常见的数据分析问题和产生有效的数据挖掘结果的特定主题和知识点。某些主题在本书之前的章节中已经讨论过，尤其是之前关于评估的章节。我们将在这些讨论的基础上提供针对一些标准程序的深度观点来避免错误发现，这将适用于大多数数据挖掘领域。许多方法由统计人员为设计实验开发，其目标是尽可能地控制外部因素。但是，目前这些方法通常（甚至大部分）适用于观测数据，本章的主要目标是展示如何将这些技术应用到典型的数据挖掘任务上，以帮助确保最终的模型和模式是有效的。

10.1　预备知识：统计检验

在讨论数据挖掘问题中产生有效结果的方法之前，首先介绍统计检验的基本样例，这些样例广泛应用于推断结果的有效性。统计检验是衡量接受或拒绝假设证据的通用步骤，这些假设由实验或数据分析程序的结果提供。例如，给定研究一种疾病新药的实验结果，假设药物对治疗疾病有显著效果，那么可以针对这一假设的证据进行检验。再如，给定某个测试集分类器的结果，假设分类器比随机猜测有更好的效果，我们可对支撑假设的证据进行检验。在下文中，我们讲述不同的统计检验框架。

10.1.1　显著性检验

假设你想雇用一位股票经纪人，他能以高成功率对你的投资做出有利决定，你知道一

位叫爱丽丝的股票经纪人，她在最近的 10 次选股中做出了 7 次有利的决策。因为你假设
爱丽丝的表现不是随机猜测，那么你有多大的把握相信她可以承担这份工作？

上述类型的问题可用显著性检验(significance testing)的基本工具回答。请注意，在统计检验任何一般性问题中，我们都是在结果中寻找一些证据来验证期望的现象、模式或关系。对于聘请一位成功的股票经纪人的问题，理想的现象是爱丽丝的确了解股票价格如何变动，并利用这些知识在 10 次选股中做出 7 个正确的决策。但是，爱丽丝的表现也可能不如在 10 次决策中通过随机猜测得到的结果。显著性检验的首要目标是检查结果中是否有足够的证据拒绝默认假设(也称为零假设)，即爱丽丝在对股票做出合算决策中的表现不如随机结果。

1. 零假设

零假设(null hypothesis)是一种一般性陈述，即所需的模式或感兴趣的现象并非真实，观察的结果可被自然变化解释，例如随机因素。在有足够的证据表明其他观点之前，零假设假定为真，通常表示为 H_0。通俗地讲，如果从数据中获取的结果在零假设下不可能发生，那么就为我们的结果提供了证据，即我们的结果不仅仅是数据自然变化的结果。

例如，在聘请股票经纪人的问题中，零假设可以为爱丽丝做出的决策不会好于其他人进行随机猜测的结果，拒绝该零假设意味着有足够的理由相信爱丽丝的表现优于随机猜测。更通俗地讲，我们对拒绝零假设感兴趣，因为这通常意味着不是由自然变化造成的结果。

由于声明了零假设是显著性检验框架的第一步，因此必须注意说明它的准确性和完整性，以便后续步骤产生有意义的结果。这点尤其重要，因为错误或轻率地陈述零假设可能产生误导性结论。一般的做法是从对期望结果的陈述入手，例如，一个模式能捕捉变量之间的真实关系。接下来假设零假设是该陈述的否定(对立面)，例如，该模式由数据的自然变化产生。

2. 检验统计量

为进行显著性检验，首先需要一种量化方法，对关于零假设观察结果的证据进行量化。可以通过使用**检验统计量**(test statistic) R 达到目的，该变量通常将每种可能的结果用数值表示。更具体地讲，检验统计量可以计算零假设之下结果的概率。例如，在股票经纪人问题中，R 可以是之前 10 个决策里成功(有利)决策的次数，运用这种方法，检验统计量可将 10 种不同决策组成的结果简化为单个数值，例如成功决策的次数。

检验统计量通常是计数或数量和度量的实值，来表示在零假设下观察到的结果有多"极端"。根据零假设的选择以及检验统计量的设计方式，可以有不同的方式定义什么是关于零假设的"极端"。例如，考虑检验统计量 R_{obs}，如果它大于等于某个确定值 R_H，小于等于某个确定值 R_L，或在指定的区间 $[R_L, R_H]$ 之外，可视该检验统计量为极端。前两种情况导致"单侧检验"(分别为右侧和左侧)，最后一种情况导致"双侧检验"。

3. 零分布

在为一个问题确定了合适的检验统计量之后，显著性检验的下一步就是在零假设下确定检验统计量的分布情况，称之为**零分布**(null distribution)，下面给出正式定义。

定义 10.1 零分布　给定检验统计量 R，在零假设 H_0 下 R 的分布称为**零分布**，记作 $P(R \mid H_0)$。

零分布可以通过多种方式确定。例如，可以使用在 H_0 下关于 R 变化的统计假设，来

生成零分布的精确统计模型；也可以进行试验从 H_0 生成样本，然后分析这些样本来估计零分布。一般来说，确定零分布的方法取决于问题的具体特征。在 10.2 节，以数据挖掘问题为背景，我们将讨论确定零分布的方法。此处举了一个例子来说明股票经纪人问题的零分布。

例 10.1 股票经纪人问题的零分布 考虑股票经纪人问题，令检验统计量 R 为过去 $N=100$ 次决策中成功的次数，在股票经纪人的表现基本等同于随机猜测的零假设下，成功决策的概率为 $p=0.5$。假设在不同日子的决策相互独立，在零假设下，获取 R 观测值的概率和 N 次决策中的成功数可用二项分布建模，可用下式表示：

$$P(R|H_0) = \begin{bmatrix} N \\ R \end{bmatrix} \times p^R \times (1-p)^{N-R}$$

图 10.1 展示了在 $N=100$ 时，关于 R 零分布函数的曲线。

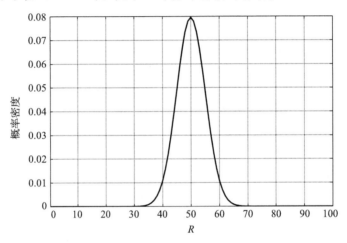

图 10.1 $N=100$ 时股票经纪人问题的零分布 ◀

在零假设条件下，零分布可以用来确定检验统计量 R_{obs} 的观测值的可能性，特别地，可以使用零分布来计算在零假设下获取 R_{obs} 值的概率，或是"更极端的样本"。这个概率被称为 p 值（p-value），下面给出形式化定义。

定义 10.2(p 值) 某个已观测到的检验统计量 R_{obs} 的 p 值，是从零分布获得 R_{obs} 或一些更极端样本的概率。根据检验统计量 R 定义"更极端样本"的方式，在零假设 H_0 下，

R_{obs} 的 p 值可表示成如下形式：

$$p\ 值(R_{obs}) = \begin{cases} P(R \geqslant R_{obs}|H_0), & \text{右尾检验} \\ P(R \leqslant R_{obs}|H_0), & \text{左尾检验} \\ P(R \geqslant |R_{obs}| \text{ 或 } R \leqslant -|R_{obs}| \mid H_0), & \text{双侧检验} \end{cases}$$

我们计算"一些更极端的样本"的 p 值是因为任何特殊情况的概率通常为 0 或接近于 0，因此 p 值可以为检验统计量捕获零分布的尾部概率，这些检验统计量至少和 R_{obs} 一样极端。针对股票经纪人问题，因为检验统计量（成功决策的次数）的值更大，在零假设下会被认为更极端，所以我们使用零分布的右尾来计算 p 值。

例 10.2 p 值为尾部概率 p 值可以用左尾、右尾或双侧概率来计算，为了说明这个事实，考虑这样一个例子，该例中零分布有一个均值为 0、标准差为 1 的高斯分布，即 $\mathcal{N}(0, 1)$。图 10.2 显示 p 值为 0.05 时对应的检验统计量与左尾、右尾或双侧检验的关

系，（请参见阴影区域）我们可以看到 p 值对应零分布尾部的区域，双侧检验的检验统计量有 0.025 的概率落在每个尾巴中，单侧检验有 0.05 的概率落在单侧尾巴中。

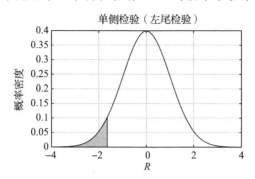

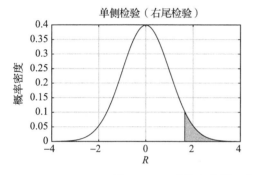

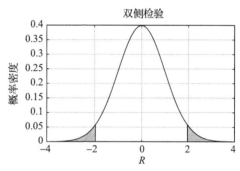

图 10.2　p 值作为左尾、右尾和双侧检验的阴影区域的图示　◀

4. 评估统计显著性

p 值提供了必要的工具，对结果中证据的强度进行评估，从而拒绝零假设。其核心思想是，如果 p 值很低，那么至少与观察结果一样，极端的结果不太可能从 H_0 获得。例如，一个结果的 p 值为 0.01，那么从零假设观察到的结果至少与观察结果一样极端的情况，只有 1% 的可能发生。

低 p 值表示在零分布的尾部概率较小（适用于单侧和双侧检验），这可以提供充足的证据认为观察到的结果显著违背了零假设，从而说服我们拒绝 H_0。形式上，通常使用 p 值的阈值（称作**显著性水平**），并对一个观察到的 p 值进行描述，当该 p 值低于阈值时认为具有统计显著性。

定义 10.3 统计显著性结果　给定一个用户定义的显著性水平 α，若某个结果的 p 值低于 α，则该结果称为统计显著性。

显著性水平的一些常见选择是 $0.05(5\%)$ 和 $0.01(1\%)$，统计显著性结果的 p 值表示当 H_0 为真时错误拒绝 H_0 的概率，因此，较低的 p 值提供更高的置信度，使我们相信观察到的结果不可能与 H_0 的结果一致，从而值得进行进一步的调查研究。这通常意味着收集附加的数据或进行非统计方法的验证，例如，通过实验验证（详情见参考文献注释）。然而，即使 p 值较低，也总是有 H_0 为真的情况（除非 p 值为 0），这仅仅是遇到了罕见的结果。

重要的是，请记住 p 值是条件概率，即 p 值是在假设 H_0 为真的条件下计算出来的。因此，p 值并不是 H_0 的概率，即使检验结果不显著，都有可能接受或拒绝零假设。所以，如果结果不显著，那么说我们接受零假设是不合适的。相反，说我们不能拒绝零假设会更好一些。然而，当零假设在多数情况下已知为真。例如，当检验的效果或结果很罕见时，通常讲我们接受零假设（见习题 6）。

10.1.2　假设检验

虽然显著性检验由著名统计学家费舍尔提出，用作统计推断的可操作框架，但其预期用途仅限于初步研究阶段零假设的探索性分析，例如，改进零假设或修改将来的实验。显著性检验的一个主要局限是没有明确指定一个**备择假设** H_1，该备择假设通常是我们希望建立的真实陈述，例如结果不是虚假的。因此，显著性检验可以用来拒绝零假设，但不适合确定观察结果是否真正支撑 H_1。

由统计学家奈曼和皮尔逊提出的假设检验框架提供了更客观和严谨的统计学检验方法，明确定义零假设和备择假设。因此，除了计算 p 值，即当零假设为真时错误拒绝零假设的概率，我们还要在备择假设为真的情况下计算错误说明一个结果不显著的概率，这允许假设检验对观察结果提供的证据给予详细评估。

在假设检验中，我们首先定义零假设和备择假设（分别为 H_0 和 H_1）并选择一个检验统计量 R，这将帮助我们区分零假设和备择假设的结果表现。至于显著性检验，必须注意要确保零假设和备择假设被准确和全面地定义。然后我们对检验统计量在零假设下的分布 $P(R|H_0)$ 进行建模，同时对备择假设下的分布 $P(R|H_1)$ 进行建模。类似于零分布，在备择假设下产生 R 的分布有许多方法，例如，通过 H_1 的相关性质制定统计假设，或通过实验并分析来自 H_1 的样本。在下列例子中，针对股票经纪人问题，我们详细说明了对 $P(R|H_1)$ 建模的方法。

例 10.3　股票经纪人问题的备择假设　例 10.1 中，我们看到在以随机猜测为零假设的条件下，任何一天获得成功的概率可假设为 $p=0.5$。对于该问题可以有许多备择假设，所有备择假设假定成功决策的概率大于 0.5，即 $p>0.5$，因此这表示股票经纪人表现优于随机猜测的情况。具体而言，假设 $p=0.7$，在备择假设下，检验统计量（$N=100$ 次决策中成功的次数）的分布可由下面的二项分布给出：

$$P(R|H_1) = \begin{bmatrix} N \\ R \end{bmatrix} \times p^R \times (1-p)^{N-R}$$

图 10.3 展示了上述分布（虚线）和相关零分布（实线），我们可以看到替代分布向右移动。请注意，如果股票经纪人的成功决策超过 60 次，那么该结果在 H_1 下比在 H_0 下发生的可能性更大。

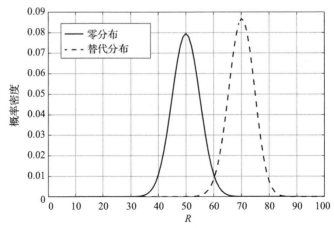

图 10.3　股票经纪人问题在 $N=100$ 时的零分布和替代分布

1. 临界区域

给定在零假设和备择假设下检验统计量的分布，根据由观察结果计算的检验统计量提供的证据，假设检验框架决定我们是否该"拒绝"或"不拒绝"零假设。该二元判定一般通过指定一系列检验统计量在 H_0 下可能的极端值来做决定，这组值被称为**临界区域**。如果观察到的检验统计量 R_{obs} 落在该区域里，那么拒绝零假设。否则，零假设不被拒绝。

临界区域相当于极端结果的集合，这些极端结果在零假设下发生的概率小于阈值。临界区域可以位于左尾、右尾或零分布左右两侧的尾部，取决于使用的统计检验类型。在 H_0 下，临界区域的概率称为**显著性水平**，记作 α。也就是说，H_0 为真时，它是错误拒绝结果属于临界区域的零假设的概率。在大多数应用中，α 较低的值（例如，0.05 或 0.01）由用户指定，用于定义临界区域。

如果检验统计量落在临界区域，那么拒绝零假设等同于评估检验统计量的 p 值，并且如果 p 值低于预先设定的阈值 α，那么拒绝零假设。请注意，虽然每个结果都有不同的 p 值，但是显著性水平 α 在假设检验中是固定的常数，该常数的值在执行任何检验之前就已确定。

2. 第一类错误和第二类错误

到目前为止，假设检验似乎与显著性检验相似，至少表面上是这样的。然而，同时考虑零假设和备择假设，假设检验使我们能看到两种不同类型的错误，即第一类错误和第二类错误，下面给出相关定义。

定义 10.4 第一类错误   第一类错误是统计检验结果错误地拒绝零假设。发生第一类错误的概率称为第一类错误率，记作 α，它等于 H_0 条件下临界区域的概率，即与**显著性水平**相同。形式上，

$$\alpha = P(R \in 临界区域 \mid H_0)$$

定义 10.5 第二类错误   第二类错误是在备择假设为真时，错误地称结果不显著。发生第二类错误的概率称为第二类错误率，记作 β，它等于 H_1 条件下检验统计量的观察值不在临界区域的概率，即

$$\beta = P(R \notin 临界区域 \mid H_1)$$

请注意，在特定检验中，给定备择假设下检验统计量的分布，指定临界区域（指定 α）会自动确定 β 的值。

与第二类错误率密切相关的概念是检验**功效**（power），表示 H_1 下临界区域的概率，即 $1-\beta$。功效是重要的检验特征，因为它表明了一个检验如何有效地正确拒绝零假设。低功效意味着许多实际展示期望模式或现象的结果不会被认为是显著的，从而将被忽略。因此，如果检验功效较低，那么忽略落在临界区域以外的结果可能不合适，增加临界区域的大小来提升功效和降低第二类错误率，将会导致第一类错误率增加，反之亦然。所以，确保较低的 α 和较高的功效值之间的平衡，才是假设检验的核心。

在零假设和备择假设下，当检验统计量的分布取决于用来估计检验统计量的样本数量时，增加样本数量有助于获得对真正的零分布和替代分布少量的变量估计，这会降低第一类、第二类错误发生的可能性。例如，对股票经纪人的 100 次决策进行评估，相较于对 10 次决策的评估，更可能给我们提供准确的成功决策率估计。为确保 α 值较低时功效值较高，所需的最小样本数量一般通过叫作功效分析的统计程序确定（详情见文献注释）。

例 10.4 对医学结果分类   假设将血液测试的值用作检验统计量 R 来确定患者是否

患有某种疾病，已知该检验统计量的值对于没有疾病的患者具有均值为 40 标准差为 5 的高斯分布，对于患有疾病的患者，检验统计量具有均值为 60 标准差为 5 的高斯分布，这些分布如图 10.4 所示。零假设 H_0 假设患者没有疾病，如图 10.4 子图中最左边的分布所示。备择假设 H_1 假设患者患有疾病，如图 10.4 子图中最右边的分布所示。

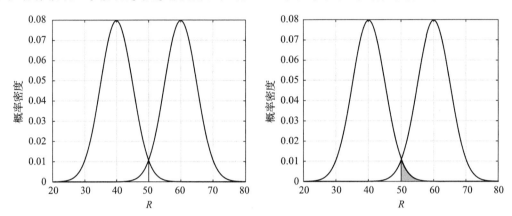

图 10.4   备择假设(右侧密度曲线)和零假设(左侧密度曲线)的检验统计量分布图，右子图的阴影区域为 α

假设临界区域为检验统计量不小于 50 的部分，因为 50 对应的水平线正好在两个分布的均值之间。显著性水平 α 对应于临界区域的这种选择，如图 10.4 右侧子图的阴影区域所示，可按下式计算：

$$\alpha = P(R \geqslant 50 \mid H_0) = P(R \geqslant 50 \mid R), R \sim \mathcal{N}(\mu = 40, \sigma = 5))$$

$$= \int_{50}^{\infty} \frac{1}{\sqrt{2\pi\sigma^2}} e^{-\frac{(R-\mu)^2}{2\sigma^2}} dR = \int_{50}^{\infty} \frac{1}{\sqrt{50\pi}} e^{-\frac{(R-40)^2}{50}} dR = 0.023$$

对于这种临界区域的选择，可以发现第二类错误率 β 等于 0.023(这只是因为零假设和备择假设除去平均值具有相同的分布，并且观测值在两分布均值中间)，如图 10.5 左侧子图的阴影区域所示。功效等于 $1-0.023=0.977$，如图 10.5 右侧子图所示。

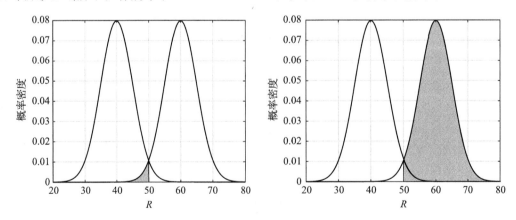

图 10.5   左子图阴影区域为 β，右子图阴影区域为功效

如果将 α 设为 0.05 替代 0.023，那么临界区域会稍微扩大至 48.22 及以上的区域，这将使功效从 0.977 增长到 0.991，尽管会以更高的 α 值为代价。另一方面，将 α 减小到 0.01 会使功效下降至 0.952。

3. 效应量

效应量引入了对域的考虑，通过从域的角度来看观察结果是否显著。例如，假设发现了一种可以降低血压的新药，但只有1%的可能，这种差异在一个足够大的测试组中具有统计显著性，但效应量为1%的医学意义，相较于要花费的药物成本和可能出现的副作用，或许是不值得的。因此，对效应量的考虑至关重要，因为结果具有统计显著性可能会经常发生，但在该领域没有实际的重要意义，大规模数据集尤其如此。

定义 10.6 效应量　效应量衡量被评估的效应或特征的大小，且通常为检验统计量的大小。

在大多数问题中，有个期望的效应量来帮助确定零假设和备择假设。对于例10.3中的股票经纪人问题，期望的效应量为期望成功的概率，即0.7。对于例10.4中刚探讨过的医疗测试问题，效应量是用于定义普通患者与患病患者之间临界的阈值。当比较两组观测值（A 和 B）的平均值，效应量为两组平均值间的差值，即 $\mu_A - u_B$，或绝对差值 $|\mu_A - u_B|$。

期望的效应量会影响临界区域的选择，从而影响检验的显著性水平和功效。习题4和习题5进一步探讨了其中的一些概念。

10.1.3　多重假设检验

到目前为止讨论的统计检验框架旨在衡量单一结果中的证据，例如结果是属于零假设还是备择假设，然而，许多情况会产生多个需要评估的结果。例如，频繁模式挖掘通常会从给定的事务数据集中挖掘许多频繁项集，并且需要对每个频繁项集进行测试，以确定其构成的项之间是否存在统计上的显著关联。**多重假设检验**问题（也称为多重检验问题或多重对比问题）用于解决涉及多个结果并对每个结果进行统计检验的一类统计检验问题。

最简单的方法是对每个结果独立地计算该结果在零假设下的 p 值，如果 p 值对任意结果都很显著，那么对于该结果，拒绝零假设。但是，当要测试的结果数量很大时，这种方法通常会产生许多错误的结果。例如，即使某个结果只有5%的机会发生，那么平均每100次也会发生5次。因此，我们的假设检验方法需要改进。

在使用多重检验时，我们有兴趣报告提交至结果集（也称为一系列结果）的错误总数。例如，如果有 m 个结果的集合，那么可以计算在 m 次检验中提交第一类错误或第二类错误的总次数。表10.1所示的混淆矩阵可以总结所有检验结果的汇总信息，在该表中，实际属于零假设的结果称为"阴性"，而实际属于备择假设的结果称为"阳性"。该表本质上与表4.6相同，4.11.2节以评估分类结果为背景介绍了表4.6。

表 10.1　多重假设检验下的混淆矩阵表

	显著（＋预测）	不显著（－预测）	合计
H_1 为真（实际＋）	真阳性（TP）	假阴性（FN） 第二类错误	阳性（m_1）
H_0 为真（实际－）	假阳性（FP） 第一类错误	真阴性（TN）	阴性（m_0）
	正向预测（Ppred）	负向预测（Npred）	m

在进行多重假设检验的大多数实际情境中，例如，在使用统计检验来评估一组模式、簇等是否为假的情况下，表10.1中所需的条目很少可用（对于分类，当可靠的标签可用时，表格才是可用的，在这种情况下，许多我们感兴趣的变量可以直接估计，参见10.3.2

节)。当条目不可用时，需要对它们进行估计，或更典型地，得到这些条目的数量。本节后续篇幅描述了执行该操作的各种方法。

1. 整体一类错误率

处理一系列结果时，一种有效的误差度量方法称作**整体一类错误率**（Family-Wise Error Rate，FWER），这是针对整个结果集中 m 个结果，恰好观察到某个假阳性结果（第一类错误）的概率，具体表示如下：

$$\text{FWER} = P(\text{FP} > 0)$$

如果 FWER 低于某个阈值，比如 α，那么在所有结果中观察到任何第一类错误的概率小于 α。

因此 FWER 用于测量在任意或所有 m 次检验中观察到第一类错误的概率。控制FWER，即确保 FWER 较低，对于即使某次检验是错误的（产生第一类错误），也要丢弃结果集的应用，该方法是很有效的。例如，考虑例 10.3 中挑选股票经纪人的问题，在该情境里，我们的目标是从一批申请人中找到至少 70% 的时间做出正确决策的股票经纪人。即使是第一类错误也会导致错误的招聘决策，在这种情况下，对比分别计算每个结果 p 值的原始方法，估计 FWER 使我们能更好地了解整个结果集的性能。以下示例以股票经纪人问题为背景说明这个概念。

例 10.5 检验多个股票经纪人 考虑从 $m = 50$ 名候选人中挑选成功的股票经纪人问题，对于每个股票经纪人，我们都会进行统计检验以检查他们的表现（最近 N 次决策中成功决策的数量）是否优于随机猜测。如果对每个检验使用 $\alpha = 0.05$ 的显著性水平，那么在任意单个候选人上产生第一类错误的概率为 0.05。但是，如果假设结果是独立的，那么在任意 50 次检验中观察到第一类错误的概率，即 FWER 由下式给出：

$$\text{FWER} = 1 - (1 - \alpha)^m = 1 - (1 - 0.05)^{50} = 0.923 \tag{10.1}$$

可以看出这个概率非常高。即使在单次检验中发现没有假阳性结果的概率很高（$1 - \alpha = 0.95$），在所有检验中发现没有假阳性结果的概率（$0.95^{50} = 0.077$）也会因重复相乘而减少。因此，当 m 很大时，即使第一类错误率 α 很低，FWER 也可能很高。◀

2. Bonferroni 方法

现在已有许多方法来确定结果集的 FWER 低于可接受的阈值 α，α 通常为 0.05。这些方法称为 FWER 控制方法，该方法主要尝试调整用于每次检验的 p 值阈值，以确保在存在多个检验的情况下错误地拒绝零假设的可能性很小。为了说明这类方法，先描述最保守的方法，即 Bonferroni 方法。

定义 10.7 Bonferroni 方法 如果要检验 m 个结果以使 FWER 小于 α，则 Bonferroni 方法将每次检验的显著性水平设为 $\alpha^* = \dfrac{\alpha}{m}$。

Bonferroni 方法背后的直观意义可通过观察式（10.1）中 FWER 的等式来理解，其中，条件为假设 m 次检验相互独立。在式（10.1）中，使用减少至 $\dfrac{\alpha}{m}$ 的显著性水平和二项式定理，可以看到 FWER 被控制在 α 以下，如下所示：

$$\text{FWER} = 1 - \left(1 - \frac{\alpha}{m}\right)^m = 1 - \left(1 + m\left(-\frac{\alpha}{m}\right) + \begin{bmatrix} m \\ 2 \end{bmatrix}\left(-\frac{\alpha}{m}\right)^2 + \cdots + \left(-\frac{\alpha}{m}\right)^m\right)$$

$$= \alpha - \begin{bmatrix} m \\ 2 \end{bmatrix}\left(-\frac{\alpha}{m}\right)^2 - \begin{bmatrix} m \\ 3 \end{bmatrix}\left(-\frac{\alpha}{m}\right)^3 - \cdots - \left(-\frac{\alpha}{m}\right)^m \leqslant \alpha$$

　　尽管上面的讨论针对假设检验独立的情况，但 Bonferroni 方法保证了在 m 次检验中没有第一类错误的概率为 $1-\alpha$，而不管检验（结果）是相关的还是相互独立的。用下面的例子来说明 Bonferroni 方法控制 FWER 的重要性。

　　例 10.6　Bonferroni 方法　在例 10.5 描述的多个股票经纪人问题中，我们分析了 Bonferroni 方法控制 FWER 的效果。可以用 $p=0.5$、$N=100$ 的二项式分布来模拟单个股票经纪人的零分布，给定从零分布模拟的 m 个结果（假设结果是独立的），我们对比两种方法的表现：使用显著性水平为 $\alpha=0.5$ 的朴素法和显著性水平为 $\alpha^*=\dfrac{\alpha}{m}$ 的 Bonferroni 方法。

　　图 10.6 展示了改变结果数 m 时两种方法的 FWER（我们进行了 10^6 模拟），可发现 Bonferroni 方法始终被控制为 α，而朴素法的 FWER 快速上升，并且在 m 大于 70 时与 1 相近。因此，当 m 很大且 FWER 是我们希望控制的误差度量时，Bonferroni 方法优于朴素法。

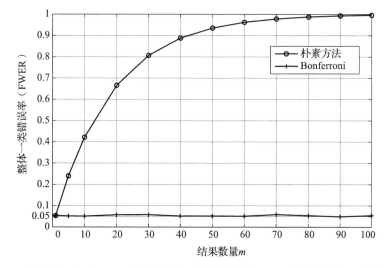

图 10.6　朴素法和 Bonferroni 方法的整体一类错误率（FWER）与结果数量 m 的关系曲线　◀

　　Bonferroni 方法几乎总是过于保守，即它将去除一些非假结果，尤其是在结果数量很大且结果可能彼此相关的情况下，例如频繁模式挖掘。在极端情况下，所有 m 个结果彼此完全相关（即相同），即使显著性水平 α 已经足够，Bonferroni 方法仍将使用 $\dfrac{\alpha}{m}$ 作为显著性水平。为解决这个限制，已经提出了许多替代 FWER 的控制方法，它们在处理相关结果时不如 Bonferroni 方法保守（详情见文献注释）。

　　3. 错误发现率

　　根据定义，所有 FWER 控制方法都希望获得假阳性结果的概率较低，因此当目标为获得更多真实结果且允许一些误报时，该方法并非合适的工具。例如，在频繁模式挖掘中，我们关注找出有统计显著性关联（实际阳性）的频繁项集，同时丢弃剩余部分。另一个例子中，当检验一种严重的疾病时，最好能得到更多的真阳性结果（检测更多的实际病例），即使这意味着会产生一些假阳性结果。在这两种情况下，只要我们能获得检测真阳性结果的合理功效，就可以容忍一些误报。

　　错误发现率（False Discovery Rate，FDR）提供了一种错误度量来衡量误报率。为了计算 FDR，首先定义变量 Q，使其等于假阳性结果数 FP 除以预测得到的阳性结果数 Ppred。（见表 10.1）

$$Q = \frac{FP}{Ppred} = \frac{FP}{TP + FP}, \quad Ppred > 0 = 0, \quad Ppred = 0$$

当知道假阳性结果数 FP 时，如分类中那样，Q 实质上即为 4.11.2 节中定义的错误发现率，它介绍了在类不平衡的情况下评估分类性能的方法，因此，Q 与精确率密切相关，具体而言，精确率＝1－FDR＝1－Q。但是，在统计检验的背景下，当 Ppred＝0 时，即没有被预测为阳性的结果时，由定义可知 Q＝0。然而，在数据挖掘中，像 4.11.2 节定义的精确率和 FDR 通常在这种情况下认为是不确定的。

在不知道 FP 的情况下，我们不能将 Q 作为错误发现率。尽管如此，仍有可能估计 Q 的平均值，即计算 Q 的期望值并将其作为错误发现率。形式上，

$$FDR = E(Q) \tag{10.2}$$

FDR 是确定假阳性率较低的有用指标，特别是在阳性结果高度偏离的情况下，例如，结果集中实际阳性结果的数量 m_0 远小于实际阴性结果的数量 m_1。

4. Benjamini-Hochberg 方法

试图控制 FDR 的统计检验方法称为 FDR 控制方法。这些方法通常可以保证假阳性结果的数量较低（即使阳性类别相对不频繁），同时提供比保守的 FWER 控制方法更高的功效。Benjamini-Hochberg(BH) 方法是一种应用广泛的控制方法，该方法以 p 值的增序对结果进行排序，并对每个结果 R_i 应用不同的显著性水平 $\alpha(i)$。

BH 方法的基本思想是，如果观察到大量显著结果的 p 值低于给定结果 R_i，那么在测试 R_i 时可不必那么严格，并且可以使用更宽松的显著性水平 $\frac{\alpha}{m}$。算法 10.1 概括了 BH 方法，该算法第一步计算每个结果的 p 值并按照 p 值的升序对结果进行排序（步骤 1 到 2），因此 p_i 对应于第 i 个最小的 p 值。p_i 的显著性水平 α_i 通过以下校准计算（步骤 3）：

$$\alpha_i = i \times \frac{\alpha}{m}$$

请注意，最小 p 值 p_1 的显著性水平等于 $\frac{\alpha}{m}$，这与 Bonferroni 方法使用的校准相同。此外，最大 p 值 p_m 的显著性水平等于 α，这是单个检验的显著性水平（不考虑多重假设检验）。在上述两个 p 值之间，显著性水平从 $\frac{\alpha}{m}$ 线性增长至 α。因此，可视 BH 方法在过于保守的 Bonferroni 方法和过于自由的朴素方法之间取得了平衡，从而得到更高的功效（找到更多真阳性结果）且不会产生过多假阳性结果。令 k 为最大的索引，使得 p_k 低于显著性水平 α_k（步骤 4），则 BH 方法将前 k 个 p 值声明为显著（步骤 4 到 5）。可以证明，使用 BH 方法计算的 FDR 一定小于 α，特别地，

$$FDR \leqslant \frac{m_0}{m}\alpha \leqslant \alpha \tag{10.3}$$

其中，m_0 为实际阴性结果的数量，m 为结果总数（见表 10.1）。

算法 10.1 Benjamini－Hochberg(BH)FDR 算法

1：对 m 个结果计算 p 值
2：按由小到大的顺序（p_1 到 p_m）对 p 值排序
3：计算 p_i 的显著水平，$\alpha_i = i \times \frac{a}{m}$
4：令 k 为最大的索引项，使得 $p_k \leqslant \alpha_k$
5：拒绝对应于前 k 个 p 值（p_i, $1 \leqslant i \leqslant k$）的结果的 H_0

例 10.7 BH 和 Bonferroni 方法　考虑例 10.6 中讨论的多个股票经纪人问题，其中代替所有 m 个股票经纪人属于零分布的假设，可以有少数 m_1 个候选人属于替代分布。零分布可以用二项分布来建模，其中做出成功决策的概率为 0.5。替代分布也可用二项分布来建模，其中做出成功决策的概率为 0.55，比随机猜测略高。对于零分布和替代分布，我们考虑 $N=100$ 次决策的情况。

我们有兴趣比较 Bonferroni 和 BH 方法在发现大部分实际阳性结果（股票经纪人的表现确实优于随机猜测）而不会产生大量假阳性结果的情况下的表现。我们对 m 个股票经纪人进行了 10^6 次模拟，每次模拟中，m_1 个股票经纪人属于替代分布，其余部分属于零分布。选择 $m_1=\dfrac{m}{3}$ 来证明偏正类的影响，这在大多数假设检验的实际应用中十分普遍。图 10.7 显示每次模拟运行 m 中，改变股票经纪人数量与 FDR 和预期功效的关系图，分别利用 3 种对比方法实现：朴素法、Bonferroni 方法和 BH 方法。这 3 种方法的阈值 α 均选为 0.05。

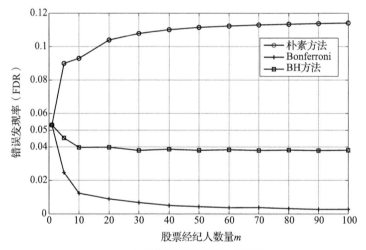

a) 以错误发现率作为 m 的函数

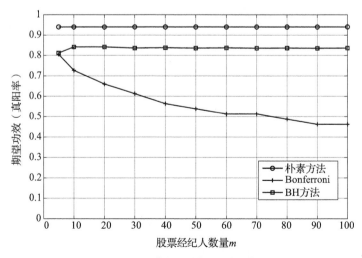

b) 以期望功效作为 m 的函数

图 10.7　多种方法的性能比较，自变量为结果数 m，阳性结果数设为 $m_1=\dfrac{m}{3}$，$\alpha=0.05$

可以看到，对于所有 m 的取值，Bonferroni 方法和 BH 方法的 FDR 均小于 0.05，但朴素法的 FDR 不受控制且接近 0.1，这表明将结果声明为阳性时朴素法十分不严格，因而导致产生更多的假阳性结果。然而，由于许多实际阳性结果确实被标为阳性，所以通常也有较高的功效。另一方面，Bonferroni 方法的 FDR 远小于 0.05，是 3 种方法中最低的。这是因为 Bonferroni 方法旨在控制更严格的误差度量，例如使 FWER 小于 0.05。但当该方法的目标是避免产生假阳性结果时，保守地称实际阳性结果是显著的，因此该法的功效较低。

BH 方法在保守和不严格之间取得平衡，使 FDR 始终小于 0.05，但其预期功效却很高，与朴素法相当。因此，以 Bonferroni 方法的 FDR 略微增加为代价，可获得更高的功效，从而针对多重假设检验问题，在最小化第一类误差和第二类误差之间进行折中。但是我们强调，诸如 Bonferroni 的 FWER 方法和诸如 BH 的 FDR 控制法旨在用于两个不同的任务，因此，在任意特定情况下，最佳方法将根据分析目标而变化。◀

774
～
775

式 (10.3) 指出 BH 方法的 FDR 小于等于 $\frac{m_0}{m} \times \alpha$，仅当 $m_0 = m$ 时，即没有实际阳性结果时，FDR 等于 α。因此，对比应给出 α 所需的 FDR，BH 方法通常发现较少的真阳性结果，即拥有较低的功效。为解决 BH 方法这一局限性，已提出许多统计检验方法来更严格地控制 FDR，例如阳性 FDR 控制法和局部 FDR 控制法。这些技术通常比 BH 方法拥有更好的功效，同时保证较少的假阳性结果（详情见文献注释）。

请注意，FDR 控制法的一些使用者假设选择 α 时应该按照与假设（显著性）检验或 FWER 控制方法相同的方式，通常 $\alpha = 0.05$ 或 $\alpha = 0.01$。但是，对于 FDR 控制方法，α 是期望的错误发现率，并且经常选为大于 0.05 的值，如 0.20。原因在于，多数情况下人们评估结果时，都愿意接受更多的假阳性结果以获得更多的真阳性结果。当 α 设为较低值时（如 0.05 或 0.01），在产生很少（如果有的话）的阳性结果情况下尤其如此。在之前的例子中，对于 3 种方法选择相同的 α 来简化讨论。

10.1.4 统计检验中的陷阱

上文介绍的统计检验方法为衡量结果中的证据提供了一个有效的框架，但是与其他数据分析技术一样，错误地使用它们往往会产生令人误解的结论。大部分误解主要集中在 p 值的使用上，特别是除了数据和这些方法可以支持的内容外，p 值通常被赋予额外的含义。在下文中，我们将讨论统计检验中一些常见的陷阱，为产生有效结果，这些陷阱应当避免。其中一些陷阱描述了 p 值及其应有的作用，而另一些则指明了常见的误解和误用（详情见文献注释）。

1) p 值不是零假设为真的概率。如定义 10.2 所述，p 值是观察检验统计量 R 特定值的条件概率，或在零假设下更极端的情况。因此，为计算 p 值，假设零假设是正确的。p 值衡量了观察结果与零假设的兼容程度。

2) 一般而言，在零假设下有许多假设解释所发现的结果是显著或是不显著的。请注意，声明为不显著的结果，即具有较高的 p 值，不一定是从零分布产生的。例如，如果使用均值为 0、标准差为 1 的高斯分布对零分布进行建模，那么会发现观察到的检验统计量 $R_{\text{obs}} = 1.5$ 在 5% 的水平上不显著。但是，结果可能来自替代分布，即使该事件的概率很低（但非零）。此外，如果错误地指定了零假设，那么相同的观察结果很可能来自另一分布，例如均值为 1、标准差为 1 的高斯分布，在该分布下发生的可能性更大。因此，声明结果不显著并不等于"接受"零假设。同样地，某个显著的结果可能被备择假设解释。因此，拒绝零假设并不意味着我们已经接受了备择假设。这是 p 值或更一般的统计检验结果通常

776

不足以做出决定的原因之一，还必须结合统计数据的外部因素，例如领域知识。

3）p 值较低并不意味着是一个有用的效应量（检验统计量的大小），反之亦然。回想一下，在感兴趣的领域，某个结果被认为是重要的，效应量是该结果的检验统计量大小。因此，通过考虑从域的角度观察结果是否显著，效应量引入了域的考虑。例如，假设发现一种新药可以降低血压，但只有 1% 的概率，这种差异可能具有统计学意义，但 1% 效应量的医学意义，相较于要花费的药物成本和可能出现的副作用，或许是不值得的。特别地，显著的 p 值可能不具有较大的效应量，而不显著的 p 值并不意味着没有效应量。由于 p 值强烈依赖于数据集的大小，因此大数据应用下较小的 p 值会越来越普遍，这是因为即使效应量较小也会显示出统计显著性。所以，考虑效应量以避免产生统计显著但无用的结果变得至关重要。特别地，即使声明一个结果是显著的，也应确保其效应量大于一个领域特定的阈值，使其具有重要的实际意义。

例 10.8　随机数据中显著的 p 值　为了说明即使对于较小的效应量我们也可以获得较小的显著的 p 值，我们考虑从均值为 0、标准差为 1 的高斯分布生成 10 个随机向量，使其两两相关。零假设为任意两个向量的相关性为 0。图 10.8a 和 10.8b 表明随着向量长度 n

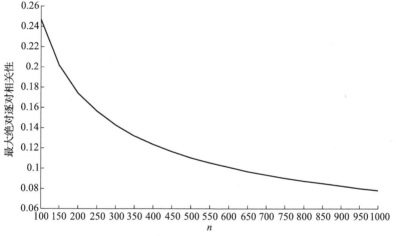

a）10 个随机向量最大绝对逐对相关性图

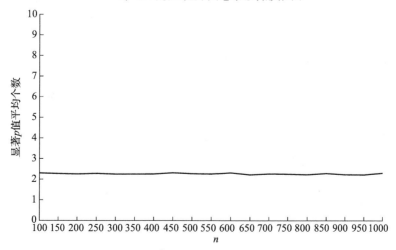

b）逐对显著相关的平均个数

图 10.8　可视化向量长度 n，对 10 个随机向量间相关性的影响

的增加，任何一对向量的最大绝对逐对相关性趋于 0，但 p 值小于 0.05 的逐对相关性的平均数保持恒定在 2.25 左右。这表明，尽管效应量（最大绝对相关性）非常低，但当 n 很大时，逐对显著相关的数量不会减少。

这个例子也说明对多重检验进行调整的重要性。对于 45 对逐对相关，平均而言，我们预期在 5% 的水平上有 $0.05 \times 45 = 2.25$ 的显著相关性，如图 10.8b 所示。◀

4）直到能够宣布结果具有统计意义，才能以多种方式分析它。这产生了一个多重假设检验问题，并且在是否应该拒绝零假设方面，单个结果的 p 值不再是很好的指导原则（这些方法称为 p 值操纵）。这可能包含以下情况，即在研究员发现可接受的模型之前，p 值未明确地使用，但数据却已经预处理或调整过。

10.2 对零分布和替代分布建模

进行统计检验的主要需求是了解检验统计量在零假设下的分布情况（有时在备择假设下）。在统计检验常见问题中，设计收集数据的实验步骤时需考虑上述情况，以便我们有足够的数据样本来处理零假设和备择假设。例如，为了检验新药治疗疾病的效果，除了给一组用药而对照组不用的情况，实验数据通常从两组各方面尽可能相似的受试者收集。实验设计为实验的执行以及零假设、备择假设相关数据的收集提供了指导原则，因此在这方面存在大量工作，以便用于后续的统计检验。然而，在处理观测数据时不能直接应用这些指导，因为这些数据是在没有考虑之前假设的情况下收集的，这常见于许多数据挖掘问题中。

因此，当使用观测数据进行统计检验时，首要目标是提出一种方法来模拟零假设和备择假设下检验统计量的分布。在某些情况下，这可通过对观察结果进行一些统计假设来完成，例如数据符合已知的统计分布，像正态分布、二项分布或超几何分布。举例说明，数据集中的实例可由单个正态分布生成，其均值和方差可由数据集估算。请注意，针对几乎所有使用的统计模型，都必须从数据中估计该模型的参数。因此，使用统计模型计算的概率可能会产生一些固有误差，该误差的大小取决于所选分布对数据的拟合程度以及模型参数估计的准确程度。

某些场景中，用已知的统计分布充分模拟数据的行为非常困难，甚至是不可能的。另一种方法是首先在零假设或备择假设下生成样本数据集，然后使用新数据对检验统计量的分布建模。对于备择假设，新数据必须与当前数据相似，但同时也应反映数据固有的自然变化属性。对于零假设，这些数据应尽可能与原始数据相似，但却缺少感兴趣的结构或模式，例如属性和值之间的连接、簇结构或属性之间的关联。

下文中，我们讲述了在数据挖掘问题的统计检验背景下，估计零分布的一些通用方法（不幸的是，除了使用已知的统计分布外，还没有什么被广泛应用的方法来生成替代分布）。这些方法将作为 10.3 节到 10.6 节具体讨论的统计检验方法的基石。请注意，估计零分布的方法依赖于所研究问题的具体类型和假设的性质。然而，在更高的层面，方法涉及新生成的合成数据集或随机化类标。此外，我们将讨论对现有实例进行重新采样的方法，这为各种数据挖掘结果生成置信区间提供帮助，例如预测模型的准确性。

10.2.1 生成合成数据集

对于涉及未标注数据的分析问题，如聚类或频繁模式挖掘，估计零分布的主要方法是通过随机化属性值的顺序或产生新实例来生成合成数据集。由此产生的数据集应与原始数据集相似，只是它们缺乏一种兴趣模式，如簇的结构或频繁模式，必须对其显著性进行评估。

例如，如果需要评估事务数据集中的项是否相互关联，除了随机情况产生的关联，我们可以在事务数据集中使用二进制表示的行和列内，通过随机化（置换）现有条目的顺序生成合成数据集。根据项在所有事务中出现的次数（即项的支持度）和每个事务中项的数量（即事务的长度），我们的目标是结果数据集应该具有与原始数据集类似的性质。可以对合成数据集进行处理以找到关联模式，并且这些结果可用来估计在零假设下，所关注的检验统计量的分布，比如项集的支持度或置信度。详情见 10.4 节。

如果需要评估数据集中簇的结构是否比随机生成的结构更好，那么需生成新的实例，并且这些实例在数据集中组合时缺少簇的结构。可对合成数据集进行聚类来估计检验统计量的零分布。对于聚类分析，我们关注的变量，即检验统计量，通常是聚类性能的评判标准，例如 SSE 或轮廓系数。详情见 10.5 节。

虽然随机化属性的过程可能很简单，但该方法的实现具有很大的挑战性，因为生成合成数据集的朴素法可能会忽略原始数据的重要特征或结构，因此可能不足以近似真实的零分布。例如，给定时间序列数据，我们需要确保随机时间序列中的连续值彼此相似，因为时间序列数据通常表现出时间自相关性。此外，如果时间序列数据具有年周期性（如气候数据），那么需要确保这种周期模式也保留在合成的时间序列中。

将分别在 10.4 节和 10.5 节的关联分析和聚类背景下详细讨论生成合成数据集的具体技术。

10.2.2　随机化类标

当每个实例都有关联的类标时，生成新数据的常用方法是随机排列类别标签，该过程也称为置换检验。这涉及在数据对象间重复随机混排（置换）标签以生成与旧数据集相同但标签不同的新数据集。分类模型根据这些数据集和检验统计量的计算值建立，如分类准确性。得到的一组值（每次置换产生的值）可在零假设下为统计量提供分布，即数据集中的属性与类标无关。如 10.3.1 节所述，该方法可用于在某个测试集上，检验随机产生的学习分类器的分类性能。尽管置换表比较简单，但它会生成零假设劣质模型。（参见文献注释。）

10.2.3　实例重采样

理想情况下，我们希望从样本总体中获取多个样本，以便可以评估数据挖掘算法产生的模型和模式的有效性、一般性。模拟这种样本的一个方法是，从原始数据中随机采样实例以创建数据实例的合成集合，称为**统计重采样**。例如，生成新数据集常用自助抽样法，其中数据实例是随机选择替换的，以便生成的数据集的大小与原始数据集的大小相同。对于分类，自助抽样法的替代法为 k 重交叉验证，其中数据集被系统地分为 k 个子集。正如我们将在 10.3.1 节看到的，这种统计重采样方法被用来计算分类性能度量的分布，例如准确率、精确率和召回率。诸如自助法之类的重采样方法也可用来估计频繁项集的支持度分布，我们也可以使用这些分布来产生这些度量的置信区间。

10.2.4　对检验统计量的分布建模

给定在零假设下由多个数据集生成的样本，我们可以计算每组样本的检验统计量以获得检验统计量的零分布，该分布可用于提供统计检验方法中使用的概率估计值，如 p 值。

781

782

实现上述目的的一种方法是将统计模型(如正态分布或二项分布)拟合到在零假设下生成数据集的检验统计量上,或者,也可以在给定足够样本的情况下,利用非参数方法计算 p 值。例如,可以计算在零分布下生成的检验统计量超过(或"更加极端"的值)观察结果的检验统计量的比例,并将该比例作为结果的 p 值。

10.3 分类问题的统计检验

从统计检验的角度看,分类中存在许多问题,因此可以从本章前面介绍的避免错误发现技术中受益。下文中,我们将讨论其中一些问题以及可用于解决这些问题的统计检验方法。请注意,比较两种模型的性能是否存在显著差异的方法在 3.9.2 节给出。

10.3.1 评估分类性能

假设应用于测试集的分类器有 $x\%$ 的准确率,为了评估分类结果的有效性,我们需要了解随机获取 $x\%$ 准确率的可能性,即当数据集中的属性与类标没有关联时。另外,如果指定一个分类准确率的阈值来确定有效的分类器,那么我们想知道有多少次可以预料到错误拒绝一个好分类器,该分类器的准确率低于阈值是因为数据的自然变化性。

关于分类器性能有效性的问题,可以从假设检验的角度来看待该问题,如下所述。考虑设置一个统计检验,我们可以在训练集上学习分类器,并在测试集上评估学习分类器。该检验的零假设为分类器无法学习属性间的泛化关系,也无法从训练集中学习类标;备择假设为分类器可以学习属性间的泛化关系并且能从训练集学习类标。为了评估观察结果是属于零假设还是备择假设,我们可以在测试集上对分类器的性能进行度量,例如精确率、召回率或准确率,作为检验统计量。

随机化 为利用上述设置进行统计检验,首先需要在零假设下生成新的样本数据集,即属性和类标之间不存在非随机关系。这可以通过随机排列训练数据的类标来实现,使得能在类标的每个排列下产生新的训练集,其中属性和类标彼此不相关。然后,可以在每个样本训练集上学习一个分类器,并在测试集上应用学习模型以获得检验统计量(分类性能)的零分布。举例说明,如果我们使用准确率作为检验统计量,从原始标签学习的模型的准确率观测值,应该大部分或全部明显高于从随机排列标签上学习的模型的准确率。但是请注意,分类器可能具有显著的 p 值,但其准确度仅略高于随机分类器,尤其是在数据集较大的情况下。因此,重要的是将分类器的效应量(分类器性能的实际值)与 p 值相关的信息一起考虑在内。

自举法和交叉验证 与预测模型相关的另一类分析,比如分类,是对各种分类性能度量的分布进行建模。估计该分布的一类方法是,从标记数据生成自举样本(保留原始标签)来创建新的训练和测试集,然后可以在这些自举数据集上训练和评估分类模型的性能,来为我们感兴趣的度量生成分布。另一种创建替代分布的方法是使用随机交叉验证法(在 3.6.2 节中讨论),其中随机将标注数据分为 k 重的过程应重复多次。

这些重采样法还可以帮助估计置信区间,以衡量在所有可能情况下训练分类器的真实性能。置信区间是参数值的区间,其中估计的参数保证以确定的次数百分比落在其中,置信水平是估计参数落入区间内次数的百分比。例如,给定分类器准确率,我们可以估计分布中包含 95% 数值的区间,这将作为在 95% 的置信水平下,分类器真实准确率的置信区间。为了量化结果固有的不确定性,通常会记录置信区间以及模型输出的点估计值。

10.3.2　以多重假设检验处理二分类问题

对二元分类器泛化性能估计的过程类似于前面 10.1.2 节讨论的多重假设检验问题。具体而言，每个检验实例属于零假设（负类）或备择假设（正类）。通过对每个检验实例应用分类模型，可将每个实例分给正类或负类，之后可用表 10.1 提供的混淆矩阵来衡量一组结果的分类模型性能（对测试集实例分类的结果）。

二分类问题与传统多重假设检验问题独特的区别之处在于，测试实例上真实标签的有效性，因此，我们可以直接用经验法计算误差估计来拒绝零假设或备择假设，而不是使用统计假设进行推断（例如，零假设和备择假设下检验统计量的分布），如 4.11.2 节所述。表 10.2 展示了统计检验中使用的误差度量与分类问题中使用的评估度量之间的对应关系。

表 10.2　统计检验概念和分类器评估度量之间的对应关系

统计检验概念	分类器评估度量	公式
第一类错误率，α	假阳性率	$\dfrac{FP}{FP+TN}$
第二类错误率，β	假阴性率	$\dfrac{FN}{TP+FN}$
功效，$1-\beta$	召回率	$\dfrac{TP}{TP+FN}$

虽然这些误差指标可通过标记数据容易地计算，但这些估计的可靠性取决于测试标签的准确性，因此并不总是完美的。在这种情况下，有必要对由测试标签的不准确而导致的评估措施的不确定性进行量化（详情见文献注释）。此外，当我们在未标注实例上应用学习好的分类模型时，可以使用统计方法来量化分类结果的不确定性。例如，可以自举训练集（如 10.3.1 节的讨论）来生成多个分类模型，并且可以利用在未标注实例上输出结果的分布来估计该实例结果的置信区间。

虽然上面的讨论集中在对二元分类器性能的评估上，但统计学考虑也可用来评估产生实值输出（如分类评分）的分类器的性能。通常在受试者操作特征曲线的帮助下，来分析一系列带有评分阈值分类器的性能，如 4.11.4 节所述。生成 ROC 曲线的基本方法是，根据分数值对预测进行排序，然后绘制每个可能的评分阈值的真阳性率和假阳性率。请注意，这种方法与 10.1.3 节中描述的 FDR 控制过程有相似之处，其中排名前几位的实例（具有最低 p 值）被分类器标记为正，以便最大化 FDR。然而，在真实标签存在的情况下，可以凭经验估计不同评分阈值的分类性能度量，而不使用任何明确的统计模型或假设。

10.3.3　模型选择中的多重假设检验

多重假设检验问题在模型选择过程中起着重要作用，尽管复杂模型的性能优于简单模型，但它们的结果差异在统计上并不显著。具体而言，从统计角度来看，复杂度较高的模型提供了大量可能的解决方案，对于给定的分类问题，学习算法可从中选择。例如，数量较多的属性为决策树学习算法选择最合适的训练数据提供了更大的候选分裂准则集合。但是，当训练规模较小且候选模型数量较多时，选择虚假模型的可能性较大。更一般地讲，多重假设检验的这种方法被称为**选择性推理**。该问题出现在针对给定问题的可能解决方案数量众多的情况下（例如构建预测模型），但用来稳定确定解决方案效力的测试数量却很小，选择性推理可能会导致 3.4 节中描述的模型过拟合问题。

多重比较法如何与模型过拟合相关联呢？许多学习算法探索了一组独立的替代方案 $\{\gamma_i\}$，然后选择一个替代方案 $\{\gamma_{\max}\}$，以最大化给定的判别函数。该算法为当前模型添加 $\{\gamma_{\max}\}$ 以提高其训练误差，重复该过程直到性能不再有提升。例如，在决策树增长期间，执行多重检验来确定哪个属性可以最好地分割训练数据，只要停止标准尚未得到满足，就会选择使分割最佳的属性来扩展树。

设 T_0 为初始决策树，T_x 为插入属性 x 的内部结点的新树。考虑下列决策树分类器的停止标准：如果观察到的增益 $\Delta(T_0, T_x)$ 大于某个预定义的阈值 α，则将 x 添加到树中。如果只有一个属性测试条件需要评估，那么可以通过选择足够大的 α 值来避免插入虚假结点。然而实践中，可用的测试条件不止一个，并且决策树算法必须从一组候选集 $\{x_1, x_2, \cdots, x_k\}$ 中选择最佳分裂属性 $x_{\max}$。由于该算法应用以下检验，即用 $\Delta(T_0, Tx_{\max}) > \alpha$ 代替 $\Delta(T_0, T_x) > \alpha$ 来决定是否应该扩展决策树，因此提出多重比较问题。正如多个股票经纪人的例子，随着替代数目 k 的增加，我们找到 $\Delta(T_0, Tx_{\max}) > \alpha$ 的机会也会增加。如果不将增益函数 Δ 或阈值 α 根据 k 进行修改，算法可能会无意中将具有较低预测能力的伪结点添加到树中，这会导致模型过拟合问题。

当选择 $x_{\max}$ 的训练实例数量很小时，这种影响变得更加明显，因为较少的可用训练实例，会使 $\Delta(T_0, Tx_{\max})$ 的方差更高，因此，当训练实例很少时，发现 $\Delta(T_0, Tx_{\max}) > \alpha$ 的概率会增加。这种情况一般发生在决策树变深时，相应地这会减少结点覆盖的实例数量，并增加将不必要的结点添加到树中的可能性。

10.4 关联分析的统计检验

由于关联分析通常为无监督问题，即我们无法根据真实标签来评估结果，因此有必要采用健壮的统计检验方法以确保发现的结果具有统计显著性而非虚假的。例如，在挖掘频繁项集时，我们经常使用诸如利用项集的支持度衡量其兴趣度的评估措施（这种评估措施的不确定性可通过重采样方法量化，例如通过事务自举并从结果数据集中产生项集支持度的分布）。给定一个合适的评估方法，我们还需指定一个阈值，通过度量来识别感兴趣的模式，例如频繁项集。尽管相关阈值的选择通常受领域知识的指导，但仍可根据统计方法产生，正如下面讨论的那样。为了简化这个讨论，假设事务数据集被表示为一个稀疏二元矩阵，其中 1 表示项目存在，0 表示不存在（参见 2.1.2 节）。

给定一个事务数据集，考虑挖掘结果为频繁 k 项集，并且检验统计量为项集的支持度或 5.7 节提到的任何其他评估方法。该结果的零假设为项集中 k 个项目彼此不相关。给定频繁项集的集合，我们可以应用多种假设检验方法，如 FWER 或 FDR 控制方法利用具有强相关的项目来识别显著模式。但是，就项集包含的项目而言，关联算法找到的项集有重叠，因此，关联分析中的多个结果不能被认为是彼此独立的。基于这个原因，Bonferroni 方法在调用显著结果时可能过于保守，这将导致功效较低。此外，事务数据集可拥有结构或特性，例如包含大量项的事务子集，当应用多重假设检验方法时需考虑该结构或特性。

在把统计检验方法应用于关联分析相关问题之前，我们首先需要在项无关的零假设下，估计项集的检验统计量的分布。这可以通过使用统计模型或随机化实验来完成。下面对这两种方法进行介绍。

10.4.1　使用统计模型

在项互相无关的零假设下，我们可以利用项独立性的统计模型来对项集的支持度计数建模。对于包含两个独立项的项集，可以使用费舍尔精确检验；对于包含两个以上项的项集，可以使用独立性的替代检验，例如卡方(χ^2)检验。下面对这两种方法进行介绍。

1. 使用费舍尔精确检验

假设有 2 项集 A 和 B，考虑在 A 和 B 相互独立的零假设下，对$\{A, B\}$的支持度计数进行建模的问题。我们有一个包含 N 个事务的数据集，其中示 N_A 和 N_B 分别表示 A 和 B 出现的次数，假设 A 和 B 相互独立，那么 A 和 B 同时出现的概率由下式给出

$$p_{AB} = p_A \times p_B = \frac{N_A}{N} \times \frac{N_B}{N},$$

其中，p_A 和 p_B 是单独出现 A 和 B 的概率，与其支持度近似，A 和 B 不同时出现的概率等于$(1-p_{AB})$。假设 N 个事务是独立的，则可以考虑使用二项分布(在 10.1 节中介绍)，对 A 和 B 同时出现的次数 N_{AB} 进行建模，如下所示：

$$P(N_{AB} = k) = \binom{N}{k} (p_{AB})^k (1-p_{AB})^{N-k}$$

但是二项分布不能准确地模拟$\{A, B\}$的支持度计数，因为即使$\{A, B\}$的支持度计数 N_{AB} 超过 A 和 B 单独的支持度计数，也会为 N_{AB} 赋予一个正的概率。具体而言，二项分布表示当以固定概率(p_{AB})进行替换时，事件(A 和 B 同时出现)发生的概率。然而实际上，如果已经对 A 和 B 进行多次采样，那么$\{A, B\}$出现的概率减小，因为 A 和 B 的支持度计数是固定的。

费舍尔精确检验(Fisher's exact test)旨在处理上述情况，我们从有限且固定大小的总体进行抽样而无须替换。可用 5.7 节的相同术语较容易地解释该检验方法，它涉及关联模式的评估，为便于参考，我们重新列出该讨论使用的列联表，即表 5.6，见表 10.3。

用 $\overline{A}$($\overline{B}$)表示 A(B)在事务中不存在。该 2×2 表格中的每个条目 f_{ij} 表示频度。例如，f_{11} 表示 A 和 B 在同一事务中出现的次数，而 f_{01} 表示包含 B 但不包含 A 的事务数。行和 f_{1+} 表示 A 的支持度计数，而列和 f_{+1} 表示 B 的支持度计数。

表 10.3　变量 A 和 B 的双向列联表

	B	$\overline{B}$	
A	f_{11}	f_{10}	f_{1+}
$\overline{A}$	f_{01}	f_{00}	f_{0+}
	f_{+1}	f_{+0}	N

请注意，如果事务数目 N 以及 A(f_{1+})和 B(f_{+1})的支持度是固定的，即保持不变，则 f_{0+} 和 f_{+0} 是固定的。这也意味着指定其中一个条目 f_{11}、f_{10}、f_{01} 或 f_{00} 的值，可完全指定表中其余条目的值。在这种情况下，费舍尔精确检验为我们提供了一个简单的公式，用于准确计算任何特定列联表的概率。由于我们的预期应用，我们依据支持度计数 N_{AB} 给出表示 2 项集$\{A, B\}$的公式。请注意，f_{11}是$\{A, B\}$的支持度计数：

$$P(N_{AB} = f_{11}) = \frac{\begin{bmatrix} f_{1+} \\ f_{11} \end{bmatrix}\begin{bmatrix} f_{0+} \\ f_{+1}-f_{11} \end{bmatrix}}{\begin{bmatrix} N \\ f_{+1} \end{bmatrix}} \tag{10.4}$$

例 10.9　费舍尔精确检验　利用 5.7.1 节开头介绍的茶和咖啡的例子来说明费舍尔精确检验的应用。我们关注的是对$\{$茶，咖啡$\}$支持度计数的零分布进行建模。如 5.7.1 节所

述，茶和咖啡同时出现的情况可用表 10.4 列出的列联表总结。可以看到，在 1000 个事务中，咖啡的支持度计数为 800，茶的支持度计数为 200。

为了对{茶，咖啡}支持度计数的零分布进行建模，只需应用之前讨论的费舍尔精确检验中的式(10.4)，结果如下所示。

$$P(N_{AB} = f_{11}) = \frac{\begin{bmatrix} 200 \\ f_{11} \end{bmatrix}\begin{bmatrix} 800 \\ 800 - f_{11} \end{bmatrix}}{\begin{pmatrix} 1000 \\ 800 \end{pmatrix}}$$

表 10.4　某 1000 个人的饮料偏好

	咖啡	咖啡	
茶	150	50	200
茶	650	150	800
	800	200	1000

其中，N_{AB} 是{茶，咖啡}的支持度计数。

图 10.9 表示{茶，咖啡}支持度计数的零分布。可以看到，当支持度计数等于 160 时，其发生的概率最大。对这个事实的直观解释是，当茶和咖啡相互独立时，观察茶和咖啡同时出现的概率等于它们各自的概率的乘积，即 0.8×0.2＝0.16，因此{茶，咖啡}的预期支持度计数等于 0.16×1000＝160，支持度计数小于 160 表示项目之间负相关。

因此，要计算支持度计数为 150 的 p 值，可通过将支持度计数小于等于 150 的零分布中左尾部分的概率相加，求得 p 值的结果为 0.032。该结果并非确定的，因为如果茶和咖啡是独立的，支持度计数为 150 或更少的情况平均 100 次大约出现 3 次。然而，较低的 p 值更表明茶和咖啡是相关的，尽管是负相关的，即喝茶的人喝咖啡的可能性比不喝茶的人小。请注意，这只是个例子，并不一定反映真实情况。还要注意，这一发现与我们之前使用的替代度量分析是一致的，如 5.7.1 节所述的兴趣因素(提升度)。 ◀

虽然上面的讨论集中在对支持度的度量上，但也可以对 2 项集的任意其他客观兴趣度的零分布建模，该度量方法在 5.7 节中介绍，例如兴趣度、比值比、余弦或全置信度。这是因为给定事务数量和两个项目的支持度计数，列联表的所有条目均可由 2 项集的支持度度量唯一确定。具体而言，图 10.9 表示的概率是特定列联表的概率，对应于 2 项集支持度的具体值。对于这些表格中的任一项，都可以计算(两个项目)任意客观兴趣度的值，这些值确定了所考虑度量的零分布。该方法也可用于评估关联规则的兴趣度量，如 $A{\rightarrow}B$ 的置信度，其中 A 和 B 是项集。

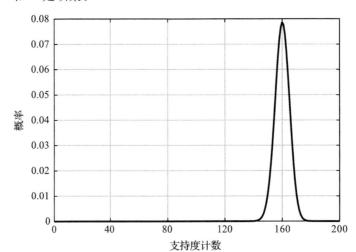

图 10.9　茶和咖啡相互独立的条件下，支持度计数与概率关系图

请注意，使用费舍尔精确检验相当于使用超几何分布。

2. 使用卡方检验

卡方（χ^2）检验为测量项集中多个项之间的独立性提供了通用但近似的方法。χ^2 检验背后的基本思想是计算列联表中每个条目的期望值，如表 10.4 所示，且假设这些条目具有统计独立性。之后在项目相互无关的零假设下，可用列联表中观察值和期望值之间的差异来计算服从 χ^2 分布的检验统计量。

形式上，考虑一个二维列联表，其中第 i 行第 j 列记为 $O_{i,j}(i, j \in \{0, 1\})$。（我们用符号 $O_{i,j}$ 代替 f_{ij}，因为前者通常用来表示 χ^2 统计量中讨论的"观测"值。）如果所有条目的和等于 N，那么可以针对每个条目计算期望值：

$$E_{ij} = N \times \Big(\sum_i \frac{O_{i,j}}{N} \Big) \times \Big(\sum_j \frac{O_{i,j}}{N} \Big) \tag{10.5}$$

这遵从独立事件的联合概率等于各自概率相乘这一事实。当所有项具有统计独立性时，对于 i 和 j 的所有值，$O_{i,j}$ 通常接近于 $E_{i,j}$。因此，$O_{i,j}$ 和 $E_{i,j}$ 之间的差异可用来衡量从项互不关联的零假设下观察到的列联表偏差。特别地，可以计算以下检验统计量：

$$R = \sum_i \sum_j \frac{(O_{i,j} - E_{i,j})^2}{E_{i,j}} \tag{10.6}$$

请注意，只有当 $O_{i,j}$ 和 $E_{i,j}$ 对于 i 和 j 的每个值都相等时，$R=0$。可以证明，当 N 较大时，R 的零分布可以近似为自由度为 1 的 χ^2 分布，因此我们可以使用 χ^2 分布的标准实现来计算观测值 R 的 p 值。

尽管上述讨论集中在两个项的二维列联表分析上，但是可以轻松地将 χ^2 检验扩展到两个以上项的多维列联表。例如，给定 k 项集 $X = \{i_1, i_2, \cdots, i_k\}$，观察条目记为 $O_{i1,i2,\cdots,ik}(i_1, i_2, \cdots, i_k \in \{0, 1\})$，可以构造 k 维列联表。列联表的期望值和检验统计量 R 的计算如下：

$$E_{i_1,i_2,\ldots,i_k} = N \times \prod_{j=1}^k \Big(\sum_{i_j} \frac{Q_{i_1,i_2,\cdots,i_k}}{N} \Big) \tag{10.7}$$

$$R = \sum_{i_1} \sum_{i_2} \cdots \sum_{i_k} \frac{(O_{i_1,i_2,\ldots,i_k} - E_{i_1,i_2,\ldots,i_k})^2}{E_{i_1,i_2,\ldots,i_k}} \tag{10.8}$$

在零假设下，项集 X 中所有项 k 都具有统计独立性，R 的分布仍可用 χ^2 分布近似。但自由度的通式为 df＝（行数－1）×（列数－1），因此，如果有个 4 乘 3 的列联表，那么 df＝(4-1)×(3-1)=6。

10.4.2　使用随机化方法

当统计模型难以对项集的零分布进行建模时，另一种方法是在项间无关联的零假设下，生成合成数据集，其中项的数量和事务数与原始数据相同。这涉及对原始数据中的行或列进行随机排列，使得结果数据中的项目彼此不相关。正如 10.2.1 节讨论的那样，除了对评估项间关联性的期望效果感兴趣之外，当随机化属性时，必须确保随机化结果数据集在各个方面与原始数据集相似。

我们希望在合成数据集中保留的基本结构为原始数据中每个项的支持度。具体而言，每个项在原始数据集和合成数据集的事务中出现的次数相同。保留项支持度结构的一种方法为随机对原始数据集每列的条目进行排列，且须独立于其他列。这确保项在合成数据集中具有相同的支持度，但彼此是独立的。然而，这可能会妨碍我们想要保留原始数据的不同属性，即每个事务的长度(一个事务的项数)。该属性可通过对行进行随机混排来保留，即保留行的总和。然而，该方法的缺陷是，合成数据集中每个项的支持度可能不同于原始数据集中每个项的支持度。

可保留原始数据支持度和事务长度的随机化方法称为**随机交换**(swap randomization)。基本思想是从两个不同的行和列中选择一对原始数据集，比如(k, i)和(l, j)，其中$k \neq l$，$i \neq j$(参见图10.10中左侧的表格)。这两项定义了二进制事务矩阵中一个矩形值的对角线。如果矩阵对角条目为0，即(k, j)和(l, i)为0，则可将0与1互换，如图10.10所示。请注意，通过交换，行和列的总和均被保留，而与其他项的关联会被破坏。继续该过程，直到数据集与原始数据集显著不同。(需要根据原始数据集的大小和性质确定交换次数的适当阈值。)

	列 i	…	列 j
⋮	⋮	…	⋮
行 k	1	…	0
⋮	⋮	…	⋮
行 l	0	…	1
⋮	⋮	…	⋮

⇒

	列 i	…	列 j
⋮	⋮	…	⋮
行 k	0	…	1
⋮	⋮	…	⋮
行 l	1	…	0
⋮	⋮	…	⋮

图10.10　随机交换过程示意图

随机交换法比其他方法更能准确地保留事务数据集的属性。然而该方法的计算量非常
794 大，特别是对于较大的数据集，会限制该方法的使用。此外，除了项支持度和事务长度，事务数据可能还存在随机交换无法保留的其他类型结构。例如，可能存在一些已知项的相关性(基于对域的考虑)，我们希望保留在合成数据集中，同时打破项间的其他相关性。一个很好的例子是记录跨多个主体(事务)的基因组(项)各个位置是否存在遗传变异的数据集。基因序列上位置相近的基因组表达已被证实是高度相关的。如果在随机化的同时对每列进行相同处理，则这种相关性的局部结构可能会在合成数据集中丢失。这种情况下，既要保留局部相关性，又要打破较远区域的相关性。

构造好与零假设相关的合成数据集，则可以通过观察项集在合成数据集中的支持度来生成项集支持度的零分布。该过程可帮助我们应用统计方法来决定支持度阈值，以便挖掘的频繁项集具有统计意义。

10.5　聚类分析的统计检验

聚类的效果通常通过聚类有效性度量评估，这些度量可捕获聚类的内聚度或分离度，例如均方误差总和(SSE)，或使用外部标签，如熵。某些情况下，度量的最小值和最大值对聚类性能有直观的解释，例如，如果给出实例的真实类标，并希望聚类能反映类的结
795 构，那么纯度为0表示效果不好，1则表示效果好。同样，熵为0表示效果好，SSE为0也表示效果好。然而多数情况下，我们只知道聚类有效性的中间值，如果没有考虑域，难以直接解释这些值。

统计检验方法为度量已发现聚类的显著性提供了有用的方法。具体而言，我们可以令零假设为实例之间没有聚类结构，且聚类算法对数据进行随机划分，该方法将聚类有效性度量作为检验统计量。在假设数据没有聚类结构的情况下，该检验统计量的分布为零分布。之后可以检验实际观察到的数据的有效性度量是否显著。下文中我们考虑两种一般情

况：(1)检验统计量是对未标注数据计算的内部聚类有效性指标，例如 SSE 或轮廓系数；(2)检验统计量是外部指标，即聚类类别标签将与类别标签进行比较，例如熵或纯度。这些聚类有效性度量在 7.5 节讲述。

10.5.1　为内部指标生成零分布

内部指标仅通过参考数据本身来衡量聚类的性能，参见 7.5.2 节。此外，聚类通常是由目标函数驱动的，在这些情况下，聚类性能的度量由目标函数提供。因此，大多数情况下，不对聚类进行统计评估。

不进行这种评估的另一个原因是难以产生零分布。具体而言，为了得到一个有意义的零分布来确定聚类结构，需要创建具有相似整体属性和特性的数据作为我们期望的数据，它没有聚类结构。但这些数据难以创建，因为数据通常具有复杂的结构，例如时间序列数据中的观察值之间的依赖性。尽管如此，若克服以上困难，统计检验则会有效。我们给出一个简单例子来说明这种方法。

例 10.10　SSE 的显著性　该例是基于 K 均值和 SSE 的。假设需要衡量图 10.11a 中分离良好的簇如何与随机数据进行比较，我们随机生成许多(均匀分布的)有 100 个点的集合，它们在两个维度上具有与三个集群中的点相同的范围值，用 K 均值在每个数据集中找到三个簇，并为这些聚类方法聚集 SSE 的分布。通过使用这种 SSE 的分布，我们可以估计原始聚类 SSE 值的概率。图 10.11b 展示了随机运行 500 次的 SSE 直方图，图中最低的 SSE 为 0.0173，对于图 10.11a 中的三个簇，SSE 是 0.0050。因此，我们可以保守地声称，如图 10.11a 所示的聚类偶然发生的概率小于 1%。

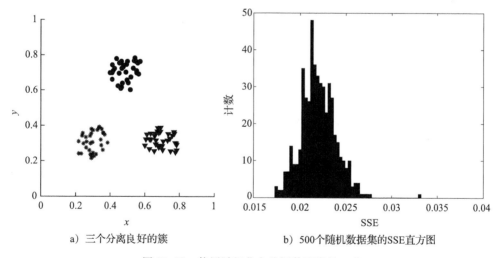

a) 三个分离良好的簇　　　　　b) 500个随机数据集的SSE直方图

图 10.11　使用随机化方法评估聚类的 p 值　◀

在前面的例子中，随机化方法可较为简单地评估内部聚类有效性度量的统计显著性。在实践中，域评估通常更为重要。例如，可通过查看文本和判断聚类的簇是否有意义来评估文本聚类方法。一般来讲，领域专家会评估聚类是否适合所需的应用。尽管如此，有时还需要对聚类进行统计评估。文献注释中提供了气候时间序列示例。

10.5.2　为外部指标生成零分布

如果使用外部标签进行评估，则使用熵或兰德统计量来评估聚类，参见 7.5.7 节，评估聚类别标签反映的聚类结构与类标相匹配的程度。一些度量指标可用于统计分布建模，例如，基于多元超几何分布的调整兰德系数。如果某个度量具有显著的分布，则可用该分布计算 p 值。

然而这种情况下，随机化方法也可用来生成一个零分布，如下所示：

1）随机生成 M 个标签集，L_1，…，L_i，…，L_M；

2）对于每个随机产生的标签集，计算外部指标。令 m_i 为第 i 次随机化获得的外部指标的值。设 m_0 为原始标签集的外部指标。

3）假设外部指标越大越好，则将 m_0 的 p 值定义为 m_i 的分数值，其中 $m_i > m_0$。

$$p \text{ 值}(m_0) = \frac{|\langle m_i : m_i > m_0 \rangle|}{M} \tag{10.9}$$

与聚类的无监督评估方法类似，领域显著性通常具有主导作用。例如，在例 7.15 中考虑将新文章聚类到不同的组中，文章属于的类别包括：娱乐、财经、国外、都市、国内和体育。如果我们拥有与新闻文章类别相同数量的簇，那么理想的聚类将具有两个特征。首先，每个簇只包含一个类的文章，即该文章只属于一类。其次，每个簇将包含来自特定类的所有文章。实际中，对文章的聚类可能具有统计意义，但就纯度和/或包含特定文章类别的所有文章而言仍较差。有时候，这种情况仍是我们下一步描述的兴趣所在。

10.5.3 富集

在某些涉及标记数据的情况下，评估聚类的目标是找到具有比预期的随机簇更多的特定类别实例的簇。当一个簇特定类的实例数量超过预期数量时，我们说该簇在该类中是丰富的。这种方法通常用于分析生物信息学数据，如基因表达数据，但也适用于其他领域。此外，这种方法可以用于任何组的集合，而不仅仅是聚类创建的集合。下面用一个简单的例子来说明这种方法。

例 10.11 针对收入水平的城市社区富集 假设在一个特定城市有 10 个不同的社区，与问题中的聚类相对应。总的来说，该城市有一万人。此外，假设有 3 种收入水平，贫困（30%）、中等（50%）和富裕（20%）。最后，假设其中一个社区拥有 1000 名居民，其中 23% 富裕的人。问题在于这个社区富裕的人是否比随机预期的要多。该例的列联表如表 10.5 所示，我们可以使用费舍尔精确检验来分析这个表格。（请参见 10.4.1 节中的例 10.9）

表 10.5 某 1000 人喝饮料的偏好

	社区内	非社区内	
富裕	230	1770	2000
非富裕	770	7230	8000
	20 000	9000	10 000

使用费舍尔精确检验，发现该结果的 p 值为 0.0076。这似乎表明，在 1% 的显著性水平上，在该社区中生活的富人比随机偶然预期的要多，但有几点需要说明。首先，可能正在对每个社区进行检验以寻找富集。因此总共有 30 个检验，并且应该调整 p 值以进行多重比较。例如，如果使用 Bonferroni 方法，0.0076 不是一个显著结果，因为显著性阈值为 $\frac{0.01}{30} = 0.0003$。此外，该列联表的比值比仅为 1.22。因此，即使差异显著，实际差异的数量也不会很大。也就是说，离比值比为 1 还很远。此外，请注意，将表格的所有条目乘以 10 将大大降低 p 值（$\approx 10^{-9}$），但比值比保持不变。尽管存在这些问题，但富集可能是一个有价值的工具，并为各种应用取得有用的结果。 ◄

10.6　异常检测的统计检验

异常检测算法通常以类别标签（当分类模型在标记的异常情况下进行训练时）或异常分数的形式产生输出。统计考虑可用来确保这两类输出的有效性，如下所述。

1. 有监督异常检测

如果可以访问带标签的异常实例，则可以将异常检测问题转换为二分类问题，其中负类对应于正常数据实例，而正类对应于异常实例。10.3 节中讨论的统计检验方法与有监督异常检测中的避免错误发现直接相关，尽管为构建不平衡类的模型增添了额外的挑战（参见 4.11 节）。具体而言，我们需要确保统计检验中使用的分类错误度量对类之间的不平衡性很敏感，并且重点强调与罕见异常类相关的错误（假阳性和假阴性）。在学习一个有效的分类模型后，我们还可以使用统计方法，针对未见的实例来捕捉模型输出的不确定性。例如，我们可以使用重采样方法（如自举技术）从训练集中学习多个分类模型，并且可以使用在未知实例上生成的标签的分布来估计实例的真实类别标签的置信区间。

2. 无监督异常检测

大多数无监督的异常检测方法会在数据实例上产生异常分数，以指示实例与正常类的异常情况。我们需要确定异常分数的适当阈值，以确定显著异常的实例，因此值得进一步调查。阈值的选择通常由用户基于对可接受的领域考虑来指定，作为正常行为的显著偏离。在统计检验方法的帮助下，这些决策也可以得到支持。

特别是从统计的角度来看，我们可以将每个实例都看作一个结果，他的异常分数就是检验统计量。将实例属于正常类作为零假设，而备择假设为实例与正常类的其他点显著不同，因此是异常的。由此可知给定异常分数的零分布，我们可以计算每个结果的 p 值，并使用这些信息来确定统计显著的异常。

异常检测的统计检验的主要要求是获得属于正常类实例的异常分数分布，以此作为零分布。如果异常检测方法是基于统计技术的（参见 9.3 节），则可以访问统计模型来估计正常类的分布。在其他情况下，我们可以使用随机化方法来生成合成数据集，其中实例只属于正常类。例如，如果可以构建没有异常的数据模型，则可以使用此模型生成数据的多个样本，然后可以使用这些样本创建正常实例的异常分数分布。不幸的是，就像生成用于聚类的合成数据一样，通常没有简单的方法来构造随机数据集，除了它们仅包含正常实例之外，它们在所有方面都与原始数据类似。

然而，如果异常检测是有用的，那么在某个时刻，需要由领域专家评估异常检测的结果，特别是最高等级的异常，以评估算法的性能。如果算法产生的异常与专家评估不一致，这并不一定意味着算法运行不正常。相反，这可能意味着专家和算法使用的异常定义有所不同。例如，专家可能会将数据的某些方面视为无关紧要的条件，但算法可能正好相反。在这种情况下，可以不强调数据的这些方面，以帮助完善统计检验方法。或者，可能会存在专家不熟悉的新异常类型，因为异常本质上应该是令人惊讶的。

3. 基本比率谬误

考虑一个异常检测系统，可以准确地检测到 99.9% 的欺诈性信用卡交易，误报率只有 0.01%。如果系统将事务标记为异常情况，那么真正欺诈的可能性有多大？一个常见的误解是，鉴于系统的高检测率和低误报率，检测到的异常大多数是欺诈事务。但是，如果不考虑数据的偏差，这可能会产生误导。这个问题也被称为基本比率谬误或基本比率忽视。

为了说明这个问题，考虑表 10.6 所示的列联表。设 d 是系统的检测率（即真阳率），f

是其误报率，具体表示为

$$P(\text{有警报}\,|\,\text{有欺诈}) = d \text{ 和 } P(\text{有警报}\,|\,\text{无欺诈}) = f$$

表 10.6　具有检测率 d 和误报率 f 的异常检测系统的列联表

	有警报	无警报	
有欺诈	$d\alpha N$	$(1-d)\alpha N$	αN
无欺诈	$f(1-\alpha)N$	$(1-f)(1-\alpha)N$	$(1-\alpha)N$
	$d\alpha N + f(1-\alpha)N$	$(1-d)\alpha N + (1-f)(1-\alpha)N$	N

我们的目标是计算系统的精度，即 $P(\text{有欺诈}\,|\,\text{有警报})$。如果精度很高，那么大多数警报确实是由欺诈性交易触发的。根据表 10.6 给出的信息，系统的精度可以计算如下：

$$\text{精度} = \frac{d\alpha N}{d\alpha N + f(1-\alpha)N} = \frac{d\alpha}{f + (d-f)\alpha} \tag{10.10}$$

其中，α 是数据中欺诈交易的百分比。由于 $d = 0.999$ 和 $f = 0.0001$，系统的精度为

$$\text{精度} = \frac{0.999\alpha}{0.0001 + 0.9989\alpha} \tag{10.11}$$

如果数据没有倾斜，例如当 $\alpha = 0.5$ 时，那么它的精度将会非常高，为 0.9999，所以我们可以相信大多数被标记的事务是欺诈性的。然而，如果数据是高度倾斜的，例如当 $\alpha = 2 \times 10^{-5}$（五万个事务中的一个）时，则精确度仅为 0.167，这意味着六个警报只有一个是真正异常的。

前面的例子说明了在为给定应用选择合适的异常检测系统时考虑数据倾斜度的重要性。如果感兴趣的事件很少发生，例如五万总体中的一个，那么即使是一个具有 99.9% 检测率和 0.01% 误报率的系统仍然可以对系统标记的每 6 个异常产生 5 个错误。随着数据倾斜度的百分比的增加，系统的精度显著降低。这个问题的关键在于检测率和误报率是对类分布倾斜度不敏感的指标，在 4.11 节中，我们在讨论类不平衡问题时首次提到该问题。这里的教训是，任何对异常检测系统的评估必须在将系统部署到实践之前考虑数据的倾斜程度。

文献注释

近年来关注研究结果的有效性和可重复性的文献越来越多，该方面最著名的工作可能是 Ioannidis 的论文[721]，该论文声称大部分已发表的研究成果都是错误的。针对这项工作也存有各种批评，例如 Goodman 和 Greenland[717]、Ioannidis[716，722]。无论如何，对结果的有效性和可重复性研究只会不断增长。Simmons 等人的论文[742]指出，在目前实践中，心理学上的任何影响几乎都可以表现为统计显著性，该文章还为实际研究和文章评审提出建设性变更建议。Baker[697]的一项自然调查报告称，超过 70% 的研究人员曾尝试但未能复制其他研究人员获得的结果，50% 的人未能复制自己的结果。值得肯定的一点是，Jager 和 Leek[724]研究了已发表的医学研究成果，尽管他们发现有需要改进的地方，但得出结论"我们的分析表明医学文献仍是科学进步的可靠记录"。Nate Silver[741]近期的一本书讨论了包括棒球、政治和经济在内的各种领域预测失败的一些案例。虽然许多其他研究和参考文献可在许多领域被引用，但关键是有一个获大量证据支持的广泛的观念，许多当前的数据分析并不可靠，且可采取各种步骤来改善这种情况[699，723，729]。尽管本章主要讨论统计问题，但例如 Ioannidis 在其论文中提出的许多变化并不属于统计学范畴。

显著性检验的概念是由著名的统计学家 Ronald Fisher[710，734]提出的。Neyman 和 Pearson[735，736]发现其缺点并引入假设检验，这两种方法通常合称为零假设统计检验 (NHST)[731]，且作为许多问题的源头[712，720]。近期许多论文对错误的 p 值概念进行了总结，例如 Goodman[715]、Nuzzo[737]和 Gelman[711]。美国统计协会近期发表了对 p 值的论述[751]。Kass、Raftery[727]和 Goodman、Sander[716]的论文对贝叶斯方法进行描述，例如贝叶斯因子和先验概率。Benjamin 和许多著名统计学家近期的一篇论文 [699]使用这种方法指出，统计显著性默认的 p 值应设为 0.005 而非 0.05。普遍来讲，正如一些人所指出的那样，误解和误用 p 值并不是唯一的问题[730]。请注意，Fisher 的显著性检验和 Neyman－Pearson 假设检验方法都是根据统计设计的实验来设计的，但往往可能大部分应用于观测数据。事实上，当今分析的大部分数据都是观测数据。

803

错误发现率的开创性论文为 Benjamini 和 Hochberg[701]，Storey[743-745]提出了阳性错误发现率，Efron[704-707]主张使用局部错误发现率。Efron、Storey 和 Tibshirani 等人的工作已用于分析微阵列数据的软件包中：SAM 微阵列显著性分析[707，746，750]。普遍来讲，大多数数学和统计软件都有用于计算 FDR 的软件包。具体而言，请参阅 Strimmer 用 R 语言编写的 FDRtool[748，749]或 q 值程序[698，747]，它可在著名的 R 软件包 Bioconductor 中使用。Benjamini[700]对多重假设检验（多重比较）过去和近期的工作进行了调研。

正如 10.2 节讨论的那样，对于重采样方法，尤其是基于随机化/置换和自举/交叉验证的方法，是模拟零分布或评估指标分布的主要方法，由此可计算感兴趣的评估指标，如 p 值、错误发现率和置信区间。关于自举和交叉验证的讨论和参考文献在第 3 章的参考文献中提供。关于置换/随机化的一些资源包括 Edgington 和 Onghena[703]、Good[714]、Pesarin 和 Luigi[740]的书籍，以及 Collingridge[702]、Ernst[709]和 Welch[756]的文章。尽管这种技术被广泛使用，但正如 Efron[705]中讨论的那样，仍存在一些限制。Efron 在该篇文章中描述了一种贝叶斯方法，用于估计经验零分布并用来计算"局部"错误发现率，这比使用基于随机化或理论方法的零分布方法更准确。

804

正如我们在一些应用特定部分所看到的，数据分析的不同领域倾向于针对其问题使用特定的方法。10.3.1 节讲述的类别标签置换（随机化）是一种直截了当且众所周知的方法。Ojala 和 Garigga[738]的论文对该方法进行深入研究，并提出一种替代的随机化方法，可以在给定数据集的情况下，帮助识别特征之间的依赖关系在分类性能中是否重要。Jensen 和 Cohen[726]的论文讨论了在模型选择中的多重假设检验问题，由于大多数用户都根据聚类性能度量来评估结果，因此聚类在统计验证方面的工作相对较少。但是仍有一些有用的资料，如 Jain 和 Dube[725]聚类书的第 4 章，Xiong 和 Li[757]对聚类有效性度量做了最新综述。Gionis 等人[713]将随机交换法引入关联分析中，该篇文章的参考文献记载了该方法在其他领域的源头，以及关联模式的评估方法。Ojala 等人[739]将这项工作扩展到实值矩阵，Webb[752－755]对发现统计可靠关联模式的相关工作也是相当重要的。Hämäläinen 和 Webb 在 KDD 2014 讲述了发现统计可靠关联模式。Hämäläinen 的相关出版物包括文献[719]和文献[718]。

减少可变性和增加功效的实验设计是统计学的核心组成部分。关于该话题有一些通用书籍，例如 Montgomery[732]，但是许多对该话题更具体的处理可用于各种不同的领域。近年来，A/B 检验已成为企业比较两种替代方案的常用工具，例如两个网页。最近由 Kohavi 等人[728]撰写的论文提供了 A/B 检验及其一些变体的综述和实用指南。

10.1 节和 10.2 节讲述的大部分内容都包含在各种统计手册和文章中，其中许多内容是前面提到的。关于显著性和假设检验的其他参考资料可以在介绍性文章中找到，尽管如上所述，这两种方法的区分并不明显。假设检验在许多领域（例如医学）应用广泛，因为该方法允许研究人员针对第一类错误、功效和效应量，确定需要多少样本才能得到确定的目标值，如 Ellis[708] 和 Murphy 等人[733] 的论文。

805

参考文献

[697] M. Baker. 1,500 scientists lift the lid on reproducibility. *Nature*, 533(7604):452–454, 2016.

[698] D. Bass, A. Dabney, and D. Robinson. qvalue: Q-value estimation for false discovery rate control. R package, 2012.

[699] D. J. Benjamin, J. Berger, M. Johannesson, B. A. Nosek, E.-J. Wagenmakers, R. Berk, K. Bollen, B. Brembs, L. Brown, C. Camerer, et al. Redefine statistical significance. *PsyArXiv*, 2017.

[700] Y. Benjamini. Simultaneous and selective inference: current successes and future challenges. *Biometrical Journal*, 52(6):708–721, 2010.

[701] Y. Benjamini and Y. Hochberg. Controlling the false discovery rate: a practical and powerful approach to multiple testing. *Journal of the royal statistical society. Series B (Methodological)*, pages 289–300, 1995.

[702] D. S. Collingridge. A primer on quantitized data analysis and permutation testing. *Journal of Mixed Methods Research*, 7(1):81–97, 2013.

[703] E. Edgington and P. Onghena. *Randomization tests*. CRC Press, 2007.

[704] B. Efron. *Local false discovery rates*. Division of Biostatistics, Stanford University, 2005.

[705] B. Efron. Large-scale simultaneous hypothesis testing. *Journal of the American Statistical Association*, 2012.

[706] B. Efron et al. Microarrays, empirical Bayes and the two-groups model. *Statistical science*, 23(1):1–22, 2008.

[707] B. Efron, R. Tibshirani, J. D. Storey, and V. Tusher. Empirical Bayes analysis of a microarray experiment. *Journal of the American statistical association*, 96(456):1151–1160, 2001.

[708] P. D. Ellis. *The essential guide to effect sizes: Statistical power, meta-analysis, and the interpretation of research results*. Cambridge University Press, 2010.

[709] M. D. Ernst et al. Permutation methods: a basis for exact inference. *Statistical Science*, 19(4):676–685, 2004.

[710] R. A. Fisher. Statistical methods for research workers. In *Breakthroughs in Statistics*, pages 66–70. Springer, 1992 (originally, 1925).

[711] A. Gelman. Commentary: P values and statistical practice. *Epidemiology*, 24(1):69–72, 2013.

[712] G. Gigerenzer. Mindless statistics. *The Journal of Socio-Economics*, 33(5):587–606, 2004.

[713] A. Gionis, H. Mannila, T. Mielikäinen, and P. Tsaparas. Assessing data mining results via swap randomization. *ACM Transactions on Knowledge Discovery from Data (TKDD)*, 1(3):14, 2007.

[714] P. Good. *Permutation tests: a practical guide to resampling methods for testing hypotheses*. Springer Science & Business Media, 2013.

[715] S. Goodman. A dirty dozen: twelve p-value misconceptions. In *Seminars in hematology*, volume 45(13), pages 135–140. Elsevier, 2008.

[716] S. Goodman and S. Greenland. Assessing the Unreliability of the Medical Literature: A response to Why Most Published Research Findings are False. *bepress*, 2007.

[717] S. Goodman and S. Greenland. Why most published research findings are false: problems in the analysis. *PLoS Med*, 4(4):e168, 2007.

806

[718] W. Hämäläinen. *Efficient search for statistically significant dependency rules in binary data.* PhD Thesis, Department of Computer Science, University of Helsinki, 2010.

[719] W. Hämäläinen. Kingfisher: an efficient algorithm for searching for both positive and negative dependency rules with statistical significance measures. *Knowledge and information systems*, 32(2):383–414, 2012.

[720] R. Hubbard. Alphabet Soup: Blurring the Distinctions Between ps and α's in Psychological Research. *Theory & Psychology*, 14(3):295–327, 2004.

[721] J. P. Ioannidis. Why most published research findings are false. *PLoS Med*, 2(8):e124, 2005.

[722] J. P. Ioannidis. Why most published research findings are false: author's reply to Goodman and Greenland. *PLoS medicine*, 4(6):e215, 2007.

[723] J. P. Ioannidis. How to make more published research true. *PLoS medicine*, 11(10): e1001747, 2014.

[724] L. R. Jager and J. T. Leek. An estimate of the science-wise false discovery rate and application to the top medical literature. *Biostatistics*, 15(1):1–12, 2013.

[725] A. K. Jain and R. C. Dubes. *Algorithms for Clustering Data.* Prentice Hall Advanced Reference Series. Prentice Hall, March 1988.

[726] D. Jensen and P. R. Cohen. Multiple Comparisons in Induction Algorithms. *Machine Learning*, 38(3):309–338, March 2000.

[727] R. E. Kass and A. E. Raftery. Bayes factors. *Journal of the american statistical association*, 90(430):773–795, 1995.

[728] R. Kohavi, A. Deng, B. Frasca, T. Walker, Y. Xu, and N. Pohlmann. Online controlled experiments at large scale. In *Proceedings of the 19th ACM SIGKDD international conference on Knowledge discovery and data mining*, pages 1168–1176. ACM, 2013.

[729] D. Lakens, F. G. Adolfi, C. Albers, F. Anvari, M. A. Apps, S. E. Argamon, M. A. van Assen, T. Baguley, R. Becker, S. D. Benning, et al. Justify Your Alpha: A Response to Redefine Statistical Significance. *PsyArXiv*, 2017.

[730] J. T. Leek and R. D. Peng. Statistics: P values are just the tip of the iceberg. *Nature*, 520(7549):612, 2015.

[731] E. F. Lindquist. *Statistical analysis in educational research.* Houghton Mifflin, 1940.

[732] D. C. Montgomery. *Design and analysis of experiments.* John Wiley & Sons, 2017.

[733] K. R. Murphy, B. Myors, and A. Wolach. *Statistical power analysis: A simple and general model for traditional and modern hypothesis tests.* Routledge, 2014.

[734] J. Neyman. RA Fisher (1890–1962): An Appreciation. *Science*, 156(3781):1456–1460, 1967.

[735] J. Neyman and E. S. Pearson. On the use and interpretation of certain test criteria for purposes of statistical inference: Part I. *Biometrika*, pages 175–240, 1928.

[736] J. Neyman and E. S. Pearson. On the use and interpretation of certain test criteria for purposes of statistical inference: Part II. *Biometrika*, pages 263–294, 1928.

[737] R. Nuzzo. Scientific method: Statistical errors. *Nature News*, Feb. 12 2014.

[738] M. Ojala and G. C. Garriga. Permutation tests for studying classifier performance. *Journal of Machine Learning Research*, 11(Jun):1833–1863, 2010.

[739] M. Ojala, N. Vuokko, A. Kallio, N. Haiminen, and H. Mannila. Randomization of real-valued matrices for assessing the significance of data mining results. In *Proceedings of the 2008 SIAM International Conference on Data Mining*, pages 494–505. SIAM, 2008.

[740] F. Pesarin and L. Salmaso. *Permutation tests for complex data: theory, applications and software.* John Wiley & Sons, 2010.

[741] N. Silver. *The signal and the noise: Why so many predictions fail-but some don't.* Penguin, 2012.

[742] J. P. Simmons, L. D. Nelson, and U. Simonsohn. False-positive psychology undisclosed flexibility in data collection and analysis allows presenting anything as significant. *Psychological science*, page 0956797611417632, 2011.

[743] J. D. Storey. A direct approach to false discovery rates. *Journal of the Royal Statistical Society: Series B (Statistical Methodology)*, 64(3):479–498, 2002.

[744] J. D. Storey. The positive false discovery rate: a Bayesian interpretation and the q-value. *Annals of statistics*, pages 2013–2035, 2003.

[745] J. D. Storey, J. E. Taylor, and D. Siegmund. Strong control, conservative point estimation and simultaneous conservative consistency of false discovery rates: a unified approach. *Journal of the Royal Statistical Society: Series B (Statistical Methodology)*, 66(1):187–205, 2004.

[746] J. D. Storey and R. Tibshirani. SAM: thresholding and false discovery rates for detecting differential gene expression in DNA microarrays. In *The analysis of gene expression data*, pages 272–290. Springer, 2003.

[747] J. D. Storey, W. Xiao, J. T. Leek, R. G. Tompkins, and R. W. Davis. Significance analysis of time course microarray experiments. *Proceedings of the National Academy of Sciences of the United States of America*, 102(36):12837–12842, 2005.

[748] K. Strimmer. fdrtool: a versatile R package for estimating local and tail area-based false discovery rates. *Bioinformatics*, 24(12):1461–1462, 2008.

[749] K. Strimmer. A unified approach to false discovery rate estimation. *BMC bioinformatics*, 9(1):303, 2008.

[750] V. G. Tusher, R. Tibshirani, and G. Chu. Significance analysis of microarrays applied to the ionizing radiation response. *Proceedings of the National Academy of Sciences*, 98 (9):5116–5121, 2001.

[751] R. L. Wasserstein and N. A. Lazar. The ASA's statement on p-values: context, process, and purpose. *The American Statistician*, 2016.

[752] G. I. Webb. Discovering significant patterns. *Machine Learning*, 68(1):1–33, 2007.

[753] G. I. Webb. Layered critical values: a powerful direct-adjustment approach to discovering significant patterns. *Machine Learning*, 71(2):307–323, 2008.

[754] G. I. Webb. Self-sufficient itemsets: An approach to screening potentially interesting associations between items. *ACM Transactions on Knowledge Discovery from Data (TKDD)*, 4(1):3, 2010.

[755] G. I. Webb and J. Vreeken. Efficient discovery of the most interesting associations. *ACM Transactions on Knowledge Discovery from Data (TKDD)*, 8(3):15, 2014.

[756] W. J. Welch. Construction of permutation tests. *Journal of the American Statistical Association*, 85(411):693–698, 1990.

[757] H. Xiong and Z. Li. Clustering Validation Measures. In C. C. Aggarwal and C. K. Reddy, editors, *Data Clustering: Algorithms and Applications*, pages 571–605. Chapman & Hall/CRC, 2013.

习题

1. 统计检验以类似于数学证明技术的方式进行，利用前后矛盾，通过假设陈述是错误的，然后推导出一个矛盾来证明陈述。比较和对比统计检验和矛盾证明。

2. 以下哪项是合适的假设。如果不是，请解释原因。

    (a) 比较两组数值。考虑比较一组受试者在进行低盐饮食之前和之后的平均血压。在这种情况下，零假设是低盐饮食降低血压，即饮食改变之前和之后受试者的平均血压是相同的。

    (b) 分类。假设有两类，分别标记为＋和－，我们最感兴趣的是正类，例如疾病的存在。H_0 是一个对象属于负类，即患者没有疾病。

    (c) 关联分析。对于频繁模式，零假设是项相互独立，因此，我们检测到的任何模式都是虚假的。

    (d) 聚类。零假设为数据中的聚类结构超出了随机可能出现的结构。

    (e) 异常分析。零假设为一个对象是非异常的。

3. 再次考虑例 10.9 中介绍的咖啡和茶的例子。除了每个条目除以 10(左表)或乘以 10(右表)之外，以下两个表格与例 10.9 中的表格相同。

表 10.7　100 人(左)和 10000 人(右)的饮料偏好

	咖啡	咖啡	
茶	15	5	20
茶	65	15	80
	80	20	100

	咖啡	咖啡	
茶	1500	500	2000
茶	6500	1500	8000
	8000	2000	10 000

(a) 计算每个表格观察到的支持计数的 p 值，即 15 和 1500。随着样本大小的增加，会观察到什么模式？

(b) 计算该问题中的两个列联表的比率值和兴趣因子，以及例 10.9 的原始表(有关这两项指标的定义，请参见 5.7.1 节)。会观察到什么模式？ 809

(c) 比率值和兴趣因子是效应量的度量。从实际的角度来看，这两种效应的大小是否显著？

(d) 对于这种情况，能得出关于 p 值与效应量之间关系的结论吗？

4. 考虑效应值和 p 值的不同组合，将其应用于我们想要确定新药效力的实验中。

(i) 效应值小，p 值小

(ii) 效应值小，p 值大

(iii) 效应值大，p 值小

(iv) 效应值大，p 值大

　　效应值是小还是大取决于领域，在这种情况下是医疗领域。对于这个问题，考虑一个小于 0.001 较小的 p 值，而大的 p 值大于 0.05。假设样本量相对较大，例如成千上万的患者有希望用该药物治疗的病症。

(a) 哪些组合可能会引起关注？

(b) 那些组合可能不会引起关注？

(c) 如果样本量很小，会改变你对以上问题的答案吗？

5. 对于 Neyman-Pearson 假设检验，我们需要权衡 α、第一类错误的概率和功效，即 $1-\beta$，其中 β 是第二类错误的概率。计算 α、β 和下面给出的情况下的功效，其中指定了零分布和替代分布以及伴随的临界区域。所有的分布都是具有某些特定平均值 u 和标准偏差 σ 的高斯分布，即 $\mathcal{N}(\mu, \sigma)$。设 T 是检验统计量。

(a) $H_0: \mathcal{N}(0, 1)$，$H_1: \mathcal{N}(3, 1)$，临界区域：$T>2$。

(b) $H_0: \mathcal{N}(0, 1)$，$H_1: \mathcal{N}(3, 1)$，临界区域：$|T|>2$。

(c) $H_0: \mathcal{N}(-1, 1)$，$H_1: \mathcal{N}(3, 1)$，临界区域：$T>1$。

(d) $H_0: \mathcal{N}(-1, 1)$，$H_1: \mathcal{N}(3, 1)$，临界区域：$|T|>1$。

(e) $H_0: \mathcal{N}(-1, 0.5)$，$H_1: \mathcal{N}(3, 0.5)$，临界区域：$T>1$。

(f) $H_0: \mathcal{N}(-1, 0.5)$，$H_1: \mathcal{N}(3, 0.5)$，临界区域：$|T|>1$。

6. 一个 p 值测量了零假设为真的结果的概率。然而，许多计算 p 值的人将它用作给定结果的零假设的概率，这是错误的。式(10.12)总结了这个问题的贝叶斯方法。

$$\frac{P(H_1 \mid x_{\text{obs}})}{P(H_0 \mid x_{\text{obs}})} = \frac{f(H_1 \mid x_{\text{obs}})}{f(H_0 \mid x_{\text{obs}})} \times \frac{P(H_1)}{P(H_0)} \tag{10.12}$$

H_1 后验概率 ＝ 贝叶斯因子 × H_1 先验概率 810

这种方法计算了观察结果 x_{obs} 下备择假设和零假设(分别为 H_1 和 H_0)的概率比值。反过来,这个数量表示为两个因素的乘积:贝叶斯因子和先验概率。先验概率是 H_1 的概率与 H_0 概率的比值,根据我们对每个假设的相信程度的先验信息来计算。通常,根据经验直接估计先验概率。例如,在实验室的药物测试中,可能知道大多数药物不产生潜在的治疗效果。贝叶斯因子是 H_1 和 H_0 下观察结果 x_{obs} 的概率或概率密度的比值。计算出的数值代表了观察结果属于备择假设而非零假设的可能性度量。从概念上讲,值越高,我们越倾向于备择假设。贝叶斯因子越高,H_1 的数据所提供的证据越强。一般来讲,这种方法可以用来评估任何对立假设的证据。因此,式(10.12)中 H_0 的角色可以(经常)转换。

(a) 假设贝叶斯因子高至 20,但先验概率只有 0.01。你会倾向于选择备择假设还是零假设?

(b) 假设先验概率为 0.25,零分布是密度函数为 $f_0(x) = \mathcal{N}(0, 2)$ 的高斯分布,替代分布由 $f_1(x) = \mathcal{N}(3, 1)$ 给出。计算以下 x_{obs} 值的贝叶斯因子和 H_1 的后验概率:2,2.5,3,3.5,4,4.5,5。请解释在这两个变量中观察到的模式。

7. 考虑通过抛 10 次硬币来确定抛硬币是否公平,即 $P(正面) = P(反面) = 0.5$ 的问题。使用二项式定理和基本概率来回答以下问题。

(a) 一枚硬币抛 10 次,每一次都会出现正面。连续获得 10 次正面的概率是多少?会得出关于抛硬币是否公平的结论吗?

(b) 假设对 10 000 个硬币连续抛 10 次,并且 10 个硬币的结果全为正面,能否肯定地说这些硬币不公平?

(c) 当单独评估对比组内评估时,可以得出什么结论?

(d) 假设将每枚硬币抛 20 次,然后评估 10 000 枚硬币。可以自信地说任何一枚全部产生正面的硬币都不公平吗?

8. 算法 10.1 提供了一种使用 Benjamini 和 Hochberg 提出的计算错误发现率的方法。本文是根据对 p 值进行排序和调整显著性水平来评估 p 值是否显著。解释此方法的另一种方法是根据对 p 值进行排序,从最小到最大以及计算调整的 p 值,$p_i' = p_i \times \frac{m}{i}$,其中 i 表示第 i 个最小 p 值,m 是 p 值的数量。统计显著性根据是否 $p_i' \leqslant \alpha$ 来确定,其中 α 是预期的错误发现率。

(a) 计算表 10.8 中 p 值的调整 p 值。请注意,调整后的 p 值可能不是单调的。在这种情况下,大于其后续的调整后的 p 值会更改为与其后续相同的值。

(b) 如果预期的 FDR 是 20%,即 $\alpha = 0.20$,那么 p 值是否被拒绝?

(c) 假设使用 Bonferroni 方法。对于 α 的不同值,即 0.01、0.05 和 0.10,计算修改后的 p 值阈值 $\alpha* = \frac{\alpha}{10}$,Bonferroni 方法利用该值评估 p 值。然后对于每个值为 $\alpha*$ 的 p 值,H_0 将被拒绝(如果 p 值等于阈值,则被拒绝)。

表 10.8 有序 p 值集合

	1	2	3	4	5	6	7	8	9	10
原始 p 值	0.001	0.005	0.05	0.065	0.15	0.21	0.25	0.3	0.45	0.5

9. 阳性错误发现率(pFDR)与 10.1.3 节中定义的错误发现率类似,但假定真阳性的个数

大于 0。pFDR 的计算与 FDR 的计算类似，但需要假设 m_0 的值，满足零假设结果的数量。pFDR 不如 FDR 保守，但计算更复杂。

阳性错误发现率还允许定义 p 值的 FDR 类似物。如果给定的假设被接受，q 值就是假设的预期分数。具体而言，与 p 值相关联的 q 值是所有极端假设中的假阳性结果的预期比例，这些假设具有更低的 p 值。因此，如果使用 p 值作为拒绝阈值，则与 p 值相关联的 q 值即为阳性错误发现率。

下面展示 50 个 p 值，以及经过 Benjamini-Hochberg 调整后的 p 值和 q 值。

p 值

```
0.0000 0.0000 0.0002 0.0004 0.0004 0.0010 0.0089 0.0089 0.0288 0.0479
0.0755 0.0755 0.0755 0.1136 0.1631 0.2244 0.2964 0.3768 0.3768 0.3768
0.4623 0.4623 0.4623 0.5491 0.5491 0.6331 0.7107 0.7107 0.7107 0.7107
0.7107 0.8371 0.9201 0.9470 0.9470 0.9660 0.9660 0.9660 0.9790 0.9928
0.9928 0.9928 0.9928 0.9960 0.9960 0.9989 0.9989 0.9995 0.9999 1.0000
```

BH 调整 p 值

```
0.0000 0.0000 0.0033 0.0040 0.0040 0.0083 0.0556 0.0556 0.1600 0.2395
0.2904 0.2904 0.2904 0.4057 0.5437 0.7012 0.8718 0.9420 0.9420 0.9420
1.0000 1.0000 1.0000 1.0000 1.0000 1.0000 1.0000 1.0000 1.0000 1.0000
1.0000 1.0000 1.0000 1.0000 1.0000 1.0000 1.0000 1.0000 1.0000 1.0000
1.0000 1.0000 1.0000 1.0000 1.0000 1.0000 1.0000 1.0000 1.0000 1.0000
```

q 值

```
0.0000 0.0000 0.0023 0.0033 0.0033 0.0068 0.0454 0.0454 0.1267 0.1861
0.2509 0.2509 0.2509 0.3351 0.4198 0.4989 0.5681 0.6257 0.6257 0.6257
0.6723 0.6723 0.6723 0.7090 0.7090 0.7375 0.7592 0.7592 0.7592 0.7592
0.7592 0.7879 0.8032 0.8078 0.8078 0.8108 0.8108 0.8108 0.8129 0.8150
0.8150 0.8150 0.8150 0.8155 0.8155 0.8159 0.8159 0.8160 0.8161 0.8161
```

（a）使用 BH 调整的 p 值，将阈值分别设为 0.05、0.10、0.15、0.20、0.25 和 0.30，有多少 p 值被认为是显著的？

（b）将阈值分别设为 0.05、0.10、0.15、0.20、0.25 和 0.30，有多少 p 值被认为是显著的？

（c）比较两组结果。

10. 到目前为止，讨论的错误发现率定义的替代方案是局部错误发现率，其基于对检验统计量的观测值建模作为两个分布的混合，其中大多数观测来自零分布，还有一些（有趣的）观测值来自替代分布（有关混合模型的更多信息，参见 8.2.2 节）。如果 Z 是检验统计量，则 Z 的密度 $f(z)$ 由下式给出：

$$f(z) = p_0 f_0(z) + p_1 f_1(z) \qquad (10.13)$$

其中，p_0 是来自零分布实例的概率，$f_0(z)$ 是零假设下 p 值的分布，p_1 是来自替代分布实例的概率，$f_1(z)$ 是在备择假设下 p 值的分布。

使用贝叶斯定理，可以推导任意 z 值的零假设的概率，如下所示：

$$p(H_0 \mid z) = \frac{f(H_0 \text{ 和 } z)}{f(z)} = \frac{p_0 f_0(z)}{f(z)} \qquad (10.14)$$

我们想将变量 $p(H_0 \mid z)$ 定义为局部错误发现率。由于 p_0 通常接近 1，所以用小写字母 fdr 表示的局部错误发现率定义如下：

$$\mathrm{fdr}(z) = \frac{f_0(z)}{f(z)} \tag{10.15}$$

这是一个点估计值，而不是与基于 p 值的标准 FDR 一样的区间估计值，因此它将随检验统计量的值而变化。请注意，局部 fdr 有一个简单的解释，即从零分布观测的密度与零分布和替代分布观测值的比率。它还具有可以直接作为真实概率解释的优点。

当然，挑战在于估计式(10.15)中涉及的密度，这些密度通常是经验估计的。考虑以下简单情况，其中用高斯分布指定分布。零分布由 $f_0(z) = \mathcal{N}(0,1)$ 给出，而替代分布由 $f_0(z) = \mathcal{N}(3,1)$ 给出。$p_0 = 0.999$，$p_1 = 0.001$。

(a) 针对以下 z 值计算 $p(H_0|z)$：2，2.5，3，3.5，4，4.5，5。

(b) 针对以下 z 值计算局部 fdr：2，2.5，3，3.5，4，4.5，5。

(c) 这两组数值的接近程度如何？

11. 以下是随机交换的两种替代方法——在 10.4.2 节中介绍，用于随机化二进制矩阵，以便保留任意行和列中 1 的数目。检查每种方法，并且(i)验证它是否真实保留了任意行和列中 1 的数目，(ii)用替代方法确定问题。

(a) 随机排列行列顺序。一个例子如图 10.12 所示。

	i_1	i_2	i_3
t_1	1	1	0
t_2	1	0	1
t_3	1	1	1

	i_3	i_2	i_1
t_2	0	0	1
t_3	1	1	1
t_1	1	1	1

图 10.12　随机化行列顺序前后的 3×3 矩阵，左边矩阵为初始矩阵

(b) 图 10.13 显示了另一种对二进制矩阵进行随机化的方法。这种方法将二进制矩阵转换为行列表示，然后随机将列重新分配给各个条目，最后将数据转换回原始二进制矩阵格式。

	i_1	i_2	i_3	i_4
t_1	1	1	0	0
t_2	0	1	0	1
t_3	1	1	1	0
t_4	0	0	1	1

行	列
1	1
1	2
2	2
2	4
3	1
3	2
3	3
4	3
4	4

行	列
1	4
1	2
2	2
2	1
3	1
3	2
3	3
4	3
4	1

	i_1	i_2	i_3	i_4
t_1	0	1	0	1
t_2	1	1	0	0
t_3	0	1	1	1
t_4	1	0	1	0

图 10.13　将条目随机化前后的 4×4 矩阵。从右到左，表格分别表示如下：原始二进制数据矩阵，行列格式的矩阵，随机排列列条目后的行列格式，以及随机化行列表示的重构矩阵

索　　引

索引中的页码为英文原书页码，与书中页边标注的页码一致。